科学计量与知识图谱系列丛书

科学计量与知识网络分析

方法与实践

Scientometrics and Knowledge Networks Analysis

第二版

李 杰 编著

首都经济贸易大学出版社
Capital University of Economics and Business Press
·北京·

图书在版编目(CIP)数据

科学计量与知识网络分析:方法与实践/李杰编著. —2 版. —北京:首都经济贸易大学出版社, 2018.5

ISBN 978-7-5638-2763-3

Ⅰ. ①科… Ⅱ. ①李… Ⅲ. ①科学计量学 ②科学知识—数据处理—研究 Ⅳ. ①G30

中国版本图书馆 CIP 数据核字(2018)第 057336 号

科学计量与知识网络分析:方法与实践(第二版)
李 杰 编著

责任编辑	薛晓红
封面设计	**风得信·阿东** FondesyDesign
出版发行	首都经济贸易大学出版社
地 址	北京市朝阳区红庙(邮编 100026)
电 话	(010)65976483 65065761 65071505(传真)
网 址	http://www.sjmcb.com
E-mail	publish@cueb.edu.cn
经 销	全国新华书店
照 排	北京砚祥志远激光照排技术有限公司
印 刷	北京玺诚印务有限公司
开 本	710 毫米×1000 毫米 1/16
字 数	546 千字
印 张	31
版 次	2017 年 5 月第 1 版 **2018 年 5 月第 2 版** 2019 年 9 月总第 3 次印刷
书 号	ISBN 978-7-5638-2763-3/G·410
定 价	120.00 元

A Message from Olle

BibExcel is designed to assist a user in analysing bibliographic data, or any data of a textual nature formatted in a similar manner. The idea is to generate data files that can be imported to Excel, or any program that takes tabbed data records, for further processing. This tool – box includes a number of tools, some of them visible in the window and others hide behind the menues. Don't try to learn them all at once. Better to start with what you want to accomplish and then try out the tools for that purpose. Many of the tools can be used in combination to achieve the desired result. So far BibExcel is a free – ware for academic non – profit use. For exercises and latest version of BibExcel go to: http://homepage.univie.ac.at/juan.gorraiz/bibexcel/.

Olle Persson.

July 11, 2016

欧莱·皮尔逊给读者的寄语*

BibExcel 旨在帮助用户分析书目数据或以类似方式格式化的任何文本格式的数据。BibExcel 的设计思想是生成可导入 Excel 的数据文件或任何采用标签数据记录的程序，并可以进一步进行处理。BibExcel 中包括一系列的工具，其中一些工具在软件窗口中可见，其他工具位于菜单中。不要试图一下子学习全部的功能。最好先是从想要完成的事情入手，然后尝试使用这些工具来处理。在该软件中，许多工具可以组合使用，以达到预期的效果。到目前为止，BibExcel 是免费的用于学术性的非营利性软件。获取与 BibExcel 相关的练习资料和软件最新版本，请访问：http：//homepage. univie. ac. at/juan. gorraiz/bibexcel/。

欧莱·皮尔逊

2016 年 7 月 11 日

---

* 给 BibExcel 用户的寄语是欧莱·皮尔逊在浏览本书初稿后于 2016 年 7 月 11 日为本书及其 BibExcel 用户撰写的一段文字。欧莱·皮尔逊原为瑞典于默奥大学社会学系教授，开发了在科学计量学领域广泛使用的软件 BibExcel。由于其在科学计量学上的杰出贡献，在 2011 年获得了该领域的最高奖——普赖斯奖。

推荐语

在科技文献数据库快速发展的今天，面对海量的专业文献，研究人员的文献获取、管理以及分析变得更加重要。在过去数年里，各个高校文献信息检索和管理已经取得明显的教学成果。面对当前大数据时代，海量文献信息分析的重要性日益凸显。李杰博士的著作，结合相关理论，系统详细地对文献分析的多个工具进行了介绍，对辅助我们的科学研究是很有帮助的。

中国医学科学院 医学信息研究所
许培扬 研究员

海量信息时代，数据分析技术成为一种必备技能。李杰博士的《科学计量与知识网络分析》是其在科技情报分析实践工具方面的系列著作之一，在写作风格及内容上保持了之前相关著作的优点，全面系统地将科学计量和网络分析的核心原理以及分析过程呈现给了读者。相信通过对该书的学习，读者能够掌握书中展示的数据分析科学方法，从而具备合理、高效挖掘数据中隐藏的有价值信息，让数据说话的能力。

上海科学技术情报学会 上海海事大学科技情报研究所
陈伟炯教授

科学计量与知识网络分析作为专门的研究方法或领域近年来得到了迅速发展，是情报研究人员应对大数据情境的重要工具。本书基于丰富的实际操作案例及作者的应用心得，系统而具体地介绍了 BibExcel、Pajek 等一些常用的科技文本挖掘及可视化工具，将工具的使用犹如现场教学般一步一步地教会读者，巨细靡遗，重点突出，结构严密，思路清晰，是一本理论结合实践的情报学方法与工具书，感兴趣的读者必会有所收获。

北京市科技情报研究所 副所长
袁汝兵 副研究员

在规则中的涌动与传承，是知识的存在形式与核心价值。知识内容生成节点，知识行为衍出联系，节点与联系织为网络，构成了知识世界的抽象与现实。信息管理的终极任务之一，就是帮助用户高效地抽取、构建与利用这一网状知识去解决实际问题。然而，这一范式如何实现？我们或可从《科学计量与知识网络分析》一书里，管中窥豹，一探究竟。

华东师范大学 信息管理系主任

赵星 研究员

“大数据”时代的到来对各学科领域的研究都产生了巨大影响。可以说，数据和技术已经成为当今科学知识生长的重要生产要素。面对海量、异构、动态变化的数据，各种分析方法与分析技术应运而生。李杰博士的这本专著为广大读者打开了科学计量与知识网络分析的工具箱，详细讲解了多种分析工具的基本原理和使用技巧，让科技文献中的知识图景逐步浮现在人们的视野中，指引我们探索知识世界的无穷奥秘。

中国农业大学情报研究中心

赵勇 研究员

比李杰虚长三岁，也算是半个同龄人吧。李杰在方法和工具上的涉猎之广和钻研之深着实让我这个同龄人自愧不如。过去几年，李杰曾致力于对科学知识图谱工具 CiteSpace 的推广和宣传，在技术分享和问题答疑方面做了大量义务的工作，其分享精神和热情令人敬佩。这一次，李杰带来了其在 BibExcel、Pajek 等工具上的使用心得和经验，作为过来人，我只想说：这本书早出几年就好了。

大连理工大学科学学与科技管理研究所

胡志刚 博士

序言一

李杰博士的又一本力作《科学计量与知识网络分析：方法与实践》即将问世，有幸出版前得到了书稿，一睹为快。

李杰博士邀请我来为这本书作序，我在深感荣幸的同时，思绪万千。回顾图书馆事业的发展，回顾自己担任图书馆馆长10多年的经历，一个在安全工程领域学习、研究、工作的年轻学者孜孜不倦地追求着图书情报事业的发展，努力地将图书情报学科的理论、方法、技术和工具渗透到其他学科，为科研人员和高校的广大师生普及文献情报分析的方法和技术，这样的一种精神是一种为科学事业奉献的精神，是一个年轻学者创新思维、开放胸怀的具体体现。

李杰博士的系列著作《安全科学技术信息检索基础》《安全科学知识图谱导论》《CiteSpace科技文本挖掘及可视化》《科学知识图谱原理及应用》《科学计量与知识网络分析》，不仅是对安全科学领域的开拓与贡献，更主要的是对整个科学与技术领域的贡献，我为他的这种科学精神感到折服，也为他所取得的成果感到钦佩。

在这样一个大数据时代，已经不缺意识和理念，缺少的是大数据分析的具体应用，缺少的是分析方法和分析工具的正确选择，对非图书情报领域的研究者们来说还非常缺乏这样的理论、方法、技术和工具，了解掌握这一些，对提升我们科学研究的水平、宏观把握国内外的研究态势，科学发现新的研究领域、学科交叉生长点、寻找新的科研合作伙伴，科学评价已有的科学成果等都具有重要的意义和价值。

《科学计量与知识网络分析》一书是李杰博士过去一系列著作的延伸，从中也可以看到一个年轻学者从切入一个新的领域、到发展再到成熟的不同学术历史阶段，相信他在今后的科学道路上不断会有新的成果。

感谢李杰博士为科学研究界的贡献，更感谢他对图书情报事业的贡献，他的成长与发展的道路与轨迹对我们这些从事图书情报研究的学者、从事图书馆工作的同仁具有很重要的启示，也令我们深思。图书情报事业的发展需要其他学科的学者介入，图书馆事业的同仁更需要将服务嵌入整个科学研究的过程之中，使图书情报学科成为基础学科、横断学科，为图书馆事业不断焕发新的青春奉献我们的智慧和力量。

江苏大学图书馆

卢章平教授

2016 年 10 月 26 日

序言二

一直以来，写一部全面梳理书目共现分析的实用手册是我的夙愿，因为经常读到利用书目信息共现分析方法来揭示研究热点的论文，其中谬误多多，有时甚至存在着关键性的错误，而这一切都或多或少与本人早期发表的论文有着直接关系，念及此事，总有如芒在背之感，可是每每提笔就感到困难重重，最终没能成文。

读罢李杰博士的书稿，一种佩服之情油然而生。作为曾经尝试做这项工作而失败的人，我深知完成这部不是很大部头的著作需要付出多少辛苦，李杰是一位在知识图谱领域勤奋的耕耘者，因为勤奋也让他成为了一位高产的学者。但更多的是作为知识图谱领域一名实践者的如获至宝的喜悦：

首先，这是一部实用性很强的宝典，全面梳理了当前书目信息分析的主要方法和工具，包括为业内同行提供了一部全面系统的实用宝典。

其次，这本书具有很强的系统性和科学性。全书不仅仅介绍工具的使用，更注重软件操作后面的算法。通过实例探讨和书目信息细分，展现了科学领域状况的基本原理。

这本书还很注重工具类专著的可读性，从实例的问题出发，从软件操作循序渐进入手，深入浅出地让读者一步步增强信心的同时体会原理和理论。

该书具有很强的新颖性，涵盖了当前流行的各类书目信息分析工具，如能及时掌握这些工具，你就跟上了书目信息分析和知识图谱研究的前沿，为自己深入、自由地开展相关研究奠定了基础。

张五常曾经说过，一部作品发表后如同将鱼儿放归大海， 鱼儿能成长成什么样，作者是没有办法控制的。但是，我相信这部书会成为我们开展书目信息共现分析、勾勒知识图谱的“圣经”。

中国医科大学 医学信息学院
崔雷教授
2016 年 11 月 2 日

目 录

第一篇　知识方法篇

第二篇　实践入门篇

第三篇 实践扩展篇

第四篇　信息参考篇

第一篇

知识方法篇

第 1 讲

科技信息检索策略及途径

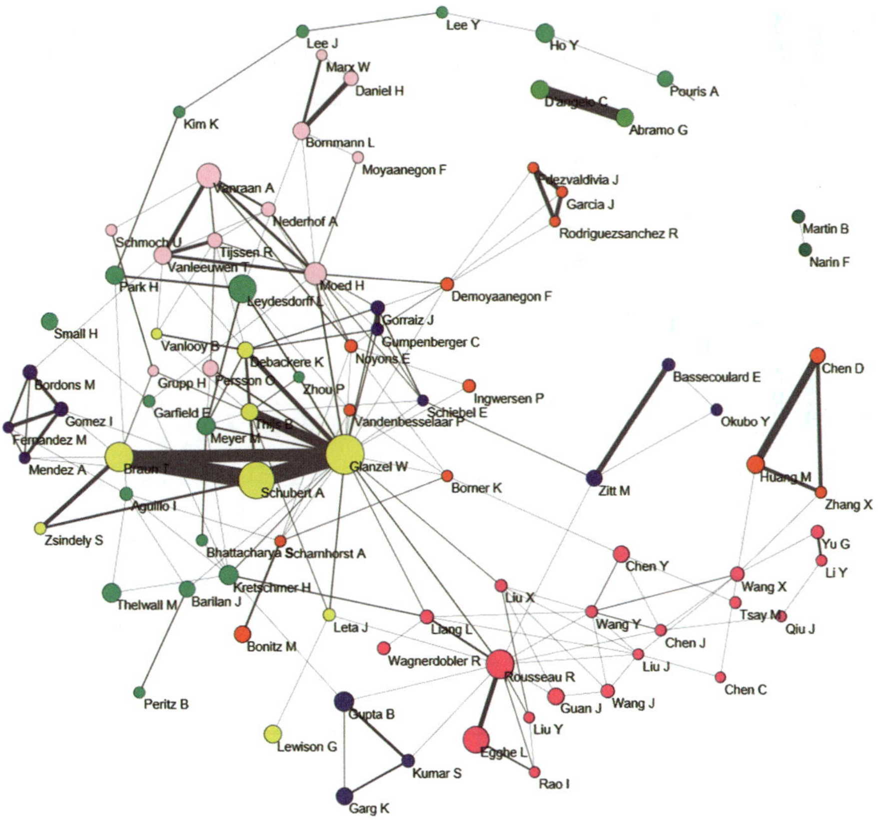

1.1 数据检索技术

1.1.1 布尔逻辑技术

布尔逻辑检索是使用标准的布尔逻辑关系符号来表达检索词与检索词之间逻辑关系的检索方法。布尔逻辑检索符主要包含：逻辑与、逻辑或和逻辑非，见表1.1。

表1.1 布尔逻辑检索符及作用

名 称	表达形式	检索式	作 用
逻辑与	AND、*、与、并且、并含等	A and B	缩小检索范围
逻辑或	OR、+、或者、或含	A or B	扩大检索范围
逻辑非	NOT、-、非、不含	A not B	缩小检索范围

（1）逻辑与。逻辑与在数据库中通常使用 and 来表示。例如：可以用 A and B 来表示在检索中同时命中包含 A 和 B 的记录，才会被检索到。使用该方法可以达到限定检索范围的目的，提高检索结果的查准率。

例如：在 Web of Science 使用逻辑与的相关结果如下：

> AND 示例
>
> Beverage AND bottle 查找同时包含这两个词语的记录。
>
> Beverage AND bottle AND beer 查找同时包含这三个词语的记录。

（2）逻辑或。逻辑或在数据库中通常使用 or 来表示。例如：可以用 A or B 来表示在检索中得到命中 A 或者 B 的结果。使用逻辑或可以扩大检索范围，能够提高检索的查全率。在实际的使用中，常常用逻辑或来连接同义词、近义词和相关词等，以避免漏检。

例如：在 Web of Science 使用逻辑或的相关结果如下：

> OR 示例
>
> Beverage OR bottle 查找包含 beverage 或 bottle（或同时包含二者）的记录。

（3）逻辑非。逻辑非在数据库中通常使用 not 来表示。例如：可以用 A not B 来表示在检索中得到 A 但不包含 B 的结果。使用该方法可以排除不需要的记录，提高检索的查准率。当然，查准率提高的同时，查全率是降低的。

例如：在 Web of Science 使用逻辑非的相关结果如下：

> NOT 示例
>
> Beverage NOT bottle 查找包含 beverage 但不包含 bottle 的记录。

在使用布尔逻辑算符构建检索式时，布尔逻辑的优先执行顺序为：逻辑非、逻辑与、逻辑或，使用括号可以改变执行顺序。此外，布尔逻辑算符在不同的数据库中的表示还存在一些差异，例如在 Web of Science 中使用的为 and、or、not，在 CNKI 中使用的为“并含”、“或含”、“不含”，在有些数据库中则使用“*”、“+”、“-”来表示。

1.1.2 截词检索技术

截词检索是在英文数据库中广泛应用的检索技术，是指在检索式中用专门的符号表示检索词的某一部分允许有一定的词性变化。该技术可以用来处理检索中遇到中英式写法以及词干相同等问题的情形中。常用的截词符用“?”或“*”，不同的数据库表示的含义会有差异。例如在 Web of Science 中星号（*）表示任何字符组，包括空字符。问号（?）表示任意一个字符。美元符号（$）表示零或一个字符。截词检索的方式有多种：按截词位置可以分为左截词、中间截词、右截词以及左右截词。按照截断的字符长度不同，可以分为有限截词和无限截词。

例如：在 Web of Science 使用截词符的相关结果如表 1.2 所示。

表 1.2 截词检索示例

星号（*）示例		
s*food 可查找：	enzym* 可查找：	Hof*man* 可查找：
seafood	enzyme	Hofman
soyfood	enzymes	Hofmann
	enzymatic	Hoffman
	enzymic	Hoffmann

续表

问号（?）示例	
wom? n 可查找： woman women 问号（?）对于检索最后一个字符不确定的作者姓氏非常有用。例如，Barthold? 可查找 Bartholdi 和 Bartholdy，但不会查找 Barthod。	
美元符号（$）示例	
colo $r 可查找：	grain $可查找：
color	grain
colour	grains
美元符号（$）对于查找同一单词的英国拼写和美国拼写非常有用。例如，flavo $r 可查找 flavor 和 flavour。	
多通配符示例	
organi? ation * 可查找： organisation organisations organisational organization organizations organizational	

1.1.3　邻近检索技术

邻近检索又称位置检索，主要是通过检索式中的专门符号来规定检索词在结果中的相对位置。在各个数据库中，所使用的位置算符会存在一些差异，用户在使用不同的数据库时需要提前阅读检索指南。

例如在 Web of Science 中使用 NEAR/x 可查找由该运算符连接的检索词之间相隔指定数量的单词的记录。该规则也适用于单词处于不同字段的情况。用数字取代 x 可指定将检索词分开的最大单词数。如果只使用 NEAR 而不使用 /x，则系统将查找检索词由 NEAR 连接且彼此相隔不到 15 个单词的记录。

例如：在 Web of Science 使用 NEAR/x 的相关结果如下[1]：

[1] 本部分的检索结果均来源于 Web of Science 核心合集帮助提供的案例。

NEAR/x 示例

Beverage NEAR/5 bottle 查找同时包含 beverage 和 bottle 的记录。两个单词间相隔必须在 5 个单词内。

特别地，在“地址”检索中，使用 SAME 可以将检索限制为出现在“全记录”同一地址中的检索词。需要使用括号来分组地址检索词。

例如：在 Web of Science 使用 SAME 的相关结果如下：

SAME 示例

Mineral Resources SAME Beijing 查找“地址”字段中某作者的地址同时包含检索词 Mineral Resources 和 Beijing 的记录。

如果在检索式中使用不同的运算符，则会根据下面的优先顺序处理检索式：NEAR/x→SAME→NOT→AND→OR。

1.1.4　字段检索技术

字段检索是限定检索词在记录中出现的字段范围的检索技术。检索时，数据库仅仅从所限定的字段中查找检索结果。常用的字段有主题（Topic）、标题（Title）、作者（Author）、文献来源（Publication name）以及出版年（Publication year）等。例如在 Web of Science 等英文数据库中，字段检索是其最基本和最方便的检索方式（见图 1.1）。在登录相关数据库后，用户只要输入相应的检索主题，并选择目标字段即可。

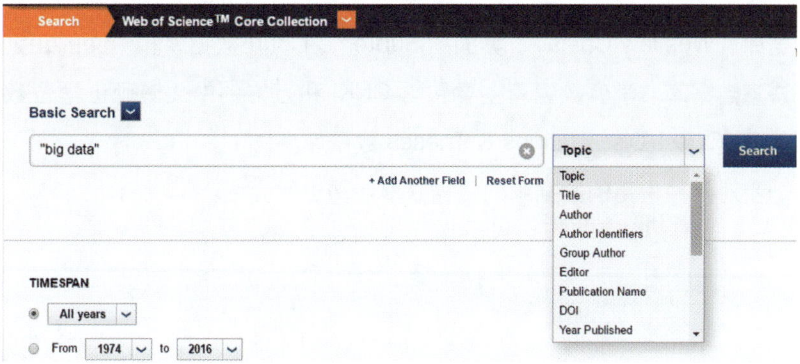

图 1.1　Web of Science 基本检索中的字段检索

1.2 数据来源概述

网络数据库的数据获取是进行科学计量及其知识网络构建的基础。从目前进行科学计量学研究的数据库类型来看，常用的科学计量分析数据库类型如下：

（1）索引型数据库。其中，主要包含的英文数据库有Web of Science（下称WoS）旗下的引文的科学索引数据库（SCI）、社会科学引文数据库（SSCI）、人文与艺术索引数据库（A&HCI）以及会议论文索引数据库（CPCI），Elsevier旗下的Scopus数据库和EI数据库；包含的中文数据库有中国科学引文数据库（CSCD）、中国社会科学引文数据库（CSSCI）以及中国引文数据库（隶属于CNKI）。

（2）全文性数据库。其中，主要包含的英文数据库有荷兰Elsevier的ScienceDirect、德国的Springer数据库、美国的Wiley和Taylor & Francis Group数据库。目前，Springer和Nature出版集团已经合并成为全球最大的科技出版集团。中文知名的全文性数据库主要包含中国知网（CNKI）、万方数据库以及维普数据库。

（3）特种文献数据库。在特种文献数据中，常用的有专利数据、标准文献数据、法律文献数据以及学位论文数据。这些数据库在当前科学计量中得到了较为广泛的使用，如对专利文献的挖掘和分析来进行科技创新的比较和研究、对学位论文数据的分析来考察某一领域或者机构的人才培养情况。

专利文献常用的英文数据库有美国（USPTO）和欧盟的专利数据库，德温特专利数据库以及中文的SooPAT专利数据库等。常常用到的法律文献数据库有英文的万律数据库（Westlaw China）、美国的Supreme Court数据库和中文的北大法宝和北大法意数据库。学位数据库主要包含CNKI和万方的中文博硕士学位数据库和英文的ProQuest Dissertations & Theses数据库。

下面进一步对几种常用的数据源的数据获取步骤进行介绍。

1.3　英文数据获取

1.3.1　WoS 数据获取

Web of Science 于2016 年7 月26 日易主，由原来的汤森・路透集团变为 Onex Corp 和霸菱亚洲投资。2016 年 10 月 3 日，该公司对汤森路透知识产权与科技业务完成收购，并将新公司命名为 Clarivate Analytics（科睿唯安）。Web of Science 核心集合是全球知名的引文索引数据库，因其具有开创性的内容、高质量的数据以及悠久的历史而被广泛应用于科学研究和评价。通过该平台，科研人员能够找到自然科学领域、社会科学领域以及艺术与人文领域在内的 12 000 多种科学期刊近百年的文献题录数据。该平台的 Web of Science 核心合集包含了多个知名的子数据库：Science Citation Index Expanded（科学引文索引）包含 176 个学科的 8 600 多种高质量学术期刊文献，社会科学引文索引（SSCI）包含 56 个社会科学学科的 3 100 多种权威学术期刊文献，Arts & Humanities Citation Index（艺术与人文引文索引）收录 28 个人文艺术领域学科的 1 700 多种国际性、高影响力的学术期刊的文献，Conference Proceedings Citation Index – Science + Social Science & Humanities（会议录引文索引 – 自然科学版 + 社会科学与人文版）超过 160 000 个会议录，有自然科学、社会科学两个版本，涉及 250 多个学科的文献数据。

关于如何从 Web of Science 中进行信息检索，已经有大量的信息检索类图书进行了专门的介绍。这里仅仅给出如何从 Web of Science 中获取可以用于 BibExcel 中分析的数据格式。关于如何构建合理的检索策略以获取用户需要的数据，请参考 Web of Science 相关帮助文件及书籍。

下面以下载 1990 – 2015 年间发表在 Safety Science《安全科学》杂志上，且在 Web of Science 被引频次排名前 500 的文献为例。

（1）登录 Web of Science 核心库（注意在 Search 后的数据库名称要为 Web of Science Core Collection 或者 Web of Science 核心库），在基本检索界面中按照字段检索。在检索框中输入 Safety Science 和 1990 – 2015，并在检索框后面分别选择字段 Publication Name 和 Year Published（见图 1.2）。

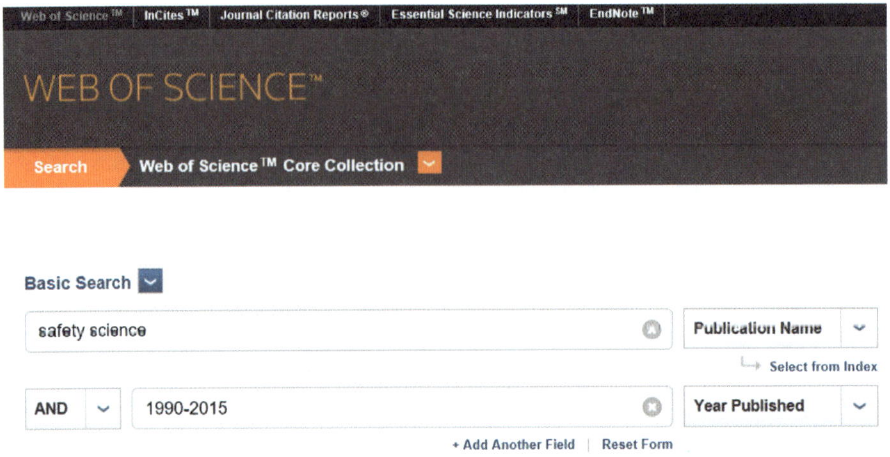

图 1.2　数据获取条件设置

（2）设置好检索参数，点击 search 得到如图 1.3 的结果。共得到了1990－2015 年 Safety Science 上发表的 2 484 篇论文，对这些论文按照被引频次由高到低进行排序（Times Cited－highest to lowest）。在该界面下，将得到的结果保存为其他格式（Save to other formats），并在导出窗口 Number of Records 中输入 1－500，Record Content 选择 Full Record and Cites References，File Format 选择 plain text。最后，点击 sent 并按照提示保存，会得到一个 txt 文档，该文档可以经过 BibExcel 处理和分析。

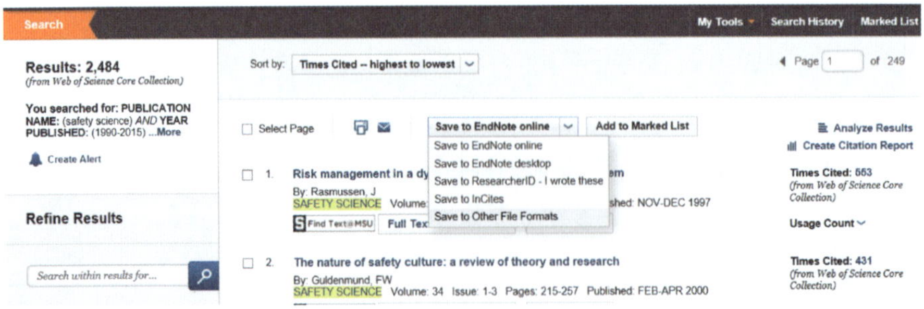

图 1.3　Safety Science 期刊论文的检索结果

在使用 Sci2 进行数据分析时要特别注意：数据下载后，需要使用 txt 编辑软件（这里建议使用软件 Notepad＋）打开下载的数据，然后对首行做如下的处理：

修改前：FN Thomson Reuters Web of Science

修改后：FN ISI Thomson Reuters Web of Knowledge

对文本文件进行修改后，保存。然后再将文件的后缀名修改为 . isi。

在打开 Sci2 软件加载数据时，需要选择 ISI flat format。

本部分更多信息，参考微信公众号中分享的 Web of Science 系列学习视频。

1. 3. 2　Scopus 数据获取

Scopus 是目前世界上最大的索引和引文数据库，主要包含了生命科学（>4 300条著作）、健康科学（>6 800 条著作）、自然科学（>7 200 条著作）以及社会科学与人文学科（>5 300 条著作）。使用 Scopus 下载数据时，若为中文界面，需要先切换成英文界面再下载数据。

下面以下载 2010 – 2015 年发表在 Safety Science 期刊的论文为例。

（1）在检索框中用 ISSN：0925 – 7535 来精确定位期刊 Safety Science，Date Range（Inclusive）设置为 2010 – 2015，Document type 设置为 All（见图 1. 4）。最后，点击检索框后的检索按钮，来检索数据。

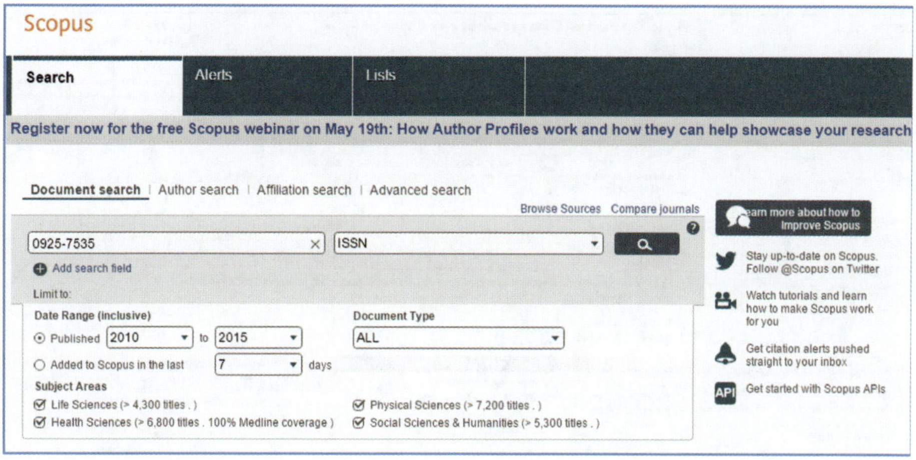

图 1. 4　数据获取条件的设置

（2）检索得到如图 1. 5 的结果，得到了 2010 – 2015 年发表在 Safety Science 上的论文 1 358 篇。在页面中点击 All，选中所有要导出的论文。再点击其后的 RIS export，来设置并导出要分析的数据（见图 1. 6）。

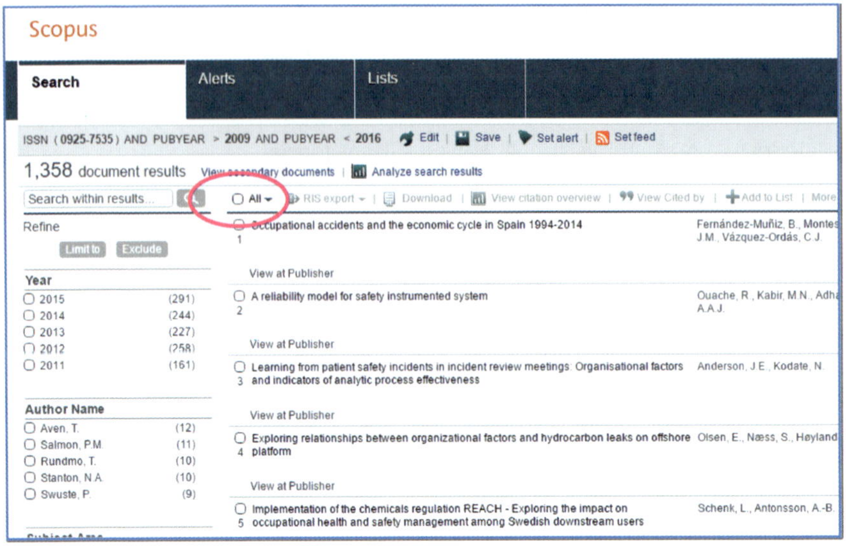

图 1.5　检索结果及数据导出

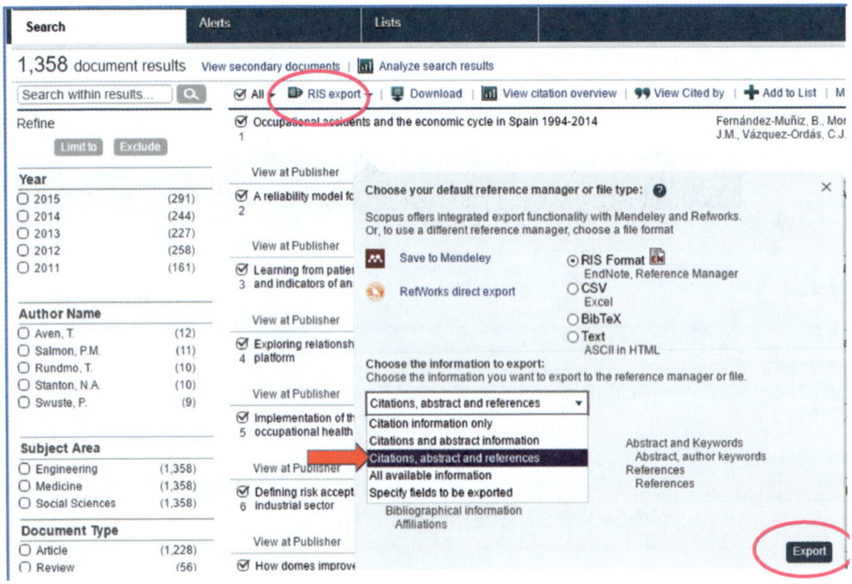

图 1.6　Scopus 数据的导出

1.3.3　PubMed 数据获取

PubMed 是提供医学信息文摘检索的免费搜索引擎，它的数据库来源为

MEDLINE。在本书涉及的工具中，BibExcel 和 Bicomb 可以对其进行处理，但在初始下载的数据格式上有所差异。

登录到 PubMed 数据库主页❶，用户根据课题的需求构建合适的数据检索策略。这里以检索 PubMed 数据库中关于“big data”有关的文献数据为例。在高级检索的检索字段选项中选择 Title/Abstract，然后选择 send to→File→MEDLINE→Create File（图 1.7）。若要下载可导入 Bicomb 进行处理的数据，则需要选择 send to→File→XML→Create File（图 1.8）。

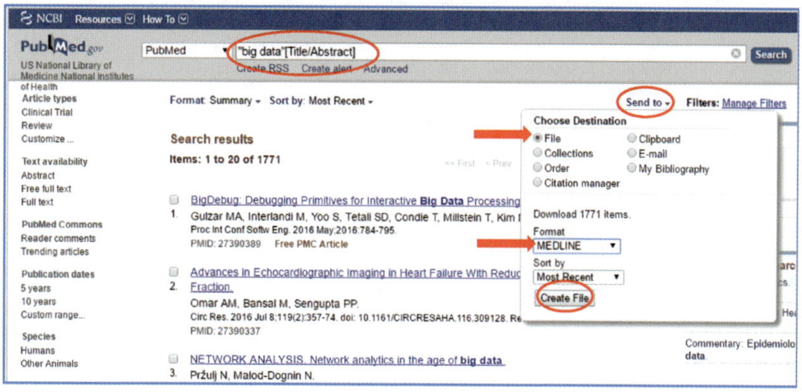

图 1.7　BibExcel 可处理 PubMed 数据格式下载

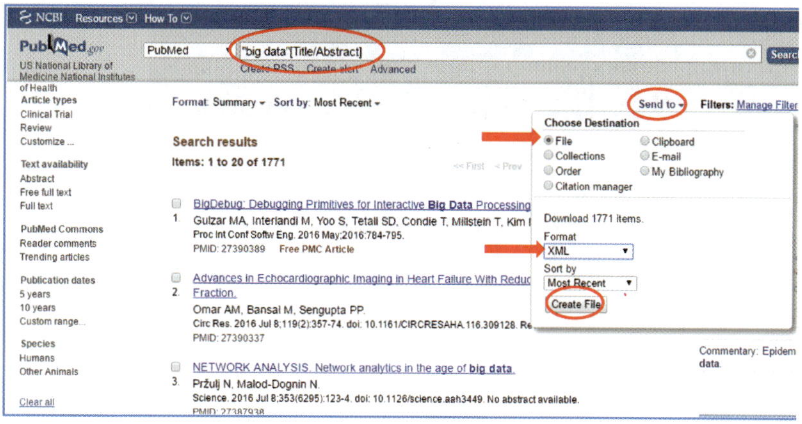

图 1.8　Bicomb 可处理 PubMed 数据格式下载

---

❶ PubMed 医学数据库．http：//www. ncbi. nlm. nih. gov/；PubMed 中文版 http：//www. medlive. cn/pubmed/

1.3.4 DII 专利数据获取

(1) 登录到德温特专利数据首页，并输入要检索的条件（见图 1.9）[1]。这里以检索可穿戴设备方面的专利为例，由于检索的结果太多，我们仅仅选取了 2015 年，标题中含有 “wearable electronic * ” 或 “wearable device * ” 的样本。

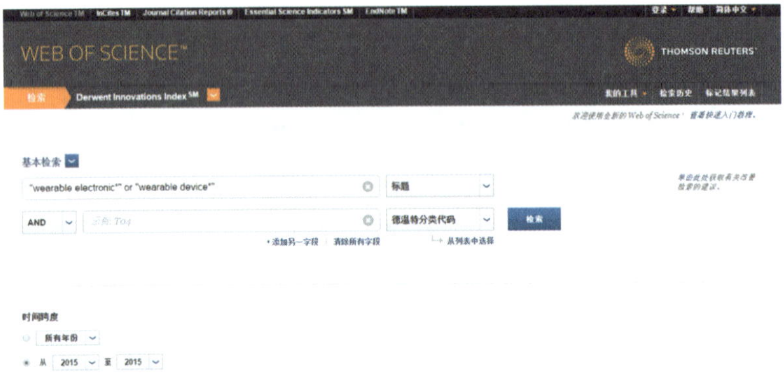

图 1.9 德温特专利数据库检索界面

(2) 点击检索后，得到检索结果如图 1.10 所示。若需要对初步检索的结果进行描述性统计分析，可以点击检索结果界面中的 “分析检索结果”。

图 1.10 德温特专利的检索结果

[1] Derwent Innovations IndexSM 帮助 . http：//images. webofknowledge. com. libproxy. bjut. edu. cn/WOKRS522_ 1R3/help/zh_ CN/DII/contents. html

（3）点击保存为其他格式，如图 1. 11 所示。在导出参数设置界面中每次只能导出 500 条记录，因此 991 条记录需要导出两次。第一次导出时输入 1－500，第二次导出时输入 501－991。数据导出的内容要选择为全记录，数据导出的格式选择为纯文本（如图 1. 12 所示）。

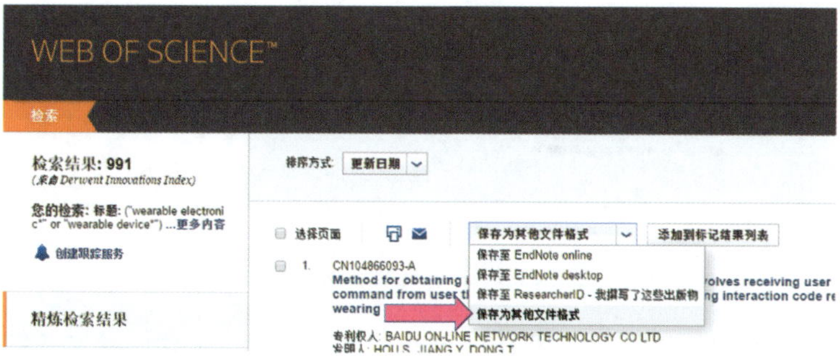

图 1. 11　德温特数据的下载

图 1. 12　导出参数的设置

1. 4　中文数据获取

1. 4. 1　CNKI 数据获取

（1）登录 CNKI 数据库后，点击期刊，将所要检索的数据类型限定为期刊数据（如图 1. 13 所示）。然后，使用高级检索功能，将检索的时间设置为2010－2015 年，来源期刊设置为管理科学学报，匹配方式为精确。最后，点击检索得到结果。

图 1. 13　CNKI 数据检索参数设置

（2）检索得到了 2010－2015 年发表在《管理科学学报》上的学术论文，结果如图 1. 14 所示。如这里以下载 2015 年的数据为例：点击 2015，并选择页面中的记录（在 CNKI 中每个页面每次可以最多选中 50 条记录，单次可以最多导出 500 条记录），点击导出/参考文献，进入 CNKI 数据的导出界面。

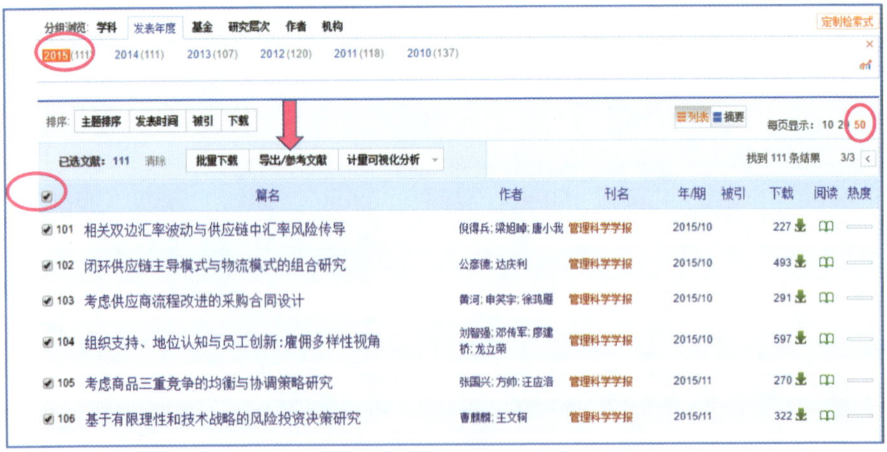

图 1. 14　CNKI 数据检索结果

（3）在 CNKI 数据的导出界面，提供了多种格式的数据导出选项。这里需要选择 Refworks 格式，并点击导出（如图 1. 15 所示）。若用户在数据中要使用 SATI 软件来分析，那么这里需要使用选择导出为 EndNote 格式。若要使用 Bicomb 分析，则需要将数据导出为 Notefirst 格式。

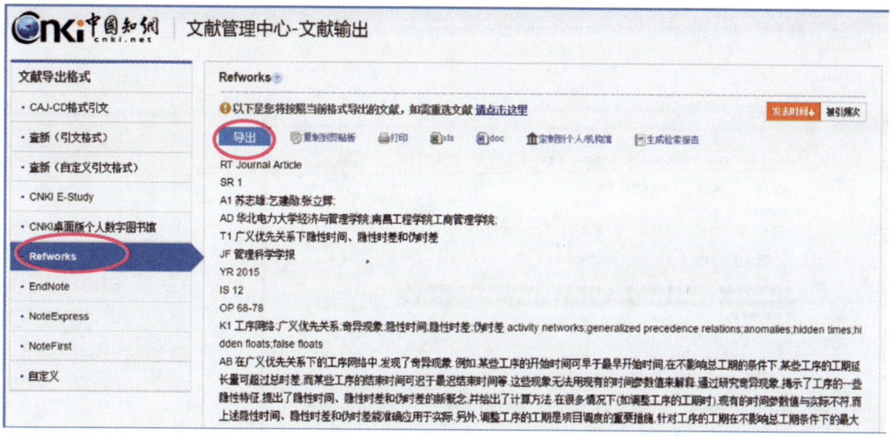

图 1.15　CNKI 数据导出页面

1.4.2　万方数据获取

登录万方数据库后，点击“跨库检索”，切换到数据的高级检索界面。检索在 2015 年发表的，主题为“科学计量”、“文献计量”、“信息计量”的论文（见图 1.16）。

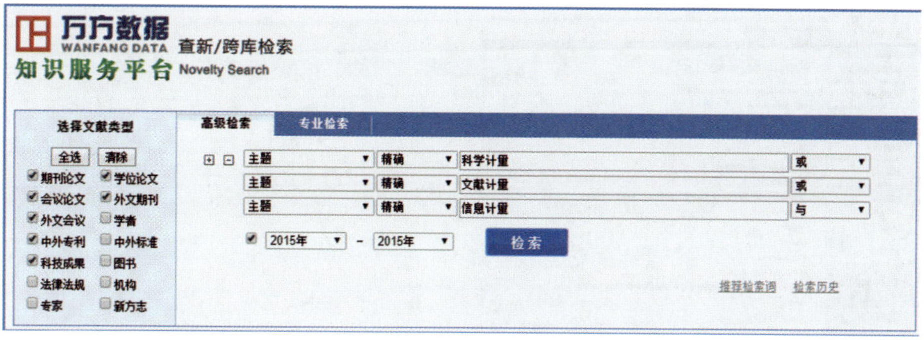

图 1.16　万方数据高级检索界面

设置好检索参数后，点击“检索”，得到检索的基本结果如图 1.17 所示。结果界面出现在高级检索界面的下方，并给出了检索信息整体分布的信息，如文献类型、高频关键词以及相关词等。

在导出数据之前，需要在该页面下选择要导出的数据。首先单击本页面的

“全选”标签，选中本页的数据结果。然后，在页面底端点击下一页，按照相同的方法选中下一页的结果。

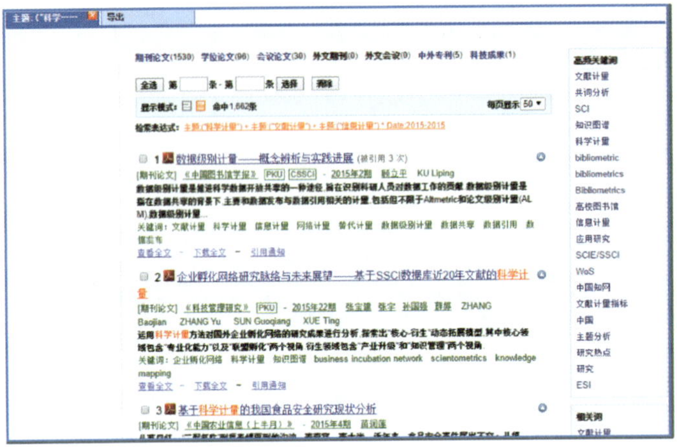

图 1. 17　万方数据检索结果

选择好要导出的数据后，点击结果页面的“导出”标签，切换到数据的输出界面。由于万方一次只能下载 100 条数据，因此当记录大于 100 时，要进行多次下载才能完成数据收集（见图 1. 18）。

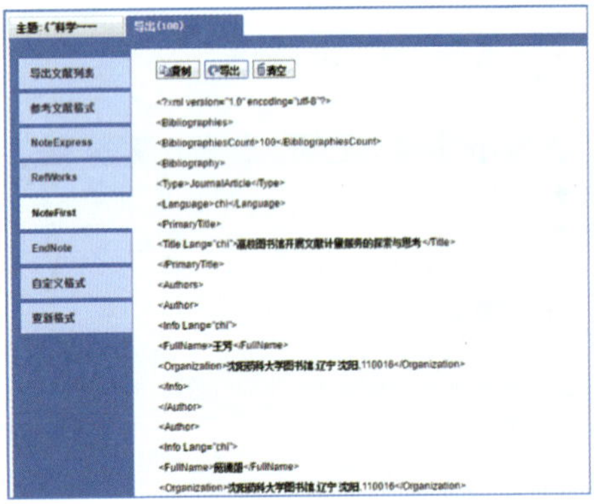

图 1. 18　万方数据的导出界面

1. 4. 3　CSSCI 数据获取

(1) 登录 CSSCI 数据库后，点击界面中的高级检索，进入高级检索界面进行数据或者参数的设置。这里仍然以下载 2010 - 2015 年发表在《管理科学学报》上的论文为例，为了方便选择要下载的数据，这里设置每页显示 50 条记录（见图 1.19）。设置好参数后，点击页面的“检索”以获得检索的结果。

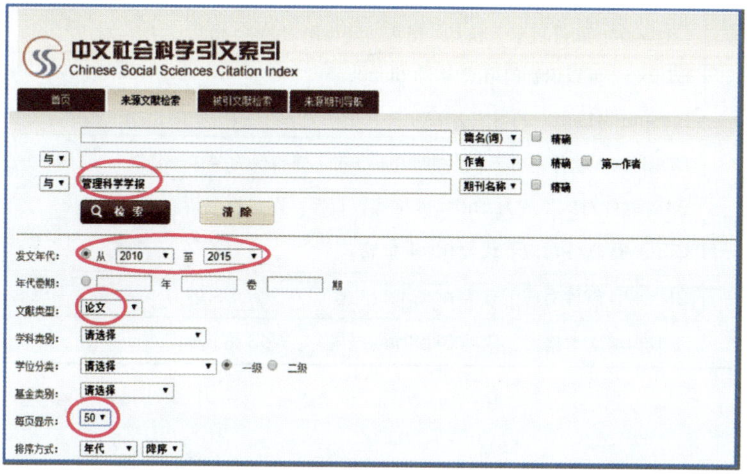

图 1.19 CSSCI 高级检索界面

（2）全部选择每一页面中的数据，并点击页面底部的下载，以获取选中的数据。下载后的数据为 txt 格式的文本数据（如图 1.20 所示）。

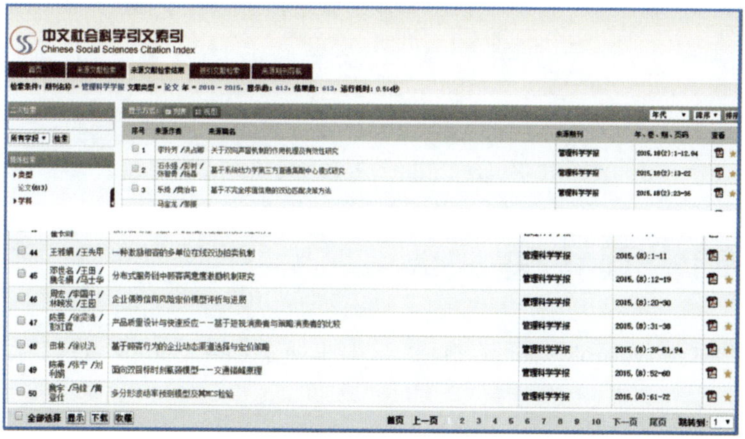

图 1.20 CSSCI 数据检索结果界面

对以上数据的获取和导出格式总结如表 1.3 所示。

表 1.3　数据采集及导出格式

数据库名称	分析软件及格式
WoS 核心数据集	全记录及参考文献，纯文本格式
德温特专利数据库	按照 WoS 下载步骤下载，并使用 CiteSpace 接口转换
Scopus	CiteSpace 软件对应下载 RIS 格式，并转换为 WoS 格式
PubMed	BibExcel 可以识别的格式为 MedLine； Bicomb 可以识别的格式为 XML
CNKI	CiteSpace 软件对应下载 Refworks 格式，并转换为 WoS 格式； SATI 软件对应下载为 Endnote 格式，直接可以进行分析。 BICOMB 软件对应下载为 notefirst 格式
万方数据库	BICOMB 软件对应下载为 notefirst 格式
CSSCI	下载为纯文本格式，使用 CiteSpace 转换为 WoS 格式

补充资料

信息检索与利用公开课

目前在各个慕课平台上提供了科技文献及专利检索的相关在线免费课程，如 icourse163. org 中有武汉大学黄如花教授的课程《信息检索》[1]，open. 163. com 中提供了北京大学肖珑研究员主讲的《数字图书馆资源检索与利用》[2] 和亚利桑那大学 Nina Ossanna 主讲的《知识产权》[3] 以及中科大罗昭锋在顶你学堂开办的《文献管理与信息分析》[4]。

1.5　数据格式转换

当下载的数据不是 Web of Science 数据时，需要使用 CiteSpace[5] 将数据转

[1] http：//www. icourse163. org/course/whu－29001#/info
[2] http：//open. 163. com/special/cuvocw/shuzitushuguan. html
[3] http：//open. 163. com/special/opencourse/intellectualproperty. html
[4] http：//www. topu. com/mooc/4119
[5] CiteSpace 下载地址 . http：//cluster. ischool. drexel. edu/ ~ cchen/citespace/download/

换为 Web of Science 格式，再在 BibExcel 中按照分析 Web of Science 数据的步骤分析相关数据。这些非 WoS 数据包含 CNKI（Refworks 格式）、CSSCI 以及德温特数据等，它们转换为 WoS 数据的步骤类似❶。

下面以转换 CNKI 数据为例进行说明：

（1）建立两个文件夹，一个命名为 input，以保存下载的原始数据；一个命名为 output，以保存转换后的数据。将下载 CNKI 的 Refworks 格式数据放入 input 中，output 文件夹为空（如图 1.21 所示）。

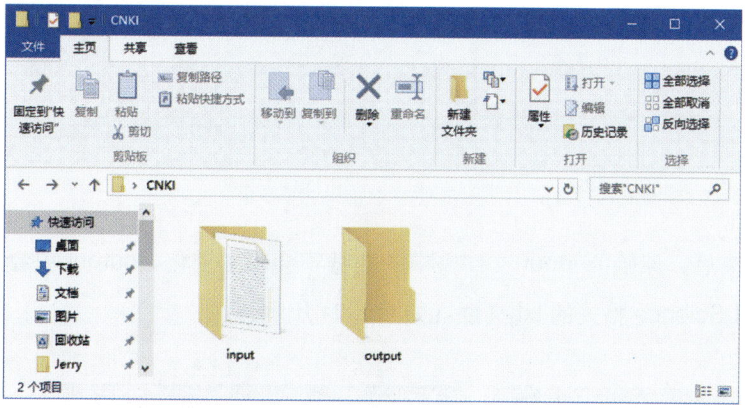

图 1.21　数据转换准备文件夹

（2）打开 CiteSpace，并在功能参数菜单中依次选择 Data→import/Export 进入数据转换功能区。然后，再在数据转换功能区中选择 CNKI 标签，代表进行 CNKI 数据的转换（如图 1.22 所示）。

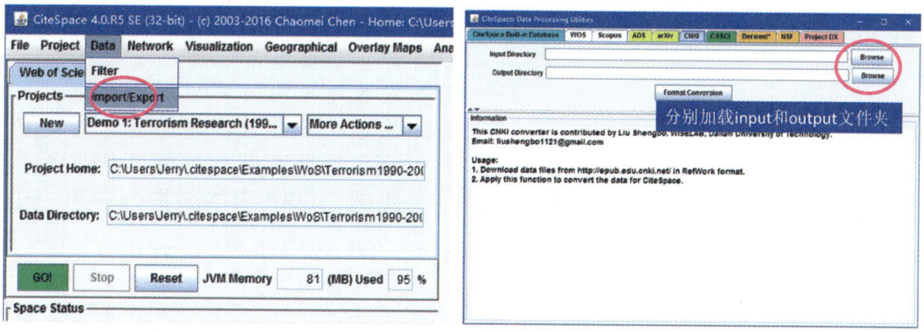

图 1.22　CiteSpace 中数据转换功能

❶ 李杰，陈超美．CiteSpace 科技文本挖掘及可视化［M］．首都经济贸易大学出版社，2016.

在 Input Directory 和 Output Directory 分别加载 input 和 output 文件夹，加载完成后点击 Format conversion。数据转换结束后会提示 Finished！（如图 1.23 所示）

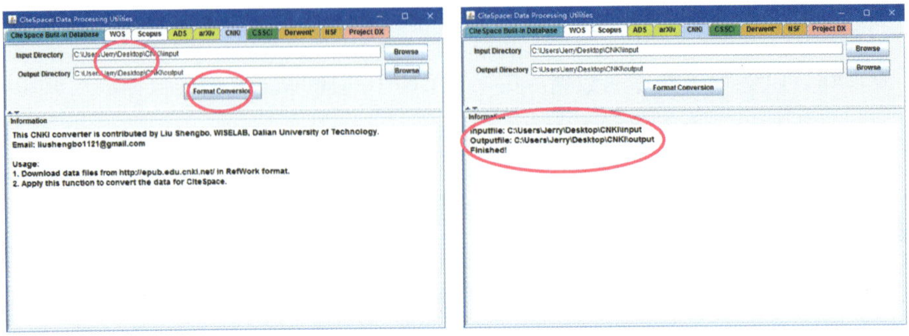

图 1.23　CiteSpace 中数据的转换

数据转换结束后，原始的 input 文件夹中的数据不会发生变化，output 中会产生多个 Web of Science 格式的 txt 文件（如图 1.24 所示）。

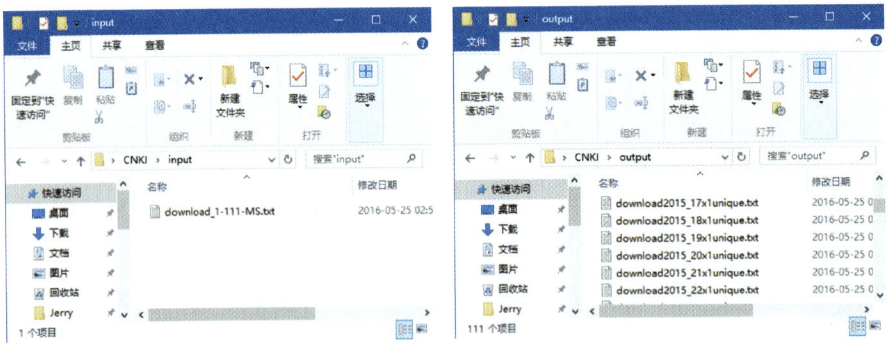

图 1.24　CiteSpace 对数据的转换结果

（3）为了便于使用 BibExcel 进行分析，需要把 output 中的文件合并为一个 txt 文档。这里首先新建一个 txt 文档，然后在 txt 文档中输入 type ＊. txt ＞ data. txt，将该 txt 文件保存为后缀为 bat 的文件。该处理的具体含义是指将文件夹中的 txt 文件合并为 data. txt 文件（见图 1.25）。

将 bat 文件放入 output 文件夹中，并点击运行。最后会得到一个 data. txt 的文件，该文件为对 output 文件夹中 txt 文件的合并结果（见图 1.26）。

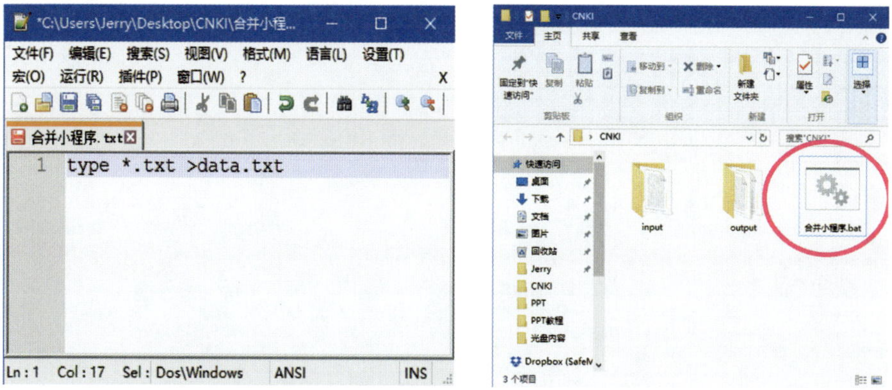

图 1. 25　文件合并程序的制作

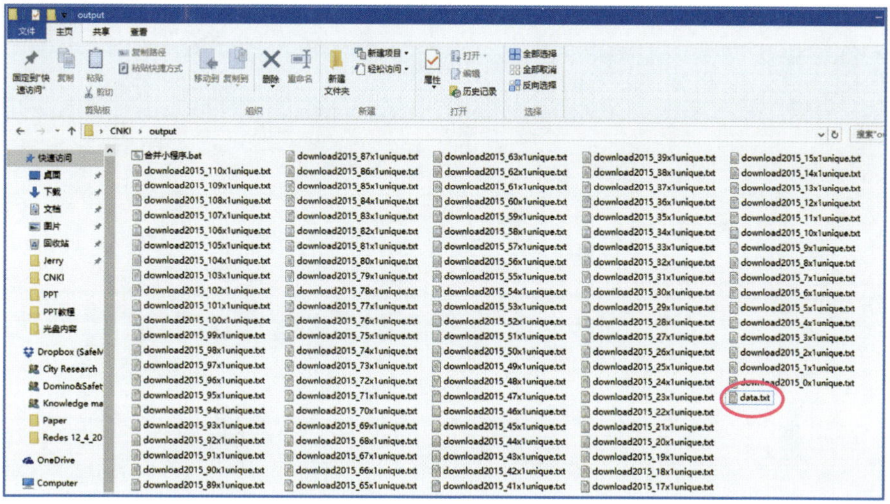

图 1. 26　文件合并结果

第 2 讲

科学计量与网络分析基础

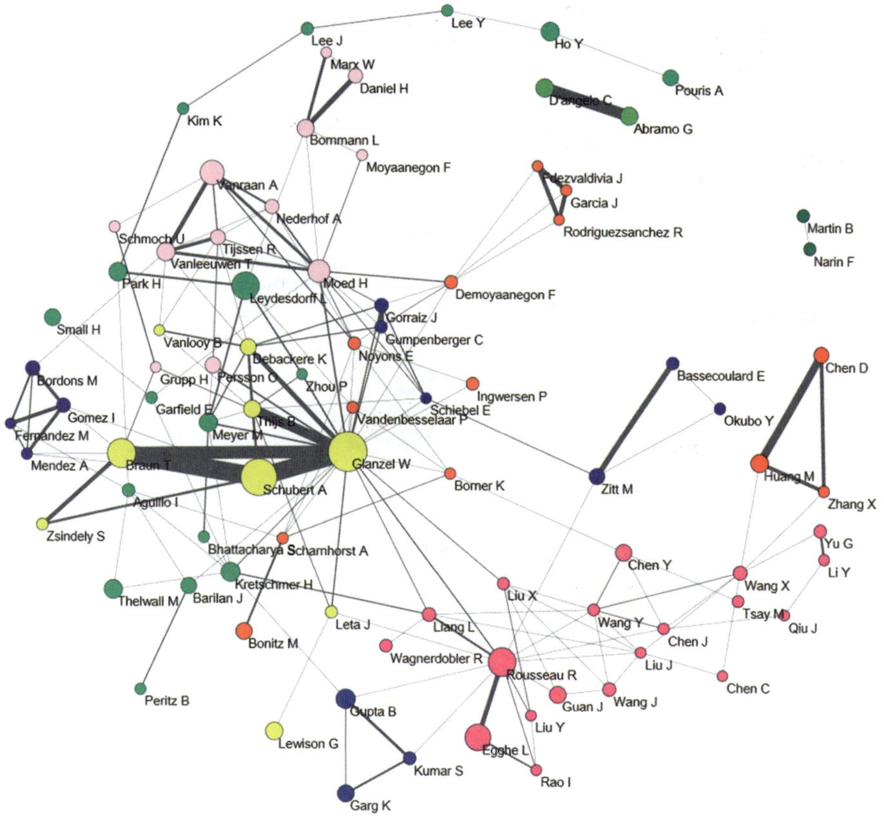

2.1 知识单元统计分析

描述性统计分析方法是科学计量分析中最基本的方法。基本思路是在抽取一个或者多个知识单元字段后，对知识单元的频次和统计分布进行研究。例如在早期科学计量研究中得到的多个经验规律：词频分布特征——齐普夫定律、作者的产量分布——洛特卡定律、专业论文在期刊中的分布特征——布拉德富定律等都来源于此。图 2.1 给出了常见数据库，如 WoS、Scopus 等数据库的知识单元组成情况。科学计量和知识网络分析就是对这些知识单元的统计和网络分析。

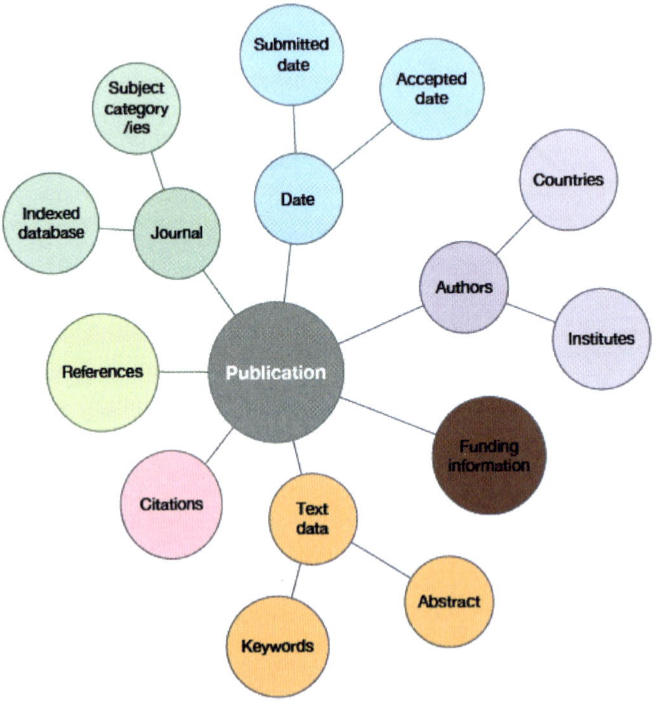

图 2.1 文献知识单元信息的组成[1]

[1] Qi, Wang. Studies in the Dynamics of Science: Exploring emergence, classification, and interdisciplinarity [D]. Stockholm, Sweden: KTH Royal Institute of Technology, 2016.

2.1.1　科技信息的时间分布

2.1.1.1　指数增长率

在文献增长的研究中，普赖斯（Derek de Solla Price）以《哲学汇刊》和《化学文摘》、《生物学文摘》以及《科学文摘》为基础材料，对科学期刊数量的增长情况进行了分析；同时以《物理学文摘》等三十种文摘的期刊论文为材料，对期刊论文数量增长进行了分析，结果显示“科学期刊数量和期刊论文数量都呈现出按指数增长的规律”；并于 1961 年在其著作《巴比伦以来的科学》中首次提出了关于期刊按指数增长的曲线，科学文献增长与时间的指数函数关系如图 2.2 所示❶。

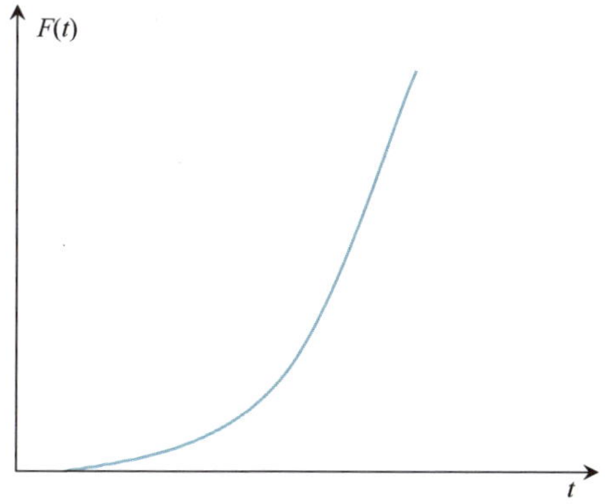

图 2.2　普赖斯曲线

$$F(t) = a e^{bt}$$

式中：$F(t)$ 表示年的文献量，是时间 t 的函数；a 为条件常数，表示统计初始时刻的文献量（$t=0$ 时的文献量）；e 为自然对数的底（e = 2.718 3…）；b 为时间常数，表示文献的持续增长率。若文献每年的增长率为 r%，那么 $r=100(e^b-1)$，或者近似地有 $r=100b$。

除了使用文献的增长率来分析文献的增长速度外，还可以依据文献增加一倍所需的时间（d）来衡量文献的增长速度。

❶ 陈建龙．大学生情报教育基础［M］．北京大学出版社．1994.

已知条件：

$$F(t_1) = a\,e^{bt_1}$$

$$F(t_2) = a\,e^{bt_2}$$

$$\frac{F(t_2)}{F(t_1)} = 2$$

则有：

$$\frac{F(t_2)}{F(t_1)} = \frac{a\,e^{bt_2}}{a\,e^{bt_1}} = e^{b(t_2-t_1)} - 2$$

对上式两边取自然对数：

$$b(t_2 - t_1) = \ln 2$$

得到：

$$d = \frac{\ln 2}{b}$$

需要注意，科技文献的指数增长定律是一个理想的模式，它没有考虑许多复杂因素对科技文献增长的限制。因此，使用历史数据拟合的文献指数增长曲线能反映过去科技文献的增长情况，但不能作为对文献未来增长的预测。

2.1.1.2 逻辑增长率

考虑到物质条件、经济来源以及作者智力等多方面因素对科学增长速度的影响，格·弗莱杜茨等人提出了文献的逻辑增长理论和模型，如下式：

$$F(t) = \frac{k}{1 + a\,\mathrm{e}^{-kbt}}$$

式中：$F(t)$ 为 t 年的文献累积量；k 为当 $t \to \infty$ 时文献的累积量，即文献累积量的最大值；a, b 为参数，且 $b > 0$。

逻辑增长曲线的图示结果见图 2.3。文献增长的逻辑曲线表明，在初始阶段，科技文献的增长是符合指数增长规律的，但它不是始终保持指数增长的趋势，而是当文献量增至最大值 k 的一半时，其增长率开始变小，最后缓慢增长，并以 k 为极限。

文献的逻辑增长曲线也反映了不同科学发展阶段科学知识（scientific knowledge）和科学团体（scientific communities）的特征。这里大致可以将其分为四个阶段，每个阶段的科学知识和科学团体特征如表 2.1 所示。

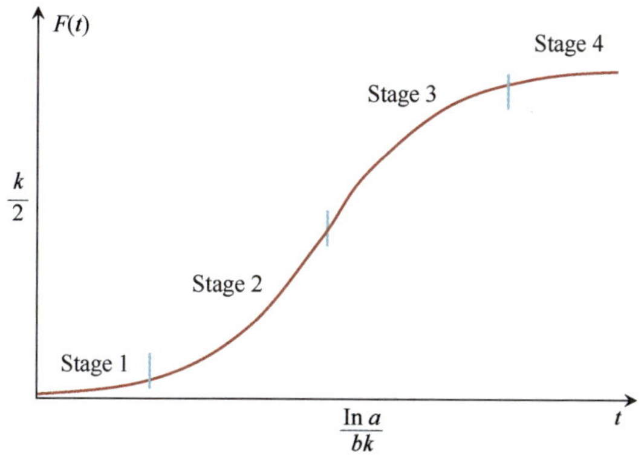

图 2.3 科学文献的逻辑增长曲线示意图

表 2.1 科学知识和科学团体在逻辑曲线上不同阶段的特征❶

	Stage1（阶段 1）	Stage2（阶段 2）	Stage3（阶段 3）	Stage4（阶段 4）
知识的特征	范式形成	常规科学	主要问题的解决	研究枯竭
			出现异常	危机
科学团体的特征	形成小的或者无组织	合作团体和无形学院	专业化增加	团体衰退
			学术争论	

虽然，科学文献的逻辑增长规律要比普赖斯曲线更符合实际，但是其仍有一定的局限性。随着年代的增长，科学文献的增长率为 0，这时科技文献的总数达到了不可逾越的最大值 k，显然是不符合实际情况的。

2.1.1.3 信息老化测度指标

（1）半衰期。1958 年，贝尔纳在华盛顿的一次情报科学讨论会上，首先提出用“半衰期”来表征文献的老化速度。贝尔纳文献半衰期的含义是指：已经发表的文献中有一半已不使用的时间（又称历时半衰期）。1960 年，巴尔顿和开普勒也提出了文献“半衰期”的概念：具体是指某科学领域现时尚在利用的全部文献中，较新的一半是在多长时间内发表的（又称共时半衰期或中值引文年限）。

---

❶ Wolfgang Glänzel，Stefan Hornbostel. History and Institutionalisation of Scientometrics. Berlin. September 2013. European Summer School for Scientometrics.

（2）普赖斯指数。1971 年，普赖斯对一年内发表文献的全部参考文献时间进行统计发现，参考的文献中有一半是近 5 年来发表的。受此启发，普赖斯认为可以用 5 年来作为划分文献情报利用程度的标准。出版年限小于 5 年的称为“现时有用”的文献，出版年限超过 5 年的称为“档案性”文献。并提出了一个衡量各个知识领域文献老化的数量指标，即“普赖斯指数”。就是在某一个领域中，把引用参考文献时间年限不超过 5 年的文献的引文量与引文总量做比值，以度量文献的老化速度和程度。

$$P_r(\text{普赖斯指数}) = \frac{\text{出版年限不超过 5 年的被引文献数量}}{\text{被引文献总量}}$$

2.1.2 科技信息的作者分布

2.1.2.1 作者科学生产率

科学生产率（Scientific Productivity）是指科研人员在科学上所表现出的能力和工作效率，通常用生产的科学文献的数量来衡量。1926 年，统计学家洛特卡在《美国华盛顿科学院学报》上发表了“科学生产率的频率分布”❶一文，以通过对发表论著的统计来探究科技工作者生产能力及对科技进步和社会发展所做的贡献。

洛特卡选择美国《化学文摘》和德国奥尔巴赫《物理学史一览表》为数据样本，统计分析了 1907－1916 年《化学文摘》中姓氏以字母 A 和 B 开头的 6 891位作者和《物理学史一览表》中 1900 年前物理学领域内出现的 1 325 位物理学家及其论著；并以论文数 x 和论文作者数 y 的对数为横坐标和纵坐标作图，结果显示两组数据都是直线。用最小二乘法计算拟合的直线斜率，近似为 −2。

根据洛特卡的分析，著者数 y_x 和论文数 x 满足下列的关系：

$$y_x = f(x) = \frac{C}{x^a} \text{或} x^a \cdot f(x) = C$$

式中：$f(x)$ 是产出 x 篇论文的作者数量，C 是某一主题的特征常数。通常认为 a 的取值在 1.2～3.8 之间。一些科学家利用概率论中的稳定性原理：认为当数

❶

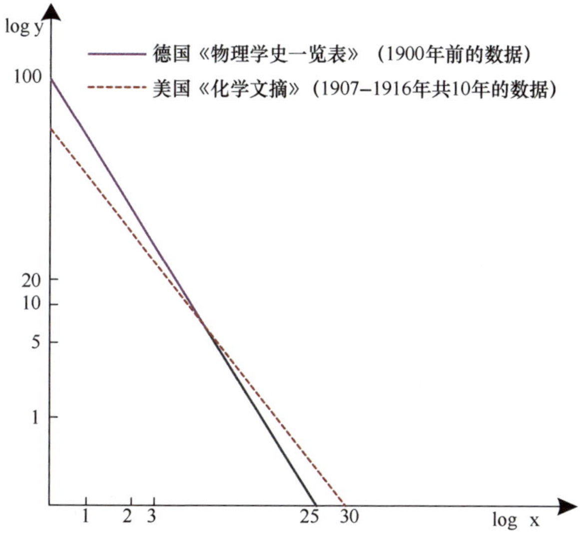

图 2.4　洛特卡分布曲线

据充分增大时，依据频率所表现出来的稳定值，推测洛特卡定律中 $a=2$ 是客观存在的[1]。

对于 $a=2$ 时（也可以不等于 2），可以得到：

写 1 篇论文的作者数量：$f(1)=\frac{C}{1^2}$

写 2 篇论文的作者数量：$f(2)=\frac{C}{2^2}$

写 3 篇论文的作者数量：$f(3)=\frac{C}{3^2}$

……

写 n 篇论文的作者数量：$f(n)=\frac{C}{n^2}$

那么，生产 n 篇论文的作者大约是生产 1 篇论文作者数的 $\frac{1}{n^2}$。

对上面的式子两边求和有：

$$\sum_{x=1}^{n} f(x)=c\left(\frac{1}{1^2}+\frac{1}{2^2}+\frac{1}{3^2}\cdots\cdots\frac{1}{n^2}\right)$$

[1] 庞景安．科学计量研究方法论［M］．科学技术文献出版社．1999.

$$\sum_{x=1}^{n} f(x) = C\sum_{x=1}^{n} \frac{1}{x^2}$$

根据欧拉定理❶：

$$C\sum_{x=1}^{n} \frac{1}{x^2} = 1$$

$$\sum_{x=1}^{n} \frac{1}{x^2} = \frac{\pi^2}{6}$$

则有：

$$C\frac{\pi^2}{6} = 1$$

进一步得到：

$$C = \frac{6}{\pi^2} = 0.607\ 9$$

可以明显得到，所有写一篇论文的作者数占全体作者数的比例应刚刚超过60%。

美国科学学、科学计量学学者普赖斯认为在一个特定领域中，全部论文的半数由该领域中全部作者的平方根的那些作者撰写。普赖斯定律的表达方式为❷：

$$\sum_{m+1}^{I} n(x) = \sqrt{N}$$

式中：$n(x)$ 为撰写 x 篇论文的作者数；$I = n_{max}$ 为特定学科规定时间内最高产的作者数；N 为该学科领域全部作者总数。m 为高产区中最低产的作者，并由下式确定：

$$\sum_{1}^{m} x \cdot n(x) = \sum_{m+1}^{I} x \cdot n(x)$$

上式的具体含义为，左侧表示从写 1 篇论文的作者到 m 的论文量等于右侧从最高产区当中的这个作者到产出量最大的作者的论文总数。

❶ 罗式胜．文献计量学引论［M］．书目文献出版社，1986.

❷ 马费成，宋恩梅．信息管理学基础（第 2 版）［M］．武汉大学出版社，2012. http：//www.icourses. cn/coursestatic/course_ 3531. html.

2.1.2.2　核心作者群和作者贡献率

根据普赖斯理论，核心作者群作者发文的下限使用下式来确定❶。

$$N = 0.749\sqrt{n_{max}}$$

其中，N 为核心作者发文篇数的下限；n_{max} 为最高产作者发文数。

科研成果作者的排序，已经成为评价作者学术贡献的重要指标之一。在文献计量学中，采用下式来进行作者贡献率的计算。

$$A = \frac{2}{N}\left(1 - \frac{R}{N+1}\right)$$

式中：A 为作者贡献率，N 为论文作者总数，R 为被评作者的排名。

2.1.2.3　作者 h 指数和 g 指数

H 指数是 2005 年由美国加利福尼亚大学圣地亚哥分校的物理学家乔治・希尔施提出的用于测度作者影响的指标❷。作者的 h 指数具体含义是指其发表的 N_p 篇论文中有 h 篇论文每篇至少被引 h 次，而其余的 $N_p - h$ 论文每篇被引均小于或者等于 h 次。换句话说就是，一位学者的 h 指数等于其至多发表了 h 篇论文被引用了至少 h 次（如图 2.5 所示）。国际知名的科学计量和文献计量学者鲁索认为，h 指数是文献计量学发展的大事件之一。且在 h 指数诞生之后，文献计量学目前暂时还没有出现新的大事件（参见附录）。

目前各个索引型数据库基本上都提供了对检索数据的 h 指数自动计算❸。例如，通过 Web of Science 核心库检索了欧莱・皮尔逊教授的论文，得到了其 $h = 17$。说明欧莱・皮尔逊教授发表的论文至少有 17 篇的被引次数大于或者等于 17。在一些全文型数据库中也提供了被引频次信息，但并没有给出 h 指数的结果。此时，用户可以按照被引频次对文献进行排序，然后浏览排序结果和被引频次，找到被引频次大于或等于排序序号的文献编号，即为 h 指数。也可以将排序信息和被引频次放在 EXCEL 中进行绘图，如图 2.6 所示的图形为笔者在 CNKI 中获取的成思危教授的论文被引频次和排序进行绘图的结果。得到 $h = 34$。

---

❶ 袁军鹏. 科学计量学高级教程［M］. 科学技术文献出版社. 2010.

❷ Hirsch J E. An index to quantify an individual' s scientific research output［J］. Proceedings of the National Academy of Science, 2005, 102 (46): 16569 – 16572.

❸ 需要特别注意的是，不同数据库所基于的引证数据有差异，因此所检索的项目的引证次数也会有差异。即便是使用相同的数据库，由于机构所购买年限的不同，得到的引证信息亦可能有差异。这样，直接的结果就是使得到的 h 指数存在差异。

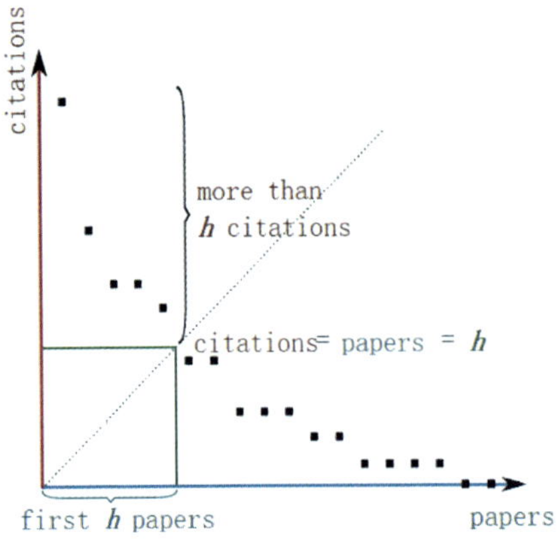

图 2.5　*h* 指数的计算❶

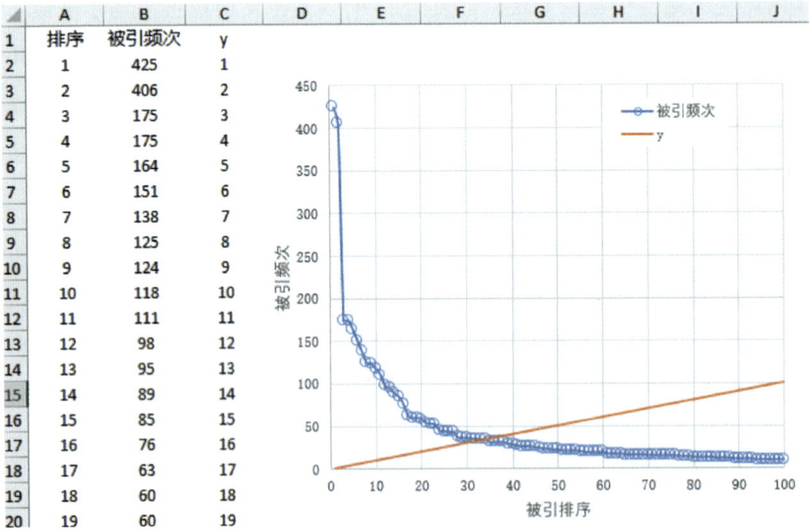

	A	B	C
1	排序	被引频次	y
2	1	425	1
3	2	406	2
4	3	175	3
5	4	175	4
6	5	164	5
7	6	151	6
8	7	138	7
9	8	125	8
10	9	124	9
11	10	118	10
12	11	111	11
13	12	98	12
14	13	95	13
15	14	89	14
16	15	85	15
17	16	76	16
18	17	63	17
19	18	60	18
20	19	60	19

图 2.6　EXCEL 中计算成思危教授的 *h* 指数

鉴于 *h* 指数对高引论文被引增量不敏感的缺陷，Egghe 将高引论文被引量增量计算在内，提出 *g* 指数，对 *h* 指数进行了修正❷。*g* 指数的计算过程为：将原论文按照被引次数降序排列，找出 *g* 值，使得前 *g* 篇论文被引次数的总和大于或者

❶ https://upload.wikimedia.org/wikipedia/commons/d/da/H－index－en.svg

❷ Egghe L. Theory and practise of the g－index［J］. Scientometrics, 2006, 69（1）: 131－152.

等于 g^2，而前 $g+1$ 篇论文的被引次数小于 $(g+1)^2$。g 指数的计算过程如表 2.2 所示。首先，对一组论文按照被引频次进行排序，表中第一列为论文的被引频次排序，第二列为这些论文所对应的被引次数。计算的 g 指数为 g 的一组论文要满足的约束条件为第三列，即被引次数按照降序排列。在第 g 项时，满足 $\sum_{i=1}^{g} C_i \geq g^2$。

表 2.2　g 指数的计算过程

排序 i	被引次数	约束条件
1	C_1	$C_1 \geq C_2$
2	C_2	$C_2 \geq C_3$
…	…	…
$g-1$	C_{g-1}	$C_{g-1} \geq C_g$
g	C_g	$\sum_{i=1}^{g} C_i \geq g^2$
$g+1$	C_{g+1}	$\sum_{i=1}^{g+1} C_i < (g+1)^2$
…	…	…
T	C_T	$C_T \leq C_{T-1}$

2.1.3　科技信息的期刊分布

2.1.3.1　期刊文献分布

对于特定主题的研究论文，会刊载在不同的期刊中。例如：从 Web of Science 下载了主题关于安全文化的论文 1 789 篇，对其刊载的期刊进行分析得到安全文化的研究出版物来源有 719 个。按照载文量排序，计算了期刊的累计百分比。载有安全文化研究的出版物载文量呈乘幂分布，排名前 10 的期刊载文量就已经超过了论文总量的 20%。主要刊载在了 *Safety Science*（安全科学）、*MJ Quality & Safety*（MJ 质量与安全）、*Quality & Safety In Health Care*（健康护理的质量与安全）、*Process Safety Progress*（过程安全进展）、*BMC Health Services Research*（BCM 健康服务研究）以及 *Journal of Safety Research*（安全研究杂志）等期刊上（见图

2.7）。这种现象被称作相关论文在期刊上分布的集中－离散。

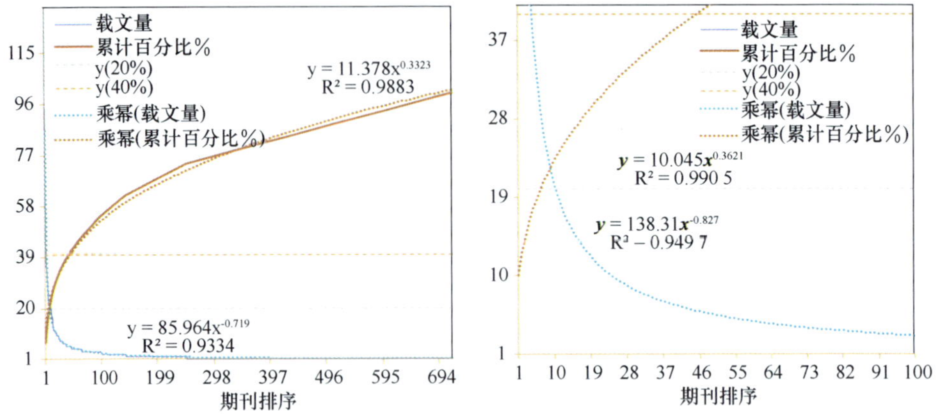

图 2.7　关于安全文化研究的期刊载文量分布

来自英国的文献学家布拉德福（S. C. Bradford）最早关注并量化研究了这种现象。1933 年，布拉德福调查了应用地球物理学、润滑研究的期刊，发现若以每区相关论文数大体相等来划分为三个区的话，相继区域的期刊数成等比数列，公比近似为 5。由布拉德福发现的这种现象被后人将其结论称为布拉德福定律。该定律的文字描述为：如果将科学期刊按其刊载某个学科领域的论文数量以递减顺序排列起来，就可以在所有这些期刊中区分出载文量最多的“核心区”以及包含和与核心区同等数量论文的随后的几个分区，这时核心区和后续各区中所含的期刊数成 $1:a:a^2:\cdots$（$a>1$）的关系。布拉德福定律可以用曲线表示，如图 2.8 所示。其中，期刊等级序号 n 的对数（$\lg n$）为横坐标，以相应的论文累积数 R（n）为纵坐标。从图中可以看出，布拉德福曲线由三部分构成：开始是一段上升的曲线 AC，对应于核心区的期刊分布，然后是一段直线 CB，拐点 C 为核心区的分界点。最后一段为下垂的曲线 BD。布氏分散曲线在进入直线部分不可能无限延伸，总要弯曲下垂，BD 下垂段又称格鲁斯下垂。

然而通过布氏定律的文字描述和图像描述来看，他们代表着布氏定律的不同组成部分。这两者是不相同的，在数学上分析来看，这两者不但不能趋于一致成立，而且不可能同时成立。

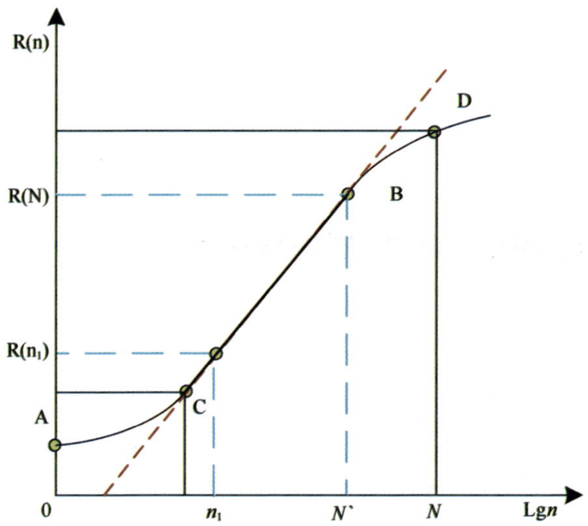

图 2.8　布氏定律的曲线表示

2.1.3.2　期刊评价指标

从 Web of Science 的期刊引证报告数据库中了解到，对期刊进行分析的指标包含了总被引次数（Total cites）、影响因子（Journal impact factor）、去除自引的影响因子（Impact factor without journal self Cites）、5 年影响因子（5 year impact factor）、立即指数（Immediacy index）、可引用论文量（Citable items）、特征因子（Eigenfactor Score）、标准化特征因子（Normalized Eigenfactor）、被引半衰期（Cited Half – Life）、引证半衰期（Citing Half – Life）、特征因子（Eigenfactor）、论文影响分值（Article influence Score）等（见图 2.9）。下面对这些指标进行详细的介绍：

（1）总被引次数。总被引次数表示某一期刊的文章在 JCR 出版年被引用的总次数。图为从 JCR 中获取的 Safety Science 的总被引次数的年度分布，该结果显示了从 1997 – 2015 年之间 Safety Science 的被引频次呈指数的增长趋势（见图 2.10）。

（2）影响因子、去除自引影响因子、5 年影响因子以及 3 年平均影响因子。

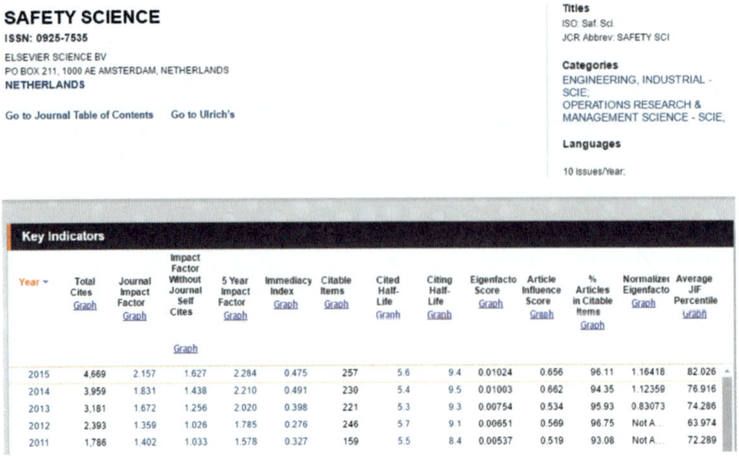

SAFETY SCIENCE
ISSN: 0925-7535
ELSEVIER SCIENCE BV
PO BOX 211, 1000 AE AMSTERDAM, NETHERLANDS
NETHERLANDS

Go to Journal Table of Contents   Go to Ulrich's

Titles
ISO: Saf. Sci.
JCR Abbrev: SAFETY SCI

Categories
ENGINEERING, INDUSTRIAL - SCIE;
OPERATIONS RESEARCH & MANAGEMENT SCIENCE - SCIE;

Languages

10 Issues/Year;

Key Indicators

Year	Total Cites Graph	Journal Impact Factor Graph	Impact Factor Without Journal Self Cites Graph	5 Year Impact Factor Graph	Immediacy Index Graph	Citable Items Graph	Cited Half-Life Graph	Citing Half-Life Graph	Eigenfacto Score Graph	Article Influence Score Graph	% Articles in Citable Items Graph	Normalizer Eigenfacto Graph	Average JIF Percentile Graph
2015	4,669	2.157	1.627	2.284	0.475	257	5.6	9.4	0.01024	0.656	96.11	1.16418	82.026
2014	3,959	1.831	1.438	2.210	0.491	230	5.4	9.5	0.01003	0.662	94.35	1.12359	76.916
2013	3,181	1.672	1.256	2.020	0.398	221	5.3	9.3	0.00754	0.534	95.93	0.83073	74.286
2012	2,393	1.359	1.026	1.785	0.276	246	5.7	9.1	0.00651	0.569	96.75	Not A...	63.974
2011	1,786	1.402	1.033	1.578	0.327	159	5.5	8.4	0.00537	0.519	93.08	Not A...	72.289

图 2.9　Web of Science 期刊的基本指标❶

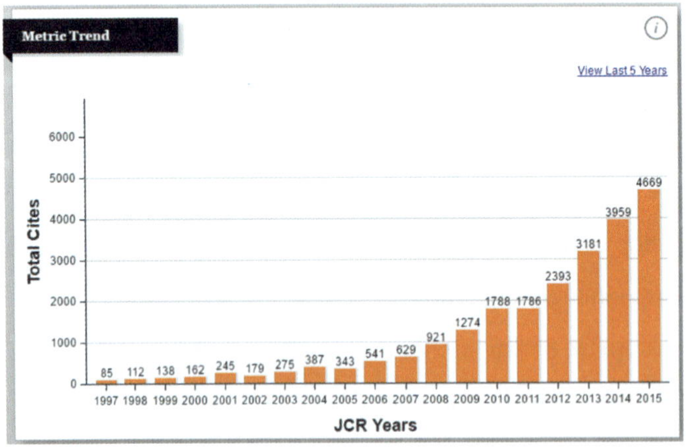

图 2.10　Safety Science（1997 -2015 年）的总被引次数趋势

普赖斯曾经提出，科学论文一般在其发表一两年后，被人们接受，并达到引用的峰值阶段。按照这一思想，美国情报学者加菲尔德教授在 1972 年提出了影响因子的思路❷。影响因子是指期刊在过去两年发表的论文在当前 JCR 年的平均被

❶ 本部分的期刊指标数据均来源于 2015 Journal Citation Reports®（Thomson Reuters, 2016）.

❷ Garfield, Eugene. "The history and meaning of the journal impact factor." Jama 295. 1（2006）: 90 -93.

引次数。例如 safety science 期刊 2016 年（JCR2015）的影响因子为 2. 157，说明 2013 年和 2014 年发表的论文在 2015 年的篇均被引次数为 2. 157。具体的计算方式为：这里给出的 Safety Science 在 2013 年发表的论文量为 221，被引频次为 580；2014 年发表的论文量为 230，被引频次为 393，那么 Safety Science 在 2015 年 JCR 中影响因子的计算结果为 IF = （580 + 393）/（221 + 230）= 2. 157（见图 2. 11）。

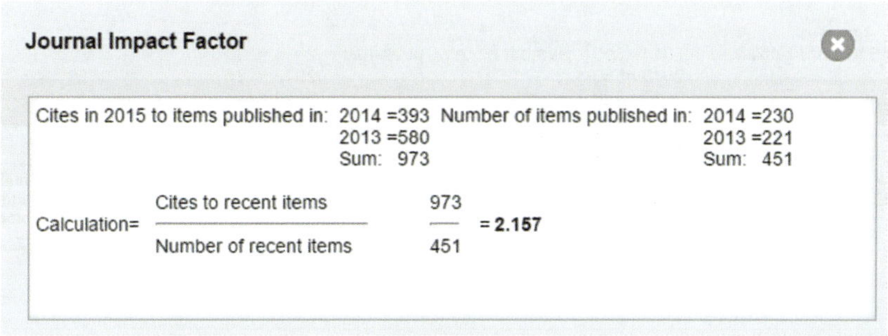
Journal Impact Factor

Cites in 2015 to items published in:		Number of items published in:	
	2014 =393		2014 =230
	2013 =580		2013 =221
	Sum: 973		Sum: 451

Calculation= Cites to recent items / Number of recent items = 973 / 451 = **2.157**

图 2. 11　2016 年 Safety Science 的影响因子（JCR2015）

去除自引的影响因子是在计算影响因子过程中，去除期刊自引后的计算结果。例如在 JCR 中未去除自引得到的 Safety Science 影响因子为 2. 157，去除自引则需要在原来的公式中减去自引次数 IF^{-} = （580 + 393 − 239）/（221 + 230）= 1. 627（见图 2. 12）。

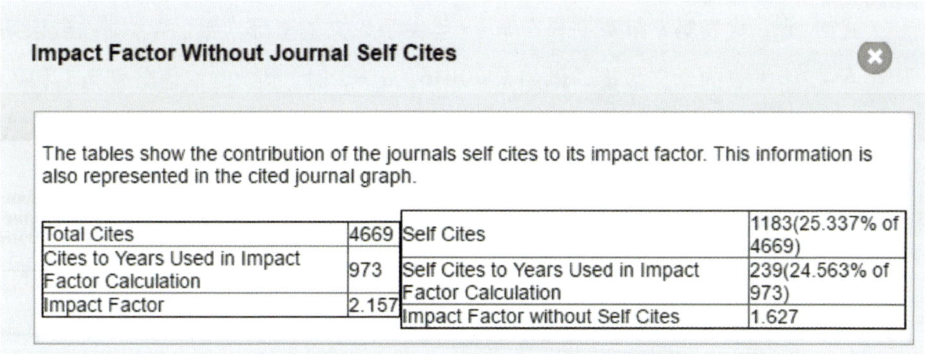
Impact Factor Without Journal Self Cites

The tables show the contribution of the journals self cites to its impact factor. This information is also represented in the cited journal graph.

Total Cites	4669
Cites to Years Used in Impact Factor Calculation	973
Impact Factor	2.157

Self Cites	1183(25.337% of 4669)
Self Cites to Years Used in Impact Factor Calculation	239(24.563% of 973)
Impact Factor without Self Cites	1.627

图 2. 12　2016 年 Safety Science 除去自引的影响因子

5 年影响因子是期刊论文过去 5 年的平均被引次数，通过使用过去 5 年期刊的被引次数除以 5 年的论文总数得到。例如，Safety Science 在 2010 年、2011 年、2012 年、2013 年、2014 年的论文量分别为 175、159、246、221、230，被引频次依次为 404、450、528、580、393，则 5 年的影响因子计算为 IF^5 = （404 + 450 + 528 + 580 + 393）/（175 + 159 + 246 + 221 + 230）= 2.284（见图 2.13）。

5-Year Journal Impact Factor

Cites in 2015 to items published in:		Number of items published in:	
2014	=393	2014	=230
2013	=580	2013	=221
2012	=528	2012	=246
2011	=450	2011	=159
2010	=404	2010	=175
Sum:	2355	Sum:	1031

Calculation: $\frac{\text{Cites to recent items}}{\text{Number of recent items}} = \frac{2355}{1031} = \mathbf{2.284}$

图 2.13　2016 年 Safety Science 的 5 年影响因子

按照上面计算影响因子的思路，那么对于计算的时间可以取不同的值。因此计算影响因子可以用通用公式来计算：

$$\text{影响因子} = \frac{\sum_{i=1}^{m} n_{k-i}}{\sum_{i=1}^{m} N_{k-i}} \qquad (m = 2,3,4,\cdots)$$

式中：n_{k-i} 代表第 k 年对期刊在 $k-i$ 年发表论文的引证次数。N_{k-i} 则代表该期刊在 $k-i$ 年发表的论文数量。例如 $k=2016$，$m=2$ 时，则 i 的取值分别为 1 和 2。n_{2016-1} 和 n_{2016-2} 就表示在 2015 和 2014 年发表论文的引证次数。N_{2016-1} 和 N_{2016-2} 就代表 2015 年和 2014 年发表的论文数量。

Safety Science 期刊按照影响因子在所隶属的 ENGINEERING，INDUSTRIAL 分类中 44 个期刊排名第 8，OPERATIONS RESEARCH & MANAGEMENT SCIENCE 分类中 82 个期刊排名 16，在这两个大类中，Safety Science 都属于 Q1 区期刊。

在我国科技工作者发表论文的评价中，中国科学院文献情报中心的期刊分区也常被用于进行期刊质量的评价。该分区以期刊三年的平均影响因子为分区依

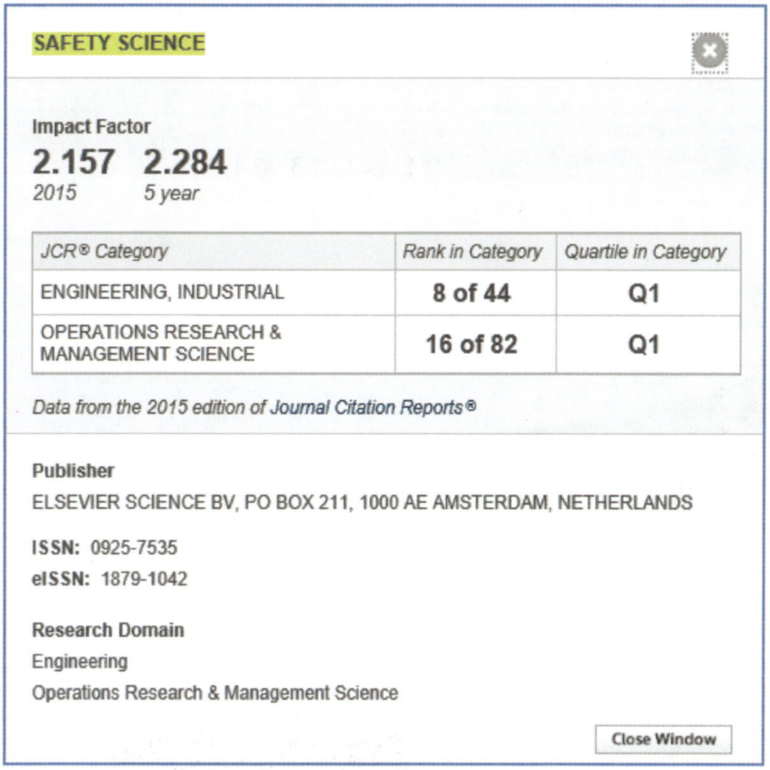
SAFETY SCIENCE

Impact Factor
2.157　2.284
2015　5 year

JCR® Category	Rank in Category	Quartile in Category
ENGINEERING, INDUSTRIAL	8 of 44	Q1
OPERATIONS RESEARCH & MANAGEMENT SCIENCE	16 of 82	Q1

Data from the 2015 edition of Journal Citation Reports®

Publisher
ELSEVIER SCIENCE BV, PO BOX 211, 1000 AE AMSTERDAM, NETHERLANDS

ISSN: 0925-7535
eISSN: 1879-1042

Research Domain
Engineering
Operations Research & Management Science

Close Window

图 2. 14　JCR 中的期刊分区

据，具体含义是指某一特定期刊最近 3 年的影响因子的平均值。例如 Safety Science 在 2013 年、2014 年、2015 年的影响因子分别为 1.672、1.831 和 2.157，那么 Safety Science 在 2015 年的 3 年平均影响因子为 $\overline{IF^3} = (1.672 + 1.831 + 2.157)/3 = 1.89$。实际的计算中，有些期刊可能仅仅有一年或者两年的影响因子数据，在计算中以一年或者两年的平均来代替 3 年的平均影响因子。在此基础上，把每个学科[1]的所有期刊按照学术影响力（3 年平均 IF）由高到低降序排列，依次划分为 4 个区，使得每个分区期刊影响力总和相同。由于学科内期刊的 3 年 IF 的偏态分布，这使得 1 区期刊数量极少。为了保证期刊 1 区期刊数量，1 区期刊取整个学科数量总数的 5%，即 3 年平均 IF 最高的 5% 的期刊为 1 区期刊，2－4

[1] 该分区首先将期刊的学科划分为大类和小类：大类参考国内高校学科的设置、期刊与学科的对应关系均充分考虑到中国国内科研、教育体系的特点，将学科分为 13 个类别，小类则沿用了 JCR 的学科分类体系。

区期刊使用3年平均IF总和相同的方式分布。例如，图2.15为通过该种方法得到的某学科期刊的分区分布示意图❶。

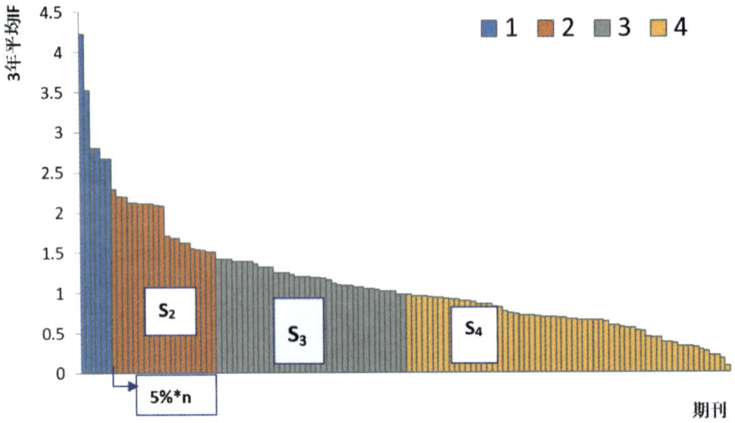

图2.15　某学科期刊分区数量分布示意图

中科院期刊分区提供了两种在线查询的路径。一是通过授权的期刊分区网站进行查询❷，二是通过关注微信公众号，免费进行查询（见图2.16）。例如，2016年7月6日通过微信公众号查询得到的Safety Science的期刊分区为：大类－管理科学2区；小类－工程：工业（Engineering，Industry）3区；运筹学与管理科学（Operations Research & Management Science）3区。

图2.16　中科院JCR期刊分区微信公众号

特别地，在2016年12月8日，爱思唯尔对外发布了自己的期刊评价指标CiteScore，并免费向用户开

❶ 中科院JCR期刊分区说明. http://blog.sciencenet.cn/blog-755333-935907.html

❷ JCR期刊分区数据在线平台. http://www.fenqubiao.com/

放❶。所分析当年的 CiteScore 的具体含义为：以当年为基准年，用某期刊前三年所发表论文在当年的被引总次数除以这三年所发表论文的总数（见图 2. 17）。例如 2015 年 Safety Science 的 CiteScore 值的计算过程为：统计得到 2012 – 2014 年共发表论文 727 篇，这三年的论文在 2015 年的总被引用次数为 1 984 次，那么得到的 CiteScore 值为 2. 73。表 2. 3 列出了 10 种安全研究类期刊的 CiteScore 值及其计算的基本参数。与此同时，爱思唯尔还给出了期刊的 CiteScore Tracker 数据（每月更新一次），该指标的计算方式与 CiteScore 类似，但分子会每个月进行更新。例如：Safety Science 期刊在 2016 年 10 月 29 日更新的 CiteScore Tracker 2016 为 2. 06。具体计算是使用截至 2016 年 10 月 29 日前三年的论文在 2016 年的被引次数除以 2013 – 2015 年的论文量（见图 2. 18）。

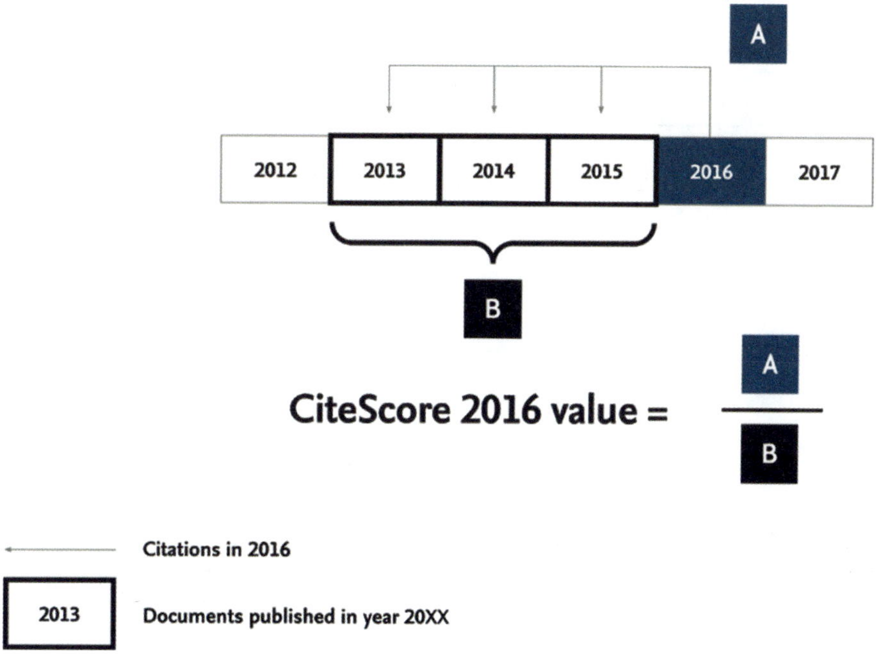

图 2. 17　CiteScore 的计算过程❷

❶ https：//journalmetrics. scopus. com/

❷ About CiteScore and its derivative metrics [EB/OL]. [2018 – 02 – 01] https：//journalmetrics. scopus. com/index. php/Faqs

表 2.3　几种安全研究类期刊的 CiteScore 及计算参数

期刊名称	CiteScore	引证次数 [2015]	文献量 [2012－2014]
Analytic Methods in Accident Research	4.71	80	17
Journal of Peace Research	4.32	696	161
Global Food Security	3.53	293	83
Safety Science	2.73	1 984	727
Therapeutics and Clinical Risk Management	2.26	492	218
International Journal of Disaster Risk Reduction	1.92	293	153
Food Analytical Methods	1.82	1 310	720
Journal of Occupational Medicine and Toxicology	1.82	158	87
Safety and Health at Work	1.6	179	112
Journal of Security and Sustainability Issues	1.6	120	75

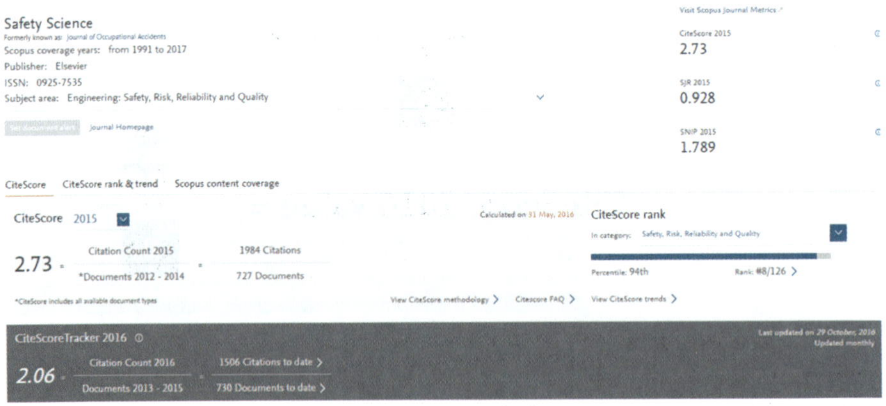

图 2.18　Safety Science 期刊在爱思唯尔中的测度

（3）立即指数，用期刊中某一年发表的论文在当年的被引次数除以当年发表论文总数。期刊的立即指数可以反映期刊中论文得到引用的速度。例如，Safety Science 在 2015 年发表论文 257 篇，被引频次 122，则立即指数 JII = 122/257 = 0.475（见图 2.19）。

（4）可引用论文量，代表某期刊在特定年份发表的论文量。例如，图 2.20

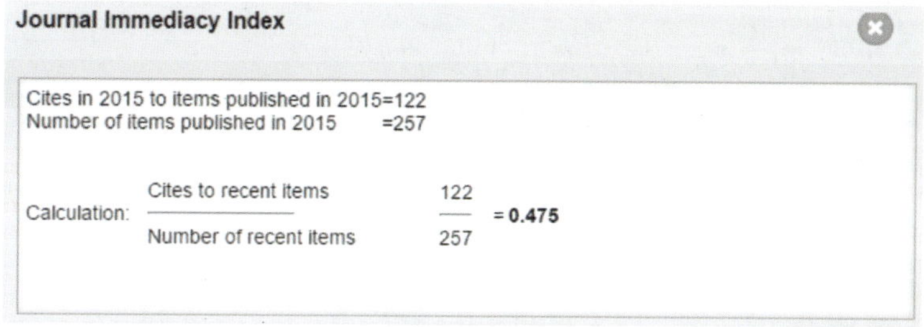

图 2.19　2016 年 Safety Science 的立即指数

为通过 JCR 我们获取的 Safety Science 期刊论文的载文量分布，并按照 Articles 和 Reviews 对论文的类型进行划分（图 2.20）。

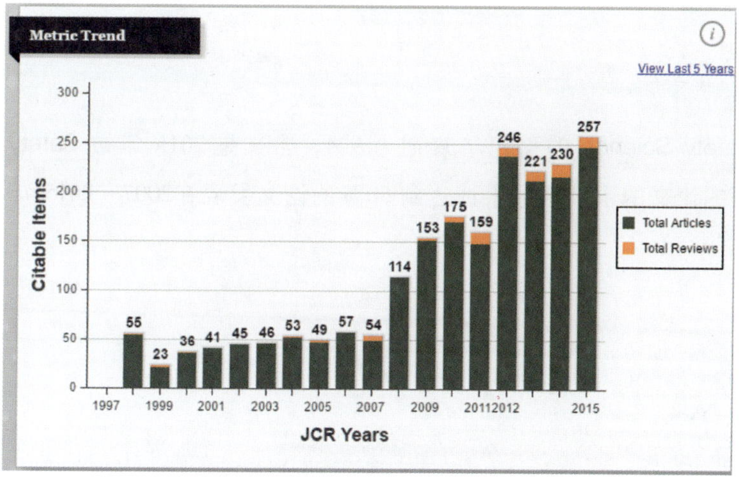

图 2.20　Safety Science 论文量的年度分布

（5）被引半衰期和引用半衰期。被引半衰期是指一种期刊从当前年度向前推算引用数占截至当前年度被引用期刊的总引用数 50% 的时间，是测度期刊老化速度的指标。半衰期通常不是针对个别文献或某一组文献，而是指某一学科或专业领域的文献总和而言的。这一数字有助于图书馆确定期刊采购和期刊馆藏的策略。例如，2015 年 Safety Science 的半衰期为 5.6，含义是在 2015 年引用 Safety Science 的论文的引证次数累计有 50% 发表在 2011 – 2015 年（见图 2.21）。

引用半衰期是指参考文献数达到当前期刊发表的论文中的参考文献的 50% 所需要的时间。引用半衰期的值越低，表示该期刊所引用之参考文献时效性越高。

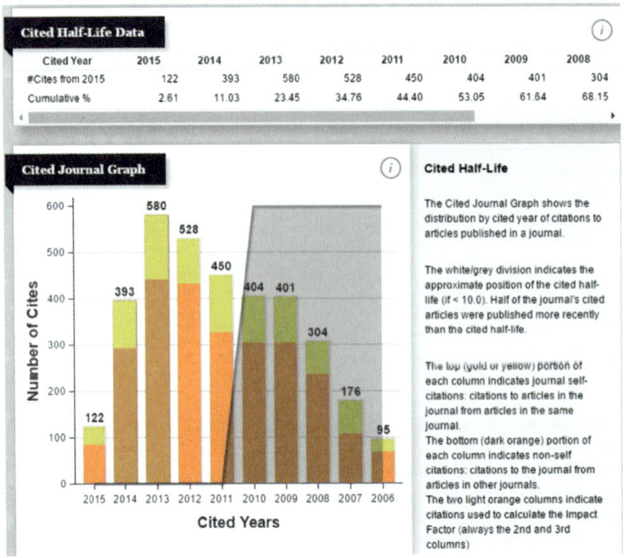
Cited Half-Life Data
Cited Year 2015 2014 2013 2012 2011 2010 2009 2008
#Cites from 2015 122 393 580 528 450 404 401 304
Cumulative % 2.61 11.03 23.45 34.76 44.40 53.05 61.64 68.15
Cited Journal Graph
Number of Cites
Cited Years
Cited Half-Life
The Cited Journal Graph shows the distribution by cited year of citations to articles published in a journal.
The white/grey division indicates the approximate position of the cited half-life (if < 10.0). Half of the journal's cited articles were published more recently than the cited half-life.
The top (gold or yellow) portion of each column indicates journal self-citations: citations to articles in the journal from articles in the same journal.
The bottom (dark orange) portion of each column indicates non-self citations: citations to the journal from articles in other journals.
The two light orange columns indicate citations used to calculate the Impact Factor (always the 2nd and 3rd columns)

图 2.21　Safety Science 的被引半衰期

例如，2015 年 Safety Science 的引用半衰期为 9.4，含义是 2015 年被 Safety Science 期刊引证的论文的引证次数累计达到 50% 的论文发表在2007 – 2015 年（见图 2.22）。

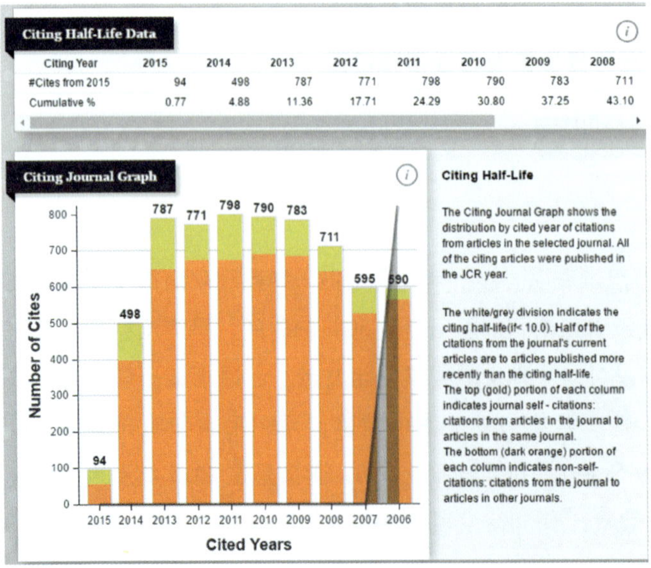
Citing Half-Life Data
Citing Year 2015 2014 2013 2012 2011 2010 2009 2008
#Cites from 2015 94 498 787 771 798 790 783 711
Cumulative % 0.77 4.88 11.36 17.71 24.29 30.80 37.25 43.10
Citing Journal Graph
Number of Cites
Cited Years
Citing Half-Life
The Citing Journal Graph shows the distribution by cited year of citations from articles in the selected journal. All of the citing articles were published in the JCR year.
The white/grey division indicates the citing half-life(if< 10.0). Half of the citations from the journal's current articles are to articles published more recently than the citing half-life.
The top (gold) portion of each column indicates journal self - citations: citations from articles in the journal to articles in the same journal.
The bottom (dark orange) portion of each column indicates non-self-citations: citations from the journal to articles in other journals.

图 2.22　Safety Science 的引用半衰期

（6）特征因子和论文影响力。特征因子以过去 5 年期刊发表的论文在该 JCR 年被引总数为基础计算，同时考虑在期刊网络中引文较多的期刊的贡献，该指标不受期刊自引的影响（见图 2.23）。与影响因子比较，期刊特征因子分值的优点主要有❶❷❸：① 特征因子考虑了期刊论文发表后 5 年的引用时段，而影响因子只统计了 2 年的引文时段，后者不能客观地反映期刊论文的引用高峰年份；②特征因子对期刊引证的统计包括自然科学和社会科学，更为全面、完整；③特征因子的计算扣除了期刊的自引；④特征因子的计算基于随机的引文链接，通过特征因子分值可以较为合理地测度科研人员用于阅读不同期刊的时间。

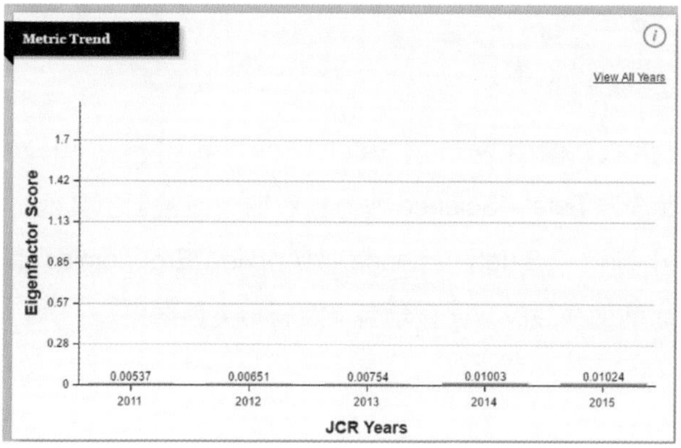

图 2.23　Safety Science 2011—2015 的特征因子

论文的影响力通过$\frac{0.01 * \text{Eigenfactor Score}}{X}$计算，其中 X＝5 年期刊发表论文总数除以 5 年全球所有期刊论文总数，该指标反映了某期刊论文在发表后第一个 5 年的平均影响力（图 2.24）。Article Influence 的平均值为 1，如果该值大于 1，则说明当前期刊中的每篇论文的影响力高于平均水平；若小于 1，则说明该期刊中的每篇论文的影响力低于平均水平。

特别地，通过期刊之间的引证关系，JCR 中还提供了相关期刊（Journal Relationships）的分析。例如，这里 Citing data 表示的是在施引期刊为 Safety

❶ 任胜利．特征因子（Eigenfactor）：基于引证网络分析期刊和论文的重要性［J］．中国科技期刊研究，2009，20（3）：415－418.

❷ JCR 新增 EigenfactorTM Metrics 特征因子．http：//blog. sciencenet. cn/blog－57081－219460. html

❸ About the Eigenfactor® Project. http：//www. eigenfactor. org/methods. htm

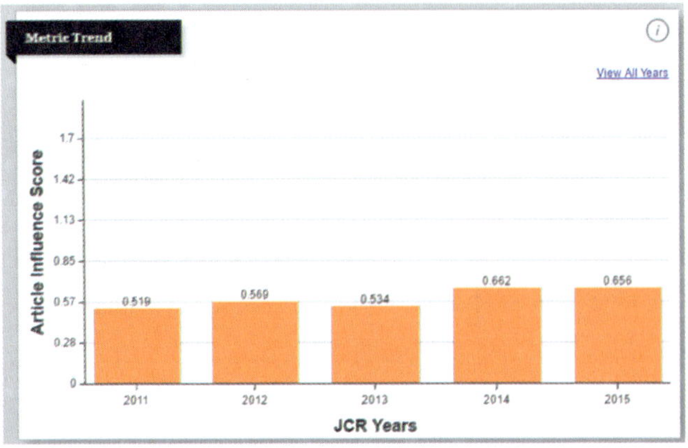

图 2.24　Safety Science 近五年的论文影响得分

Science 时期刊之间的引证关系，图中表示了 Safety Science 引用了 91 次 Ergonomics 期刊。Cited data 表示 Safety Science 作为被引期刊而被图中其他施引期刊引用的关系，图 2.25 中标记了 Safety Science 被 Applied Ergonomics 引用了 59 次。当点击两个期刊之间的连线时，会显示两个期刊相关性结果。

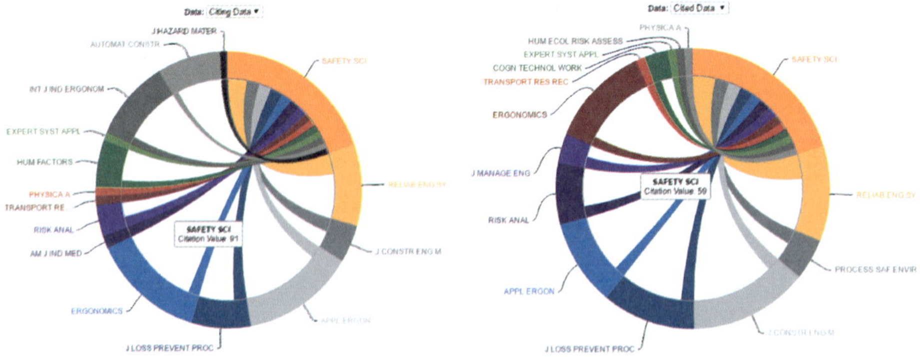

图 2.25　Citing data 表示 Safety Science 作为施引期刊引用其他期刊的情况；Cited data 表示 Safety Science 作为被引期刊被列表中的施引期刊引用的情况

在 JCR 中详细提供了目标期刊（表示所分析的期刊，这里为 Safety Science）作为施引期刊和被引期刊时与相关期刊的引证信息（如图 2.26、图 2.27）。

Cited Journal Data

	Impact	Citing Journal	All Yrs	2015	2014	2013	2012	2011
1		ALL Journals	4,669	122	393	580	528	
2		ALL OTHERS (383)	383	8	39	50	54	
3	2.157	SAFETY SCI	1,183	38	101	138	96	
4		ACCIDENT ANAL PREV	287	6	33	35	34	
5	2.498	RELIAB ENG SYST SAFE	131	1	17	26	11	
6	2.078	PROCESS SAF ENVIRON	76	1	3	18	7	
7		WORK	75	0	0	3	1	
8	1.152	J CONSTR ENG M	73	1	0	5	0	
9	1.409	J LOSS PREVENT PROC	69	3	2	10	15	
10	1.713	APPL ERGON	59	2	0	3	10	
11	1.840	J MANAGE ENG	59	0	1	6	1	
12	2.225	RISK ANAL	59	1	2	8	5	
13		J SAFETY RES	56	2	11	5	6	
14	1.449	ERGONOMICS	48	1	4	5	3	
15		TRANSPORT RES F-TRAF	45	3	7	4	3	
16		INT J OCCUP SAF ERGO	44	1	0	6	0	

图 2. 26　被引期刊 Safety Science 的施引期刊列表

Citing Journal Data

	Impact	Cited Journal	All Yrs	2015	2014	2013	2012	2011
1		ALL Journals	12,138	94	498	787	771	
2		ALL OTHERS (4291)	4,291	16	171	268	299	
3	2.157	SAFETY SCI	1,183	38	101	138	96	
4		ACCIDENT ANAL PREV	372	1	22	38	37	
5		**NON-TRADITIONAL**	203	0	0	0	0	
6		J SAFETY RES	200	0	3	13	6	
7	2.498	RELIAB ENG SYST SAFE	169	5	13	11	7	
8		J APPL PSYCHOL	125	0	1	0	0	
9	1.152	J CONSTR ENG M	109	0	2	4	11	
10	1.713	APPL ERGON	106	1	4	4	8	
11	1.409	J LOSS PREVENT PROC	103	4	6	8	8	
12	1.449	ERGONOMICS	91	2	0	3	0	
13	1.632	AM J IND MED	86	0	3	6	2	
14	2.225	RISK ANAL	81	1	2	4	6	
15		TRANSPORT RES F-TRAF	73	0	3	11	3	
16	0.522	TRANSPORT RES REC	61	0	2	2	7	

图 2. 27　施引期刊 Safety Science 的被引期刊列表

补充资料

在其他期刊查询系统中也提供了多个期刊指标，这与 Web of Science 的 JCR 期刊系统不尽相同：

（1）莱顿大学科学技术研究中心（CWTS – Centre for Science and Technology Studies）发布的 Journal Indicators 期刊排名：http：//www. journalindicators. com/

（2）爱思维尔等机构合作的期刊系统：https：//www. journalmetrics. com/

（3）SJR – Scimago Journal & Country Rank 系统：http：//www. scimagojr. com/

（4）中科院学术期刊系统：www. mo – bius. com

（5）中国科学引文索引：168. 160. 16. 119

2. 1. 4 科技文本词频分析

2. 1. 4. 1 文本词频及分布

文本的词频分析是对组成论文的单词在文本中出现频次的统计和分析。1935 年，在前人研究的基础上，哈佛大学语言学教授齐夫（G. K. Zipf）统计了乔伊斯的中篇小说《尤利西斯》中 29 899 个词汇，提出了描述文献中词与其出现频次之间关系的经验规律——齐夫定律。1949 年，在齐夫出版的《人类行为与最省力法则》（Human behavior and the principle of least effort）专著中，系统性地将这种规律总结为：

设一篇含有 N 个词的文献（$N \geqslant 5\ 000$），用自然数依次给文献中的单词编级，出现次数最高的为 1，依次为 2，3，4，… • r（$r < N$），则高频词的频次 f 与词级 r 的乘积是一个常数，即 $fr = c$。齐夫用最省力法则作为该定律的机理——使用频率高的词实际价值不大，只是传递起来省力，因此词频与词级的乘积基本稳定在一个常数水平。

齐夫定律的图示表达，可以根据文献中出现的词频与等级序号数据建立直角坐标系来进行分析。在直角坐标系中用横坐标表示词的等级序号 r，用纵坐标表示相应的频次 f，就可以得到一条曲线，即齐夫分布曲线。若对等级序号 r 和对应的频次取对数，则图形就会变成一条直线，即齐夫分布对数曲线，这种分布也叫齐夫分布。例如，笔者对国际 Safety Culture 主题论文作者关键词的统计，得到关于安全文化的词频分布如图 2. 28 所示。

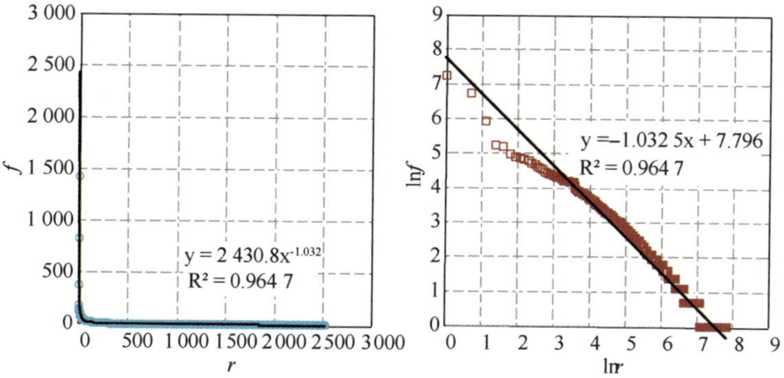

图 2.28 词频曲线

2.1.4.2 高－低频词分析

（1）选取主题词列表中 TopN 或者 TopN% 的主题作为研究的高频主题词❶。这种方法不仅简单，而且容易理解，在实际应用中比较广泛。该方法也被嵌入到了知名的科技文本挖掘及可视化软件 CiteSpace 中。

与其类似的方法是通过词频的阈值来确定高频关键词。如通过挖掘得到了一个主题列表，选定频次大于或者等于 50 的主题作为高频关键词。这种方法相比 TopN 的方法的优点在于能有效地获取满足阈值的主题。依据阈值来进行高频主题筛选的方法是知名的科技文本挖掘可视化软件 VOSviewer 所采用的方法。

（2）使用齐普夫第二定律提出的低频词公式进行估算❷，见下式：

$$\frac{I_n}{I_1} = \frac{2}{n(n+1)}$$

式中：I_1 为出现 1 次的词数量，I_n 为出现 n 次词的数量。

（3）通过 1973 年 Donohue 的高－低频词计算公式进行计算。

$$T = \frac{(-1 + \sqrt{1 + 8I_1})}{2}$$

式中：T 为高－低频词的分界线，I_1为词频为 1 的词汇的数量❸❹。

❶ 这种方法便是 CiteSpace 中提供的分析思路，在当前研究中使用相对广泛。

❷ 叶鹰．武夷山．情报学基础（第二版）［M］．科学出版社．2012. 7－8.

❸ Donohue J C. Understanding Scientific Literatures：A Bibliometric Approach［M］．Cambridge：The MIT Press 1973：49－50.

❹ Yang Y，Wu M，Cui L. Integration of three visualization methods based on co－word analysis［J］. Scientometrics，2012，90（2）：659－673.

（4）通过基于语料量的计算方法，具体见下式❶❷❸：

$$T = \frac{1 + \sqrt{1 + 4D}}{2}$$

式中：T 为高－低频词的分界线，D 为分析语料中的词汇量，如果语料足够大可以用式 $T = \sqrt{D}$ 简化。

（5）通过齐普夫公式得到的高频词阈值公式❶：

$$P_n \approx C(\ln n + \gamma)$$

式中：P_n 为前 n 个关键词出现的频次之和，γ 为欧拉常数。使用此公式时只要满足当 n = c 时，此时上面公式的斜率为 1，说明关键词个数和频次增长处于一个平衡状态。

（6）借鉴普赖斯的高频被引文献公式进行高频词的估算：

$$M = 0.749\sqrt{N_{max}}$$

式中：M 为高频词的阈值，N_{max} 表示区间词频的最高值❺❻。

（7）使用 g 指数来界定高频关键词。g 指数来选取高频关键词方法的步骤为：对关键词按照词频降序排列，当且仅当前 g 个关键词累计频次总和大于或等于 g^2，而（$g+1$）个关键词累计频次小于（$g+1$）^{2} 时，g 即为高频词的阈值。具体计算如下❼：

$$\sum_{i=1}^{g} f_i \geqslant g^2$$

且满足：

$$\sum_{i=1}^{g+1} f_i \leqslant (g+1)^2$$

---

❶ Sun Q, Shaw D, Davis C H. A model for estimating the occurrence of same-frequency words and the boundary between high-and low-frequency words in texts [J]. Journal of the American Society for Information Science, 1999, 50 (3): 280 – 286.

❷ 叶飞，宋志强．一种基于齐普夫定律的确定语料中高低词频分界点的新方法——以科学计量研究为例［J］．情报学报，2013，32（11）：1196 – 1203

❸ 叶飞．一种基于齐普夫定律的识别语料中高低词频分界点的新方法及其应用［D］．南开大学博士论文，2014.

❹ 王浩．基于共词分析的技术分解结构方法研究［D］．国防科学技术大学，2005.

❺ 王佑镁，伍海燕．中国高教研究领域高频被引论文的学术特征分析——基于《中国高教研究》2000 – 2011 年刊载论文的计量分析［J］．中国高教研究，2012，01：33 – 37.

❻ 王佑镁，陈慧斌．近十年我国电子书包研究热点与发展趋势——基于共词矩阵的知识图谱分析［J］．中国电化教育，2014，05：4 – 10.

❼ 师丽娟．中外农业工程学科发展比较研究［D］．中国农业大学，2016.

式中：g 为高频词逆序序号，f_i 为第 i 个关键词的词频。

例如，在 CiteSpace 4.0 R3 版中新增加了通过 g 指数来选择所分析节点的方法，并在公式中增加了规模因子 k 进行了修正❶。

$$k\sum_{i=1}^{g} f_i \geqslant g^2 \text{ 或 } g \leqslant \frac{1}{g}\sum_{i=1}^{g}(k \cdot f_i)$$

式中，$k \in Z^+$。

通过公式容易得知，提高 k 的值可以使得阈值降低，即提高了 g 数值，进而可以提取更多的知识单元。

此外，还有学者专门就高低频词的确定问题进行了讨论和研究❷❸。

2.2 知识单元共现分析

知识单元共现分析是文献计量分析中最核心的分析方法。基本思路是通过一定的关联关系，构建同质知识单元（合作网络、共词网络以及引文网络等）或者异质知识单元之间（主题—文献网络，关键词—作者网络以及作者—机构网络等）的关系，并进行深层次量化分析的方法。常用的分析技术有网络分析方法、多元统计分析以及数据可视化等。

2.2.1 合作网络

进入 20 世纪以来，科学探索最基本的组织单元已经从以前的个体为主转向课题组为主，科学的合作已经成为科学研究的主要形式❶。在科学计量学研究中合作网络的分析主要是分析研究人员的科技成果共同署名的情况。例如，作者 A1、A2 和 A3 共同署名发表了论文 P1，那么他们就构成了合作关系。在实际分析中，我们利用计算机程序两两统计这些作者共同出现在一篇论文的署名作者字段的频次，构建作者的合作矩阵以获得作者的合作网络。另外一种思路就是，先得到作

❶ 4.0 R3 11/14/2015 Node Selection: Selection by g - index, modifiable with a scale factor k.

❷ 孙清兰. 高频、低频词的界分及词频估计方法［J］. 情报科学，1992，02：28 -32.

❸ 孙清兰. 高频词与低频词的界分及词频估算法［J］. 中国图书馆学报，1992，02：78 -81 +95 -96.

❶ 杨立英. 科技论文共现理论研究与应用［D］. 中国科学院文献情报中心，2007.

者与文档之间的出现矩阵，然后再通过矩阵乘法得到作者的合作矩阵。无论哪一种方法，作者合作网络分析的基本原理是一致的（如图 2.29 所示）。

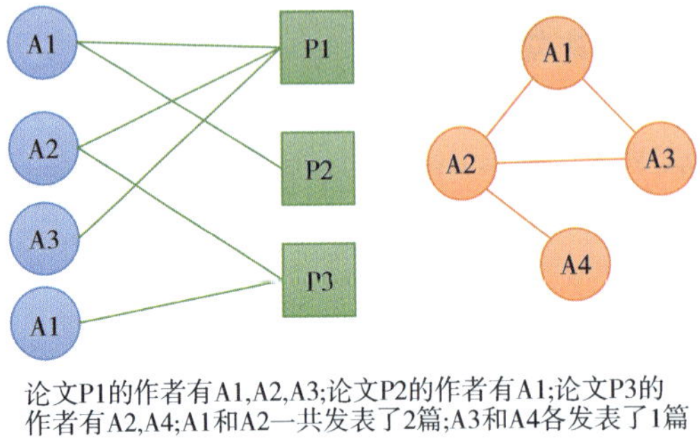

图 2.29　合作网络

2.2.2　共词网络

共词网络分析是运用统计方法计算词对在同一篇论文中共同出现的频次，得到共现矩阵，进而将共词矩阵转换成共词网络的分析方法。共词分析广泛地应用在当前的科学计量、科学知识图谱、学科热点以及主题结构的研究中。

在实际的分析中，从文献中提取主题的来源可以是文章的标题、摘要、关键词、补加关键词甚至全文中。例如，在 BibExcel 中可以从标题（TI）、作者关键词（DE）、补加关键词（ID）或摘要（AB）中来提取共词网络。这种分析原理是以文献的知识单元为模块，两个词同时出现在同一个知识单元，则表明存在共现关系。通过全篇计算词对在所有文献的相同知识单元中的共现频次，来得到最终词对的共现次数。

例如，图 2.30 中论文 P1 包含了关键词 T1、T2 和 T3；论文 P2 包含了关键词 T1、T3、T5；论文 P3 包含了关键词 T2、T4、T6。根据关键词 T 在 P 的共现情况，构建出关键词 - 文档网络（或矩阵）以及关键词共现网络（或矩阵）。

2.2.3　引文网络

文献由于相互之间的引证而形成引文网络。在常规的引文网络中，先发表的论文作为研究基础，被后发表的相关论文引用，因此这样的网络是有向网络。随

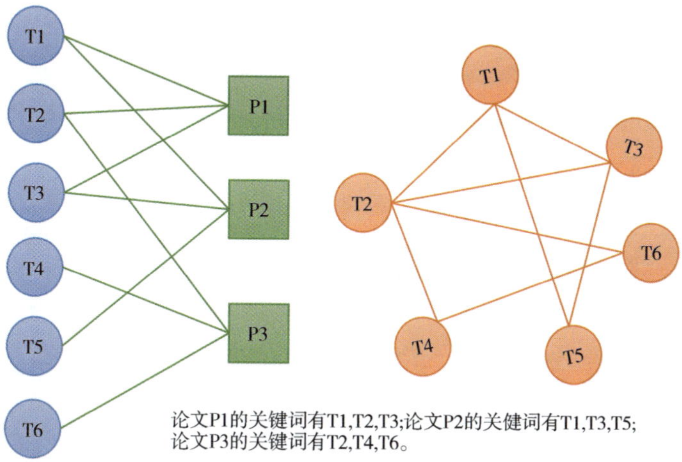

图 2. 30　共词网络

着后来的发展，研究人员从参考文献入手，提出了其他两种类型的文献网络——文献共被引的网络和文献耦合的网络。

文献的共被引以研究文献两两共被引的频次，来测度文献之间的相似性。假设两篇论文的共被引次数越大，则两篇论文在研究内容上越相近。从其基本原理不难得知，两篇论文的共被引次数会随着时间的变化而变化。先前没有共被引关系或者共被引次数比较少的两篇论文，可能在未来出现共被引或者共被引次数增加。

文献的耦合以研究文献两两所具有的相同参考文献的频次，来测度文献的相似性。假设两篇论文所含有的相同参考文献的数量越多，那么这两篇论文的相似性就越大。从文献耦合的基本原理可以得知，论文在发表以后，其参考文献已经固定。因此，已经发表的两篇论文的耦合强度，不会随着时间的变化而变化。

图 2. 31 中展示的引证网络包含了有向的引文网络、共被引关系和耦合关系。例如论文 P1 引用了文献 R1、R2、R4 和 R5，同时 P1 作为参考文献又被 P1、P2、P3 和 P4 引用。在这个引证网络中，R2 和 R5 分别被 P1、P2 和 P3 引用，它们形成了强度为 3 的共被引关系。在文献 p2、p3 和 p4 的参考文献中都引用了 P1、P2 和 P3，它们形成了强度为 3 的文献耦合关系。

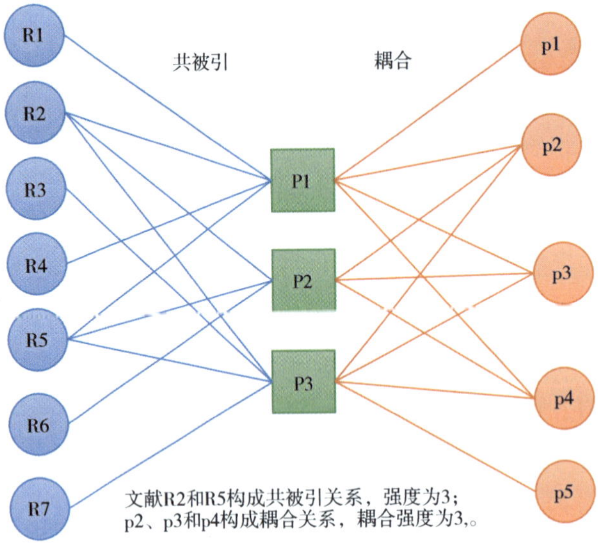

图 2.31 引文网络

2.2.4 知识图谱的网络可视化

随着科技文献的积累和爆发式增长，科学知识的精准获取和分析变得更加困难。一方面，我们已经告别了知识和信息匮乏的时代，而迎接我们的是知识爆炸和精确知识获取难度增大的新时代。另一方面，即使获得了相关领域或者主题的文献数据，数据规模之大也使得科研人员难以驾驭。在此背景下，科学知识图谱的方法（即知识单元及其网络可视化分析）以使用科学计量学理论和方法为基础，从大规模文献数据中来提取、分析以及可视化文献的核心信息，为广大的科研人员提供了一种新的理解专业领域知识的途径。

科学知识图谱是显示科学知识的发展进程与结构关系的一种图形。最早是由一批进行信息可视化研究和科学文献分析的学者们共同提出❶，英文常译为 Mapping Knowledge Domains。2004 年，由我国大连理工大学刘则渊教授带领其团队进行了开创性的引入学习和研究，并绘制了一系列科学知识图谱。从科学知识图谱的表现形式和目前我国对知识图谱的应用来看，其实质上是对知识单元的

❶ Colloquium on “Mapping Knowledge Domains” . http：//vw. indiana. edu/sackler03/

可视化分析及解读。如对科技文本中作者合作关系的可视化、文献共被引的可视化以及主题共现的可视化等。

从 CNKI 检索主题为“知识图谱”的各类论文（期刊论文、会议论文以及学位论文等），数量达到了 2 100 余条。从中选取了被引频次大于 1，且文献类型为期刊的论文进行分析。

从图 2.32 所示时间分布上来看，这些论文 2005 – 2013 年间增长迅速。近两年的论文量有所降低，这与新发表论文的引证滞后有关。2005 年陈悦和刘则渊教授发表的论文《悄然兴起的科学知识图谱》被引达到了 370 次，是被引频次最高的论文。这些研究主要刊登在《情报杂志》（47 篇）、《现代情报》（40 篇）、《情报科学》（37 篇）、《图书情报工作》（35 篇）、《科学学研究》（19 篇）、《科技管理研究》（18 篇）、《情报理论与实践》（18 篇）、《情报探索》（12 篇）、《科技进步与对策》（11 篇）、《图书馆》（10 篇）以及《图书情报知识》（10 篇）。从这些期刊的主题来看，主要包含了图书馆、情报和科技管理。

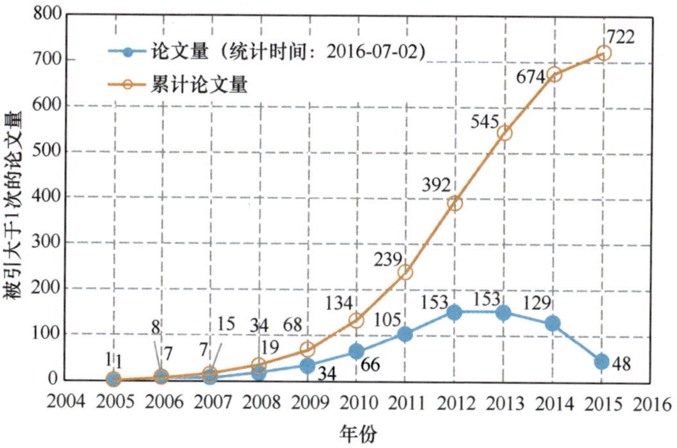

图 2.32　知识图谱论文的年度分布

在被引频次大于 1 的中文知识图谱论文中，刘则渊（32 篇）、宗乾进（21 篇）、许振亮（19 篇）、袁勤俭（18 篇）、侯海燕（17 篇）、赵蓉英（15 篇）、侯剑华（14 篇）、姜春林（14 篇）、王琪（13 篇）、汤建民（13 篇）以及陈悦（12 篇），发表的论文超过了 10 篇。以第一作者发表论文超过 10 篇的作者有王琪（13 篇）、姜春林（12 篇）、许振亮（11 篇）、侯海燕（10 篇）、宗乾进（10 篇）以及赵蓉英（10 篇）。

从图 2. 33 作者的合作网络得到，中文知识图谱的研究形成了多个团队。在这些团队中以来自大连理工大学刘则渊教授带领的团队为主，此外还有来自南京大学（袁勤俭）和武汉大学（邱均平）的团队。

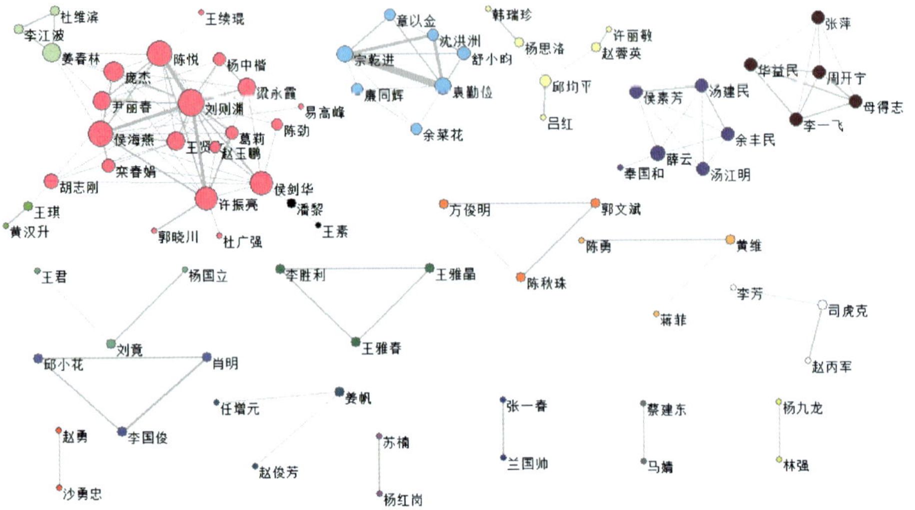

图 2. 33　中文知识图谱论文作者的合作网络

对 Top50 的关键词词频进行统计和共词分析，如图 2. 34（图中节点的大小按照节点在网络中的度来进行分布）。这些高频词包含了直接与知识图谱相关的概念和技术（如科学知识图谱、可视化、信息可视化以及可视化分析等）；基于知识图谱分析方法有共词分析、科学计量学、文献计量学、社会网络的分析等方法；高频词反映的知识图谱的研究目的集中在对研究热点和研究前沿的分析上。在国内的知识图谱的绘制中，CiteSpace 知识图谱软件成为最常用的软件之一。从共词网络中可以得到，知识图谱与研究热点、CiteSpace、可视化、共词分析、信息可视化、科学计量学等关联最为密切。

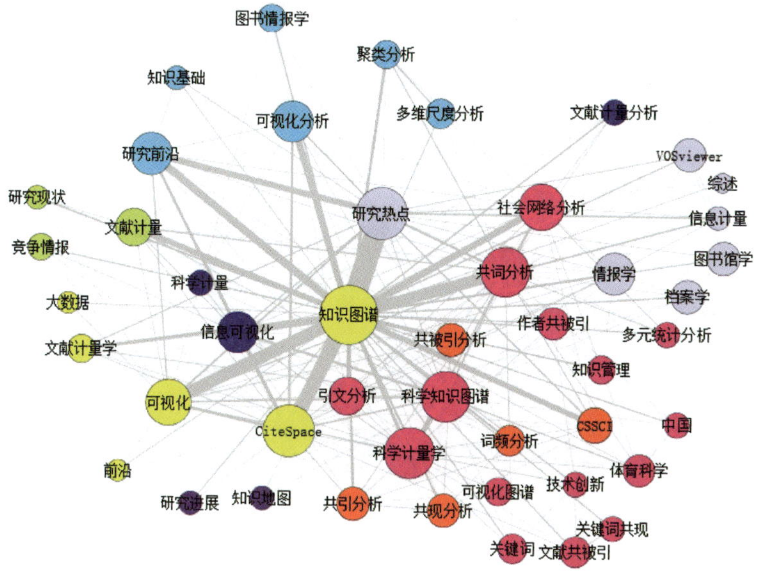

图 2.34　知识图谱关键词的共现网络[1]

2.3　知识网络分析基础

2.3.1　网络的基本概念

网络是一组由点（V）和连接点之间的连线（E）组成的集合（见图 2.35），对于图 G 可以表示为 $G = (V_G, E_G)$。在不同领域的网络中，元素的表达也存在一些差异。例如，在数学领域常常被称为 vertices（点）和 edges，arcs（边、弧）；在计算机领域常常被称为 nodes（点）和 links（链接）；在物理学中被称为 sites 和 bonds 以及在社会学

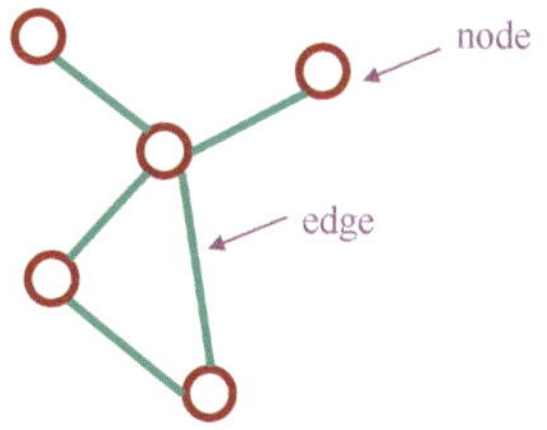

图 2.35　网络的基本组成

[1] 若在 Pajek 中可视化得到的网络需要去掉箭头，可以在菜单栏中依次点击 Network→Createnew Network→Transform→Arcs－＞Edges→All→Removemultiplelines 选择 4。在 Pajek 可视化界面的 Export 菜单下的 options 将 PolarRadius 设置为 0，则节点的标签在导出后会位于节点的中心。

中被称为 actors（行动者）和 ties，relations（联系，关系）。

下面对网络分析中的基本概念和参数介绍如下：

（1）网络的分类。按照网络是否有向，可以将网络分为有向网络（directed network）和无向网络（undirected network）；按照网络的连线是否有权重，可以将网络分为有权网络（weighted network）和无权网络（unweighted network）。在科学计量中所分析的网络中，除了引证网络为有向网络外，通常其他网络都为无向网络（例如，合作网络、共词网络）。

（2）网络的直径。网络的直径是连通网络中所有节点中的最大路径长度，表示为 $d = \max(l_{ij})$

（3）网络的平均路径。网络的平均路径是网络中任意两个节点之间距离的平均值，表示为：

$$L = \frac{\sum_{i \geqslant j} d_{ij}}{C_n^2} = \frac{1}{\frac{1}{2}n(n-1)} \sum_{i \geqslant j} d_{ij}$$

式中：n 为网络中节点个数。

（4）网络的密度。网络的密度是衡量网络中节点之间联系紧密程度的指标，具体的含义是指网络中实际的关系数与理论上的最大关系数之比。在无向网络中，假设有 n 个节点，那么其最大关系数量就等于 $C_n^2 = n(n-1)/2$ 。若网络中共有实际关系数量为 m，那么该网络的密度就等于 $2m/n(n-1)$ 。若为有向网络，最大关系数量就等于 $n(n-1)$ ，则网络的密度为 $m/n(n-1)$。从计算的原理上来看，图密度的取值范围为 0－1；对于空图而言，其密度为 0；对于完备图而言，其密度为 1。

（5）网络的聚类系数[❶]。在网络中，一个节点 i 有 k_i 个节点与其相连，那么这 k_i 个节点之间的实际边数 E 和最大可能得边数 $\frac{1}{2}k_i(k_i-1)$ 之比就称为节点 i 的聚类系数 C_i ，并可以用下式表示：

$$C_i = \frac{2E_i}{k_i(k_i-1)}$$

整个网络的聚类系数是所有节点聚类系数的平均值，用于考察网络集团化程

❶ 卢鹏丽．图谱理论与复杂网络相关算法［M］．国防工业出版社，2013.

度。一个节点总数为 n 的网络聚类系数，用下式表示：

$$C = \frac{\sum_i C_i}{n}$$

2.3.2　网络节点重要度指标

关于节点重要度的测度是网络分析中的一个重要组成部分。常见的评价指标有节点的度中心性、接近中心性以及中介中心性。为了帮助读者清晰地了解每一种节点重要度评价指标的计算过程，这里借助 Lei Tang 等❶提供的一个案例网络进行说明。

节点的度中心性

度中心性（Degree centrality）共包含两类，一种是不带权的度中心性（Unweighted degree），一种是带权的度中心性（Weighted degree）。不带权重的网络中节点的度中心性为与节点直接相连的边的个数，带权的度中心性是与节点直接相连的所有边的权重和。在有向网络中，节点的度又可分为出度（out - degree）和入度（in - degree）。出度是由节点为起点，以直接相连节点为终点的连线的个数。入度是直接与分析点相连的，以其他节点为起点的连线个数。在有权网络中计算入度和出度的方法是满足条件连线的权重和。这种对一个网络中节点度的计算结果又被称为“绝对中心度”。例如在图 2.36 中，4 号节点的度数就为 4，9 号节点的度数为 1。

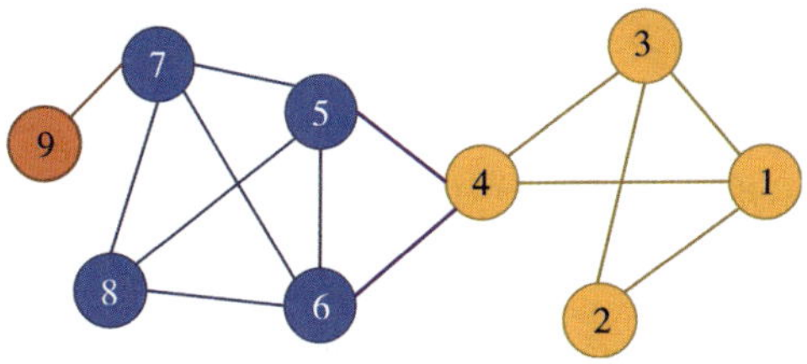

图 2.36　网络中节点的中心性

为了比较不同规模网络之间度的大小，需要对图形的度进行标准化。弗里曼给出的计算相对中心度的计算方法为：点的绝对中心度与图中点的最大可能

❶ LeiTang, Huan Liu. 社会计算：社区发现和社会媒体挖掘［M］. 机械工业出版社，2012.

度数之比。在一个有 n 个节点的网络中，一个考察点的最大可能度数为 $n-1$，若该节点的度数为 m，那么其相对中心度为 $m/(n-1)$。对于有 n 个节点的有向网络，那么考察点的最大可能度数为 $2(n-1)$，考察点的度数为（x 的点入度 + x 的点出度）。则有向网络的相对中心度为（x 的点入度 + x 的点出度）/$(2n-2)$。例如，在图 2.36 中节点 1 规范化后的节点度数为 $3/(9-1)=3/8$。

接近中心性

接近中心性（Closeness centrality）是测度整体网络中节点位置的指标，用于揭示节点在网络中的核心或者边缘位置。一个点越是与其他点接近，那么该点在传递信息方面就更加容易，在信息资源、权力、声望以及影响方面也强。

在实际的分析中，使用点与点之间的距离来测度接近中心性。若一个节点在网络中与其他节点的距离都很近，那么该节点就具有较高的接近中心性。接近中心性计算的思路为该点与图中所有其他节点的捷径距离之和。

$$C_c = \sum_{j=1}^{n} d_{ij}$$

式中：d_{ij} 为节点 i 与 j 之间的捷径距离，即捷径中包含的线数。

上面这种计算的同一网络中节点接近中心性被称为“绝对接近中心性”。

为了比较来自不同网络的节点的接近中心性，需要对网络进行标准化处理。对于包含 n 个节点的星形网络的接近中心性为 $n-1$，用接近中心性的数值除以最小接近中心性来进行接近中心性的标准化，与“绝对接近中心性”相比，这种经过标准化的接近中心性又称“相对接近中心性”。

$$C_{c2} = \frac{\sum_{j=1}^{n} d_{ij}}{n-1}$$

从上面两个计算接近中心性的公式不难得到，接近中心性计算数值越大，则越说明对象点不是网络的核心点。为了直观地使得计算的数值和人的认知一致，可以对上式计算的结果取倒数，那么得到的结果越大，则接近中心性越大。

$$C_c^{-1} = \sum_{j=1}^{n} d_{ij} \text{ 和 } C_{c2}^{-1} = \frac{n-1}{\sum_{j=1}^{n} d_{ij}}$$

例如，在图 2.36 中，节点 3 和节点 4 的接近中心性分别为：

$$C(3) = \frac{9-1}{1+1+1+2+2+3+3+4} = \frac{8}{17} = 0.47$$

$$C(4) = \frac{9-1}{1+2+1+1+1+2+2+3} = \frac{8}{13} = 0.62$$

中介中心性

节点的中介中心性（Betweenness centrality）表示一个网络中经过该节点的最短路径的数量。在网络中，节点的中介中心性越大，则它在其他节点之间的通信中起到的作用越大。用下式进行计算：

$$C_b = \sum_{s \neq i \neq t} \frac{n_{st}^{i}}{g_{st}}$$

式中：g_{st} 为从节点 s 到节点 t 的最短路径数目，n_{st}^{i} 为从节点 s 到节点 t 的 g_{st} 条最短路径中，经过节点 i 的最短路径数量。

例如，在图 2.36 中，节点 1 和节点 9 有两条最短路径 $g_{19}=2$，1－4－5－7－9 和 1－4－6－7－9。因此，有 $n_{19}^{5}=1$，$n_{19}^{4}=2$，可以得到 $C_4=15$。C_4 具体的含义是在图 2.36 中，从节点集合 {1,2,3} 到节点集合 {5,6,7,8,9} 的所有最短路径都经过节点 4。

若要比较不同网络节点的中介中心性，需要对上面得到的绝对中介中心性进行标准化处理。在一个星形无向网络情况下，网络中介中心性才可能达到最大值 $C_{b-max} = \binom{n-1}{2} = (n-1)(n-2)/2 = (n^2-3n+2)/2$，则标准化后的节点中介中心性的计算公式为：

$$C_{b2} = \frac{C_b}{[(n^2-3n+2)/2]}$$

从上面的计算公式来看，标准化后的中介中心性的取值范围在 0－1 之间，若一个点的中介中心性为 0，那么说明该节点处于网络的边缘位置，不能控制任何其他节点。若一个节点的中介中心性为 1，则代表该节点处于网络的核心，可以 100% 控制其他节点。

对案例网络，可以在 Gephi❶、SocNetV❷ 以及 Pajek❸ 等软件中进行计算

❶ Gephi－The Open Graph Viz Platform. https://gephi.org/

❷ SocNetV－Social Networks Visualization and Analysis Software. http://socnetv.sourceforge.net/

❸ Pajek: analysis and visualization of large networks. http://mrvar.fdv.uni－lj.si/Pajek/

（图 2.37），得到节点重要度数据（见表 2.4）。

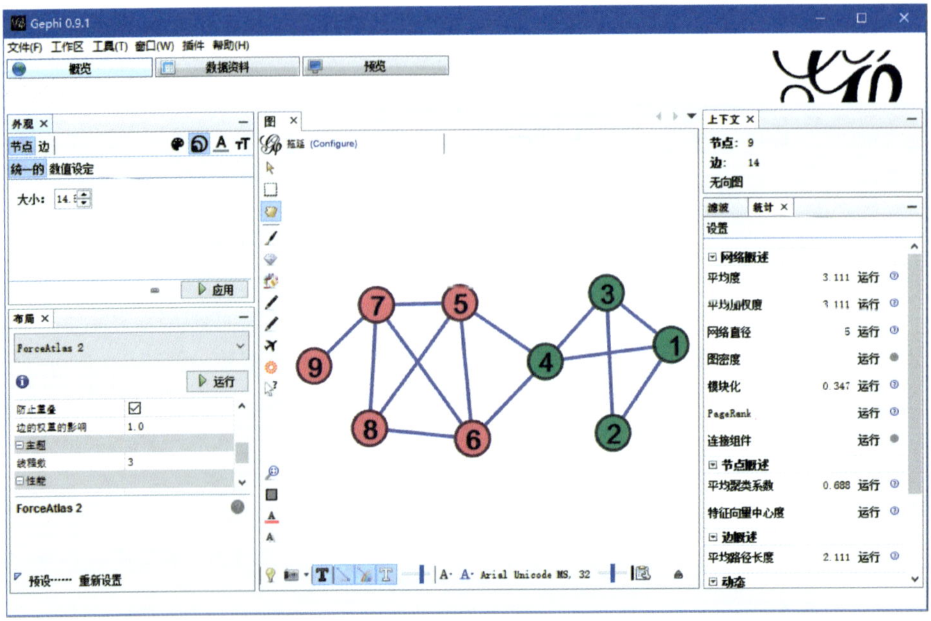

图 2.37 Gephi 中数据案例网络并进行计算

表 2.4 案例网络节点重要度计算结果

节点号	DC	DC *	CC	CC *	BC	BC *
1	3.00	0.375	0.059	0.47	3.00	0.107
2	2.00	0.250	0.043	0.35	0.00	0.000
3	3.00	0.375	0.059	0.47	3.00	0.107
4	4.00	0.500	0.077	0.62	15.00	0.536
5	4.00	0.500	0.077	0.62	6.00	0.214
6	4.00	0.500	0.077	0.62	6.00	0.214
7	4.00	0.500	0.062	0.50	7.00	0.250
8	3.00	0.375	0.059	0.47	0.00	0.000
9	1.00	0.125	0.043	0.35	0.00	0.000

注释：不带 * 的为原始的中心性计算结果，带 * 的为进行标准化后的结果。在 Gephi 中计算的中介中心性为 BC，而在 Pajek 中计算的为原始中介中心性的标准化结果 BC * 。

特征向量中心性

特征向量中心性（Eigenvector centrality）的基本思路是：一个节点的重要性既取决于其邻居节点的数量，也取决于其邻居节点的重要性。例如我们常说的“一个人的重要性取决于其朋友的重要性”就是这个道理。计算公式为：

$$x_i = c\sum_{j=1}^{N} a_{ij}\, x_j$$

式中：c 为比例常数，$A = (a_{ij})$ 为网络的邻接矩阵，$x = [x_1\ x_2\ x_3 \cdots x_N]^T$。

则上式可以写成矩阵形式：$x = cAx$，意味着 x 是矩阵 A 与特征值 c^{-1} 对应的特征向量，故称为特征向量中心性。

那么，在一个网络中各个中心性的测度的结果是否一致呢？答案是否定的。不同的节点中心性测度方式往往只能反映一个节点重要性的一些特征，对于同一网络使用不同的测度方法来研究节点的重要性时，结果会有差异。例如，图 2.38 为 Claudio Rocchini 在同一网络中使用不同节点重要性指标对节点进行的分析，图中各测度指标分别为（A）度中心性；（B）接近中心性；（C）中介中心性；（D）特征向量中心性。图中节点在圈内的，则对应的中心性比较大。

k 壳和 k 核分析[1]

在一个网络，特别是大型网络中，节点的度值变化范围很广（小到个位数，大到成千上万）。为了仅仅保留网络中重要的节点，按照每次移除网络中度值小于 k 的节点及其连边，直至网络中不存在度值小于 k 的节点为止。这种从一个网络中，逐渐移除不重要节点及连边的方法称为 k 壳分解方法。例如，在一个连通网络中，度为 1 的节点就是网络中最不重要的节点，我们首先将这些节点及其连边移除。移除之后，在新的网络中可能还会出现度值为 1 的节点，我们继续重复上一步的过程，直至网络中不存在度值为 1 的节点为止。

k 核分析最早由塞德曼（Seidman）提出，它是一个网络中所有度值不小于 k 的节点组成的连通片。k 核分析的具体过程是：在一个网络中首先去除度值小于 k 的所有节点和连边，如果剩下的节点中仍有度值小于 k 的节点，那么继续去除这些节点，直至网络中剩下的节点度值都不小于 k，依次对 k 取值 1，2，3，…，最后就得到了网络的 k 核分解。对于一个连通的网络 1 – 核，实际上就是整个网络；

[1] 汪小帆，李翔，陈关荣．网络科学导论［M］．高等教育出版社．2013.

($k+1$) 核一定是 k 核的子集。

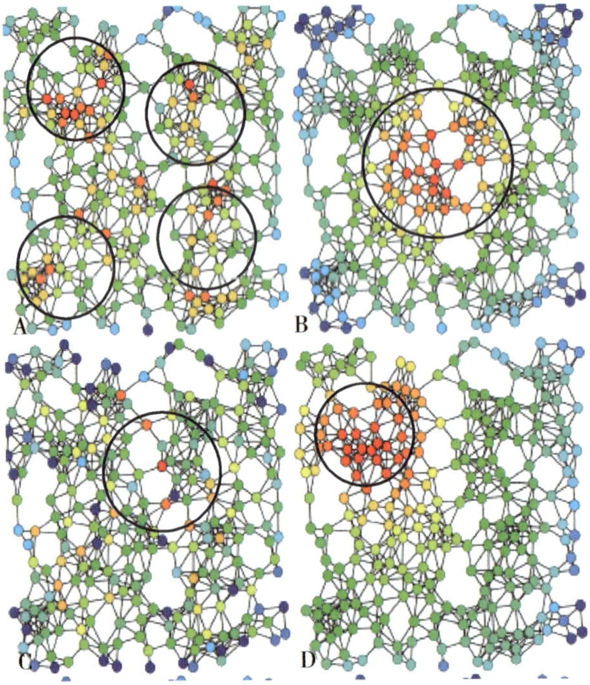

图 2.38　同一网络不同节点重要性测度结果❶

通过 k 壳和 k 核分析的过程不难得到，一个网络 k 壳分解之后，所有 $k_s \geq k$ 的 k 壳的并集就是网络的 k 核。图 2.39 给出了一个简单网络的 k 核分解和 k 壳分解。

结构洞与中介中心性

1992 年，美国社会学家伯特在《结构洞：竞争的社会结构》❷ 中首次提出结构洞的理论。用结构洞来表示网络中的非冗余关系，并认为网络中的非冗余节点是被结构洞来连接的。例如，网络中一个节点所连接的其他两个节点没有直接连接，那么该节点所处的位置就是结构洞。图 2.40 中，文献 NORTH CS（1999）就处于聚类 2 和聚类 0 中多个节点的结构洞位置上。

对于结构洞的测度有伯特的结构洞指数和弗里曼中介中心性两种方法。相比

❶ 彩图地址 Centrality. svg. https：//en. wikipedia. org/wiki/File：Centrality. svg

❷ Butt，Ronald S. "Structural holes：The social structure of competition." Cambridge（1992）：275－290.

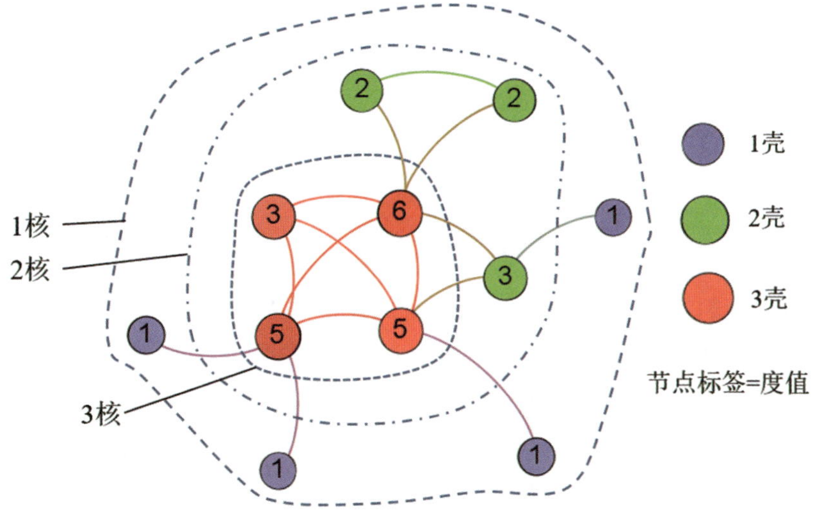

图 2. 39　一个简单网络的 k 壳和 k 核分解

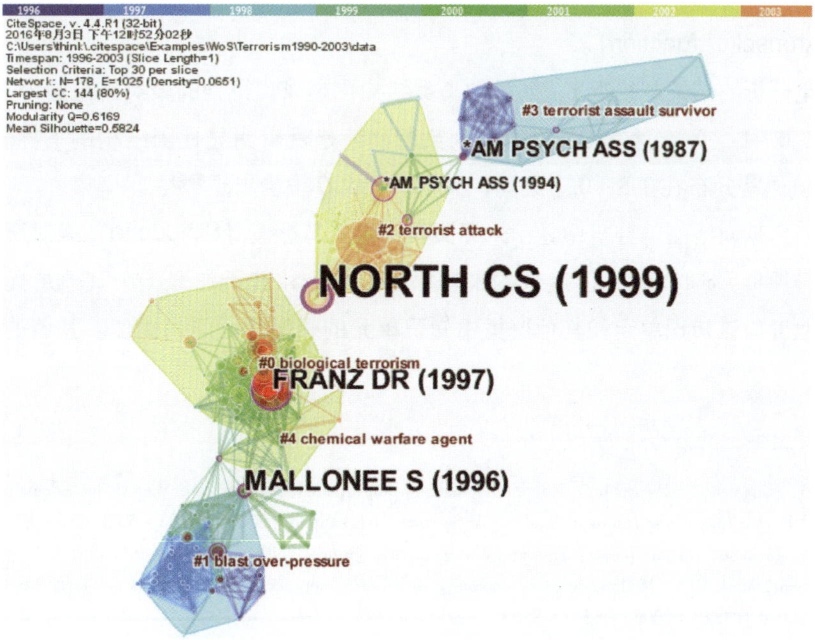

图 2. 40　网络中结构洞的实例

而言，中介中心性在文献网络的应用中要多于结构洞指数。例如，在知名的科学知识图谱软件 CiteSpace 中，陈超美教授在网络分析中嵌入了测度高中介中心性节点的方法，并将其称为“转折点（Turn point）”，用来测度科学研究中范式转变[1][2]。

2.3.3 网络的社团结构

2.3.3.1 网络社团结构的评价指标

Modularity 算法的目标是最大化网络模块性的评价函数（Q 函数）[3]。Q 值越大，则类团划分的效果越好。该算法的具体含义是用簇内实际连接数目与随机连接情况下簇内期望连接数目做差。具体的执行过程是在 n 个节点的网络中，起始解将网络划分为 n 个类，即每个类中仅仅包含一个节点；在每次的迭代计算中进行使 ΔQ 最大化的合并操作，该过程一直持续到网络被合并为 1 类。

$$Q = \frac{1}{2m}\sum_{ij}(A_{ij} - P_{ij})\delta(C_i, C_j)$$

式中：A_{ij} 是网络 G 的邻接矩阵（adjacency matrix）；m 表示图中连线的总数量；P_{ij} 为零模型（null model）网络中节点 i 与节点 j 间连线的期望值；δ 为克罗内克函数（kronecker function）。

模块化分析的结果越接近 1，网络的聚类结构化越强，得到的聚类结果越好。Q 值分布在 0 - 1 之间，通常 $Q=0.3$ 作为判断网络是否有明显社团结构的下界。理想的 Q 值通常分布在 0.3 - 0.7 之间，大于 0.7 的 Q 很少出现[4][5]。

在一些文献网络图的分析中还引入了聚类结果的剪影值（Silhouette）来对聚类效果进行评价。Silhouette 值度量的是对象知识单元和其所在聚类中其他单元之间的相似度与该知识单元和其他聚类中知识单元的相似度之间的比值。其值的

---

❶ Chen, Chaomei. "Searching for intellectual turning points: Progressive knowledge domain visualization." Proceedings of the National Academy of Sciences 101. suppl 1 (2004): 5303 - 5310.

❷ Chen, Chaomei. Turning points: The nature of creativity. Springer Science & Business Media, 2012.

❸ Newman, Mark EJ. "Modularity and community structure in networks." Proceedings of the national academy of sciences 103. 23 (2006): 8577 - 8582.

❹ 汪小帆，刘亚冰．复杂网络中的社团结构算法综述［J］．电子科技大学学报，2009，38（5）：537 - 543.

❺ 李晓佳，张鹏等．复杂网络中的社团结构［J］．复杂系统与复杂性科学，2008，5（3）：19 - 42.

范围为 [-1, 1]❶。

$$S(i) = \frac{b(i) - a(i)}{\max\{b(i), a(i)\}}$$

其中：$a(i)$ 为点 i 与当前所属类的差异度（dissimilarity），通常用到达各点的平均欧氏距离度量。$b(i)$ 表示点 i 与其他各类差异度最小值。

通过对单个样本 i 的计算，容易得到一个聚类中所有样本 $S(i)$ 的平均值。一个聚类的所有成员的 $S(i)$ 平均值则反映了该聚类的紧密性（例如类内平均距离）和可分性（最小类间距离）。对于一系列聚类结果的 Silhouette 值，值越大则表示聚类的质量越好，最大值对应的类数是最优的聚类个数，对应的聚类结果也是最优的。聚类结果的 Silhouette 值超过 0.5 说明各个聚类能明显地分开，低于 0.5 表明有一些聚类有重叠的情况，而 0.2 以下是缺乏实质的聚类结构❷。

Silhouette 的结果通常可以用剪影图来表示（见图 2.41），在剪影图中每个聚类内部所有对象的 Silhouette 值都被标注在水平线上。如果一个聚类的 Silhouette 图像偏移至零点垂线的右侧，那么距离零点越远则该聚类的质量越高，而负 Silhouette 的值则表示相应的图像更应该属于其他类。

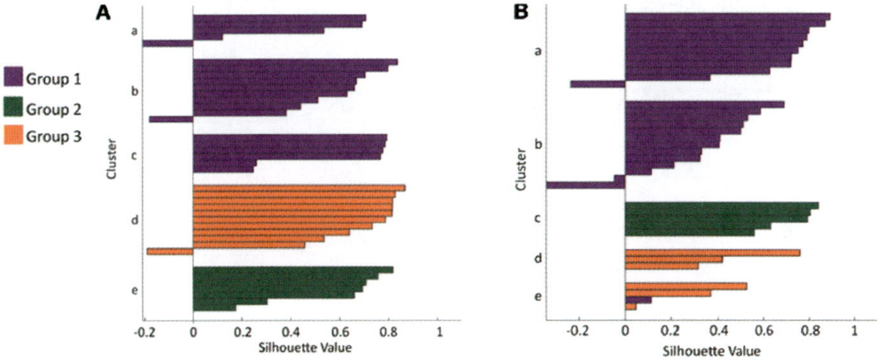

图 2.41　Silhouette 值的常见表达形式❸

❶ Kaufman L., and P. J. Rousseeuw. Finding Groups in Data: An Introduction to Cluster Analysis. Hoboken, NJ: John Wiley & Sons, Inc., 1990.

❷ 王开军，张军英，李丹，等. 自适应仿射传播聚类 [J]. 自动化学报，2007，33 (12)：1242 - 1246.

❸ McGarry L M, Packer A M, Fino E, et al. Quantitative classification of somatostatin - positive neocortical interneurons identifies three interneuron subtypes [J]. Frontiers in neural circuits, 2010, 4: 12.

2.3.3.2 网络社团发现的算法

目前实现对 Q 函数最大化的算法主要包含 Blondel[1]、SLM[2] 以及 Infomap 算法[3][4]。

Blondel 等进一步基于模块度提出了一种用于分析加权网络社团结构的算法，参见下式：

$$\Delta Q=\left[\frac{\sum_{in}+k_{i,in}}{2m}-\left(\frac{\sum_{tot}+k_i}{2m}\right)^2\right]-\left[\frac{\sum_{in}}{2m}-\left(\frac{\sum_{tot}}{2m}\right)^2-\left(\frac{k_i}{2m}\right)^2\right]$$

式中：$\sum_{in}$ 表示 C 中所有联线的权重和（或为所有节点度之和）；$k_{i,in}$ 为节点 i 到社团 C 连线的权重之和；$\sum_{tot}$ 为社团 C 中节点连线的权重和；k_i 表示网络中节点 i 的连接权重；m 是网络中连线数量之和。

在 Blondel 算法的基础上，2013 年 L Waltman 和 NJV Eck 提出了计算速度更快、模块度结果更高的 Smart local moving 算法[5]。该算法提出以后，已经被相当一部分主流的网络社团发现或聚类软件采用。如图 2.42 显示了 Blondel 算法和 SLM 算法对网络的计算过程和 Modularity 的计算结果，结果显示在处理相同的网络时 SLM 算法得到的网络模块度要高于 Blondel 算法得到的聚类结果。2015 年，莱顿大学的研究人员 V. A. Traag[6] 进一步优化了 Blondel 算法，使得计算速度提高了 2 ~ 3 倍，在一些现实网络中计算速度甚至提高到了 10 倍。

---

[1] Blondel VD, Guillaume JL, Lambiotte R, Lefebvre E. Fast unfolding of communities in large networks. Journal of Statistical Mechanics: Theory and Experiment. 2008 Oct; 2008 (10): P10008.

[2] Waltman L, Eck N J V. A smart local moving algorithm for large - scale modularity - based community detection [J]. The European Physical Journal B, 2013, 86 (11): 1 - 14.

[3] Rosvall, Martin, and Carl T. Bergstrom. "Maps of random walks on complex networks reveal community structure." Proceedings of the National Academy of Sciences 105. 4 (2008): 1118 - 1123.

[4] Emmons, Scott, et al. "Analysis of Network Clustering Algorithms and Cluster Quality Metrics at Scale." arXiv preprint arXiv: 1605. 05797 (2016). http: //arxiv. org/pdf/1605. 05797. pdf

[5] Waltman L, Eck N J V. A smart local moving algorithm for large - scale modularity - based community detection [J]. The European Physical Journal B, 2013, 86 (11): 1 - 14.

[6] Traag V A. Faster unfolding of communities: speeding up the Louvain algorithm [J]. Physical Review E, 2015, 92 (3): 32801 - 32801.

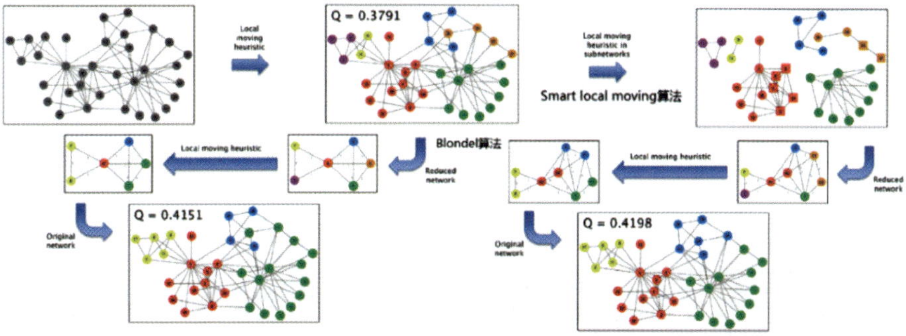

图 2.42　Blondel 算法（左）与 SLM 算法（右）的比较❶

2.3.4　网络的布局原则

为了使用户能够最大程度发挥其视觉感知能力，从而直观、深入地理解网络结构，研究人员提出了多项绘图标准，用于规范和提高绘图的质量。绘图美学鼻祖 Sugiyama 在文献中定义了 5 项美学标准用于改进网络的易读性❷：

（1）边交叉数量最小原则，即绘图时应尽量减少互相交叉边的数量。

（2）邻近点空间接近原则，即将相连接的点，尽量配置在相近的位置上，以减少相互交叉边的数量。

（3）直线边原则，即网络中的边尽量使用直线，避免曲边。

（4）边平衡布局原则，即相同节点的多条边尽量以该节点为中心平衡布局。

（5）节点层次布局原则，即将节点尽量布局在水平或竖直的不同层上。

后来，又提出了关于网络绘图的规律性和可溯性要求。规律性是指在整个绘图过程中布局节点的参考原则应该始终保持一致。可溯性是指网络边应该能够形成网络中的路径。

常见的网络布局有力引导布局、地图布局、圆形布局、聚类布局、时间布局以及层布局。在实际的网络可视化中，可以尝试使用几种布局来进行比较，选择合适的布局方式。

---

❶ Nees Jan van Eck. Interactive topic identification using CitNetExplorer. Topic Identification at Humboldt－Universit. http：//www. neesjanvaneck. nl/news. html

❷ 孙杨，蒋远翔，赵翔等．网络可视化研究综述［J］．计算机科学．37（2）：2012.

补充资料

目前，在中国大学 MOOC（慕课）——爱课程上“资源共享课”模块中免费提供了马费成教授的课程《信息管理学基础》❶和邱均平教授的《信息计量分析》❷。

图 2.43　中国大学资源共享课

❶ http://www.icourses.cn/coursestatic/course_3531.html

❷ http://www.icourses.cn/coursestatic/course_6613.html

第二篇

实践入门篇

第 3 讲

BibExcel 概述

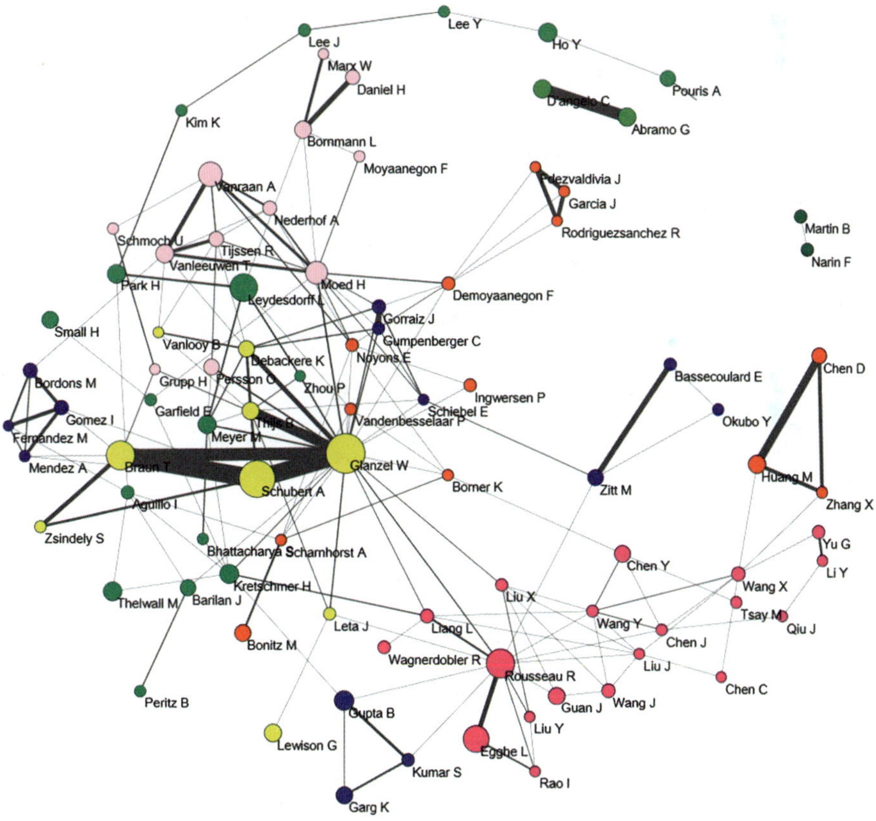

3.1 软件开发者简介

BibExcel 开发者 Olle Persson（欧莱·皮尔逊）出生于1949年，主要研究科学家与工程师之间的学术沟通，是图书馆与信息科学方面的教授，也是 Inforsk 研究小组的创始人。由于其在科学计量学方面的贡献，2011年获得了该领域的最高奖——普赖斯奖（Derek de Solla Price Award❶）。在2011年普赖斯奖的获奖感言中，皮尔逊说："很多人之所以知道我，是因为我所开发的 Dibexcel 程序……"该软件的最大特色是其处理得到的文件可以快捷地导入 EXCEL 中进行进一步分析，特别是对科学计量分析感兴趣的学者理解科学计量及知识单元共现的方法和原理也有很好的帮助。从 Web of Science 核心集了解到皮尔逊（ResearcherID：A-8708-2011），该数据库收录欧莱·皮尔逊在1981-2012年间的论文共有44篇。这44篇论文的总被引次数达到了1 389次，平均每篇论文被引超过31次，H指数达到了17❷。利用 Bibexcel + Pajek 对他的论文作者合作网络绘制如图3.1所

图3.1 皮尔逊的合作者

❶ http：//www.issi-society.org/price.html

❷ 引证信息检索于2016年6月18日。

示，皮尔逊与多位学者进行了合作，而这些学者相对分散地组成小规模的群落。在这些合作者中有知名的科学计量学者 Leydesdorff L 和 Glanzel W，与其合作最为密切的学者为 Danell R 和 Melin G。

从皮尔逊发表论文的标题中提取的主题共现网络如图 3.2 所示。其中主要包含了 Research（研究）、Bibliometr（文献计量）、Studi（研究）、Collabor（合作）、Scienc（科学）、Scientif（科学的）以及 Map（图谱）等研究主题。结合高频词和词对的聚类，不难得到其研究的主要领域在文献计量学领域，其中科研合作、指标、科研评价及其图谱网络是其研究的重要主题。

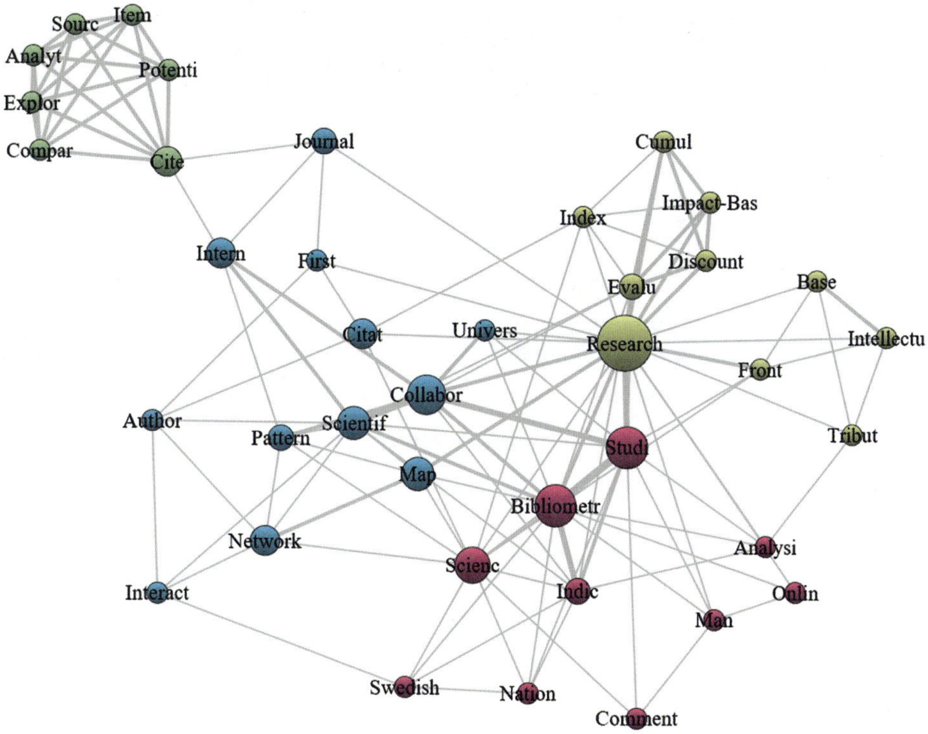

图 3.2　Olle Persson 论文所涉及的主题

从 Web of Science 中得到了皮尔逊发文量和高被引论文，如图 3.3 和表 3.1 所示。虽然皮尔逊教授被 Web of Science 收录的论文仅仅为 44 篇（包含会议论文），但其论文整体上来看有高的被引次数。在这些论文中有多篇是关于科研合作的研究成果，反映了合作是皮尔逊重点研究和关注的领域之一。

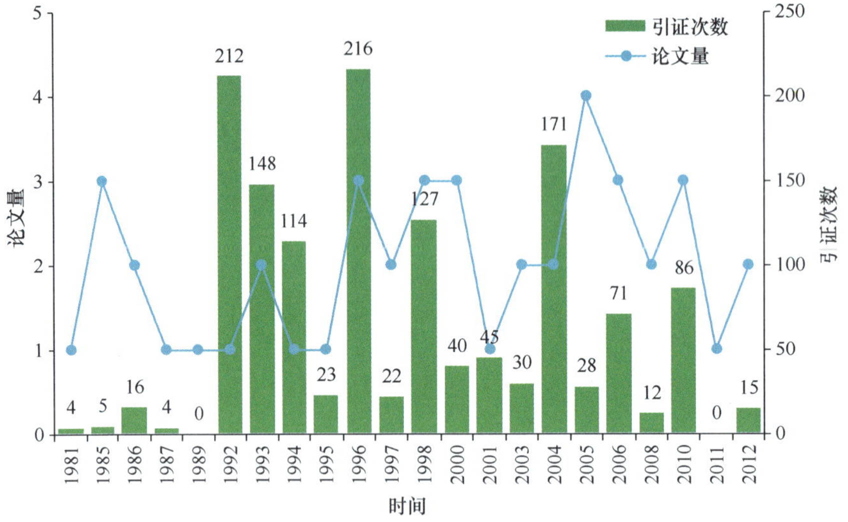

图 3.3　皮尔逊发文量和引证次数的年度分布

表 3.1　皮尔逊的高被引论文

标　　题	作　者	时间	被引次数
Understanding Patternsof International Scientific Collaboration	Luukkonen, T; Persson, O; Sivertsen, G	1992	212
Studying Research Collaboration UsingCo – Authorships	Melin, G; Persson, O	1996	205
Inflationary Bibliometric Values: The Roleof Scientific Collaborationand The Need for Relative Indicators in Evaluative Studies	Persson, O; Glanzel, W; Danell, R	2004	164
The Measurementof International Scientific Collaboration	Luukkonen, T; Tijssen, Rjw; Persson, O; Sivertsen, G	1993	122
The Intellectual Base And Research Frontsof Jasis 1986 – 1990	Persson, O	1994	114
Nanotechnology – Interdisciplinarity, Patternsof Collaboration And Differences In Application	Meyer, M; Persson, O	1998	97

续表

标　　题	作　者	时间	被引次数
Entrepreneurial Studies: The Dynamic Research Frontof A Developing Social Science	Cornelius, B; Landstrom, H; Persson, O	2006	57
All Author Citations Versus First Author Citations	Persson, O	2001	45
Mapping The Geographyof Science: Distribution Patterns and Networks of Relations Among Cities and Institutes	Leydesdorff, Loet; Persson, Olle	2010	43
Are Highly Cited Papers More International?	Persson, Olle	2010	33
Socio – Bibliometric Mappingof Intra – Departmental Networks	Mahlck, P; Persson, O	2000	31
Networking Scientists	Andersson, Ae; Persson, O	1993	26
Locating The Networkof Interacting Authors in Scientific Specialties	Persson, O; Beckmann, M	1995	23
Hotel Cosmopolitan: A Bibliometric Studyof Collaboration At Some European Universities	Melin, G; Persson, O	1998	22
Combining Full – Text Analysisand Bibliometric Indicators. A Pilot Study	Glenisson, P; Glanzel, W; Persson, O	2005	20
Regional R&D Activitiesand Interactions in The Swedish Triple Helix	Danell, R; Persson, O	2003	18
ResearchCollaborationat Nordic Universities	Persson, O; Melin, G; Danell, R; Kaloudis, A	1997	17

3.2　软件下载和安装

登录 BibExcel 主页（见图 3.4）[1]，点击 Download the latest version 下的 BibExcel. exe 链接，下载 BibExcel. exe 文件。该 exe 文件为 BibExcel 的执行文件，不需要安装可直接打开使用。此外，在 BibExcel 的软件下载主页中提供了 15

[1] http://homepage.univie.ac.at/juan.gorraiz/bibexcel/index.html

个供初学者学习的 PPT 文件、1 个 EXCEL 文件和 1 个 PDF 文件（名称为 Festschrift❶）。

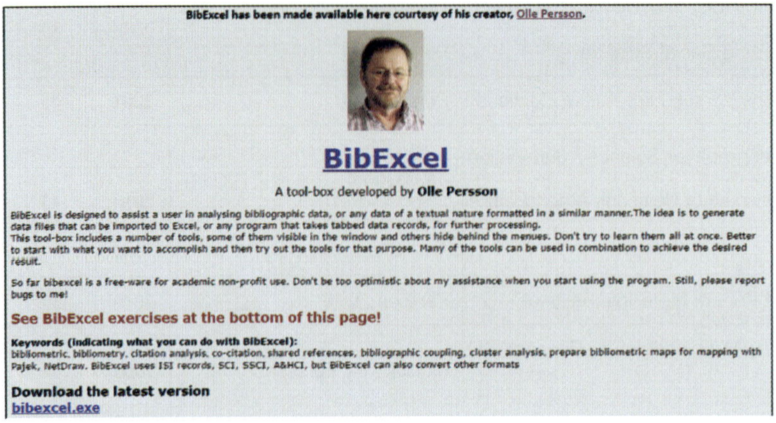
BibExcel has been made available here courtesy of his creator, Olle Persson.
BibExcel
A tool-box developed by Olle Persson
BibExcel is designed to assist a user in analysing bibliographic data, or any data of a textual nature formatted in a similar manner.The idea is to generate data files that can be imported to Excel, or any program that takes tabbed data records, for further processing.
This tool-box includes a number of tools, some of them visible in the window and others hide behind the menues. Don't try to learn them all at once. Better to start with what you want to accomplish and then try out the tools for that purpose. Many of the tools can be used in combination to achieve the desired result.
So far bibexcel is a free-ware for academic non-profit use. Don't be too optimistic about my assistance when you start using the program. Still, please report bugs to me!
See BibExcel exercises at the bottom of this page!
Keywords (indicating what you can do with BibExcel):
bibliometric, bibliometry, citation analysis, co-citation, shared references, bibliographic coupling, cluster analysis, prepare bibliometric maps for mapping with Pajek, NetDraw. BibExcel uses ISI records, SCI, SSCI, A&HCI, but BibExcel can also convert other formats
Download the latest version
bibexcel.exe

图 3.4　BibExcel 下载主页

3.3　软件界面及菜单

下载后，双击 BibExcel. exe 打开该软件，得到 BibExcel 的软件界面如图 3.5 所示。该界面主要包含两大部分，一部分为软件界面，为了认识方便将软件界面标记为 5 个主要区域；另一部分为菜单栏，主要包含了 BibExcel 数据处理的核心功能。

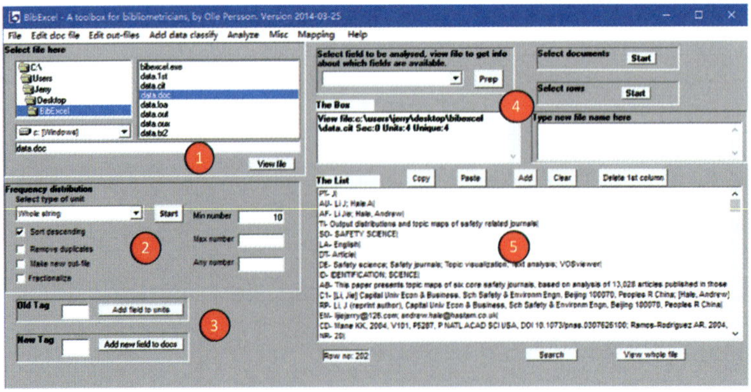
BibExcel - A toolbox for bibliometricians, by Olle Persson. Version 2014-03-25
File　Edit doc file　Edit out-files　Add data classify　Analyze　Misc　Mapping　Help
Select file here
View file
Frequency distribution
Select type of unit
Whole string
Start
Sort descending
Remove duplicates
Make new out-file
Fractionalize
Min number
Max number
Any number
Old Tag
Add field to units
New Tag
Add new field to docs
Select field to be analysed, view file to get info about which fields are available.
Prep
The Box
Select documents
Start
Select rows
Start
Type new file name here
The List
Copy
Paste
Add
Clear
Delete 1st column
Search
View whole file
1
2
3
4
5

图 3.5　BibExcel 软件界面

❶ http://homepage.univie.ac.at/juan.gorraiz/bibexcel/olleperson60.pdf

3.3.1 软件界面

区域 1（Select file here）为当前分析工程项目所在的文件夹（见图 3.6），包含了软件、数据以及中间处理过程得到的结果；在这里用户将看到每一步由 BibExcel 执行相关步骤所产生的文件（例如，中间文件 tx2、doc 以及 out），这些文件都可以拷贝到 EXCEL 中进行分析。该界面右下方的 View file，用于在软件中查看所生成的 BibExcel 中间文件。

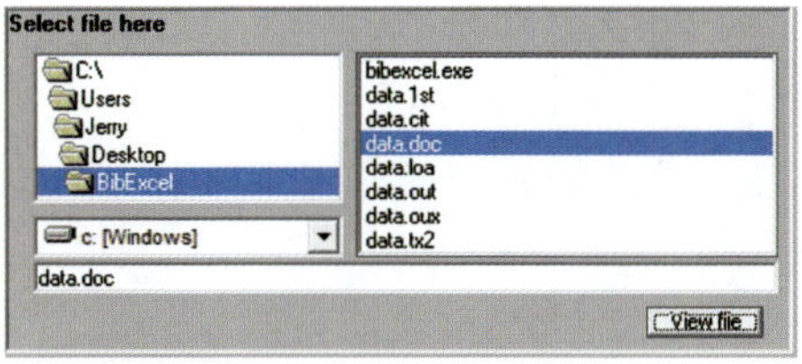

图 3.6 BibExcel 软件界面区域 1

区域 2 为频次分布统计区域（Frequency distribution），在这里用户可以选择统计分析知识单元，来得到某一知识单元的频次分布（图 3.7）。在 Select type of unit 中，提供了整体字符（Whole String）、共被引字符（Cited Reference、Cited author、cited year、cited work、cited Journal、Cited Journal whole string、Cited – non Journal、cited author + year、Cited author + year truncated、Cited author + year + vol、Cited author + year + vol + page、cited author + initial + year + vol、Cited author + initial + year + vol + page、cited work + year、Cited journal + year）以及作者（author）、地址（Address）、国家（Country）、城市 + 国家（city country）、主要机构（main organization）和主要部门（mian and department）的分析；同时提供对所分析结果的除重（Remove duplicates）、排序（Sort descending）、生成新 out 文件（Make new out – file）以及分数计数（Fractionalize）等功能，以及对所分析知识单元频次的阈值设置，包含最小值（Min Number）、最大值（Max number）以及任意值（any number）。

区域 3 为知识单元标记字段分析，在这里用户需要在 Old Tag 中输入需要分析的字段（图 3.7），或者在已经分析字段的基础再加入字段（Add field to units – will add field info to an out – file type）。New Tag 提供了新建标签，并将其添加到现有数据中去（Add new tag to docs – will insert a new field before field in old tag）。

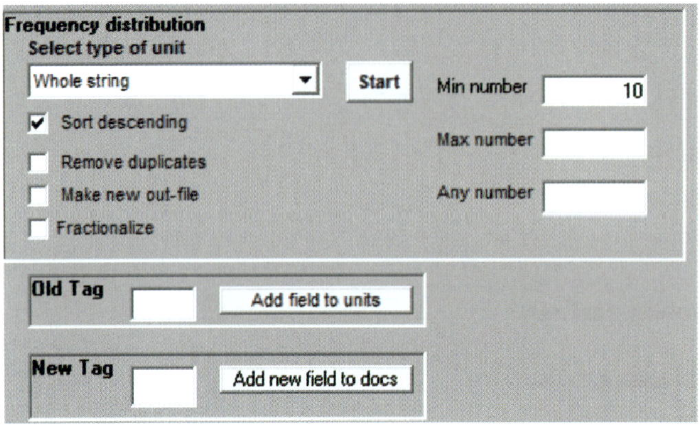

图 3.7 BibExcel 界面区域 2 和区域 3

区域 4 主要为对所分析字段分隔符的选择，并点击 Prep 来执行。最常用的为 Any；Separated field（以；为分隔符的分析）和 Blank – Separated words（e. g title，以空格为分隔符的分析，例如基于论文标题的共词分析）以及期刊、参考文献分析（Combo3、CR – Cited reference、JN – Journal、whole fieldintact）等功能。例如：在 Old Tag 输入 AU 进行作者分析时，选择 whole field intact 和 Any；Separated field 得到的结果是有差异的。

whole field intact	Any；Separated field
1Li J；Hale A	1　Hale A 1　Li J

在使用 JN – Journal 时，会得到施引期刊的列表信息：

JN – Journal
1　PROCESS SAFETY PROGRESS
2　QUALITY & SAFETY IN HEALTH CARE
3　SAFETY SCIENCE
4　SAFETY SCIENCE
5　SAFETY SCIENCE

在使用 Blank – Separated words（e. g title）时，会从以空格为分隔符的文字中提取主题：

Blank – Separated words（e. g title）	
1	Development
1	Indicators
1	Process
1	Risk – Based
1	Safety
2	adverse
2	associated
2	barriers
2	Cultural
2	enablers
2	incident

The Box 下面是对分析过程及其结果整体处理信息显示，例如在分析数据时会显示文件共处理了多少条记录（见图 3. 8）。

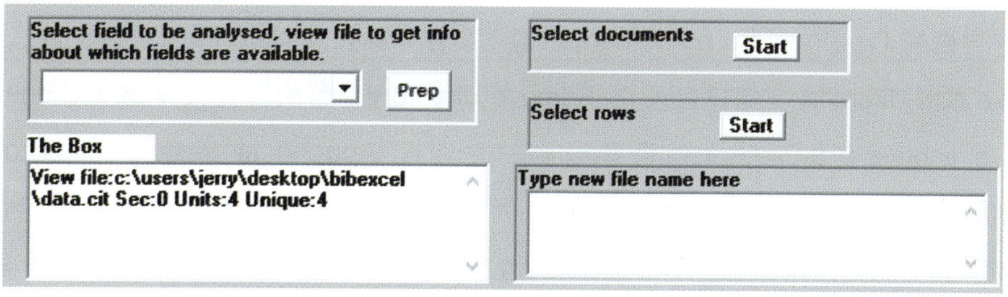

图 3. 8　BibExcel 软件区域 4

区域 5 主要是对所分析文件详细数据信息的显示（见图 3. 9），还提供了复制（Copy – copies selected rows from the list）、粘贴（Paste – paste to the list）、添加（Add – paste text from the box to the list）、清除（Clear – clear the list）以及删除首列（Delete 1st Column）的功能。区域底端主要是对处理结果的显示，如 Row no. 主要显示当前所在 The list 行的位置。特别地，当数据量比较大时，该窗口并没有显示所有的信息。此时可以点击窗口下方面的 View whole file，以显示所有的结果。

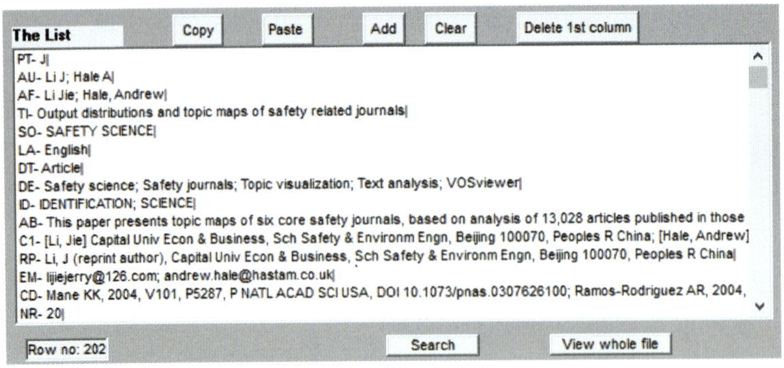

图 3.9　BibExcel 界面区域 5

3.3.2　菜单栏

BibExcel 的菜单栏包含 8 个项目，分别为 File（文件）、Edit doc file（编辑 doc 文件）、Edit out－files（编辑 out 文件）、Add data classify（增加数据类）、Analyze（数据分析）、Misc（主要用于数据转换）、Mapping（可视化处理）、Help（帮助）。在这些菜单中，对最常用的子菜单介绍如下：

File 菜单（图 3.10）包含的功能有 Copy file（复制文件，需要在软件界面的 Type new file name here 中输入文件名称）、Rename file（文件重命名，需要在软件界面的 Type new file name here 中输入文件名称）、Delete file（删除文件）、Make new directory（新建目录）、Remove directory（移除目录）、Append one file to another（将某一文件合并到另一文件）、Append all selected files to another（将所选定的所有文件合并到另一个文件）、Save the list to a file（将列表保存到文件，即保存当前 The list 中的信息）、Exit（退出）。

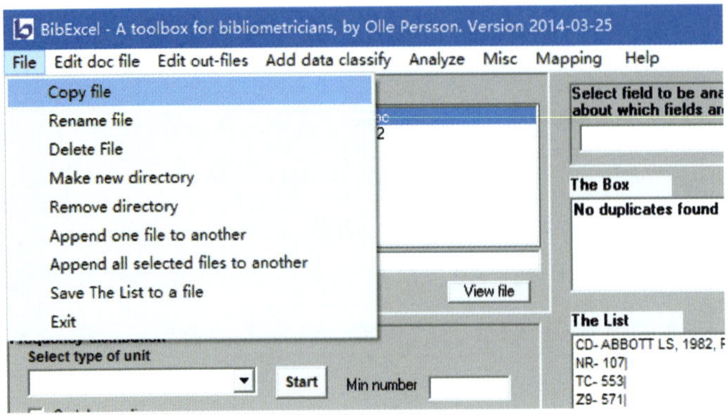

图 3.10　File 菜单

Edit doc file 菜单（图 3.11）主要包含 Compose new records（构建新记录）、Delete fields（删除字段）、Identity duplicate records（识别重复记录）、Remove duplicate records（移除重复记录）、Remove docs via words in the List（通过列表中词来移除 docs 文件）、Rename field tag（重命名字段标记）、Replace line feed with carriage return（将换行符替换为回车符）、Select document numbers from doc - file（从 doc 文件中选择文件编号）、select docnumbers from outfile（从 out 文件中选择文档号）。

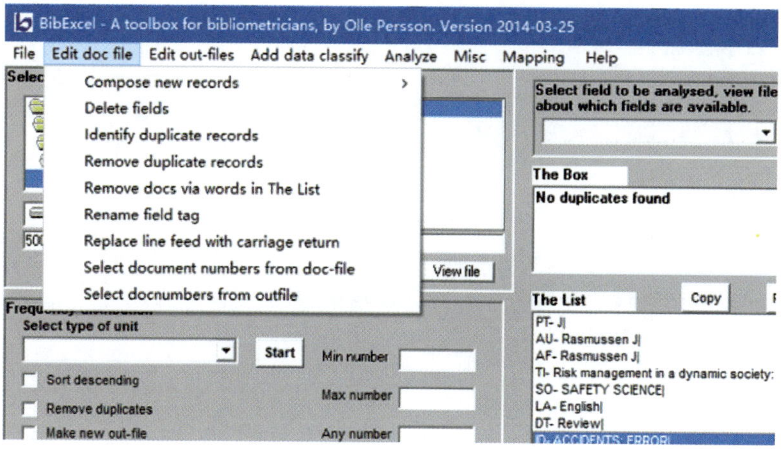

图 3.11　Edit doc file 菜单

Editout files 菜单（图 3.12）中包含的功能在所有菜单中是最多的，这里仅仅给出常用的菜单名称。主要包含 Convert upper lower case（字符的大小写转换）、Delete low frequencies（删除低频项目）、Delete high frequencies（删除高频项目）、Extract publication year from references（从参考文献中提取出版年）、Extract author name and address from C1 field（从 C1 字段提取作者及地址信息）、Keep only author' s first initial（仅仅保留作者的首名）、Remove [⋯] from whole field（删除字符中的 [⋯]）、Remove DOI from end of cited reference string（删除参考文献中的 DOI）、Remove reprint author（删除通讯作者）、Scopus tool（Scopus 工具，其中包含 Extract all authors from Scopus references）、Sort alphabetic（按照字母排序）、Standardize address（标准化地址）以及 Word Stemmer – English（英文字符的词根提取）等。

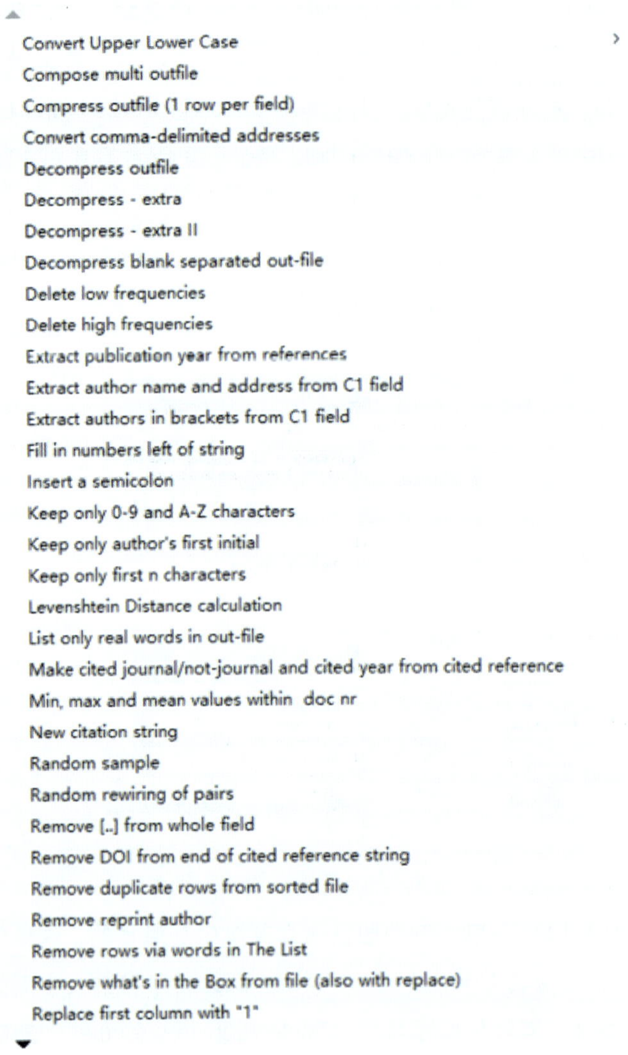

图 3.12　Edit out－files 菜单

Add data classify 菜单（图 3.13）包含了 Add classification to out－file－exact match（为 out 文件添加分类－精确匹配）、Add classification to out－file－substring match（为 out 文件添加分类－子字符匹配）、Add classification to freq－pair－file（为频次对添加分类）、Add classification using Levenshtein distances（通过 Levenshtein 距离来分类）、Add labels to freq－docnr－docnr（为 freq－docnr－docnr 添加标签）、Add labels to docnr－docnr pairs（docnr－docnr 对添加标签）、binary search（二值检索）、combine two files（合并两个

文件）、compare similar strings（字符相似比较）、Match abbreviated journal with full title（期刊简称和全称匹配）、Match abbreviate words with full string（词缩写与全字符匹配）、Search codeword in string（在字符中查找代码词）、Search a string in a string（在字符中查找字符）以及 search a word in another list（在另一列表中查找单词）。

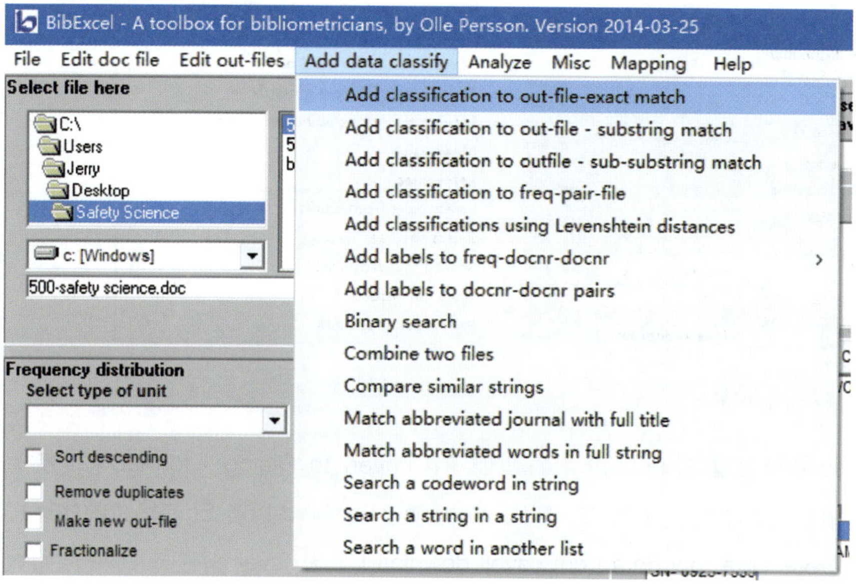

图 3. 13　Add data classify 菜单

Analyze 分析菜单（图 3. 14），主要包含 Add frequencies（添加频次）、Calculate author + Affiliation fractions（计算作者 + 机构的占比）、Co - occurrence（共现分析）、Citation among docs（docs 文件中的引证）、Docs and units matrices（文档 - 单元矩阵）、h - index（计算 h 指数）、List units in paris（成对显示单元）、Make a matrix for MDS etc（创建可用于 MDS 等分析的矩阵）、Make a pair list from a matrix（从矩阵中创建成对列表）、Make a pairlist including zero pairs（创建包含 0 关系的对列表）、Mean value（平均值）、percentiles（百分位数）、Selecte pairs from pairlist（从列表对中选择对）、selecte strongest links（选择最强关系对）、share units/coupling（单元共享/耦合）、Units per record（每一记录的单元）、Year lagging of pairs（单元对的滞后年份）。

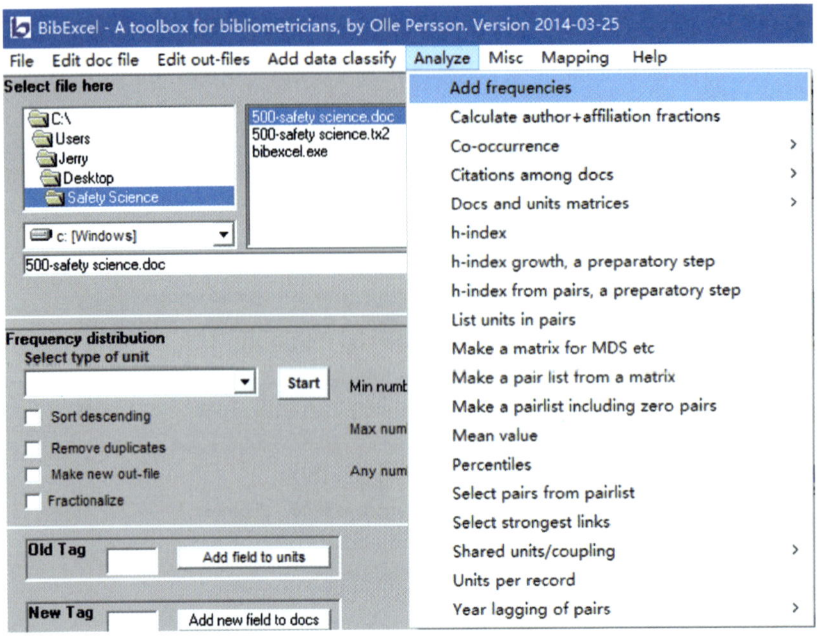

图 3. 14　Analyze 菜单

Misc 菜单（图 3.15）包含的功能有 Convert to Dialog – format（转换为 Dialog 格式，其中包含了 WoS、RIS、Scopus、PubMed 以及 EI 等格式的处理）、Decompress Diva raw data from csvall download（从 csvall 解压缩 Diva 原始数据）、Decompress Diva raw data from tabbed format（从 tabbed 格式中解压缩 Diva 原始数据）、Sherpa Romeo search by ISSN（通过 ISSN 进行 Sherpa Romeo 检索）、Sherp Romeo search by journal title（通过期刊名称进行 Sherpa Romeo 检索）。

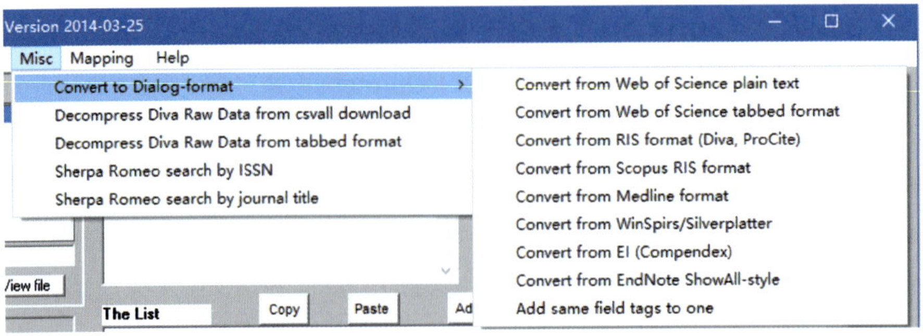

图 3. 15　Misc 菜单

Mapping 菜单（图 3.16）主要包含 Create net – file for Pajek，VOSviewer，Mapequation，NetDraw，Ucinet etc（创建可使用 Pajek 等软件进行可视化的 net 文件）、Create vec – file（创建 vec 文件）、Creat clu – file（创建 clu 文件）、Create vel – file from net – file（创建 vel 文件）、Merge to net – files（合并 net 文件）以及 Geographical mapping（地理可视化）。

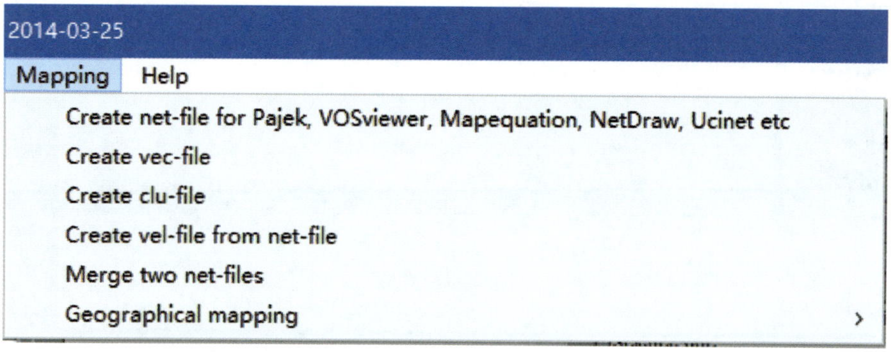

图 3. 16　Mapping 菜单

3. 4　数据文本合并

若用户从 Web of Science 中导出的文本数量大于 500 条，则会得到多个 txt 文件。在 BibExcel 中仅仅提供了对单个文本文件的分析，因此在分析之前需要对这些单独的 txt 文件进行合并。

在 BibExcel 软件界面下全部选择要合并的 txt 文件（如图 3. 17 所示），并在 Type new file name here 中输入合并后的文件名称，例如这里输入文件名称为 safety culture 1 – 1789。

在菜单栏中选择 File→Append all selected files to another，即可得到合并后的文件 safety culture 1 – 1789 文件。用户需要手动将该文件的后缀修改为 . txt（见图 3. 18），也可以在 BibExcel 中输入文件的时候，加上后缀。然后，再按照数据的预处理方法进行处理，得到 doc 文件进行分析即可。

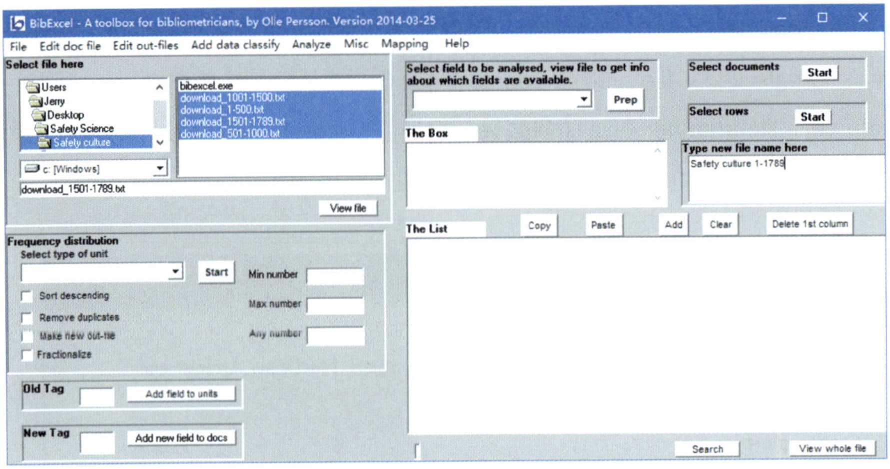

图 3.17　文件合并操作的界面设置

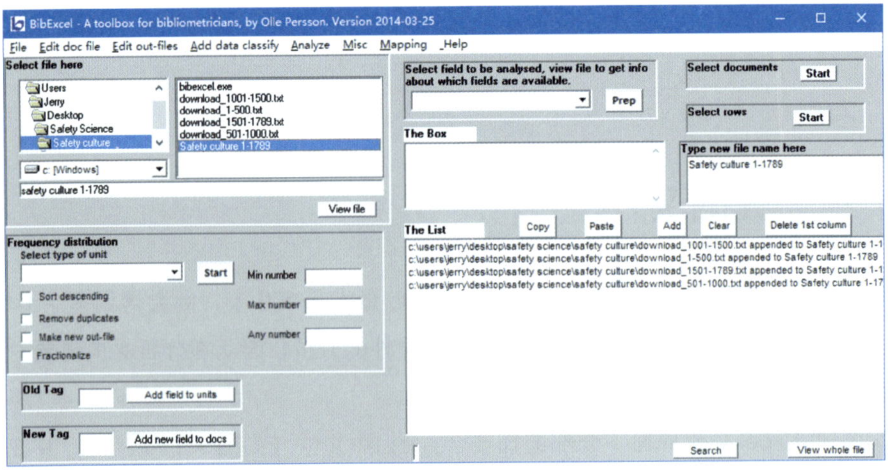

图 3.18　文件的合并结果

对于数据的合并，也可以使用专门的合并工具进行，例如[1] TXTcollector 软件、FileJoin 软件以及自编 bat 来合并多个 txt 文件。

---

[1] http://bluefive.pair.com/txtcollector.htm

3.5　数据的预处理

从 Web of Science 导出的 txt 文本数据不能直接用于 BibExcel 分析，需要先通过 BibExcel 转换为 doc 格式才能进行分析。具体步骤为：

首先，将下载好的数据和 BibExcel 放在一个文件夹中（图 3.19），并打开 BibExcel。打开后，在 BibExcel 下选中要分析的 txt 文件，按照 Edit doc file→Replace line feed with carriage return（提示选择：确定 + 否）的步骤对数据进行初步处理（图 3.20），在该项目文件夹中将得到一个新生成的 tx2 文件（图 3.21）。

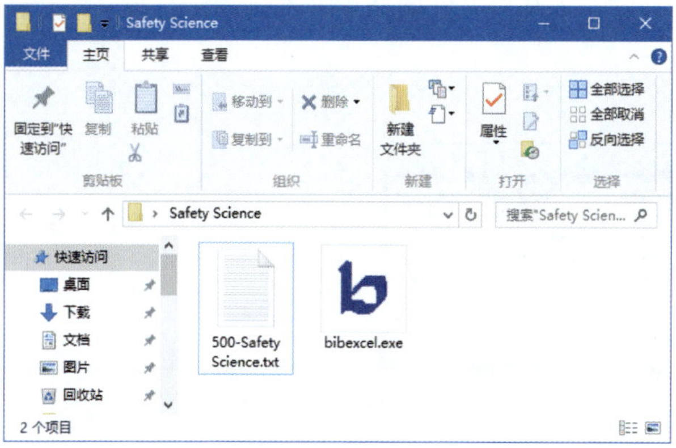

图 3.19　项目文件夹

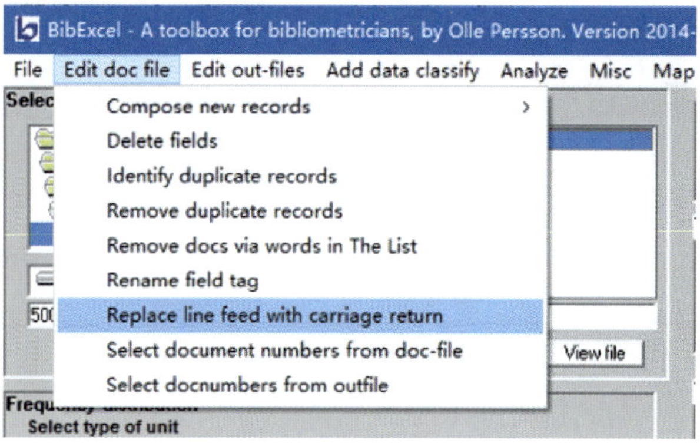

图 3.20　数据预处理

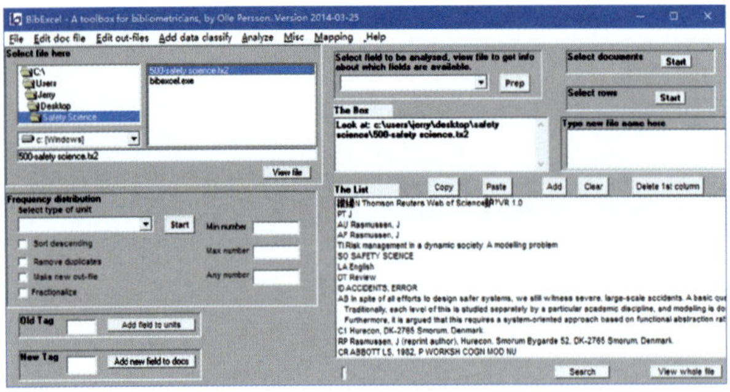

图 3.21　数据预处理结果（tx2 文件）

再次，在 BibExcel 界面中选中 tx2 文件，按照步骤 Misc→Convert to dialog format→Convert from Web of Science（提示回答：确定 + 是）来进行数据的再次处理（图 3.22），得到 doc 文件。该 doc 文件就是 BibExcel 用于科技文本分析的基础文件（图 3.23）。

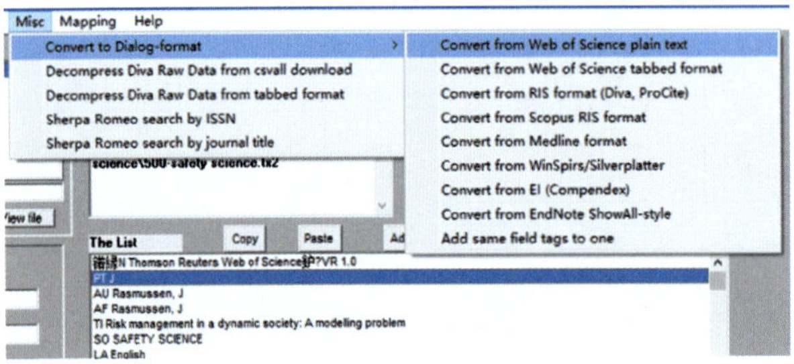

图 3.22　数据的再处理步骤

图 3.23　数据预处理后的文件

当将 Web of Science 的 txt 转换成可使用 BibExcel 文件后，一些字段发生了变化。例如原始的参考文献字段为 CR，在 BibExcel 转换后变为 CD 字段。在用户进行数据分析时，要以转换后的 doc 中知识单元的字段为标准，具体参见附录。

BibExcel 预处理 Web of Science 数据的步骤总结如表 3.2 所示。

表 3.2 BibExcel 对 Web of Science 数据的预处理

步骤	文件	处理流程	生成文件	点击
		Web of Science 数据的预处理		
1	txt – file	Edit doc file/replace line feed with carriage return	tx2	Ok + No
2	tx2 – file	Misc/Convert to Dialog format/convert from web of science plain text	doc	Ok + Yes

对 Scopus 中 RIS 格式数据预处理总结如表 3.3 所示。

表 3.3 BibExcel 对 Scopus 数据的预处理

步骤	文件	处理流程	生成文件	点击
		Scopus 数据的预处理		
1	ris – file	Edit doc file/replace line feed with carriage return	tx2	Ok + No
2	tx2 – file	Misc/Convert to Dialog format/convert from Scopus RIS file	doc	Ok + Yes

在得到 doc 文件后，若用户认为需要进一步对数据进行除重处理。可以按照下面的步骤操作：选中 doc 文件，在菜单栏依次点击 Edit doc file→identify duplicate records（提示回答：确定 + 是），如图 3.24 所示。若没有探测出重复记录，会在 The box 中显示 No duplicates found。若探测到重复记录，此时会生成一个 dup 的文件（图 3.25）。

识别得到重复记录列表后，选中 doc 文件，在 Type new file name here 中输入新生成文件的名称（data2. doc）。然后，在菜单栏中依次选择 Edit doc file→Remove duplicate records（提示回答：确定）。执行结束后会得到新的数据文件 data2. doc，在 the box 中也会显示处理的基本信息 Number of docs removed = 27. Your new file is：data2. doc。

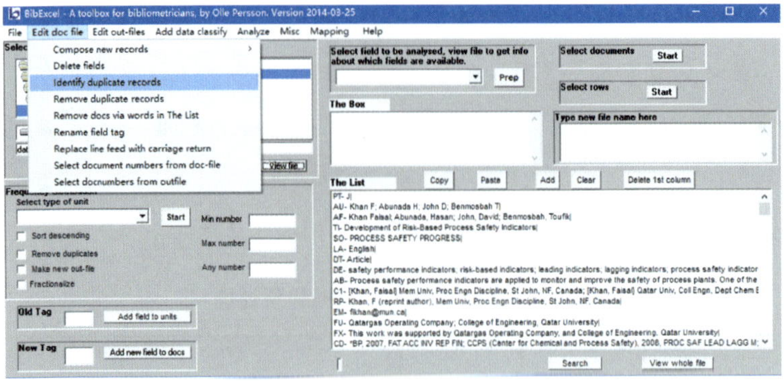

图 3.24　重复记录识别

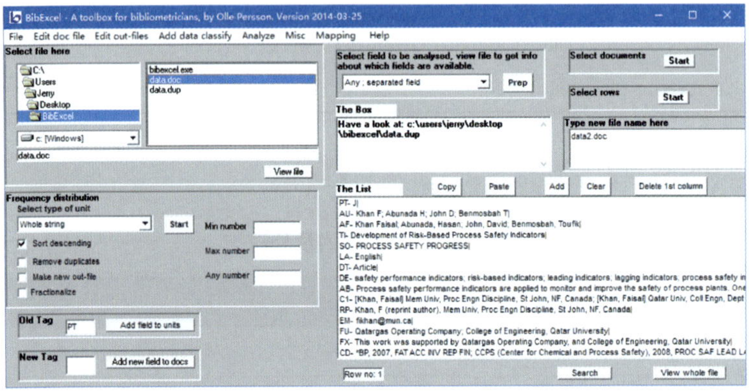

图 3.25　重复记录的剔除

3.6　过程文件说明

BibExcel 在分析科技文本时会产生一系列不同后缀的文件，这些文件主要包含了 tx2（表示进行了初步处理的文件）、doc（可直接分析的文档）、out（输出文件，原始字段提取结果）以及 oux（字段进行了处理的输出文件）、low（大小写处理文件）、loa（作者姓名的大小写处理）、1st（仅仅保留作者的第一个名字）、cit（频次文件）、coc（共现文件）、ma2（共现矩阵）、ma5（出现矩阵）、clu（聚类结果文件）、net（网络文献）等。常见的几种 BibExcel 处理的数据样式如表 3.4 所示。用户可以按照此种格式编辑文件，然后保存为 txt 格式的文件并使用 BibExcel 进行共现分析。

表 3.4　BibExcel 常见的数据处理样式

out 文件		cit 文件		coc 文件		
1	Hale A	95	Hale A	17	Goossens L	Hale A
1	Li J	17	Goossens L	15	Bellamy L	Hale A
2	Hale A	15	Bellamy L	13	Ale B	Bellamy L
3	Hale A	13	Ale B	13	Ale B	Hale A
3	Li J	10	Oh J	10	Hale A	Oh J
4	Adams M	9	Papazoglou I	9	Ale B	Papazoglou I
4	Borys D	7	Mud M	9	Hale A	Papazoglou I
4	Hale A	6	Post J	9	Ale B	Goossens L
5	Hale A	6	Roelen A	9	Bellamy L	Papazoglou I
6	Hale A	6	Heijer T	9	Bellamy L	Oh J
7	Borys D	6	Baksteen H	9	Oh J	Papazoglou I
7	Hale A	5	Cooke R	9	Ale B	Oh J

net 文件	vel 文件	Vec 文件
* Vertices 50	* Vertices 50	* Vertices 50
1 "Goossens L"	1Goossens L	17
2 "Hale A"	2Hale A	95
3 "Bellamy L"	3Bellamy L	15
4 "Ale B"	4Ale B	13
5 "Oh J"	5Oh J	10
6 "Papazoglou I"	6Papazoglou I	9
7 "Mud M"	7Mud M	7
8 "Baksteen H"	8Baksteen H	6
9 "Post J"	9Post J	6
……	10Roelen A	6
* Edges	11Heijer T	6
1 2 17	12Koornneef F	5
3 2 15	13Cooke R	5
4 3 13	14Swuste P	4
……	……	……

3.7　数据分析思路

（1）按照知识单元的字段提取字段信息。

在科技文本数据中，不同的知识单元使用了不同的字段来进行标记。如 AU 表示作者信息行，DE 表示关键词的信息行，C1 表示了作者地址的信息行等。在 BibExcel 中要提取类似这些字段的信息，首先要设置将要提取的知识单元字段，然后来选择这些字段中知识单元的分割方式。经过 BibExcel 处理后的数据，通常都是以分号的形式来分割。

通过该步提取得到的知识单元信息具体的样式为“论文编号 + 知识单元”的形式，例如图 3.26 给出了某个主题关键词字段的提取结果，前面的数字代表了关键词所出现的论文编号，编号后为对应的关键词。例如论文 3 共有 3 个关键词，分别为 Safety culture、Safety culture maturity model 和 Organisational。

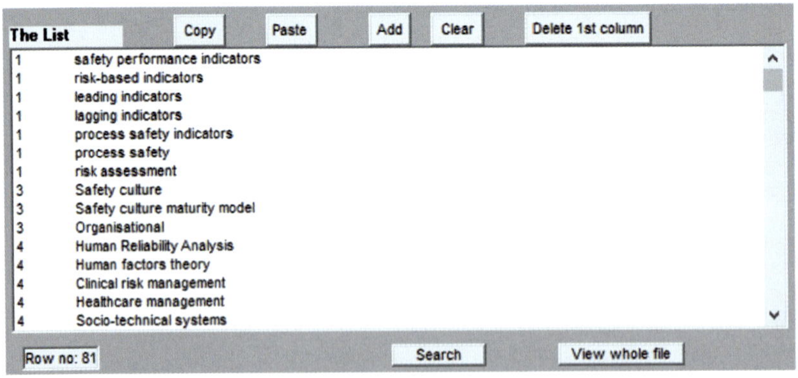

图 3.26　提取知识单元

（2）对提取的知识单元进行进一步的预处理和频次统计。

知识单元成功提取之后，这些字段的知识单元还需要进一步的预处理。例如，在分析作者时，可以处理作者的不同写法的情况。当然，对 out 文件进行的进一步处理并不是所有字段都需要的。

进行了预处理后，可以对 out 文件或者类 out 文件进行频次统计。基本原理就是统计 out 文件某一知识单元出现的频次。频次统计的结果也包含两列，第一列为某个知识单元出现总频次，第二列为对应的知识单元（见图 3. 27）。

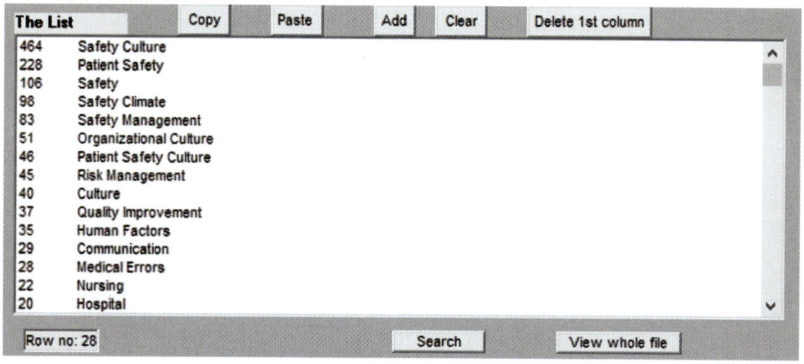

图 3. 27　知识单元频次统计结果

（3）计算共现频次，并准备网络文件。

在进行“知识单元对”共现频次的计算时，用户可以仅仅分析满足一定频次阈值的知识单元的共现频次。这种操作需要用户在得到的 cit 知识单元频次文件中，依次复制满足阈值的知识单元、清除总列表以及将复制的知识单元频次分布粘贴到列表中。

要计算知识单元共现，这里需要依托 out 文件或对 out 文件处理后的类似文件进行处理。处理后会得到一个 coc 文件，该文件即是满足一定阈值知识单元的共现频次（见图 3. 28）。

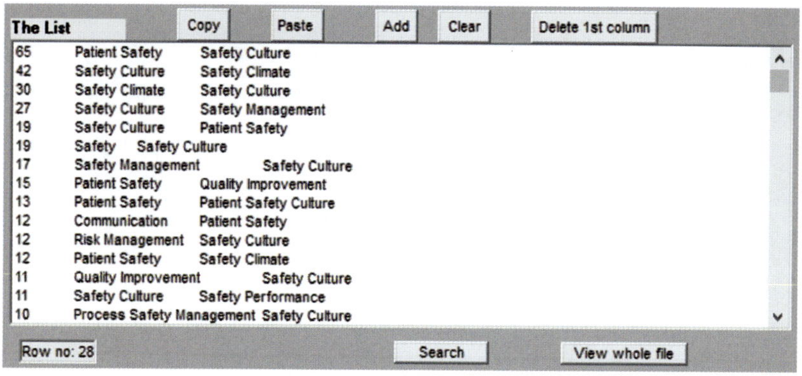

图 3. 28　知识单元的共现频次计算结果

在分析过程中得到的原始的共现频次，仅仅是一种表达知识单元对强度的方法。在常见的分析中，需要对这些原始的共现强度进行标准化处理。BibExcel 中使用的标准化方法主要为 Ochiai 和 Jaccard 方法。

$$Ochiai(x,y) = \frac{C_{xy}}{\sqrt{C_x \cdot C_y}}$$

$$Jaccard(x,y) = \frac{C_{xy}}{C_x + C_y - C_{xy}}$$

式中：C_{xy} 为 x 和 y 的共现频次，在矩阵上为非对角线上的值；C_x 和 C_y 分别为 x 和 y 的出现频次，在矩阵上为对角线上的值。

在 coc 文件的基础上，通过软件来生成 net 文件；在 cit 的基础上，生成 vec 文件。这里得到的 net 和 vec 文件都可以在 Pajek 进行直接读取和进行可视化分析（图 3.29）。

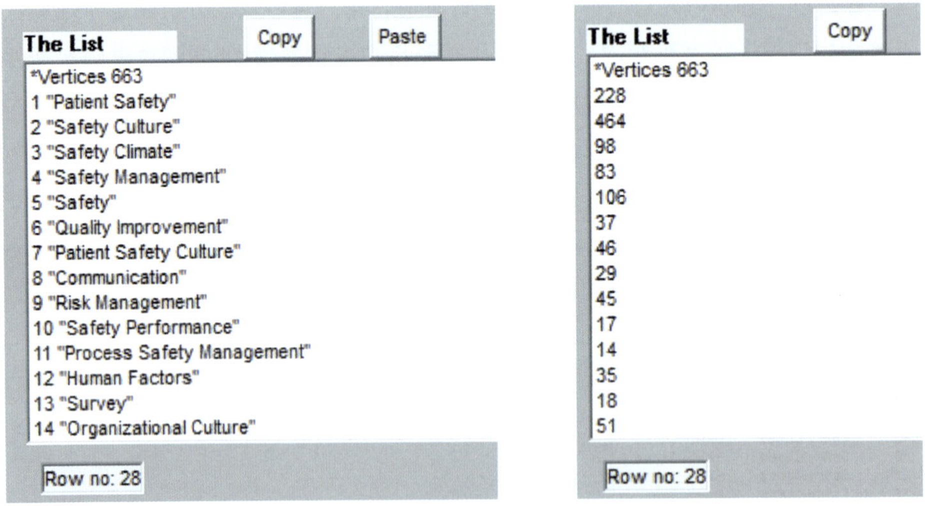

图 3.29　网络（左）和网络节点大小（右）文件

最后，对使用 BibExcel 进行科学计量和知识图谱绘制的步骤总结如图 3.30 所示。

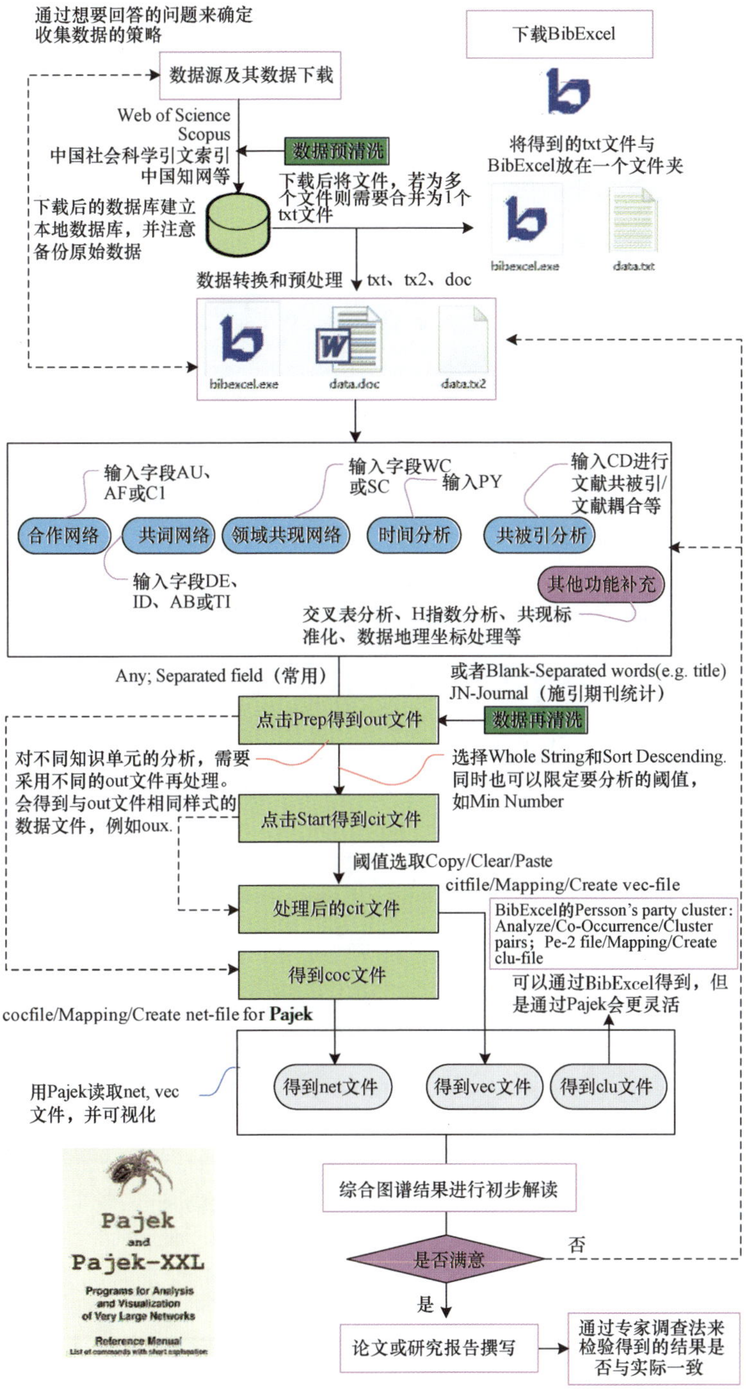

图 3. 30　BibExcel 应用的简明过程

第 4 讲

BibExcel 知识单元分析基础

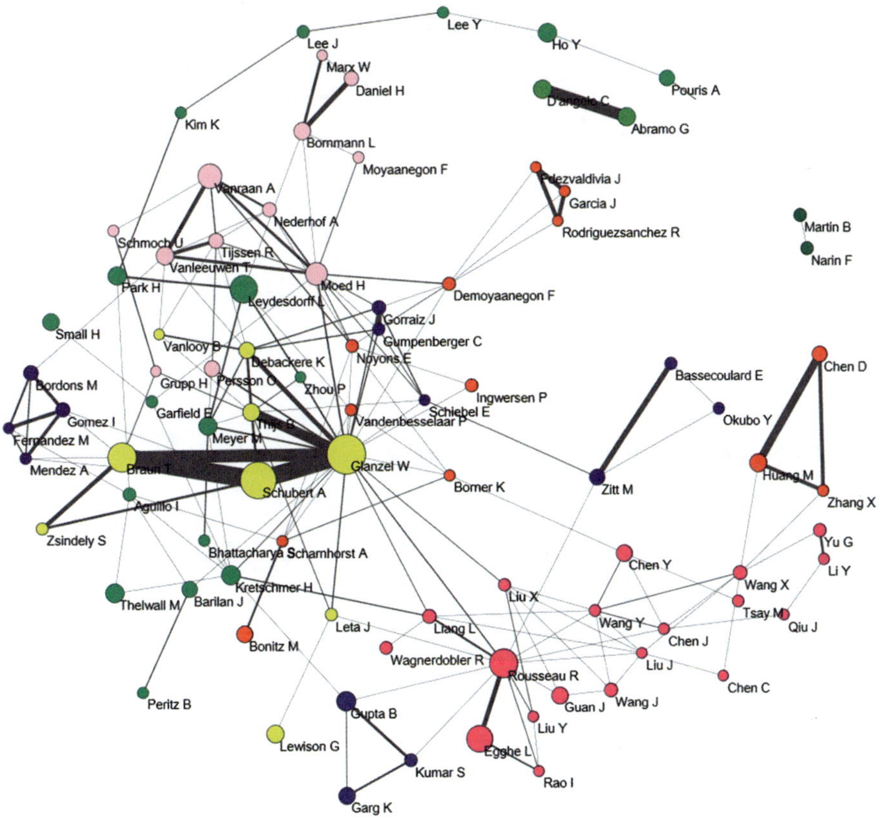

4.1　知识单元频次分布计算

在使用 BibExcel 对文献进行分析中，知识单元的频次分析计算是最基本的结果，也是使用 BibExcel 进行知识单元共现分析的基础。

在转换后的 doc 文件基础上，直接可以进行知识单元的频次分析。具体的方法为：首先，在 Old Tag 中输入要分析的知识单元字段，然后选择 Any；Separate file，点击 Prep（提示回答：确定 + 否）。这里以分析作者发文量的分布为例，在 Old Tag 中输入 AF，然后选择 Any；Separate file，点击 Prep（图 4.1）。最后，得到 out 文件。该 out 文件为从文本中提取的作者信息（图 4.2）。

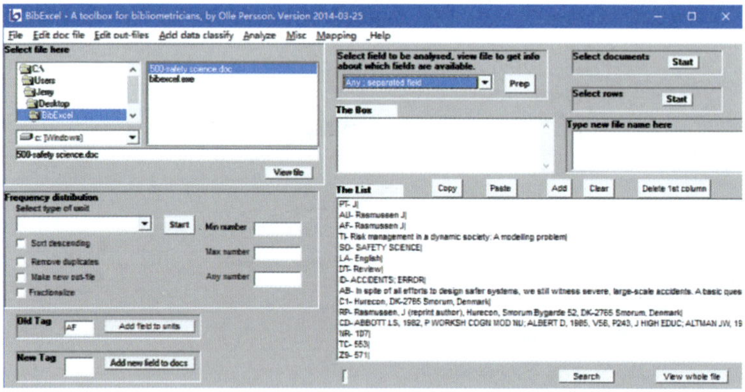

图 4.1　提取作者发文信息的设置（doc 文件）

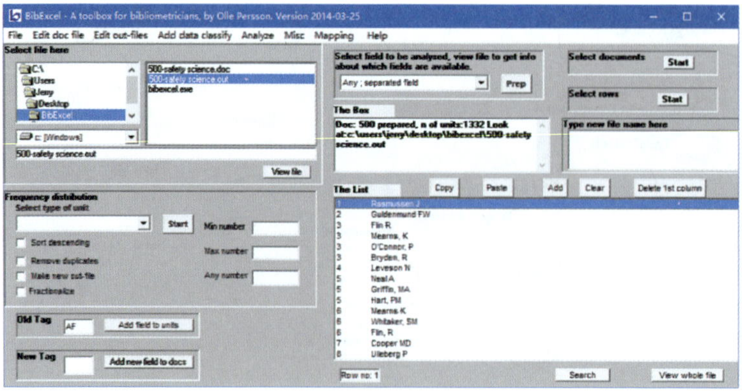

图 4.2　作者发文信息的初步结果（out 文件）

作者分析的结果共包含两列信息。第一列的数字为论文的编号，若有 500 篇论文，则编号范围为 1 – 500，第二列为作者的信息。例如 1Rasmussen J 就表示第一篇论文有一个作者，为 Rasmussen J。5 Neal A；5Griffin，MA；5 Hart，PM 就代表第 5 篇论文有 3 个作者，分别为 Neal A、Griffin，MA 和 Hart，PM。在得到作者信息时，会产生一个新的 out 文件。该文件可以使用文本编辑器或者 Excel 打开进行查看、分析以及编辑（见图 4.3）。

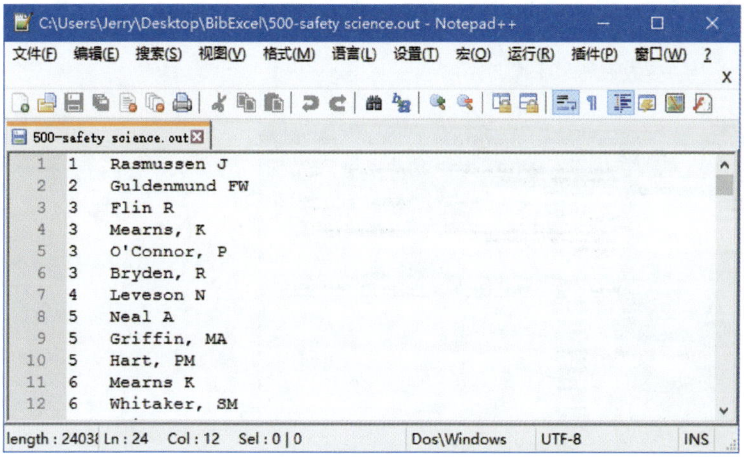

图 4.3　使用文本编辑器对作者分析结果进行查看

为了提高作者分析的准确性，此处还需要对作者进行 Good for author/cited author in out – file 和 Keep only author' s first initial 处理，分别得到 loa 文件和 1st 文件。最后，使用 1st 来计算作者的频次分布结果。具体步骤为：在选中 1st 文件的前提下，选择 Whole string + Sort descending，点击 Start（提示回答：确定），得到后缀名为 cit 的频次分布文件（见图 4.4 和图 4.5）。这里用户还可以先对 1st 文件按照步骤 Whole string→Remove duplicates→Make new out file + start 进行除重后再进行频次分析。

将后缀名为 cit 的文件使用 EXCEL 打开，在 EXCEL 中绘制 TOP10 的作者发文条形图（图 4.6）。

在得到频次文件以后，我们常常需要通过频次来截取满足一定阈值的知识单元，并进行共现分析。此时，在 The list 的信息栏中，选择满足一定阈值的知识单元，然后依次点击 Copy（提示回答：确定）/clear/Paste 来完成。

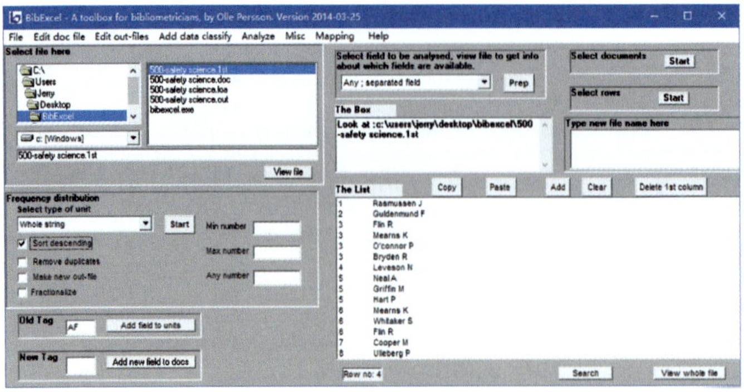

图 4. 4　作者频次分析的参数设置（1st 文件）

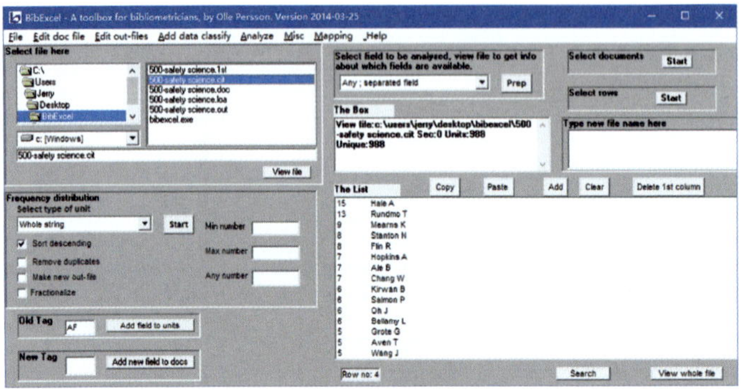

图 4. 5　作者频次分析的结果（cit 文件）

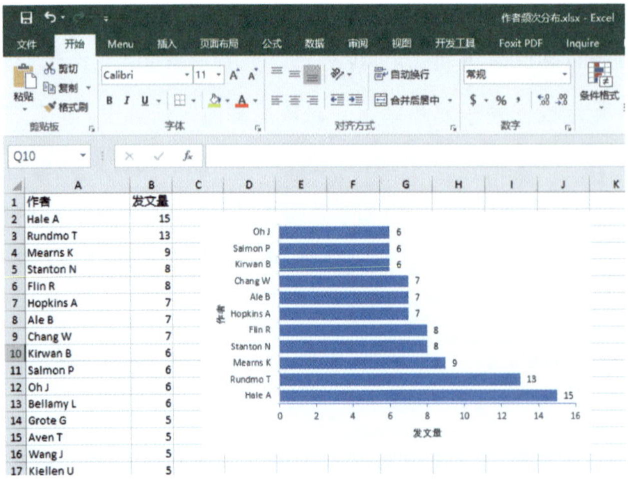

图 4. 6　EXCEL 中绘制作者发文量分布

4.2　知识单元频次交叉分析

若要为作者的频次分布加入时间，来考察各个作者在不同时间的发文量，此时就需要使用知识单元频次的交叉分析。具体的方法是：在得到作者分布的 1st 文件后，再在 Old Tag 中输入 PY，点击 Add field to units（提示回答：确定 + 否 + 是），得到的分析结果如图 4.7 所示。此过程产生了一个后缀为 jn1 的新文件，将其使用文本文件打开后，复制到 EXCEL 中就可以进行作者发文量和时间的分析。

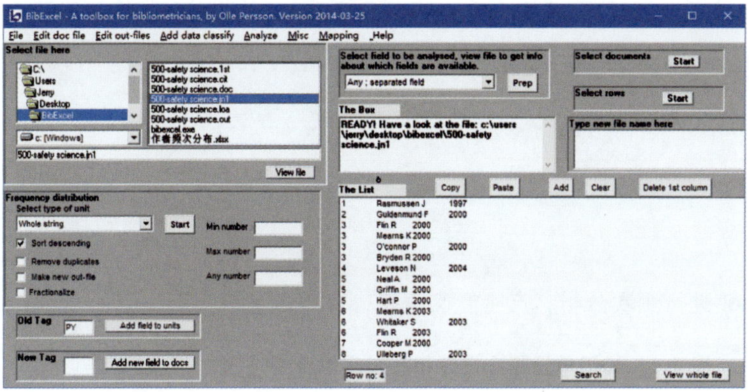

图 4.7　知识单元频次的交叉分析（jn1 文件）

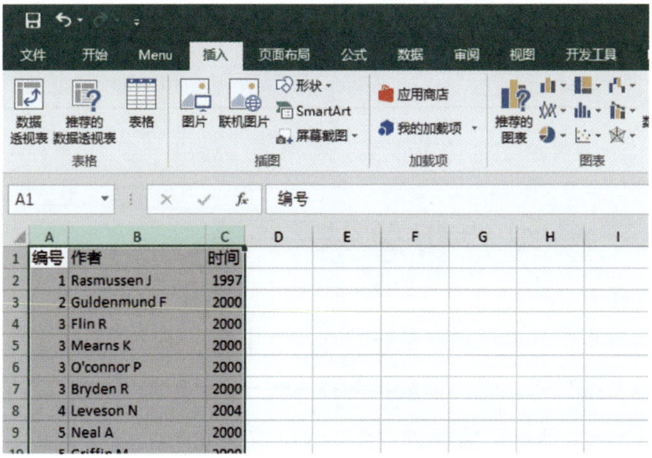

图 4.8　EXCEL 中对数据的分析

打开 EXCEL，选中要分析的数据（图 4.8），点击菜单栏中的“插入”、“数据透视表”。通过数据透视表就能快速地得到某一位作者在某一年发表了多少论文，所有作者在某一年发表了多少论文等信息（图 4.9）。

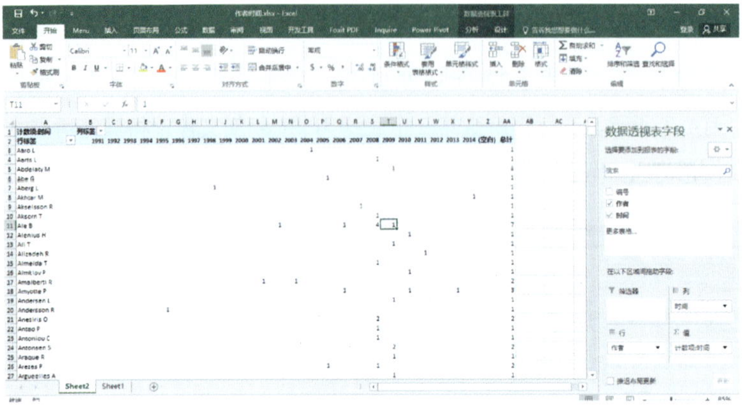

图 4.9　EXCEL 数据透视表对数据的分析

使用 BibExcel 进行频次分析，产生交叉表基础文本的步骤见表 4.1。

表 4.1　知识单元频次文件和补加字段产生过程

通过 doc 文件得到 out、oux 和 cit 文件				
1	doc – file	Old Tag; CD + Any; sep. field Whole string + Remove duplicates/Make New Out	out – file	Prep
			oux – file	Start
2	out – file	– file	cit – file	Start
3	Old Tag	Whole string + sort descending Add field to unit	Jn1 – file	

4.3　知识单元频次分析总结

在 BibExcel 中，频次分析的基本原理就是在 Old Tag 中输入要分析的知识单元，例如 AU、DE、PY 以及 WC 等。输入以后再选择 Any; Separate field，点击 Prep，初步得到 out 文件。一些情况下需要进一步对 out 文件进行处理，以使结果更加精确。最后，再选择 Whole String + sort descending，点击 Start 即可。总的来说，频次分析的最终目的就是得到 cit 文件，中间过程和步骤都是服务于该目的的。

知识单元频次的交叉分析是在一个单元分析的基础上，对应补加一列或者多列，若增加了一列则生成的文件后缀为 jn1，增加两列则为 jn2。然后将结果放在 EXCEL 使用数据透视表进行分析。

频次分析是后面其他分析的基础，例如分析过程中得到的 out、oux 以及 cit 文件是产生共现网络的基础文件。

第 5 讲

BibExcel 科学计量分析

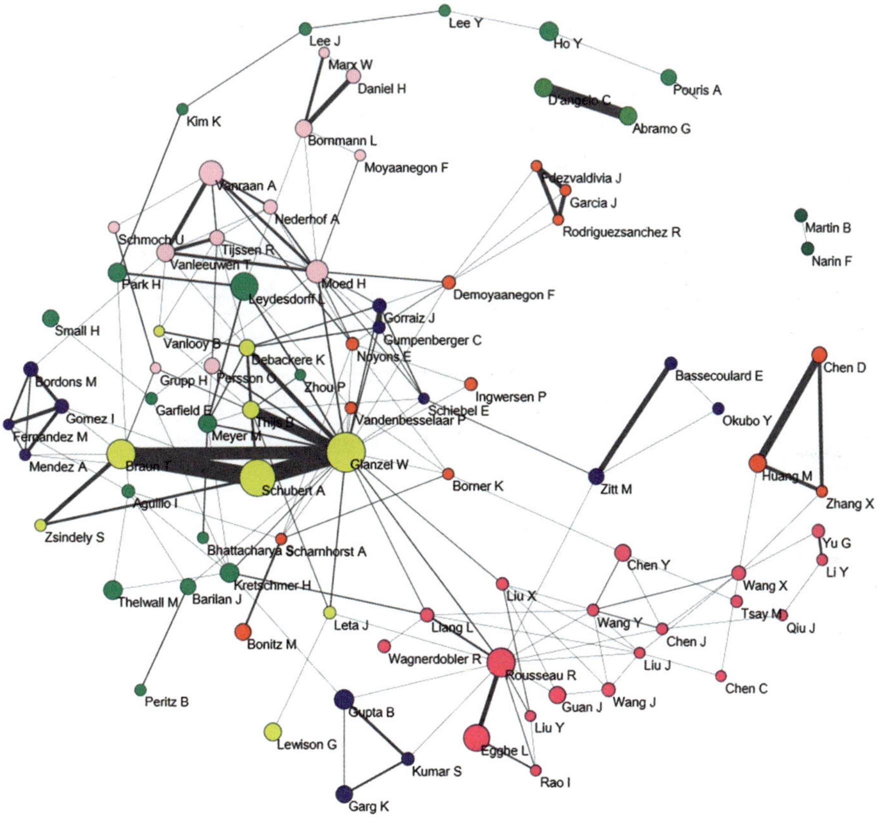

5.1 科学计量中的计数

BibExcel 中提供了使用不同计数方法来统计文本中知识单元权重的方法，分别为默认的整数计数和可以选择的分数计数。整数计数用来统计某个知识单元的出现频次，分数计数则是在统计中对知识单元组成进行分数化的处理。例如一篇论文有 3 个作者，那么整数统计的结果就会得到各个作者的发文量都为 1，分数计数的结果得到的每个作者发表的论文为 1/3。

5.1.1. 整数计数

在 BibExcel 中，用户在得到 loa 文件后（即对 out 文件已经进行了处理）。选中 loa 文件，并在 Frequency distribution 区域选择 whole string，Sort Descending，并点击 Start 进行作者出现的频次统计，结果如图 5.1 所示。这样的分析方法在 BibExcel 中就是整数计数方法。例如，在这里分析了 95 篇 Andrew Hale 参与发表的论文，最终统计得到他发表的论文总量为 95 篇。

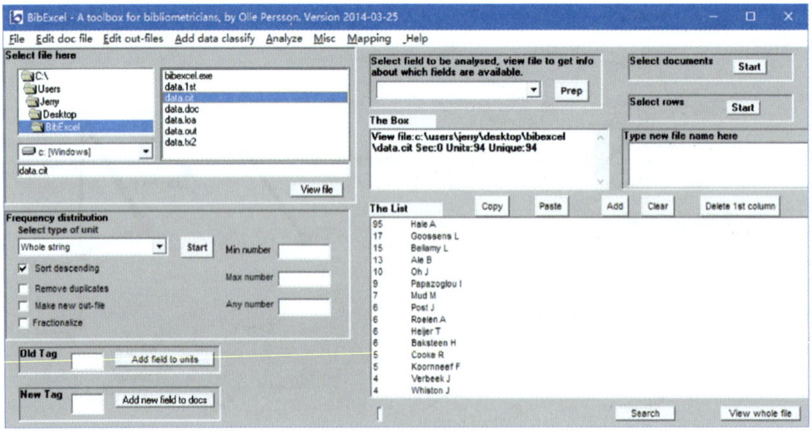

图 5.1　BibExcel 中的整数统计（cit 文件）

5.1.2　分数计数

在 BibExcel 中，用户得到 loa 文件后。选中 loa 文件，并在 Frequency

distribution 区域中选择 Whole string + Remove duplicates/Make new out - file/fractionalize，点击 Start。最后，得到分数化分析的结果如图 5.2 所示。

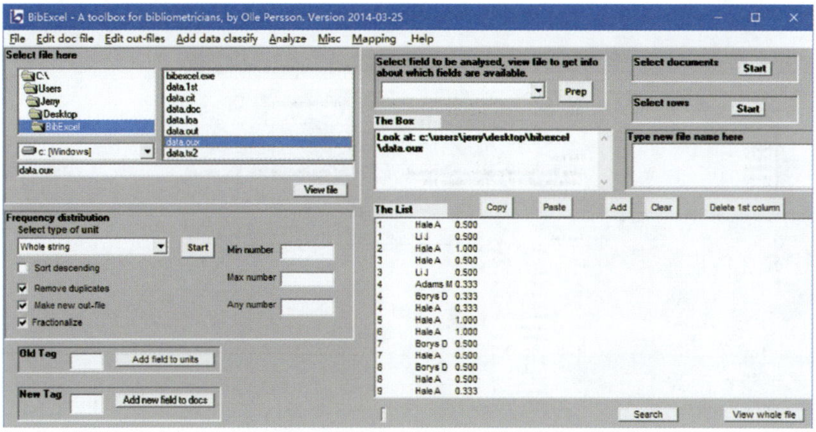

图 5.2　BibExcel 中的分数计数（oux 文件）

分数计数结果共包含三列（dnr + author + Fractionalize），分别代表文档编号、作者姓名和分数化处理的结果（见表 5.1）。例如第一篇论文共有两位作者，因此两位作者的权重各占 0.5；第二篇论文共有一个作者，因此为 1.00；第四篇论文共有 3 个作者，因此各为 0.333。

表 5.1　分数计数

1	Hale A	0.500
1	Li J	0.500
2	Hale A	1.000
3	Hale A	0.500
3	Li J	0.500
4	Adams M	0.333
4	Borys D	0.333
4	Hale A	0.333

在分数化结果的基础上，选择 Whole string + Sort Descending 进行统计分析，得到的结果如图 5.3 所示。结果也分为三列，分别代表频次、作者和分数化标记。例如，这里专门对 Hale Andrew 的论文进行统计，容易得到 Hale 教授在各

个分数化计数下的论文。这里权重为 1 的论文共有 24 篇，说明有 24 篇论文是独立发表的；权重为 0.333 的有 21 篇，说明三人合作论文共有 21 篇（表 5.2 中灰色区域为笔者自加）。

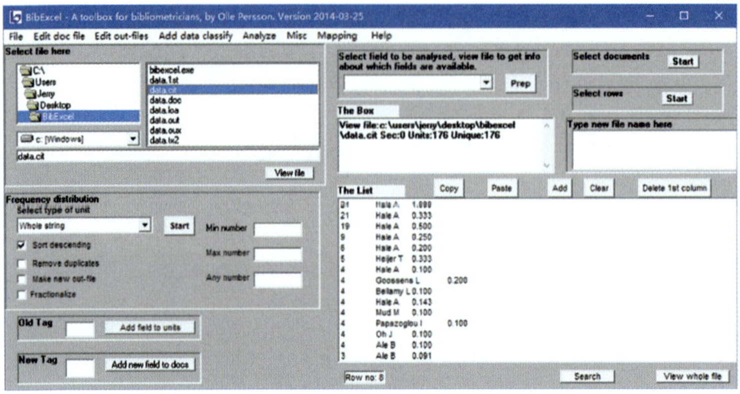

图 5.3　分数化后计算的频次分布（cit 文件）

表 5.2　Hale **教授论文分数计数**

24	Hale A	1	1	24
21	Hale A	0.333	1/3	6.993
19	Hale A	0.500	1/2	9.500
9	Hale A	0.250	1/4	2.250
6	Hale A	0.200	1/5	1.200
4	Hale A	0.100	1/10	0.400
4	Hale A	0.143	1/7	0.572
3	Hale A	0.091	1/11	0.273
2	Hale A	0.125	1/8	0.250
2	Hale A	0.083	1/12	0.166
1	Hale A	0.111	1/9	0.111
95				45.715

在进行分数计数时，也可以选中 loa 文件和 Whole string + Remove duplicates/Make new out - file 等功能，点击 Start 得到一个新的 oux 文件。然后，选中该 oux 文件、whole string + Sort Descending/Fractionalize，点击 Start 进行分数化总频次

的统计。得到的两列数据分别代表分数化频次的总量和作者姓名（参见图 5.4、表 5.3）。

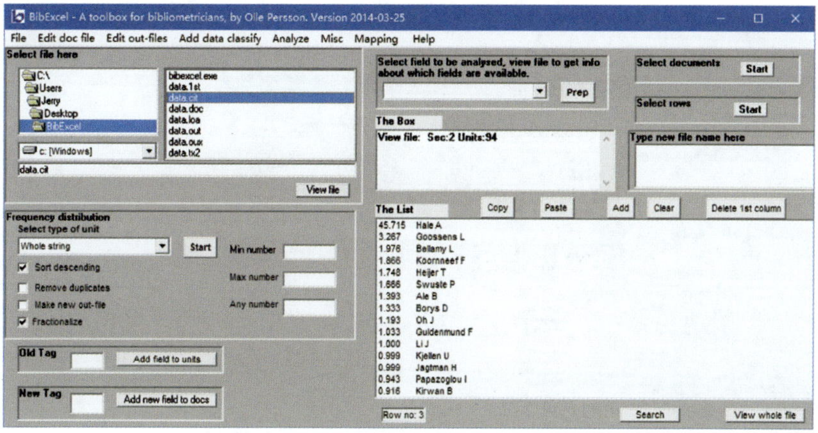

图 5.4　BibExcel 分数化计算频次（cit 文件）

表 5.3　分数计数整体统计

45.715	Hale A
3.267	Goossens L
1.976	Bellamy L
1.866	Koornneef F
1.748	Heijer T
1.666	Swuste P
1.393	Ale B
1.333	Borys D
1.193	Oh J
1.033	Guldenmund F
1.000	Li J

5.2　H 指数的计算

本部分以计算作者的 H 指数为例。

（1）提取要分析的作者信息。选择要分析的 doc 文件，Old tag 中输入 AU，分割方式 Any; Separated field，并点击 Prep，得到作者信息的 out 文件（提示回答：确定 + 否）。结果如图 5.5 所示。

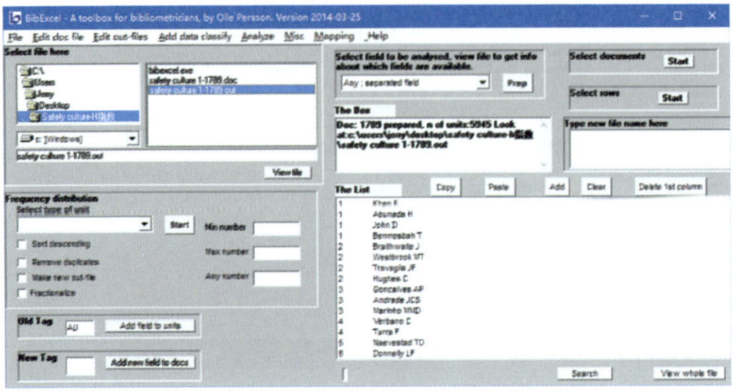

图 5.5　作者信息提取结果（out 文件）

（2）增加被引频次信息。得到作者信息列表后，在 Old tag 中输入 TC，并点击 Old tag 后面的 Add field to units，为当前的列表信息增加作者的被引信息（提示回答：确定 + 否）。得到的列表结果如图 5.6 所示，列信息分别表示文档编号 + 作者 + 被引频次（doc nr + author + times cited）。

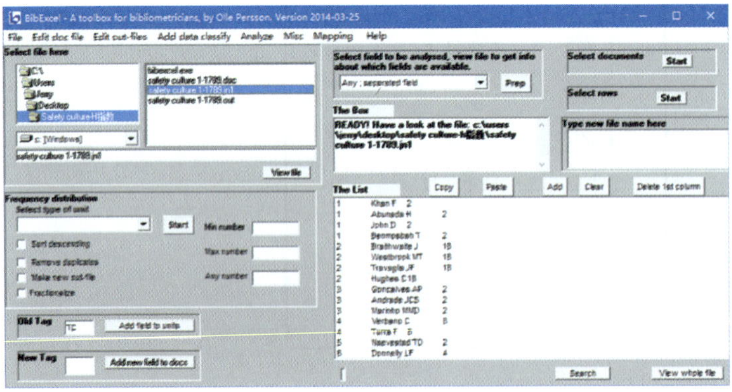

图 5.6　被引频次的补充（jn1 文件）

（3）提取要分析的列。在 The Box 下面输入 2/3（如图 5.7 所示），然后选择 Edit outfiles→Select columns（提示回答：确定），产生一个 col 文件，结果如图 5.8 所示。

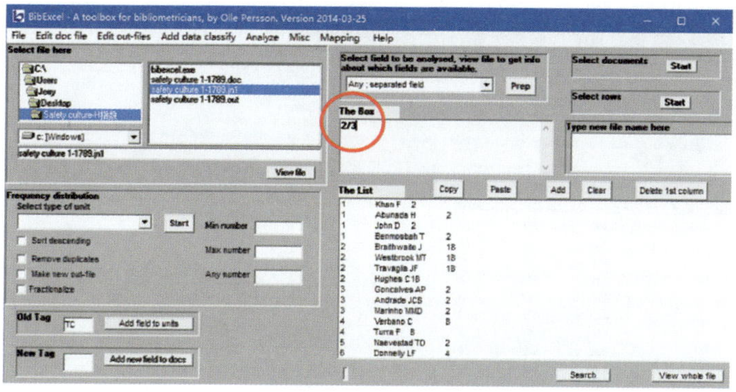

图 5.7　设置所要分析的列（jn1 文件）

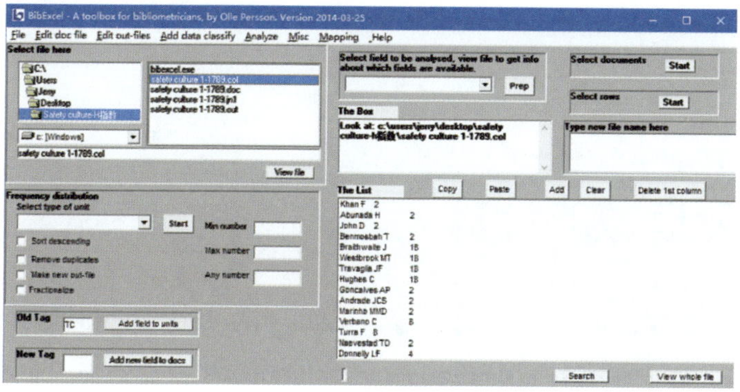

图 5.8　提取要分析的列（col 文件）

（4）计算 H 指数。选中 col 文件，在菜单栏依次点击 Analyze→h－index（提示回答：是＋确定），得到一个后缀名为 hdx 的文件（如图 5.9 所示）。最后，可以使用 EXCEL 打开 hdx 文件，用于进一步分析（如图 5.10 所示）。

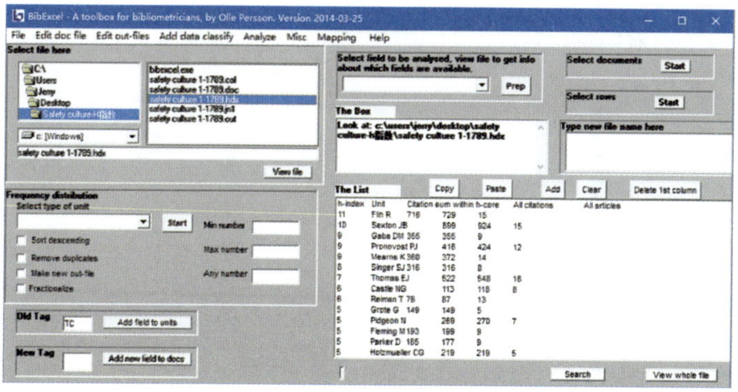

图 5.9　H 指数分析结果（hdx 文件）

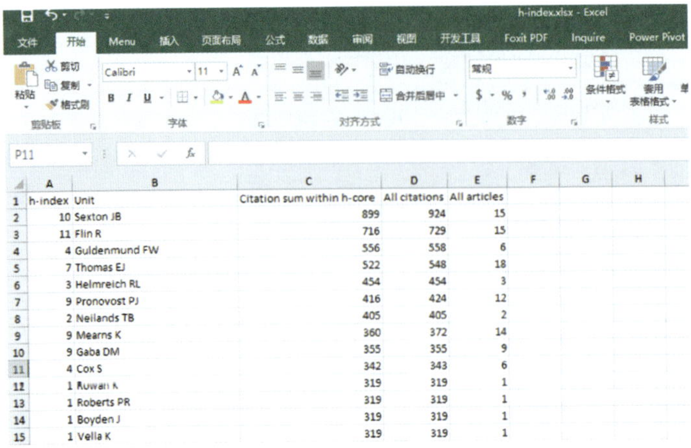

图 5. 10　EXCEL 中的结果

5. 3　普赖斯指数的计算

选定要分析 doc 的文件，并在 Old tag 中输入 CD，Any；Separated field，点击 Prep（提示回答：确定 + 否）。在 Frequency distributions 区域选择 Cited year + Make new out - file，点击 Start（提示回答：确定）。最后，从参考文献中提取被引论文的时间信息（发表年份），如图 5. 11 所示。

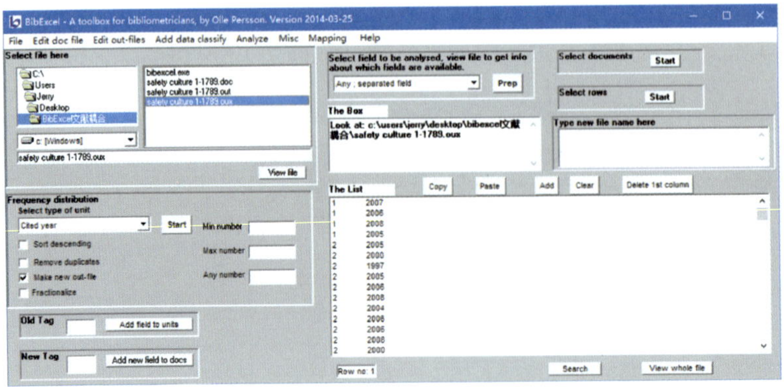

图 5. 11　被引时间提取（oux 文件）

在 Old tag 中输入 PY，并点击 Add fields to Units（提示回答：确定 + 否 +

是），得到 jn1 文件（图 5.12）。

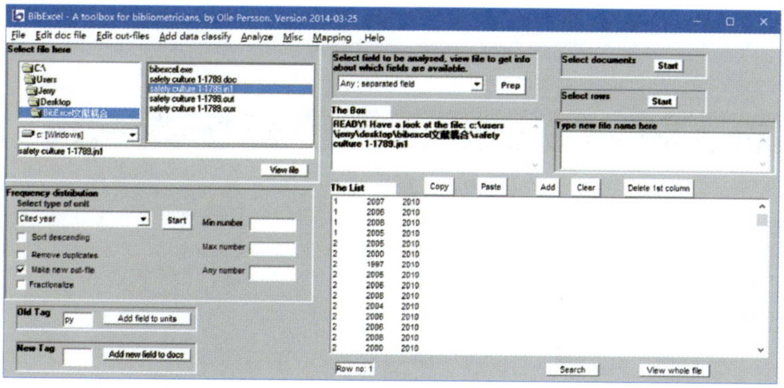

图 5.12　施引时间提取（jn1 文件）

在 Excel 中打开 jn1 – file，按照图 5.13 的格式将数据进行排列。需要注意，在时间信息提取时会得到一些错误的信息。例如，从时间字段中提取出了一些英文字符和大于当前年份的时间，这些记录需要剔除。然后按照提供的模板，输入数据及其拷贝计算公式到 Year lag。为了快速填充结果，可以在 EXCEL 的左上侧输入 D 列中需要填充的末尾表格坐标，回车后全部选定，将公式整体复制。

EXCEL 表格中的公式为：

IF（C5 – B5 < = E $1，CONCATENATE（"0 to"，E $1,"years"），CONCATENATE（"more than"，E $1,"years"））

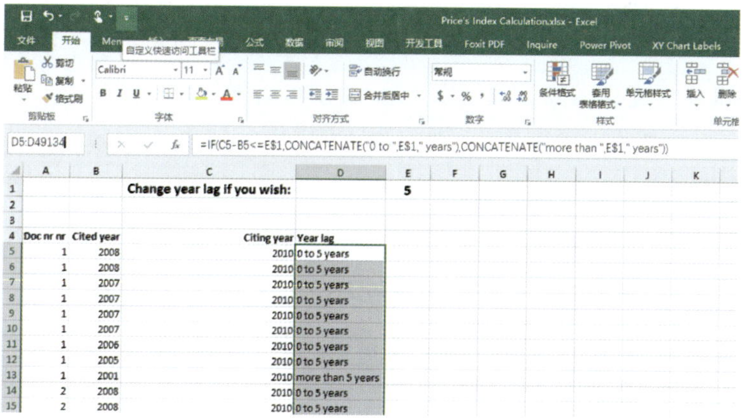

图 5.13　Year Log 的计算

把鼠标定位到 Doc nr nr，在 EXCEL 中插入数据透视表。然后将数据 Citing year 放入行，将 Year lag 放入列。值中放入 Year lag，并将显示方法修改为："行汇总的百分比"。得到的计算结果如图 5.14 所示。

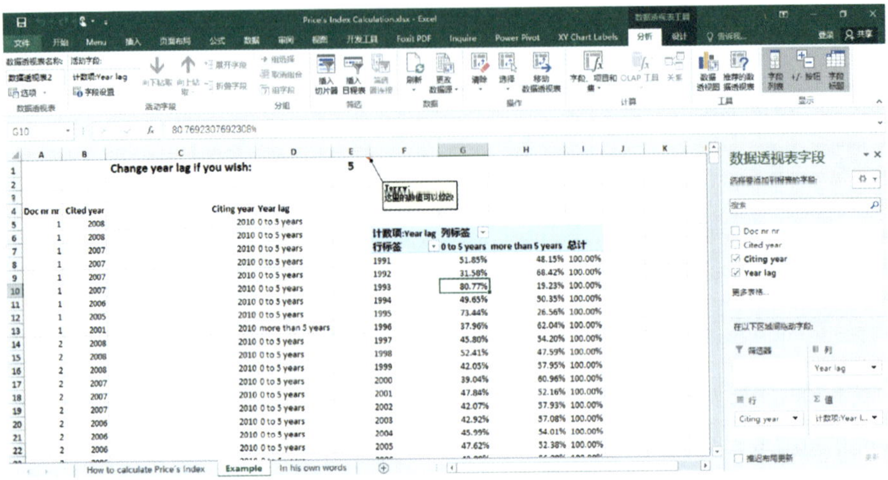

图 5.14　整体分布计算

5.4　BibExcel 导入 UCINET

Ucinet 可以读取由 BibExcel 产生的两种文件，一种是通过中间过程产生的 coc 文件，但该文件需要进一步修改；第二种是可以直接在 Uncinet 中读取的 Pajek 文件，即 net 文件或 txt 文件。这里以读取 net 文件为例：

打开 Ucinet，按照 Data→Import text file→Pajek→在 Input Pajek file 中加载 net 文件→OK，即可完成。加载完成后，会自动出现一个名为 OUTPUT. LOG1 的记事本文件，Ucinet 的主界面并没有发生太大的变化（见图 5.15）。

（1）进行聚类分析。在菜单栏中选择 Tools→Cluster analysis→Hierarchical→在新界面的 similarities or dissimilarities 中选择 similarities，其他默认→点击 OK（图 5.16）。最后，得到的聚类结果如图 5.17 所示。

（2）进行多维尺度分析。在菜单栏中依次选择 Tools → Scaling/ Decomposition→Non－metric MDS→在新界面的 similarities or dissimilarities 中

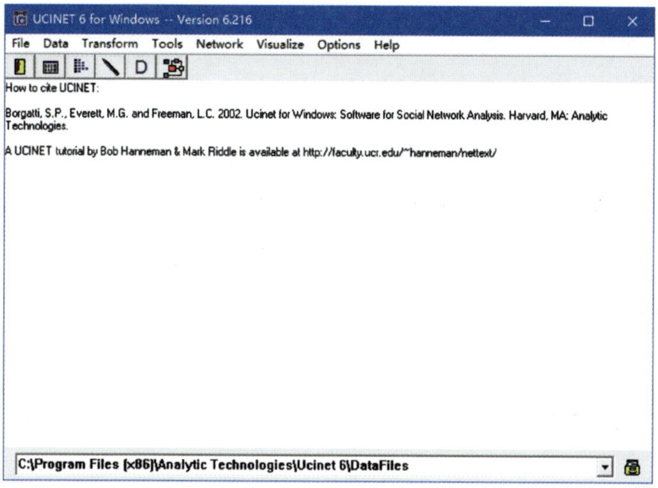

图 5. 15　数据加载后的 Ucinet 界面

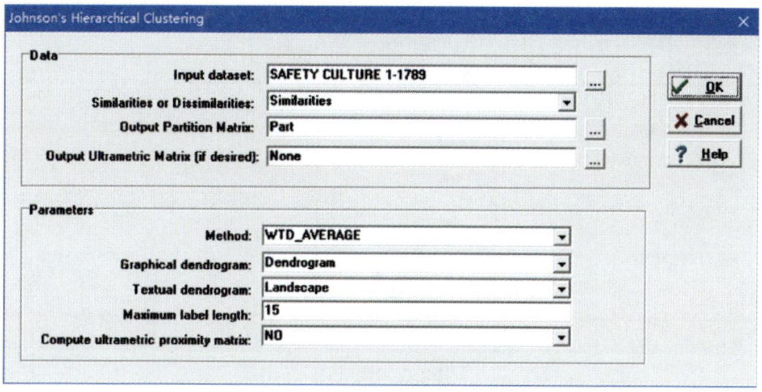

图 5. 16　Ucinet 聚类分析重要参数设置

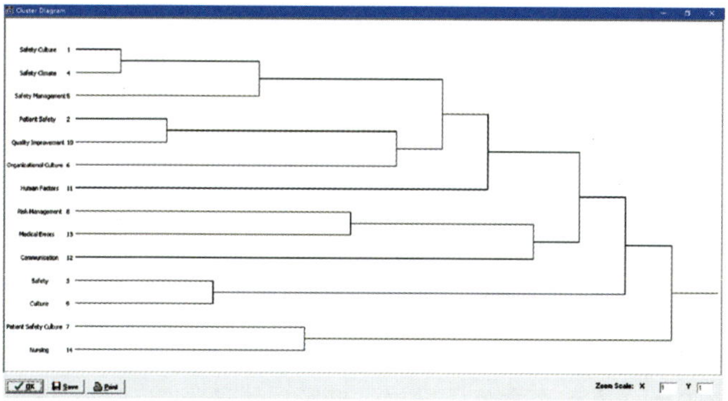

图 5. 17　Ucinet 中层次聚类结果

选择 similarities→点击 OK（图 5.18）。最后，得到多维尺度分析的结果如图 5.19 所示。

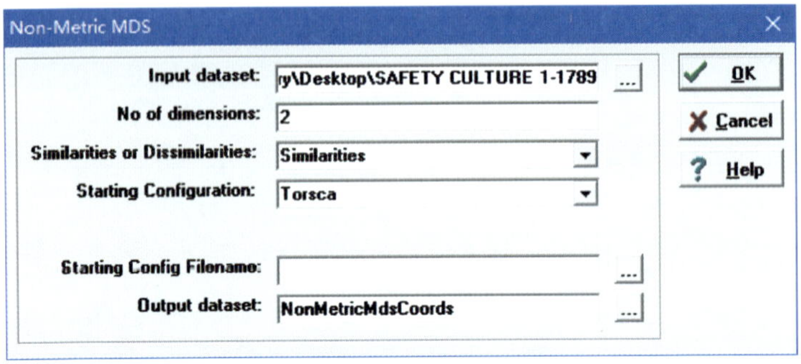

图 5.18　Ucinet 多维尺度分析重要参数设置

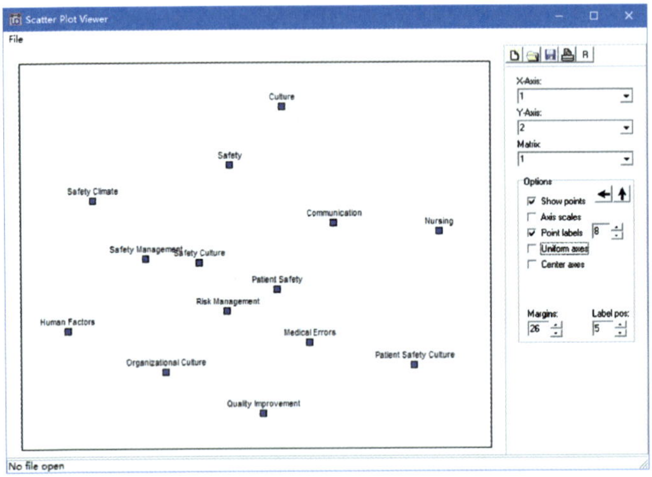

图 5.19　Ucinet 多维尺度分析结果

此外，Ucinet 还可以从 EXCEL 中读取共现矩阵（SATI 和 Bicomb 软件生成共现矩阵可以做这样的处理），并将其保存为 .##d 和 .##h 两个文件。具体步骤为：在 Ucinet 主界面中点击快捷菜单的 ，读取 EXCEL 格式的共现矩阵（图 5.20）。读取完成后，在读取的结果界面中点击保存（图 5.21），即可在与 EXCEL 文件相同的文件夹下生成这两个文件。其中，##h 文件就能使用 Netdraw 网络可视化软件来读取并进行分析。

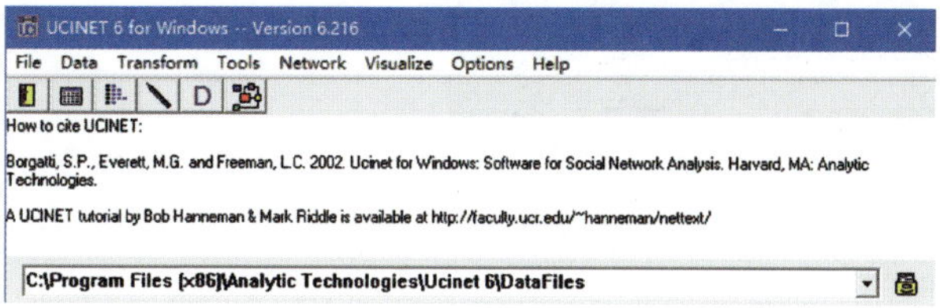

图 5. 20　Ucinet 主界面的读取 EXCEL 矩阵功能

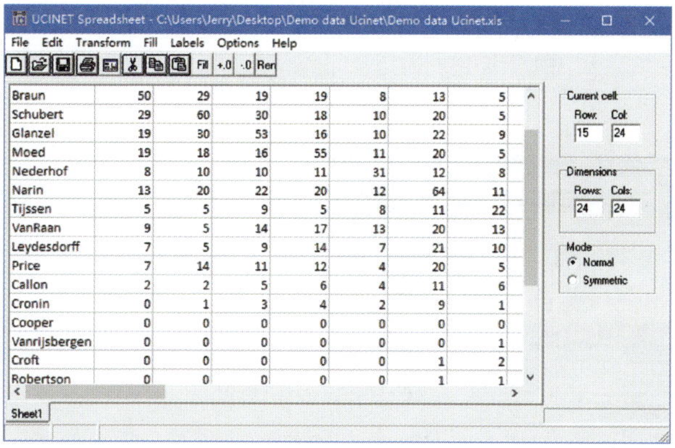

图 5. 21　矩阵的读取结果界面

5. 5　BibExcel 导出共现矩阵

这里以分析关键词字段为例：将共现矩阵从 BibExcel 导出后，再导入 SPSS 进行分析。具体的步骤为，在 BibExcel 中提取 DE 字段，并进行频次以及共现分析后（提取了频次大于 20 的关键词作为提取依据），得到了 coc 文件。此时需要严格按照下面的步骤进行才能得到 ma2 共现频次矩阵。

（1）在得到的 coc 文件后，点击 cit 文件再次选择频次大于 20 的关键词，如图 5. 22。

在 cit 文件显示的状态下（显示要分析知识单元的 cit 文件，并选择 coc 文件是分析的关键），选择 coc 文件（需要注意的是这里不要点击 View file），参数和选中的文件如图 5. 23 所示。然后在菜单栏中依次点击 Analyze→Make a matrix for MDS…（提示回答：确定 + 否 + 是 + 是 + 否 + 确定）。最后，得到 ma2 共现矩阵文件（图 5. 24）。

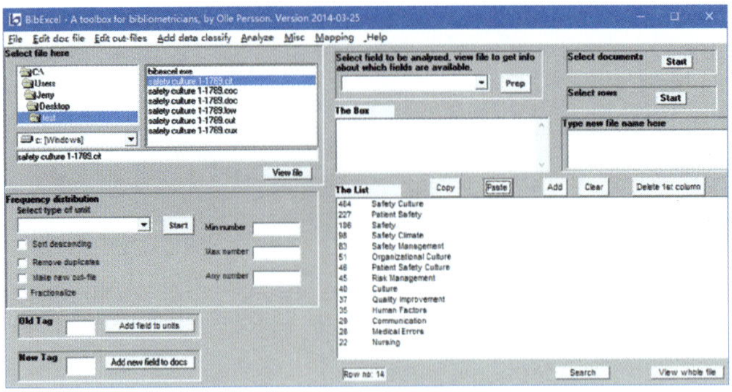

图 5.22　选择要分析的关键词词频（cit 文件）

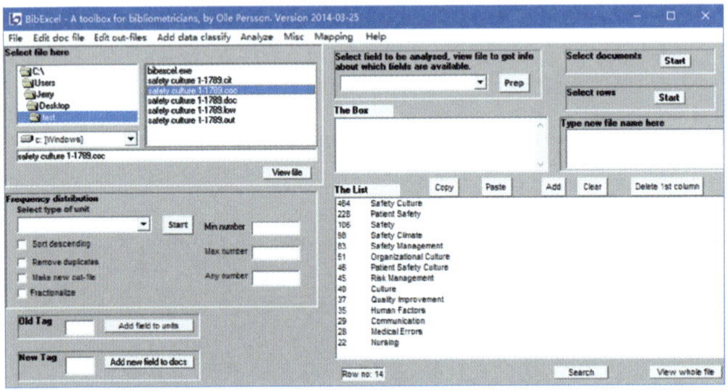

图 5.23　选择 coc 文件进行分析（coc 文件）

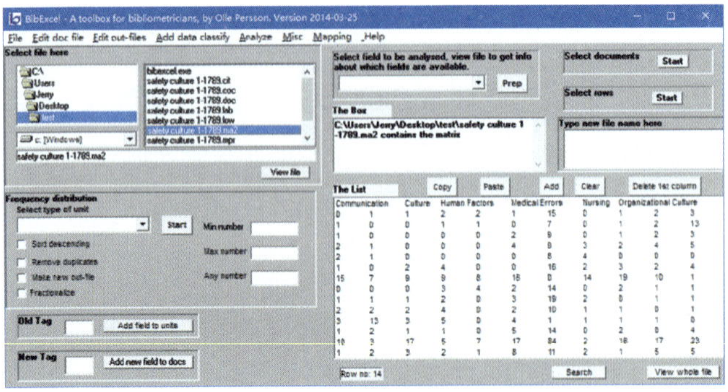

图 5.24　共现矩阵分析结果（ma2 文件）

需要注意，该过程得到的方阵对角线应该都为 0。在一些情况下，用 BibExcel 分析会得到相同词汇共现的情况，这说明我们没有对 out、low 等用于进行 coc 文件分析的结果进行除重。因此，会出现对角线数值不为零的情况。

也可以通过 Pajek 先读取由 coc 生成的 net 文件，然后再在 Pajek 的网络读取界面下查看该网络（见图 5.25）。

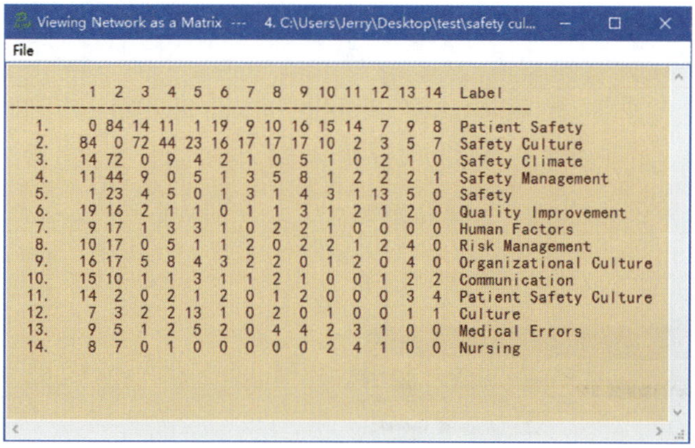

	1	2	3	4	5	6	7	8	9	10	11	12	13	14	Label
1.	0	84	14	11	1	19	9	10	16	15	14	7	9	8	Patient Safety
2.	84	0	72	44	23	16	17	17	17	10	2	3	5	7	Safety Culture
3.	14	72	0	9	4	2	1	0	5	1	0	2	1	0	Safety Climate
4.	11	44	9	0	5	1	3	5	8	1	2	2	2	1	Safety Management
5.	1	23	4	5	0	1	3	1	4	3	1	13	5	0	Safety
6.	19	16	2	1	1	0	1	1	3	1	2	1	2	0	Quality Improvement
7.	9	17	1	3	3	1	0	2	2	1	0	0	0	0	Human Factors
8.	10	17	0	5	1	1	2	0	2	2	1	2	4	0	Risk Management
9.	16	17	5	8	4	3	2	2	0	1	2	0	4	0	Organizational Culture
10.	15	10	1	1	3	1	1	2	1	0	0	1	2	2	Communication
11.	14	2	0	2	1	2	0	1	2	0	0	0	3	4	Patient Safety Culture
12.	7	3	2	2	13	1	0	2	0	1	0	0	1	1	Culture
13.	9	5	1	2	5	2	0	4	4	2	3	1	0	0	Medical Errors
14.	8	7	0	1	0	0	0	0	0	2	4	1	0	0	Nursing

图 5.25 Pajek 中对矩阵的查看

补充资料

上面介绍了，如何使用 BibExcel 生成共现矩阵，同时也给出了一种可以由 Pajek 来读取 BibExcel 得到共现数据的方法。下面再介绍一种使用 UCINET 通过出现矩阵得到共现矩阵的方法。

例如，我们有如图 5.26 所示的关键词 - 文档出现矩阵（0 - 1 矩阵）。下面的目标是通过该矩阵，来得到关键词的共现矩阵。

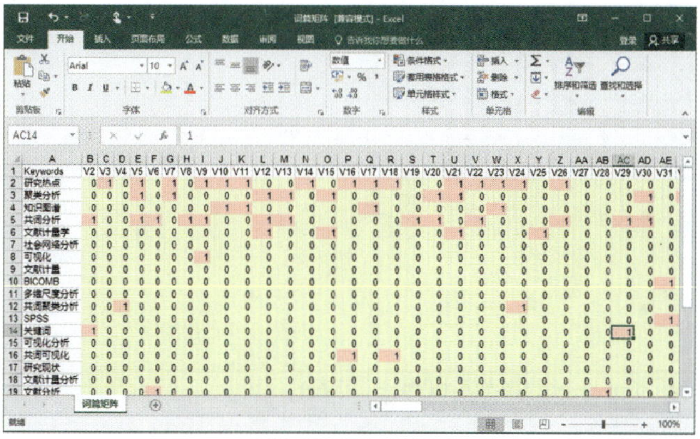

图 5.26 待处理的词篇矩阵

打开 UCINET 后，读取该 EXCEL 格式的矩阵，并保存为##h 格式。然后，按图 5.27 在菜单栏中依次选择 Data→Affiliations（2 mode data to 1 mode）。在数据转换界面中，Input dataset 读取刚刚保存的##h 文件，Which mode 选择 Row，表示以行为计算标准来得到矩阵；Method 选择为 Cross – Products（co – occurrence），表示使用乘积法来转换；Normalization 选择 None；Output dataset 是保存结果的路径，这里用户可以根据实际情况选择保存的位置。最后，点击 ok，得到计算的结果保存为 Aff. ##h 文件，会自动打开一个 txt 格式的分析报告，如图 5.28 所示。

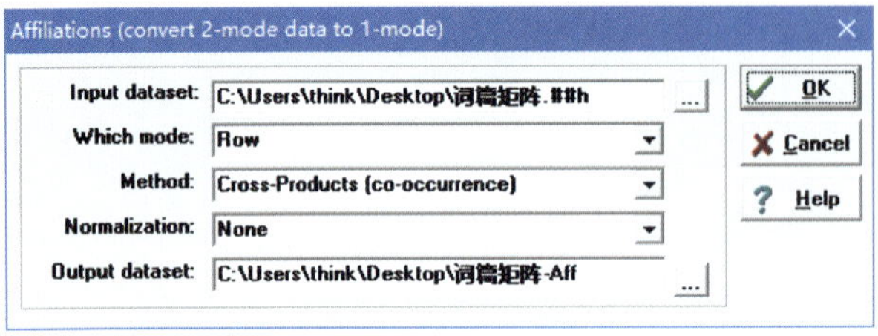

图 5.27　矩阵转换参数设置

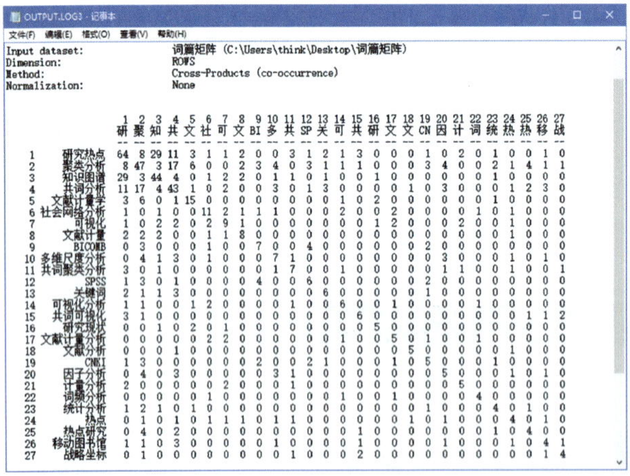

OUTPUT.LOG3 - 记事本

文件(F) 编辑(E) 格式(O) 查看(V) 帮助(H)

```
Input dataset:          词篇矩阵 (C:\Users\think\Desktop\词篇矩阵)
Dimension:              ROWS
Method:                 Cross-Products (co-occurrence)
Normalization:          None
```

		1 研	2 聚	3 知	4 共	5 文	6 社	7 可	8 文	9 BI	10 多	11 共	12 SP	13 关	14 可	15 共	16 研	17 文	18 文	19 CN	20 因	21 计	22 词	23 统	24 热	25 热	26 移	27 战
1	研究热点	64	8	29	11	3	1	1	2	0	0	3	1	2	1	3	0	0	0	1	0	2	0	1	0	0	1	0
2	聚类分析	8	47	3	17	6	0	0	2	3	4	0	3	1	1	1	0	0	0	3	4	0	0	2	1	4	1	1
3	知识图谱	29	3	44	4	0	1	2	2	0	1	1	0	1	0	0	1	0	0	0	0	0	0	1	0	0	0	0
4	共词分析	11	17	4	43	1	0	2	0	0	3	0	1	3	0	0	0	0	1	0	3	0	0	0	1	2	3	0
5	文献计量学	3	6	0	1	15	0	0	0	0	0	0	0	0	1	0	2	0	0	0	0	0	0	1	0	0	0	0
6	社会网络分析	1	0	1	0	0	11	2	1	1	1	0	0	0	2	0	0	2	0	0	0	0	1	0	1	0	0	0
7	可视化	1	0	2	2	0	2	9	1	0	0	0	0	0	0	0	1	2	0	0	0	2	0	0	1	0	0	0
8	文献计量	2	2	2	0	0	1	1	8	0	0	0	0	0	0	0	0	0	0	0	0	0	0	0	1	0	0	0
9	BICOMB	0	3	0	0	0	1	0	0	7	0	0	4	0	0	0	0	0	0	2	0	0	0	0	0	0	0	0
10	多维尺度分析	0	4	1	3	0	1	0	0	0	7	1	0	0	0	0	0	0	0	0	3	0	0	0	1	0	1	0
11	共词聚类分析	3	0	1	0	0	0	0	0	0	1	7	0	0	1	0	0	0	0	0	1	1	0	0	1	0	0	1
12	SPSS	1	3	0	1	0	0	0	0	4	0	0	6	0	0	0	0	0	0	2	0	0	0	0	0	0	0	0
13	关键词	2	1	1	3	0	0	0	0	0	0	0	0	6	0	0	0	0	0	1	0	0	0	0	0	0	0	0
14	可视化分析	1	1	0	0	1	2	0	0	0	0	1	0	0	6	0	0	1	0	0	0	0	1	0	0	0	0	0
15	共词可视化	3	1	0	0	0	0	0	0	0	0	0	0	0	0	6	0	0	0	0	0	0	0	0	0	1	1	2
16	研究现状	0	0	1	0	2	0	1	0	0	0	0	0	0	0	0	5	0	0	0	0	0	0	0	0	0	0	0
17	文献计量分析	0	0	0	0	0	2	2	0	0	0	0	0	0	1	0	0	5	0	1	0	0	1	0	0	0	0	0
18	文献分析	0	0	0	1	0	0	0	0	0	0	0	0	0	0	0	0	0	5	0	0	0	0	0	1	0	0	0
19	CNKI	1	3	0	0	0	0	0	0	2	0	0	2	1	0	0	0	1	0	5	0	0	0	1	0	0	0	0
20	因子分析	0	4	0	3	0	0	0	0	0	3	1	0	0	0	0	0	0	0	0	5	0	0	0	1	0	1	0
21	计量分析	2	0	0	0	0	0	2	0	0	0	1	0	0	0	0	0	0	0	0	0	5	0	0	0	0	0	0
22	词频分析	0	0	0	0	0	1	0	0	0	0	0	0	0	1	0	0	1	0	0	0	0	4	0	0	0	0	0
23	统计分析	1	2	1	0	1	0	0	0	0	0	0	0	0	0	0	0	0	0	1	0	0	0	4	0	1	0	0
24	热点	0	1	0	1	0	1	1	1	0	1	1	0	0	0	0	0	0	1	0	1	0	0	0	4	0	1	0
25	热点研究	0	4	0	2	0	0	0	0	0	0	0	0	0	0	1	0	0	0	0	0	0	0	1	0	4	0	0
26	移动图书馆	1	1	0	3	0	0	0	0	0	1	0	0	0	0	1	0	0	0	0	1	0	0	0	1	0	4	1
27	战略坐标	0	1	0	0	0	0	0	0	0	0	1	0	0	0	2	0	0	0	0	0	0	0	0	0	0	1	4

图 5.28　由词篇矩阵得到的共词矩阵

5.6　出现矩阵与共现频次标准化

使用 BibExcel 进行共现频次的标准化，需要的核心文件主要包含 out 或者

oux 文件，以及 cit 文件。在选择要分析的知识单元频次基础上（见图 5.29），选中文件 oux（选中后不要点击 View file），并在菜单栏依次点击 Analyze→Docs and units matrix→Make docnr + units matrix without zero row sum（提示回答：确定 + 确定）。最后，分析会得到一个 ma5 的文件，该 ma5 文件即为文档 - 关键词矩阵（图 5.30）。

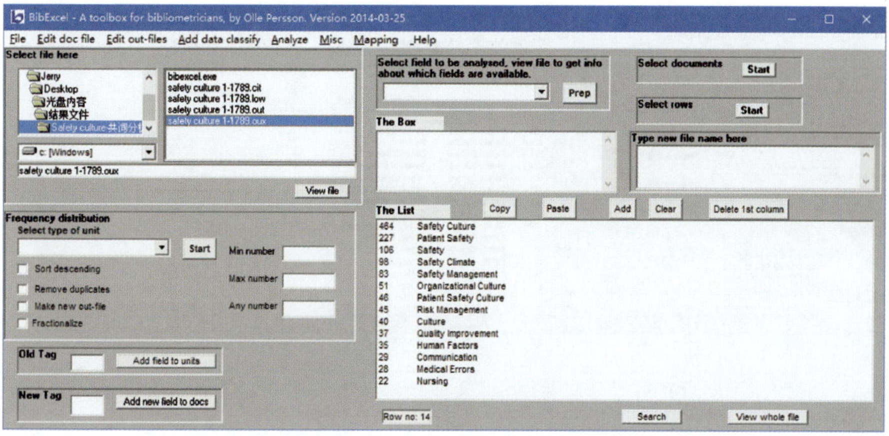

图 5.29　标准化分析的准备步骤和文件（oux 文件）

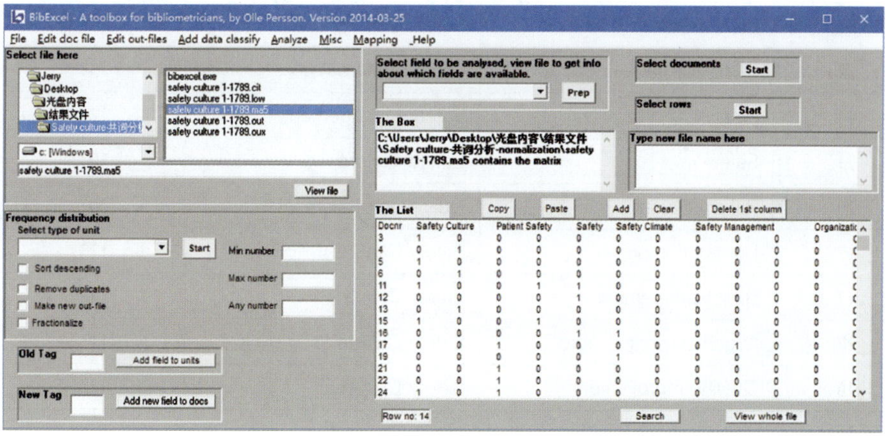

图 5.30　文档 - 关键词的 0 - 1 矩阵（ma5 文件）

选中 ma5 文件，依次点击菜单栏 Analyze→Docs and units→Calculate Salton cosine from a ma5 - file（提示回答：确定 + 是 + 否），即可完成词对共现次数的标准化（见图 5.31）。得到的结果文件为 sal，共分为三列（259/Safety

Culture/Patient Safety），第一列为标准化后的强度，第二列和第三列为所分析的词对。这里数字 259 的实际数值应该为 0. 259，为了表示的方便，这里统一都乘了10^{-3}（如表 5. 4 所示）。

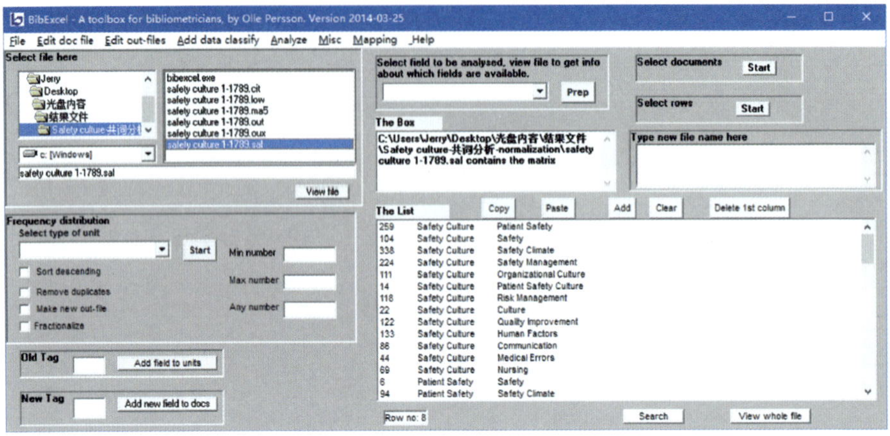

图 5. 31　词对共现强度的标准化结果（sal 文件）

表 5. 4　关键词共现的标准化

原始共现次数	词	对	实际数值 × 10^3
84	Patient Safety	Safety Culture	259
72	Safety Climate	Safety Culture	338
44	Safety Culture	Safety Management	224
23	Safety	Safety Culture	104
19	Patient Safety	Quality Improvement	207
17	Human Factors	Safety Culture	133
17	Risk Management	Safety Culture	118
17	Organizational Culture	Safety Culture	111
16	Quality Improvement	Safety Culture	122

注释：实际数值为标准化后的实际值，表中 BibExcel 的标准化结果统一乘了10^3。

例如，这里以 Patient Safety（227）、Safety Culture（464）之间的共现关系为例，使用 Salton 标准化方法进行计算：

$$\text{Ochiai}(x,y) = \frac{C_{xy}}{\sqrt{C_x \cdot C_y}} = \frac{84}{\sqrt{227 \times 464}} = 0.259$$

用户也可以利用得到的 sal 文件，按照 Mapping→Create net - file for Pajek，得到 net 文件，并进一步在 Pajek 中进行可视化，结果如图 5.32 所示。

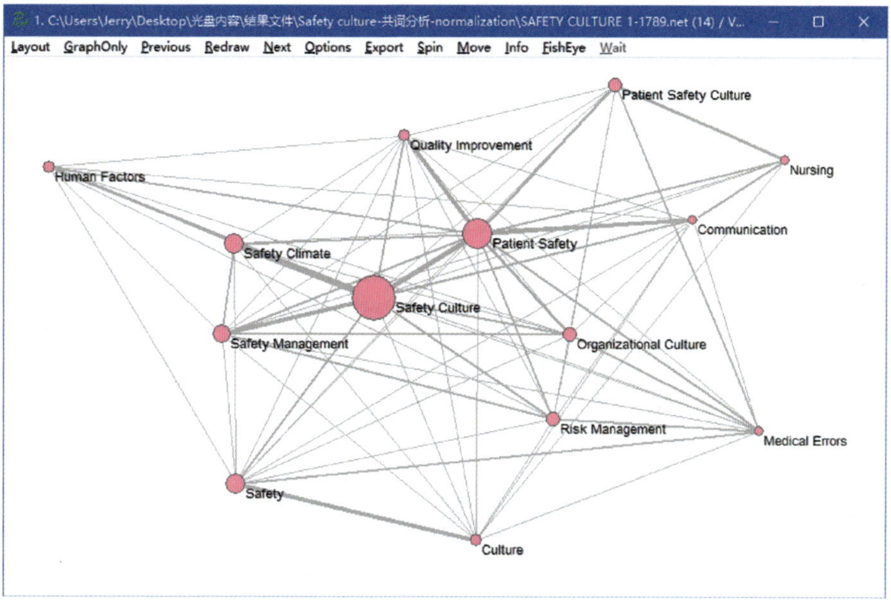

图 5.32　Ochiai 标准化后共现词对的网络可视化

按照类似的步骤可以得到 Jaccard 得到的结果如表 5.5 所示。Vladdutz - Cook❶ 标准化方法不常用到，这里不做介绍。

$$\text{Jaccard}(x,y) = \frac{C_{xy}}{C_x + C_y - C_{xy}} = \frac{84}{227 + 464 - 84} = 0.138$$

表 5.5　关键词共现的标准化

原始共现次数	词	对	实际数值 $\times 10^3$
44	Safety Culture	Safety Management	87
72	Safety Culture	Safety Climate	147
23	Safety Culture	Safety	42
17	Safety Culture	Risk Management	35
16	Safety Culture	Quality Improvement	33
2	Safety Culture	Patient Safety Culture	4

❶ By G, Cook J. Bibliographic coupling and subject relatedness. Challenges to an Information [C] // Society, Proceedings of the 47th ASIS Annual Meeting, 2014.

续表

原始共现次数	词	对	实际数值×10^3
84	Safety Culture	Patient Safety	138
17	Safety Culture	Organizational Culture	34
7	Safety Culture	Nursing	15
5	Safety Culture	Medical Errors	10
17	Safety Culture	Human Factors	35
3	Safety Culture	Culture	6
10	Safety Culture	Communication	21

对使用 Jaccard 标准化后的强度对文件进行网络化计算，并使用 Pajek 可视化结果，如图 5.33 所示。

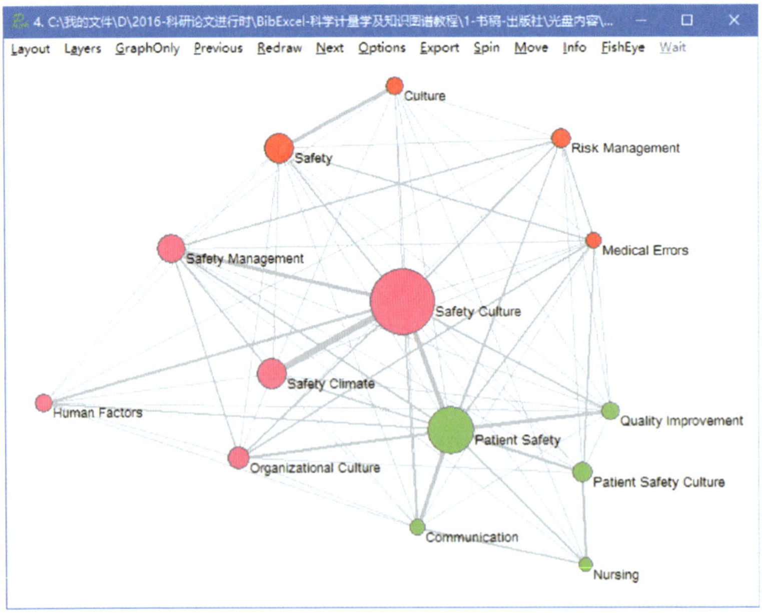

图 5.33　Jaccard 标准化后共现词对的网络可视化

补充资料

特别地，该步骤产生的文档－关键词矩阵可以拷贝到 SPSS。通过 SPSS 的

Analyze→Correlate→Distance 中的 Ochiai 进行标准化处理，如图 5.34 所示。得到的矩阵标准化结果如图 5.35 所示，该结果和前文使用 BibExcel 进行标准化的结果是相同的。

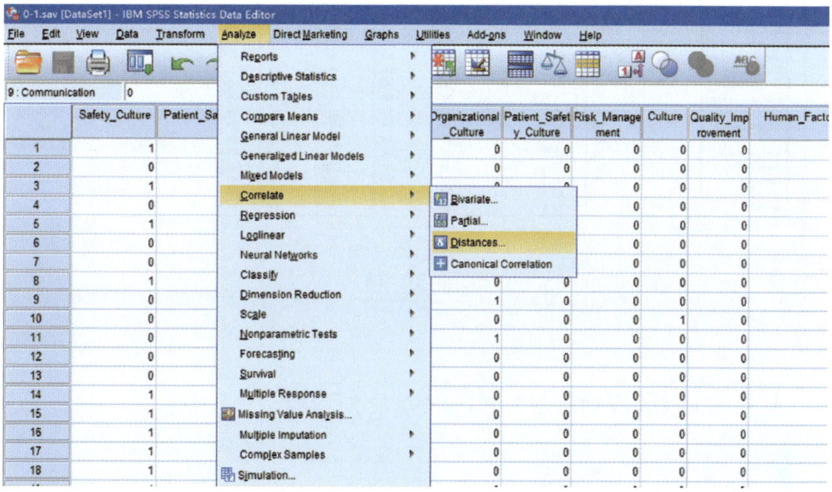

图 5.34　SPSS 中非对称矩阵的相似测度

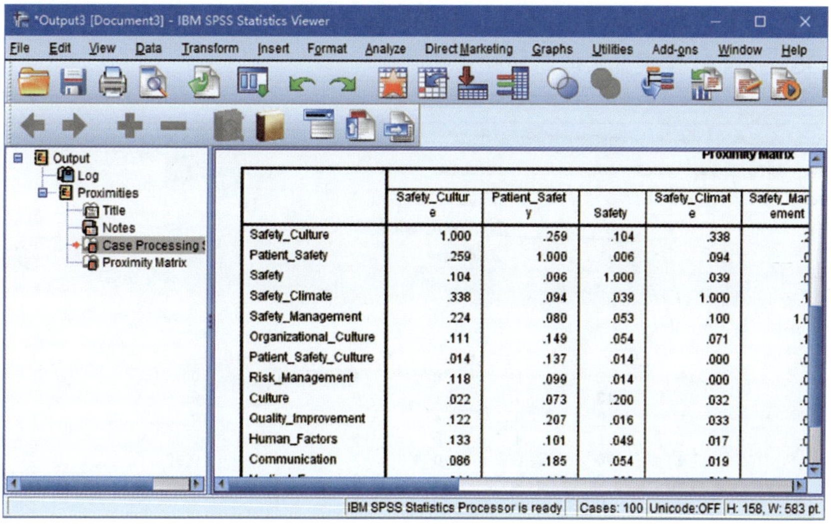

图 5.35　SPSS 中对非对称矩阵的 Ochiai 标准化结果

按照类似的步骤，通过 SPSS 菜单 Analyze→Correlate→Distance 中的 Binary：Measure－Jaccard 进行标准化处理，结果如图 5.36 所示。

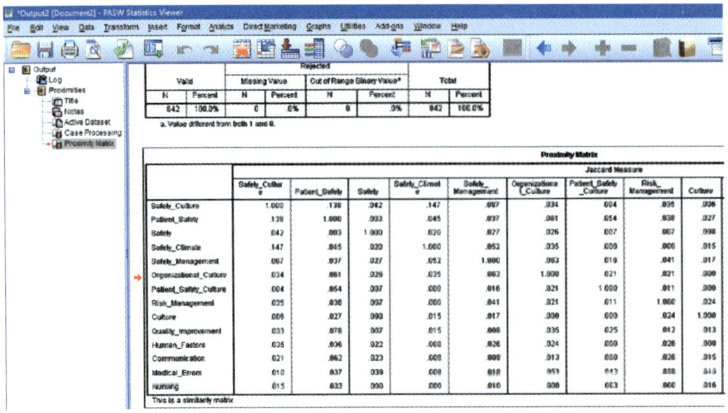

图 5.36　SPSS 中对非对称矩阵的 Jaccard 标准化结果

5.7　VOSviewer 分析共现矩阵

通常我们习惯于使用得到的 net 文件来进行网络可视化。实际上，在我们得到共现矩阵时已经可以对其进行网络可视化。具体的方法是将共现矩阵修改为如下格式（列为所分析的网络节点单元，其他区域为共现方阵）（图 5.37），然后再打开 VOSviewer 软件来读取并可视化该矩阵。

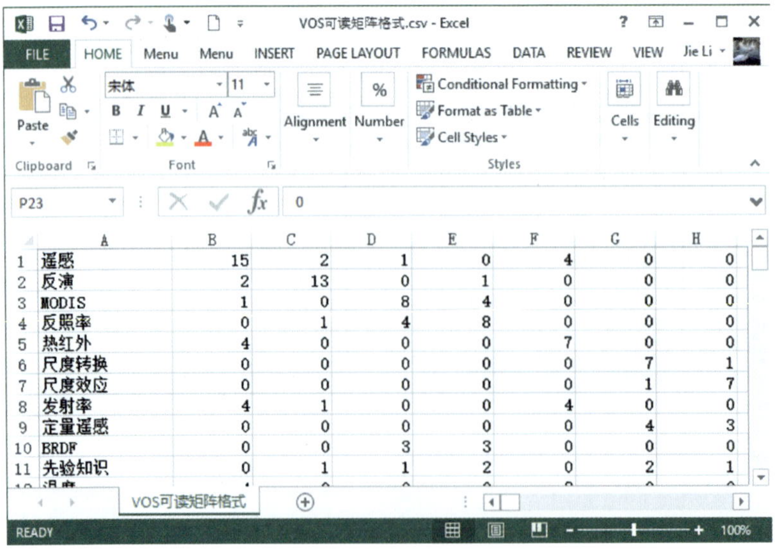

图 5.37　共现矩阵

打开 VOSviewer 读取该矩阵，选择 Create a map based on network data 以及 VOSviewer network file（required），点击 Next 或 Finish 来完成可视化。网络节点的聚类用颜色来区分，节点的大小表示某个节点与其他节点共现的总频次的 2 倍，连线代表两个节点之间的共现频次的 2 倍（图 5.38）。

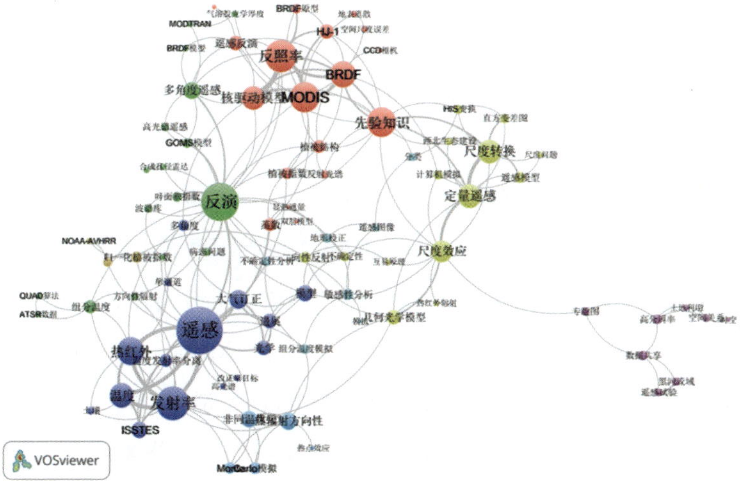

图 5.38 VOSviewer 对共现矩阵的可视化结果

5.8 SPSS 分析出现和共现矩阵

在对知识单元矩阵的分析处理中，常常会使用 SPSS 中的层次聚类和多维尺度进行分析。而目前使用 SPSS 处理知识单元矩阵的做法存在大范围的错用和误用现象，如在进行知识单元的层次聚类时，错误地使用标准化后的共现矩阵进行分析。这样的分析实际上计算了两次相似度，扭曲了真实的计算结果。Leydesdorff 和 Vaughan 认为相似度指标（如 Pearson 相关系数和 Cosine 相似度）不能应用到共现矩阵的分析，而应该应用到非对称矩阵的分析中，并得到相似度矩阵❶。

---

❶ Leydesdorff L, Vaughan L. Co-occurrence matrices and their applications in information science: Extending ACA to the Web environment [J]. Journal of the American Society for Information Science & Technology, 2009, 57 (12): 1616-1628.

周秋菊❶等在 2015 年专门对常见矩阵的处理方法进行了讨论，比较了在 SPSS 中使用 3 种方法对矩阵进行聚类和多维尺度分析的思路，给出了在使用 SPSS 分析矩阵中的两种正确的方法和步骤。下面对“先对原始出现矩阵聚类，再进行多维尺度分析”的方法介绍如下：

步骤 1：层次聚类分析。由于 SPSS 的层次聚类分析模块中已经嵌入了相似度计算，因此可以直接将从 BibExcel 等软件中得到的出现矩阵导入 SPSS 中进行层次聚类。若将标准化后的矩阵输入 SPSS 进行计算，那么数据在形式上就会被再进行一次标准化，从而得出被扭曲的相似度结果。

在 SPSS 界面中，依次点击 SPSS 菜单 Analyze→Classify→Hierarchical Clustering（如图 5.39 所示）。在 Hierarchical cluster Analysis 界面中，将数据放入 Variables 中，Clusters 也选择 Variables（在 SPSS 表格中，行代表 Cases，列代表 Variables）。在 Method 对话框的 Measure 选项中选择 Cosine，输出 Cosine 相似矩阵。在 Statistics 对话框中，选择 Proximity Matrix。在 Methods 对话框的 Cluster method 选项中选择 Between Group。最后，得到的层次聚类结果如图 5.40 所示。

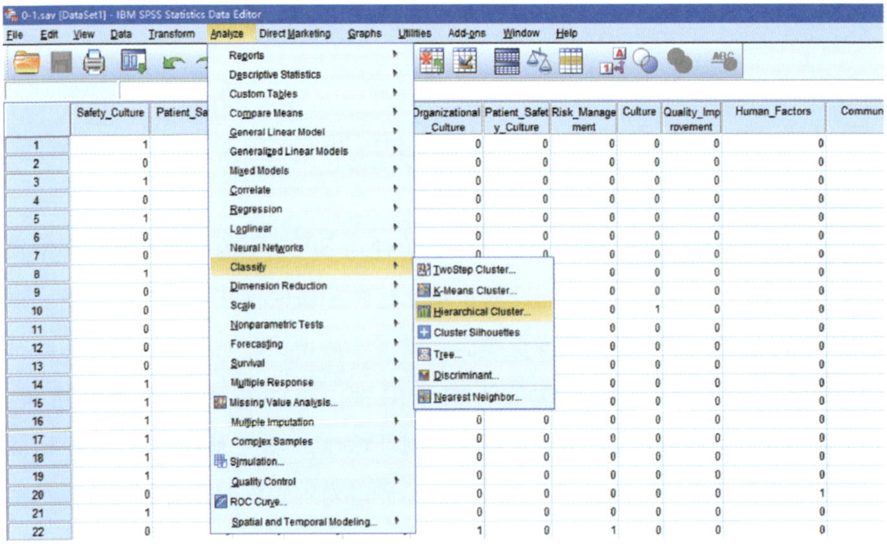

图 5.39　SPSS 中对非对称矩阵的计算

❶ 周秋菊．用于共现分析的仿射空间向量模型理论及其应用实验研究［D］．中国科学院大学，2015.

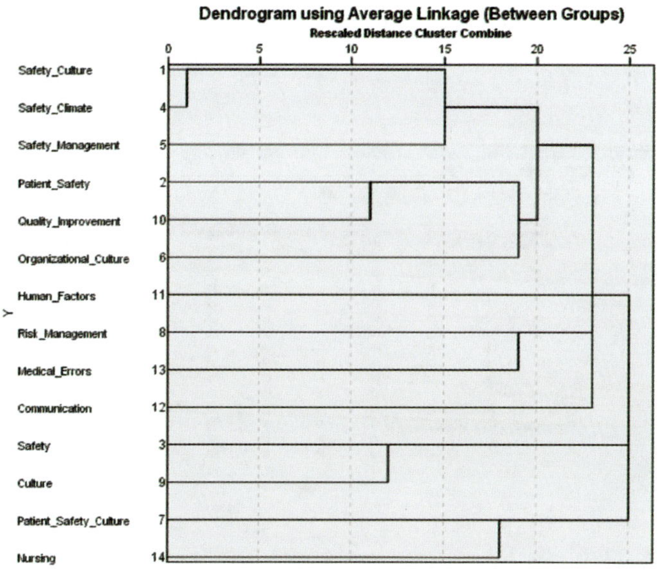

图 5. 40 层次聚类结果

在对原始出现矩阵进行层次聚类后，会在结果界面出现一个相似矩阵（图 5. 41）。该矩阵就是我们将要用到多维尺度分析中的相似矩阵。在结果界面中选择该矩阵区域，右击导出为 EXCEL 格式。

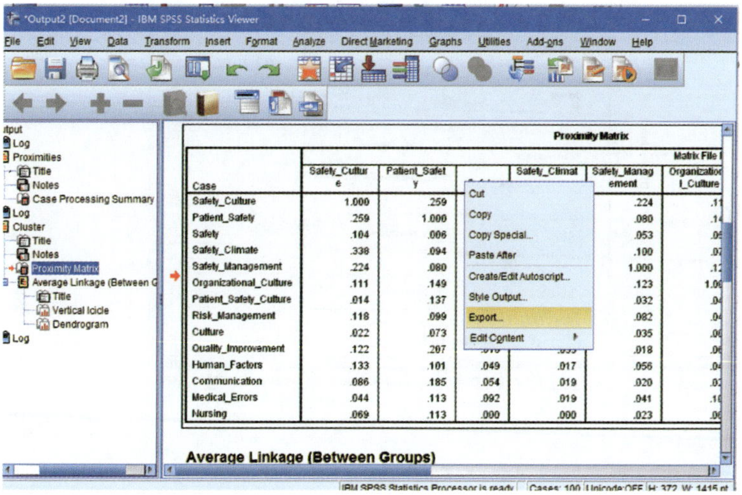

图 5. 41 SPSS 层次聚类过程得到的相似矩阵

步骤2：将步骤1分析结果中的Cosine相似矩阵输入SPSS。在SPSS界面中选择MDS的PROXSCAL模块进行多维尺度分析（图5.42）。最后，得到多维尺度分析的结果如图5.43所示。

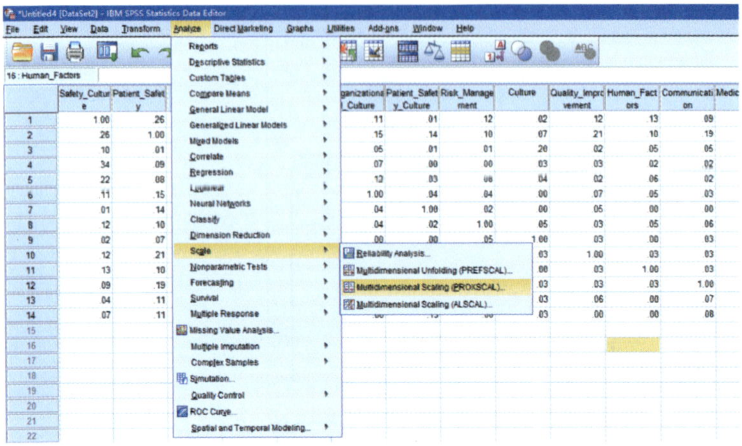

图5.42　SPSS中多维尺度分析

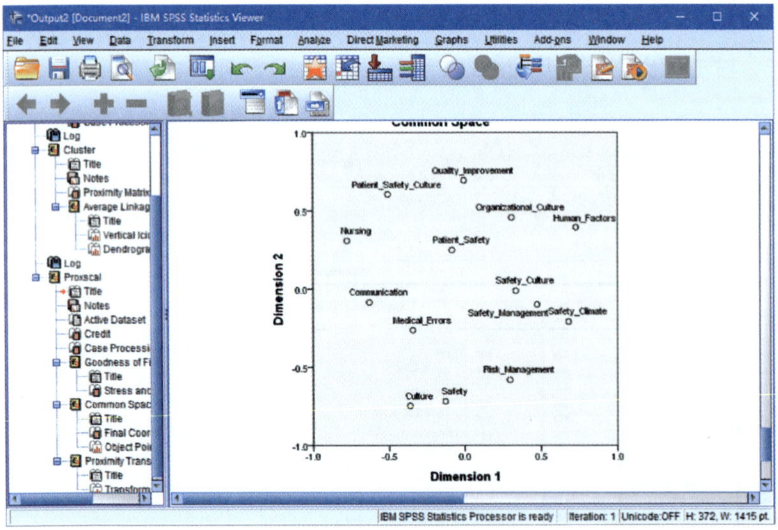

图5.43　SPSS中多维尺度分析结果

最后，借助聚类的结果，可以将多维尺度图中在同一个聚类中的点进行标记，以直观地显示所分析的聚类和多维尺度结果，如图5.44所示。

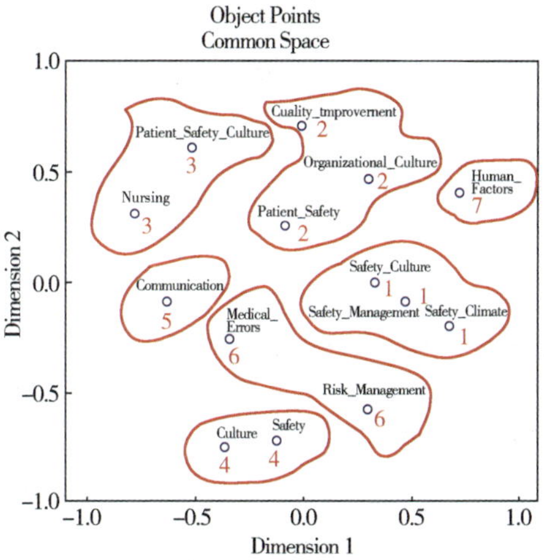

图 5.44　多维尺度与聚类结果的结合

5.9　地理可视化分析

在进行地理可视化分析之前需要准备 city + country 文件。具体步骤为：

（1）提取地理信息。选中 doc 文件，然后依次选择菜单栏 Edit out－file→Standardize addresses→Clean and add address fields（提示回答：确定 + 确定 + 确定 + 是 + 确定 + 确定 + 确定 + 是），最后得到 oux 文件（图 5.45）。

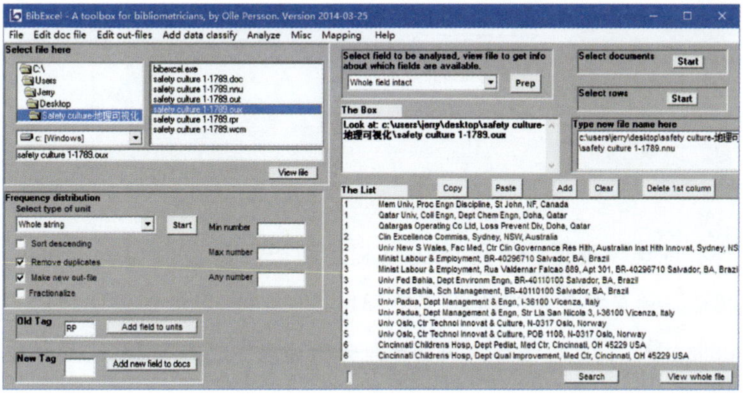

图 5.45　从 doc 文件中提取地址字段（oux 文件）

（2）地理信息的标准化处理。选中 oux 文件，在菜单栏中选择 Edit out－file→Standardize addresses→City and country truncate（提示回答：确定），得到 tru 文件（图 5.46）。然后，再选中 tru，Whole String + sort descending，并点击 start 来计算频次（提示回答：确定），得到 cit 文件（图 5.47）。

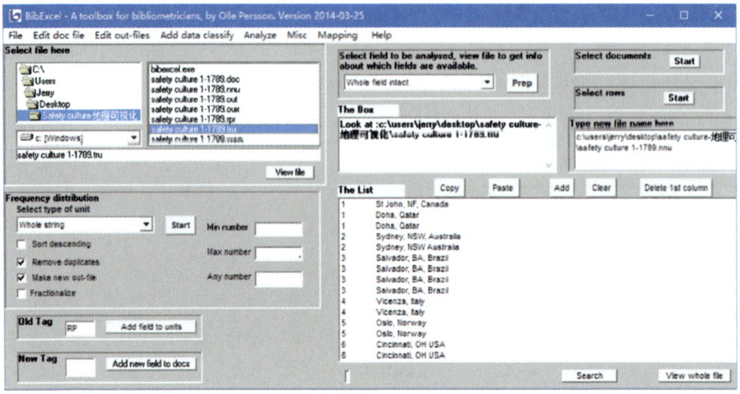

图 5.46　对地址进行处理（tru 文件）

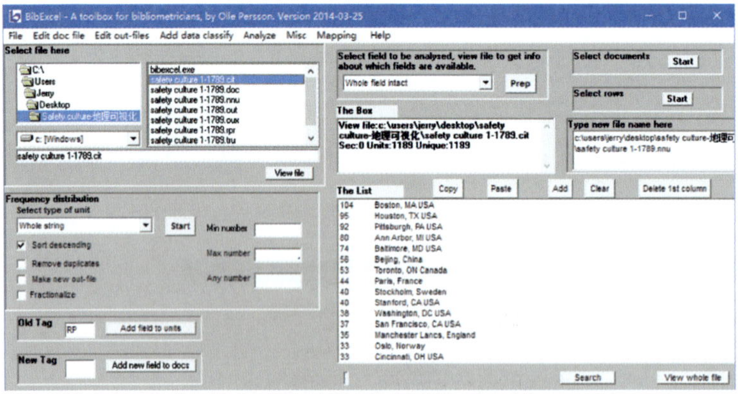

图 5.47　地址的发文量统计（cit 文件）

（3）数据选择和地理可视化。使用 copy（提示回答：确定）/clear/Paste，分别复制、清除和粘贴频次大于 4 的地址（共 231 个地址）。登录到辅助地理可视化网站 gpsvisualizer[1]，将地址信息拷贝到地址分析窗口中（图 5.48）。等待地

[1] http://www.gpsvisualizer.com/geocoder/

理坐标计算结果后，点击 Draw map 即可获取可视化结果。点击［more map options］，可以对地图做更多的设置（图 5.49）。

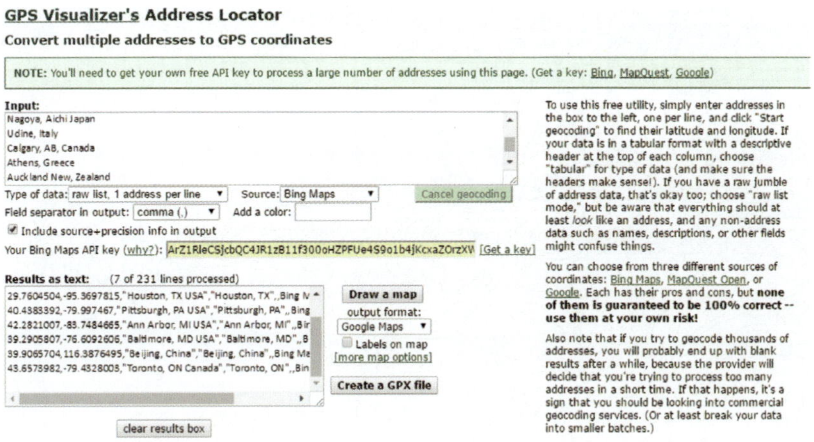
GPS Visualizer's Address Locator
Convert multiple addresses to GPS coordinates
NOTE: You'll need to get your own free API key to process a large number of addresses using this page. (Get a key: Bing, MapQuest, Google)
Input:
Nagoya, Aichi Japan
Udine, Italy
Calgary, AB, Canada
Athens, Greece
Auckland New, Zealand
Type of data: raw list, 1 address per line
Source: Bing Maps
Cancel geocoding
Field separator in output: comma (,)
Add a color:
Include source+precision info in output
Your Bing Maps API key (why?):
[Get a key]
Results as text: (7 of 231 lines processed)
Draw a map
output format:
Google Maps
Labels on map
[more map options]
Create a GPX file
clear results box
To use this free utility, simply enter addresses in the box to the left, one per line, and click "Start geocoding" to find their latitude and longitude. If your data is in a tabular format with a descriptive header at the top of each column, choose "tabular" for type of data (and make sure the headers make sense!). If you have a raw jumble of address data, that's okay too; choose "raw list mode," but be aware that everything should at least look like an address, and any non-address data such as names, descriptions, or other fields might confuse things.
You can choose from three different sources of coordinates: Bing Maps, MapQuest Open, or Google. Each has their pros and cons, but none of them is guaranteed to be 100% correct -- use them at your own risk!
Also note that if you try to geocode thousands of addresses, you will probably end up with blank results after a while, because the provider will decide that you're trying to process too many addresses in a short time. If that happens, it's a sign that you should be looking into commercial geocoding services. (Or at least break your data into smaller batches.)

图 5.48　地理坐标的计算

北大西洋
大西洋
印度洋
太平洋

图 5.49　地理可视化结果

最后，用户可以尝试选中 cit 文件，然后依次选择 Mapping→Geographical mapping→Google geocoding（提示回答：确定）来得到地理名称的坐标（经纬度信息），结果保存在 gll 文件中（图 5.50）。

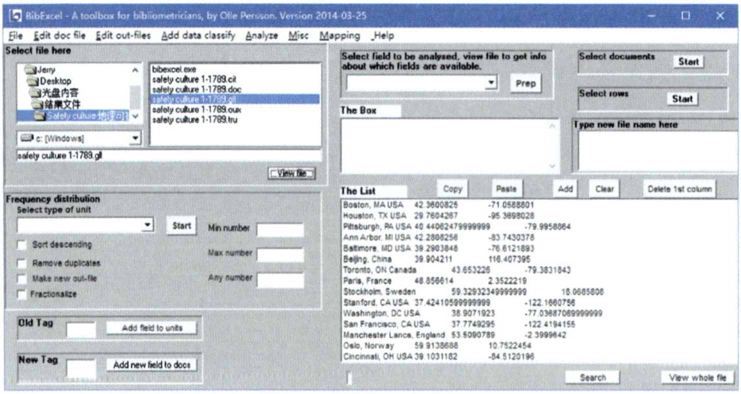

图 5. 50　BibExcel 的地理坐标计算（gll 文件）

5. 10　数据字段的处理

（1）删除数据字段信息。选中要处理的 doc 文档，在 The Box 中输入待删除的字段名称，格式为：DT –，JN –，CD – 等。然后，在 Type new file name here 中输入处理后文件的新命名。最后，在 Edit doc file 中选择 Delete fields（提示回答：确定），如图 5. 51 所示。

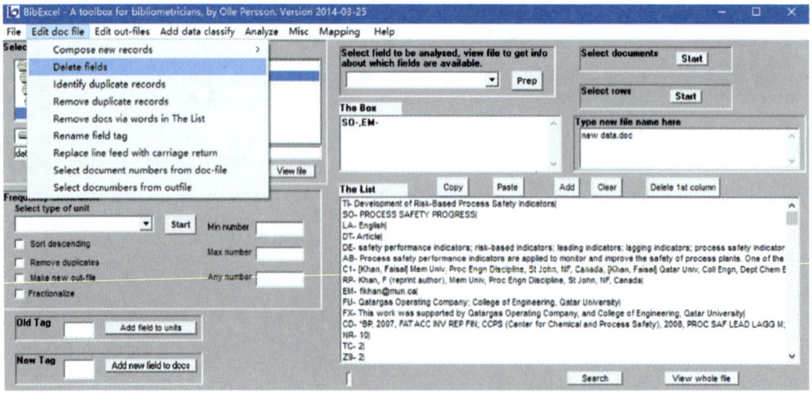

图 5. 51　BibExcel 中 Tag 信息的删除

（2）字段的重命名。步骤如下：

首先，选中打开的 doc 文件，在 Old Tag 中输入原始数据的 Tag 名称，例如这里输入 AU；在 New Tag 中输入将要替换的名称，例如这里输入“作者”。然后，在 Type new file name here 中输入新文件的名称，这里输入 data2. doc。最后，在菜单栏中选择 Edit doc file→Rename field tag（提示回答：确定），如图 5. 52 所示。

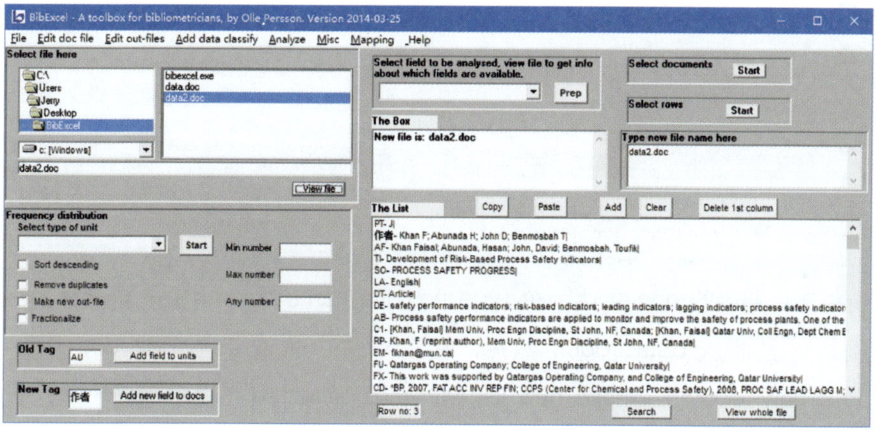

图 5. 52　BibExcel 中 Tag 的重命名（doc 文件）

（3）选取一组字段。在分析中，为了减少 doc 文件的大小以及满足在相关分析的需要，可以仅仅选取数据的某几个字段来生成新的数据集。具体的步骤为，先在 The list 中选取感兴趣的字段，例如这里选取了 PT、LA 和 DT 字段（图 5. 53）。再在菜单中依次选择 Edit doc file→compose new records→Select marked tags from the list（提示回答：确定），结果如图 5. 54 所示。

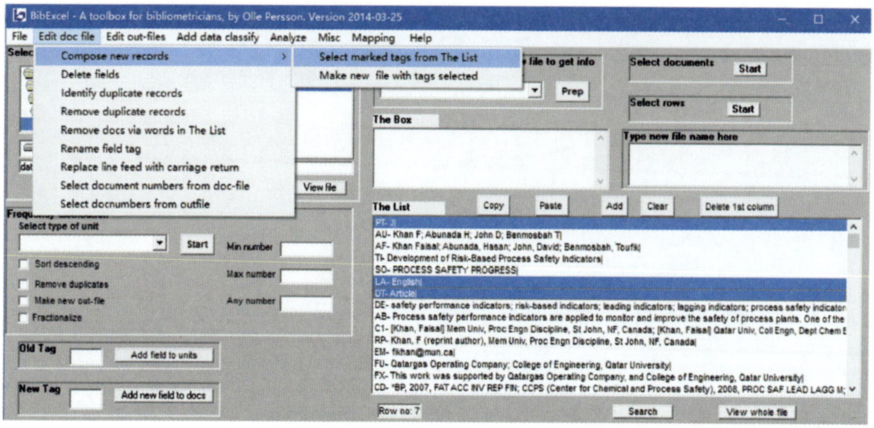

图 5. 53　目标字段的选择

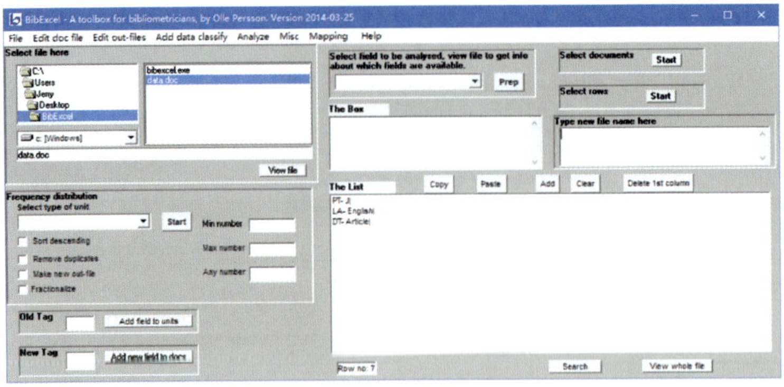

图 5.54　目标字段的提取（doc 文件）

继续选中原始的 doc 文件，在 Type new file name here 中输入新文件的名称，例如这里输入 data2. doc。然后，在菜单栏中依次点击 Edit doc file→compose new records→make new file with tags Selected（提示回答：确定），结果如图 5.55 所示。

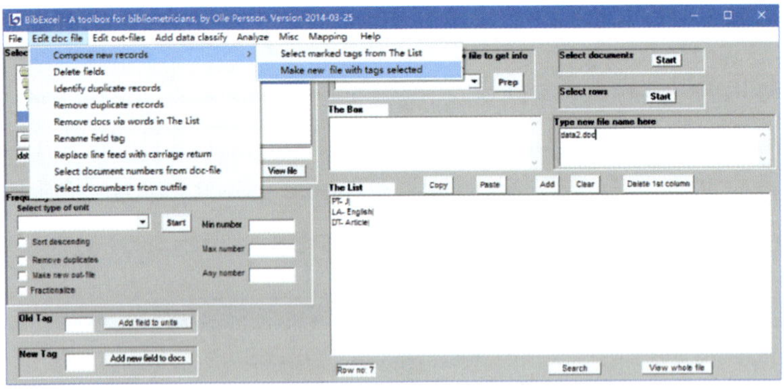

图 5.55　目标字段数据集的建立

5.11　知识单元规模分布

知识单元的规模分析主要是用来统计所关注的知识单元在字段中出现个数的频次分布。例如，在一个文献中作者的合作规模就可以使用类似的分析。

选中 doc 文件，old tag 中输入 AU，分割方式选择 any；Separated field（图 5. 56），点击 Prep（提示回答：确定 + 否）。

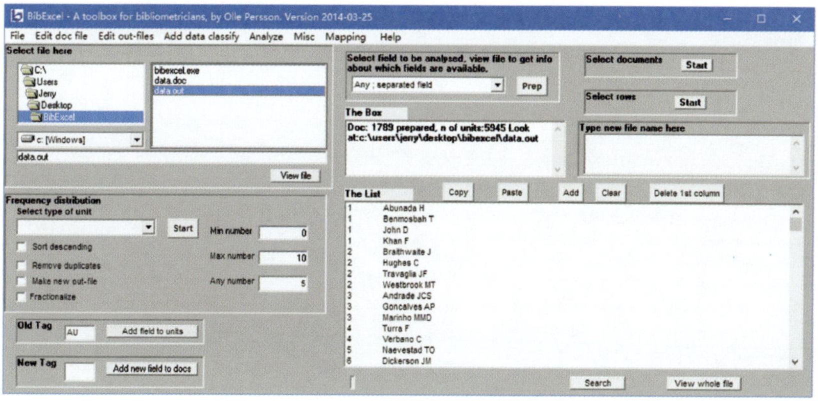

图 5. 56　作者信息的提取结果（out 文件）

选中 out 文件，并在菜单栏中依次选择 Analyze→Units per record（提示回答：确定）。最后，得到了 mul 和 mut 文件。其中 mul 包含两列，N of records 为记录数和 with n unit 知识单元规模。例如在本案例中 422 条记录有 1 位作者，18 条记录有 10 位作者。mut 文件第一列为文档编号，第二列为作者数量。例如，第一篇论文共有 4 位作者，第三篇论文共有 3 位作者（见表 5. 6）。

表 5. 6　规模分析文件信息

Mul 文件		Mut 文件	
N of records	with n units		
422	1	1	4
18	10	2	4
11	11	3	3
2	12	4	2
6	13	5	1
…	…	6	4
		7	5
1787 docs and 5945 units counted		8	3

第 6 讲

BibExcel 知识网络分析

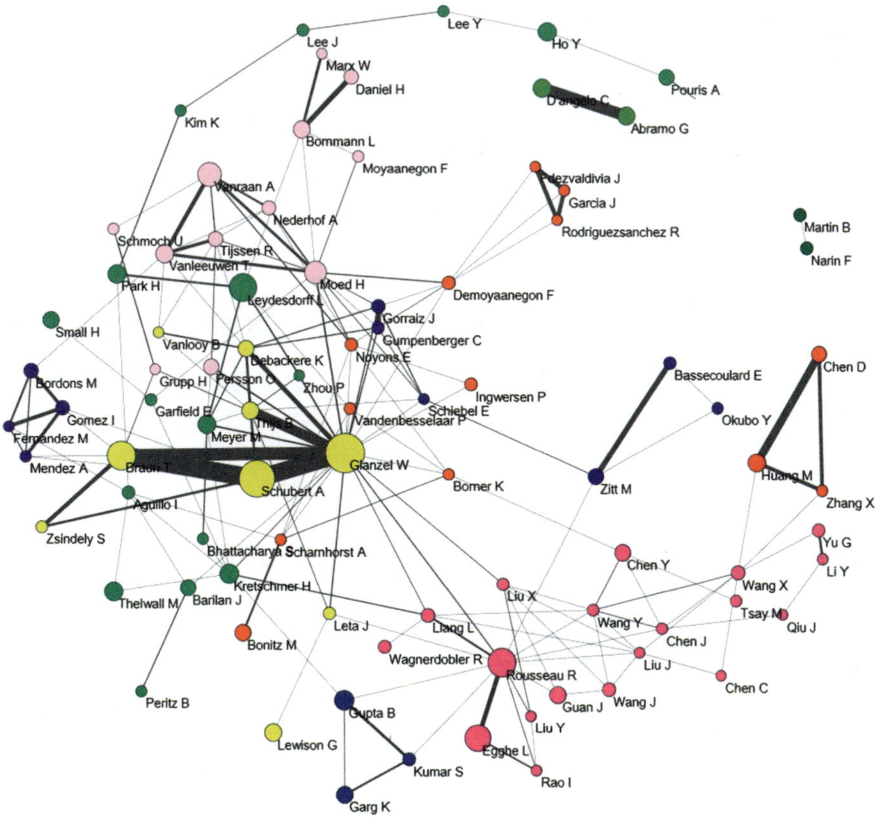

6.1 文献的共被引网络

使用 BibExcel 进行数据分析。首先，将待分析的原始 txt 数据按照软件的要求，转换为 doc 文件格式。先对 txt 文件进行处理，得到 tx2 文件。此时 txt 文件会被自动移除。然后，再利用 tx2 文件，进一步转换得到 doc 文件（图 6.1）[1]。关于数据转换及预处理的详细步骤，参见本书第 3 讲的数据预处理一节。

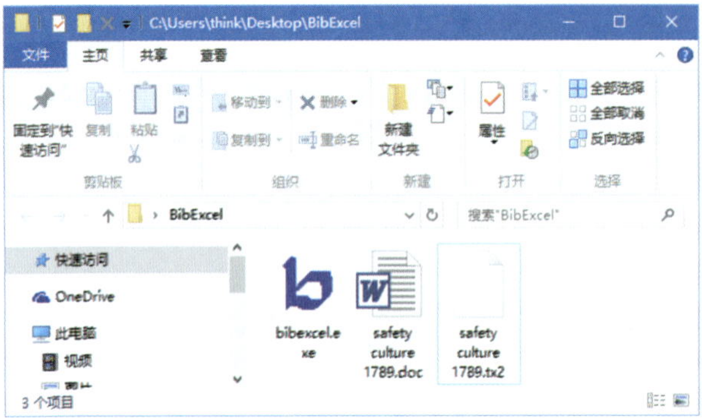

图 6.1　分析数据文件夹

参考文献列表信息的提取

参数设置如图 6.2 所示，在 Old Tag 中输入 CD（这里的 CD 字段代表的是原

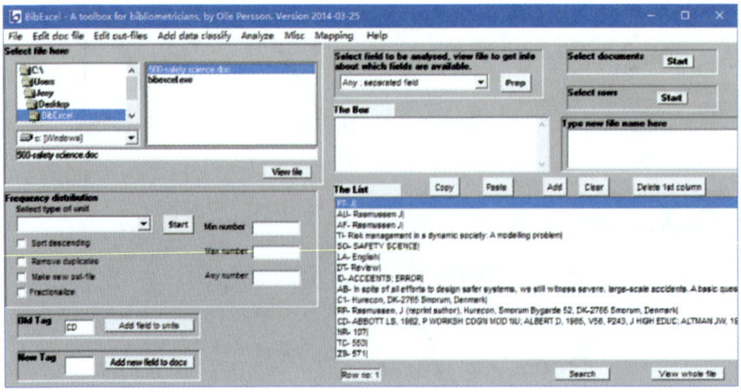

图 6.2　提取参考文献信息（doc 文件）

---

[1] 也可以直接在转换之后对 doc 文件进行分析，为了对数据进行备份和适合不同的分析目的，这里建议对每一分析单独建立文件夹进行分析。

Web of Science 的 CR 字段）。经过转换后的参考文献之间使用分号进行分割，因此在分割设置中选择 Any; Separated field。最后，点击 Prep 得到 out 文件（提示回答：确定 + 否）。

得到的 out 文件是从 CD 字段中提取了每一篇论文的参考文献（图 6.3），并分行列表。本例中每一个参考文献前面的数字为 1 – 500 之间的整数，代表的是这个参考文献所对应施引文献的编号。

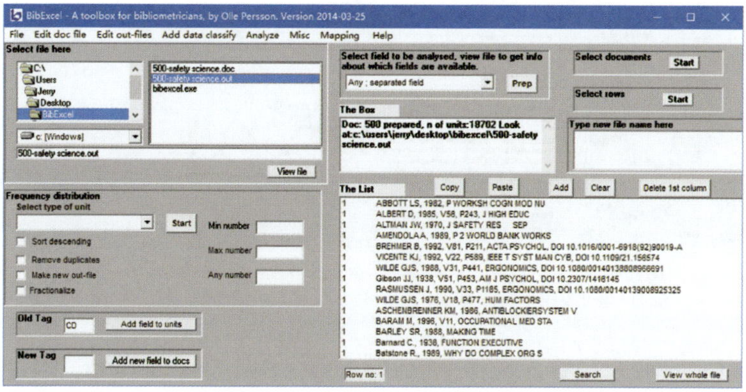

图 6.3　参考文献信息列表（out 文件）

参考文献的处理和频次统计

在 out 文件的基础上，进一步对参考文献进行修正。这里对作者的处理仅仅保留文献作者信息的第一名字，步骤为 Edit out – files→Keep only author' s first initial，得到 1st 文件（提示回答：确定），如图 6.4 所示。

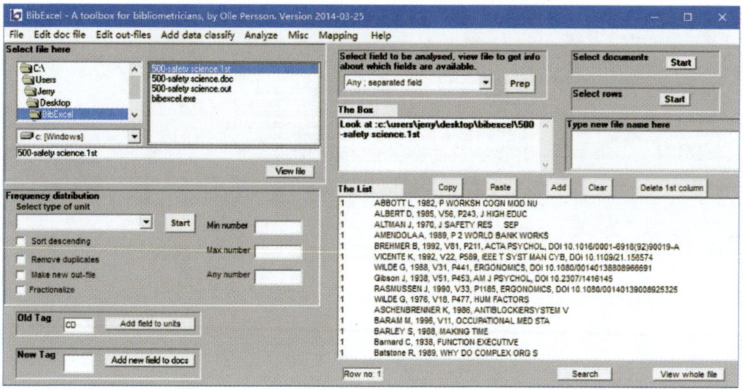

图 6.4　作者名字的处理（1st 文件）

在 1st 文件基础上对作者姓名进行小写处理，步骤为 Edit out – files→Convert upper lower Case→Good for cited Reference strings，得到 low 文件（提示回答：确定），如图 6.5 所示。

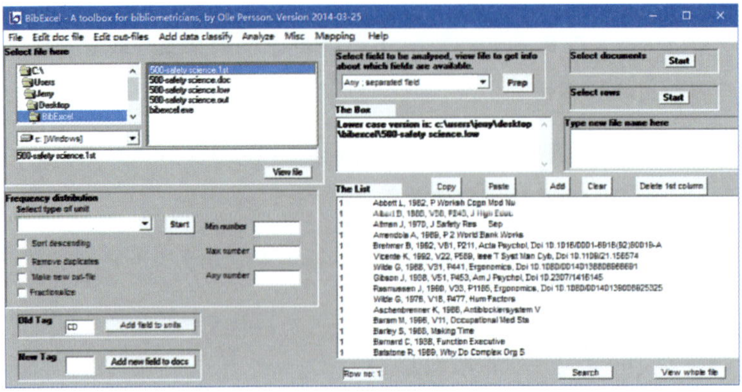

图 6.5　作者名字大小写的处理（1st 文件）

再对参考文献进行频次统计。选择 Whole string + Sort Descending，点击 Start 得到 cit 文件（提示回答：确定），结果如图 6.6 所示。通过频次分布分析得到，该数据集中被引排名前 5 的文献分别为（Reason J，1997）、（Reason J，1990）、（Zohar D，1980）、（Guldenmund F，2000）以及（Flin R，2000）。

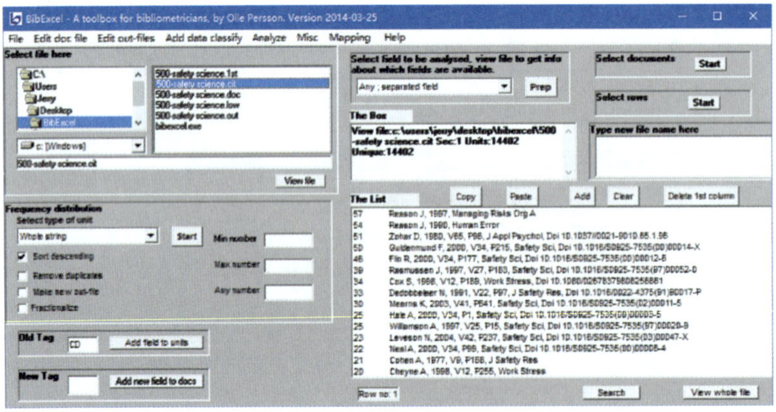

图 6.6　被引文献频次分析结果（cit 文件）

计算文献共现频次和准备网络文件

这里我们选取频次大于 15 次的文献作为计算和分析对象。在文献信息栏 The

list 中选择频次大于 15 的所有文献，依次点击 copy（提示回答：确定）→clear→Paste 即可。然后，选中 low 文件，在菜单栏中依次选取 Analyze→Co-occurrence→Make paris via listbox（提示回答：否+确定）。最后，得到了一个后缀名为 coc 的文件（如图 6.7 所示）。

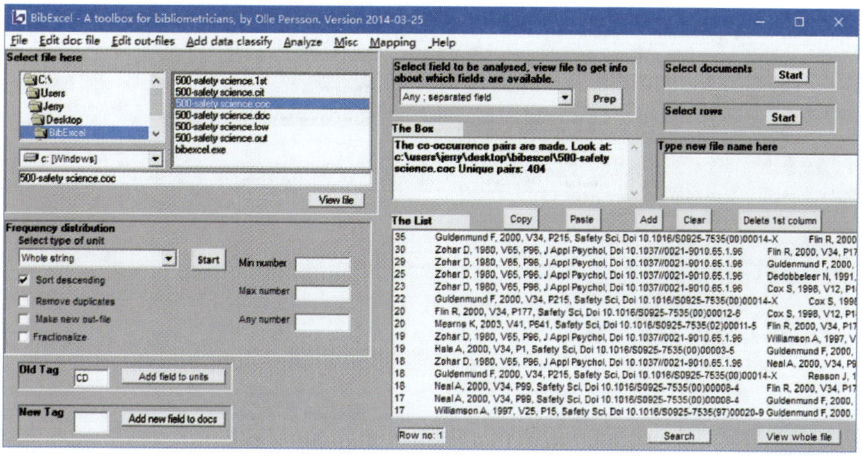

图 6.7　共现频次计算结果（coc 文件）

选中 coc 文件，在菜单栏中选择 Mapping→Create net file for Pajek…得到 net 文件（提示回答：确定+否+否）。该步骤得到的 net 文件就是可以使用 Pajek 直接读取并进行可视化的文件（图 6.8）。

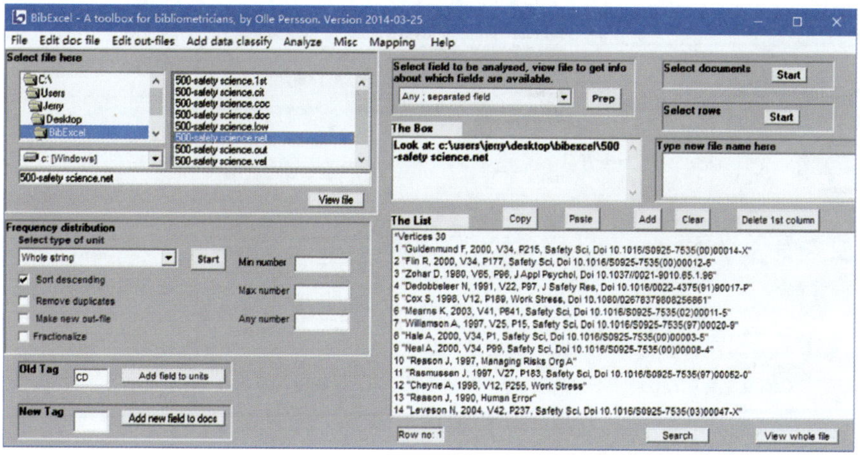

图 6.8　生成网络文件（net 文件）

生成网络文件后，选择 cit 文件。并在菜单栏选 Mapping→Create vec file 来生成网络中节点的大小文件（提示回答：确定），得到 vec 文件（图 6.9）。Vec 中所提取的数字代表对应论文被引频次的大小，在可视化中表现为网络的节点大小。

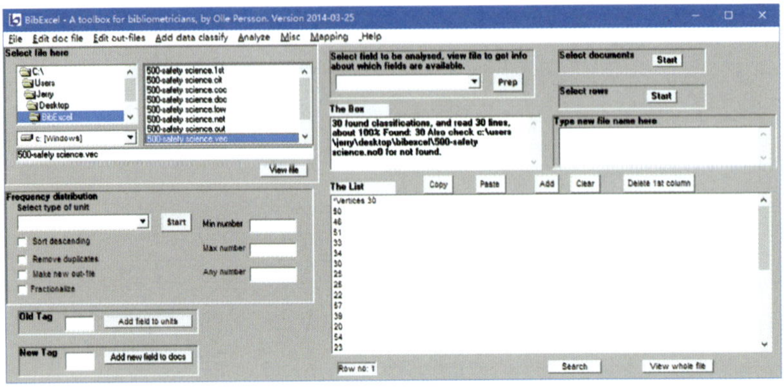

图 6.9　节点按照频次显示的文件（Vec 文件）

进一步制作分区文件。依次点击 Edit out file→Extract publication year from references（提示回答：确定），得到后缀名为 dpy 的文件（图 6.10）。在选中 dpy 文件的前提下，点击菜单栏 Mapping→Create clu – file（提示回答：确定），得到后缀名为 clu 的分区文件（图 6.11）。

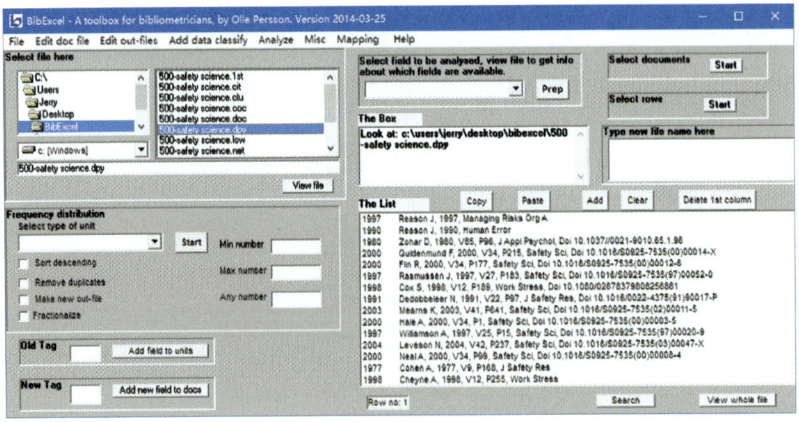

图 6.10　提取参考文献中的时间（dpy 文件）

把以上结果中得到的 net、clu 以及 vec 文件，依次加载到相应的 Pajek 功能

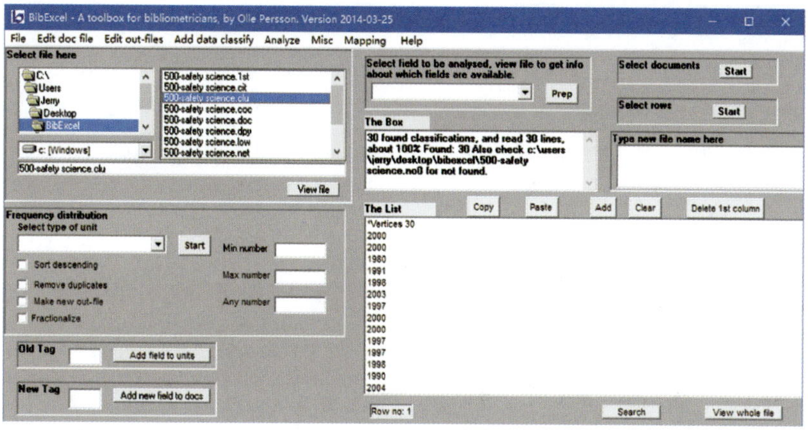

图 6. 11　分析得到 Clu 文件

区中（图 6. 12），然后点击菜单栏中的 Draw→Network + first Partition + first vector，可得到初步的可视化结果。当然，通常直接得到的可视化结果不够美观或者清晰，需要进一步调整。例如，在 Pajek 的文件加载分析区域中，点击菜单栏的 Network→Transform→Remove→Lines with value lower than/输入一个整数值，可以用来减少连线的数量。在 Pajek 的可视化界面的 layout 菜单下可以对网络的布局进行处理，常用的为 kamada - kawai 布局，具体的步骤为Layout→Energy→Kamada - Kawai→Separate components，或者直接使用快捷键Ctrl + K。

这里的参数设置为，节点布局选择 Layers→In y Direction 方法，经过调整后的可视化结果如图 6. 13 所示。

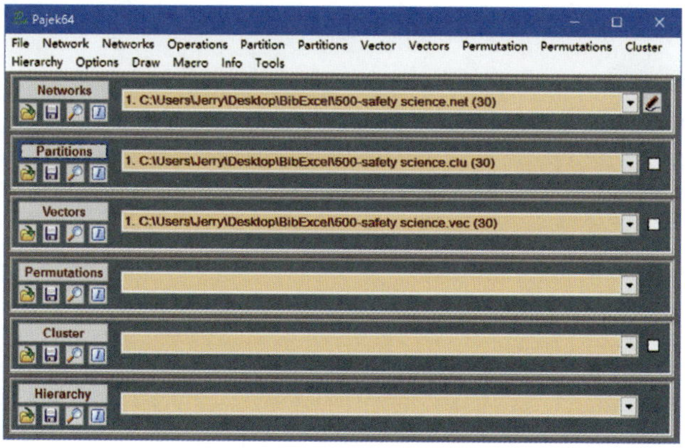

图 6. 12　Pajek 读取 BibExcel 的结果文件

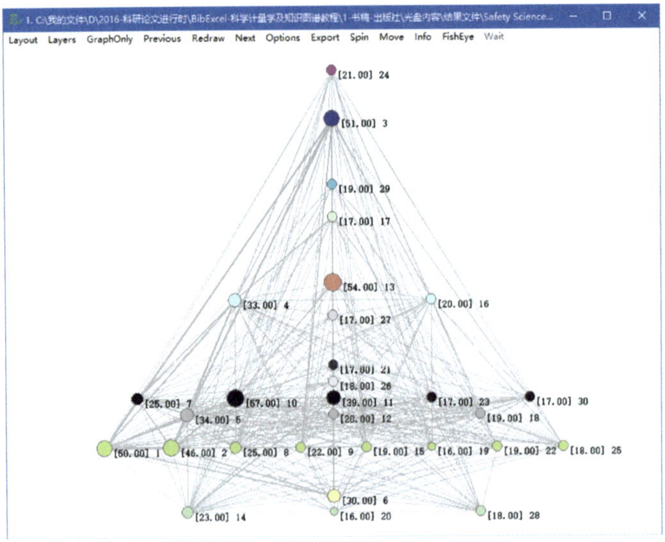

图 6.13　可视化结果

为了得到一个较为清晰的图形结果，可以在可视化界面的 Export 菜单中将结果导出为 SVG 文件（Export→2D→SVG→General），并将该图形复制到 Word 文档中（图 6.14）。

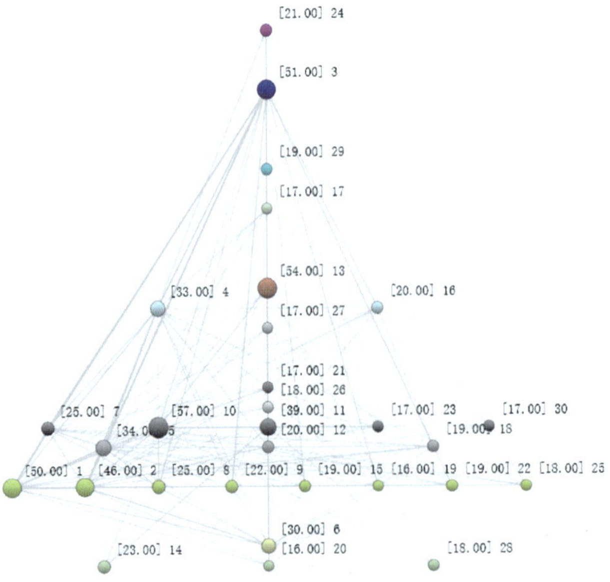

图 6.14　Pajek 导出的 SVG 格式结果

在网络中，若将节点的标签显示为文献的名称，由于标签之间的互相覆盖和遮挡，会使得网络十分混乱。为了使得网络比较简洁，这里使用［被引频次］编号的形式表示节点信息。为了弥补这种显示的不足，可使用 EXCEL 打开 cit 文件，列出网络中节点的详细信息（如表 6.1 所示）。

表 6.1　网络节点信息详细列表

编号	被引频次	文献详细信息（作者 + 时间 + 卷 + 页码 + 出版物名称）
1	57	Reason J, 1997, Managing Risks Org A
2	54	Reason J, 1990, Human Error
3	51	Zohar D, 1980, V65, P96, J Appl Psychol
4	50	Guldenmund F, 2000, V34, P215, Safety Sci
5	46	Flin R, 2000, V34, P177, Safety Sci
6	39	Rasmussen J, 1997, V27, P183, Safety Sci
7	34	Cox S, 1998, V12, P189, Work Stress
8	33	Dedobbeleer N, 1991, V22, P97, J Safety Res
9	30	Mearns K, 2003, V41, P641, Safety Sci
10	25	Hale A, 2000, V34, P1, Safety Sci
11	25	Williamson A, 1997, V25, P15, Safety Sci
12	23	Leveson N, 2004, V42, P237, Safety Sci
13	22	Neal A, 2000, V34, P99, Safety Sci
14	21	Cohen A, 1977, V9, P168, J Safety Res
15	20	Cheyne A, 1998, V12, P255, Work Stress
16	20	Cox S, 1991, V5, P93, Work Stress
17	19	Mearns K, 1998, V12, P238, Work Stress
18	19	Cooper M, 2000, V36, P111, Safety Sci
19	19	Glendon A, 2000, V34, P193, Safety Sci
20	19	Perrow C, 1984, Normal Accidents Liv
21	18	Vaughan D, 1996, Challenger Launch De
22	18	Cox S, 2000, V34, P111, Safety Sci
23	18	Hollnagel E, 2004, Barriers Accident Pr
24	17	Coyle I, 1995, V26, P247, J Safety Res

续表

编号	被引频次	文献详细信息（作者 + 时间 + 卷 + 页码 + 出版物名称）
25	17	Schein E, 1992, Org Culture Leadersh
26	17	Brown R, 1986, V18, P455, Accident Anal Prev
27	17	Turner B, 1997, Man Made Disasters
28	17	Shannon H, 1997, V26, P201, Safety Sci
29	16	Griffin M A, 2000, V5, P347, J Occup Health Psychol
30	16	Cooper M, 2004, V35, P497, J Safety Res

若想要进一步了解共现矩阵的情况，可以在 Pajek 的参数及文件加载界面下双击所加载的文件，就可以按照提示来查看 1 – Binary matrix；2 – Valued matrix 和 3 – lists。这里以 2 – Valued matrix 为例，如图 6.15 所示。

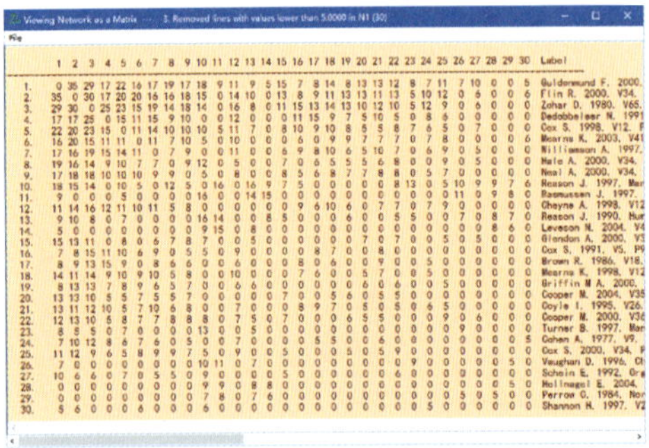

图 6.15　网络的矩阵详细信息

在文献共被引分析中，对一些关键步骤说明如下：

使用 Good for cited Reference strings 对参考文献的处理，处理前为表 6.2：

表 6.2　处理前参考文献

1	ABBOTT LS, 1982, P WORKSH COGN MOD NU
1	ALBERT D, 1985, V56, P243, J HIGH EDUC
1	ALTMAN JW, 1970, J SAFETY RES　　SEP
1	AMENDOLA A, 1989, P 2 WORLD BANK WORKS

处理后为表 6.3。

表 6.3 处理后参考文献

1	Abbott LS, 1982, P Worksh Cogn Mod Nu
1	Albert D, 1985, V56, P243, J High Educ
1	Altman JW, 1970, J Safety Res Sep
1	Amendola A, 1989, P 2 World Bank Works

处理步骤总结为：Old Tag/CD→Any；Separate filed 得到 out 文件；Edit out file→convert upper lower case→Good for Cited Reference strings。

最后，对文献共被引分析的步骤总结如表 6.4 所示。

表 6.4 文献共被引分析步骤

文献的共被引分析				
1	Doc - File	Old Tag; Cd + Any; Sep. Field	Out - File	Prep
2	Out - File	Edit Out - Files/Keep Only Author' S First Initial	1st - File	Ok
3	1st - File	Edit Out - Files/ Convert Upper Lower Case/Good For Cited Reference Strings	Low - File	Ok
4	Low - File	Whole String + Sort Descending	Cit - File	Start
5	Cit - File	Copy/Clear/Paste（选择词频阈值）	Cit - File	Ok
6	Low - File	Analyze/Co - Occurrence/Make Pairs Via Listbox	Coc - File	N + Ok
7	Coc - File	Mapping/Create Net - File For…	Net - File	Ok + N + N
8	Cit - File	Mapping/Create Vec - File	Vec - File	Ok

6.2 作者的共被引网络

作者的共被引分析和文献的共被引分析类似，在抽取文献的基础上，再从文献中提取出作者的信息，并按照类似的步骤来完成作者的共被引分析。

首先，在 Old Tag 中输入 CD，并选择 Any；Separated field，点击 Prep（提示回答：确定 + 否），得到了文献列表的 out 文件。此时需要通过在频次分析区域中选择 Cited author + Make new out - file（图 6.16），点击 Start 后，得到被引作者的信息列表（提示回答：确定）。最后，从参考文献字段提取的作者信息如图

6.17 所示。

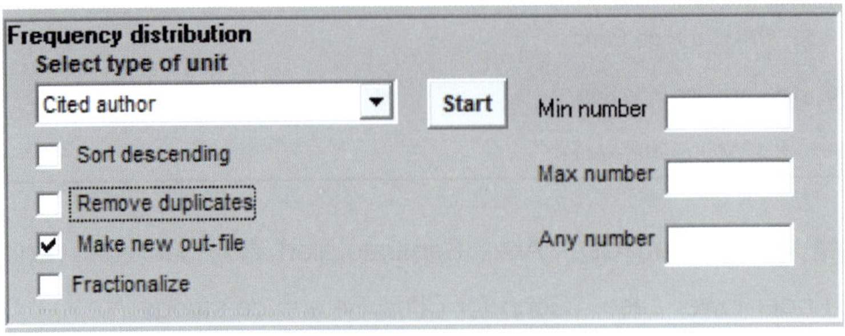

图 6.16　从参考文献中提取作者信息的设置

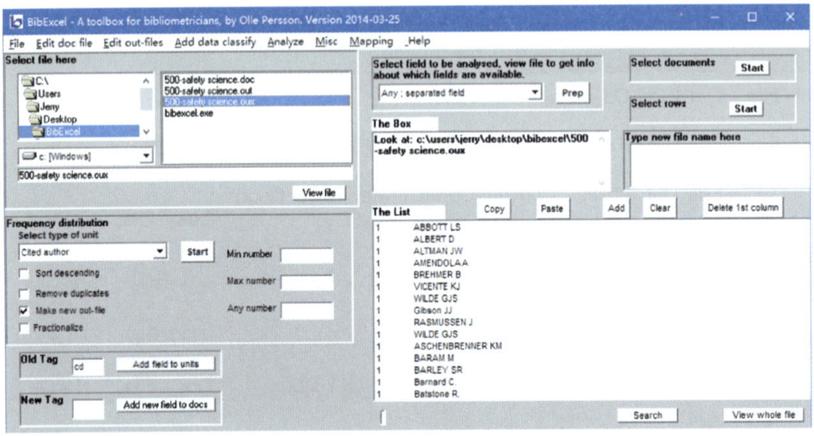

图 6.17　从参考文献中提取的作者信息（oux 文件）

为了使得统计的作者信息准确，这里需要对作者进行预处理。首先对作者进行 Keep only author' s first initial 处理，来避免类似 Altman JW 和 Altman J 作者不同写法的错误。具体步骤为 Edit out files→Keep only author' s first initial（提示回答：确定），得到 1st 文件。然后，选中 1st 再通过 Convert upper lower case→Good for author/cited author in out – file 来将作者的字段转换为首字母大写，其他字母小写的样式（提示回答：确定 + 确定 + 是）。经过这两个过程处理后的作者结果如图 6.18 所示。

在处理后，这里首先应该使用得到的 loa 文件来计算作者的被引频次。在 Frequency distribution 区域中选择 Whole String + SortDescending，并点击 Start（提示回答：确定）。最后，得到 cit 文件，即作者的被引频次。

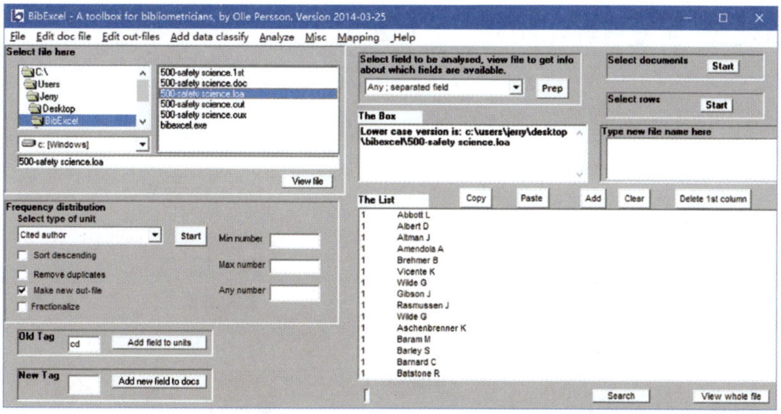

图 6.18　对作者信息的预处理结果（loa 文件）

然后，再一次定位到文件 loa（图 6.19），选择 Whole string + Remove duplicates + Make new out file，点击 Start 来生成一个新的 oux 文件（提示回答：确定）。再定位到 cit 文件，在软件界面上选取频次大于 30 次的作者，按照步骤 Copy（提示回答：确定）→Clear→Paste 来截取满足阈值的作者。

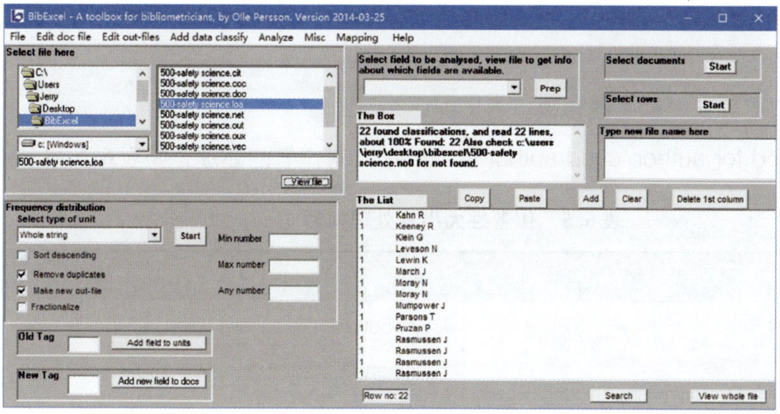

图 6.19　作者除重（loa 文件）

最后，选中上一步得到的 oux 文件，按照步骤 Analyze→Co – occurrence→Make pairs vis listbox 来生成 coc 文件（提示回答：否 + 确定）。得到 coc 文件之后，再通过 Mapping→Create net file for Pajek 得到 net 文件（提示回答：确定 + 否 + 否）。选中 cit 文件，通过 Mapping→Create vec file 得到 vec 文件（提示回

答：确定)。打开 Pajek 文件分别读取 net 和 vec 文件，并进行聚类。将得到的结果保存为 SVG 格式，并复制到 Word 中（图 6. 20）。

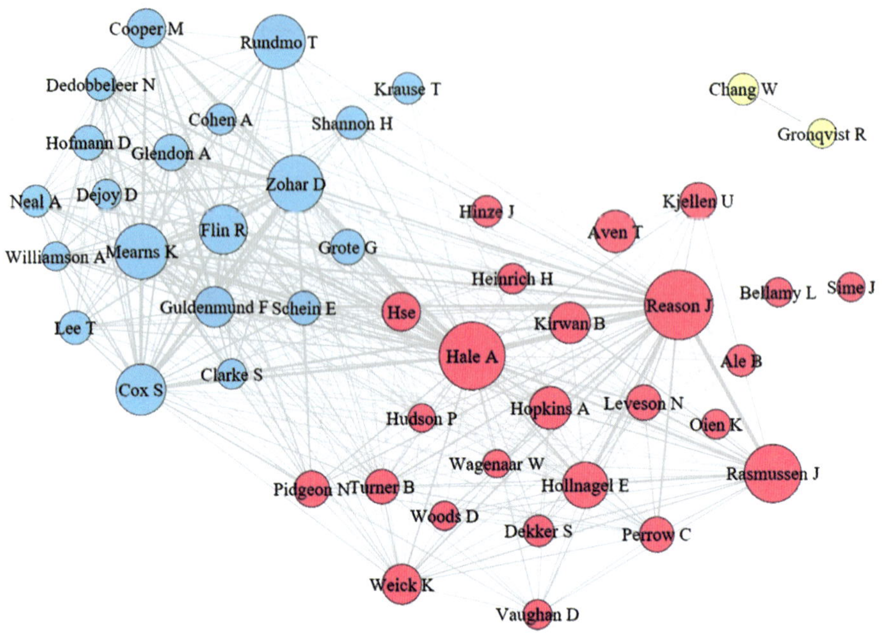

图 6. 20　作者共被引结果

作者共被引分析中的关键步骤：

使用 Good for author/cited author in out – file 对作者的处理，如表 6. 5 所示。

表 6. 5　作者姓大小写处理前后

处理前	处理后
1　ABBOTT LS	1　Abbott LS
1　ALBERT D	1　Albert D
1　ALTMAN JW	1　Altman JW
1　AMENDOLA A	1　Amendola A
1　BREHMER B	1　Brehmer B

处理步骤为：①Old Tag/CD→Any；Separate filed 得到 out 文件。②Cited Author + Make new out file 得到参考文献中作者的列表。③Edit out file→convert upper lower case→Good for author/cited author in out – file，此时文件后缀

为 loa。

特别地，在处理作者的时候，往往会遇到作者姓名 Altman JW 和 Altman J 的情况。实际上这两个作者是同一人，那么需要对 loa 文件进行进一步处理。处理的步骤为，选中 loa 文件，然后依次选择 Edit out file→Keep only author' s first initial，以产生后缀为 1st 的文件（如表 6.6 所示）。

表 6.6　作者名处理结果

处理前	处理后
1　Abbott LS	1　Abbott L
1　Albert D	1　Albert D
1　Altman JW	1　Altman J
1　Amendola A	1　Amendola A
1　Brehmer B	1　Brehmer B

对作者的共被引分析步骤总结如表 6.7 所示。

表 6.7　作者共被引分析步骤

作者的共被引分析				
1	Doc – File	Old Tag; Cd + Any; Sep. Field	Out – File	Prep
2	Out – File	Cited Author/Make New Out – File	Oux – File	Start
3	Oux – File	Edit Doc File/ Keep Only Author' S First Initial	1st – File	Ok
4	1st – File	Edit Doc File/Convert Upper Lower Case/Good For Author/Cited Author In Out – File	Loa – File	Ok + Ok + Y
5	Loa – File	Whole String + Sort Descending	Cit – File	Start
6	Loa – File	Whole String + Remove Duplicates/Make New Out – File	Oux – File	Start
7	Cit – File	Copy/Delete/Paste	Cit – File	Ok
8	Oux – File	Analyze/Co – Occurrence/Make Pairs Via Listbox Analyze	Coc – File	N + Ok
9	Coc – File	Mapping/Create Net – File For…	Net – File	Ok + N + N
10	Cit – File	Mapping/Create Vec – File	Vec – File	Ok

6.3 施引文献耦合分析

选中 doc 文件，在 Old tag 中输入 CD，分割选择 Any；Separated field，并点击 Prep 得到文献列表 out（提示回答：确定 + 否）。选中 out 文件，依次点击菜单栏的 Edit out - file→keep only author' s first initial，得到 1st（提示回答：确定）。选中 1st，依次点击 Edit out - file→Convert upper lower case→Good for cited reterence string，得到 low 文件（提示回答：确定）。文件提取的初步结果，参见图 6.21。

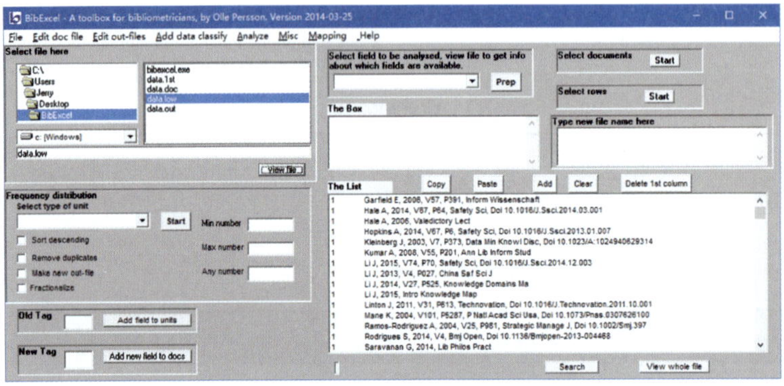

图 6.21 文献耦合分析文件准备（low 文件）

选中 low 文件，依次点击 Analyze→Shared units/coupling→Shared units（提示回答：确定 + 否 + 确定），得到 cou 文件。文件结果共包含三列，分别为耦合的文献数量、论文 1 编号、论文 2 编号（如图 6.22 所示）。

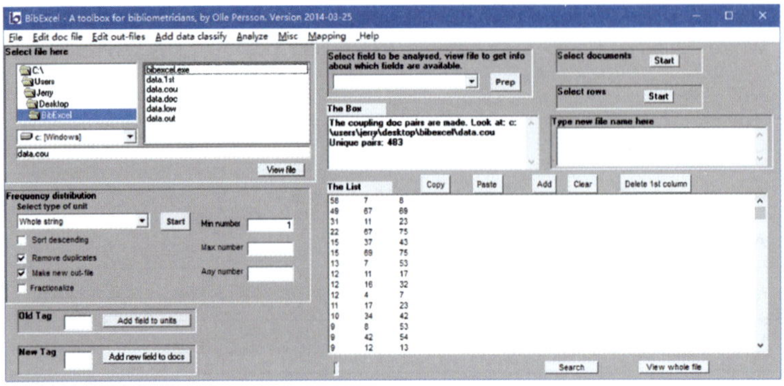

图 6.22 文献耦合结果（cou 文件）

由于目前仅仅显示了施引文献的编号，因此很难判断具体是哪两篇论文之间的耦合。下面以匹配文献编号和文献标题为例，来说明为文献编号增加补充信息。

在当前界面下，重新选择 doc 文件，在 Old tag 中输入 TI，分割选择 Any; Separated field，并点击 Prep 得到文献列表 out（提示回答：确定 + 否）。得到 out 文件后，鼠标双击软件界面中“Type new file name here”，使得 out 文件加载到该区域。然后，选中 cou 文件，在菜单中依次点击 Add data classify→Add labels to freq - docnr - docnr→…making freq - docnr - label - docnr - label（提示回答：确定 + 是 + 是）。最后，得到 ad2 文件即完成了信息的补充，如图 6.23 所示。

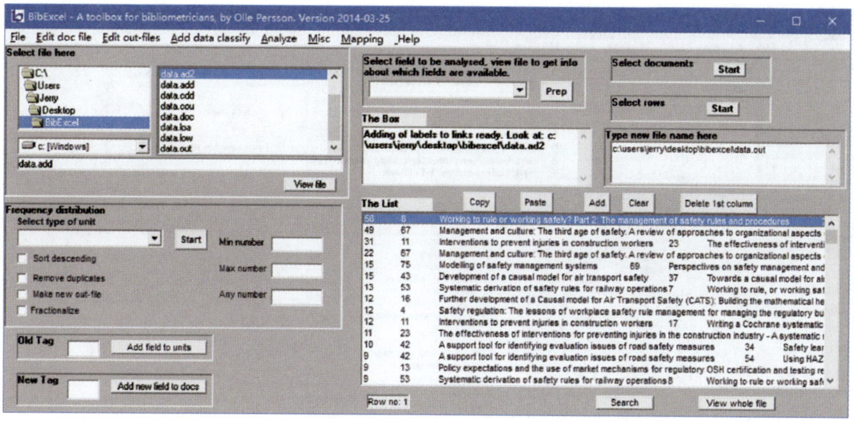

图 6.23　文献耦合文献信息补充（ad2 文件）

对文献耦合分析的过程总结为表 6.8。

表 6.8　文献耦合分析步骤

文献的耦合分析				
1	Doc - File	Old Tag; Cd + Any; Sep. Field	Out - File	Prep
2	Out - File	Edit Out - Files/Keep Only Author' S First Initial	1st - File	Ok
3	1st - File	Edit Out - Files/Convert Upper Lower Case/Good For Cited Reference Strings	Low - File	Ok
4	Low - File	Analyze/Shared Units/Coupling/Shared Units	Cou - File	Ok + N + Ok
5	Doc - File	Old Tag; Ti + Any; Sep. Field	Out - File	Prep
6	Cou - File	Add data classify/Add labels to freq - docnr - docnr…/making freq - docnr - label - docnr - label	Ad2 - File	Ok + Y + Y

6.4 施引文献共词网络

（1）提取关键词列表。选中 doc 文件，在 Old Tag 后输入 DE，分割区域选择 Any；Separated field，并点击 Prep（提示回答：确定 + 否），结果如图 6.24。用户可以对得到的 out 文件按照步骤 Edit out – files→Convert Upper Lower Case→Good for reference strings 进行处理，得到 low 文件。也可以通过文本编辑软件打开得到的关键列表文件，进行剔除、合并、消歧后保存再分析，此处省略该步骤。

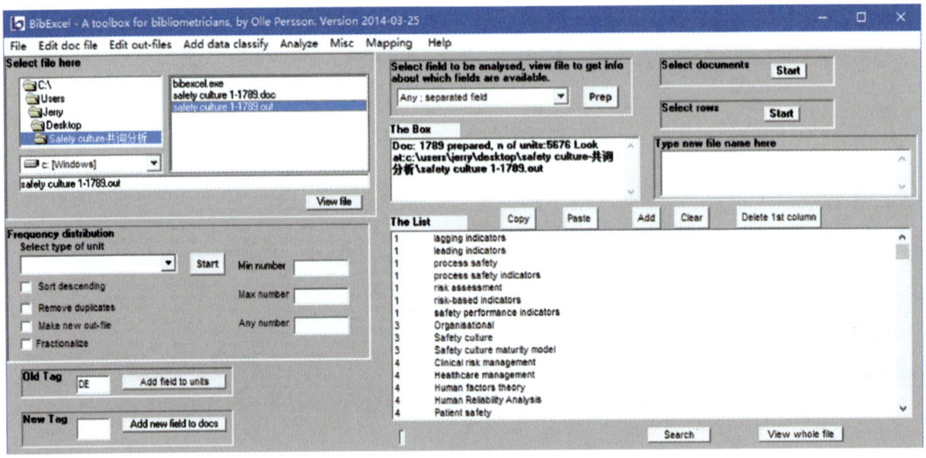

图 6.24 提取关键词（out 文件）

（2）词频分析。选中 out 文件，并在频次分布处理区域中选择 whole string；sort descending，点击 start 进行分析（提示回答：确定），得到词频分析的 cit 文件，如图 6.25 所示。这里选择词频大于 15 的关键词作为分析对象。在 The list 中，选择词频大于 15 的关键词，并依次点击 Copy（提示回答：确定）/Clear/Paste（图 6.26）。

（3）计算共现文件。选中 out 文件，点击菜单栏 Analyze→co – occurrence→make pairs vis listbox（提示回答：否 + 确定）。得到 coc 文件，如图 6.27 所示。

（4）准备网络文件。选中 coc 文件，依次点击 mapping→Create net file for Pajek…得到 net 文件（提示回答：确定 + 否 + 否）。选中 cit 文件，依次点击 mapping→Create vec file（提示回答：确定），得到 vet 文件。使用 Pajek 读取

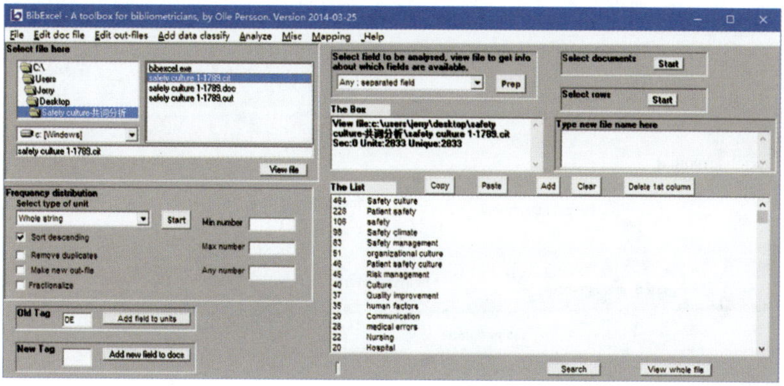

图 6.25 关键词词频分析结果（cit 文件）

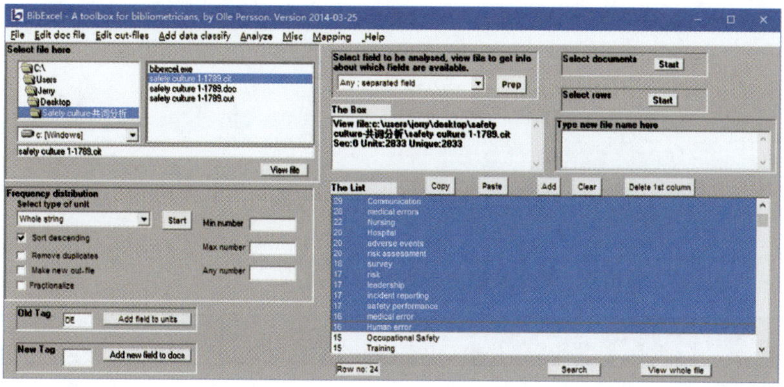

图 6.26 执行 Copy/clear/paste 过程（cit 文件）

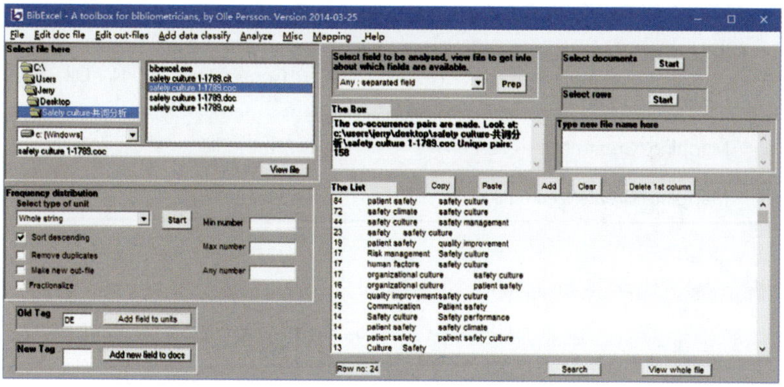

图 6.27 共现文件的处理（coc 文件）

net 和 vec 文件，来进行可视化分析。经过 Pajek 可视化结果后，在可视化界面点击 Export→2D→SVG→General 保存结果（图 6. 28）。

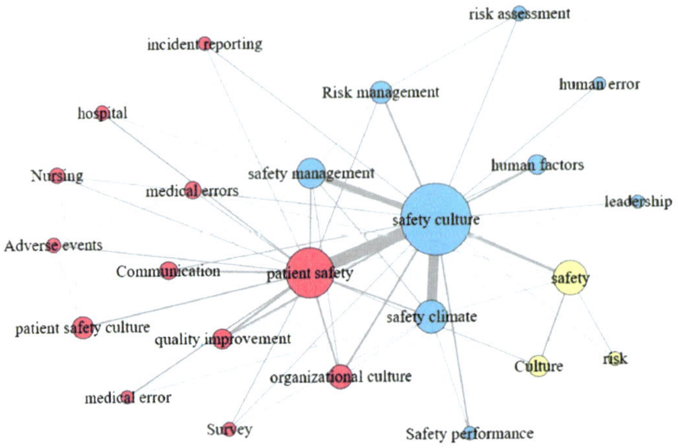

图 6. 28　共词网络

使用 BibExcel 进行关键词共词分析的步骤如表 6. 9 所示。

表 6. 9　作者关键词共现的分析过程

作者关键词共词分析				
1	Doc – File	Old Tag；De + Any；Sep. Field	Out – File	Prep
2	Out – File	Whole String + Sort Descending	Cit – File	Start
3	Cit File	Copy/Delete/Paste	Cit – File	Ok
4	Out – File	Analyze/Co – Occurrence/Make Pairs Via Listbox Analyze	Coc – File	N + Ok
5	Coc – File	Mapping/Create Net – File For···	Net – File	Ok + N + N
6	Cit – File	Mapping/Create Vec – File	Vec – File	Ok

当共词分析是基于作者关键词或补加关键词分析时，不需要进行停用词处理。从标题或摘要中提取时，则需要进行停用词处理（图 6. 29）。一种是在 The list 中列出，然后进行分析；一种是首先对数据进行词频分析，在遇到停用词的提示后，选择否。得到初步的词频分析结果后，在 cit 文件的 The list 列表中选择要作为停用词的关键词，再依次选择 Analyze→Co – occurrence→select unit via listbox。然后，再完整地执行一遍词频分析，在遇到停用词的提示时，回答是。得到新的词频结果中就会过滤掉前面步骤中选择的词语。

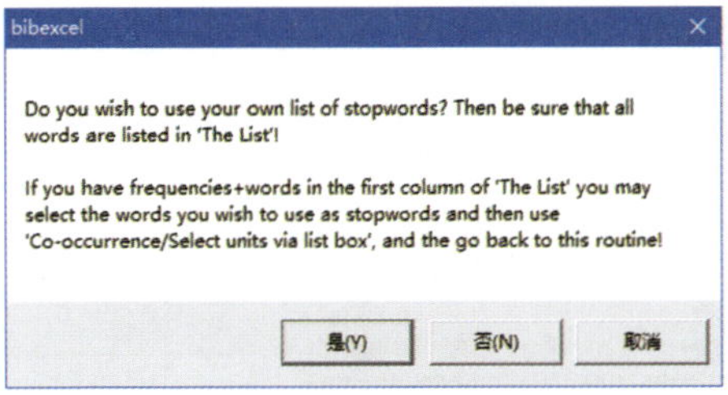

图 6.29 BibExcel 中的停用词处理提示

6.5 地区/国家合作网络

（1）提取地址信息。在 Old Tag 中输入 C1，分割方式选择 Whole field intact，点击 Prep（提示回答：确定），如图 6.30 所示。该步骤得到的 out 文件即为所提取地址的初步结果（图 6.31），还需要进一步对地址进行处理。

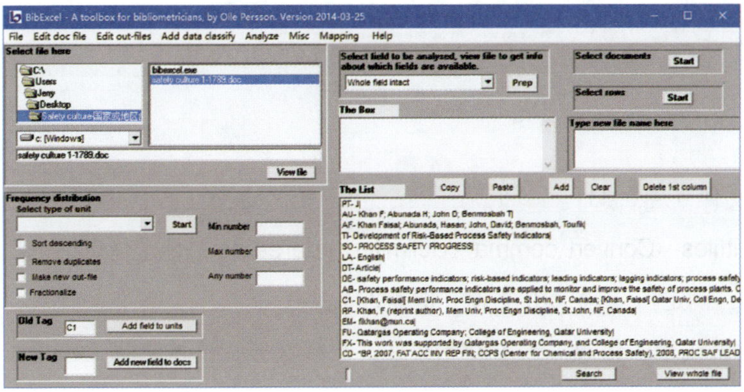

图 6.30 地理信息提取的参数设置（doc 文件）

（2）地理信息的预处理，移除［..］。选中 out 文件，通过 Edit outfiles→Remove［..］from whole field 来完成（提示回答：确定 + 是），得到 wcm 文件（图 6.32）。

使用 Edit outfiles→Decompress outfile 对地址进行分离（提示回答：确定 +

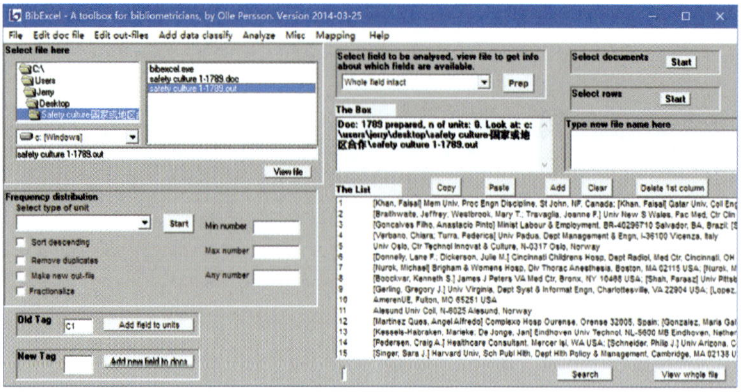

图 6.31　地址信息提取的初步结果（out 文件）

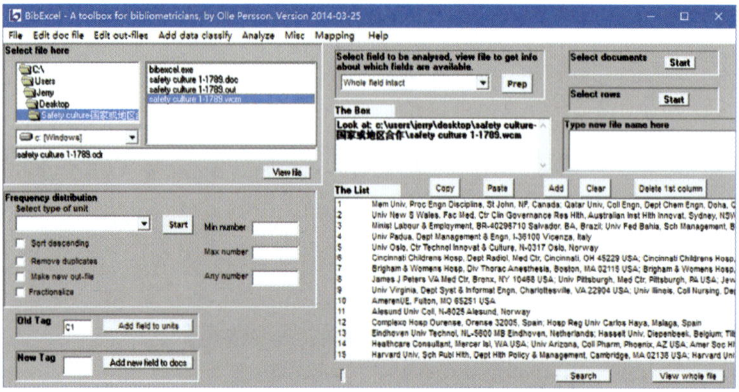

图 6.32　移除地址中的无用信息（wcm 文件）

否），得到 nnu 文件（图 6.33）。

通过 Edit outfiles→Convert comma – delimited addresses 对地址信息进一步分割（提示回答：确定），得到 odr 文件（图 6.34）。

（3）提取国家或地区信息。选中 odr 文件，在频次分析区域选择 country；Remove duplicates；Make new out – file，并点击 start（提示回答：确定）。最后得到 oux 文件，该文件为国家或地区的信息列表，如图 6.35 所示。

（4）进行频次统计。选中 oux 文件，频次分析区域选择 Whole string；Sort descending 并点击 start（提示回答：确定），得到频次结果 cit 文件。在 cit 文件中保留排名前 10 的国家或地区进行分析，具体步骤为：选中满足条件的国家或地区，点击 Copy（提示回答：确定）/Clear/paste（图 6.36）。

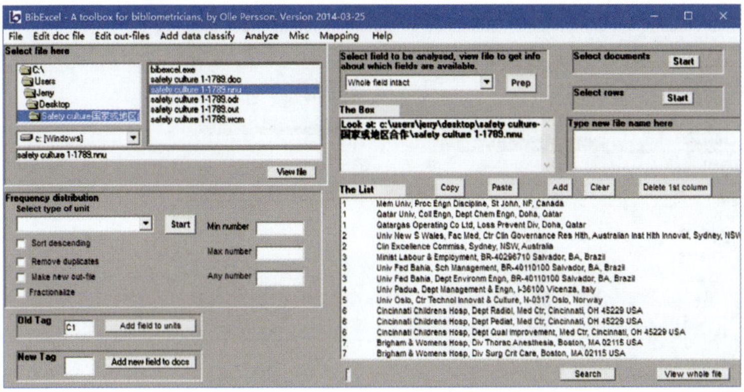

图 6. 33　对地址信息的按行分离（nnu 文件）

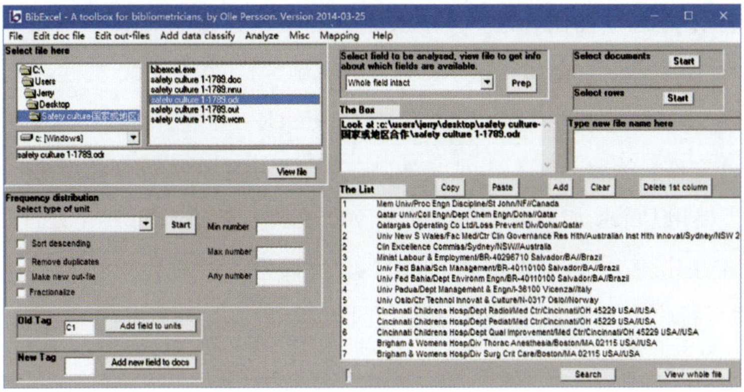

图 6. 34　行地址信息的分割（odr 文件）

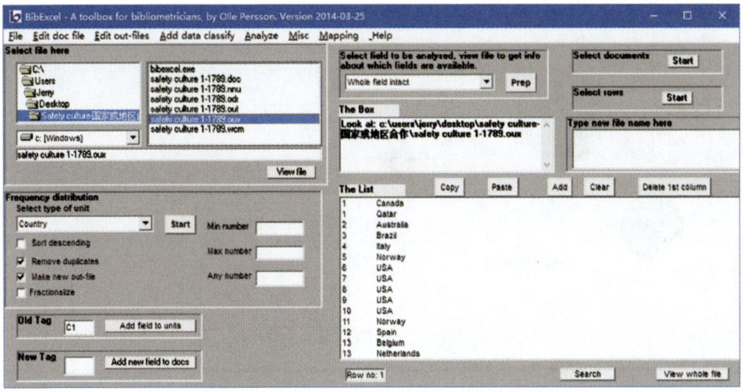

图 6. 35　国家或地区信息的提取结果（oux 文件）

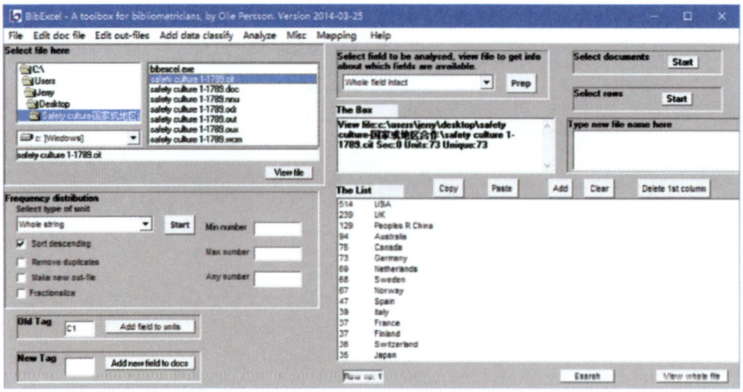

图 6.36　国家或地区发文的频次统计结果（cit 文件）

（5）共现文件和网络可视化。选中 oux 文件，并依次选择 Analyze→Co - occurrence→Make pairs via listbox（提示回答：否 + 确定），得到 coc 文件。选中 coc 文件，执行步骤 Mapping→Create net - file for Pajek…（提示回答：确定 + 否 + 否），得到 net 文件。然后，再选中 cit 文件，在菜单栏中依次执行 Mapping→Create vec - file。使用 Pajek 加载得到的 net 和 vec 文件，并进行可视化处理。为了得到比较高清的图形结果，可以在 Pajek 可视化界面中，点击 Export→2D→SVG→General 将可视化结果保存为 SVG 格式（图 6.37）。

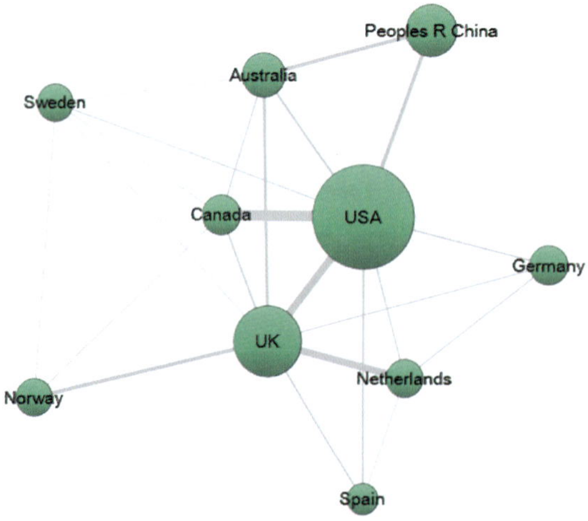

图 6.37　SVG 格式保存的国家或地区的合作网络

最后，对国际合作的网络分析步骤总结如表 6. 10 所示。

表 6. 10 国家或地区信息的提取和分析步骤

国家或地区的合作网络分析				
1	Doc – File	Old Tag; C1 + Whole Field Intact	Out – File	Prep
2	Out – File	Edit Outfiles/Remove [. . .] From Whole Field	Wcm – File	Ok + Y
3	Wcm – File	Edit Outfiles/Decompress Outfile	Nnu – File	Ok + N
4	Nnu – File	Edit Outfiles/Convert Comma – Delimited Addresses	Odr – File	Ok
5	Odr – File	Country/Remove Duplicates + Make New Out – File	Oux – File	Start
6	Oux – File	Whole String/Sort Descending	Cit – File	Start
7	Cit – File	Copy/Delete/Paste	Cit – File	Ok
8	Oux – File	Analyze/Co – Occurrence/Make Pairs Via Listbox Analyze	Coc – File	N + Ok
9	Coc – File	Mapping/Create Net – File For…	Net – File	Ok + N + N
10	Cit – File	Mapping/Create Vec – File	Vec – File	Ok

6. 6 作者合作网络分析

该部分的数据源为安全科学学者 Andrew Hale 以代尔夫特理工大学为署名单位的论文。这里所用的数据已经进行预处理，下面直接对 doc 文件进行分析。

（1）提取作者信息。选中 doc 文件，在 Old Tag 中输入 AU，选择 Any; Separated fiel，单击 Prep（提示回答：确定 + 否），如图 6. 38 所示。最后，得到作者信息列表的 out 文件。该 out 文件的第一列为文档编号，第二列为所对应的作者信息。例如可以得到文档 1 有 2 个作者，文档 2 有 1 个作者，文档 3 有两个作者（如图 6. 39 所示）。

（2）对作者进行预处理。选中 out 文件，依次在菜单栏中选择 Edit out – files→Keep only author' s first initial 得到 1st 文件（提示回答：确定）；选中 1st 文件，然后点击菜单栏的 Edit out – files→Convert Upper Lower Case→Good for author/cited

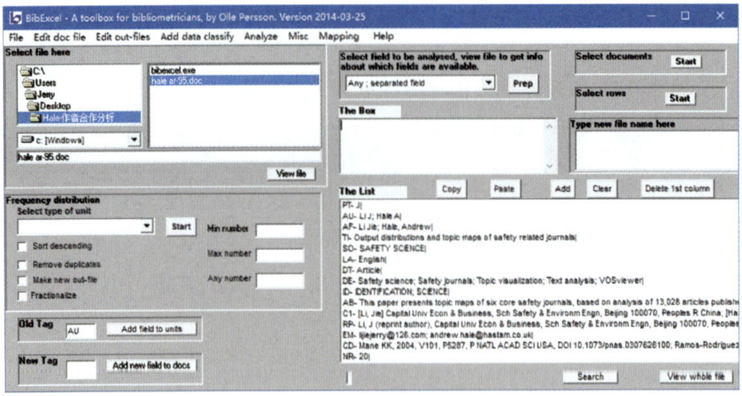

图 6.38　作者信息提取的设置（doc 文件）

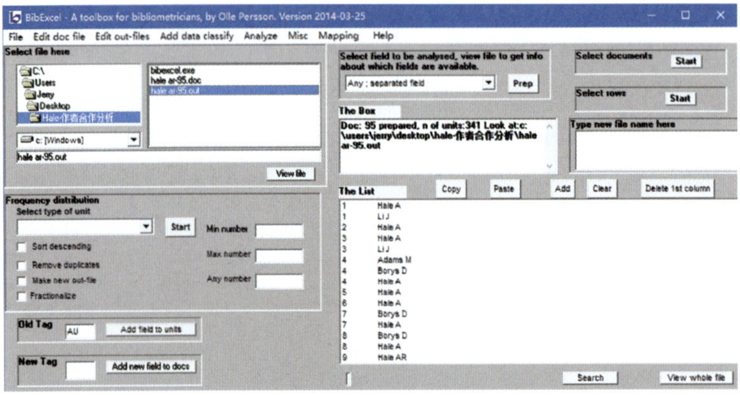

图 6.39　作者信息的提取结果（out 文件）

author in out－file，得到 loa 文件（提示回答：确定＋是＋否），如图 6.40 所示。

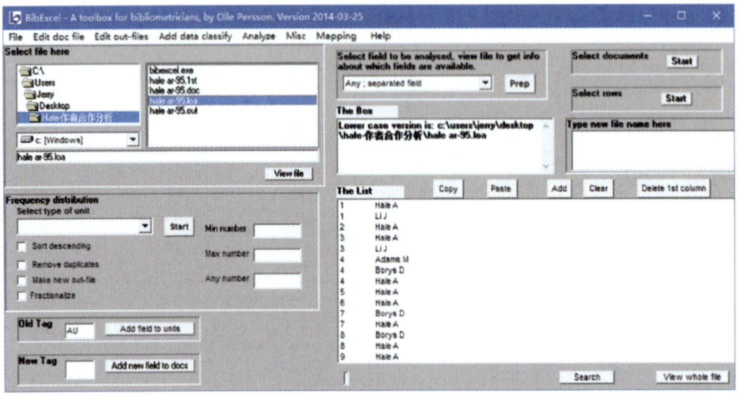

图 6.40　作者信息的预处理结果（loa 文件）

在得到 loa 文件后，通常还需要对作者进行除重处理。具体的步骤为：在频率分布区中选择 whole string，Remove duplicates 和 Make new out－file（提示回答：确定），会得到一个 oux 文件。在本案例中，此过程忽略。

（3）作者分布的频次统计。选中 loa 文件后，再选择 whole string＋sort descending，点击 start（提示回答：确定），得到 cit 文件（如图 6. 41 所示）。

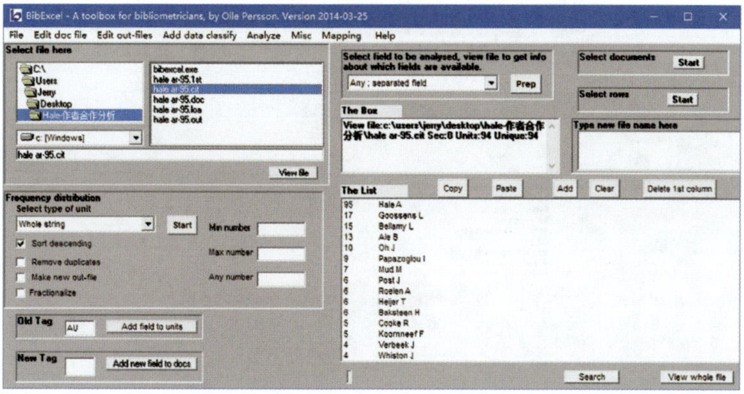

图 6. 41　作者发文量的频次分布（cit 文件）

通过 Copy 来选择频次满足一定发文量的作者，这里选择频次大于 1 的作者。然后点击 Clear 来清除信息框，再通过 Paste 将要分析的作者复制到信息框中。在复制时也会提示，将作者信息可以先复制到 EXCEL 或者 Word 中进行消歧处理（图 6. 42）。

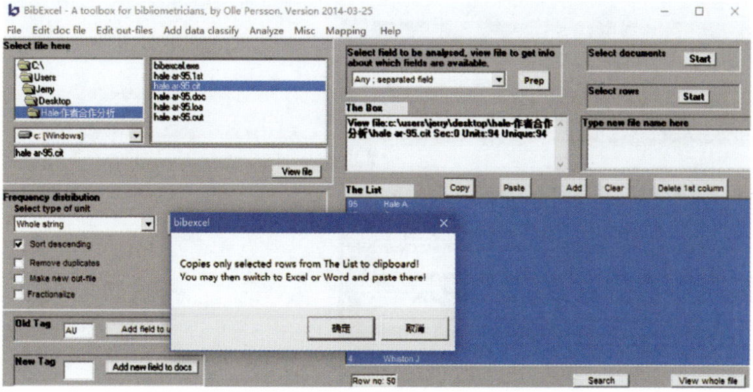

图 6. 42　选择编辑或者满足一定阈值的作者信息（cit 文件）

（4）计算共现频次。在上一步的基础上选择 loa 文件，然后在菜单栏中点击 Analyze→Co - occurrence→Make pairs via listbox（提示回答：否 + 确定）。得到作者之间的共现次数对（17 Goossens L Hale A）数据共分为三列，用 Tab 分割。第一列为共现次数，第二列和第三列分别为作者姓名（图 6. 43）。

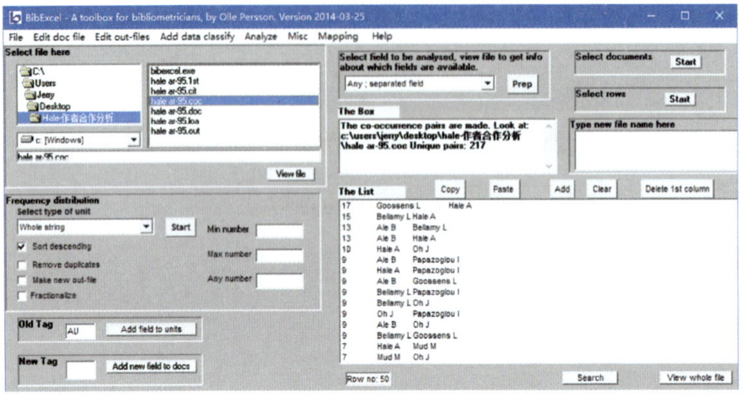

图 6. 43　作者的共现次数结果（coc 文件）

（5）创建网络文件和可视化。选中 coc 文件，在菜单栏中依次点击 Mapping→Create net - file for Pajek…（提示回答：确定 + 否 + 否），得到 net 文件。选中 cit 文件，然后在菜单栏中点击 Mapping→Create vec - file（提示回答：确定），得到 vec 文件。

打开 Pajek，并读取 net 和 vec 文件（图 6. 44），并在 Pajek 菜单栏 Network 中选择 run Draw→Network + first vector，进入可视化界面后按 Ctrl + K 对网络进行可视化布局（图 6. 45）。

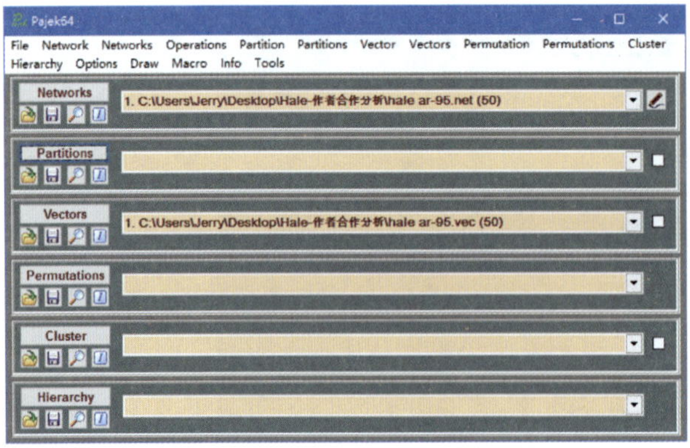

图 6. 44　Pajek 读取作者合作结果文件

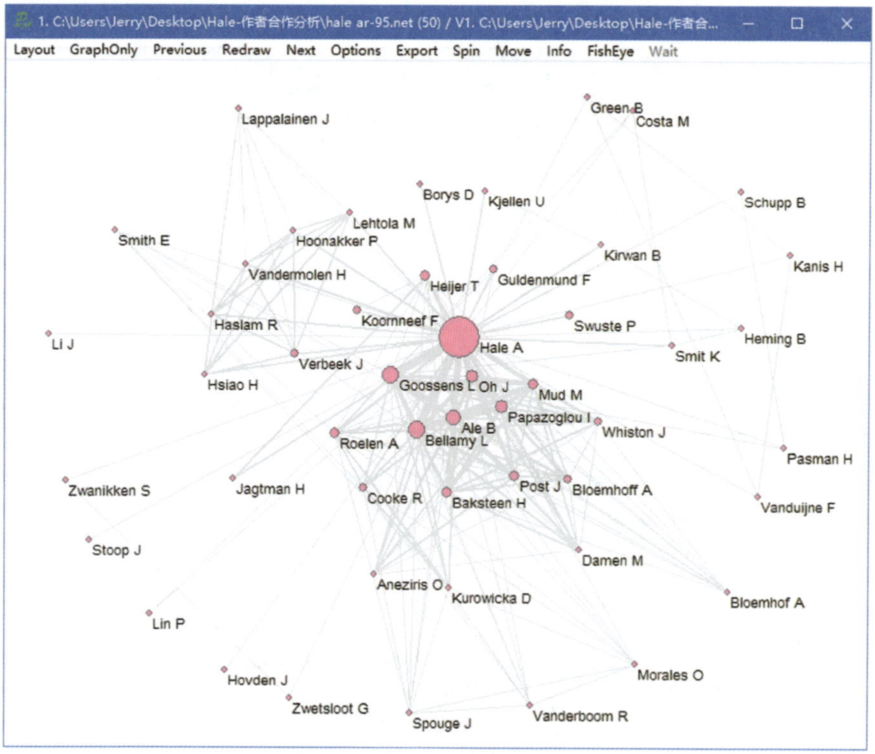

图 6.45　Pajek 中对作者合作网络的可视化

在 Pajek 中得到作者合作网络的可视化结果后，按照步骤 Export→SVG→General 保存所分析的结果（图 6.46）。若得到的可视化结果还需要调整，可以在 Export→Options 中对网络的节点大小、标签、连线等进行设置。若在 Pajek 中使用各种可视化布局都不理想，可以在 Pajek 可视化界面菜单中选择 Export→2D→VOSviewer→Sent to VOSviewer，将结果发送到 VOSviewer 中进行可视化处理。

BibExcel 对作者合作网络分析的步骤总结如表 6.11 所示。

表 6.11　作者合作网络的分析步骤

作者合作网络分析				
1	Doc – File	Old Tag; Au (Af) + Any; Sep. Field	Out – File	Prep
2	Out – File	Edit Out – Files/Keep Only Author' S First Initial	1st – File	Ok
3	1st – File	Edit Outfiles/Convert Upper Lower Case/Good For Author/Cited Author In Outfile	Loa – File	Ok + Y + N

续表

作者合作网络分析				
4	Low－File	Whole String/Remove Duplicates＋Make New Out－File	Oux－File	Ok
5	Oux－File	Whole String＋Sort Descending	Cit－File	Start
6	Cit－File	Copy/Delete/Paste	Cit－File	Ok
7	Oux－File	Analyze/Co－Occurrence/Make Pairs Via Listbox Analyze	Coc－File	N＋Ok
8	Coc－File	Mapping/Create Net－File For···	Net－File	Ok＋N＋N
9	Cit－File	Mapping/Create Vec－File	Vec－File	Ok

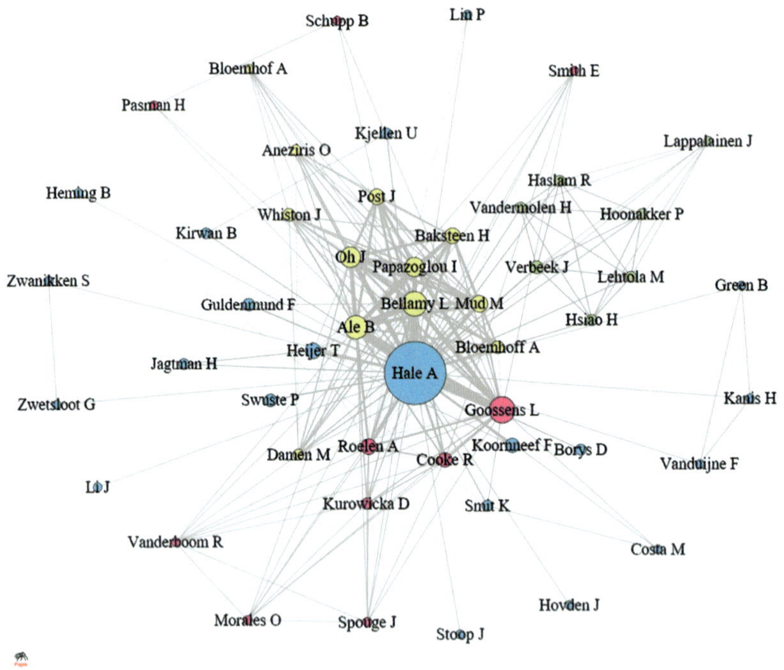

图 6.46　Pajek 导出的 SVG 网络图像

6.7　领域共现网络分析

领域共现分析以 safety culture 主题文献分析为例，这里分析的文献数据量为 1 789 篇论文。分别对下载的数据进行合并和预处理，得到了可以用 BibExcel 进行直接分析的 doc 文件。

（1）提取领域信息。选中 doc 文件，在 Old Tag 中输入 WC，并选择 Any；Separated field（如图 6.47 所示），点击 Prep（提示回答：确定 + 否），得到 out 文件（图 6.48）。

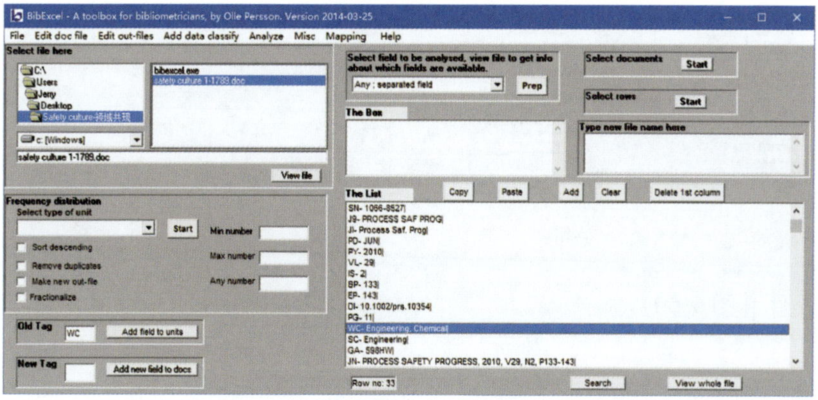

图 6.47　提取领域字段信息（doc 文件）

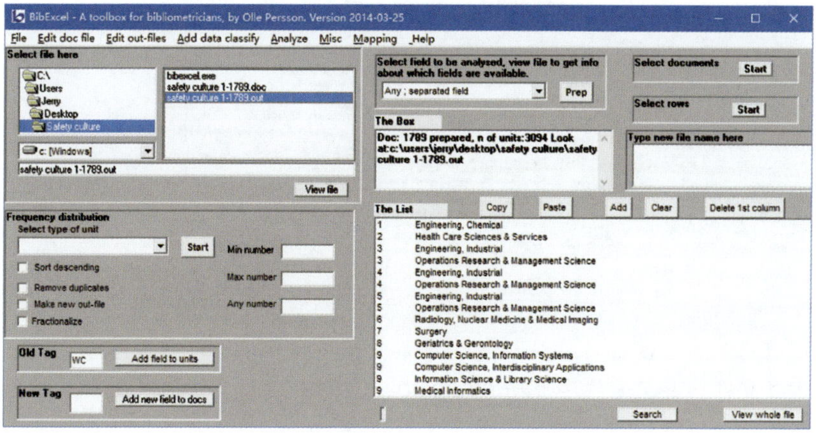

图 6.48　领域字段信息提取结果（out 文件）

（2）领域的频次统计。在频次分析区域中输入 Whole string + Sort descending，点击 start，得到 cit 文件（提示回答：确定），如图 6.49 所示。

这里选择 safety culture 论文数量≥10 篇的领域，并点击 copy（提示回答：确定）/clear/paste。然后选中 out 文件，并在菜单栏中选择 Analyze→Co - occurrence→Make pairs via listbox（提示回答：否 + 确定），得到领域共现分析

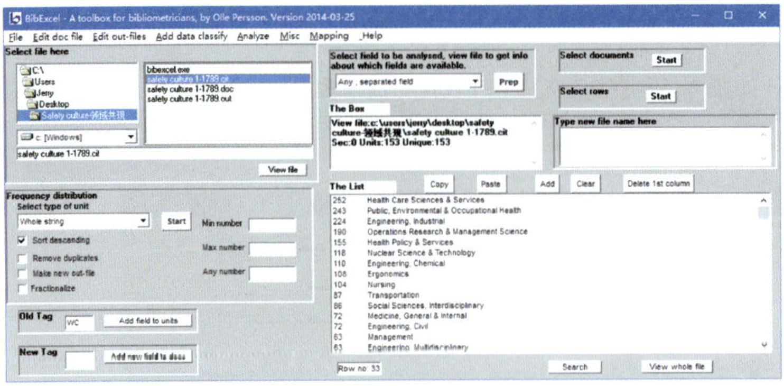

图 6.49　领域的频次分布（cit 文件）

结果 coc 文件（图 6.50）。

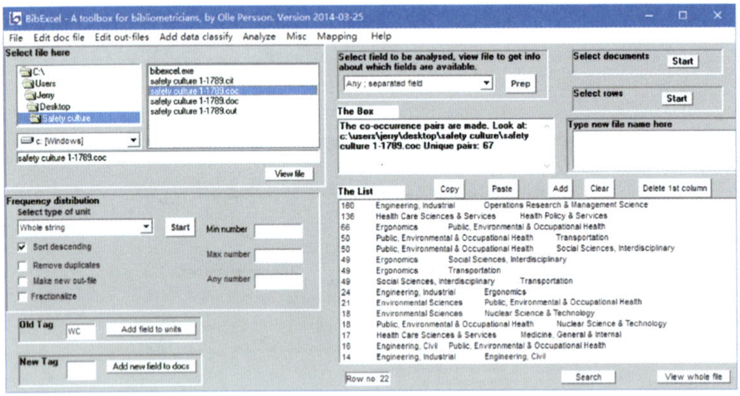

图 6.50　领域的共现频次分析结果（coc 文件）

选中 coc 文件，在菜单栏中点击 Mapping→Create net－file for Pajek…（提示回答：确定＋否＋否）；选中 cit 文件，然后在菜单栏中依次点击 Mapping→Create vec－file（提示回答：确定），分别得到 net 和 vec 文件。然后，使用 Pajek 中读取 net 和 vec 文件，在 Pajek 菜单栏 Network 中选择 run Draw→Network＋first vector 进行可视化。进入 Pajek 可视化界面后，在 layout 中选择合适的布局来对网络文件进行可视化（如图 6.51 所示）。

若在 Pajek 中的可视化效果不太理想，也可在 Pajek 可视化界面菜单中选择 Export→2D→VOSviewer→Sent to VOSviewer，将数据传输到 VOSviewer 软件中

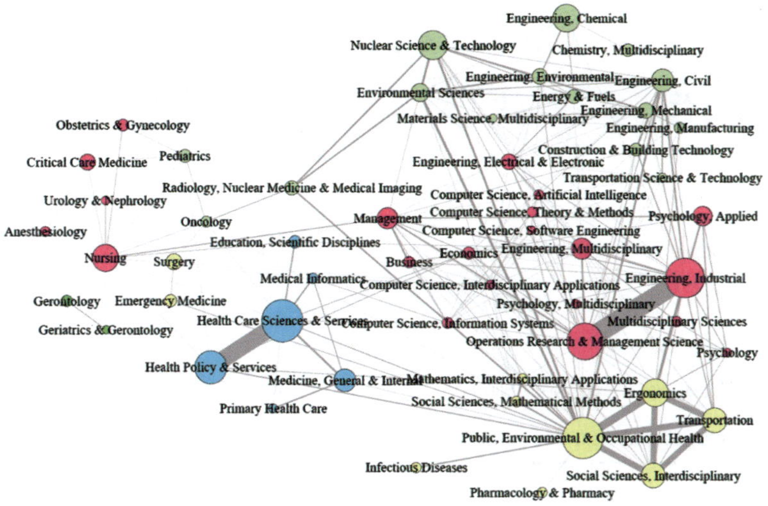

图 6.51　领域共现分析结果

进行可视化处理（如图 6.52 所示）。

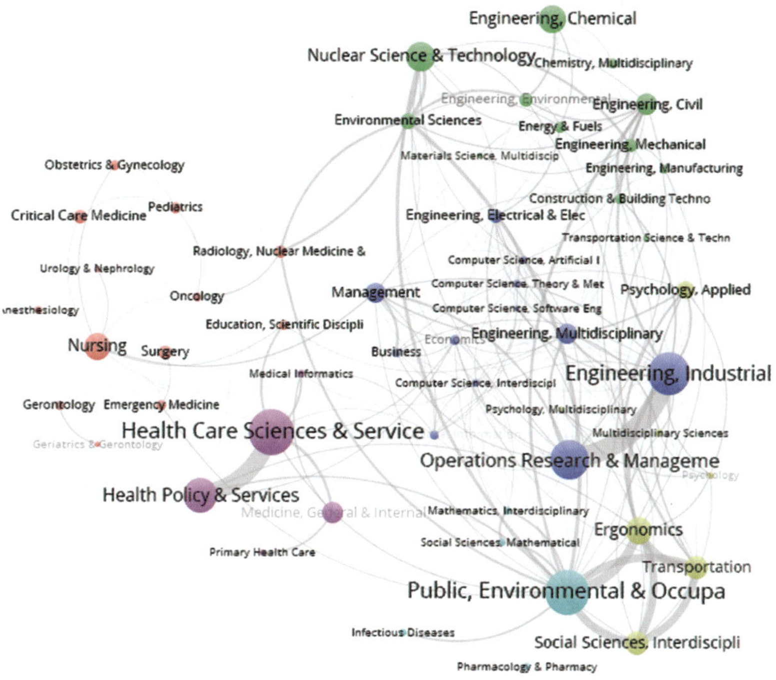

图 6.52　网络文件在 VOSviewer 中的可视化

使用 BibExcel 进行领域共现分析的步骤总结如表 6.12 所示。

表 6.12　领域共现分析步骤

领域共现分析				
1	Doc - File	Old Tag；Wc + Any；Separated Field	Out - File	Prep
2	Out - File	Whole String/Sort Descending	Cit - File	Start
3	Cit - File	Copy/Delete/Paste	Cit - File	Ok
4	Out - File	Analyze/Co - Occurrence/Make Pairs Via Listbox Analyze	Coc - File	N + Ok
5	Coc - File	Mapping/Create Net - File For Pajek…	Net - File	Ok + N + N
6	Cit - File	Mapping/Create Vec - File	Vec - File	Ok

6.8　中文文献共现网络

对中文数据的处理，使用 CSSCI 中收录的《情报学报》论文题录数据为例。为了能够使用 BibExcel 分析 CSSCI 数据，需要将该数据通过 CiteSpace 的数据转换接口，将原始数据转换为 Web of Science 格式。对数据进行转换和合并后，再按照 Web of Science 数据分析的步骤来分析数据。

（1）按照处理 WoS 数据的步骤，先处理得到 doc 文件。这里以分析作者的合作网络为例：在 Old Tag 中输入 AU，选择 Any；Separated field 并点击 Prep（提示回答：确定 + 否）。得到作者初步信息的 out 文件，如图 6.53 所示。作者基本信息共包含两列，第一列为作者所在的文档编号，第二列为作者的姓名。

（2）频次统计。选中 out 文件，在频次分布参数区选择 Whole string + sort descending，点击 start 得到 cit 文件（提示回答：确定），如图 6.54 所示。

（3）准备共现文件和节点大小文件。选中 out 文件，在菜单栏中点击 Analyze→co - occurrence→make pairs via listbox（提示回答：否 + 确定），得到 coc 共现频次文件。然后选中 coc 文件，在菜单栏点击 Mapping→Create net file for Pajek，VOSviewer…得到 net 文件（提示回答：确定 + 否 + 否）。选中 cit 文件，在菜单栏中选择 Mapping→Create vec - file（提示回答：确定），得到 vec 文件。最后，打开 Pajek，分别读取 net 和 vec 文件，并在 Pajek 中进行可视化如图 6.55 所示。

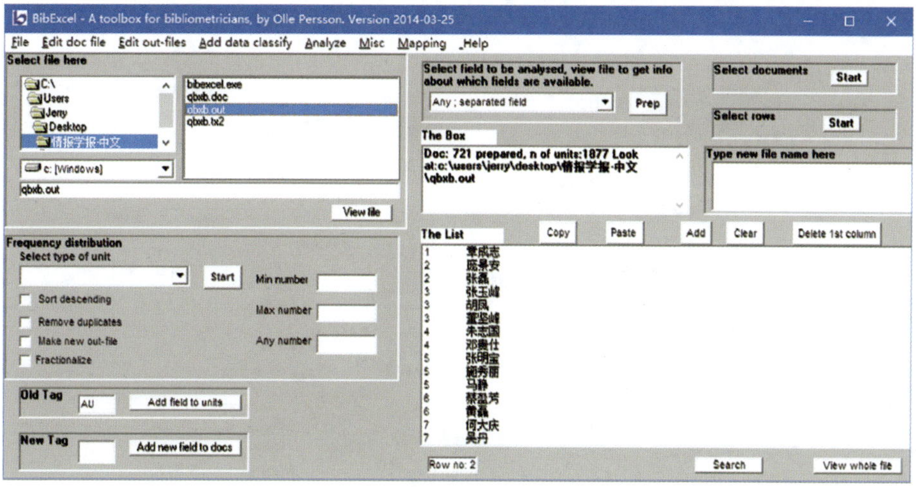

图 6. 53　提取作者信息（out 文件）

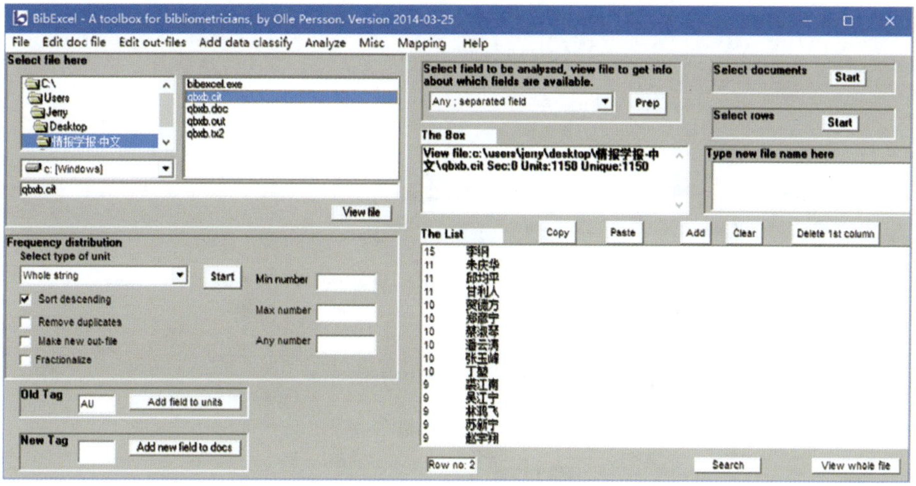

图 6. 54　获取作者发文频次文（cit 文件）

也可以选择菜单栏 Export→ 2D→VOSviewer→ sent to VOSviewer，将网络结果发送到 VOSviewer 进行网络可视化，如图 6. 56 所示。

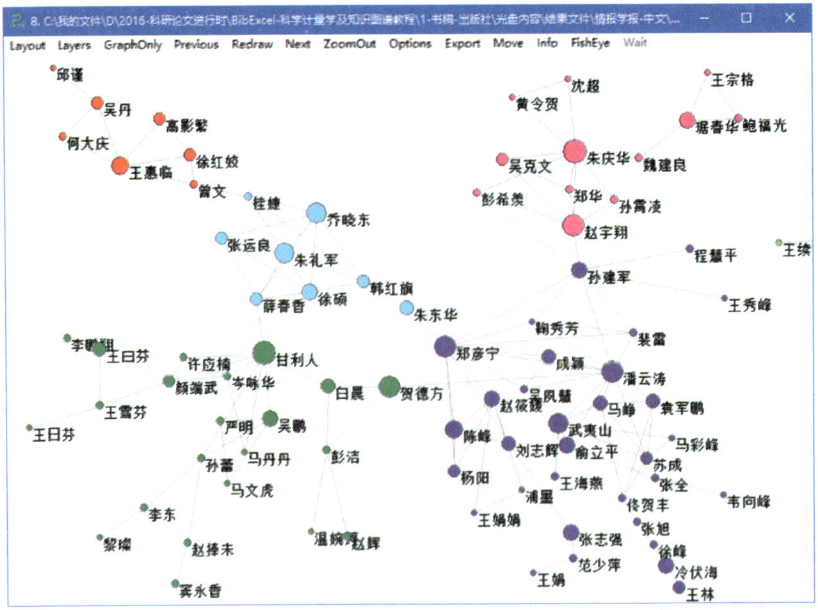

图 6.55　Pajek 对作者合作网络的局部放大

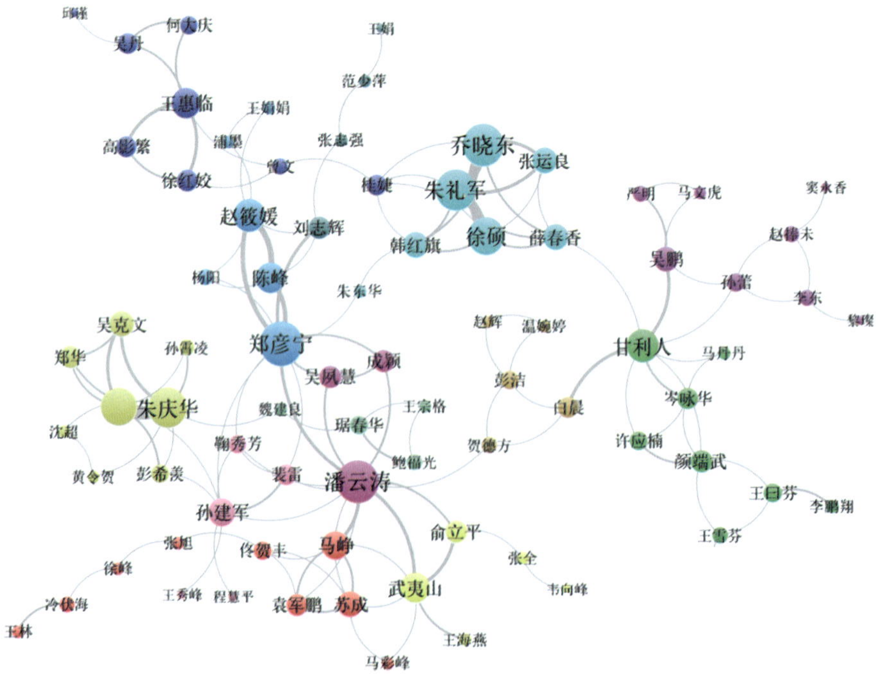

图 6.56　VOSviewer 对作者合作最大子网络的分析

6.9　德温特专利网络

对德温特专利数据的分析，可以按照类似 WoS 的分析方法进行（但字段需要使用德温特专利数据的字段）。也可以在 CiteSpace 中，将其转换成 WoS 格式，然后再完全按照 WoS 数据的分析步骤进行。区别在于，直接使用德温特数据分析时，数据中的字段是专利数据的原始字段。使用 CiteSpace 转换后的专利数据，将相关字段替换成了 WoS 科技论文的标准字段格式。虽然两种方法在对数据分析上都可以，但笔者建议用户先使用 CiteSpace 转换数据，然后再使用 BibExcel 进行分析。

德温特专利数据使用 CiteSpace 转换后的字段变化（转换前字段→转换后字段）：

Derwent Class Code→Keywords（DE）

Manual Classification（MC）→ Subject Category（SC）

IP→ Source

Application Date（AD）→ PY

Abstract（novelty；general）→ Abstract

（1）打开 BibExcel，并按照步骤 Edit doc file→Replace line feed with carriage return（提示选择：确定 + 否）对数据进行初步处理。在该项目文件夹中，将会得到一个 tx2 文件。然后选中 tx2 文件，按照步骤 Misc→Convert to dialog format→Convert from Web of Science plain text（提示回答：确定 + 是）来进行数据的再处理，得到 doc 文件（如图 6.57 所示）。

（2）这里以分析可穿戴设备专利的关键词共现为例，对应的就是对德温特专利的分类代码的共现分析。例如，专利代码 DC T01（Digital Computers）就包含了关键词的信息 Digital Computers。在 Old Tag 中输入 DE，分割方式选择 Any；Separated field（图 6.58），点击 Prep（提示选择：确定 + 否）。

选中得到的 out 文件，在 Frequency distribution select type of unit 中选择 Whole string 和 Sort descending，点击 Start，得到关键词词频分布的 cit 文件（提示问题：确定），如图 6.59 所示。

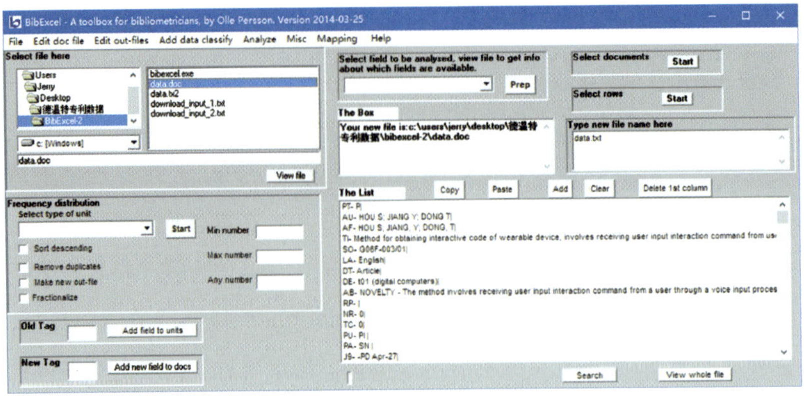

图 6. 57　BibExcel 中对德温特专利数据的处理（doc 文件）

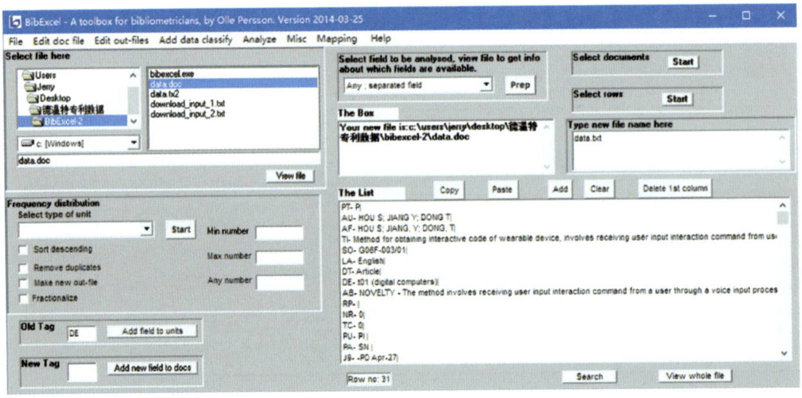

图 6. 58　关键词共现的参数设置（doc 文件）

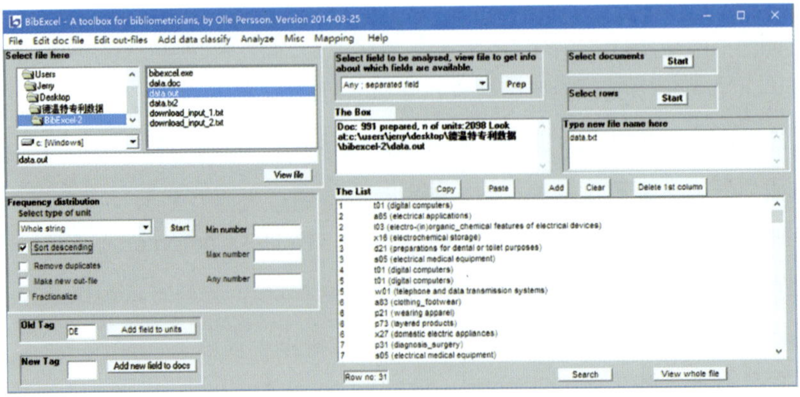

图 6. 59　词频分析结果（out 文件）

（3）在关键词列表信息中，选择频次大于 10 次的关键词。点击关键词列表上方的 Copy/Clear/Paste（提示回答：确定）来完成高频关键词的选择。再选中 out 文件，依次点击菜单栏中 Analyze→co－occurrence→make pairs via listbox（提示回答：否＋确定），得到 coc 共现频次文件，如图 6.60 所示。

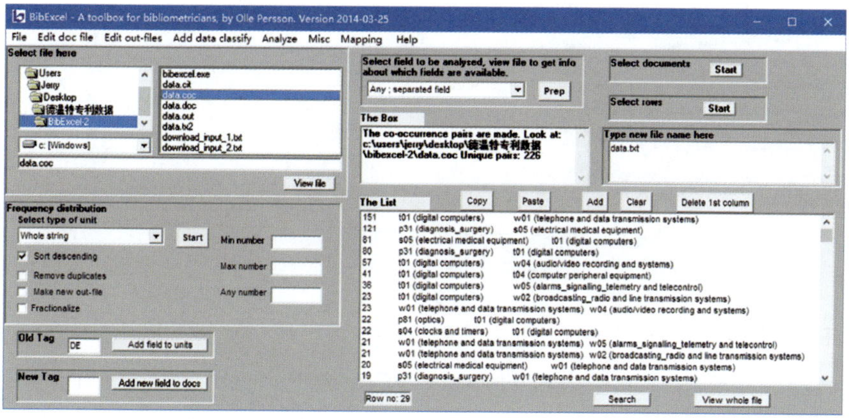

图 6.60　专利关键词的共现结果（coc 文件）

选中 coc 文件，在菜单栏点击 Mapping→Create net file for Pajek，VOSviewer…得到 net 文件（提示回答：确定＋否＋否），如图 6.61 所示。选中 cit 文件，在菜单栏中依次选择 Mapping→Create vec－file（提示问题：确定），得到 vec 文件（图 6.62 所示）。

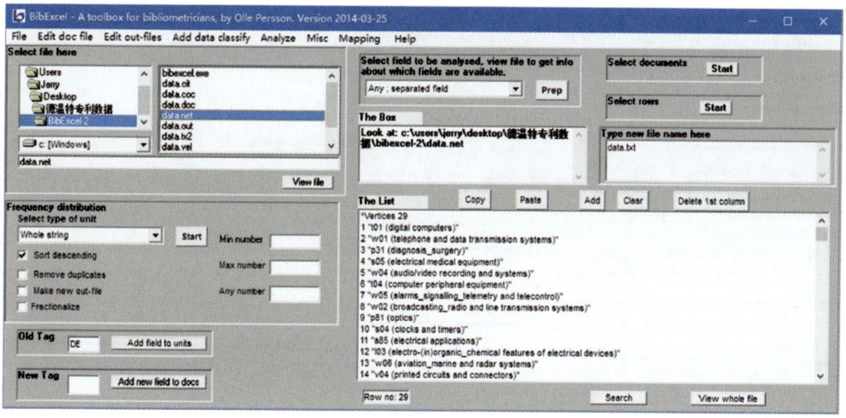

图 6.61　网络文件的构建（net 文件）

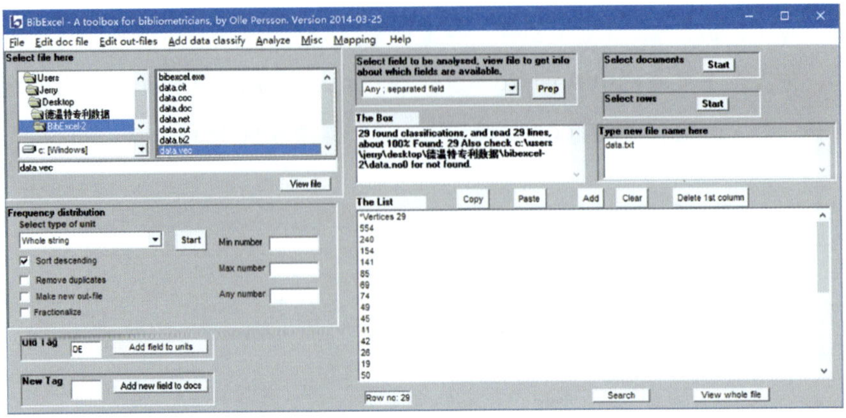

图 6.62　节点大小属性文件的构建（vec 文件）

打开 Pajek 软件，读取 net 文件和 Vec 文件。再将鼠标光标放在 Partition 后面的空白处，并点击菜单栏中的 Network→Create Partition→Communities→Louvain Method→Multi - Level Coarsening + Single Refinement 来完成对网络的聚类。最后，在菜单栏中点击 Draw→Network + First partition + First Vector 来可视化网络（图 6.63）。

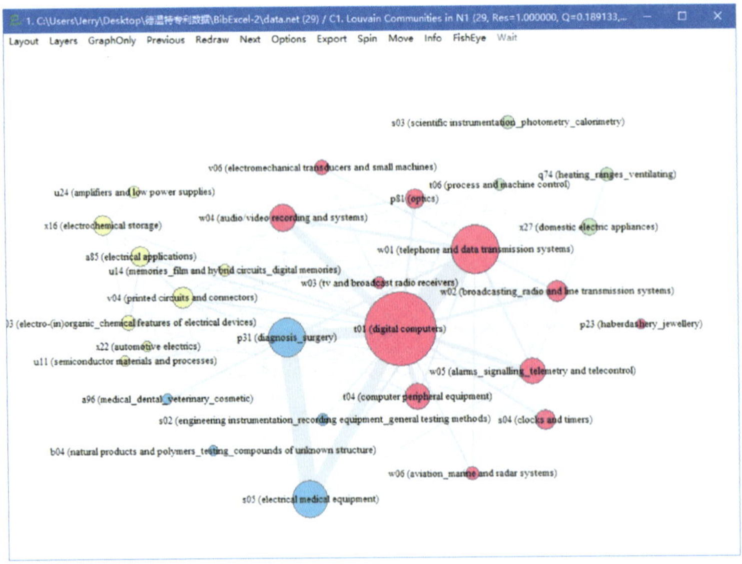

图 6.63　Pajek 中对专利共词的可视化

为了得到更加清晰的可视化结果，在 Pajek 可视化界面的菜单中依次点击 Export→2D→SVG→General，将结果保存为 SVG 格式（图 6.64）。或者也可以通过 Export→2D→VOSviewer→Sent to VOSviewer 将结果文件发送到 VOSviewer 中进行可视化。

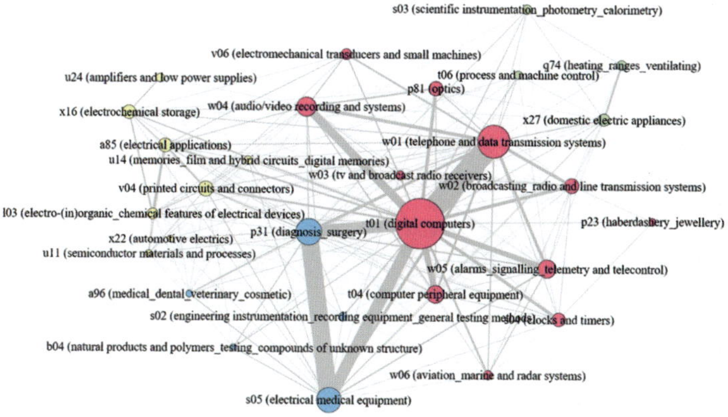

图 6.64　专利的共词分析结果

6.10　自定义文件的分析

自定义文件的分析思路是：将要分析的数据编辑为 BibExcel 可以处理的数据格式，然后再在 BibExcel 中进行分析。这里的文件可以是 doc 文件，可以是 out 文件，也可以是 coc 文件等。

下面以从期刊列表中提取主题为例进行分析。

（1）准备期刊列表信息。这里从期刊数据库 SJR：Scientific Journal Rankings❶ 中来获取安全研究方面的期刊，并拷贝到 txt 文件中进行编辑（图 6.65）。

这里我们将期刊名称定义为 BibExcel 数据格式中的标题（TI）字段。在期刊名称前统一加上 TI -，并在其后加上 |（图 6.66）。这种格式为 doc 格式文件，因此在编辑结束后需要将该 txt 文件的后缀改为 doc。最后，打开 BibExcel 读取并分析数据。

❶ SJR：Scientific Journal Rankings 期刊数据库 http://www.scimagojr.com/

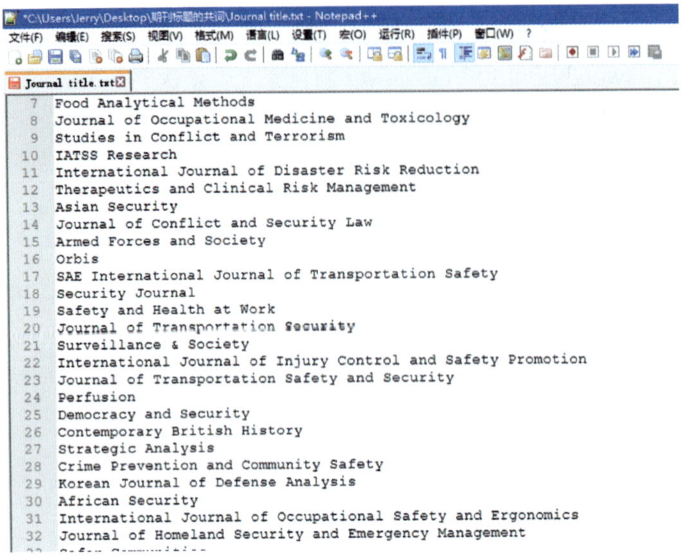

图 6.65　安全类期刊列表

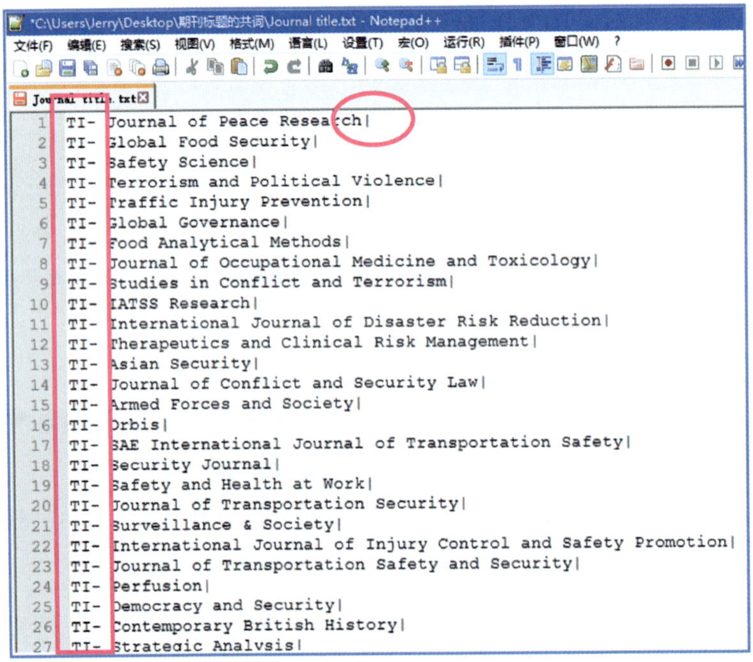

图 6.66　数据信息的编辑

（2）打开 BibExcel，选中 doc 文件，并按照图 6.67 的格式来设置参数。在 Old Tag 中输入 TI，标签分割方式选择 Balnk - separated words（e.g. title），再点击 Prep（提示回答：确定 + 否 + 否），得到结果如图 6.68 所示。

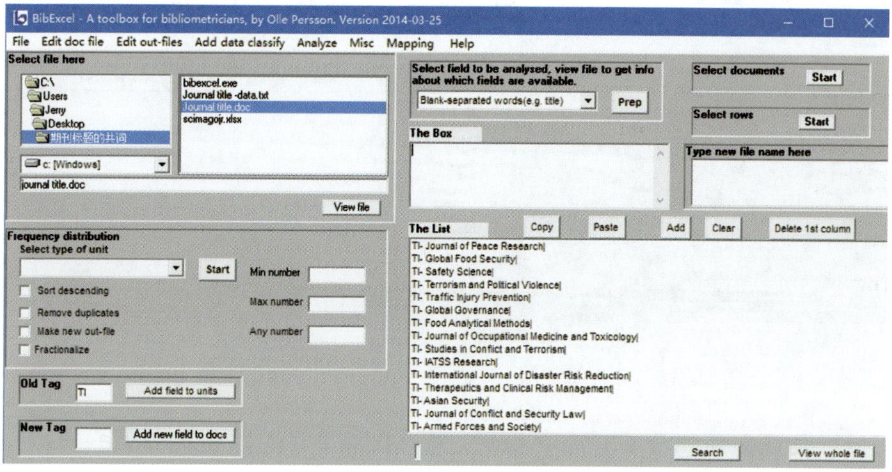

图 6.67　期刊标题词提取参数（doc 文件）

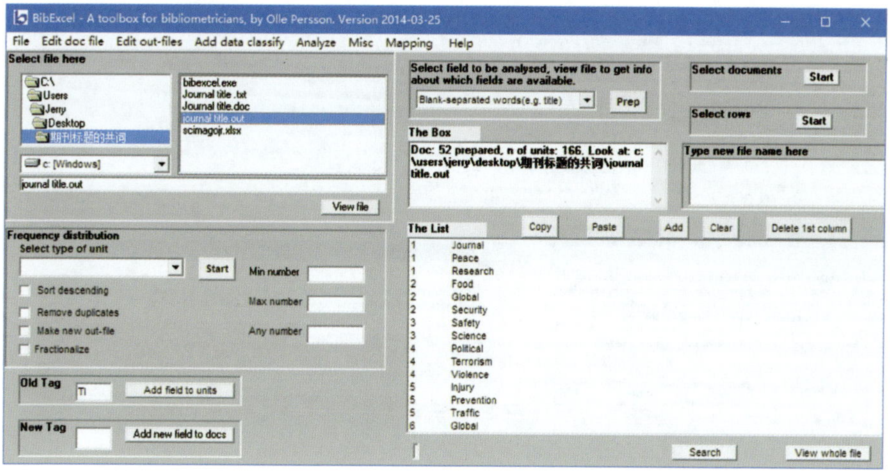

图 6.68　期刊标题词分析结果（out 文件）

（3）对提取得到的主题进行词频分析。在 Select type of unit 中选择 Whole string，选中下面的 Sort descending，点击 Start（提示回答：确定）。最后，得到词频分析的结果文件 cit（图 6.69）。

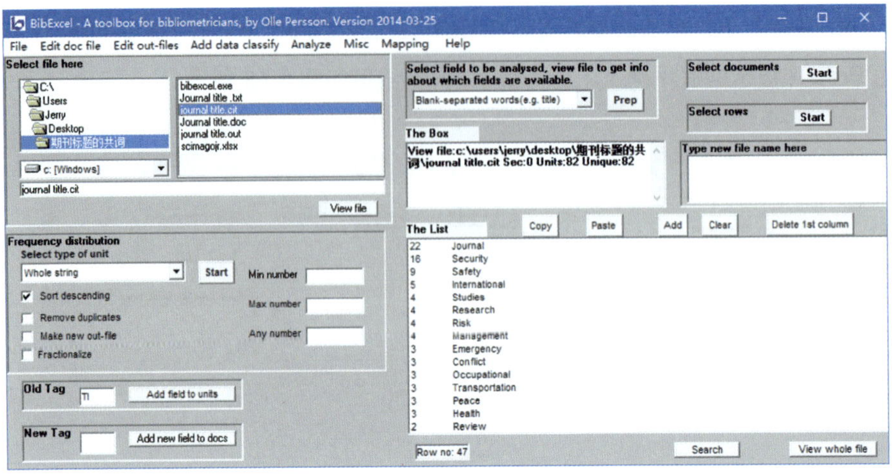

图 6.69　期刊标题主题词频分析结果（cit 文件）

（4）共现文件的分析。选中 out 文件，在菜单栏中点击 Analyze→Co－occurrence→Make paris via listbox，如图 6.70 所示（提示回答：否＋确定）。最后，会得到共现结果的 coc 文件。

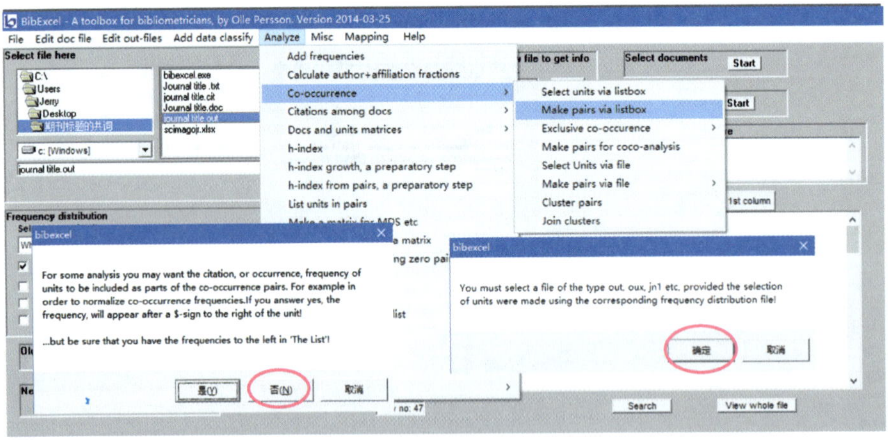

图 6.70　计算 coc 文件（out 文件）

得到 coc 文件后，选中该文件。在菜单栏中选择 Mapping→Create net－file for Pajek，VOSviewer，Mapequation，NetDraw，Ucinet etc，如图 6.71 所示（提示回答：确定＋否＋否）。最后，得到共现网络结果的 net 文件（图 6.72）。

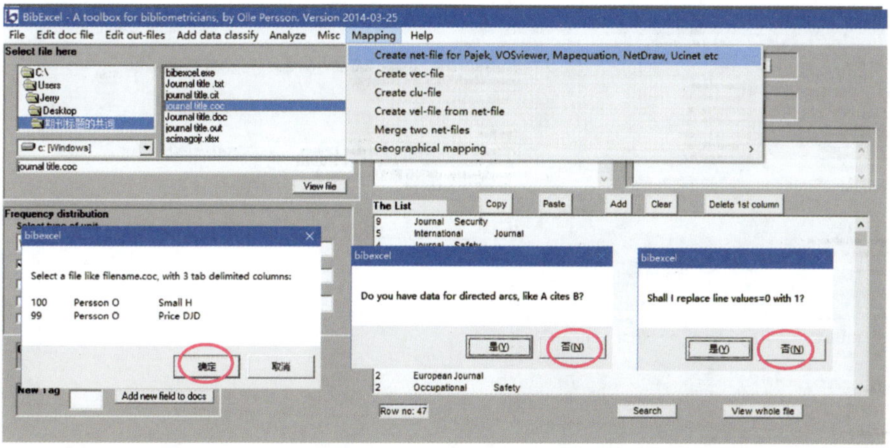

图 6.71　计算 net 文件（coc 文件）

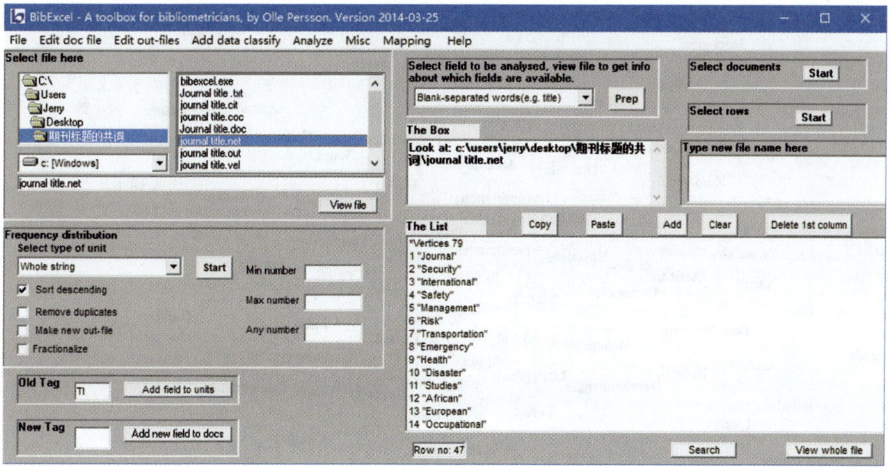

图 6.72　net 文件的计算结果（net 文件）

（5）网络频次文件的分析。选中 cit 文件，在菜单栏中点击 Mapping→Create vec－file（提示回答：确定），得到 vec 文件（图 6.73）。

（6）在 Pajek 中对网络结果进行可视化。在 Pajek 中分别读取 net 和 vec 文件，并进行可视化。可视化后，在可视化界面中将结果保存为 SVG 格式，并复制到 Word 中，如图 6.74 所示。

上面是从 doc 文件出发进行分析的一个例子。对于常见的共现关系数据，可

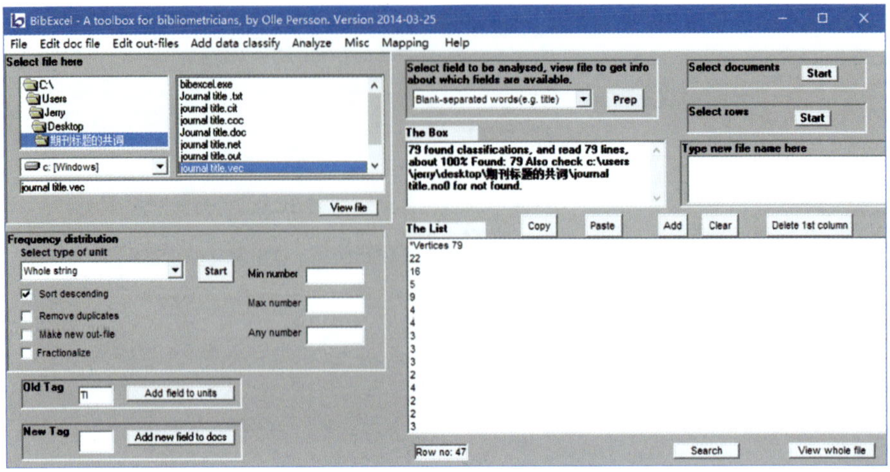

图 6.73 节点频次文件的计算结果（vec 文件）

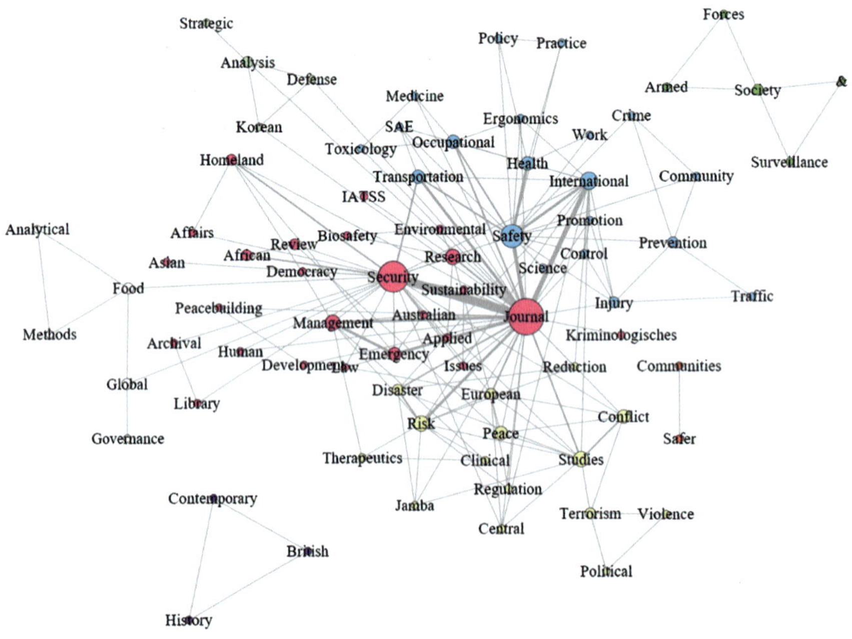

图 6.74 Pajek 中对分析结果的可视化

以将数据直接变成 out 文件进行分析。图 6.75 为使用各个期刊提供的编委共现数据所绘制的编委共现网络。

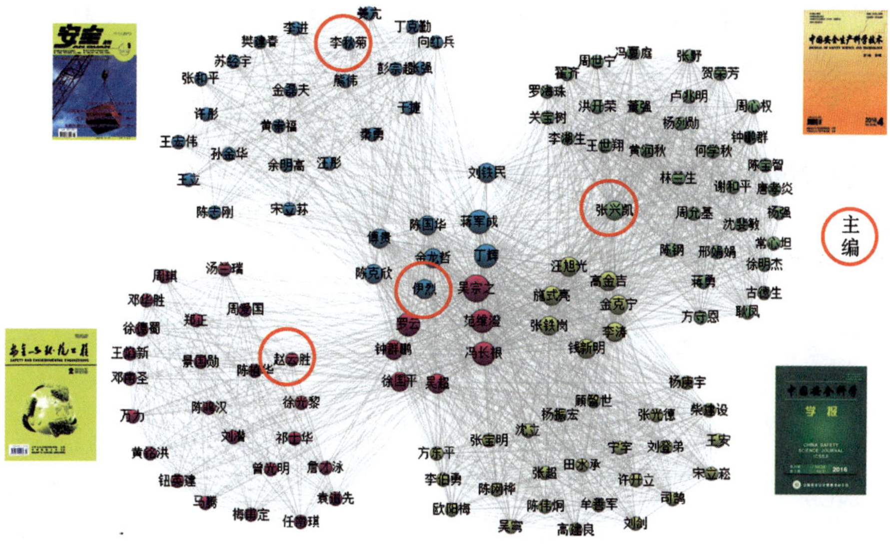
主编

图 6.75　安全科学领域四种期刊编委的共现网络

6.11　分析过程提示总结

在使用 BibExcel 进行数据分析过程中，会出现一系列的对话框。这些对话框的提示信息需要用户来回答一系列和分析相关的问题。这里针对各个处理中出现的提示进行说明，以帮助用户在分析数据过程中做出合适的判断。

数据的预处理

在将 txt 文件转换为 tx2 文件过程中会遇到如图 6.76 所示的提示，该提示的含义是说明该过程将 line feed 替换为 carriage return，并将转换后的文件后缀命名为 tx2，该提示需要选择确定。

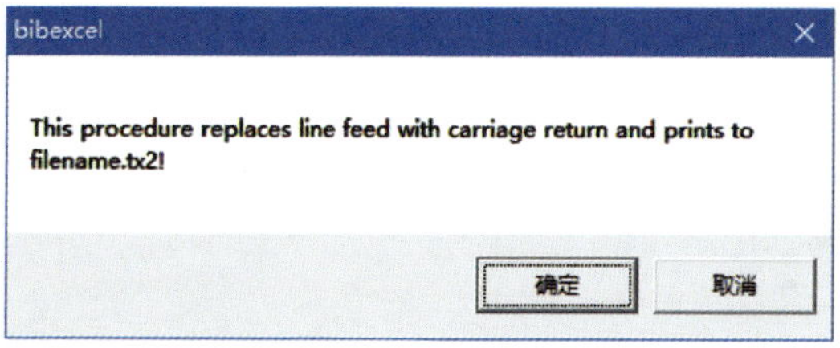
bibexcel
This procedure replaces line feed with carriage return and prints to filename.tx2!
确定
取消

图 6.76　数据转换提示

图 6. 77 提示的含义为是否在数据转换后保留原始数据。这里若选择是（Y），则代表保留原始数据；若选择否（N），则代表转换后，原始数据会被删除。这里的选择需要用户根据当前需求来选择，通常选择否（N）。

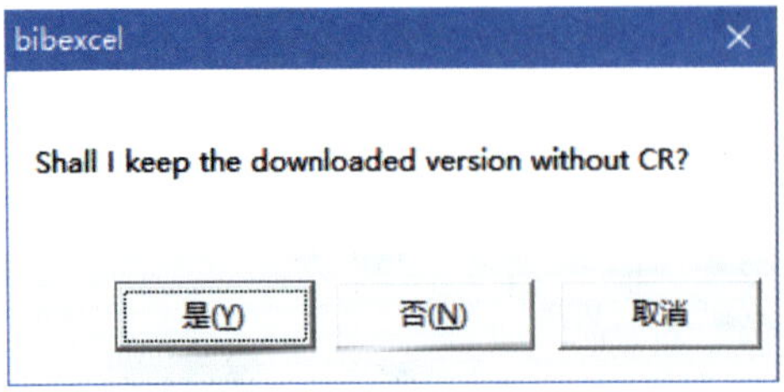
bibexcel
Shall I keep the downloaded version without CR?
是(Y)
否(N)
取消

图 6. 77　原始数据的取舍

在转换得到 tx2 文件后，进一步在其基础上将数据转换为 doc。在转换过程中出现如图 6. 78 所示对话框，具体是指数据转换后的一些变化，如原始数据的 CR 字段经过转换变为 CD 字段。

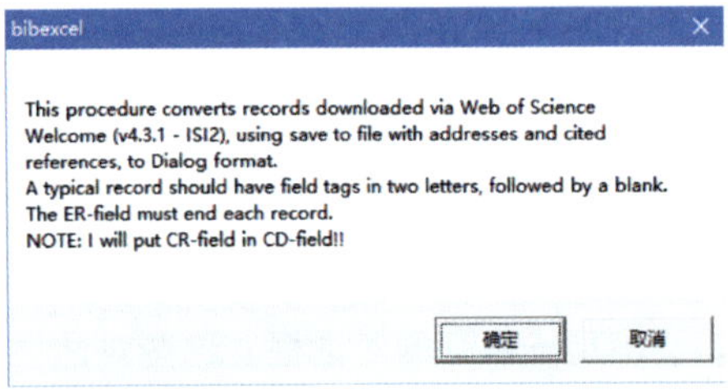
bibexcel
This procedure converts records downloaded via Web of Science
Welcome (v4.3.1 - ISI2), using save to file with addresses and cited
references, to Dialog format.
A typical record should have field tags in two letters, followed by a blank.
The ER-field must end each record.
NOTE: I will put CR-field in CD-field!!
确定
取消

图 6. 78　数据转换提示

图 6. 79 提示的含义为用户是否保留参考文献中的 DOI 信息，这里建议选择是（Y）。当然也可以在后面的处理中再根据需要选择 Edit out file→remove DOI from end of cited references string，来删除 DOI 信息。

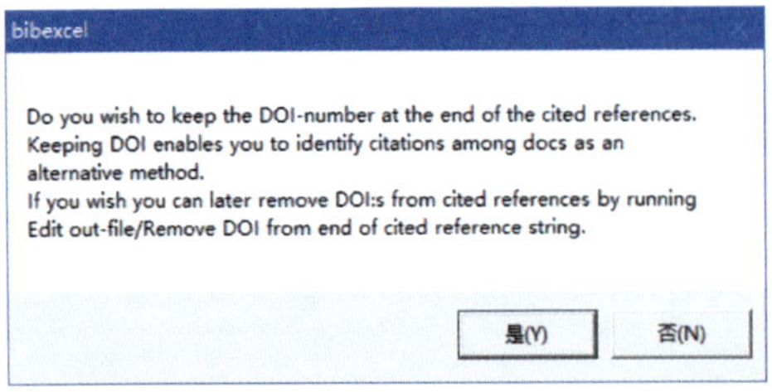
bibexcel
Do you wish to keep the DOI-number at the end of the cited references.
Keeping DOI enables you to identify citations among docs as an
alternative method.
If you wish you can later remove DOI:s from cited references by running
Edit out-file/Remove DOI from end of cited reference string.
是(Y)
否(N)

图 6. 79　数据组成的取舍

知识单元提取过程的提示

在知识单元提取过程中，最先出现的对话框如图 6. 80 所示，具体含义为该过程将得到一个 out 文件，并说明该文件可以用于进行频次统计。得到的数据为 recordnr + tab + data 格式，该步骤选择确定。

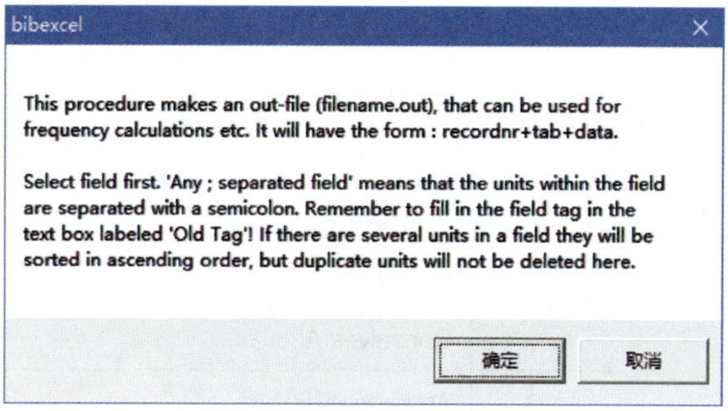
bibexcel
This procedure makes an out-file (filename.out), that can be used for frequency calculations etc. It will have the form : recordnr+tab+data.
Select field first. 'Any ; separated field' means that the units within the field are separated with a semicolon. Remember to fill in the field tag in the text box labeled 'Old Tag'! If there are several units in a field they will be sorted in ascending order, but duplicate units will not be deleted here.
确定
取消

图 6. 80　知识单元分析提示

在确定进行知识单元提取后，会得到如图 6. 81 的对话框。该对话框的含义是保留每一篇论文所提取知识单元在文档中的原始顺序，还是按照字母来排序，这里通常选择否（N）。表 6. 13 对在该步骤中选择不同的回答所得到的结果进行了比较。

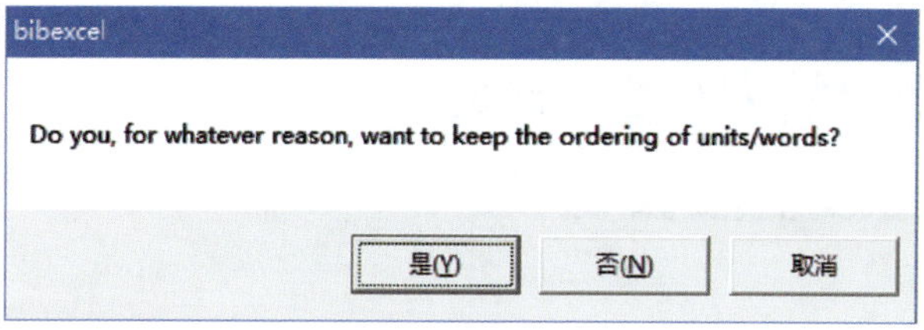
bibexcel
Do you, for whatever reason, want to keep the ordering of units/words?
是(Y)
否(N)
取消

图 6. 81　抽取字段的排序

表 6. 13　提取字段结果

原始字段信息	
1	Khan F；Abunada H；John D；Benmosbah T
2	Braithwaite J；Westbrook MT；Travaglia JF；Hughes C
3	Goncalves AP；Andrade JCS；Marinho MMD

续表

选择否（NO）		选择是（Yes）	
1	Abunada H	1	Khan F
1	Benmosbah T	1	Abunada H
1	John D	1	John D
1	Khan F	1	Benmosbah T
2	Braithwaite J	2	Braithwaite J
2	Hughes C	2	Westbrook MT
2	Travaglia JF	2	Travaglia JF
2	Westbrook MT	2	Hughes C
3	Andrade JCS	3	Goncalves AP
3	Goncalves AP	3	Andrade JCS
3	Marinho MMD	3	Marinho MMD

在对作者进行 Keep only author' s first initial 分析时，会有如图 6. 82 所示的提示，通过该步骤的处理将得到一个新的 out 文件。通过前面的例子可以得知，该 out 文件的后缀变为 1st。具体的含义是指通过处理仅仅保存作者第一名字的首字母，例如 Hale AR（全名为 Andrew Richard Hale）将被转换成 Hale A。该提示需要回答确定，若选择取消，则表明放弃此次分析。

bibexcel
Makes a new out-file with author+1st initial (One character after first blank).
确定
取消

图 6. 82　作者处理信息处理的提示

在对作者信息进行 Convert upper lower case→Good for author/cited author in out - file 时会有如图 6. 83 所示的提示。该提示的含义是将对作者姓进行小写处理，例如作者 PERSSON OP 将会被转换成 Persson OP，该步骤会得到一个 loa 文件。

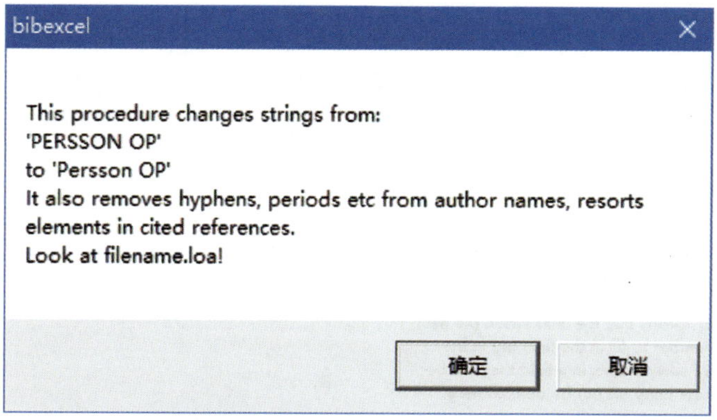
bibexcel
This procedure changes strings from:
'PERSSON OP'
to 'Persson OP'
It also removes hyphens, periods etc from author names, resorts
elements in cited references.
Look at filename.loa!
确定
取消

图 6. 83　作者信息处理的提示

图 6. 84 需要用户来回答所分析的知识单元是否仅仅为作者信息，是否在作者信息后没有其他多余的字段。在进行作者合作时，该步骤选择是（Y）。图 6. 85 的含义为用户是否在分析中保留参考文献后的 DOI 信息，这里可以选择是（Y）。

bibexcel
Does your list only contain author names, and no extra characters to the
the right of author names?
是(Y)
否(N)

图 6. 84　作者信息分析的提示

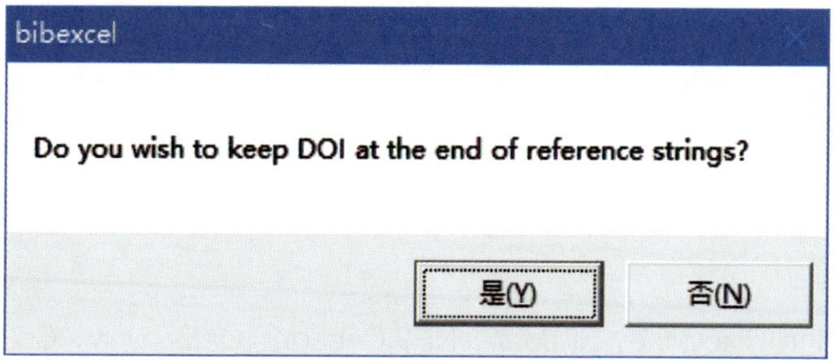
bibexcel
Do you wish to keep DOI at the end of reference strings?
是(Y)
否(N)

图 6. 85　作者分析信息的提示

在使用C1字段对文献的地址信息进行分析时，会分别出现图6.86和图6.87所示的提示信息。图6.86的含义是指该步骤将要执行的分析信息，这里回答确定。图6.87的提示的含义为是否对提取的信息进行排序处理，这里回答否（N）。

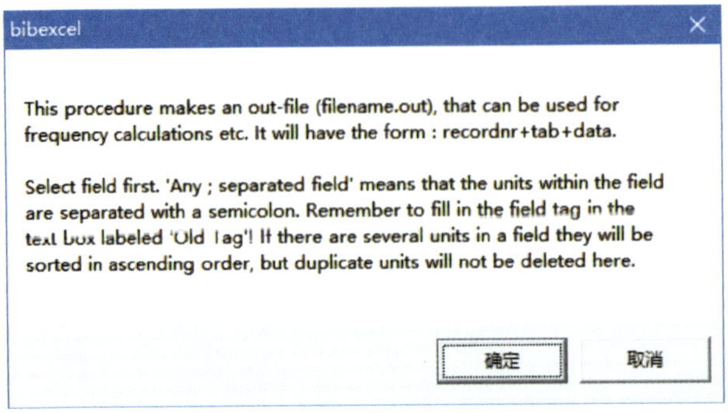
bibexcel
This procedure makes an out-file (filename.out), that can be used for frequency calculations etc. It will have the form : recordnr+tab+data.
Select field first. 'Any ; separated field' means that the units within the field are separated with a semicolon. Remember to fill in the field tag in the text box labeled 'Old Tag'! If there are several units in a field they will be sorted in ascending order, but duplicate units will not be deleted here.
确定
取消

图6.86　地址信息处理的提示

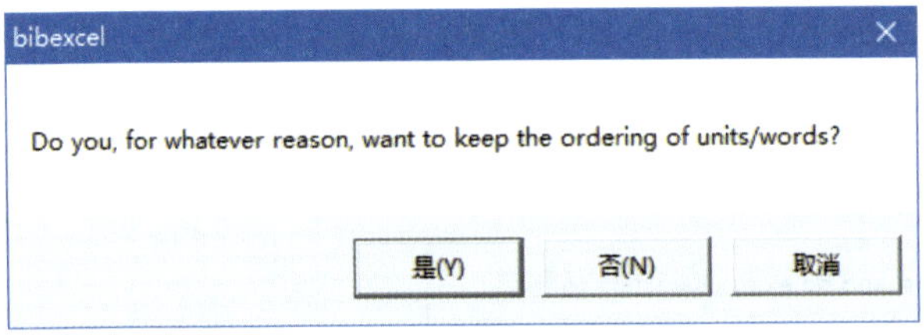
bibexcel
Do you, for whatever reason, want to keep the ordering of units/words?
是(Y)
否(N)
取消

图6.87　地址信息处理的提示

提取地址信息结束后，需要对地址进行预处理。图6.88和图6.89的提示含义为移除地址中包含的［…］，这里分别回答确定和是（Y）。

处理前的地址信息为：

［Khan，Faisal］Mem Univ，Proc Engn Discipline，St John，NF，Canada；［Khan，Faisal］Qatar Univ，Coll Engn，Dept Chem Engn，Doha，Qatar；［Abunada，Hasan；John，David；Benmosbah，Toufik］Qatargas Operating Co Ltd，Loss Prevent Div，Doha，Qatar

处理后的地址信息为：

Mem Univ，Proc Engn Discipline，St John，NF，Canada；Qatar Univ，Coll Engn，Dept Chem Engn，Doha，Qatar；Qatargas Operating Co Ltd，Loss Prevent Div，Doha，Qatar。

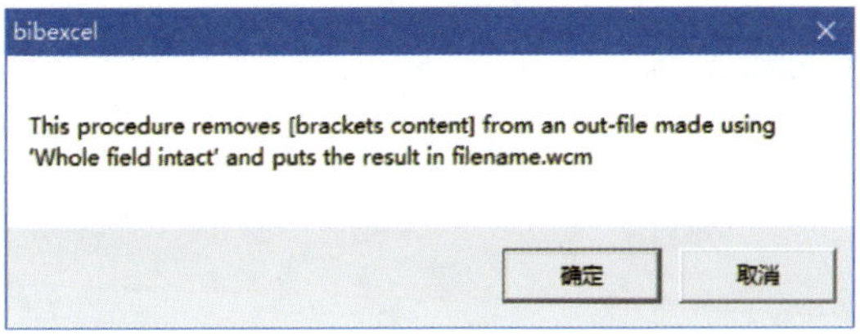
bibexcel
This procedure removes [brackets content] from an out-file made using 'Whole field intact' and puts the result in filename.wcm
确定
取消

图 6. 88　地址信息处理的提示

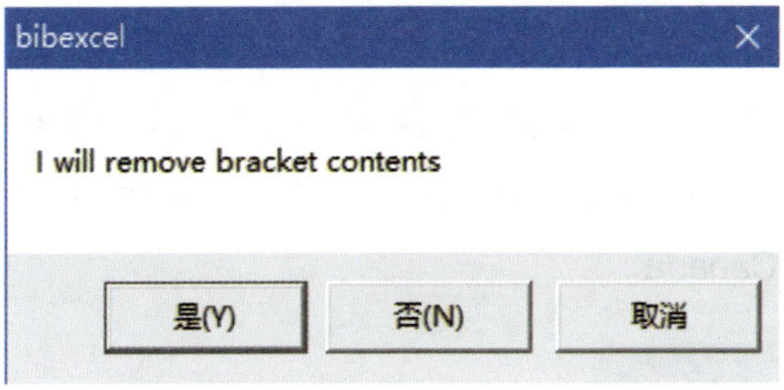
bibexcel
I will remove bracket contents
是(Y)
否(N)
取消

图 6. 89　地址信息处理的提示

图 6. 90 和图 6. 91 是在进行地理信息分行时的提示，回答确定和否（N）。

处理前的地址格式为：

Mem Univ, Proc Engn Discipline, St John, NF, Canada; Qatar Univ, Coll Engn, Dept Chem Engn, Doha, Qatar; Qatargas Operating Co Ltd, Loss Prevent Div, Doha, Qatar。

处理后的地址格式为：

Mem Univ, Proc Engn Discipline, St John, NF, Canada

Qatar Univ, Coll Engn, Dept Chem Engn, Doha, Qatar

Qatargas Operating Co Ltd, Loss Prevent Div, Doha, Qatar

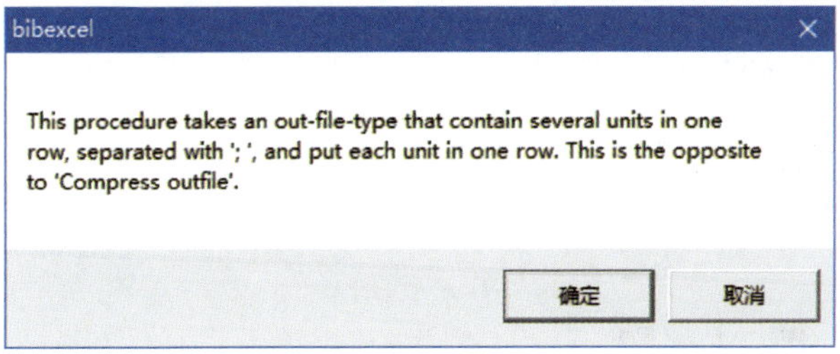
bibexcel
This procedure takes an out-file-type that contain several units in one row, separated with '; ', and put each unit in one row. This is the opposite to 'Compress outfile'.
确定
取消

图 6. 90　地址信息分行处理提示

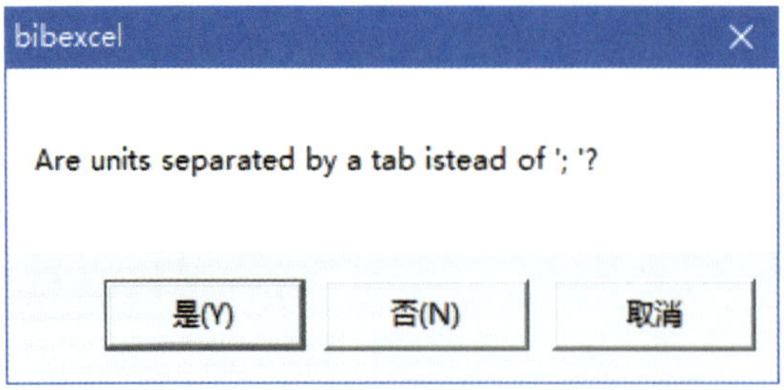
bibexcel
Are units separated by a tab istead of '; '?
是(Y)
否(N)
取消

图 6.91　地址信息处理提示

图 6.92 是对地址用斜线进行分割的处理。处理前的地址信息样式为：Mem Univ，Proc Engn Discipline，St John，NF，Canada。处理后变为：Mem Univ/Proc Engn Discipline/St John/NF//Canada。

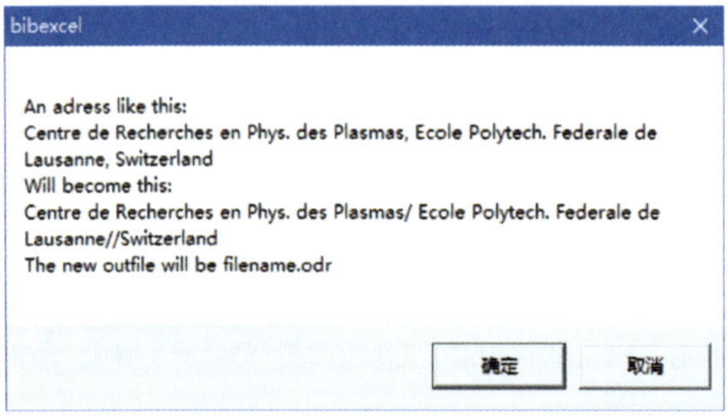
bibexcel
An adress like this:
Centre de Recherches en Phys. des Plasmas, Ecole Polytech. Federale de Lausanne, Switzerland
Will become this:
Centre de Recherches en Phys. des Plasmas/ Ecole Polytech. Federale de Lausanne//Switzerland
The new outfile will be filename.odr
确定
取消

图 6.92　地址信息分割处理提示

频次统计的提示

图 6.93 含义为根据所选取的知识单元确定还是取消频次的计算，并提示当前处理的 out 文件可以导出到 EXCEL 中进行分析，这里选择确定。

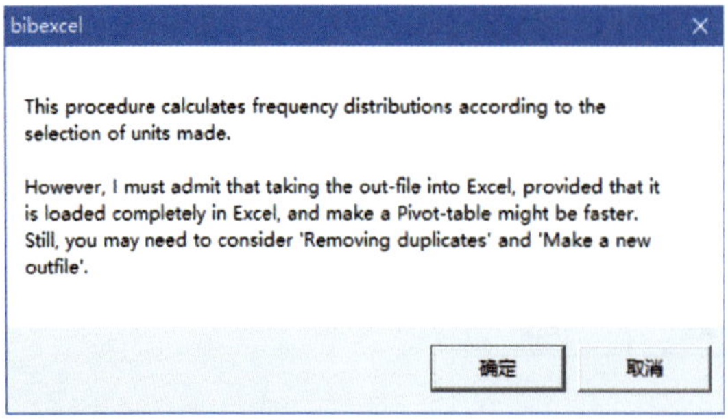
bibexcel
This procedure calculates frequency distributions according to the selection of units made.
However, I must admit that taking the out-file into Excel, provided that it is loaded completely in Excel, and make a Pivot-table might be faster. Still, you may need to consider 'Removing duplicates' and 'Make a new outfile'.
确定
取消

图 6.93　频次文件分析

共现文件的分析

图 6.94 提示的含义是在所分析的共现单元名称后添加 $ – 频次，若选择“是”，得到的结果将会在各个名称后加上 $及频次，通常情况下这里选择否（N）。选择添加或者不添加的结果比较如表 6.14 所示。

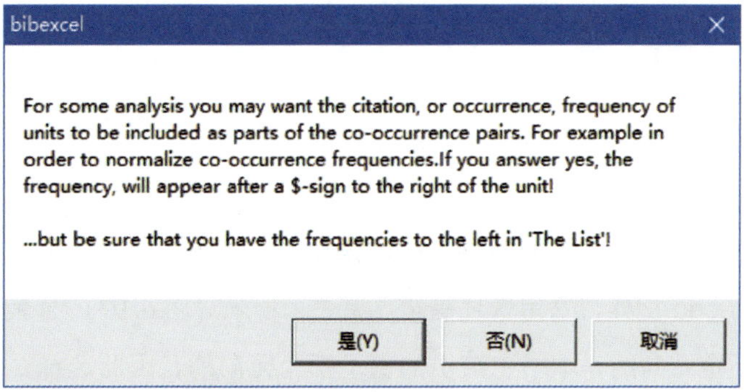
bibexcel
For some analysis you may want the citation, or occurrence, frequency of units to be included as parts of the co-occurrence pairs. For example in order to normalize co-occurrence frequencies.If you answer yes, the frequency, will appear after a $-sign to the right of the unit!
...but be sure that you have the frequencies to the left in 'The List'!
是(Y)
否(N)
取消

图 6.94 共现文件的处理

表 6.14 共现文件回答选择的比较

是（Y）			否（N）		
8	Flin R $15	Mearns K $14	8	Flin R	Mearns K
7	Sexton JB $15	Thomas EJ $18	7	Sexton JB	Thomas EJ
6	Gaba DM $9	Singer SJ $8	6	Gaba DM	Singer SJ
5	Pronovost PJ $12	Sexton JB $15	5	Pronovost PJ	Sexton JB
5	Reiman T $13	Rollenhagen C $11	5	Reiman T	Rollenhagen C
4	Castle NG $8	Handler SM $8	4	Castle NG	Handler SM
3	Fleming M $9	Mearns K $14	3	Fleming M	Mearns K
3	Kirwan B $11	Mearns K $14	3	Kirwan B	Mearns K
2	Fleming M $9	Flin R $15	2	Fleming M	Flin R
1	Schwendimann R $8	Thomas EJ $18	1	Schwendimann R	Thomas EJ
1	Schwendimann R $8	Sexton JB $15	1	Schwendimann R	Sexton JB

图 6.95 为频次分析中，提示的对待分析文件的格式要求。常见的格式为 out、oux 以及 jn1 等，这里选择确定。

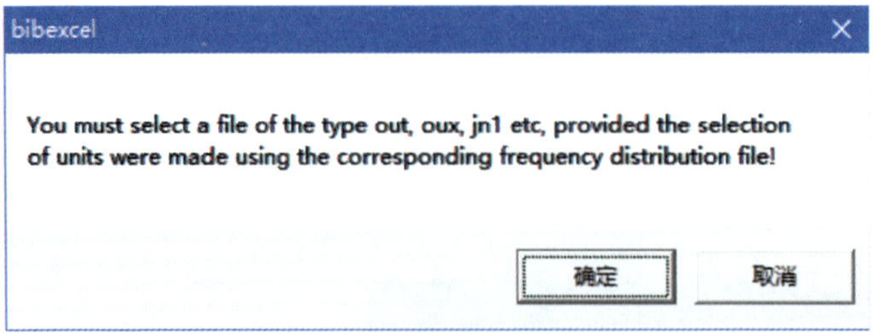
bibexcel
You must select a file of the type out, oux, jn1 etc, provided the selection of units were made using the corresponding frequency distribution file!
确定
取消

图 6.95　频次分析的提示

网络文件计算

使用 coc 文件计算 net 文件时会依次出现三个提示。第一个提示（图 6.96）的含义是所分析的数据为 coc 文件，这里选择确定；第二个提示（图 6.97）是表示所分析的数据是有向还是无向的，本书中给出的例子都为无向的，因此选择否（N）；第三个提示（图 6.98）的含义是将网络中关系为 0 的替换为 1，这里选择否（N）。

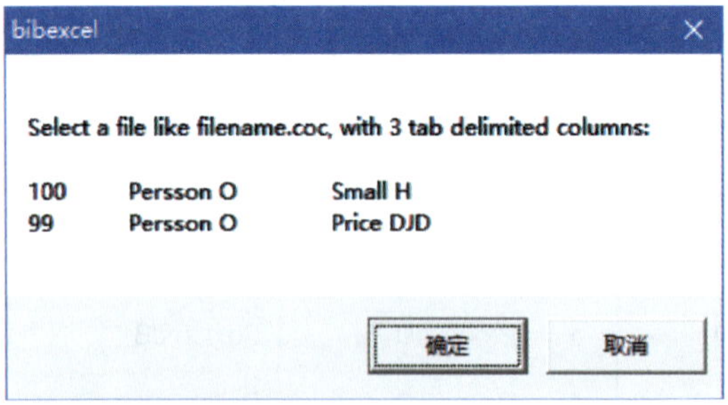
bibexcel
Select a file like filename.coc, with 3 tab delimited columns:
100 Persson O Small H
99 Persson O Price DJD
确定
取消

图 6.96　所分析文件样式的提示

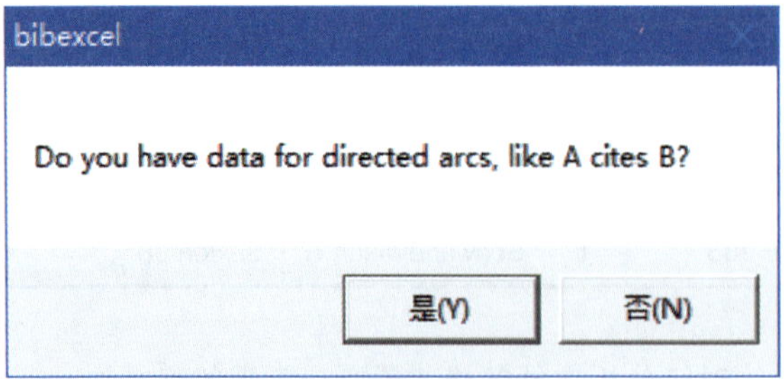
bibexcel
Do you have data for directed arcs, like A cites B?
是(Y)
否(N)

图 6.97　所分析网络类型的选择

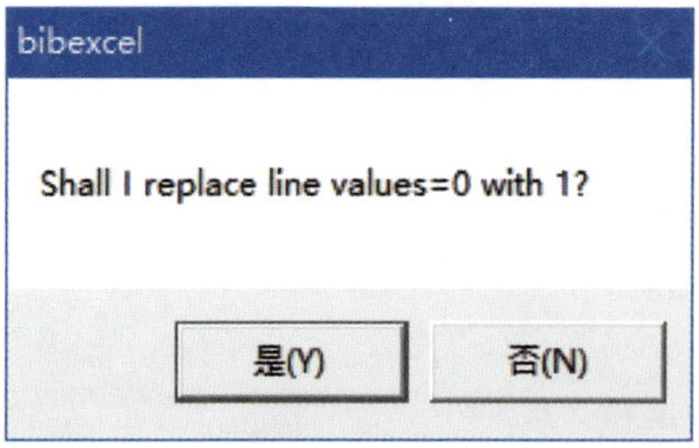
bibexcel
Shall I replace line values=0 with 1?
是(Y)
否(N)

图 6.98　关键共现强度的处理

利用 cit 文件生成 vec 文件时，会出现如图 6.99 所示的提示。具体的含义为生成一个与网络文件 net 相匹配的、表示节点大小的 vec 文件，这里选择确定。

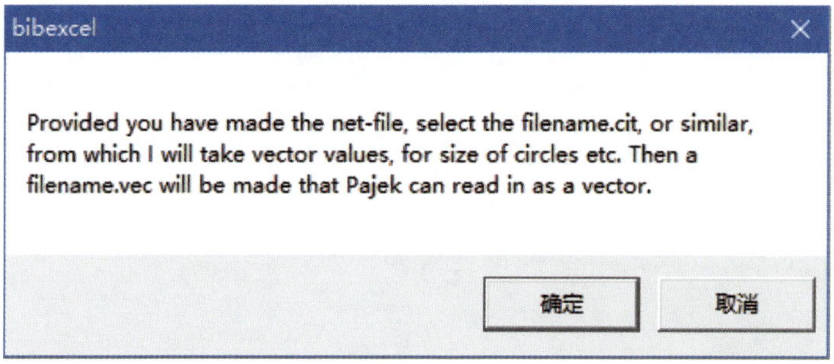
bibexcel
Provided you have made the net-file, select the filename.cit, or similar, from which I will take vector values, for size of circles etc. Then a filename.vec will be made that Pajek can read in as a vector.
确定
取消

图 6.99　节点大小文件的生成

第7讲

Pajek 网络分析及可视化

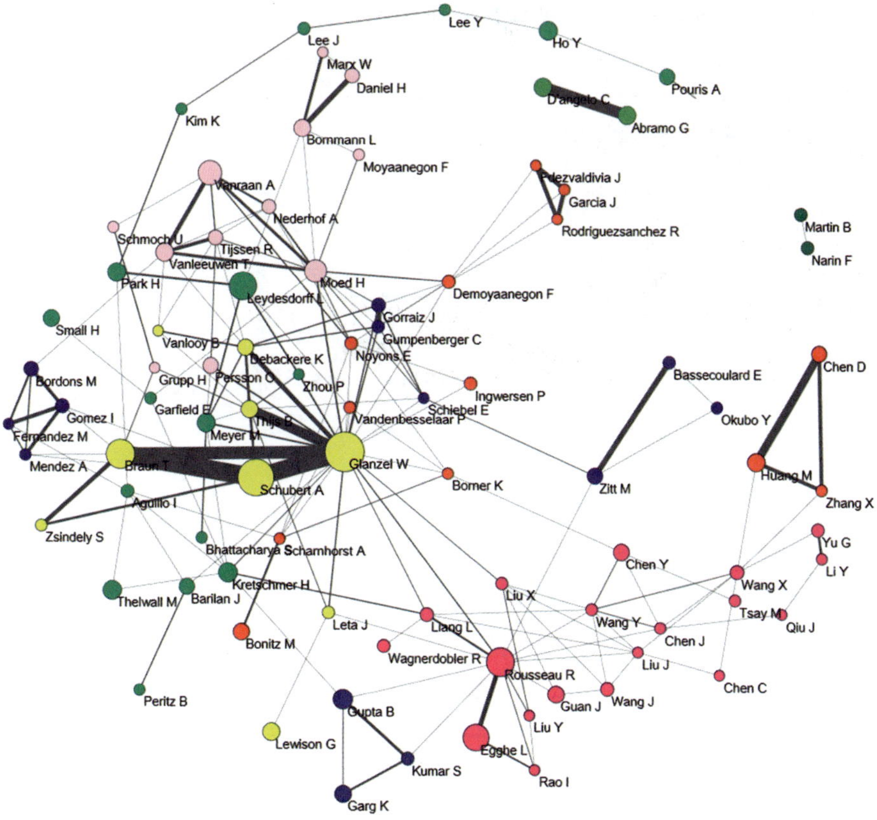

7.1 Pajek 下载和安装

登录 Pajek 软件主页[1]（图 7.1），点击下载链接获取 Pajek 安装包。这里用户需要根据自己电脑的位数选择所需要的版本（32 bit 或 64 bit），点击 Install Shield、Install - Zip 或 Portable 来下载 Pajek 软件。例如，这里点击 Install Shield 链接来下载 Pajek32. exe 或 Pajek64. exe 安装包。下载后，双击所下载的 Pajek64. exe 文件（这里以 64 bit 为例），并按照提示点击下一步，直到完成安装过程。此时会在 Pajek 安装的目标文件中出现一个 Pajek 的快捷图标。初学者还可以在该界面的 Datasets 页面中下载可以用于练习的网络数据。

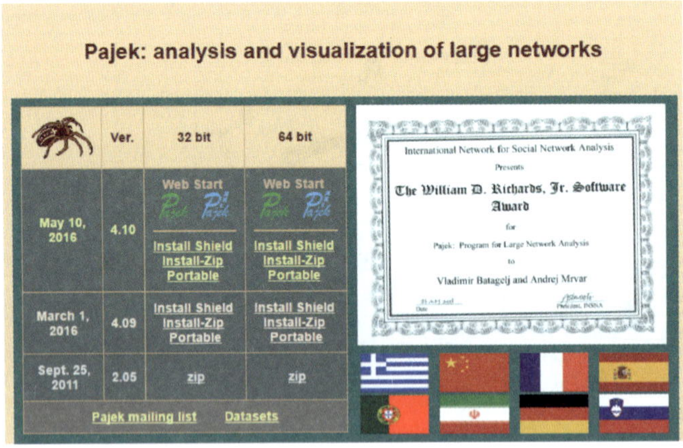

图 7.1　Pajek 软件下载主页

7.2 Pajek 界面介绍

7.2.1 Pajek 文件处理界面

安装并打开 Pajek，得到 Pajek 文件处理界面如图 7.2 所示。其中主要包含了菜

[1] Pajek 软件下载主页 . http：//mrvar. fdv. uni - lj. si/Pajek/

单栏和数据读取快捷按钮及其列表。在菜单栏中包含 File（文件）、Network（单网）、Networks（多网）、Operations（操作）、Partition（单分区）、Partitions（多分区）、Vector（单矢量文件）、Vectors（复矢量文件）、Permutation（单重排文件）、Permutations（复重排文件）、Cluster（聚类）、Hierarchy（层级文件）、Options（选项）、Draw（绘图）、Macro（宏）、Info（信息）、Tools（工具）。

在菜单栏以外的区域，主要包含 Networks（网络）、Partitions（分区）、Vectors（矢量）、Permutations（重排按钮）、Cluster（聚类按钮）以及 Hierarchy（层级按钮）等网络分析快捷功能。在这些功能区域的按钮下有，分别表示 Read（读取）、Save（保存）、View/Edit（查看或编辑）以及 Info（信息）。如可以通过点击 Networks 中的来读取案例文件 AFFIL. NET 文件，读取后会在界面中显示该文件的完整路径 1. C：\ Pajek \ data \ AFFIL. NET［2 – Mode］（8）。

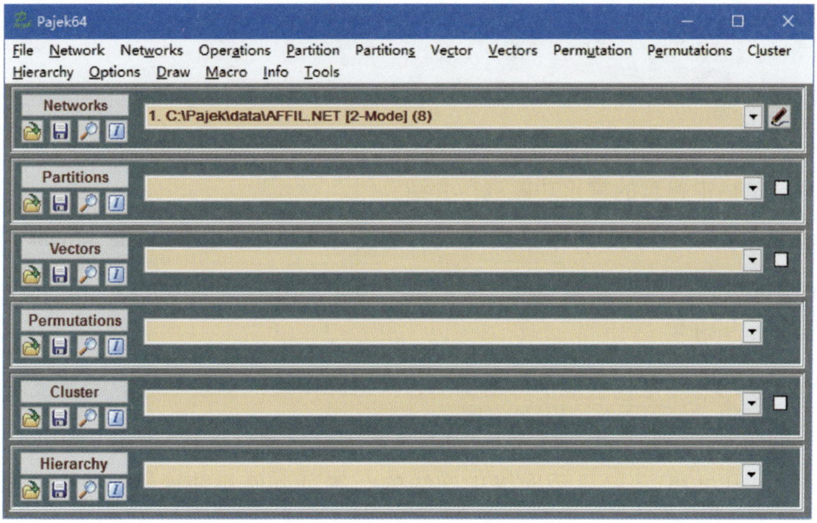

图 7. 2　Pajek 文件处理界面

7. 2. 2　Pajek 网络可视化界面

读取网络文件后，点击该文件列表信息后的（或点击菜单栏 draw→Network）可得到网络的可视化结果（图 7. 3）。该界面主要包含两个部分，分别为菜单栏和可视化区域。菜单栏包含 Layout（网络的布局）、GraphOnly（仅仅显示图形)、Previous（返回上一步)、Redraw（重新绘制)、Next（下一步)、Options（选项)、Export（导出)、Spin（旋转)、Move（移动）以及 Info（信息）等。

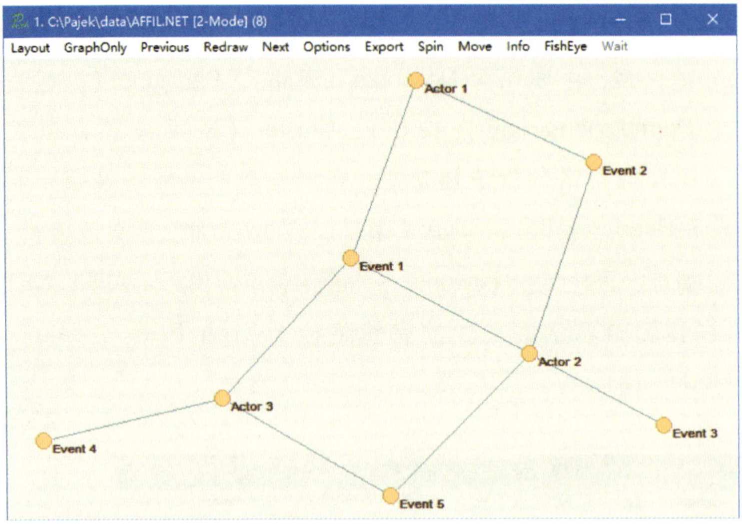

图 7.3　Pajek 对网络的可视化界面

下面对菜单栏中包含的常用功能进行介绍：

Layout 菜单主要用于对网络进行布局，包含了 Energy（Kamada kawai→Separate component，快捷键 Ctrl + K 或 Fruchterman Reingold）和 VOS mapping 等布局方法。

GraphOnly 的作用是仅仅显示网络图形，而隐藏网络的标签信息。若要显示网络中节点的标签，可以使用快捷键 Ctrl + L 来实现（或通过步骤 Options→Mark Vertices Using→Label)，要显示网络中连线的标签可以使用快捷键 Ctrl + V 来实现。

Options（图 7.4）菜单是对可视化网络及可视化界面的编辑功能。常用的功能有 Mark Vertices Using，是对节点标签显示的设置。Lines 是对网络连线的一些属性设置。Size 是对图中的节点、连线、字号等进行的设置。Colors 是对图中的背景、节点、边以及文字的颜色进行的调整。

Export 菜单主要是对当前可视化结果的导出功能，主要包含 2D、3D 以及 Options。2D 的功能主要是将当前的可视化结果保存为 EPS/PS、SVG、JPEG、

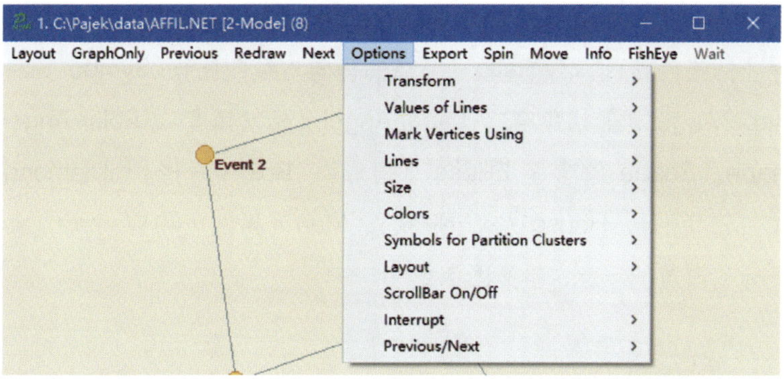

图 7.4　Options 的主要功能

Bitmap 以及发送到 VOSviewer 进行可视化。这里需要注意的是：若结果保存为 EPS/PS，则需要使用 Adobe Acrobat 或者 Photoshop 软件来打开；若结果要使用 VOSviewer 打开，则需要首先加载 VOSviewer. exe 位置（即菜单栏中的 locate to VOSviewer），然后再发送到 VOSviewer（菜单栏中为 sent to VOSviewer）。该菜单栏下 Options（图 7.5）的功能主要是对要导出图形的设置，针对的格式分别为 EPS、SVG 和 VRML。

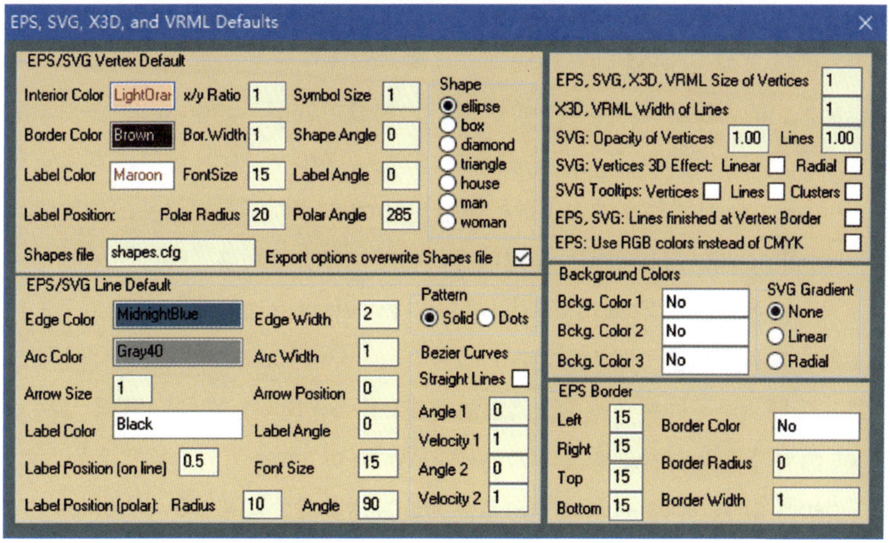

图 7.5　图形导出菜单的选项功能

为了对该界面认识上的方便，这里将界面的功能分为五个区域。第一区域为 EPS/SVG Vertex Default，主要是对节点颜色、形状、标签字体大小以及角度的调整。其中包含了 Interior color（节点的内部颜色）、Border color（节点边界颜色）、Label color（标签色彩）、x/y Ratio（节点的横向与纵向比）、Symbol Size（符号大小）、Shape Angel（形状角度）、Label Angel（标签角度）、Polar Angel（极角）以及 Shape。Shape 包含了 Ellipse（圆形）、Box（方形）、Diamond（菱形）、Triangle（三角形）、House（房屋形状）、Man（男性）和 Woman（女性）。关于节点及标签设置的示意，参见图 7.6。

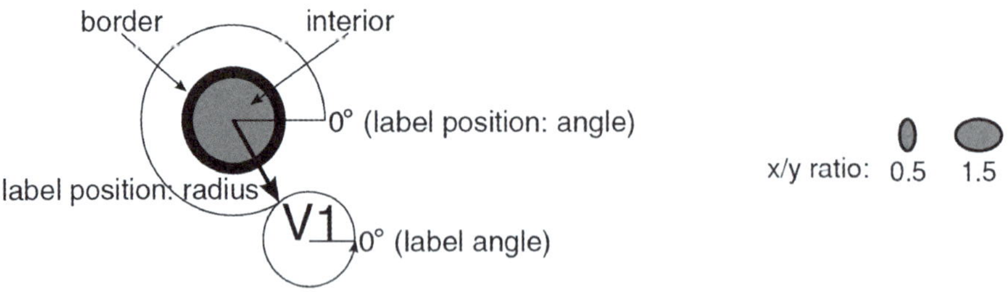

图 7.6　节点及其标签的布局❶

注释：Border 表示边界，interior 表示节点内部；Label position：angel 表示标签的位置角度；label angel 表示标签角度；label position：radius 表示标签位置半径。

第二区域为 EPS/SVG Line Default，主要是对图中连线的颜色、宽度、标签颜色以及大小的调整。其中 Edge color 是对边的颜色调整，Edge width 是对边的宽度进行调整，Arc color 是对弧的颜色进行调整，Arc width 是对弧的宽度进行调整，Arrow size 是对箭头的大小进行调整，Arrow position 是对箭头的位置进行调整，Label position（on line）是对线上的标签位置进行调整，Font size 是对标签字体大小的调整以及 Pattern Solid（实线）和 dots（点线）等功能。关于连线及标签的位置和方向参见图 7.7。

第三区域为对不同格式相关图属性的调整，EPS，SVG，X3D，VRML Size of Vertices 为对节点大小的调整，X3D，VRML Width of Lines 为对连接宽度的调整，SVG Opacity of Vertices – Lines 为对节点和连接透明度的调整，SVG Vertices 3D Effect Linear – Radial 为对节点 3D 效果的调整。

❶ 如果比例大于 1，则顶点形状在水平方向上被拉伸。如顶点比例小于 1，则顶点形状在水平方向被压缩。右图第一个图形 x/y = 0.5，第二个为 1.5。

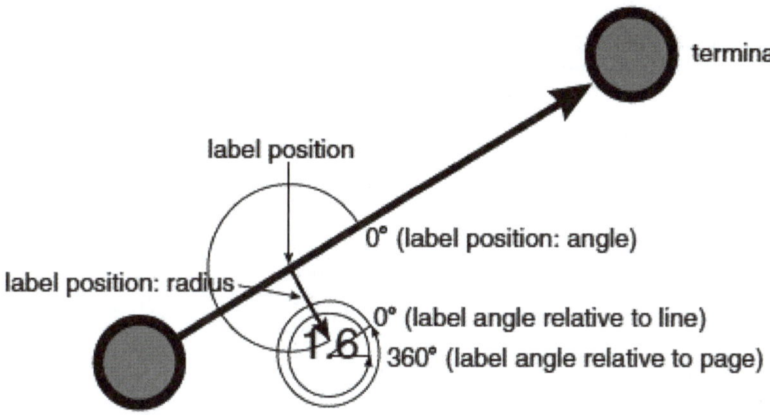

图 7.7 连线及标签的位置和方向

注释：Label position：radius 表示标签位置－半径；Label position 表示标签定位点；Label position：angel 表示标签位置－角度；label angel relative to line 表示相对于标签连线的标签倾角；Label angel relative to page 表示相对于页面水平的角度。

第四区域主要是对 Background colors（背景颜色）的调整。

第五区域 EPS Border 是对 EPS 文件边框的调整。

7.3 Pajek 文件的创建

按照 Pajek 可识别的格式来手动建立文件

在 Pajek 的文件处理界面读取要分析的文件时，会发现 Pajek 能够读取和分析的文件类型主要包含了 Pajek networks（.net）、Pajek matrices（.mat）、Vega graphs（.vgr）、GEDCOM files（.ged）、UCINET DL files（.dat）、Ball and Stick files（.bs）、Mac Molecule files（mac）以及 MDL MOL files（.mol）文件（图 7.8）。

在这些格式中，常用到的有 .net、.mat 以及 .dat 格式的文件。.net 的具体内容共包含两个部分，Vertices 表示的网络的节点信息，Edges 表示网络中边的信息。在 .mat 文件中包含 Vertices 节点信息和节点之间的关系矩阵 Matrix。在 .dat 文件通常会包含以 DL 开头的一段文件说明，N 通常表示网络中节点的数量，

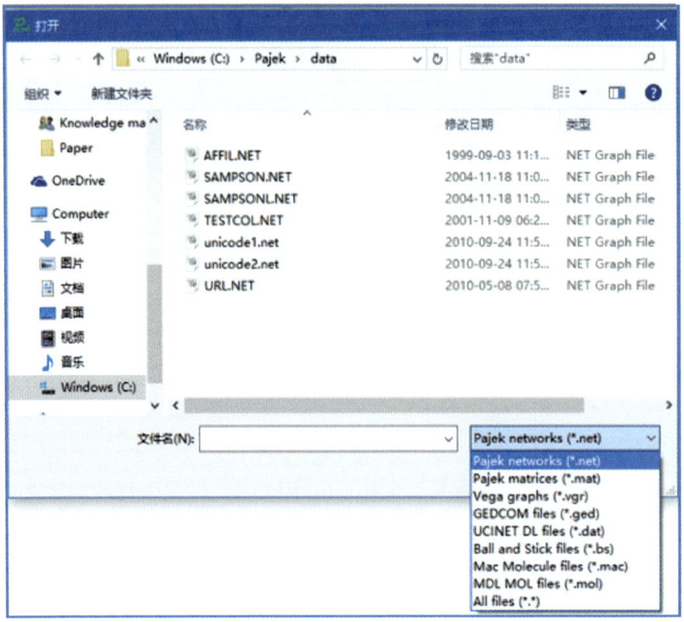

图 7.8　Pajek 可读取的文件类型

FORMAT 表示格式，并会包含一个矩阵。对于小规模的数据，用户可以打开案例中给出的 net 文件，然后按照其格式编辑成为自己所要分析的数据格式。

使用辅助软件 txt2Pajek 来创建 Pajek 文件

txt2Pajek 工具的下载地址（图 7.9）为 http：//www. pfeffer. at/txt2Pajek/。

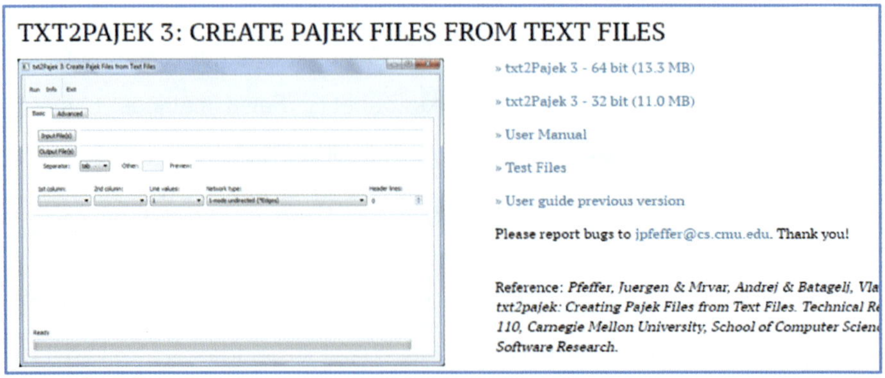

图 7.9　txt2Pajek 下载页面

下载后，直接双击 txt2Pajek 3. exe 即可运行该软件，如图 7. 10 所示。

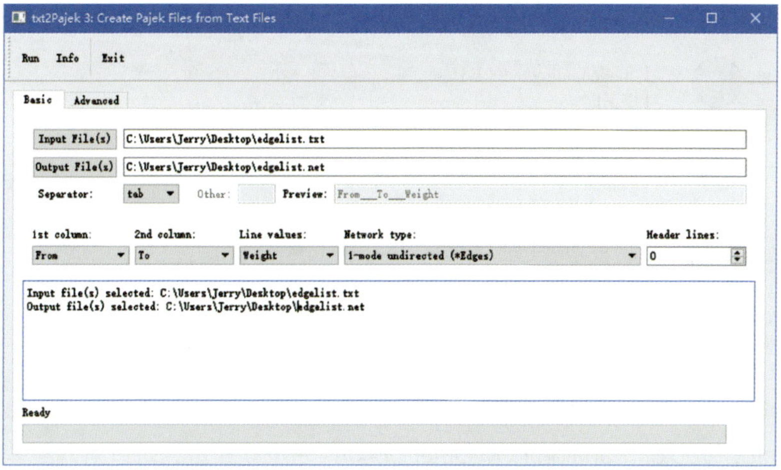

图 7. 10　txt2Pajek 3 界面

当前版本共包含两个主要的界面，分别为 Basic 基本界面（默认）和 Advanced 高级界面。在该界面中，Run 表示运行要分析的数据，Info 为软件的基本信息及软件主页链接，Exit 为退出软件。点击 Basic 和 Advanced 可以在基本界面和高级设置界面之间切换。Input file（s）从这里来加载要分析的数据，Output file（s）代表分析的结果将要保存的位置及其名称。Separator 表示所分析数据的分隔符，包含 tab、comma、se…on、blank 和 other。虽然这里提供了多种选择，在不做特殊分析时，建议原始数据使用 tab 来分割。在 separator 后的 preview 主要来显示当前的数据格式及判断当前所使用的分隔符是否能够成功加载数据。1st column 表示数据第一列含义、2nd 表示数据第二列的含义。这两列都包含了 From、To 和 weight 三个选择，分别表示了起点、终点和权重的含义。在 Line values 的选项中除了包含 From、To 和 weight 外，还包含 1。这里的 1 表示该网络是一个无权重的网络、选择 weight 表示权重数据所保存的数据列。Network type 共包含三个选项，分别为 1 – mode undirected（＊ Edges）、1 – mode directed（＊ Arcs）以及 2 – mode undirected（＊ Edges），分别表示 1 模无向网络、1 模有向网络、2 模无向网络。这三种类型的网络参见图 7. 11。Header lines 中可以任意输入大于或者等于 0 的整数，表示软件在处理数据时需要忽略的表头文字。例如软件作者提供的案例 edgelist 数据，在分析时就需要忽略第一行，因此需要输入 1。界面最下面的较大的空白，主要用来显示软件在处理数据过程中的基本信息。

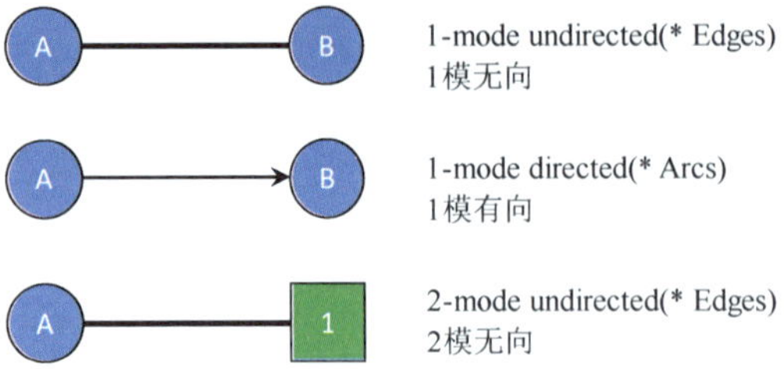

图 7.11　txt2Pajek 3 可生成的三种网络类型

点击 Advanced，切换到高级设置的界面，如图 7.12 所示。在该界面下，包含 other line info、Vector/Partition 以及 Other options 三个功能区，可以对网络连线、节点大小、聚类以及其他信息进行设置。

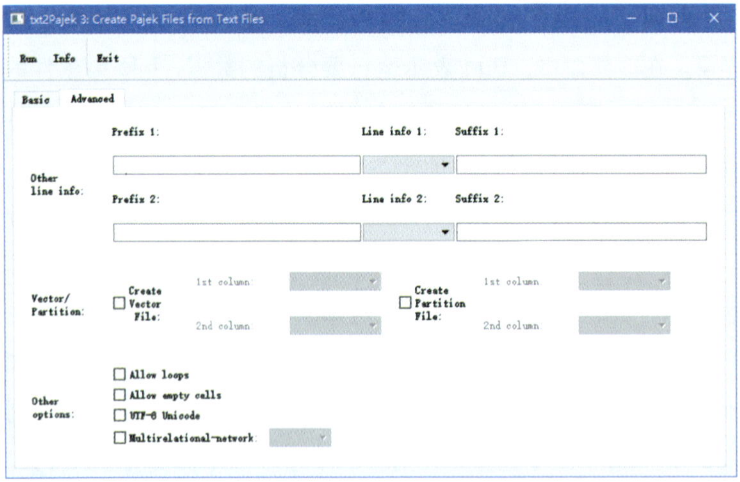

图 7.12　txt2Pajek 3 的高级设置界面

Other line info 基本的设置包含了：Prefix，line info，suffix。

例如：c <column> 可以设置节点之间连线的颜色；

l <column> 可以设置连线的标签；

[<column>] 可以设置关于时间的信息。

Vector/Partition files 主要包含 Vector 和 Partition 两个主要功能。Vector 中主

要用来保存关于节点的数量信息，例如能够反映节点大小的信息可以保存在该文件中。Partition 用来保存节点被划分到的分类信息，例如不同的性别、职业等信息。图 7.13 显示了 Vector 和 Partition 的基本格式，第一列显示的为节点名称，第二列显示节点的属性信息，第三列为节点的名称，第四列为节点的属性信息。

nameA	genderA	nameB	genderB
George	1	Susan	2
Susan	2	John	1
John	1	Sarah	2

```
*Vertices    4
1  "George"
2  "Susan"
3  "John"
4  "Sarah"
*Edges
1   2   1
2   3   1
3   4   1
```

```
*Vertices    4
1
2
1
2
```

图 7.13　用于创建节点大小和分类的文件样式

可以使用 txt2Pajek 3 来获取网络文件的典型文件格式为：

from [tab] to [tab] weight [tab] link. color [tab] link. type [tab] time [tab] …

下面以案例数据 edgelist. txt 进行说明，数据格式如下：

From	To	Weight
Jim	John	1
John	George	3
George	Berta	4
Jim	George	3

打开软件，点击 input files 并读取 edgelist. txt 文件。Line value 选择 Weight，Network type 为 1 – mode undirected（ * Edges），Header lines 输入 1，点击 Run 即可完成分析（图 7. 14）。分析结束后会出现类似 Creating network ：C：\ Users \ Jerry \ Desktop \ txt2Pajek 3 \ edgelist. net 的提示，代表分析所得到的 net 文件已经保存到了所显示的路径（图 7. 15）。

打开 Pajek，读取并可视化该 net 文件，得到的结果如图 7. 16 所示。

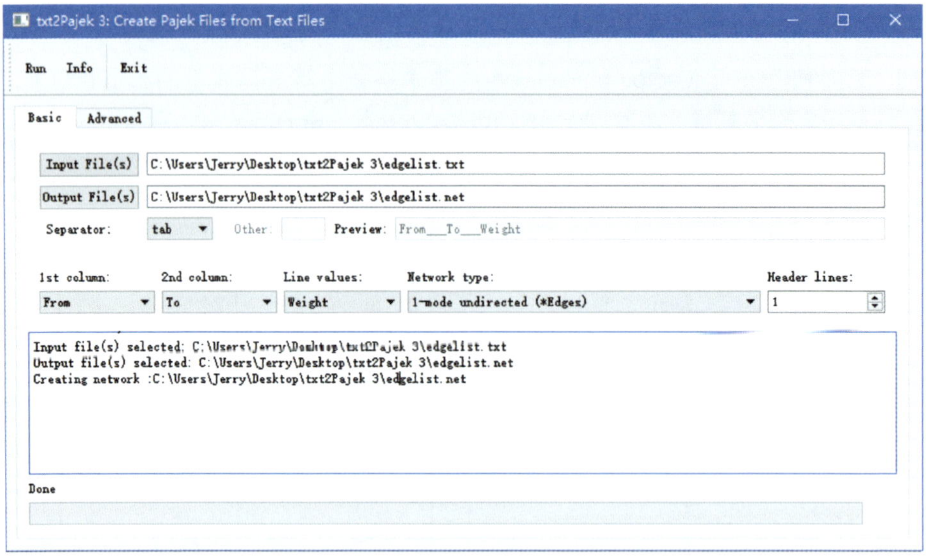

图 7.14 数据分析

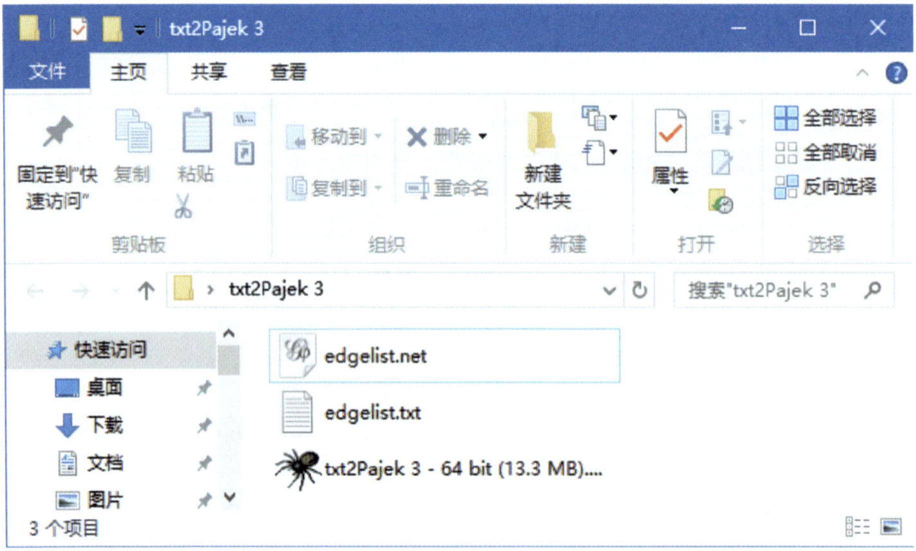

图 7.15 数据分析结果

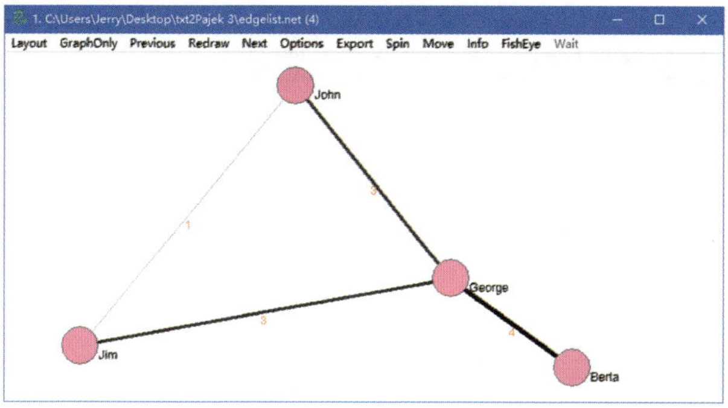

图 7. 16　数据可视化结果

此外，Mathieu Jacomy 开发的 Table 2 Net❶ 在线工具，可以将表格数据转换为 net 文件。

7. 4　Pajek 网络运算和可视化

文件的加载

打开 Pajek，在 Networks 点击图标，按照提示加载 net 文件（图 7. 17）。读取后会在文件窗口中显示该 net 文件的基本信息及其位置。点击该文件后的，对所加载的网络文件进行可视化（图 7. 18）。

图 7. 17　读取网络文件

❶ Table 2 Net. http：//tools. medialab. sciences – po. fr/table2net/

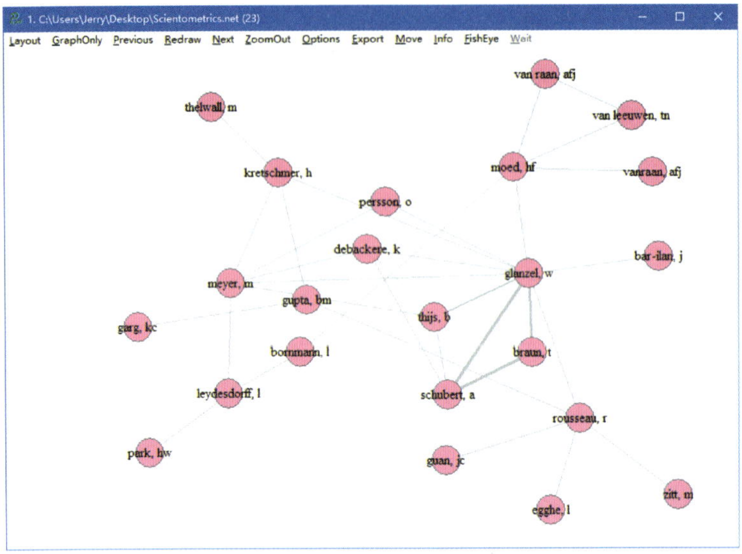

图 7.18　Pajek 对网络文件的可视化结果

网络聚类

将鼠标光标放在 Partition 后面的空白处，点击菜单栏中的 Network→Create Partition→Communities→Louvain Method→Multi - Level Coarsening + Single Refinement，并按照提示选择 OK 来完成计算（图 7.19）。在聚类方法的选择上，也可以使用 VOS Clustering 算法来对网络进行聚类。

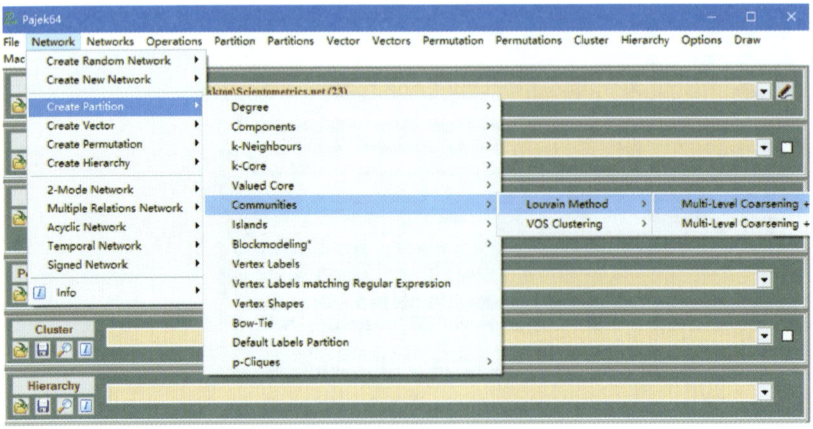

图 7.19　对网络文件进行聚类

聚类结束后，会在 Partition 后面得到基本的聚类结果。如这里对网络的聚类结果共得到 4 类，Q 值为 0.345（图 7.20）。在菜单栏中点击 Draw→Network + First partition 可完成网络聚类结果的可视化（图 7.21）。

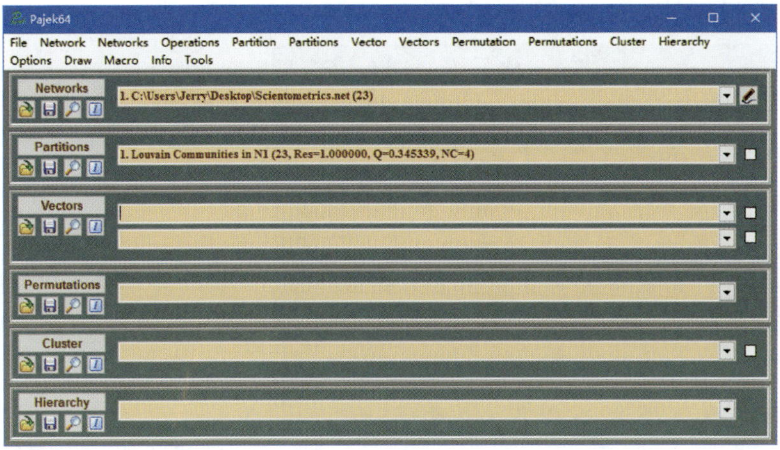

图 7.20　网络聚类结果

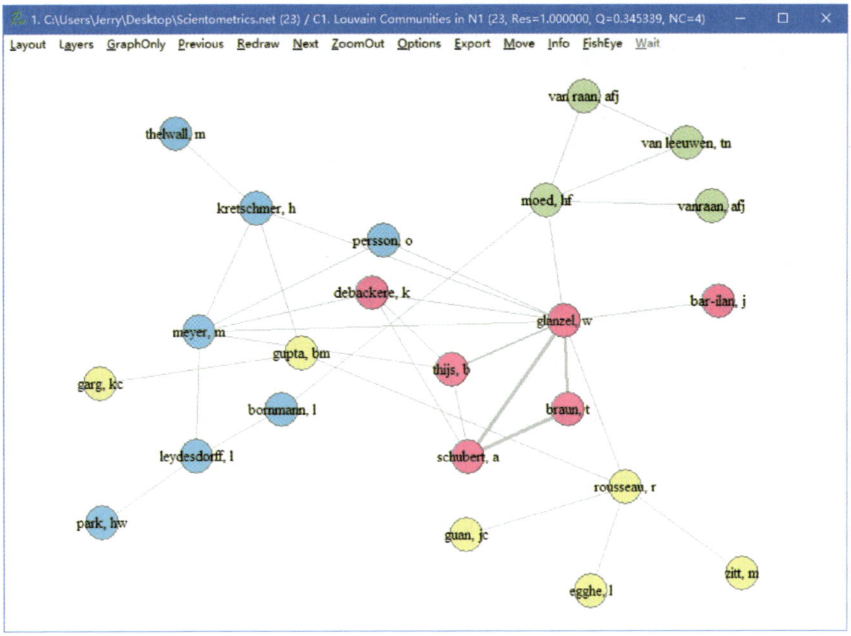

图 7.21　网络聚类结果的可视化

中心性计算

这里以计算网络中节点的度中心性为例：将鼠标的光标放在 Vectors 后的空白区域，然后在菜单栏中依次选择 Network→Create Vector→Centrality→Degree→All（图 7.22），得到的计算结果如图 7.23 所示。

图 7.22　网络节点中心性的计算

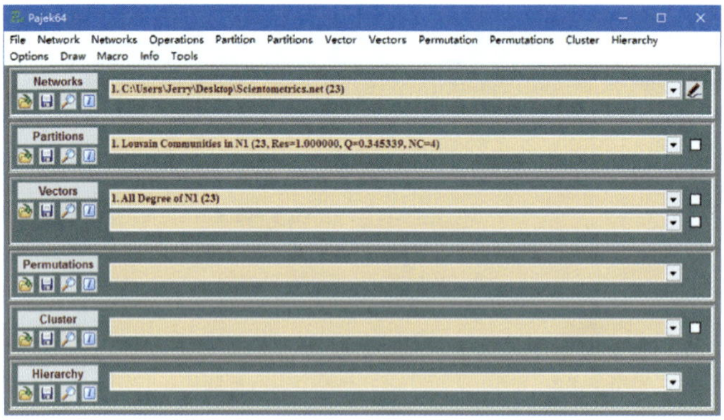

图 7.23　网络中节点度中心性的计算结果

得到计算结果后，在菜单栏中依次点击 Draw→Network + First partition + First Vector 来可视化所分析的结果（图 7.24）。

在 Pajek 可视化界面的菜单栏 Export，提供了多种结果导出方式，用户可以根据实际需求输出为 2D 或者 3D 格式。在 Pajek 的可视化界面中，通过点击 Export→2D→SVG→General，将可视化结果保存为 SVG 格式（图 7.25[❶]）；通过

❶ 注释：本例中所分析的作者合作网络仅作为演示，作者未进行严格的消歧处理。

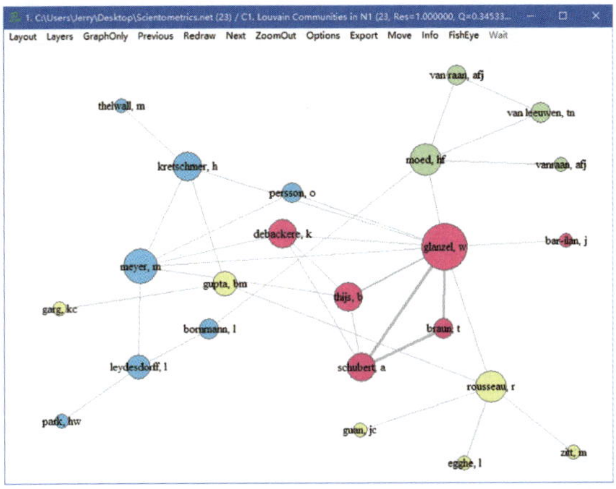

图 7. 24　网络可视化中节点以度值大小来显示

点击Export→3D→→X3D，可以将结果保存为 X3D World（. x3d）文件，然后使用 BS Contact❶ 进行可视化（图 7. 26）。或者 Export→3D→Kinemages→Current Network only，然后使用 Mages 软件❷可视化。需要特别注意的是：若要在 BS Contact 或 Mages 软件中正确显示 3D 的可视化效果，需要在 Pajek 先进行 3D 布局，步骤为 layout→Energy→Fruchterman Reingold→3D。

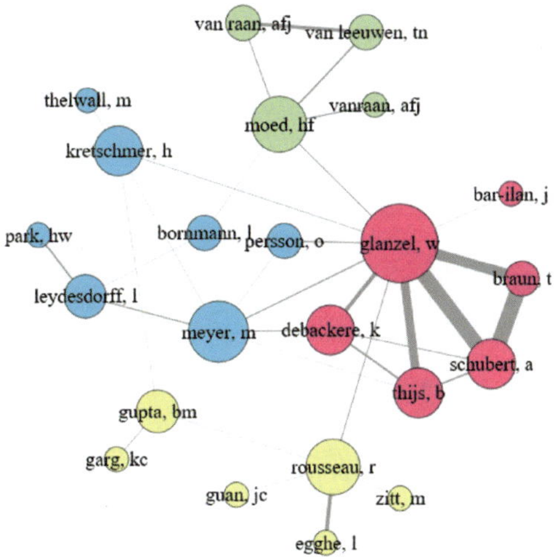

图 7. 25　Pajek 网络 2D 可视化结果

❶ BS Contact. http：//www. bitmanagement. com/

❷ 3D Analysis – Mage Display Software. http：//kinemage. biochem. duke. edu/software/mage. php

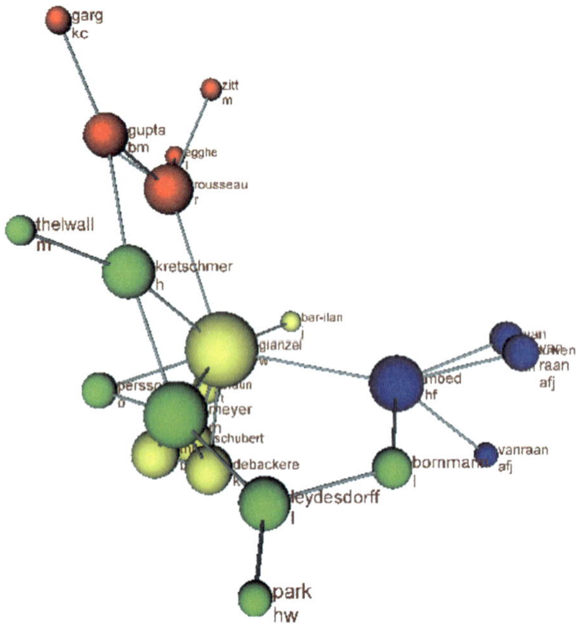

图 7.26　Pajek 网络 3D 可视化结果

第三篇

实践扩展篇

第 8 讲

科学计量与知识网络分析工具集

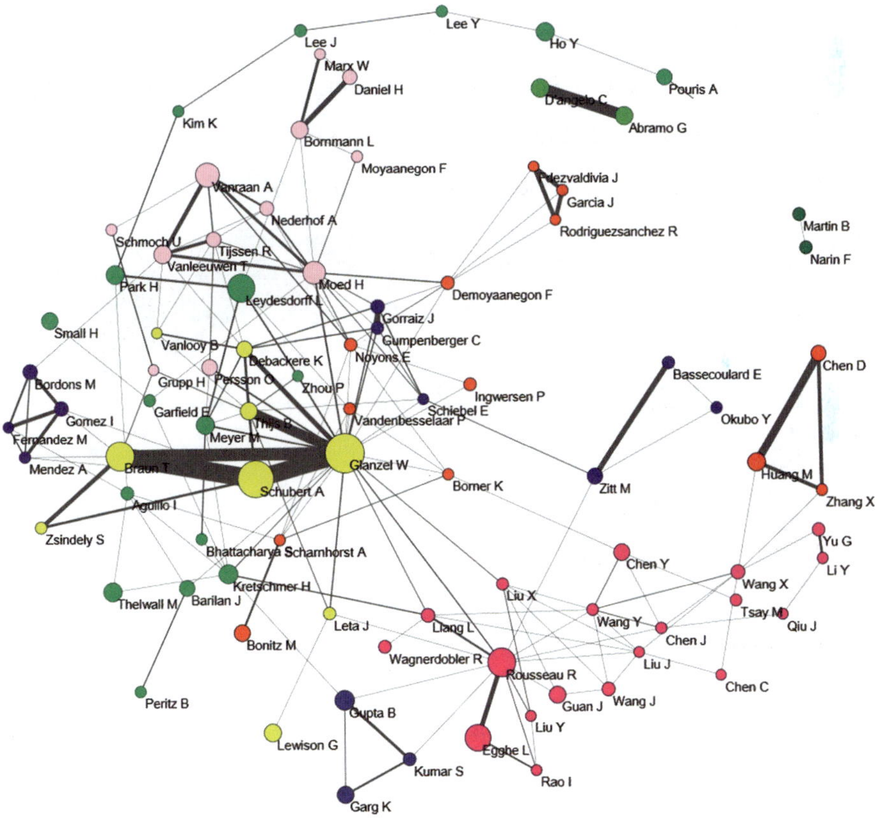

8.1 Sci2 科学学研究与实践工具

8.1.1 Sci2 软件下载

Sci2（Sci of Sci，简称 Sci2）❶ 是由美国印第安纳大学信息与计算学院信息与图书馆学系在美国科学基金 No. SBE－0738111、IIS－0715303 以及 James S. McDonnell 基金会的支持下开发。Sci2 的主要成员来自印第安纳大学的 Katy Börner 和 SciTech Strategies 公司的 Kevin W. Boyack，软件基于 Cyberinfrastructure Shell 开发。

登录 Sci2 的主页（图 8.1）❷，点击 Download Sci2 Tool 来下载软件。首次下载需要按照提示注册，并进入下载界面。在下载界面中，能够获知当前最新 Sci2 的版本。在下载时，用户需要在 Select your Operating System 中根据自己电脑的系统来选择下载的软件。当前 Sci2 支持的系统有 32－bit Linux、G3/G4/G5 Mac OSX、64－bit Linux、32－bit Windows（XP，7，10）、64－bit Windows。

图 8.1　Sci2 软件下载界面

❶ Sci2 Team.（2009）. Science of Science（Sci2）Tool. Indiana University and SciTech Strategies, https://sci2.cns.iu.edu.

❷ Sci2 主页. https://sci2.cns.iu.edu/user/index.php

软件下载后会得到一个命名为 Sci2 - 1.2b_ 20160107 - win32. win32. x86_ 64 的压缩文件。解压该文件，点击文件夹中的 Sci2. exe 就能启动该软件。在该文件夹 plugins 中主要可以为软件添加新的插件，sampledata 中则提供了多个自带的案例数据集，scripts 为 GUESS 软件的可视化脚本文件（图 8.2）。

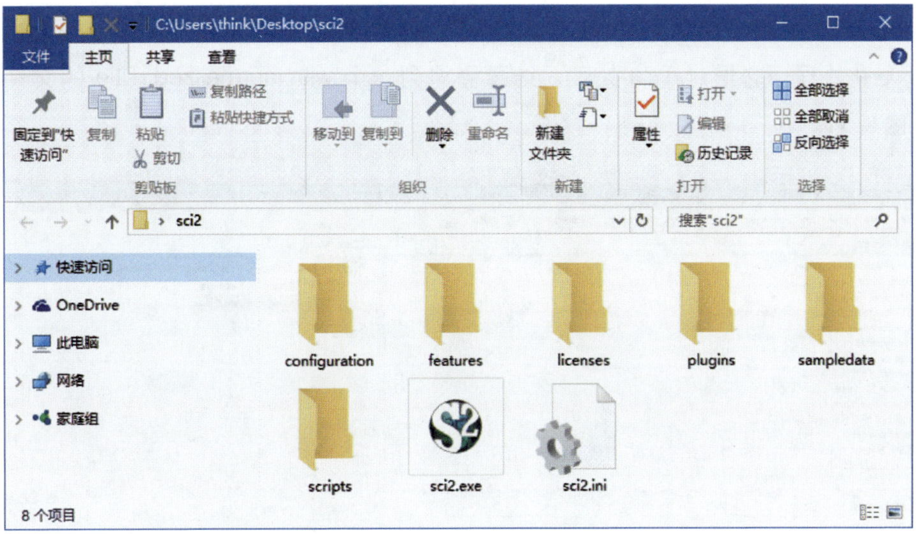

图 8.2　Sci2 解压后的程序文件

Sci2 需要在 jave 环境下运行，因此要使用 Sci2 软件，需要先下载并安装 java 软件。登录 java 软件的首页❶，下载适合自己系统的 java 版本。

这里需要提醒用户，Sci2 在更新过程中去除了以数据库形式来加载 Web of Science 数据的功能，若用户还需要使用该功能，则需要点击下载页面的 HIDE ARCHIVED VERSIONS，找到 Sci2 v0. 5. 2 alpha（April 9th, 2012）❷ 版本来下载。最后，需要在软件的 Additional Plugins❸ 界面下载 DatabasePlugins. zip，WOS - plugins. zip 和 the default_ menu. xml. 对软件进行配置处理。

❶ http://www.oracle.com/technetwork/java/javase/downloads/jre7 - downloads - 1880261.html

❷ Sci2 v0.5.2 alpha April 9th, 2012. https://sci2.cns.iu.edu/user/download.php

❸ 3.2 Additional Plugins. http://wiki.cns.iu.edu/display/SCI2TUTORIAL/3.2 + Additional + Plugins

8.1.2 Sci2 数据处理和分析

8.1.2.1 共词网络分析

打开 Sci2 软件，点击 File→load 加载 Hale A. isi 案例数据。并等待数据加载完成。下面以从标题中提取共词网络为例进行分析：

（1）加载数据后，在菜单栏执行 Preprocessing→Topical→Lowercase，Tokenize，Stem，and Stopword Text，选择 Abstract、Title 或者 Keyword 等进行标准化处理。这里对 Title 处理，结果会得到一个 with normalized Title 的文件（图 8.3）。

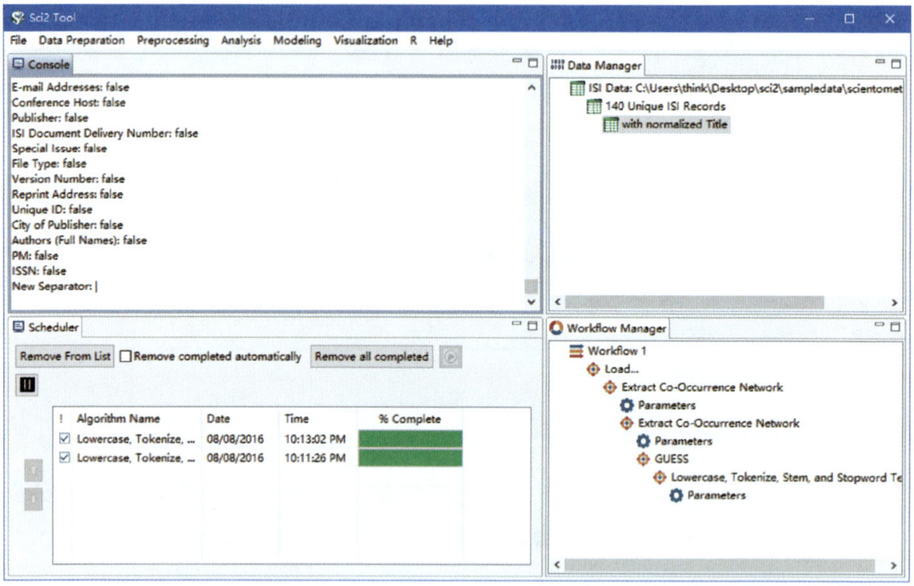

图 8.3 对标题词汇的标准化

（2）标准化后，进行网络提取。点击菜单栏 Data Preparation→Extract word Co－occurrence Network，在 Node identifier Column 中选择 Cite Me As，并选择 Abstract、Title 或者 Keyword 等字段（需要和上一步的标准化字段一致，这里选择 title）。在分析 isi 数据时，Aggregate Function File 中需要加载 isiPaperCitation. properties 文件（图 8.4）[1]。

---

[1] Word Co－Occurrence Network. http：//wiki. cns. iu. edu/pages/viewpage. action？ pageId＝2200066

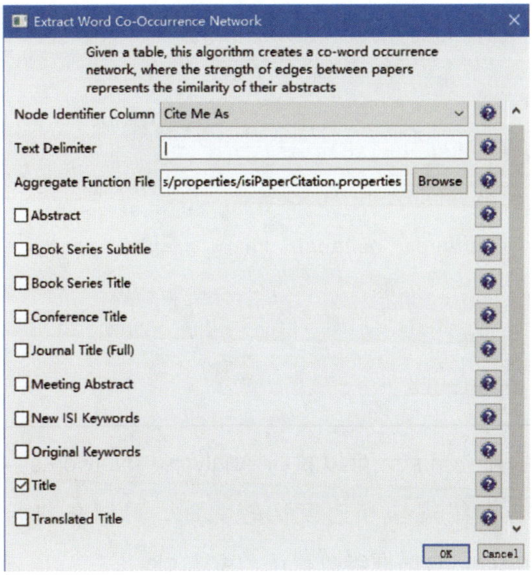

图 8.4　从标题提取共词网络

（3）点击 Analysis→Networks→Network Analysis Toolkit（NAT），以获得当前所分析网络的基本情况。

```
Nodes: 490
Isolated nodes: 0
Node attributes present: label, localcitationcount, inoriginaldataset,
globalcitationcount, references
Edges: 3168
Noself - loops were discovered.
No parallel edges were discovered.
Edge attributes:
Did not detect any nonnumeric attributes.
Numeric attributes:
        min max mean
weight    1   15   1.1673
This network seems to be valued.
```

```
Average degree: 12.9306
This graph is not weakly connected.
There are 5 weakly connected components. (0 isolates)
The largest connected component consists of 465 nodes.
Did not calculate strong connectedness because this graph was not
directed.
Density (disregarding weights): 0.0264
Additional Densities by Numeric Attribute
```

若网络分析结果中包含了大量的孤立节点，可以执行 Analysis→Networks→Delete isolates 来删除孤立节点。当网络规模和密度比较大时，可以先执行 Visualization→Networks→DrL（Vx ord），对话框参数默认，点击 ok。

通过 Preprocessing→Networks→ Extract Top Nodes/Extract Top Edges 以提取权重满足一定条件的节点或边。这里以提取排名前 100 的节点组成的共词网络为例（图 8.5）。

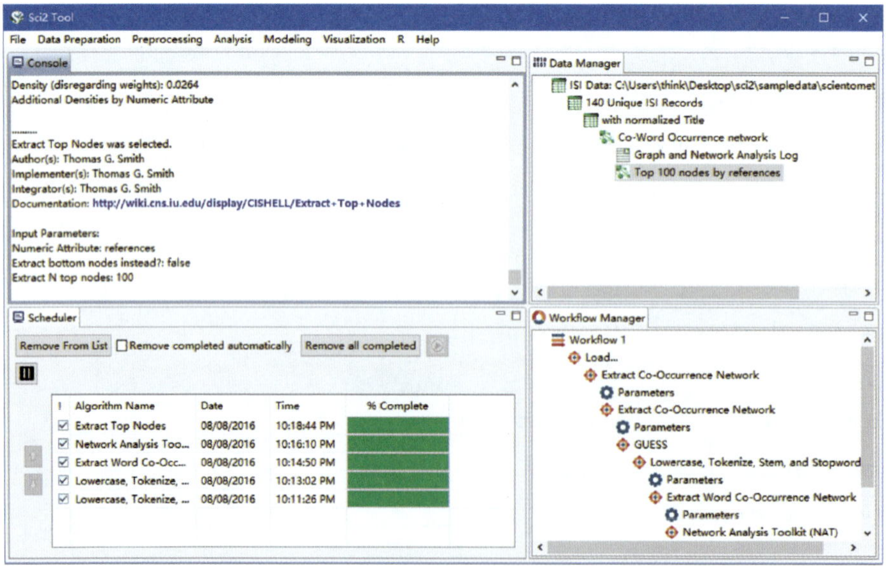

图 8.5 共词网络结果

最后，再通过 Visualization→Networks→GUESS 来可视化网络（图 8.6）。

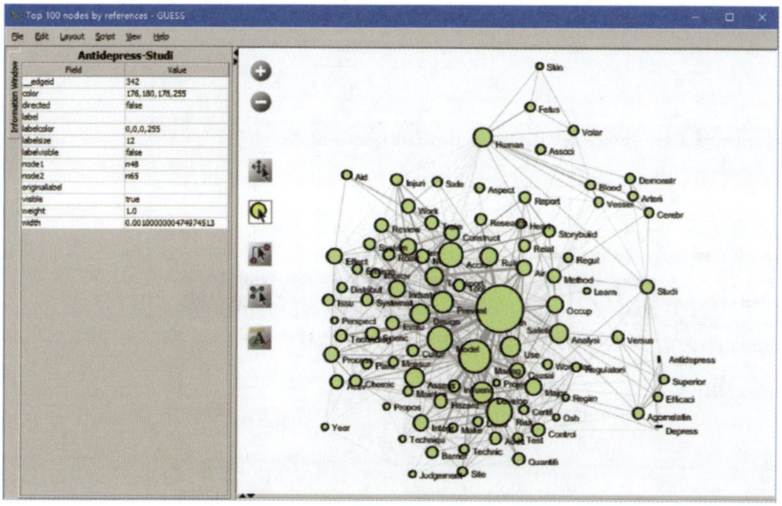
Top 100 nodes by references - GUESS
File Edit Layout Script View Help
Antidepress-Studi
Information Window
Field
Value
__edgeid
342
color
176,180,178,255
directed
false
label
labelcolor
0,0,0,255
labelsize
12
labelvisible
false
node1
n48
node2
n65
originallabel
visible
true
weight
1.0
width
0.0010000000474974513

图 8.6　GUESS 对共词网络的可视化结果

8.1.2.2　作者合作网络

运行 Sci2 软件，加载案例数据 HaleA. isi（图 8.7）。

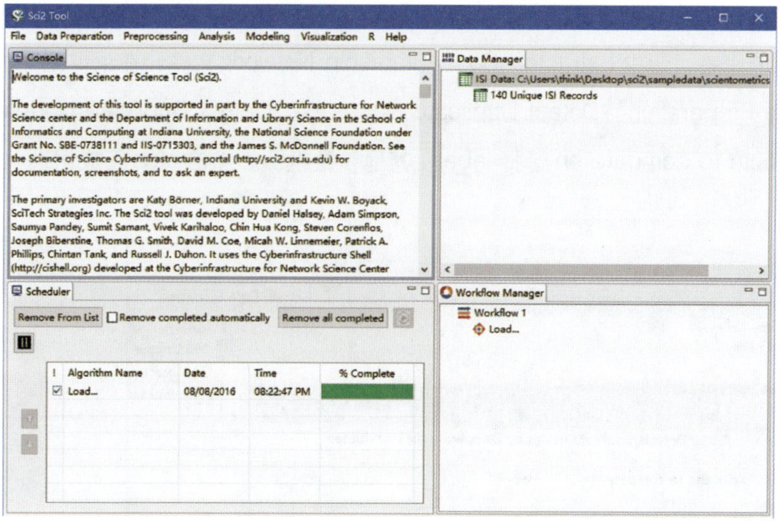
Sci2 Tool
File Data Preparation Preprocessing Analysis Modeling Visualization R Help
Console
Welcome to the Science of Science Tool (Sci2).
The development of this tool is supported in part by the Cyberinfrastructure for Network Science center and the Department of Information and Library Science in the School of Informatics and Computing at Indiana University, the National Science Foundation under Grant No. SBE-0738111 and IIS-0715303, and the James S. McDonnell Foundation. See the Science of Science Cyberinfrastructure portal (http://sci2.cns.iu.edu) for documentation, screenshots, and to ask an expert.
The primary investigators are Katy Börner, Indiana University and Kevin W. Boyack, SciTech Strategies Inc. The Sci2 tool was developed by Daniel Halsey, Adam Simpson, Saumya Pandey, Sumit Samant, Vivek Karihaloo, Chin Hua Kong, Steven Corenflos, Joseph Biberstine, Thomas G. Smith, David M. Coe, Micah W. Linnemeier, Patrick A. Phillips, Chintan Tank, and Russell J. Duhon. It uses the Cyberinfrastructure Shell (http://cishell.org) developed at the Cyberinfrastructure for Network Science Center
Data Manager
ISI Data: C:\Users\think\Desktop\sci2\sampledata\scientometrics
140 Unique ISI Records
Scheduler
Remove From List
Remove completed automatically
Remove all completed
Algorithm Name
Date
Time
% Complete
Load...
08/08/2016
08:22:47 PM
Workflow Manager
Workflow 1
Load...

图 8.7　数据加载结果

选中加载后的数据，在菜单栏中依次选择 Data Preparation→Extract Co - Author Network。并在提示的信息栏中选择数据格式为 isi（图 8.8），点击 ok 完成分析。

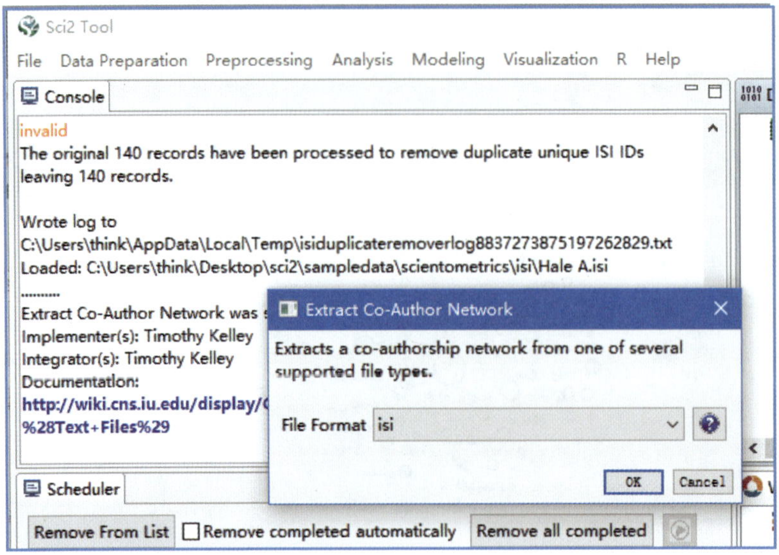

图 8.8 数据格式的选择

提取结果会得到 Extracted Co – Authorship Network 网络文件和 Author information 的列表文件（图 8.9）。使用 EXCEl 表格打开 Author information 文件，会发现有一些作者是需要合并的。例如，作者 Hale，Ar 和 Hale，A。为了快速识别出相同和相似的作者，选中 Extracted Co – Authorship Network 文件，在菜单栏中，依次点击 Data Preparation→Detect Duplicate Nodes。在 Detect Duplicate Nodes 界面中，Attribute to compare on 选择 label，其他参数默认。点击 ok，完成识别。

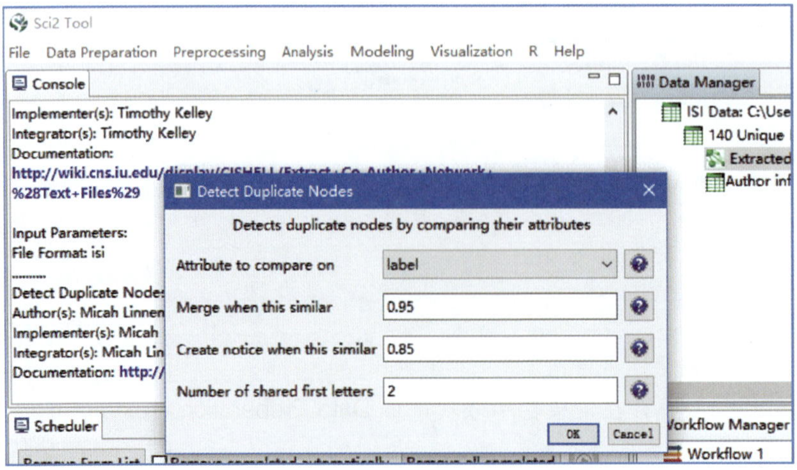

图 8.9 相似节点的识别

对相似节点的识别结果共得到三个文件（图 8. 10），分别为 Merge Table: based on label（合并节点所用的表格）、Text Log: Nodes that will be merged（识别并执行合并的节点）和 Text Log: Noteworthy nodes that will NOT be merged（识别但未执行合并的节点）。

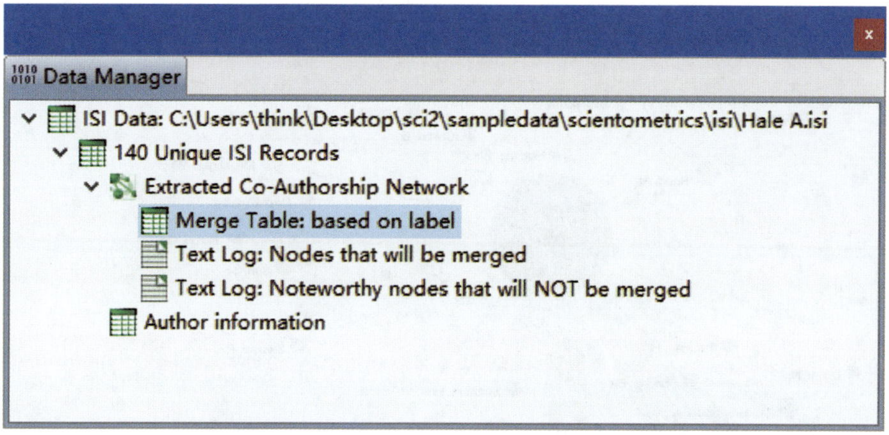

图 8. 10　相似节点的识别结果

在 Data Manager 中同时选中 Extracted Co – Authorship Network 和 Merge Table: based on label，然后在菜单栏中执行 Data Preparation → Update Network by Merging Nodes。在对话框中的 aggregation function file 中加载位于 sci2 软件文件中的 mergeIsiAuthors. properties，详细路径为 sci2/sampledata/scientometrics/properties（图 8. 11）[1]。

网络更新后会得到 Updated Network 网络文件和 Merging Report 文件。

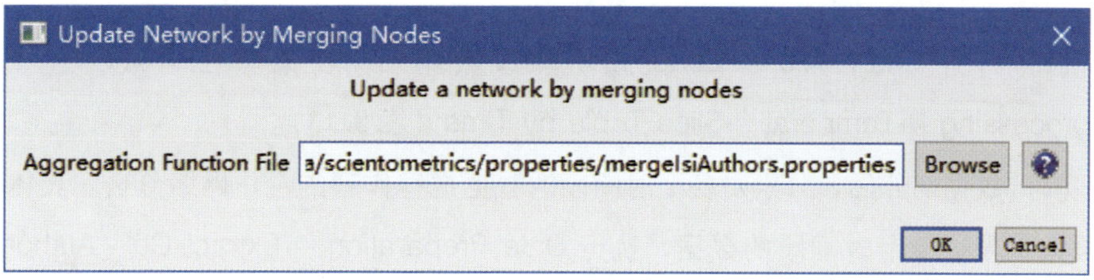

图 8. 11　合并作者文件的加载

[1] Property Files. http://wiki. cns. iu. edu/display/SCI2TUTORIAL/3. 6 + Property + Files

最后，选中 Updated Network 网络文件，按照 Visualization→Networks→GUESS 来可视化网络（图 8. 12）。

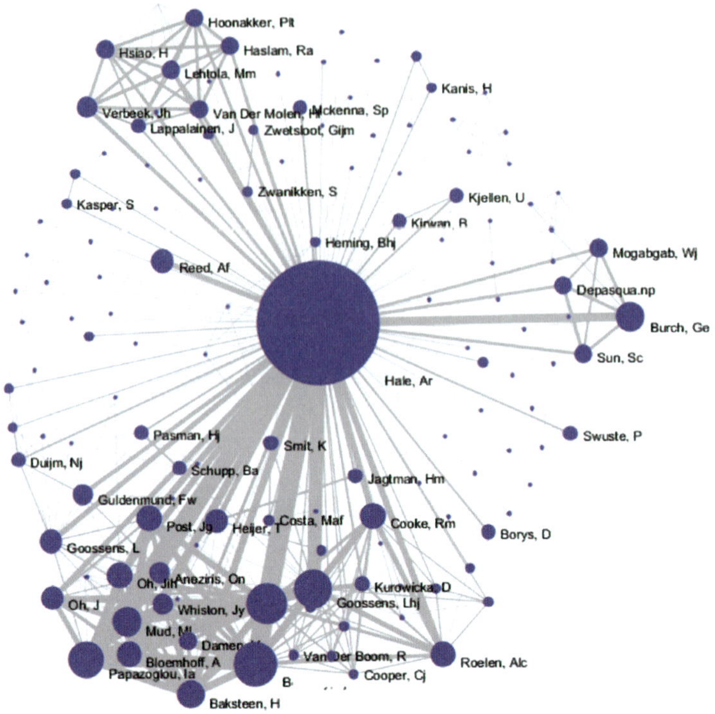

图 8. 12　GUESS 可视化作者的合作网络

若要对作者合作网络的演化进行分析，那么在加载数据之后，可以先对数据进行时间切片，然后再对所分割的数据分别进行作者合作网络分析即可。

作者合作网络演化分析的详细步骤如下：

（1）打开 Sci2，File →Load 成功加载数据后，在菜单栏中依次选择 Preprocessing →Temporal →Slice Table by Time（图 8. 13）。

（2）数据切分后，分别对各个时间段的数据进行作者的合作网络分析。具体步骤为：选中特定时间段的数据，执行 Data Preparation →Extract Co – Author Network，再分别执行 Data Preparation → Detect Duplicate Nodes 和 Data Preparation→ Update Network by Merging Nodes（图 8. 14）。最后，选择 Visualization→Networks→GUESS 进行可视化分析（图 8. 15）。

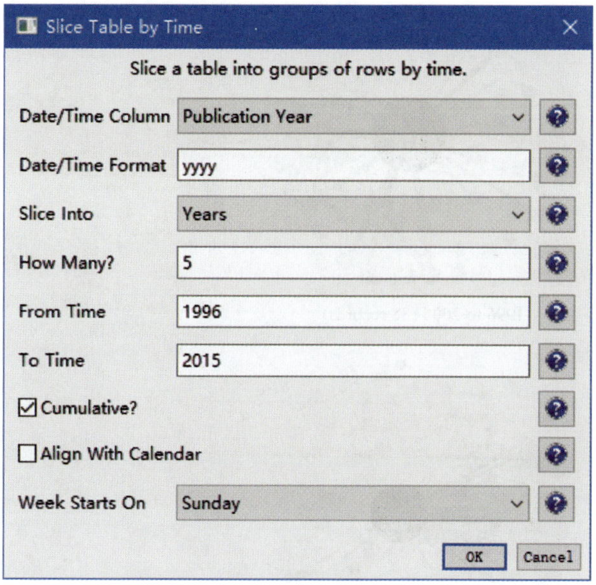

图 8. 13　数据时间切片的参数

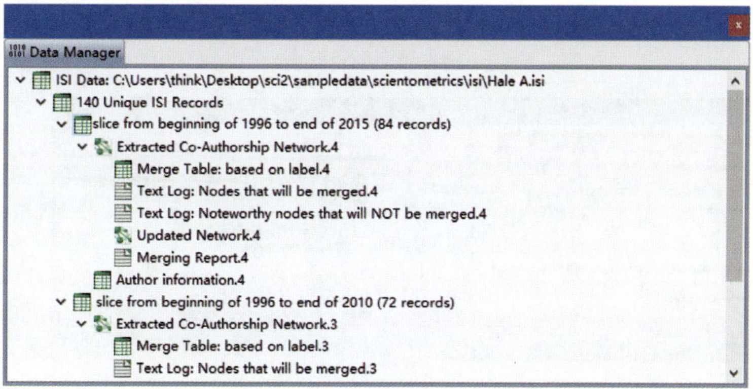

图 8. 14　对经过时间切片的网络分别进行分析

8. 1. 2. 3　文献共被引和耦合

文献的共被引分析

加载数据后，在菜单中选择 Data Preparation→ Extract Paper Citation Network，得到 Extracted Paper - Citation Network 网络。选中 Paper - Citation 网络，执行 Data Preparation→ Extract Document Co - Citation Network，得到 Co - citation Similarity Network 文献的共被引网络（图 8. 16）。

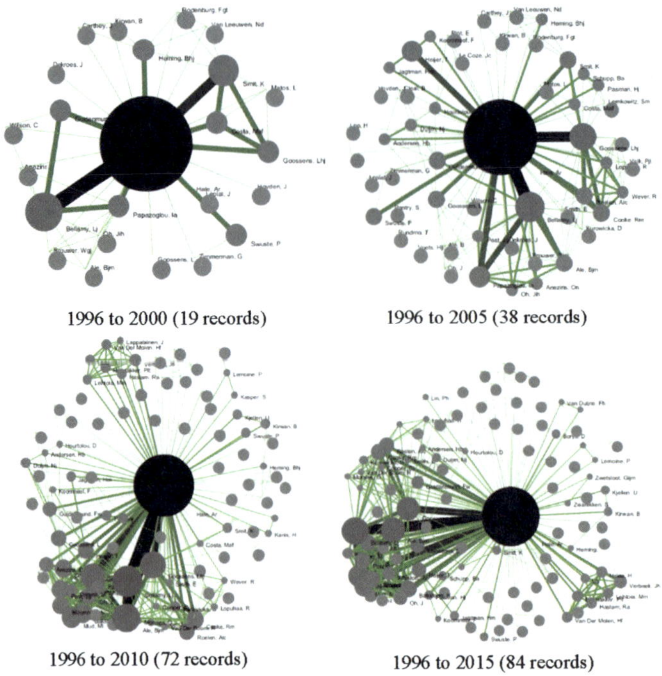

图 8.15　作者合作网络的演化分析

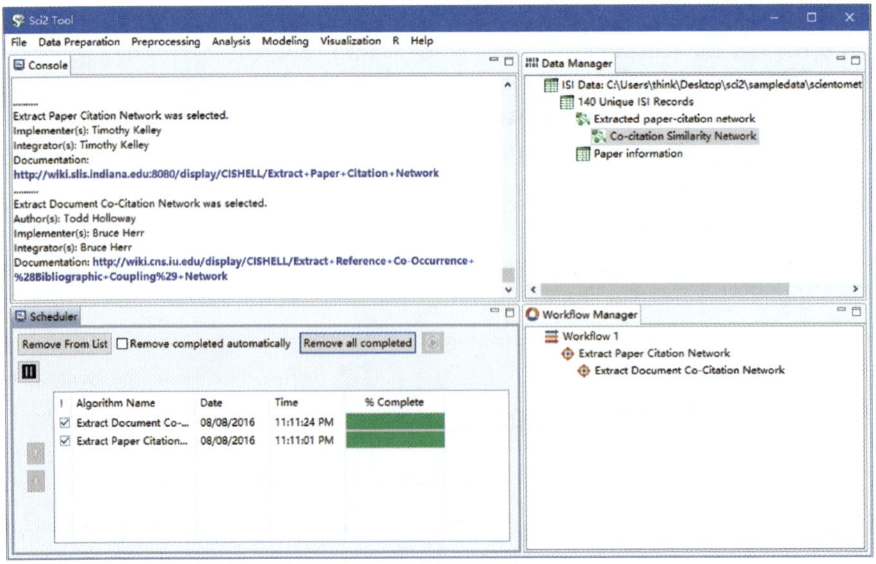

图 8.16　文献的共被引网络分析

通过菜单栏 Analysis→Networks→Network Analysis Toolkit 分析得到网络参数的基本结果。从分析的结果来看，网络中共包含有节点 2 097 个，其中孤立节点有 82 个，边有 60 938 个。

执行 Preprocessing→Networks→Delete Isolates 来删除孤立节点，也可以通过 Preprocessing→Networks→Extract Edges Above or Below Value 来提取满足一定阈值的边。通过 Analysis→Networks→Unweighted & Undirected→Node Degree 来进行网络节点的度分析以及 Analysis→Networks→Unweighted & Undirected → Degree Distribution 对网络度分布进行研究，通过 Analysis → Networks → Unweighted & Directed →SLM Community Detection 对网络进行聚类分析。最后，通过 Visualization→Networks→GUESS 对网络进行可视化（图 8. 17）。

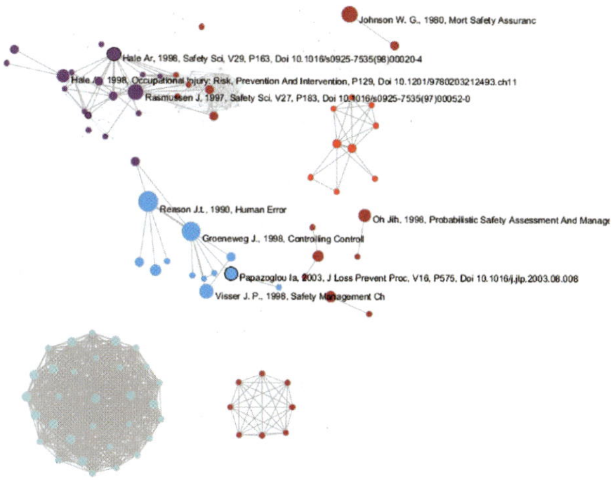

图 8. 17　文献的共被引网络

文献的耦合分析

数据加载后，点击菜单 Data Preparation→Extract Paper Citation Network，得到 Extracted Paper – Citation Network 网络。选中得到 Paper – Citation 网络，执行 Data Preparation → Extract Reference Co – Occurrence（Bibliographic Coupling）Network，得到 Bibliographic Coupling Similarity Network 文献的耦合网络（图 8. 18）。

执行 Analysis→ Networks→Network Analysis Toolkit（NAT），对得到网络的基本情况进行分析，在 Console 中得到关于网络分析的基本信息。

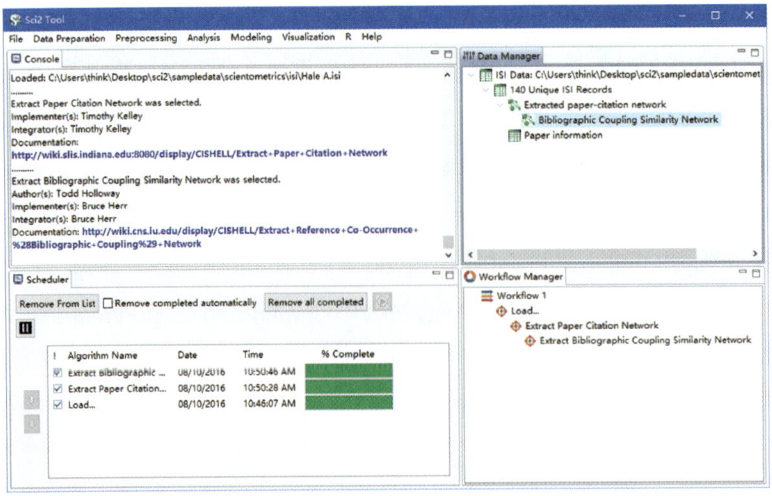

图 8. 18　文献的耦合网络分析

执行 Preprocessing→Networks →Delete Isolates 来删除孤立节点，得到 With isolates removed 网络。通过 Preprocessing→Networks→Extract Edges Above or Below Value 来提取满足条件的边。若必要还通过 Preprocessing→Networks →Extract Top Nodes 来提取排名前 n 的节点。在分析中，对得到的网络进行预处理的步骤，可以根据需要调整顺序。最后，通过 Visualization→Networks→GUESS 对网络进行可视化（图 8. 19）。

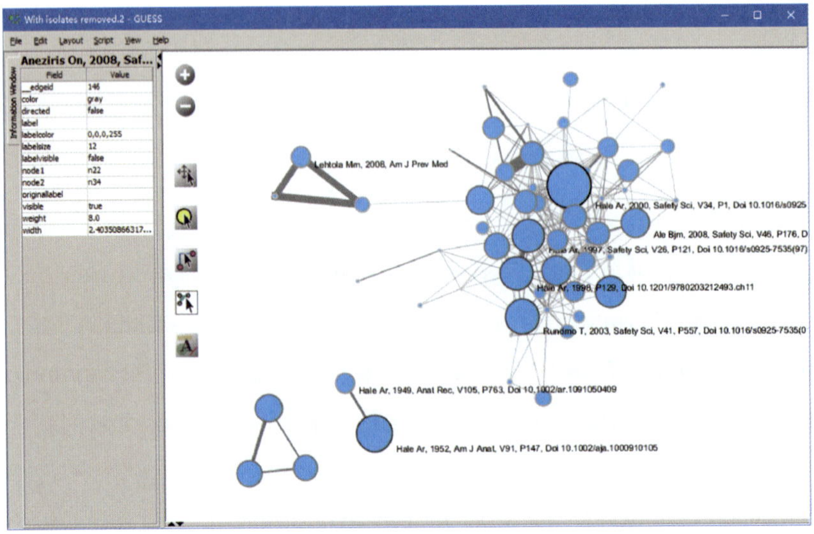

图 8. 19　文献的耦合网络

8. 1. 2. 4　GUESS 网络可视化

通过 Sci2 得到的网络文件可以使用 GUESS 进行可视化分析，下面详细对 GUESS 进行介绍。

在 GUESS 的 File 菜单（图 8. 20）中提供了 Import Graph（导入图形）、Export Image（导出图像）、Export Graph（导出图形）、Import Node Positions（导出节点位置）、Export Node Positions（导出节点位置），Save Log file（保存登录文件）以及 Exit（退出）。

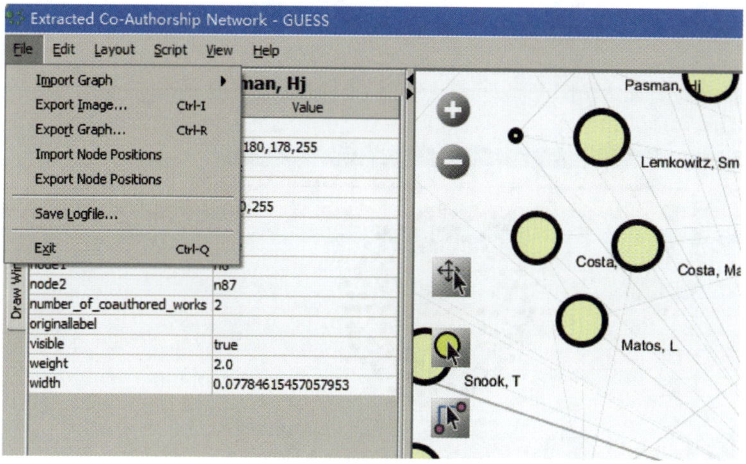

图 8. 20　GUESS 文件菜单

在 GUESS 的编辑菜单（图 8. 21）中包含 Show Label（显示标签）、Modify Field（编辑字段）、Toggle Arrows（转换网络箭头）、Background Color（视图的背景颜色）、Format Node Labels（节点标签的格式）、Format Edge Labels（边标签格式）。

当网络读入 GUESS 界面后，推荐点击 Layout→GEM 来完成要可视化网络的初步布局（图 8. 22）。此外，还包含了 Bin pack、Circle、Physics、Kamada – Kawai、Fruchterman – Rheingold、Spring、MDS、Random 以及 Radial 布局。

在 GUESS 的 Script 菜单（图 8. 23）中，可以通过 Run Script 来加载已经写好的脚本，以快速对网络进行可视化处理。Sci2 在其文件路径 sci2 \ scripts \ GUESS 的文件中提供了 6 个脚本文件，用户只需要点击 Run Script，在 GUESS 文件中选择相应的脚本即可。

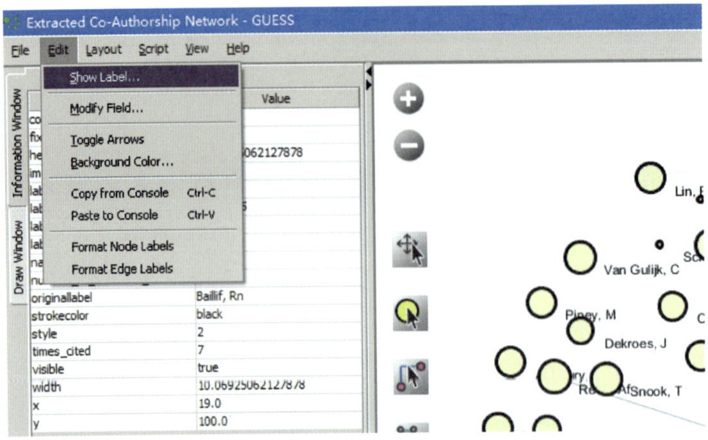

图 8.21 GUESS 的编辑菜单

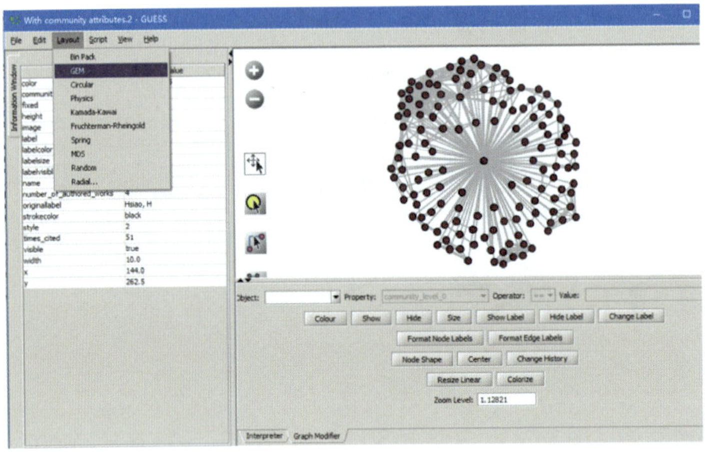

图 8.22 GUESS 的布局菜单

在 GUESS 的 View 菜单（图 8.24）中提供了 Center（F5，快速将视图定位到画布中心）、Information Window（F4，显示或者隐藏信息窗口）、Console、Fullscreen（全屏显示）。

界面下方的功能区提供了对可视化结果的进一步调整（图 8.25）。Object 提供了要分析的对象选项，用户可以选择特定的节点和边来进行可视化编辑。Property 提供按照何种属性来显示所选定的对象，这里要求 Object 要选择 nodes based on - > 或 Edges based on - > 选项。Color 为对所选定对象的颜色进行调整，Show 和 Hide 为显示或者隐藏选定的某个对象，Size 为对所选定对象大小的

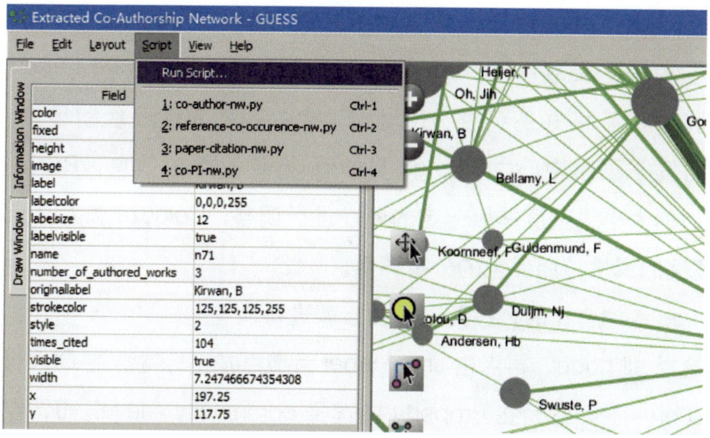

图 8. 23　GUESS 脚本菜单

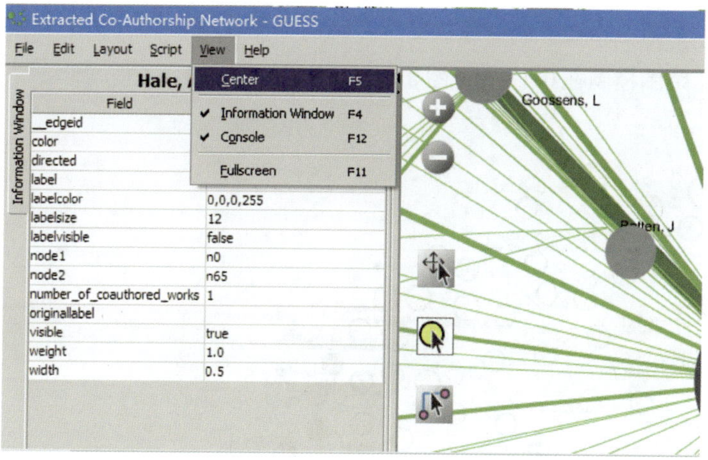

图 8. 24　GUESS 查看菜单

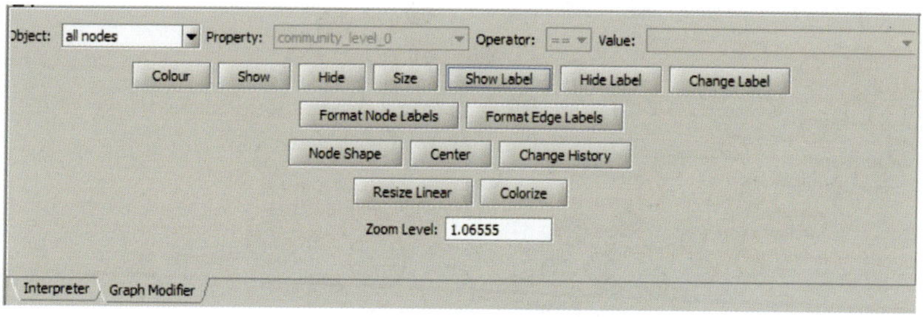

图 8. 25　可视化参数设置

调整，Show Label 和 Hide Label 为显示或者隐藏所选定对象的标签，Change Label 为对所选定对象标签的更改；Format Node Labels 和 Format Edge Labels 分别为对节点标签和边标签格式的调整；Node Shape 为对节点形状的编辑，Center 为快速将视图置于画布中心，Change History 为更改历史信息；Resize Liner 为对节点或者边的大小或宽度按照一定的属性进行调整，Colorize 为对节点或者边的大小或者宽度的属性按照颜色的分布调整。

例如，在分析 Hale A 的合作时，按照下面的步骤进行调整。

在 Object 中先选择 all node，再点击 show label 为节点加上标签。在 Object 中选择 nodes based on - >，然后在 Property 中选择 community_ level_ 0，在 Value 中分别选择 community_ 0，community_ 1，community_ 2，…并点击 colour 来为各个类别加上颜色。点击 Resize linear 可以分别对节点的大小和边的权重分布进行调整。例如这里让节点以频次显示，比例控制在 10 - 50。边的权重按照合作强度显示，范围控制在 0. 1 - 5（图 8. 26）。

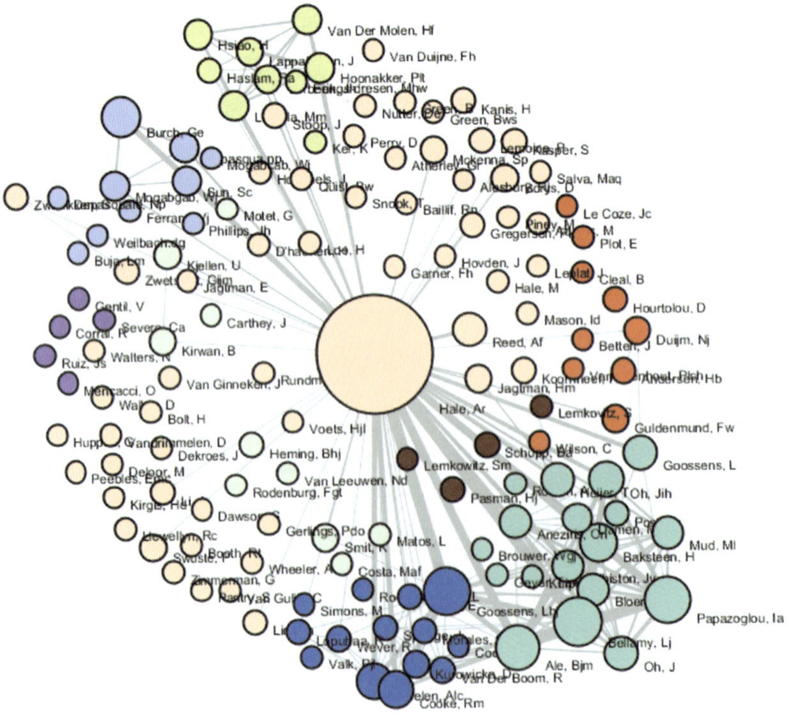

图 8. 26　GUESS 对网络的可视化

在对网络基本布局和属性调整后，可以使用 Center 快速将网络定位到画布的中心。使用视图区域的，可以对选中的节点进行适当的拖动。

8.2 Loet 科学计量工具包

8.2.1 Loet 系列软件下载

Loet 科学计量软件是指由普赖斯奖获得者、荷兰阿姆斯特丹大学的 Loet Leydesdorff 教授开发的一系列用于文献处理的软件集合。这些软件几乎包含了常见的所有文献处理和分析功能，主要有数据的转换（Acc2ISI. exe、Scop2WOS. exe、DBF2CSV）、描述性统计（ISI. exe）、文献耦合（BibCoupl. exe、BibJourn. exe、BibAuth. exe）、作者合作（CoAuth. exe、IntColl. exe）、共词分析（TI. exe、Fulltext. exe）、叠加分析（Paj2KML、wc10. exe）、地理信息分析（cities1. exe、cities2. exe）、文献指标分析（isi2i3. exe）等软件。这些文件通常都是独立的、以 exe 为后缀的小工具。

若要下载这些工具，可以首先登录 Loet 教授的主页[1]（图 8. 27）。然后，在页面中点击“Software；data”就可以得到一个完整的软件列表。

8.2.2 Loet 数据处理和分析

Loet 开发的文献分析软件，在下载安装和数据处理时都有相似点。这里以下载 isi. exe 和 dbf2csv. exe 软件对数据的处理为例。首先，在 Loet 的主页，找到 isi. exe 下载的链接。点击下载并保存到自建的项目文件中，然后下载数据辅助处理软件 dbf2csv. exe。Isi. exe 软件可以从 Web of Science 数据中按照 Tag 分离出知识单元的信息，并可导入其他软件中分析。dbf2csv. exe 软件则可以直接将 isi. exe 生成的字段数据转换成 csv 格式，并可以直接使用 EXCEL 打开编辑和分析。需要特别注意的是：从 Web of Science 下载数据的默认命名都为 savedrecs. txt，在分析时要统一命名为 data. txt（若数据为多 txt 文件时，需要先

[1] Loet Leydesdorff 教授主页 . http://www. leydesdorff. net/software. htm

图 8. 27　Loet 教授主页

合并成一个 txt 文件，再进行分析）。新建项目文件夹中的数据、工具参见图 8. 28。

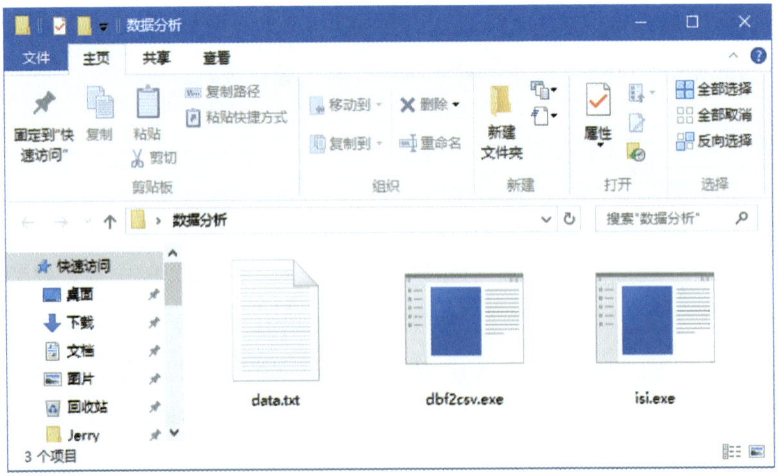

图 8. 28　分析数据和工具准备

数据和软件准备好后，鼠标双击 isi. exe 来运行软件。运行软件后，通常会显示若干行数据分析的提示（图 8. 29）。例如，isi. exe 运行后会提示所分析数据的类型、数据命名方式以及数据分析的说明信息。

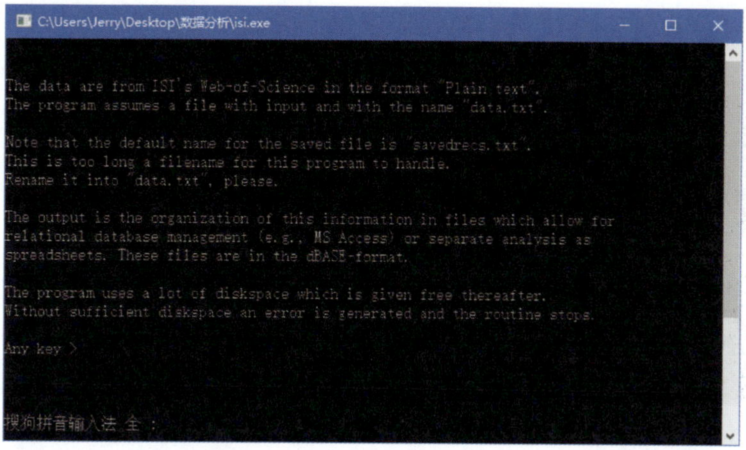
C:\Users\Jerry\Desktop\数据分析\isi.exe
The data are from ISI's Web-of-Science in the format "Plain text".
The program assumes a file with input and with the name "data.txt".
Note that the default name for the saved file is "savedrecs.txt".
This is too long a filename for this program to handle.
Rename it into "data.txt", please.
The output is the organization of this information in files which allow for
relational database management (e.g., MS Access) or separate analysis as
spreadsheets. These files are in the dBASE-format.
The program uses a lot of diskspace which is given free thereafter.
Without sufficient diskspace an error is generated and the routine stops.
Any key >
搜狗拼音输入法 全 :

图 8.29　数据分析提示

按照提示（Any Key >）点击任意键，开始数据读取和分析。待分析结束后，软件会自动退出。在项目文件夹中，新产生了大量的结果文件（图 8.30）。这些结果中有一大批是以 dbf 为后缀名的文件，该文件可以使用数据库软件（如 Access）或者 EXCEL 读取。这里为了方便，我们通过 dbf2csv. exe 工具进行转换。

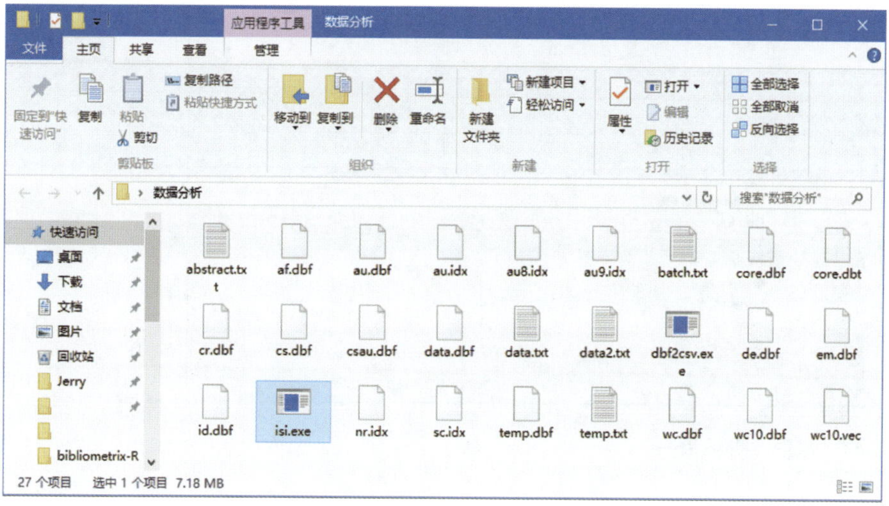
应用程序工具
数据分析
文件
主页
共享
查看
管理
数据分析
快速访问
abstract.txt
af.dbf
au.dbf
au.idx
au8.idx
au9.idx
batch.txt
core.dbf
core.dbt
cr.dbf
cs.dbf
csau.dbf
data.dbf
data.txt
data2.txt
dbf2csv.exe
de.dbf
em.dbf
id.dbf
isi.exe
nr.idx
sc.idx
temp.dbf
temp.txt
wc.dbf
wc10.dbf
wc10.vec
27 个项目　选中 1 个项目 7.18 MB

图 8.30　分析结果文件

在项目文件夹下，双击 dbf2csv. exe 打开软件。打开软件后，按照提示输入要转换数据的名称（注意不包含后缀名 dbf）。例如，这里输入 au，并点击回车

（图 8.31），表示将项目文件夹中的 au. dbf 转换成 au. csv 格式（保留原格式）。

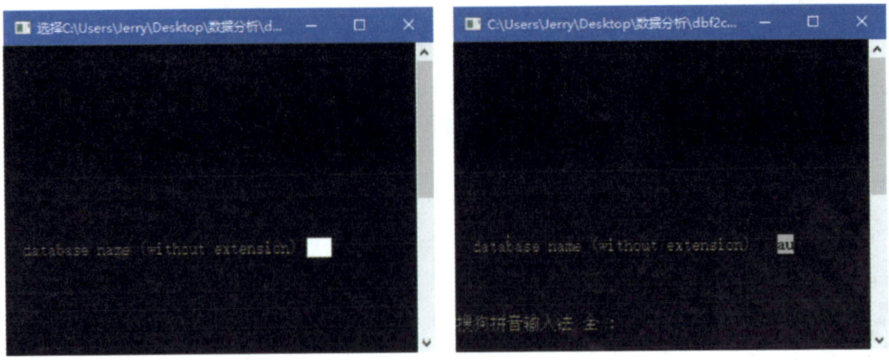

图 8.31　dbf2csv 软件界面

数据处理结束后，会在项目文件夹中产生一个 au. csv 的文件，该文件可以直接用 EXCEL 打开进行分析（图 8.32）。特别是在使用 BibExcel 分析较大样本时，存在数据很难顺利分析的情况。这时不妨先使用 isi. exe 对数据进行预处理，然后将产生的文件修改成 out 文件放入 BibExcel 进行分析。

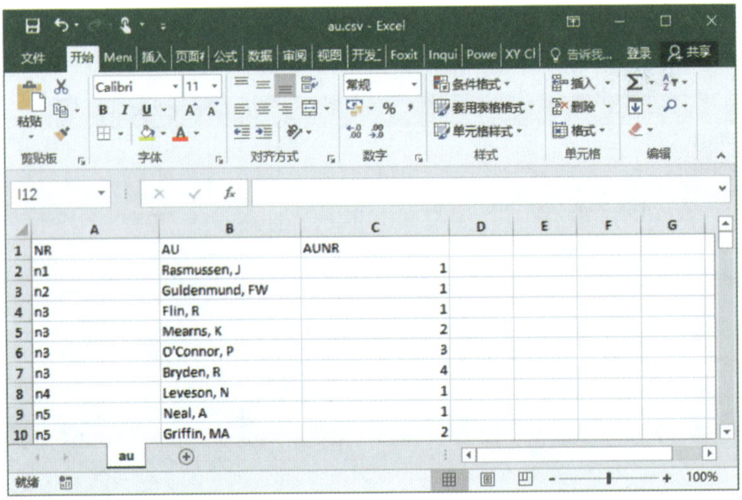

图 8.32　数据分析结果

下面再给出 Loet 工具进行作者合作网络的分析过程，作为使用 loet 工具进行共现分析的例子。

首先，将要分析的数据及其软件放在同一个项目文件夹下，双击 Coauth. exe 执行作者合作分析软件（图 8.33）。

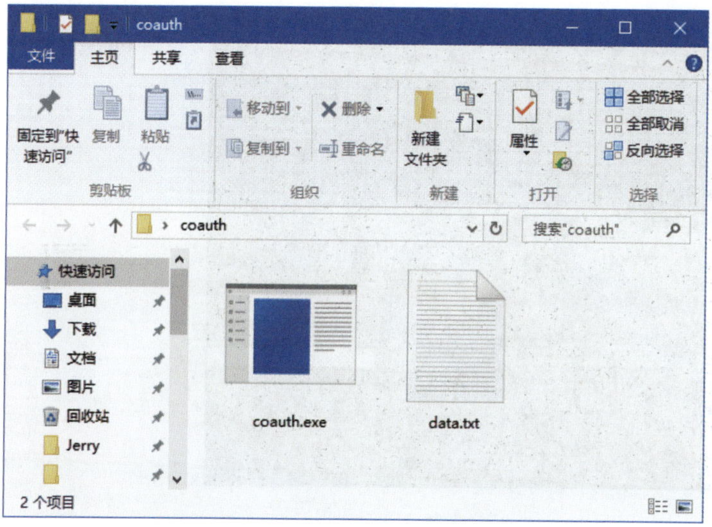
coauth
文件
主页
共享
查看
固定到"快速访问"
复制
粘贴
剪贴板
移动到
复制到
删除
重命名
组织
新建文件夹
新建
属性
打开
全部选择
全部取消
反向选择
选择
coauth
搜索"coauth"
快速访问
桌面
下载
文档
图片
回收站
Jerry
coauth.exe
data.txt
2 个项目

图 8. 33　作者合作分析项目文件

同样的，在正式进行数据分析之前会显示数行的软件说明，此时点击任意键进入下一步（图 8. 34）。

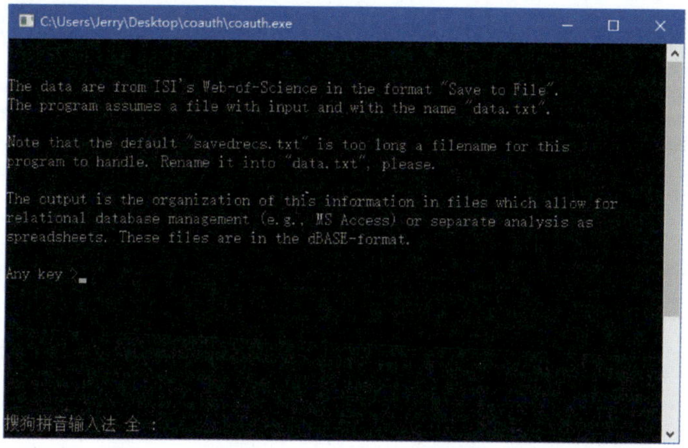
C:\Users\Jerry\Desktop\coauth\coauth.exe
The data are from ISI's Web-of-Science in the format "Save to File".
The program assumes a file with input and with the name "data.txt".
Note that the default "savedrecs.txt" is too long a filename for this
program to handle. Rename it into "data.txt", please.
The output is the organization of this information in files which allow for
relational database management (e.g., MS Access) or separate analysis as
spreadsheets. These files are in the dBASE-format.
Any key ?
搜狗拼音输入法 全 :

图 8. 34　数据分析提示

在数据分析过程中，按照提示按任意键即可。分析界面出现提示 Specify threshold as a percentage level to be included 后进行阈值设置（本案例输入 0. 05），并回车完成设置。最后，按任意键完成分析（图 8. 35）。

分析结束后，在项目文件夹中产生了大量的结果文件。在这些文件夹中，

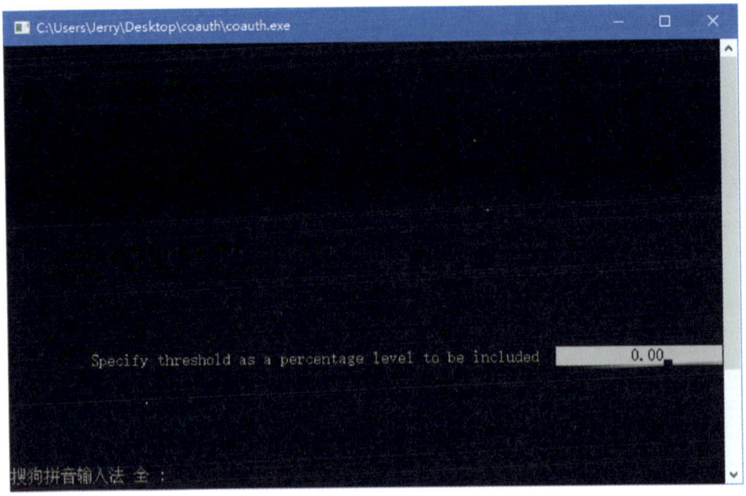

图 8.35　阈值设置

cosine. dat（DL – format）是经过 cosine 标准化的、可在 Pajek 中进行可视化的文件（图 8.36）；文件中 Coocc. dat（DL – format）同样也可以导入 Pajek，进行可视化分析。

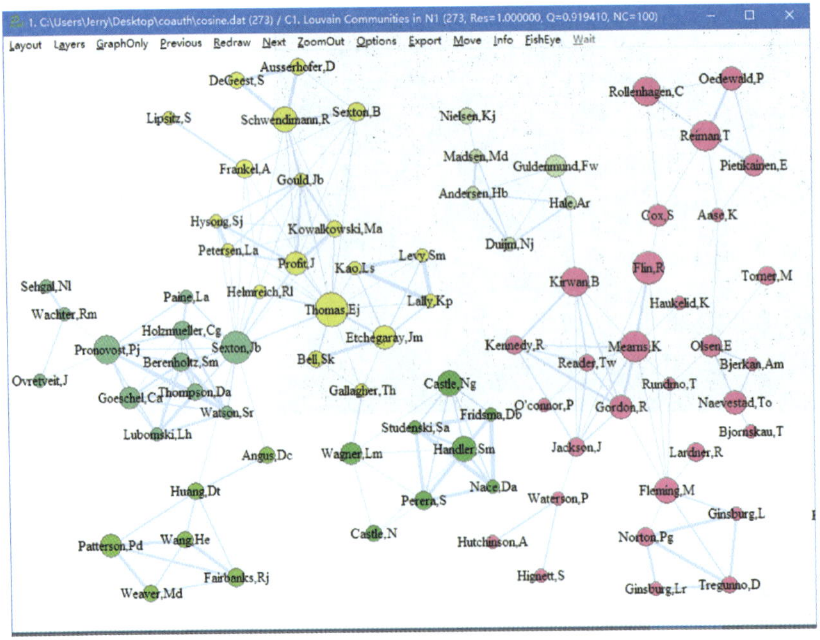

图 8.36　Pajek 中可视化 cosine. dat 文件

matrix. dbf 和 matrix. txt 为原始的出现矩阵，可以导入 SPSS 中进行分析。labels. sps 文件为 SPSS 中变量的标签，用于标记变量的具体名称。在 SPSS 中，点击菜单 File→open→data，读取 matrix. txt 文件。然后，在项目文件夹中直接点击打开 labels. sps 文件，并点击 Selection 将标签加载到文件中（图 8. 37）。最后，按照 SPSS 对出现矩阵的分析方法进行操作即可。

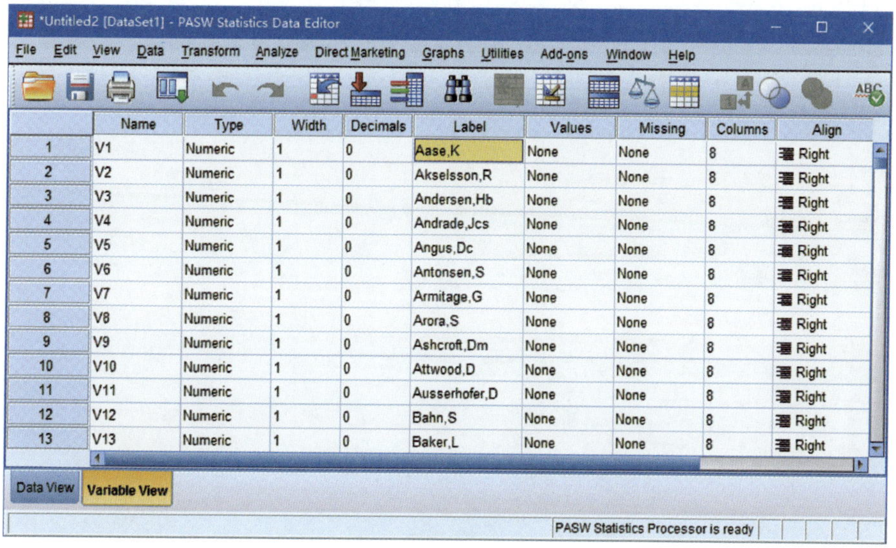

图 8. 37　Matrix. txt 和 labels. sps 导入 SPSS

补充资料

Web of Science 快速下载数据的转换。

2017 年新版的 Web of Science 数据库的结果界面，提供了快速保存（fast save）数据的功能。用户可以在 Web of Science 一次性导出 5 000 条结果。由于快速导出的数据并不是常用的数据格式，因此用户需要在使用之前进行数据转化。

Loet 在 2017 年 7 月份开发了 FS2Wos. exe[1] 小程序，可以将快速保存的结果

[1] FS2WoS. exe, This routine reads data saved using the "fast save" option in WoS. The data should be saved in the WIN format and the resulting file should be named "data. txt". The routine and the data have to be in the same folder. The routine outputs a file "wos. txt" in the plain text format of WoS and the files au. txt, ti. txt, and so. txt, separatelyhttp: //www. leydesdorff. net/software/fs2wos/

转换为文献计量分析常用的Web of Science格式。

FS2WoS使用步骤：

（1）通过Web of Science核心库检索，进入结果界面后，点击**5K**直接导出数据（图8.38）。

图8.38　新版Web of Science数据检索结果界面

（2）进入数据导出界面后，点击"发送"并将保存的数据命名为data.txt（图8.39）。将下载的数据与FS2WoS.exe软件放在一个文件夹中（图8.40）。

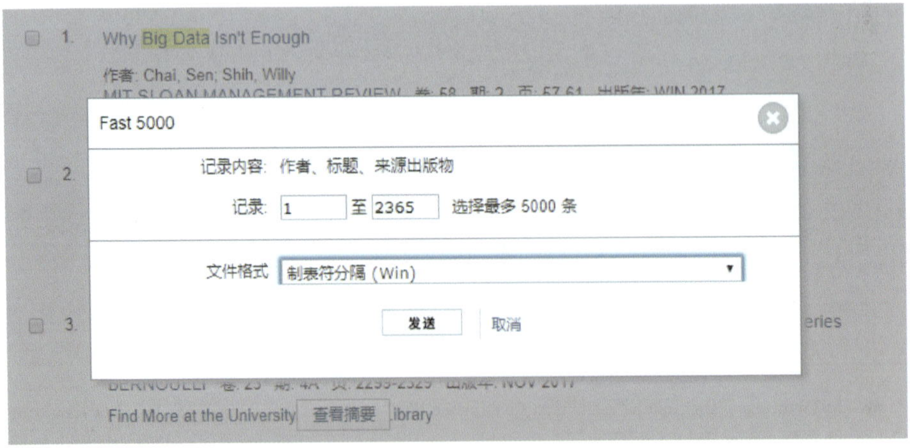

图8.39　数据导出界面

图 8.40　数据和软件准备

（3）双击 FS2Wos. exe 运行软件（当不能正常打开，可以单击右键尝试以管理员身份运行），打开后点击任意键运行（Press any key to continue...）。数据处理结束后，该窗口会自动关闭（图 8.41）。

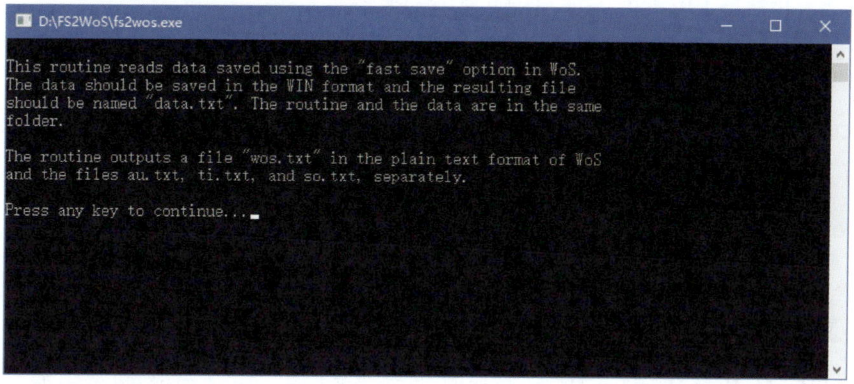

图 8.41　运行软件

（4）数据转换的结果如图 8.42 所示。主要生成的结果文件包括 au. txt（提取的作者信息列表）、so. txt（提取的期刊信息列表）、ti. txt（提取的标题信息列表）以及 wos. txt（数据转换为 Web of Science 纯文本格式）文件。

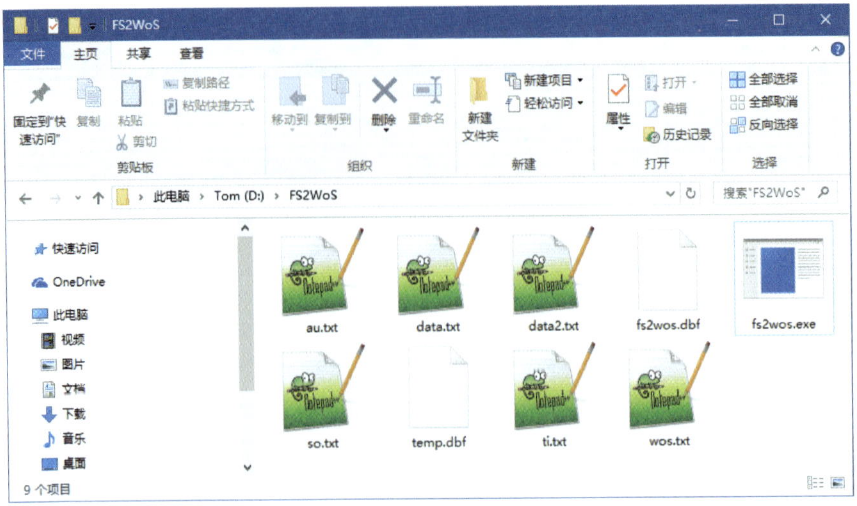

图 8.42　数据转换结果

8.3　STICCI. eu 增强科技文本数据一致性

8.3.1　STICCI. eu 下载和安装

STICCI. eu 全称为 Software tool for improving and converting citation indices - Enhancing uniformity，含义是提高和转换引证指标工具——增强一致性[1]。STICCI. eu 的主要功能是对文献数据集进行前处理和转换，实现对数据 Web of Science、Scopus、BibTeX、RIS 以及 CSV 的分析和转换。并可以对数据中存在的错误、重复、误拼以及各种名称的变化进行识别。

登录软件主页[2]（图 8.43），点击 Download 链接可以下载得到一个名为 STICCI. eu_ v2.0.2. zip 的压缩包。该软件不需要专门的安装，下载后对压缩包解压，再双击压缩包中 STICCIApp. exe 的文件就可以打开软件（图 8.44）。

---

[1] Gomez - Jauregui V, Gomez - Jauregui C, Manchado C, et al. Information management and improvement of citation indices [J]. International Journal of Information Management, 2014, 34 (2): 257 - 271.

[2] STICCI. eu 主页. http: //www. sticci. eu/

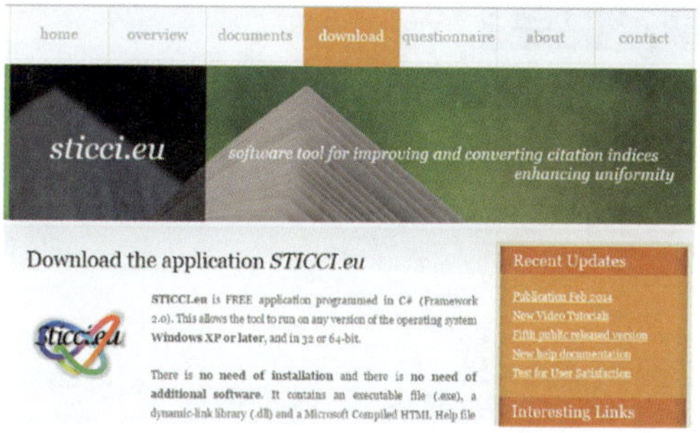

图 8. 43　STICCI. eu 软件主页

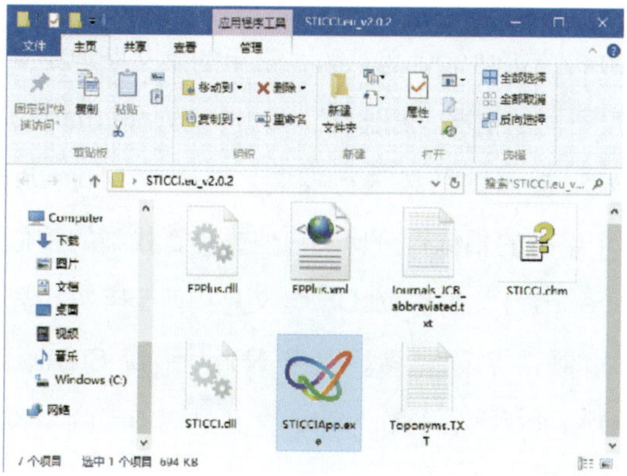

图 8. 44　解压后的 STICCI. eu 软件

8. 3. 2　STICCI. eu 数据处理和分析

数据导入

双击 STICCIApp. exe 打开软件，点击 Step1：Selecting Input files 界面中的 Add 来加载要处理的数据。例如，这里我们加载了 Andrew Hale 发表的 95 篇论文，软件会自动识别所加载数据的格式为 WoS（图 8. 45）。等待数据加载结束后，点击 Next Step 进入数据的分析界面。

相似性检索

数据加载后，点击 Next Step 进入数据的相似性检索页面，即界面 Step2：Searching similarities。在该页面中包含了被引作者、施引作者、期刊（全称/缩写）、引文等相似检索（图 8. 46 – 左）。在字符相似性比较的技术上，目前常见的技术有莱文斯坦距离（Levenshtein distance）、Soft TF – IDF 以及 Smith – Waterman

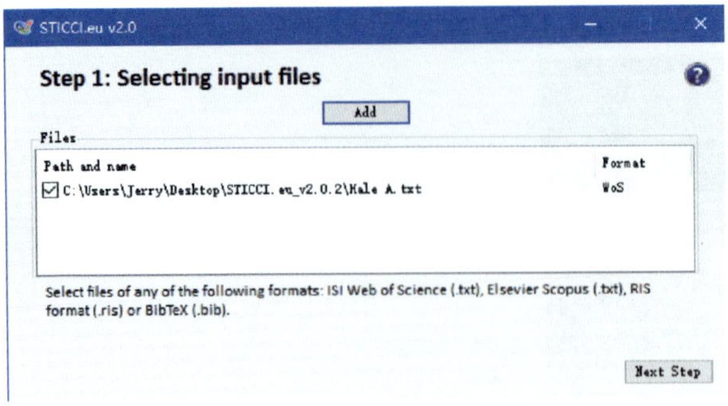

图 8.45　数据的加载

等方法。该软件的开发者 Valentin Gomez – Jauregui 等认为，常用的莱文斯坦距离测度相似字符的技术不太适合字符长度不同的情况，相比之下 Smith – Waterman 算法要更加合适。其提供了多个参数来对相似性结果进行控制。界面中 Minimum Similarity（%），简称 MS，含义是两个字符的相似百分比。该值越高，找到的相似结果越少。Maximum Length Difference（%），简称 MLD，含义是指两个字符相异的百分比。该值越大，则检索到的相似性字符越多。以及 Number of Starting Letters of a field concurring in different records，简称 NSL，含义是指不同的字段起始相同字母的数量。该数值越大，检索到的结果越少。

在默认参数下，我们以探测文献数据中包含的 cited authors 信息为例。点击 Cited authors 区域的 Show results，进入 Step3：Searching Cited authors 界面。此时，在该界面会出现软件对数据的基本处理过程（图 8.46 – 右）。

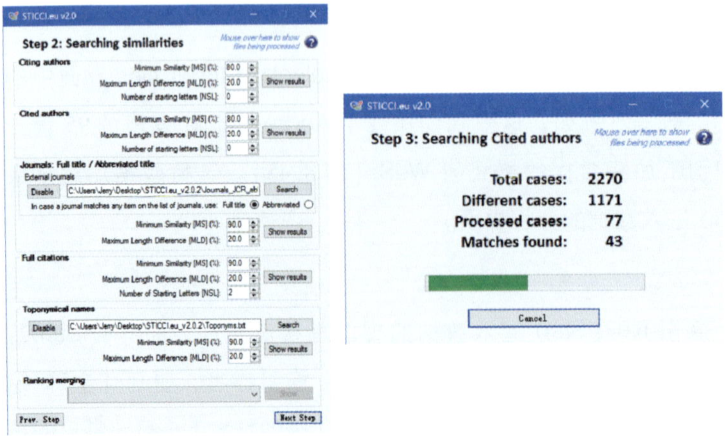

图 8.46　软件的相似性检索页面及相似处理过程

数据处理后，会得到 Step3：Selecting potential matches to apply 的提示（图 8.47），结果共分析得到了 965 条记录，有 206 条记录是相似的。此时需要用户判断软件的结果，若是相同的则不需要操作，对于软件识别错误的，用户只要点击信息列表前的 No 即可。处理结束后，点击页面底端的 Apply changes 即可完成相似记录的合并。

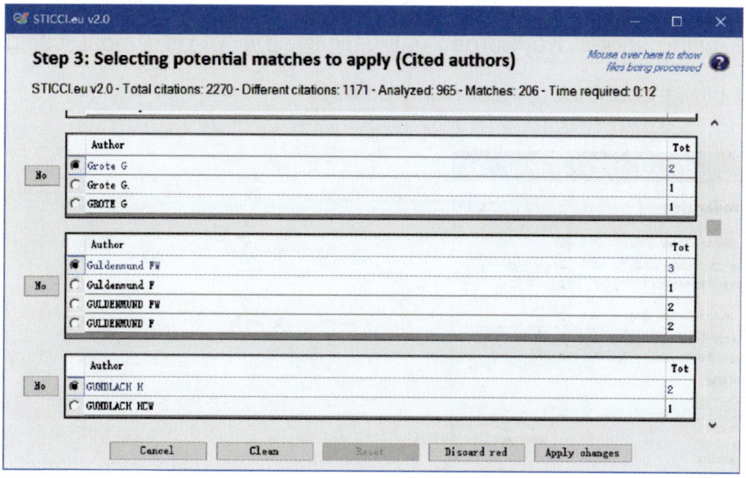

图 8.47　cited authors 相似探测结果

其他的相似性检索分析与 Cited author 一致，例如图 8.48 的结果是点击 Full citations 后 show results 分析得到的相似文献的列表。

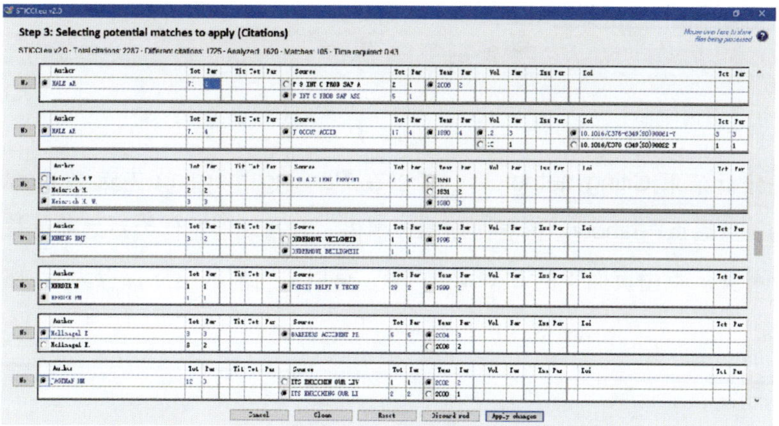

图 8.48　引证文献的相似性探测

检索结果处理

在对相似知识单元进行探测和合并后，可以在 Ranking Merging 中选择对应的知识单元进行描述性统计分析（图 8.49）。这里提供了作者统计（most cited authors、most citing authors、most citing + cited authors）、期刊统计（most cited Journals、most citing Journals、most citing + cited Journals）、时间统计（most cited years、most citing years）、关键词统计（most citing authors Keywords、most citing index Keywords）以及地理信息统计（most citing affiliations、most citing countries、most citing cities）。

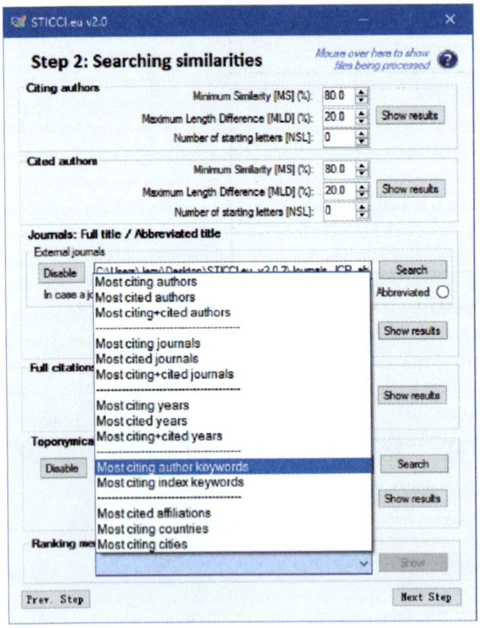

图 8.49　结果统计页面

例如，在分析结束 Citing author 后，可以在 Ranking merging 中选择 most citing authors，然后点击 show。该界面底端也提供了合并功能，作为对之前计算机处理结果的补充。点击页面下的 Export to file，可以将当前的结果保存为 txt 格式（图 8.50）。

结果导出

数据相似性处理结束后，点击 Next Step，进入数据的导出界面（图 8.51）。在该界面中提供了两个重要模块，一个主要用于对统计信息的导出（Statistics

图 8. 50　统计信息的预览

Exportation)，另一个主要是对当前处理后数据格式的转换（output File Exportation)。

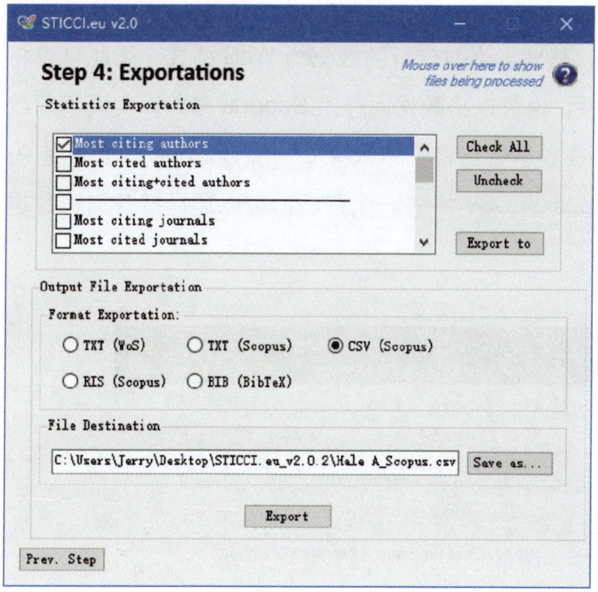

图 8. 51　数据导出界面

统计模块中能够导出在 Ranking merging 中显示的所有统计数据的 EXCEL 格式及图形。例如，在第一个模块中选择 Most citing author，然后点击 Export to，会将该结果保存在 EXCEL 中（图 8. 52)。

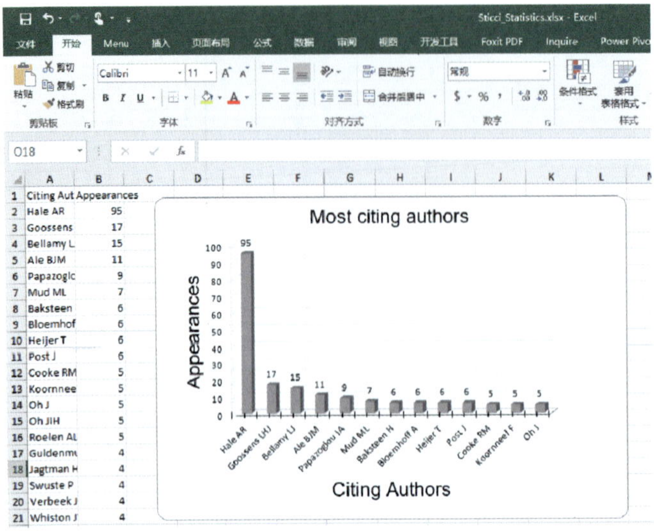

图 8.52　EXCEL 中展示的统计结果

在导出的格式中包含了 txt（WoS）、TXT（Scopus）、CSV（Scopus）、RIS（Scopus）以及 BiB（Bibtex）格式。当前分析的数据为 WoS 格式，因此可以将其保存为新处理后的 WoS 文件，也可以将数据保存为 Scopus 格式，实现不同数据库的格式转换。例如，我们在数据导出格式中选择 CSV（Scopus），然后点击 Export，结果就会保存为 Scopus 的 CSV 格式。保存后，可以选择打开浏览数据（图 8.53）。

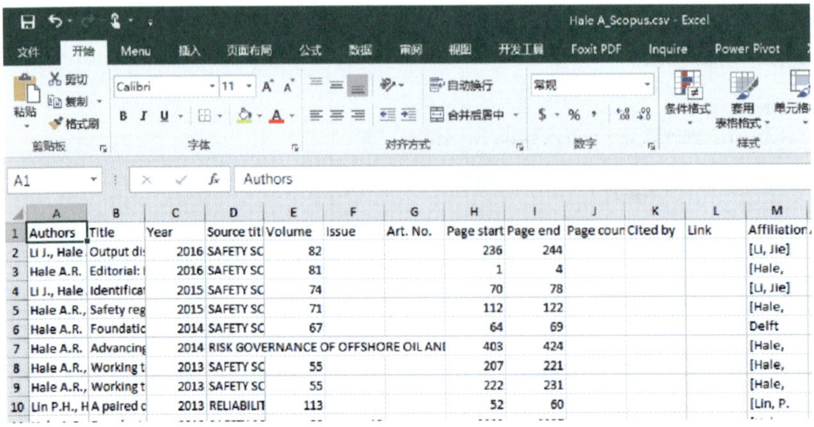

图 8.53　WoS 转换为 Scopus 数据

当然，该数据处理和转换方法也可以应用到原始数据为 Scopus 的处理过程中。Scopus 数据经过处理后可以保存为 WoS 格式，并导入常见的软件中做进一步分析。

8. 4　SATI 文献题录信息统计分析工具

8. 4. 1　SATI 下载和安装

SATI 全称为 Statistical Analysis Toolkit for Informetrics（文献题录信息统计分析工具），主要用于对常见数据库文献的题录信息进行科学计量分析。该软件的网页上提供了软件的程序包以及原始代码，用户可以根据自身的需求进行下载和使用。

登录 SATI 的主页（图 8. 54）[1]，提示“下载 SATI3. 2”和“下载 SATI 源代码”。对于需要编程和开发的用户可以下载源代码进行学习和修改，普通用户可以直接下载和安装 SATI3. 2。

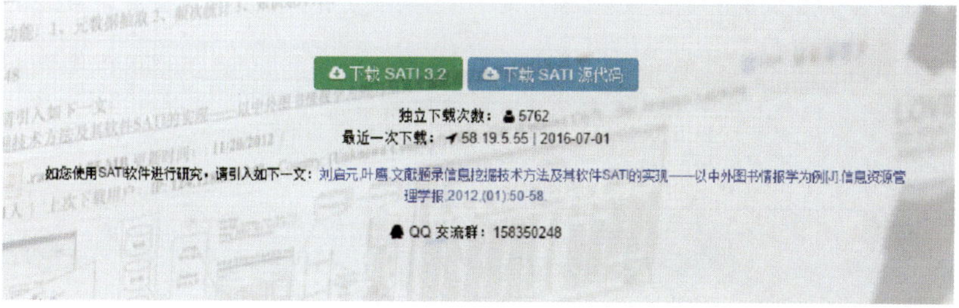

图 8. 54　SATI 软件主页

点击 SATI3. 2 后会得到压缩包 SATI3. 2. rar，解压这个压缩包会得到三个文件。双击 SATI3. msi 文件（图 8. 55），按照提示完成对 SATI 的安装。安装结束后，在桌面上会得到一个名称为“文献题录信息统计分析工具 – SATI 3. 2”的软件快捷启动方式。双击该快捷方式即可打开 SATI 软件（图 8. 56）。

[1] SATI 主页 . http：//liuqiyuan. com/#sati

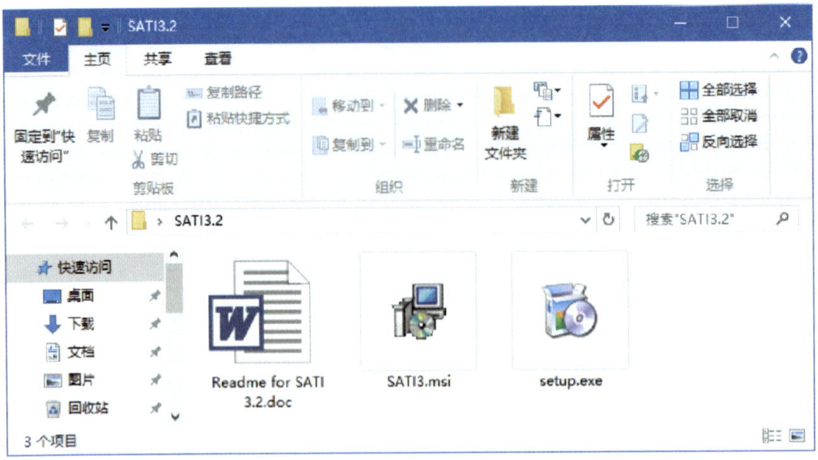

图 8.55　SATI 的安装包

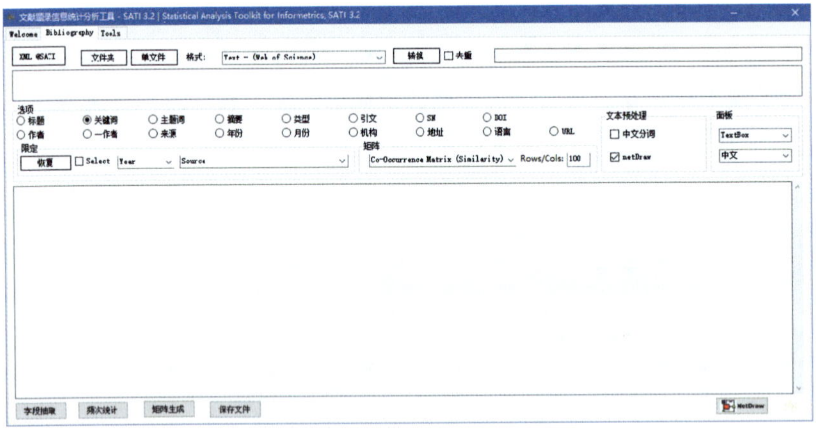

图 8.56　SATI 的主界面

8.4.2　SATI 数据处理和分析

SATI 对数据的分析可以分为 4 个主要步骤（图 8.57）：

（1）数据获取和题录格式转换。SATI 支持对 Web of Science（WoS）、EndNote（知网）、NoteExpress（万方）、NoteFirst（万方）、CSSCI（中文社科索引）格式数据的处理。将下载的数据导入后，可以进行除重并将数据格式转换成 SATI 专用数据文件（XML 格式）。

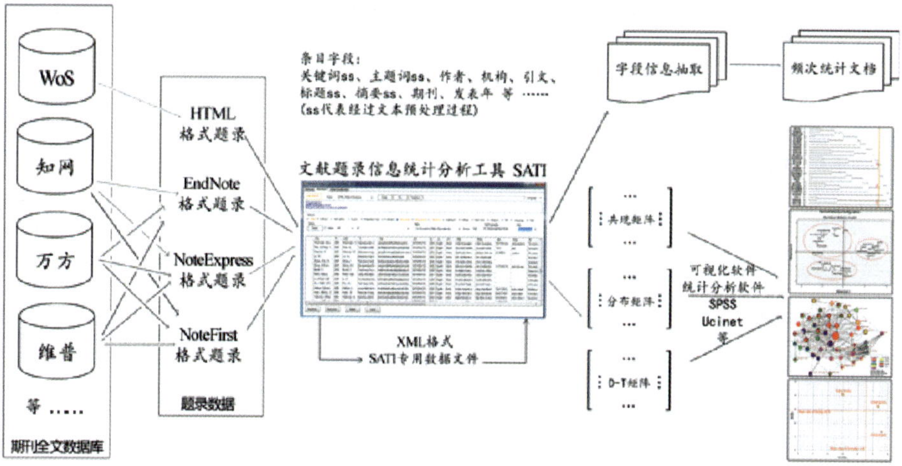

图 8.57　SATI 对数据的处理步骤❶

（2）字段信息抽取。在“选项”面板可以选择抽取标题、作者、第一作者、文献来源、出版年、关键词、主题词、摘要、机构、地址、文献类型、引文、语种、DOI 和 URL 等字段信息，并可保存为 . txt 文件。还可利用“限定”面板按照出版年和文献来源进行数据集合的限定，并在此基础上进行下一步的统计分析。

（3）知识单元频次统计。根据抽取到的字段信息，对条目元素（包括：关键词、主题词、作者、引文、机构、发表年、期刊、文献类型等）的频次进行统计和降序排列。同样可以按照时间和期刊对数据进行限定，生成相应频次统计文档，并可保存为 . txt 文本文件。

（4）知识矩阵构建。软件可生成三类共八种矩阵，包含“共现矩阵”、“频次矩阵”和“文档矩阵”。在软件界面的“矩阵”面板中，详细列出了可以生成的这八种矩阵。

共现矩阵：Co – occurrence Matrix（similarity）、Co – occurrence Matrix（Dissimilarity）、Co – Occurrence Matrix（Valued）、Co – Occurrence Matrix Binary。

频次矩阵：Frequency Count By Year（Fre）、Frequency Count By Year（Ratio）。

---

❶ 刘启元，叶鹰．文献题录信息挖掘技术方法及其软件 SATI 的实现——以中外图书情报学为例［J］．信息资源管理学报，2012，(01)：50 – 58.

文档矩阵：Document Term Matrix（Valued）以及 Document Term Matrix（Binary）。

下面对三类常见的矩阵详细介绍如下：

（1）词条矩阵。为消除多值共现矩阵中频次悬殊对统计结果造成的影响，SATI 采用 Equivalence 系数将多值矩阵转化为［0，1］区间取值的相似矩阵，在此基础之上再生成二值矩阵和相异矩阵。相似矩阵中的数字代表矩阵元素间的相似性，数值越大关联程度越强。又因相似矩阵中的 0 值过多，统计时容易造成误差过大，软件在此基础之上自动生成相异矩阵，即相似矩阵值与 -1 的和为相异矩阵元素的值。

相似矩阵：

$$E_{ij} = \frac{F_{ij}^2}{F_i F_j}$$

相异矩阵：

$$E_{ij} = 1 - \frac{F_{ij}^2}{F_i F_j}$$

E_{ij} 为相似矩阵元素的值，对于知识单元 i 与 j，F_{ij} 为 i 与 j 的共现次数，F_i 为 i 出现的总频次，F_j 为 j 出现的总频次。

（2）频率分布矩阵。在 SATI 中用户可自行设定知识单元数，生成知识单元的逐年分布矩阵（分频次矩阵和频率矩阵两种）。分布矩阵的行与知识单元元素对应，列与发表年相对应。其中，频次矩阵元素值为知识单元在某年出现的频次，频率矩阵元素的值（如下式）为知识单元在某年的频次与当年所有知识单元频次总和的商：

$$R_{ij} = \frac{F_{ij}}{\sum_{k=1}^{n} F_{kj}}$$

R_{ij} 为频次分布矩阵元素值，F_{ij} 为第 i 个元素在 j 年的频次，F_{kj} 为第 k 个元素在 j 年的频 次，共有 n 个待分析元素。

（3）文档词条矩阵。依据文本预处理结果，生成文档——知识单元矩阵分多值矩阵和二值矩阵两种，包括文档——标题词矩阵、文档——关键词矩阵、文档——主题词矩阵和文档——摘要词矩阵。多值矩阵元素的值为知识单元在文档中出现的频次，二值矩阵元素的值为其布尔值。文档知识单元矩阵的行与文档 ID 相对应，列与知识单元相对应，文档知识单元矩阵可用于文本向量的构建，利用向量空间模型（VSM）做进一步数据挖掘。

多值矩阵：

$$A_{ij} = F_{ij}$$

二值矩阵：

$$A_{ij} = \begin{cases} 0, F_{ij} = 0 \\ 1, F_{ij} > 0 \end{cases}$$

待生成 Excel 格式和 .txt 文本格式的矩阵数据后，可将相应矩阵文档导入数据分析软件（如 SPSS、Ucinet、Netdraw 等），以生成各种基本图表、聚类图、多维尺度分析图、共现网络知识图谱等。

下面以案例形式给出对中国知网数据的分析：

案例数据使用的文献为李小文院士在中国知网中被收录的成果❶。数据采集于 2016 年 7 月 8 日，成果主要以李小文院士在北京师范大学期间与同事和学生发表的期刊文献为主，数据采集的格式为 Endnote 格式。分析的初步结果得到：知网收录小文老师的文献时间为从 1991 年至 2015 年，小文老师及其团队的论文主要发表在《遥感学报》、《中国科学（D 辑：地球科学）》、《地球科学进展》以及《自然科学进展》等学术期刊上。

下面使用 SATI 对得到的中国知网 Endnote 数据进行分析。

（1）打开软件，选择分析的格式为 Endnote -（推荐知网），如图 8.58 所示。由于目前我们下载的数据包含一个 txt 文档，因此点击“单文件”来加载该文档，如图 8.59 所示。

（2）数据加载后，在软件界面中勾选“去重”，并点击转换。转换会提示将原始的文档转换为 XML 格式，并默认与原始的文档保存在同一个文件夹下（图 8.60）。例如，本案例数据在转换结束后，会有下面的提示：

C：\ Users \ Jerry \ Desktop \ 李小文院士 \ XML_ SATI. xml 去重的 XML 文档生成成功！

---

❶ 武夷山．大家博友：纪念李小文院士博文集/李杰．李小文老师的学术图谱［M］．北京．科学普及出版社．2015.

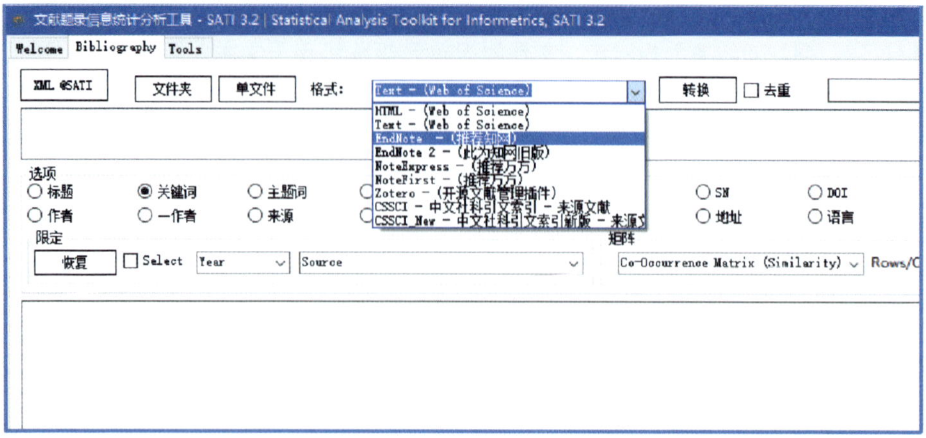

图 8.58　选择要分析的数据格式

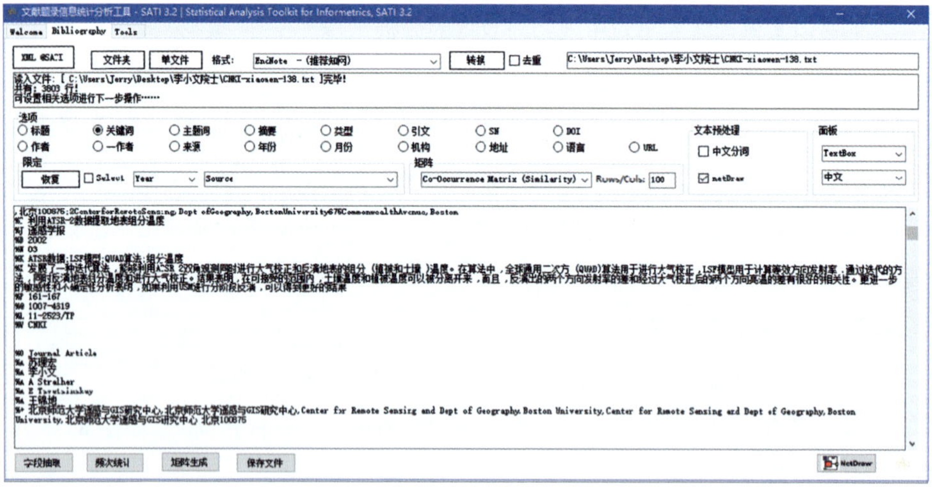

图 8.59　数据加载结果

Congratualtions!

XML file has been generated scuuessfully!

转换后，软件界面数据的显示如图 8.60 所示。此时可以对数据进行分析。

（3）提取作者合作的原始矩阵。数据加载后，需要对数据分析的参数进行设置，如图 8.61 所示。在“选项”模块选中“作者”，然后在“矩阵”模块中选择“Co－Occurrence Matrix（Valued）”，Rows/Cols 为默认值 100（表示分析将生成 100 × 100 的矩阵）。

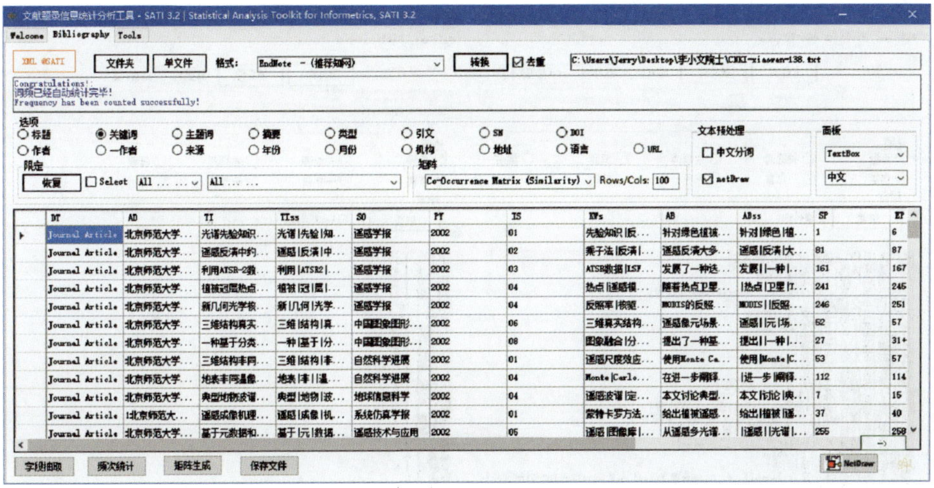

图 8.60　数据转换结果

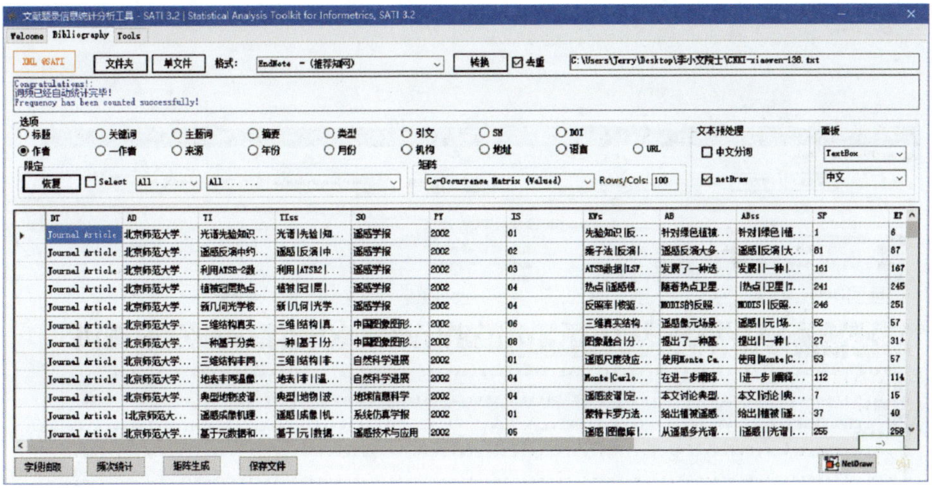

图 8.61　作者信息抽取的参数配置

参数设置好后，依次点击软件界面底端“字段抽取”（图 8.62）、“频次统计”（图 8.62）和“矩阵生成”。最后，得到了作者合作的原始矩阵（图 8.63）。矩阵生成结束后，软件会自动打开一个 EXCEL 表格，并将结果在 EXCEL 中进行显示（图 8.64）。

（4）原始矩阵的分析。上面步骤得到的原始矩阵可以导入 SPSS 和 Ucinet 等

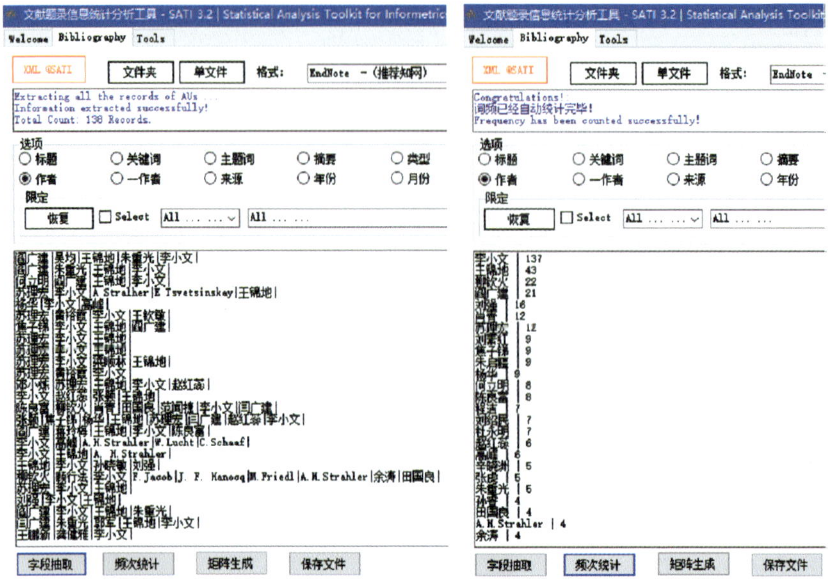

图 8.62　作者字段抽取和频次统计结果

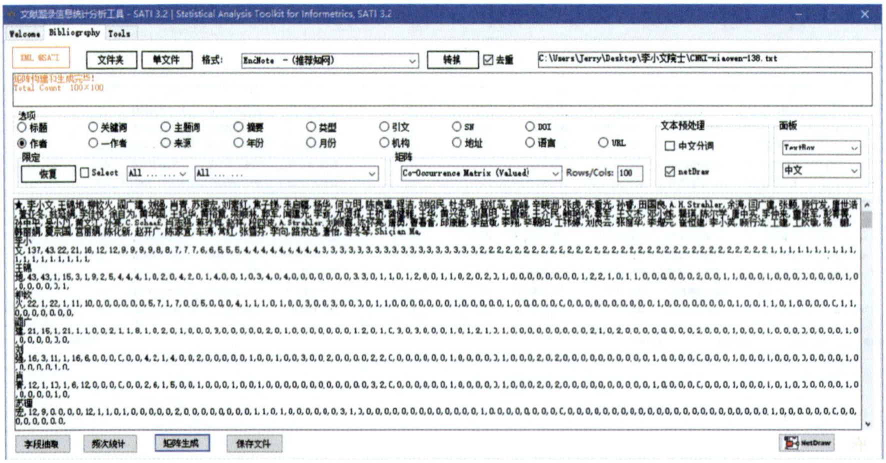

图 8.63　SATI 中矩阵的显示

软件中分析。需要特别注意，高版本的 EXCEL 表格有时不能使用 Ucinet 成功读取，这里建议将原始矩阵的 EXCEL 保存为 EXCEL97－2003 格式。

下面借助 Ucinet 和 Netdraw，来可视化上面得到的作者合作矩阵。

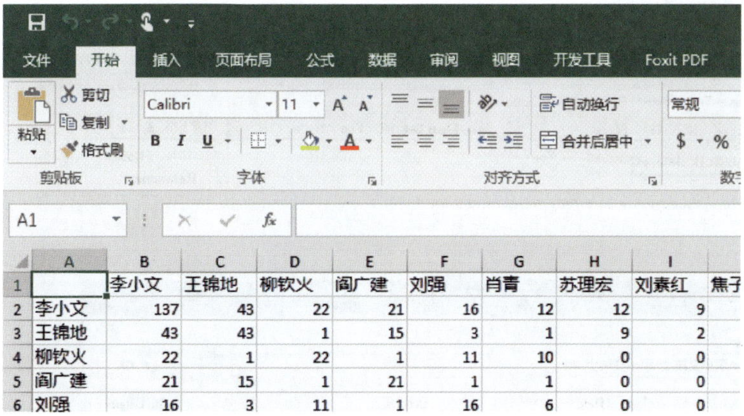

图 8. 64　EXCEL 中矩阵的显示

打开 Ucinet 软件，点击 ▦ 打开读取 EXCEL 矩阵的界面（图 8. 65）。在 Matrix Editor 界面中，依次点击 File→Save，将文件保存为“李小文院士 . ##h”。

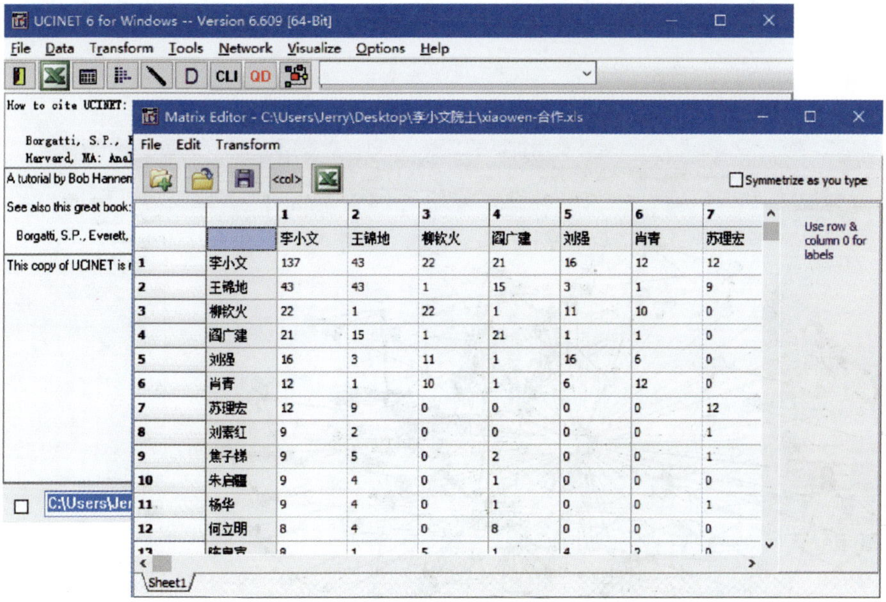

图 8. 65　在 Matrix Editor 中读取并打开 EXCEL 矩阵

打开 NetDraw 软件，点击菜单快捷功能“Open UCINET Network dataset”（图 8. 66）。按照提示加载 UCINET 数据，数据加载后点击 OK，得到了初步的网络可视化结果（图 8. 67）。

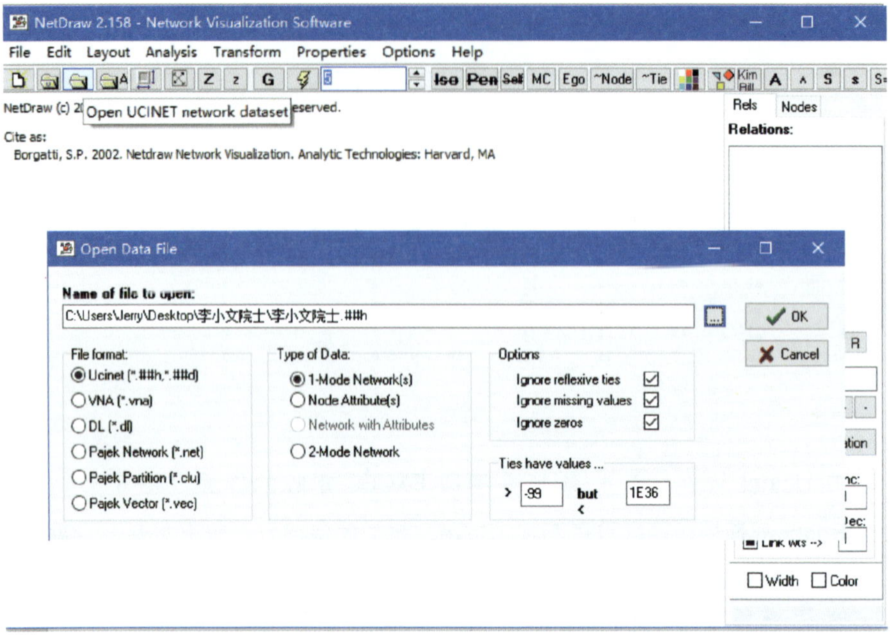

图 8. 66　在 NetDraw 中读取 Ucinet 文件

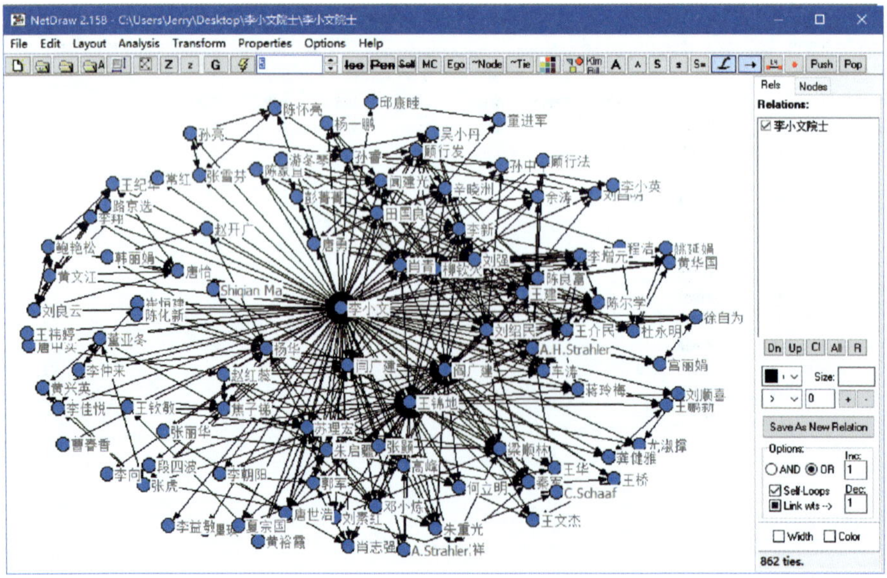

图 8. 67　NetDraw 对 UCINET 文件的可视化

为了使得可视化结果更加清晰和美观，可以进行如下处理：

点击快捷菜单的→按钮，可以去掉网络中边的箭头；在菜单栏中依次点击 Properties→lines→color/size/style 可以来调整边的属性（包括颜色、大小和样式）；在菜单栏依次点击 Analysis→centrality Measures 来计算节点的中心性等信息，并通过步骤 Properties→Nodes→Symbols→Color/size/Shape 来调整节点的属性。待得到结果满意后，可以依次点击 File→Save Diagram as→Metafile/Bitmap/Jpeg 来保存可视化结果（图 8.68）。图中节点越大度越大，合作论文量越多则线越宽。

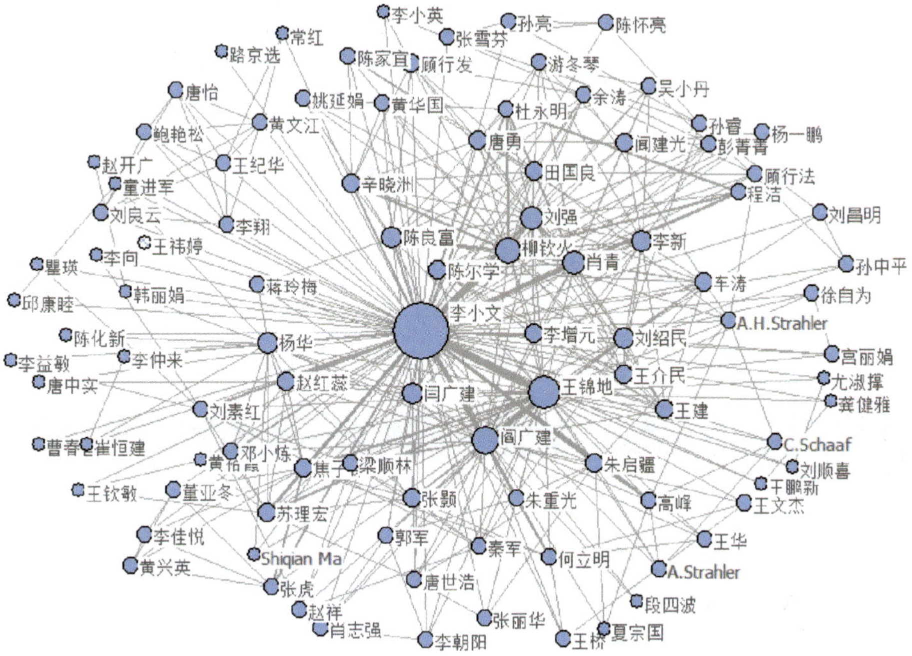

图 8.68 作者合作网络

按照类似的步骤，可以得到关键词的共现网络如图 8.69 所示。

把 EXCEL 矩阵导入 UCINET，再把 UCINET 产生的###h 文件导入 NetDraw 进行可视化的过程中，原始节点大小的信息并没能在可视化中展现出来。为了让节点的大小按照频次显示，可以在 NetDraw 界面的菜单中，依次点击 Transform→Node attribute Editor。进入 Node attribute Editor 界面后，点击菜单栏 Edit→

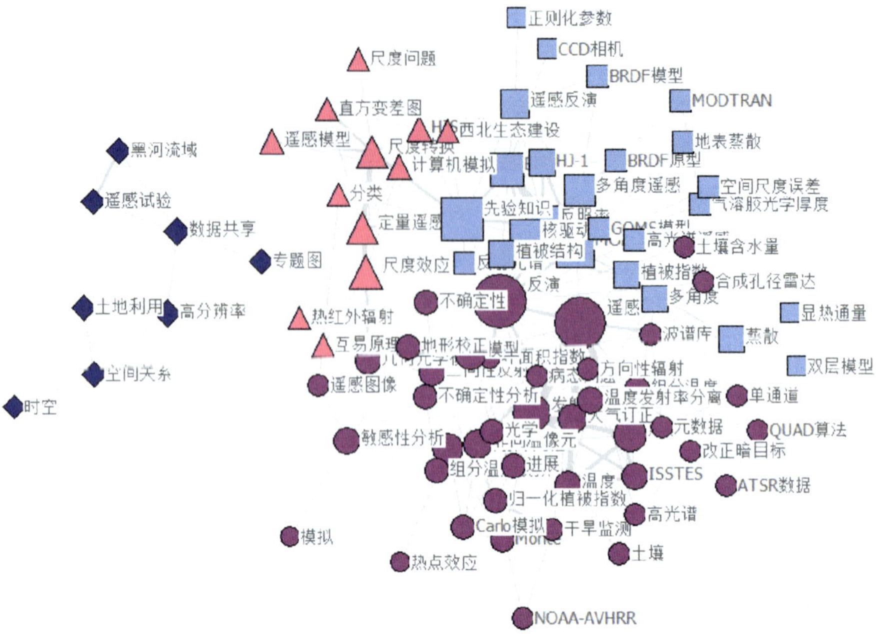

图 8.69　关键词共现网络（节点大小 = 度值）

Insert→Columns to the right/left。在界面中增加列，并复制节点频次信息到新加列中（如图 8.70 所示）。最后，点击 File→Update & Exit，保存和退出该界面。

图 8.70　新加入 Freq 列

然后，再回到 NetDraw 软件的可视化界面下，并依次点击菜单栏的 Properties→Nodes→Symbols→size→Attribute – based→Select attribute（Freq）→Apply。最后，得到节点大小按照关键词词频的网络分布如图 8.71 所示。若使用默认布局时，网络的类别不明显。可以在菜单栏中点击 Layout→Group by attribute→Categorical Attribute 来进行网络布局（图 8.72）。为了解某一个特定节点与网络中其他节点的关联情况，可以在快捷菜单中点击 Ego 或者依次选择菜单栏中的 layout→Ego network（new）/（simple）。如图 8.73 所示，为网络中词频最高的两个关键词的 Ego 网络。

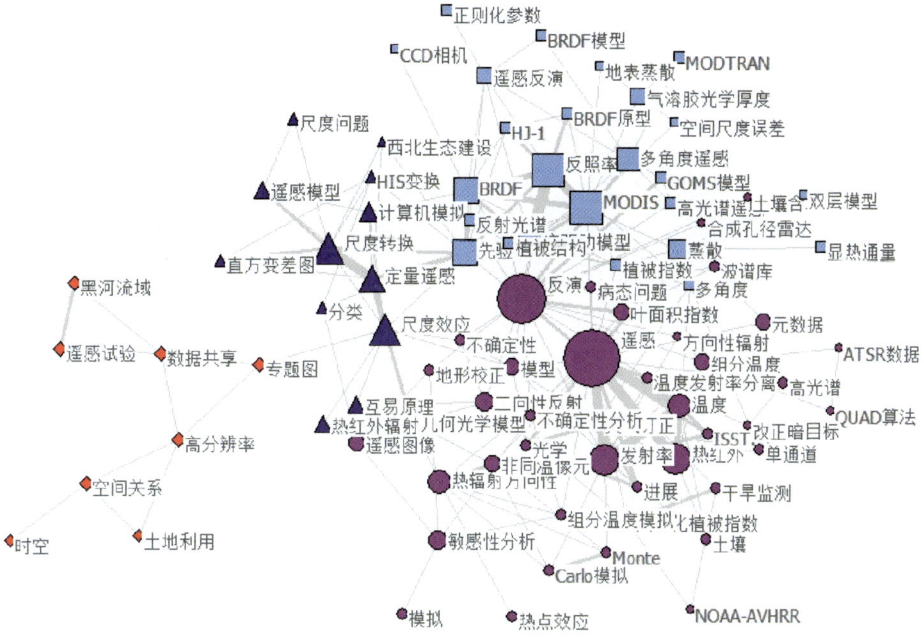

图 8.71　关键词共现网络（节点大小 = 词频）

也可以在 NetDraw 界面中依次点击 File→Save data as→Pajek→Net/Clu/Vec file，以获取网络的关系文件、聚类文件和节点属性文件，并将得到的这三个文件读入 Pajek 进行可视化分析（如图 8.74 所示）。

此外，在 SATI 中还可以得到所分析单元的年度分布矩阵。具体的步骤为：在 SATI 的矩阵模块中选择 Frequency count by year（Fre），然后依次点击“字段抽

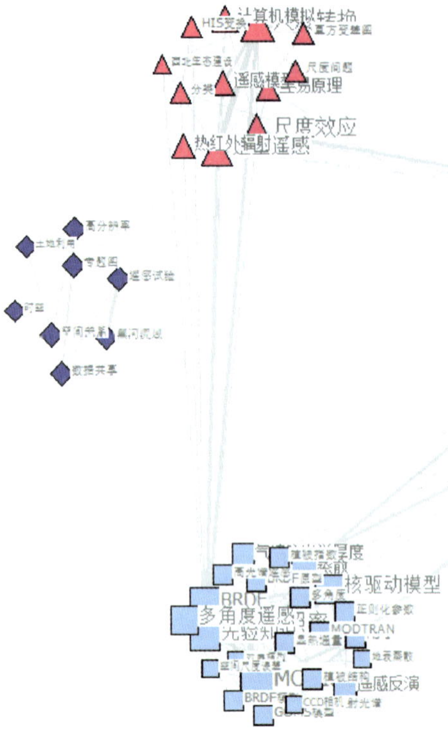

图 8.72　Categorical 布局

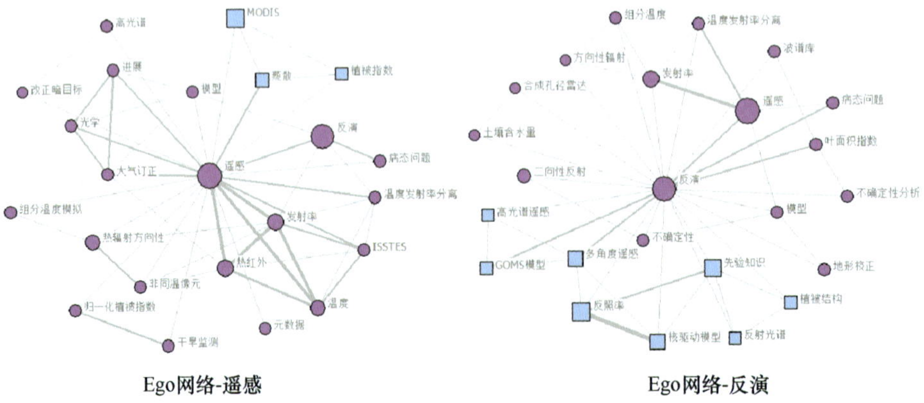

图 8.73　特定节点的 Ego 网络

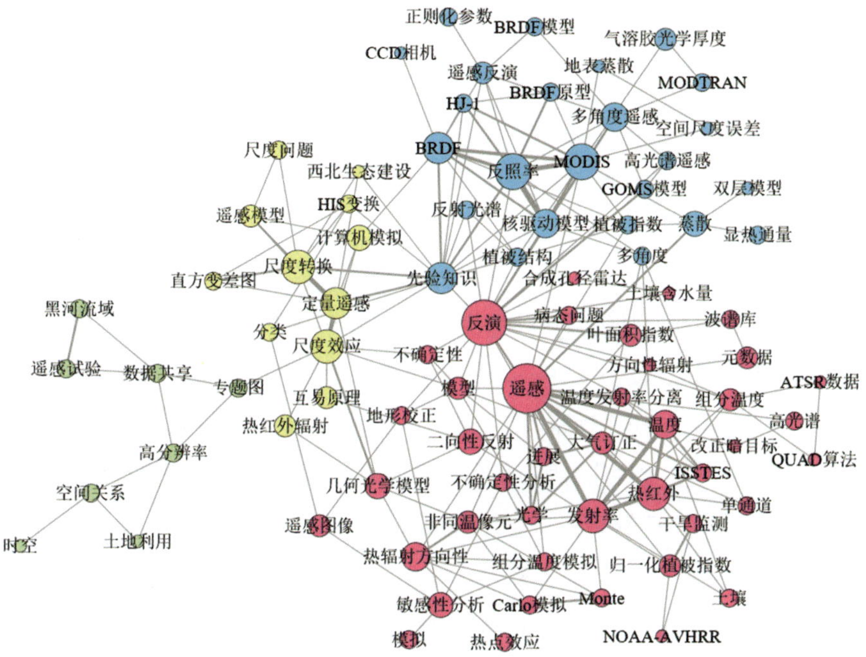

图 8.74　Pajek 中对共词网络的可视化❶

取”、“频次统计”和“矩阵生成”，得到知识单元的年度分布矩阵（如图 8.75 所示）。通过该年度分布矩阵，可以进一步绘制知识单元随着时间推移的出现频次趋势。

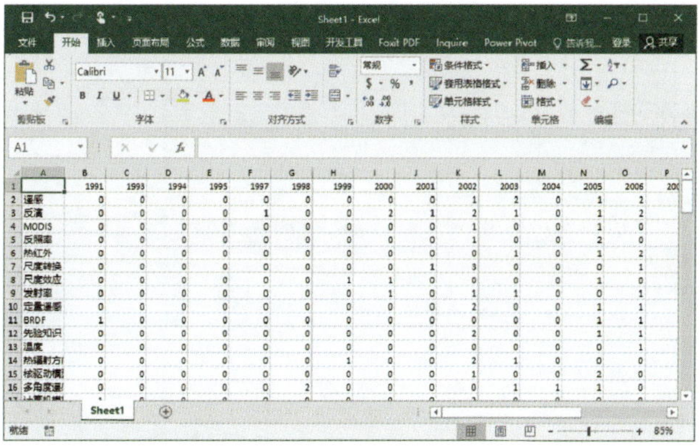

	A	B	C	D	E	F	G	H	I	J	K	L	M	N	O
1		1991	1993	1994	1995	1997	1998	1999	2000	2001	2002	2003	2004	2005	2006
2	遥感	0	0	0	0	0	0	0	0	0	1	2	0	1	2
3	反演	0	0	0	0	1	0	0	2	1	2	1	0	1	2
4	MODIS	0	0	0	0	0	0	0	0	0	1	0	0	1	0
5	反照率	0	0	0	0	0	0	0	0	0	1	0	0	2	0
6	热红外	0	0	0	0	0	0	0	0	0	0	1	0	1	2
7	尺度转换	0	0	0	0	0	0	0	0	1	3	0	0	0	1
8	尺度效应	0	0	0	0	0	0	1	1	0	0	0	0	1	0
9	发射率	0	0	0	0	0	0	0	1	0	1	1	0	0	1
10	定量遥感	0	0	0	0	0	0	0	0	0	2	0	0	1	1
11	BRDF	1	0	0	0	0	0	0	0	0	0	0	0	1	1
12	先验知识	0	0	0	0	0	0	0	0	0	2	0	0	1	1
13	温度	0	0	0	0	0	0	0	0	0	0	0	0	0	1
14	热辐射方(	0	0	0	0	0	0	1	0	0	2	1	0	0	0
15	核驱动模	0	0	0	0	0	0	0	0	0	1	0	0	2	0
16	多角度遥	0	0	0	0	0	2	0	0	0	0	1	1	1	0

图 8.75　关键词词频的年度分布

❶ 若在 Pajek 中可视化得到的网络需要去掉箭头，可以在菜单栏中依次点击 Network→Create new Network→Transform→Arcs – > Edges→All→Remove multiple lines 选择 4。

8.5 Bicomb 书目共现分析系统

8.5.1 Bicomb 下载和安装

书目共现分析系统（Bibliographic Items Co - occurrence Matrix Builder 简称 Bicomb），是由中国医科大学医学信息学系崔雷教授和沈阳市弘盛计算机技术有限公司合作开发的用于对文献信息进行统计分析的软件。该软件能处理的数据库包含了 PubMed、SCI、CNKI、万方等传统数据库以及用户自建的数据库，但对于从不同数据库所采集的数据会存在一些格式要求的差异。在 Bicomb 中，可以分析从 PubMed 获取的 XML 格式数据、来自 Web of Science 中的纯文本数据（全记录 + 参考文献）以及来自于中国知网和万方的 notefirst 格式数据。对于用户自建的数据集，需要在分析之前进行“格式定义”。

登录软件主页，并点击页面的“下载安装”（图 8.76），分别下载 Bicomb2 和 bde - install 两个文件❶。解压缩后，先安装 bde - install，布置好环境，然后解压缩 Bicomb2 文件即可开始使用。

图 8.76 Bicomb 软件下载页面

❶ 书目共现分析系统（Bicomb）主页 . http：//www. cmu. edu. cn/bc/

解压文件后，直接点击 Bicomb2. exe 即可打开软件（图 8. 77）。软件界面的左侧显示了软件的基本分析功能、流程，以及开发者的基本信息。软件的工作区主要包含了项目信息及其需要执行的分析标签（项目、提取、统计和矩阵）。

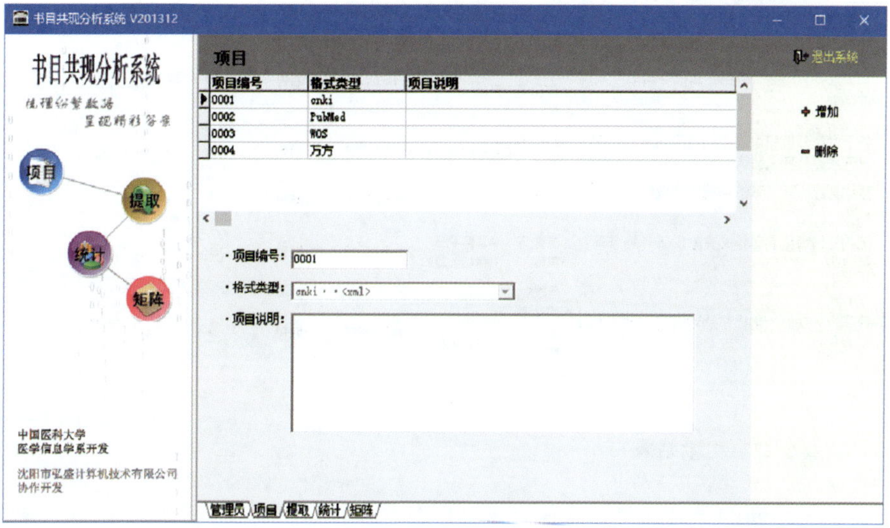

图 8. 77　Bicomb 软件界面

8. 5. 2　Bicomb 数据处理和分析

2016 年 7 月 11 日，从 CNKI 数据库检索主题为 Bicomb 的论文，共得到 188 篇（如图 8. 78 所示）。在数据检索结果页面，依次点击导出/参考文献，最后将数据保存为 NoteFirst 格式。

在 Bicomb 中按照其设计的基本步骤进行分析：

（1）新建项目。在软件界面中，点击右侧的“增加”。然后在中间界面，按照要求输入项目编号（编号只允许使用数字或字母）、格式类型（包含 CNKI、PubMed、WoS 和万方）和项目说明（图 8. 79）。项目建立完成后，会在 Bicomb2 的文件目录下产生一个以项目标号 001 命名的项目文件夹。该项目文件夹，可以存储后续分析过程中产生的结果文件。选中项目，点击该界面右侧的“删除”按钮可以删除项目。

在项目建立后，可以将 CNKI 中获取的 NoteFirst 数据直接复制到 001 文件中。需要注意：若为单文档，可以直接放在 001 文件夹下；若为多文档，可以在 001

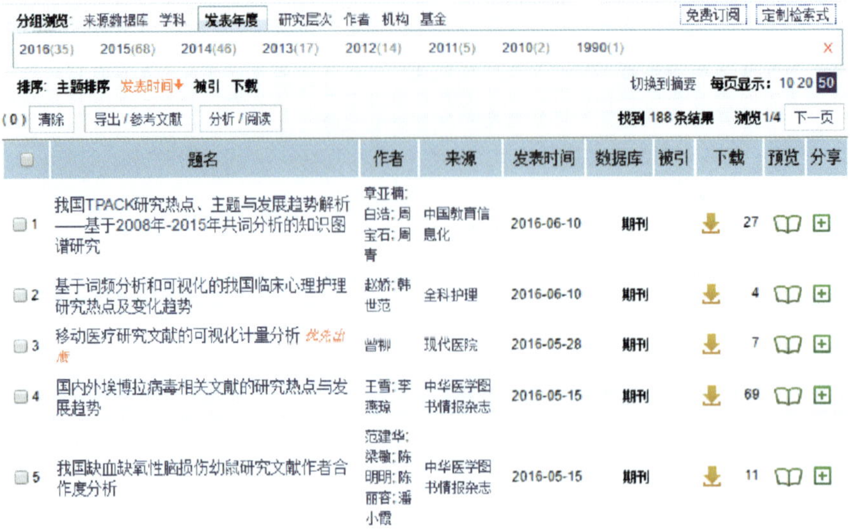

图 8.78　案例数据检索结果

中再建立一个新的子文件夹，来保存多文档数据。

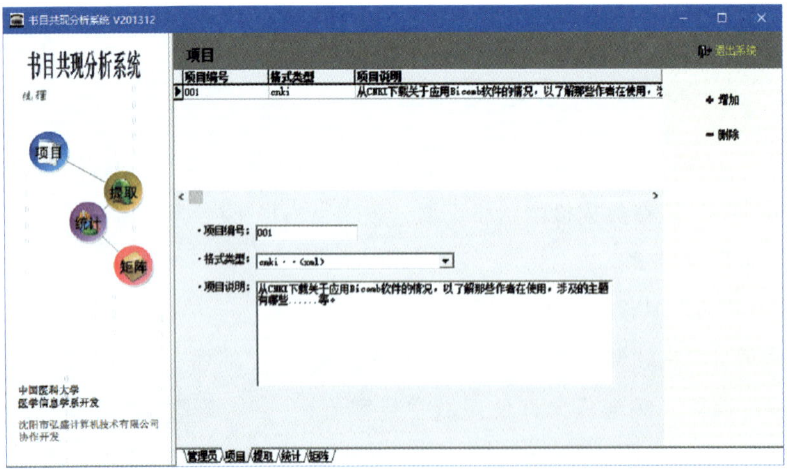

图 8.79　新建项目

（2）项目字段的提取。点击页面底端的提取标签，切换到数据的提取界面。提取界面可以实现对数据的加载、知识单元的提取和批量修改。

点击界面右侧的“选择文档”，定位 001 项目文件夹中的 txt 文件。然后，点击“提取”来得到各个字段的基本抽取结果（图 8.80）。提取结束后，可以在关键字段中选择查看作者、期刊名、标题、发表年代、引文等知识单元信息。该步骤作为初步抽取信息结果，仅仅包含文章号和值两列。若需要使用其他软件配合进行分析，可以点击右侧“导出”功能，将文件保存为 txt 或 xml 格式。若要删除某个字段，可以点击“摘除”按钮（图 8.81）。例如，文档中存在一些无意义的词汇，可以通过该方式直接删除掉。若字段中存在一些需要修改和更正的信息，可以点击“修改”按钮来实现对关键字段的整体替换和局部替换（图 8.82）。

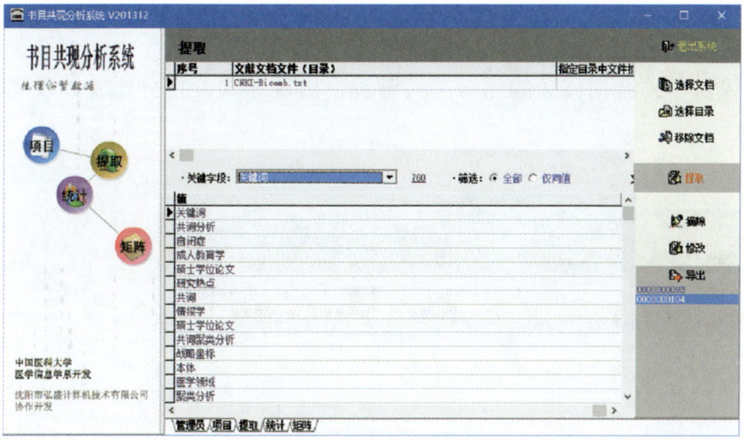

图 8.80　字段的提取

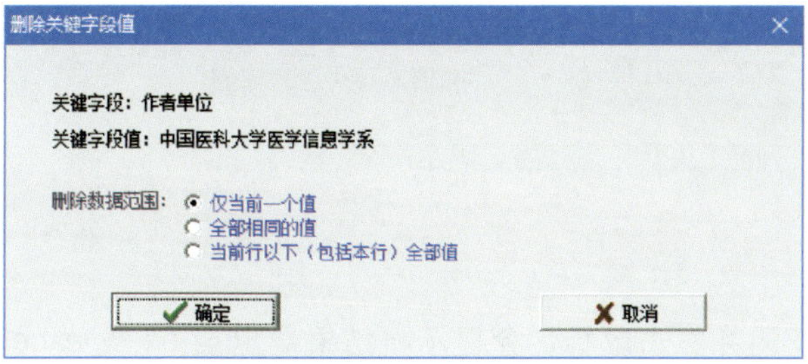

图 8.81　删除字段值功能

（3）字段信息抽取成功后，点击页面底端的“统计”进入数据的频次分析界面（图 8.83）。在该界面“关键字”中选择需要分析的字段，如这里以分析关键词为例。在“关键字”后选择关键词后，点击 Σ 统计，可得到关键词的词频分

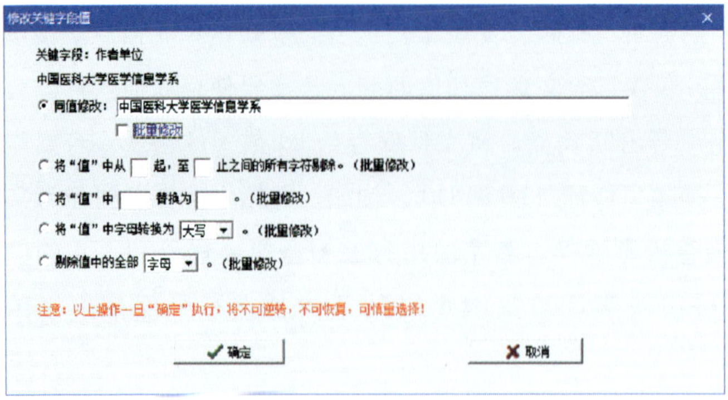

图 8.82　修改关键词字段值

布。分析结果中包含了关键词词频的序号、关键词、出现频次、百分比%以及累计百分比。

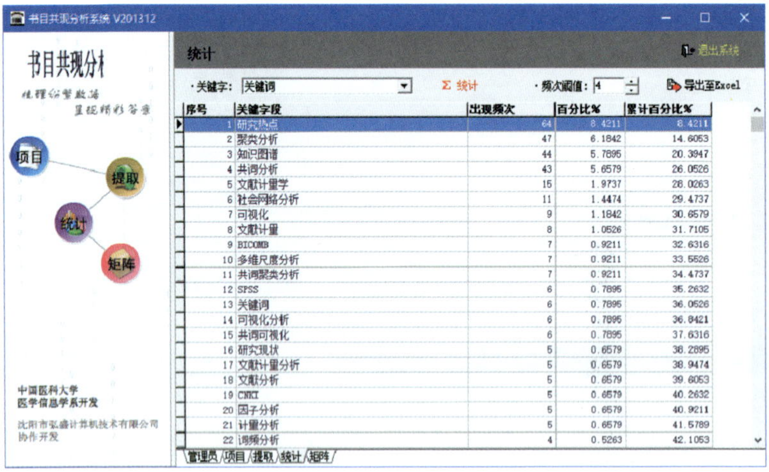

图 8.83　关键词词频分析

在该界面，选中某个关键词并右击鼠标，会提示将结果导出至 txt 或 excel（图 8.84）。选择后，软件会将所选择关键字段的原始文献信息导出，并自动打开（图 8.85）。

在软件界面中，可以根据实际的需要来导出词频的分布结果。例如，在"频次阈值"中输入 4，然后点击导出至 Excel，导出词频大于等于 4 的关键词词频结果到 Excel 中（图 8.86）。

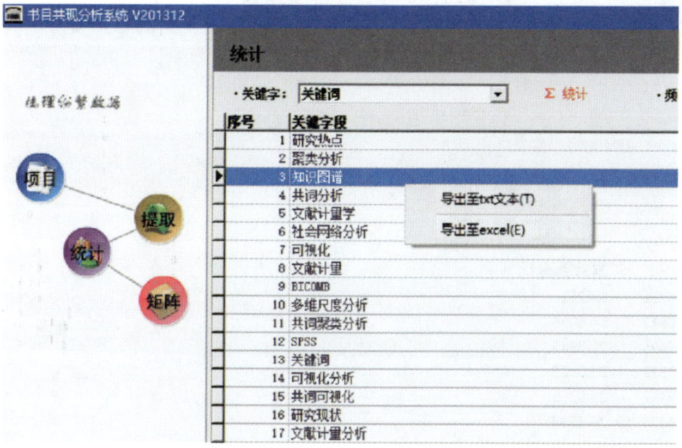

图 8.84　关键字段的原始文献的获取

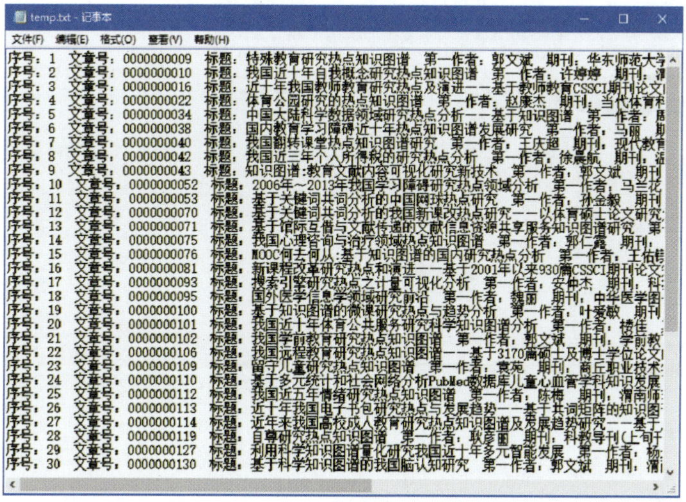

图 8.85　关键字段原始文献的信息

（4）提取了关键词词频结果后，点击页面底端的“矩阵”标签，进入矩阵的生成界面。根据上一步的分析，关键词的词频范围为 1－64。参考关键词的词频分布，这里选取所分析的关键词词频范围为 4－64，然后点击“生成”以得到词篇矩阵（图 8.87）。分析结束后，点击“导出矩阵至 txt”，将结果保存到 txt 文档中。

在分析得到词篇矩阵的基础上，再依次点击“共现矩阵”、“生成”以得到共词矩阵（图 8.88）。得到共词矩阵后，点击“导出矩阵至 txt”保存结果。

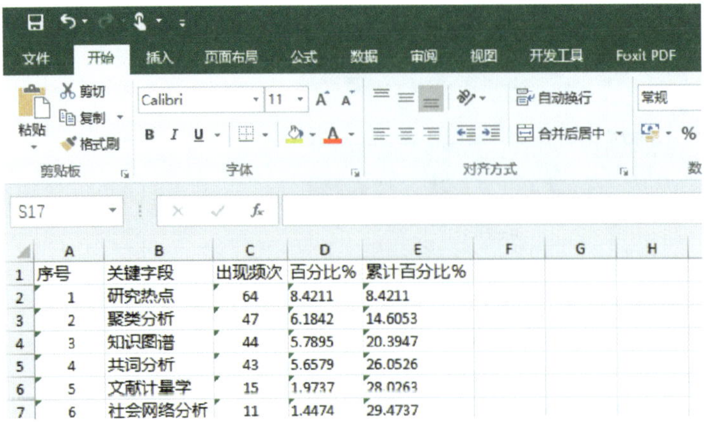

图 8. 86　满足一定阈值的关键词导出到 EXCEL

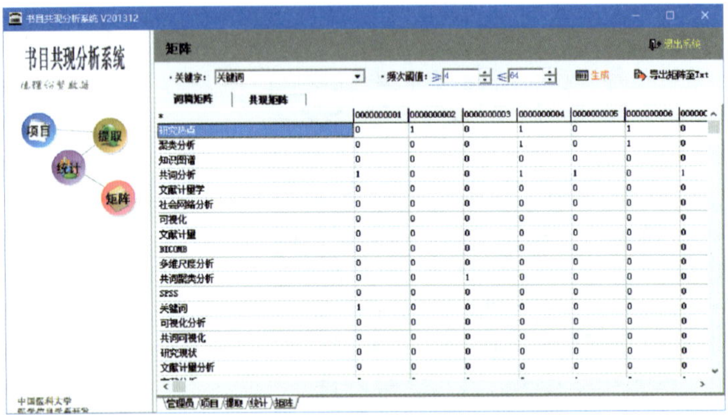

图 8. 87　提取词篇矩阵

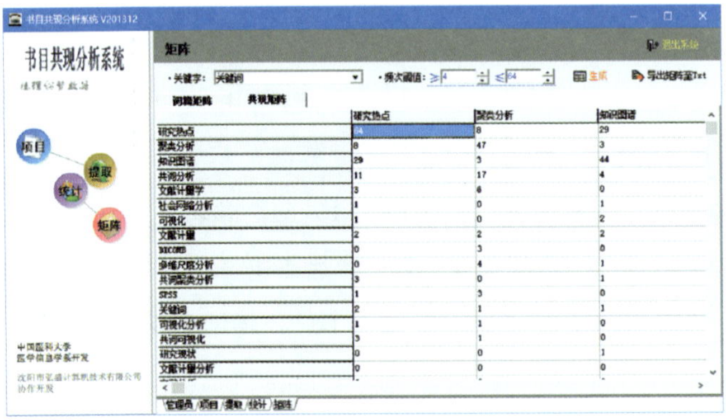

图 8. 88　共现矩阵的生成

（5）矩阵分析。使用 Bicomb 可以生成两种矩阵，分别为词篇矩阵（非对称的 0－1 矩阵）和共现矩阵（对称矩阵）。对不同类型矩阵的处理上，有研究表明作为非对称的矩阵——词篇矩阵，可以直接导入 SPSS 中进行层次聚类，而共现矩阵则不能直接导入 SPSS 进行聚类分析。

词篇矩阵导入 SPSS 进行分析的步骤（这里以 SPSS18. 0 PASW 为例）：

首先，打开 SPSS，并在菜单栏中点击 File→open→data→选择 Files of type 为 Text（＊. txt，＊dat）。进入 Text Import Wizard－Delimited step 后，在 step 2 of 6 中的 Are Variable names included at the top of your file 中选择 Yes，step 4 of 6 时选择 Tab，step 5 of 6 中的 Variable name 中输入变量名称 Keywords。若在数据加载过程中，在 step 2 of 6 中选择 No，则在数据加载结束后，需要在数据界面中删除所加载数据首行（首行为文档编号，不能作为数据分析的一部分）。然后，在菜单栏中依次选择 Analyze→Classify→Hierarchical cluster，进行层次聚类分析（图 8. 89）。

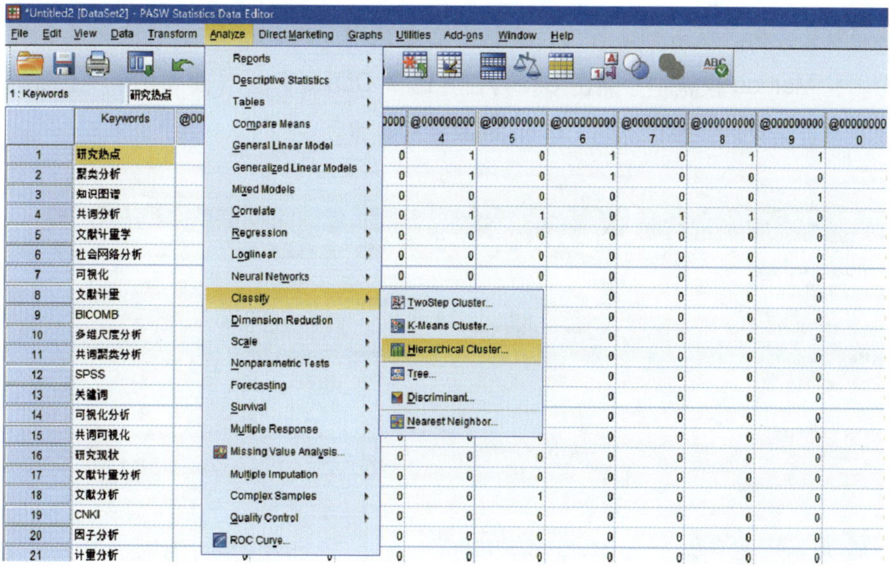

图 8. 89　SPSS 中进行层次聚类

进入层次分析界面后，将关键词名称列加载到 Label Cases by 中，将其他列加载到 Variables 中，Cluster 选择 Cases（图 8. 90）。

进一步对聚类分析中的三个关键参数进行设置。点击 Statistics 模块，选中

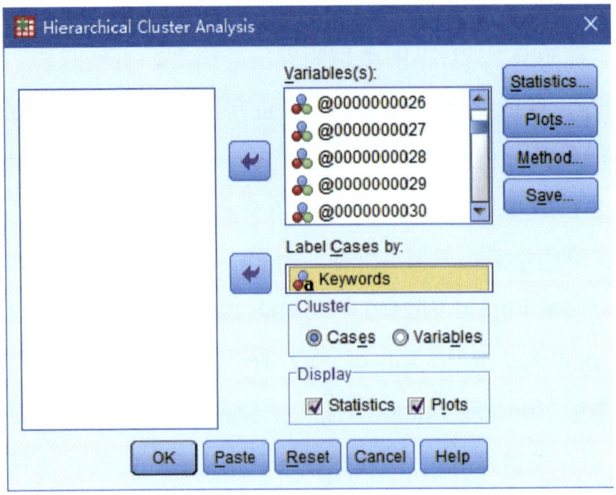

图 8.90　SPSS 中层次聚类的设置

Proximity Matrix。该设置将在分析结果中呈现一个使用 Ochiai 标准化的共现矩阵，此矩阵可以导入 SPSS 中进行多维尺度分析，或导入其他网络分析软件进行网络可视化分析。点击 Plot 界面，在该界面中选中 Dendrogram，产生聚类的树状图。在 Method 模块中，点击 Binary，并选择 Ochiai 方法（图 8.91）。上面的步骤在设置结束后，都以点击 Continue 来完成设置。

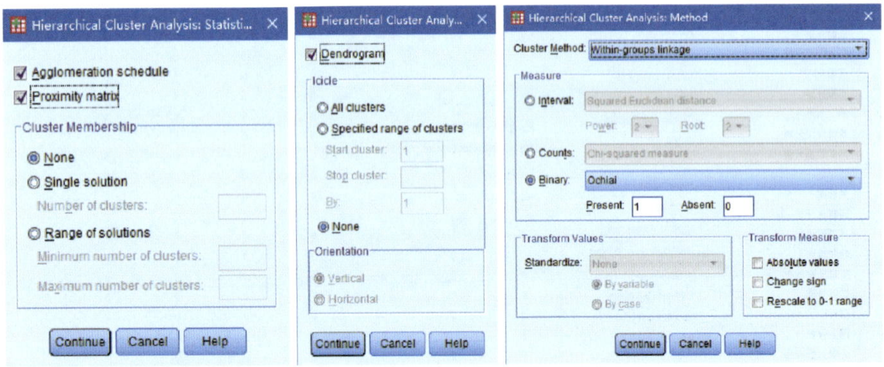

图 8.91　SPSS 中层次聚类参数设置

设置完成后，在 Hierarchical Cluster Analysis 界面中点击 ok，可得层次聚类的结果（图 8.92）。在 SPSS 的结果输出界面中，主要的结果有 Proximity Matrix（相似矩阵）和 Dendrogram（系统聚类图）。前者为通过词篇矩阵得到标准化后的共现矩阵（相似矩阵），后者为本次聚类的结果。

对聚类结果的解读上，可以首先找出聚类树中各类别的核心，然后逐层累加语义信息。根据聚类分析的原理，同一类内找相同点，不同类间找相异处。由此总结归纳出各个类别的含义❶。

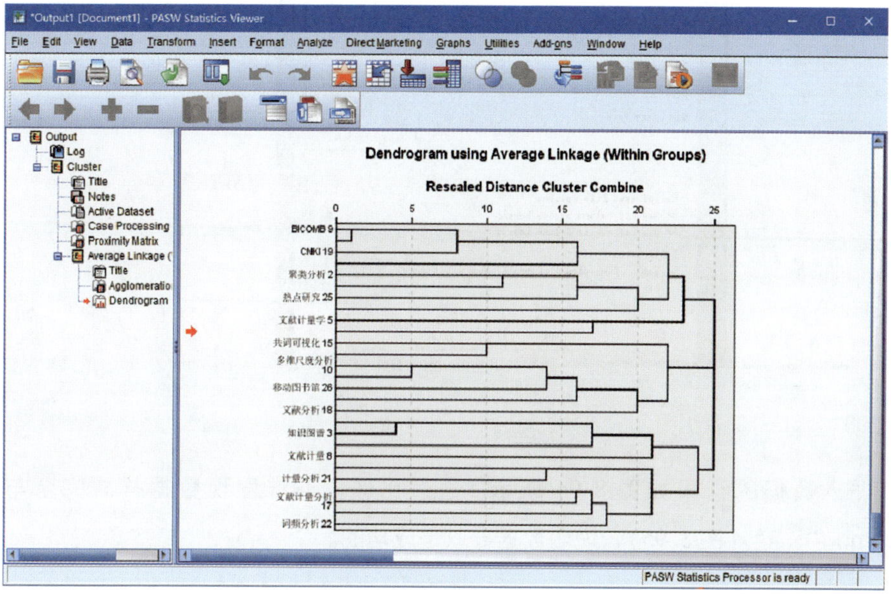

图 8.92　系统聚类分析结果

Bicomb 软件生成的词篇矩阵也可以导入聚类分析软件 gCLUTO（Graphical Clustering Toolkit）❷进行词和论文双向聚类。从软件主页下载并安装 gCLUTO，打开软件后，建立新工程（File→New project，给新工程命名并保存到一个位置）。

工程项目建立成功后，点击 gCLUTO 菜单栏 Project→Import data，此时会出现 Import data 的数据导入界面。为了成功导入 Bicomb 生成的 txt 格式的词篇矩阵，Import data 的参数需要按照图 8.93 来设置，分别选中 Delimited file，点击 Browse 加载词篇矩阵，选中 Deliminated File Options 的 Use 1 st column as Row Labels 和 Use 1 st Row as ColumnLabels、Delimiters 中选择 Tab，最后点击 OK。

---

❶ 崔雷．书目共现分析系统使用说明．http：//www. cmu. edu. cn/bc/menu1. html

❷ gCLUTO. http：//glaros. dtc. umn. edu/gkhome/cluto/gcluto/overview. gCLUTO Documentation Version 1. 0. http：//glaros. dtc. umn. edu/gkhome/files/fs/sw/gcluto/manual/index. html

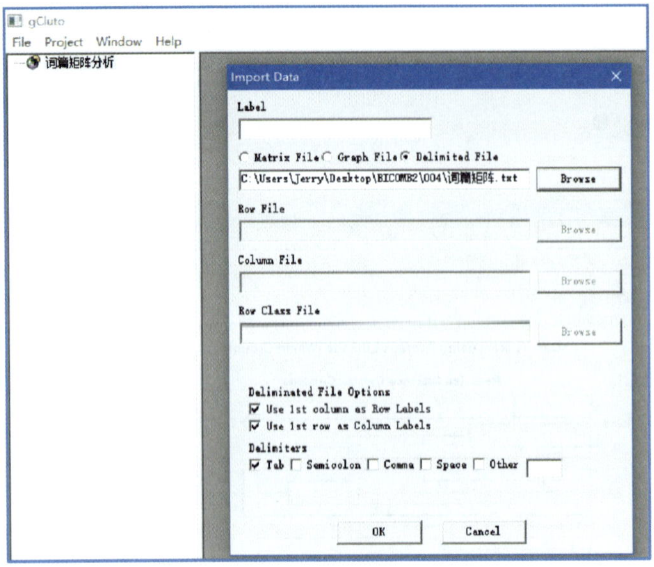

图 8.93　gCLUTO 数据导入的参数设置

导入数据的结果如图 8.94 所示，通过比较，不难发现数据样式完全与 Bicomb 中一致（图 8.95），说明数据导入是成功的。

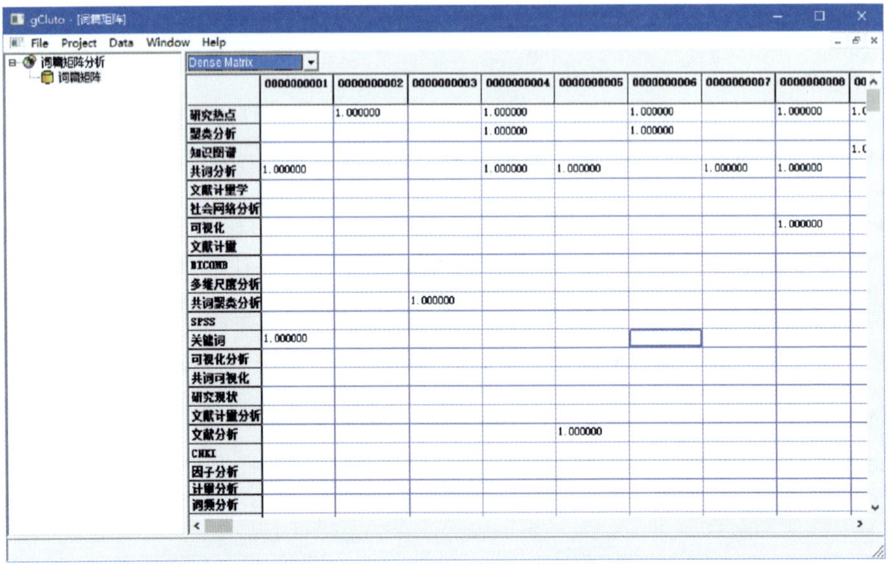

图 8.94　gCLUTO 词篇矩阵读取结果

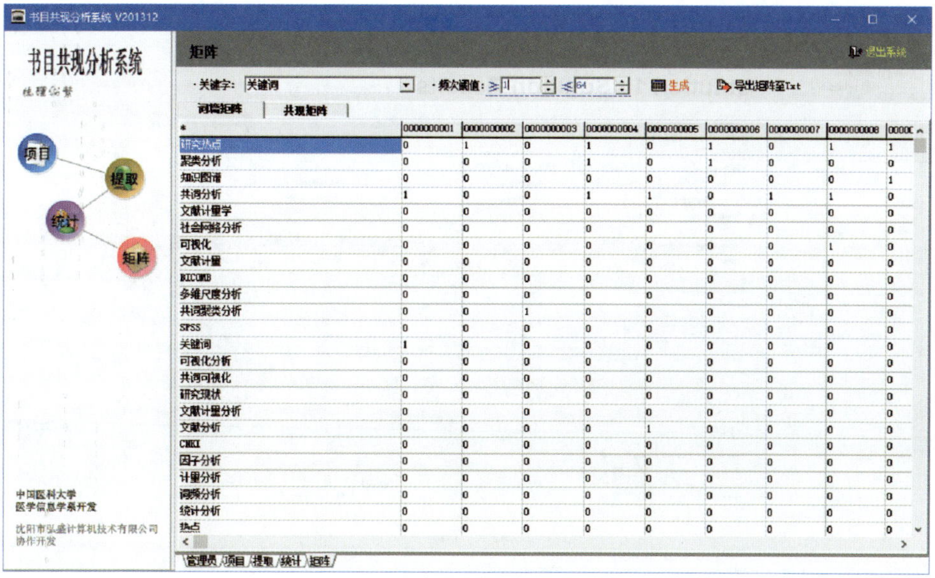

图 8.95　Bicomb 中的原始矩阵

成功导入矩阵后，在菜单栏中依次点击 Data→Cluster。出现 Edit Clustering options 后，可以在默认参数下点击 cluster（图 8.96），得到聚类结果如图 8.97 所示。

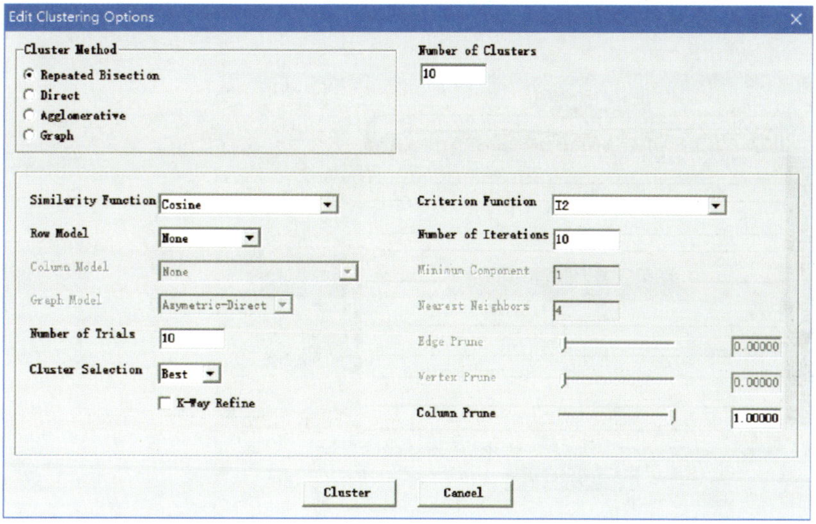

图 8.96　聚类参数设置

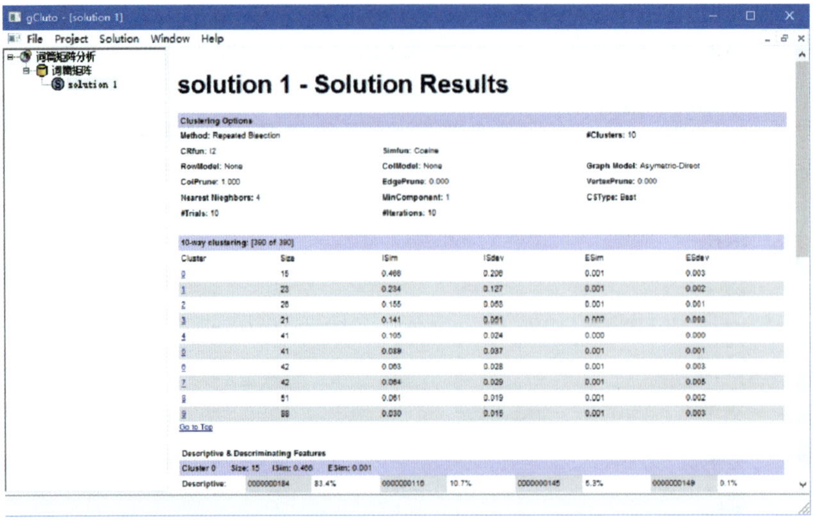

图 8.97　初步结果

gCLUTO 提供了两种对聚类的可视化方法，分别在菜单栏中点击 Solution→Create Matrix Visualization（遇到设置信息，选中 Build Row Tree 和 Build Col Tree）或 Create Mountain Visualization 来进行聚类可视化。在矩阵的可视化结果中（图 8.98），矩阵色块代表关键词是否在对应的文档中出现。通过色块的分布，能够快速地了解次群聚类的情况。

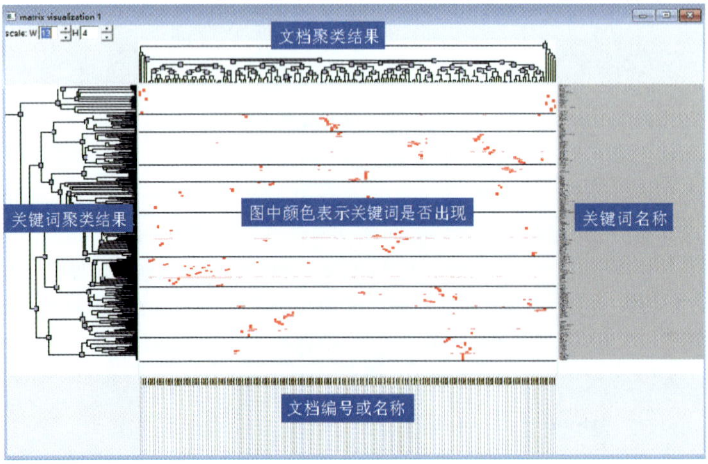

图 8.98　gCLUTO 聚类分析结果的矩阵可视化

在山峰可视化中（图 8.99），通过使用多维尺度方法（Multidimensional Scaling，MDS）来确定各个聚类中心的位置，这样能够快速地帮助我们来判断主要的聚类有哪些，以及聚类之间的相似性情况。每个聚类的形状使用高斯曲线（Gaussian curve）来表示，该曲线用于粗略地估计每个聚类中数据的分布情况。山峰的高度表示每个聚类内部的相似性；山峰的体积则表示每个聚类中成员的数量；山峰的颜色与每个聚类内部偏差成正比，红色表示低偏差，蓝色表示高偏差。仅仅在山峰峰值处的显示才是显著的，其他位置都经过了平滑处理❶。

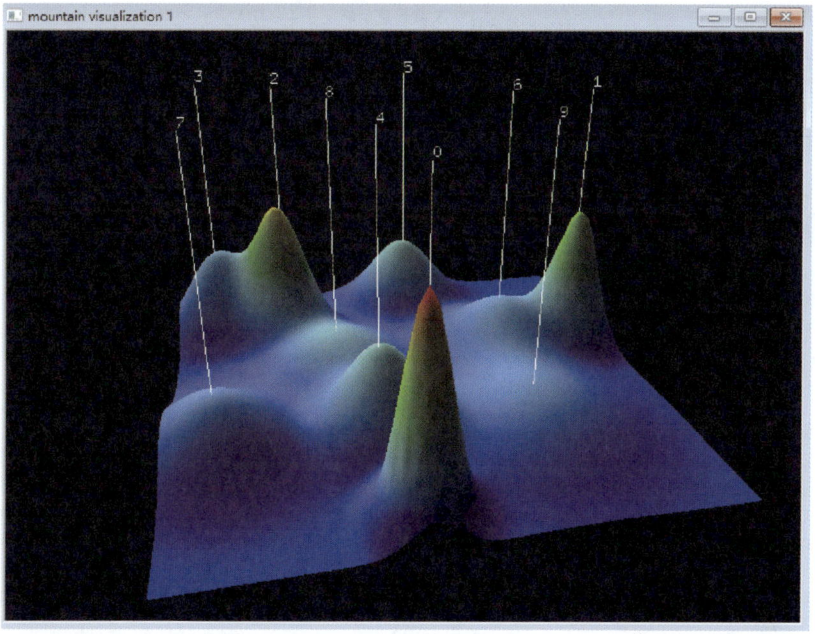

图 8.99　gCLUTO 聚类分析结果的山峰可视化

对于由 Bicomb 生成共词矩阵的处理，可以导入 Ucinet（图 8.100）和 NetDraw（图 8.101、图 8.102）分别进行多维尺度分析和共词网络分析。具体的步骤在前面章节中已经涉及，此处不再赘述。

❶ 3.5.2 Mountain Visualization. http://glaros.dtc.umn.edu/gkhome/files/fs/sw/gcluto/manual/index.html

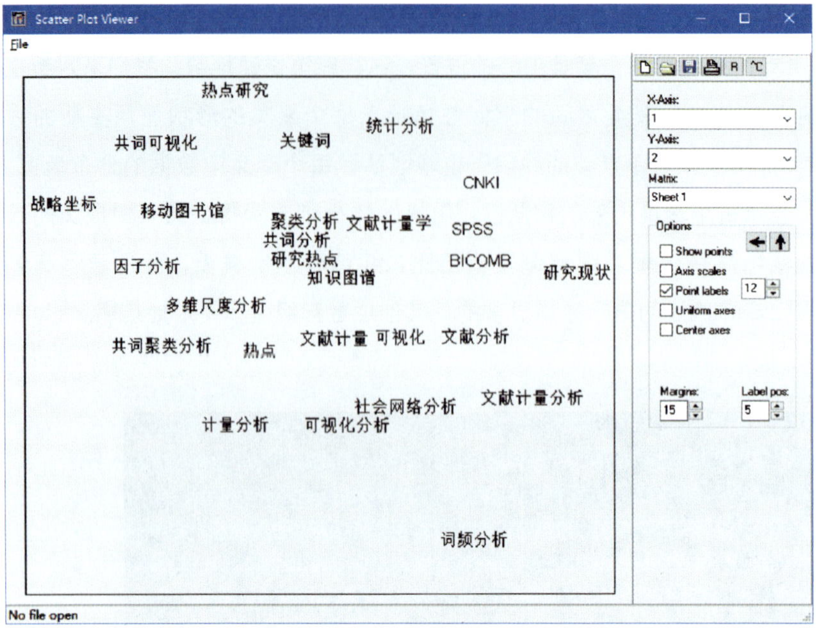

图 8.100　Ucinet 中关键词多维尺度

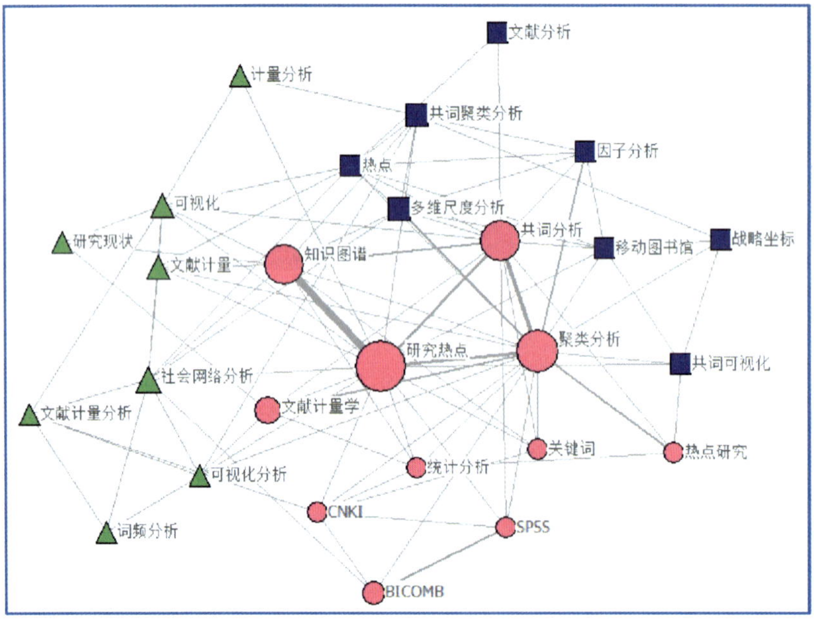

图 8.101　NetDraw 中关键词共现网络（节点大小＝词频）

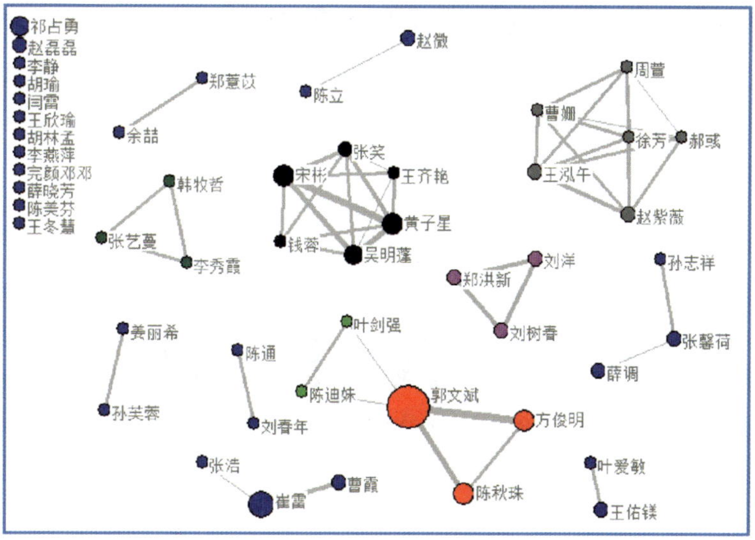

图 8. 102　NetDraw 中作者的合作网络（节点大小 = 发文量）

8. 6　SAINT 科学评估集成网络工具包

8. 6. 1　SAINT 下载和安装

SAINT（全称 Science Assessment Integrated Network Toolkit）是由拉特瑙所（Rathenau Instiute）开发的一组可以用科学计量分析的软件。用户可以通过 SAINT 下载链接获取 SAINT_ Install_ 20140623 安装包❶。下载后，双击安装包，按照安装提示，安装 SAINT。安装结束后会得到 Isi data importer、Network tools 和 Word splitter 三个快捷执行程序（图 8. 103）。

8. 6. 2　SAINT 数据处理和分析

双击 ISI data importer，打开 ISI 数据的处理功能。在 ISI input files 中，加载

❶ （1）http：//heimeriks. net/SAINT_ Install_ 20140623. exe （2）http：//heimeriks. net/teaching/innometrics/scientometrics/

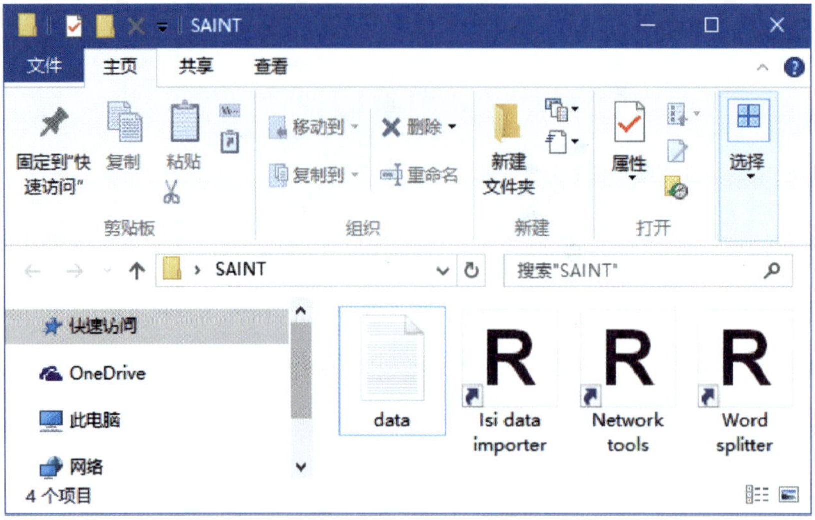

图 8. 103　软件组件

要分析的数据（图 8. 104）。

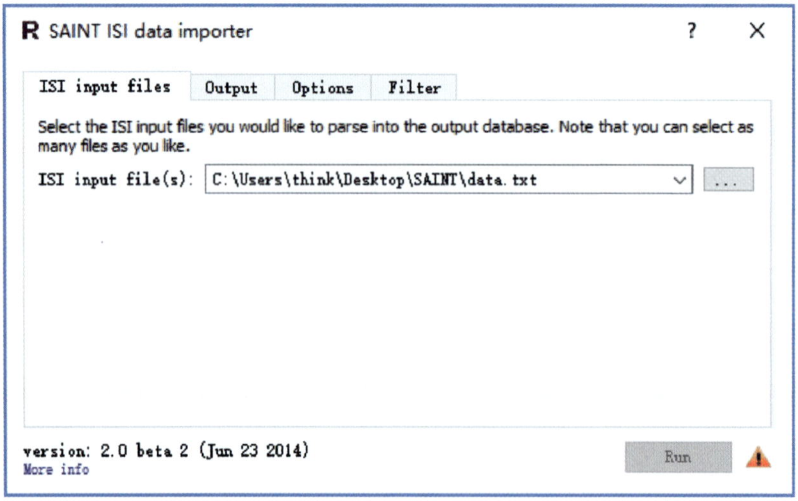

图 8. 104　数据加载

在 Output 中，设置要将数据导出的数据库（图 8. 105 – 左）。Option 按照默认设置，Filter 下选中 Filter articles on documents type，并点中 Article（图 8. 105 – 右）。

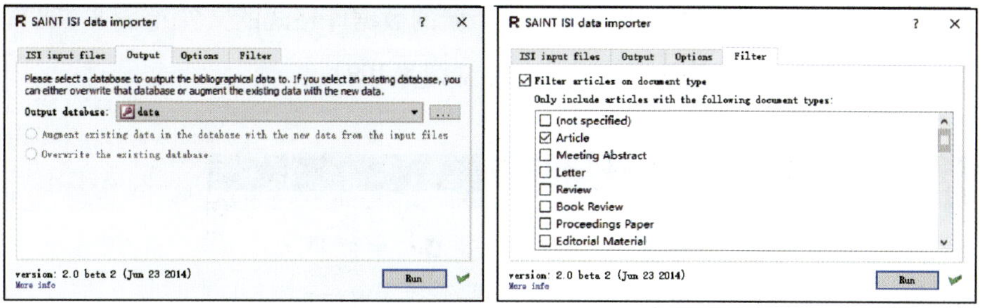

图 8. 105　分析数据的设置

设置结束后，点击 Run 执行数据分析（图 8. 106）。

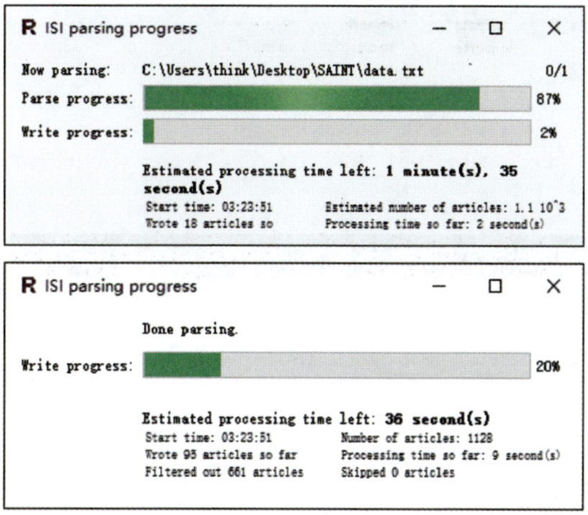

图 8. 106　数据的分析过程

数据分析结束后，会提示 Parsing is done。点击 ok 完成数据分析（图 8. 107－左），点击 show Details 可以显示详细的数据处理信息（图 8. 107）。

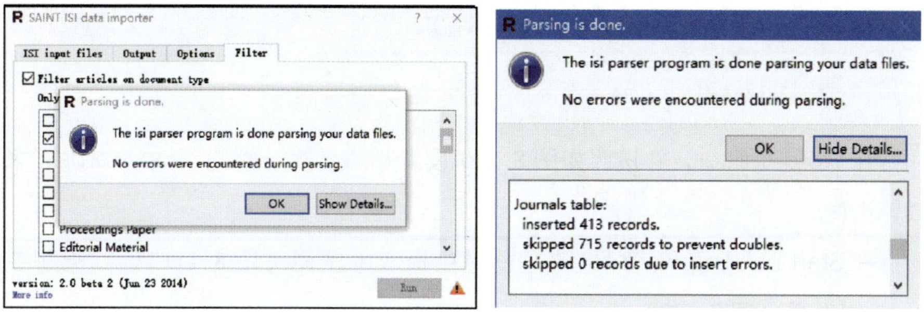

图 8. 107　结束数据分析

与此同时，会在项目文件夹中生成一个新的数据库格式的文件（图 8.108），可以使用微软的 Access 软件打开进行分析（图 8.109）。

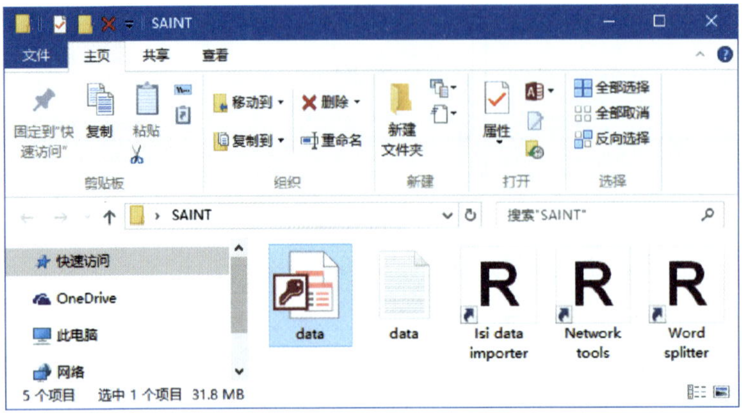

图 8.108 数据分析结果

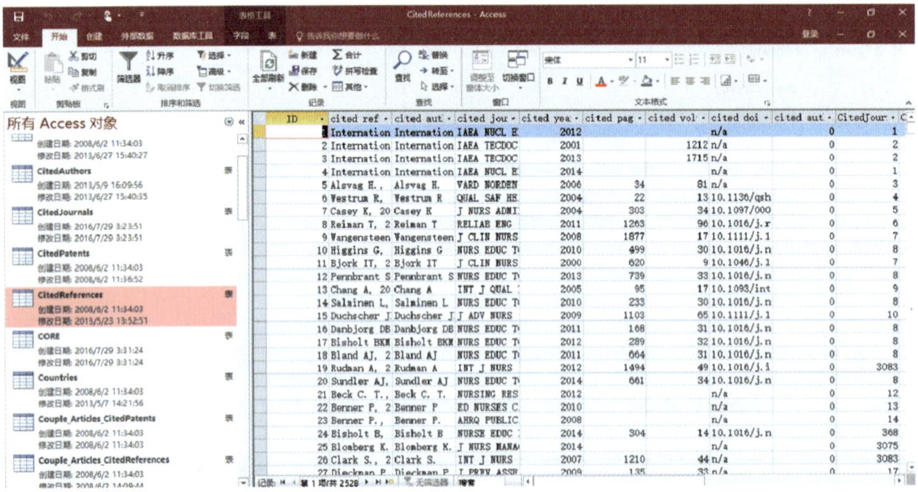

图 8.109 数据分析结果

打开 Word splitter，并按照如图 8.110 设置相关参数。点击 Stop words，来加载停用词。

点击 Start building word list 来从标题中提取主题词（图 8.111）。结果可在 Access 中查看（图 8.112）。

最后，可以使用 Network tools 来对数据进行网络分析（图 8.113）。

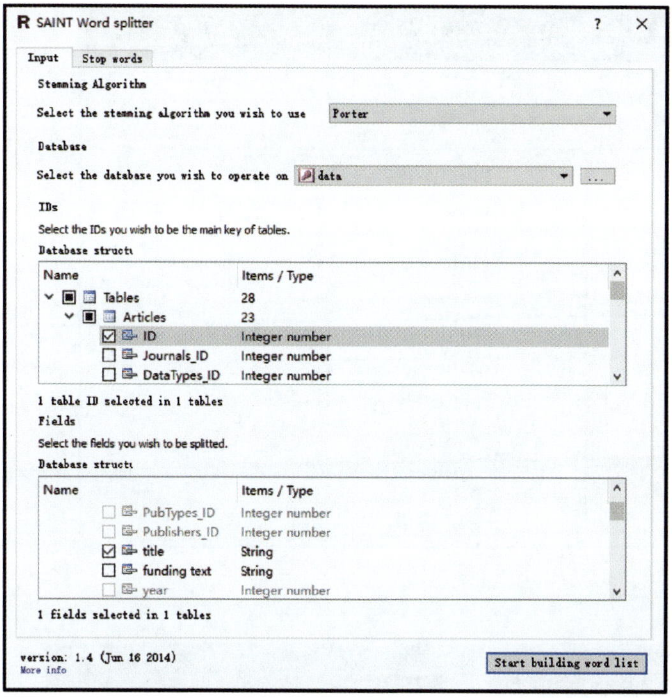

图 8. 110　参数设置

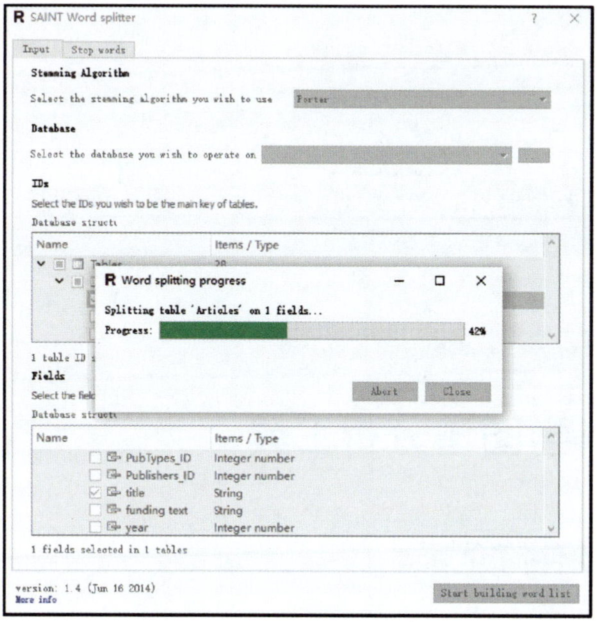

图 8. 111　主题分析结果的执行过程

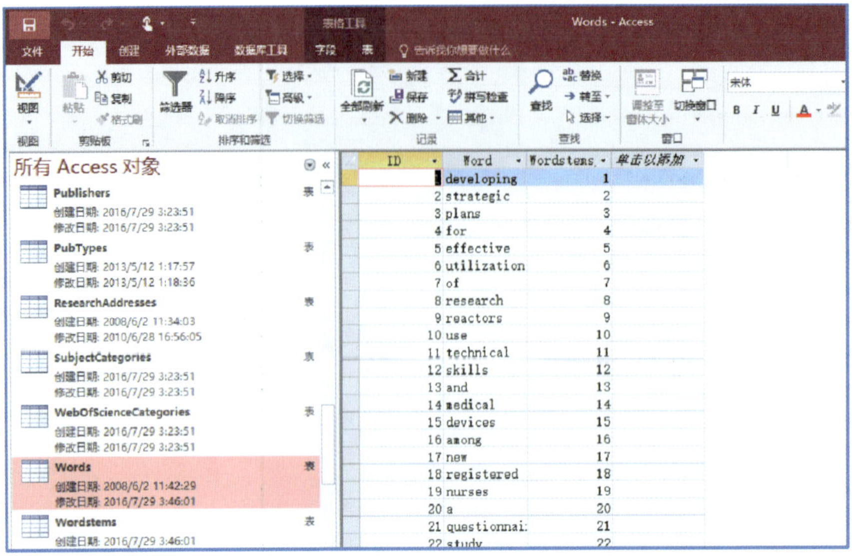

图 8. 112　主题提取结果的查看

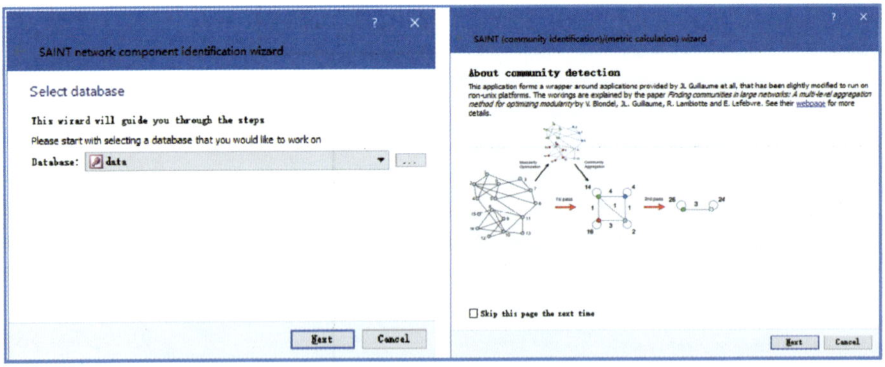

图 8. 113　网络处理功能

8. 7　SciMAT 科学图谱分析工具

8. 7. 1　SciMAT 软件简介

SciMAT 的全称为 Science Mapping Analysis Tool，可以翻译为“科学图谱

分析工具❶”，是由来自西班牙格拉纳达大学计算机与人工智能系的 M. J. Cobo，A. G. López－Herrera，E. Herrera－Viedma 以及 F. Herrera 在 2012 年通过 JAVA 开发的开源知识图谱分析工具。该工具包含了从数据预处理到结果可视化的所有知识图谱分析的流程和算法（图 8. 114）❷。

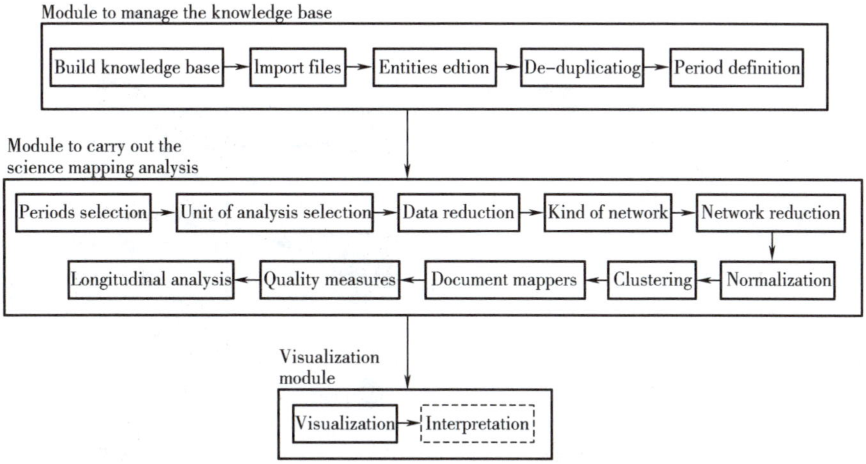

图 8. 114　SciMAT 数据分析流程❸

注释：该分析流程与 SciMAT 软件界面的很多功能名称相似，中文的解释为① Module to manage the knowledge base（知识库的管理）：Build knowledge base（构建知识库）、Import files（导入文件）、Entities edition（实体编辑）、De－duplicating（除重）以及 Period definition（时间切片）。② Module to carry out the science mapping analysis（科学知识图谱分析）：Periods selection（时间选择）、Unit of analysis（分析单元选择）、selection Data reduction（数据精炼）、Kind of network（网络类型选择）、Network reduction（网络剪裁）、Normalization（网络标准化）、Clustering（聚类）、Document mappers（文档映射）、Quality measures（质量测度）、Longitudinal analysis（纵贯分析）。③ Visualization module（可视化模块）：Visualization（可视化）、Interpretation（结果解读）。

---

❶ SciMAT 下载主页 . http：//sci2s. ugr. es/scimat/

❷ Cobo M J，López－Herrera A G，Herrera－Viedma E，et al. SciMAT：A new science mapping analysis software tool［J］. Journal of the Association for Information Science & Technology，2012，63（8）：1609－1630.

❸ 同②

在 SciMAT 中，用户可以分析多种文献网络，可以使用不同的数据归一化、相似性测度以及聚类方法对数据进行处理。SciMAT 提供了 Overlapping Map（覆盖图），Evolution Map（演化图），Strategic Diagram（战略图）以及 Cluster Network（聚类网络）四种可视化方式来帮助用户更好地理解所分析的结果（见图 8. 115）。

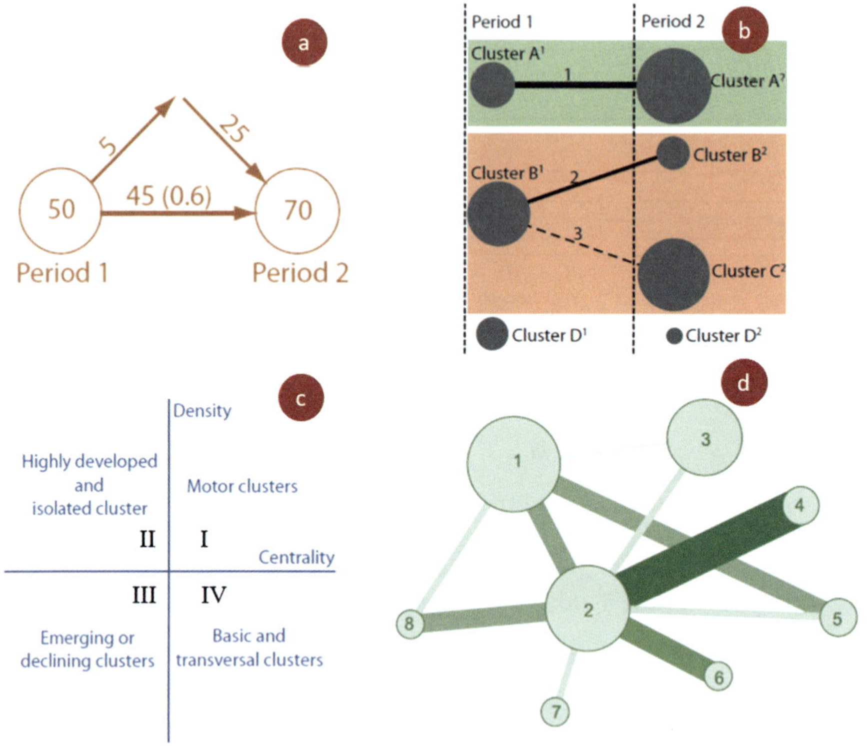

图 8. 115　SciMAT 主要可视化方式❶

注释：这里的图形呈现顺序是按照可视化结果的顺序给出的，与软件开发者在论文中给出的顺序有所不同。(a) 各个时间段的稳定性；(b) 领域或主题演化；(c) 战略坐标图；(d) 聚类网络。

Overlapping Map（覆盖图）：如图 8. 115（a）中给出了连续两个时间段主题的稳定性结果。圆圈表示了关键词的时间（Period）和数量（内部数字），横

❶ 图（b）在开发者的一些论文中将 Cluster 表示为 Theme。

向箭头上标的数字代表了两个时间段均存在的关键词数量，括号中的数字表示两个时间段的相似指数。圆圈上“箭头↘”表示下一个时间段中新出现的关键词数量，“箭头↗”表示上一个区间中存在而不在下一个期间中的关键词的数量。

Evolution Map（演化图）：演化图是一种二分图（a bipartite graph），用来可视化主题的演化。在图 8.115（b）中，“专题联系”的重要性可以通过两个主题的共同点来衡量。在 SciMAT 中通常使用包容系数来进行测度，计算公式为 $Inclusion\ Index = U \cap V/min(\#U,\#V)$。在图形中，实线（第 1 行和第 2 行）意味着连接的主题具有相同的名称，即两个主题都标有相同的关键字，或者一个主题的标签是另一个主题的一部分（name of theme ∈ {thematic nexuses}）。虚线表示主题共享的元素与主题不是同一个名称。连线的宽度与包容指数成比例，节点的大小可以表示成论文数量，不同时段使用竖线分割。在图 8.115（b）中，不同的聚类使用不同的背景颜色来表示，一个由主题 A^1 和主题 A^2 组成，另一个主题由主题 B^1，主题 B^2 和主题 C^2 组成。主题 D^1 已停止，主题 D^2 被认为是一个新兴的主题。

Strategic Diagram（战略图）：SciMAT 采用 Callon 中心性和 Callon 密度❶两种指标来展示分析得到的结果。Callon 中心性（Callon's centrality）可以用来衡量网络与其他网络的交互程度，定义为 $c = 10 \times \sum e_{kh}$。其中 k 表示关键词属于当前的主题领域，h 表示属于其他主题领域的关键词。Callon 中心性指标反映了与外部主题联系的强度，用来衡量该主题领域在整个领域发展中的重要程度。Callon 密度（Callon's density）用于测度网络内部的强度，定义为 $d = 100(\sum e_{ij}/w)$，这里的 i 和 j 属于同一主题领域的关键词，w 为这个领域关键词的总量。Callon 密度指标反映了某一主题内部关键词的关系强度，用来反映该主题领域的发展程度。

战略坐标图是以 x 轴表示中心性，y 轴表示密度的二维坐标系，以下将对坐标系内四个象限的意义作简要介绍。在第 Ⅰ 象限的聚类具有高的中心性和密度，属于引擎类的聚类；处于该象限的聚类是主题领域高度发展和重要的主题。第 Ⅱ 象

❶ Callon M, Courtial J P, Laville F. Co – word analysis as a tool for describing the network of interactions between basic and technological research: The case of polymer chemsitry [J]. Scientometrics, 1991, 22 (1): 155 – 205.

限发展程度高，但聚类孤立。这里分布的主题内在联系强，但外部关系弱，是非常专业和外围的主题。因此，就领域本身来说，这是非常重要的。第 III 象限的主题都是微弱发展和边缘化的。这个象限的主题是低密度和低中心性，主要代表新兴或消退的主题。第 IV 象限的主题对于研究领域很重要，但尚未开发。因此，这个象限聚类属于横向、广义和基本的聚类。

Cluster Network（聚类网络）：在一个主题领域，关键词之间通过共现形成主题网络图。在 SciMAT 中，该主题网络实际上对应战略坐标中的一个聚类（一个节点），该聚类中包含的关键词网络则以共词网络的形式进行了呈现。关键词之间的连线的宽度表示等价指数（英文为 equivalence index，又称 association strength，关联强度。计算公式为：$e_{ij} = c_{ij}^2 / c_i c_j$），节点的大小可以设置为文献的数量或者 H 指数等指标。

8.7.2 SciMAT 下载和功能

登录 SciMAT 主页后（图 8.116），在 Download 界面中可以下载 SciMAT 软件，英文的指南以及 SciMAT 的源代码。SciMAT 软件下载后，得到一个压缩文件 SciMAT - v1.1.04.zip。解压该压缩文件，便可开始使用 SciMAT 软件。需要注意的是，SciMAT 软件也是基于 JAVA 环境开发的软件，因此在使用前要先安装 JAVA 软件❶。

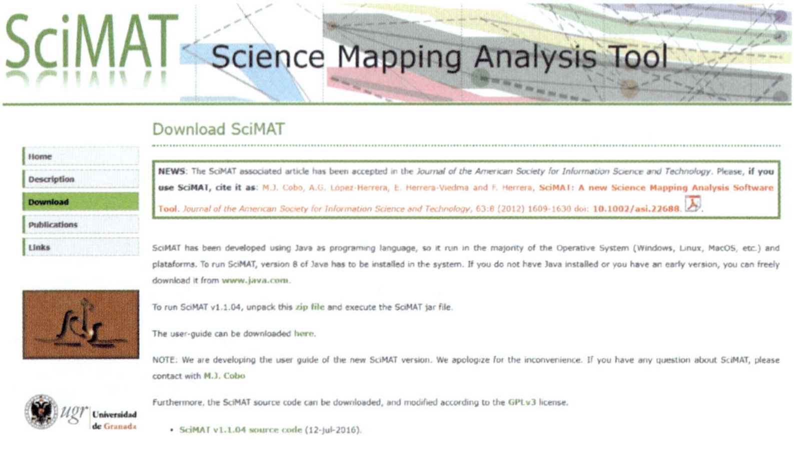
SciMAT
Science Mapping Analysis Tool
Download SciMAT
Home
Description
Download
Publications
Links
NEWS: The SciMAT associated article has been accepted in the Journal of the American Society for Information Science and Technology. Please, if you use SciMAT, cite it as: M.J. Cobo, A.G. López-Herrera, E. Herrera-Viedma and F. Herrera, SciMAT: A new Science Mapping Analysis Software Tool. Journal of the American Society for Information Science and Technology, 63:8 (2012) 1609-1630 doi: 10.1002/asi.22688.
SciMAT has been developed using Java as programing language, so it run in the majority of the Operative System (Windows, Linux, MacOS, etc.) and plataforms. To run SciMAT, version 8 of Java has to be installed in the system. If you do not have Java installed or you have an early version, you can freely download it from www.java.com.
To run SciMAT v1.1.04, unpack this zip file and execute the SciMAT jar file.
The user-guide can be downloaded here.
NOTE: We are developing the user guide of the new SciMAT version. We apologize for the inconvenience. If you have any question about SciMAT, please contact with M.J. Cobo
Furthermore, the SciMAT source code can be downloaded, and modified according to the GPLv3 license.
• SciMAT v1.1.04 source code (12-jul-2016).
ugr Universidad de Granada

图 8.116　SciMAT 软件主页

❶ https://www.java.com/en/

在软件包中包含 lib，license. txt，realeaseNotes. txt 以及 SciMAT - v1. 1. 04. jar 共四个文件（图 8. 117）。Lib 中主要是软件的核心功能文件，license 中为软件的版权信息，realeaseNotes 中提供了各个版本软件（从 SciAMT v1. 1. 01 到 SciAMT v1. 1. 04）的更新说明，双击 SciMAT - v1. 1. 04. jar 可以打开并运行 SciMAT 软件。

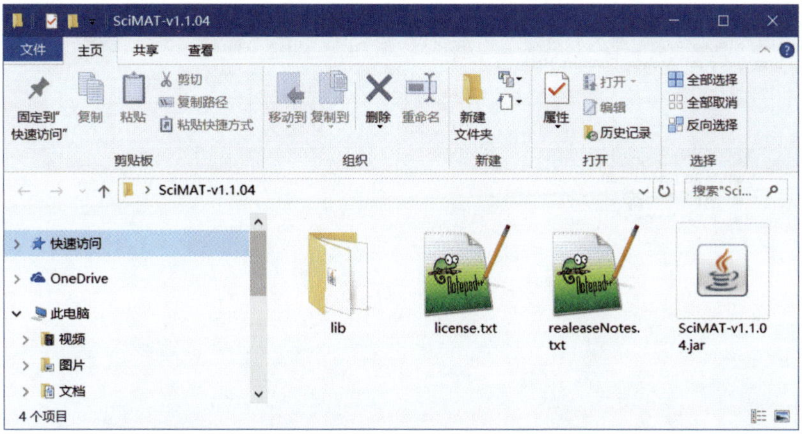

图 8. 117　软件组成

打开 SciMAT 软件后，该软件的界面如图 8. 118。主要包含的菜单栏有 File（文件）、Edit（编辑）、Knowledge Base（知识库）、Group set（群组设置）、Analysis（分析）、Statistics（统计）和 Help（帮助）。

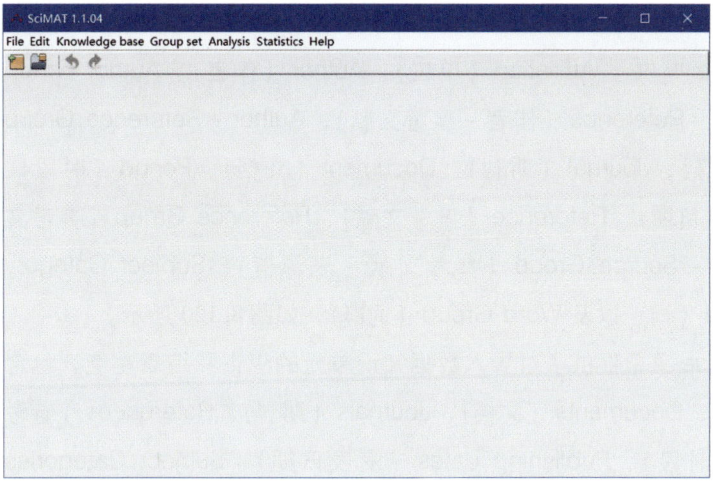

图 8. 118　SciMAT 软件界面

下面对软件菜单栏的功能进行详细介绍。

File 菜单中提供了 New project（新建项目）、Open project（打开项目）、Close project（关闭项目）、Add files（包含 in ISI format，in RIS 以及用于处理 SCOPUS 数据的 CSV 格式）、Export（导出）、Import（导入）以及 Exit（退出），如图 8. 119 所示。

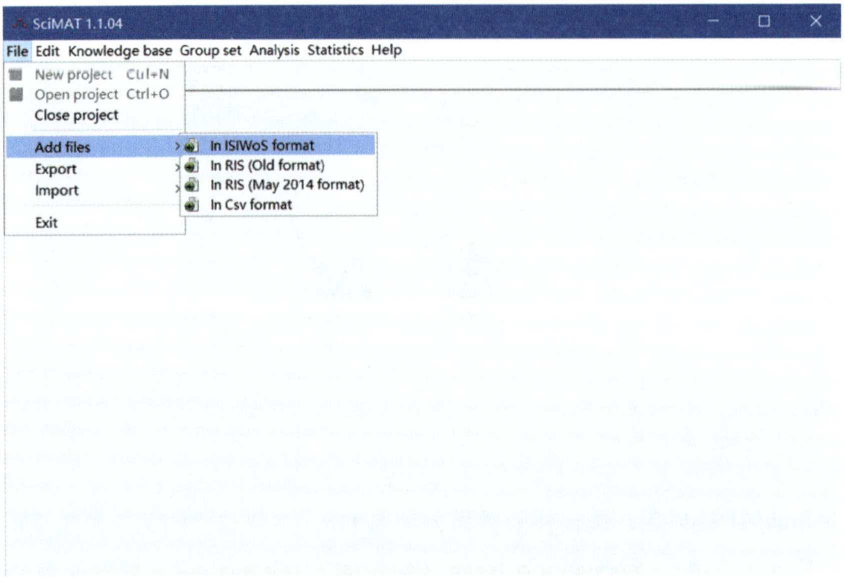

图 8. 119　SciMAT 的 File 菜单

Edit 菜单中提供了对导入数据的信息的批量编辑功能（查询和批量替换），其中 Global replace 提供了 Affiliation（单位）、Author（作者）、Author Group（作者群）、Author - Reference（作者 - 参考文献）、Author - Reference Group（作者 - 参考文献群）、Journal（期刊）、Document（文档）、Period（时段）、Publish date（发表日期）、Reference（参考文献）、Reference Group（参考文献组）、Reference - Source Group（参考文献 - 来源群）、Subject Category（主题领域）、Word（词）以及 Word Group（词群），如图 8. 120 所示。

Knowledge base 菜单提供了对导入数据知识单元的查询和编辑功能，包含了 Authors（作者）、Documents（文档）、Journals（期刊）、References（参考文献）、Periods（时段）、Publishing dates（发表日期）、Subject Categories（主题领域）以及 Words（词），如图 8. 121 所示。

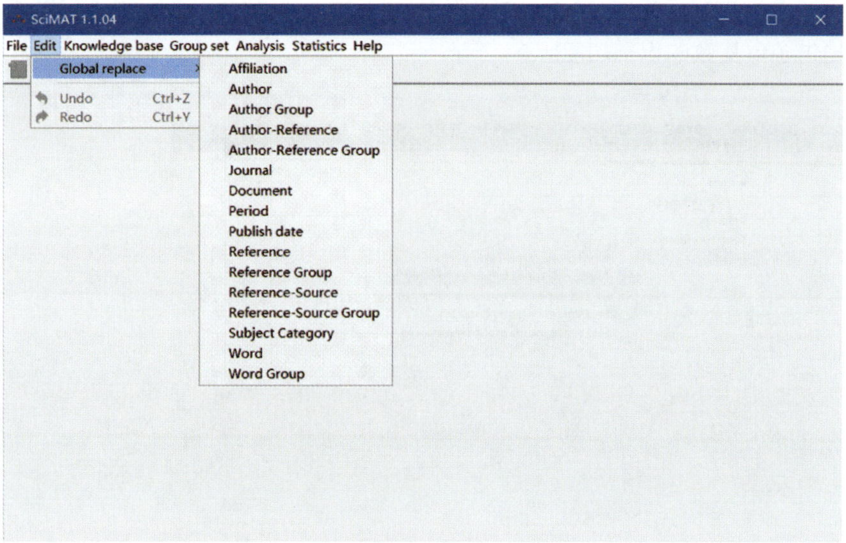

图 8. 120　SciMAT 的 Edit 菜单

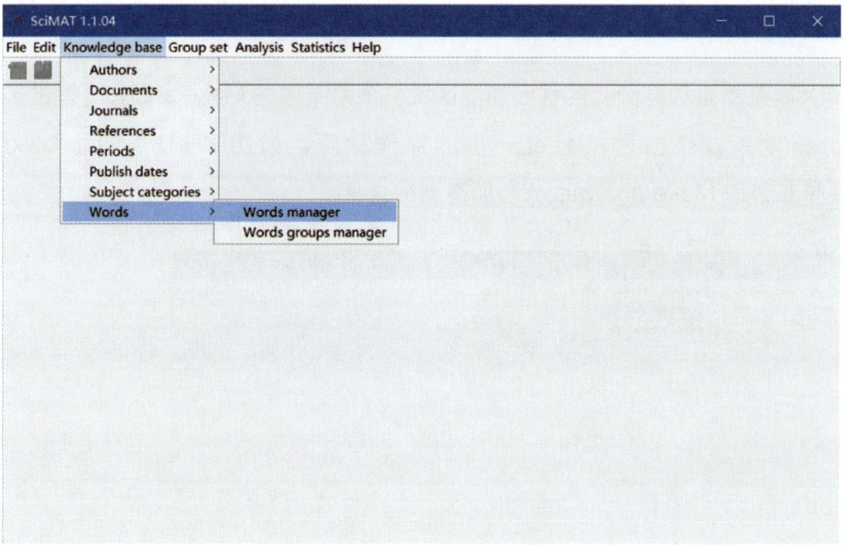

图 8. 121　SciMAT 的 Knowledge Base 菜单

Group set 菜单具体含义是指相同实体共同所在的群。该菜单中提供了 Author（作者）、Author – Reference（作者 – 参考文献）、Reference（参考文献）、Source – Reference（来源 – 参考文献）以及 Word（词）的相似、重复、错误拼写的识别和合并功能，如图 8. 122 所示。其中，通过距离来查找相似知识单元的算法为莱文斯坦距离（Levenshtein distance）。特别地，在对词进行分析时，还提供了单复数的识别功能。

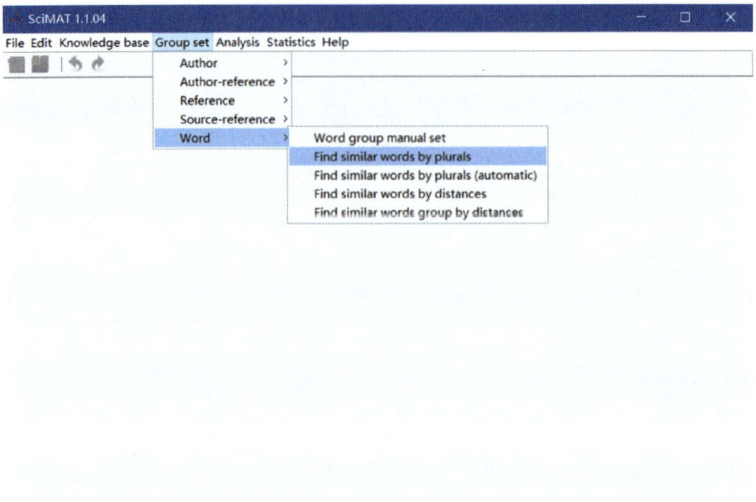

图 8. 122　SciMAT 的 Group set 菜单

Analysis 菜单是数据分析的核心功能区域，该菜单中的 Make analysis 提供了数据的分析功能，点击后按照每一步的操作即可，如图 8. 123 所示。Load analysis 是来读取 Make analysis 分析所得到的结果。

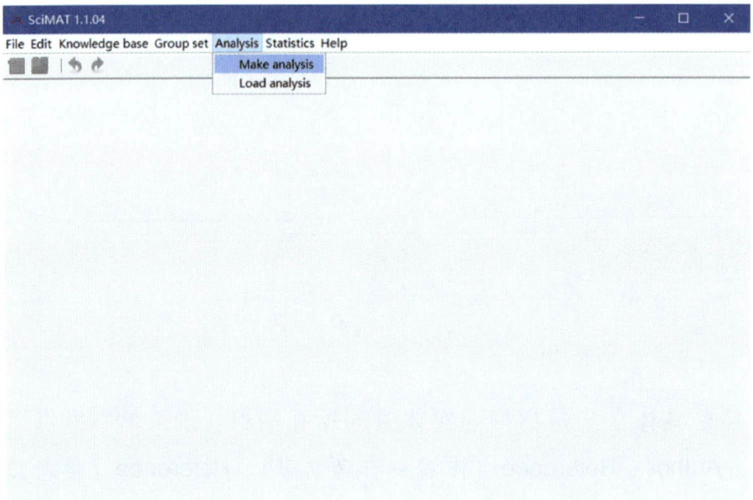

图 8. 123　SciMAT 的 Analysis 菜单

Statistics 菜单主要提供了 Author groups statistics（作者群统计）、Reference groups statistics（参考文献的群分析）和 Word groups statistics（词群统计分析）功能，主要用于对已经进行时间设置和群设置的数据进行描述性统计分析，如图 8. 124 所示。

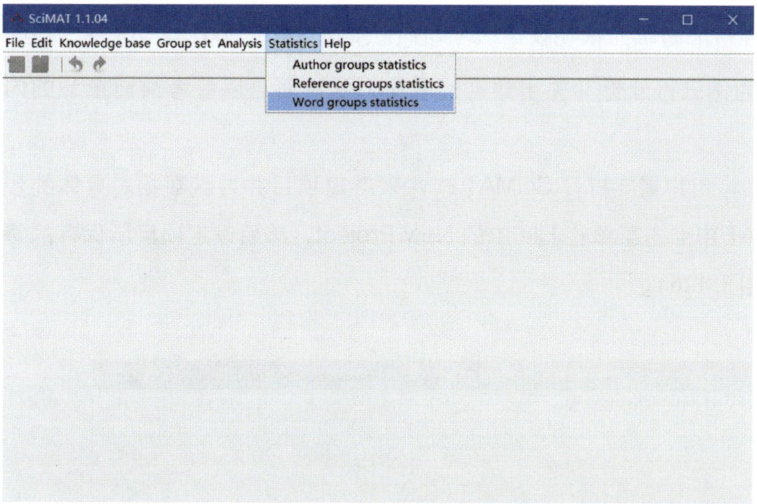

图 8. 124　SciMAT 的 Statistics 菜单

Help 菜单提供了软件的版本信息、开发者以及联系方式，如图 8. 125 所示。

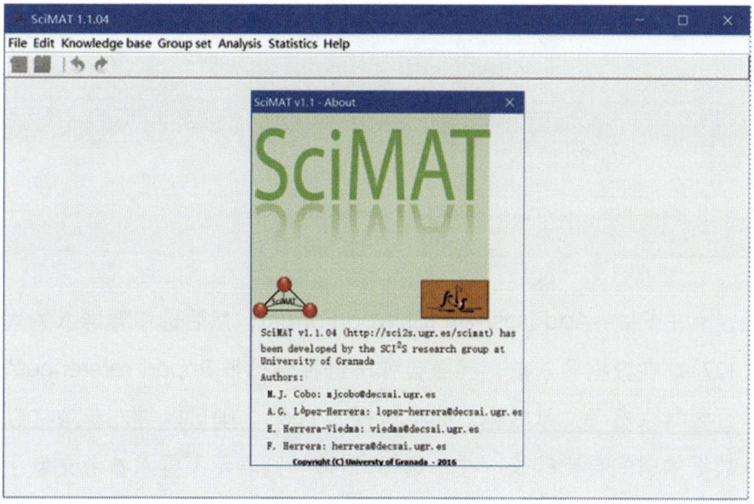

图 8. 125　SciMAT 的 Help 菜单

8.7.3 SciMAT 数据分析

使用 SciMAT 进行数据分析主要可分为两步，数据预处理和数据分析。

第一步：数据预处理阶段

用户要使用 SciMAT 进行数据分析，首先需要从 Web of Science 等数据库中检索和获取要分析的数据。例如这里以 Web of Science 中 2007—2016 年 Safety Culture 的数据为例进行分析（关于数据的采集方法读者可以参考前面章节的内容）。

数据采集后，用户需要打开 SciMAT 软件来新建项目并导入数据。具体的步骤是，在 SciMAT 中点击菜单栏 File 中的 New Project，然后设定项目所保存的路径和命名（见图 8.126）。

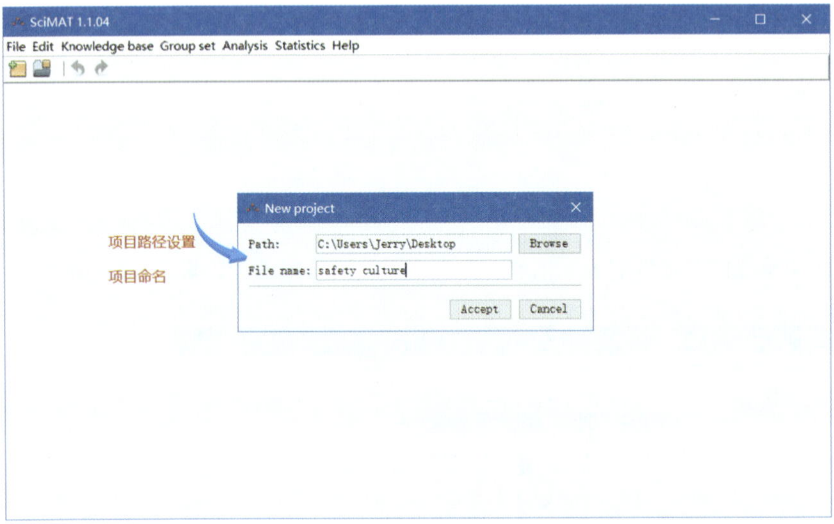

图 8.126　项目的建立

项目建立后，点击 File→Add files→In ISI WoS Format，然后选取要导入的对象数据（见图 8.127）。在数据导入前，界面会弹出选择对话框 Import references? 用于提示作者是否要导入参考文献数据。如果选择“Yes”，则可以导入参考文献数据，但是导入数据的时间会比较长一些；选择“No”则表示不导入参考文献字段的数据。当数据导入成功后，软件界面又回到了当初打开软件的模式，实际上数据已经导入成功，且后续菜单的功能可以对数据进行分析。

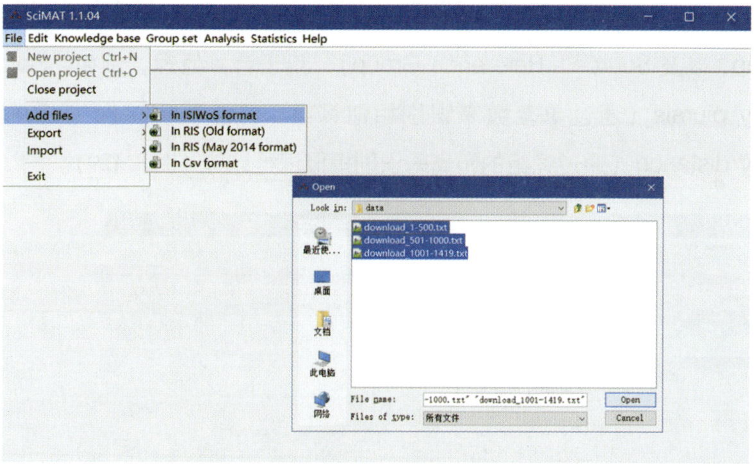

图 8.127　数据的导入

Knowledge base 提供了导入数据字段信息的详细查询和编辑功能，主要包含了 Document，Author，Reference，Word 以及 Journal 等，如图 8.128 所示。例如可以点击 Knowledge base，选择 Documents→Documents Manager 来查看或编辑数据。在数据展示和编辑界面中，左侧为所选择字段的详细列表信息，右侧则展示的是左侧所选中的单条记录。

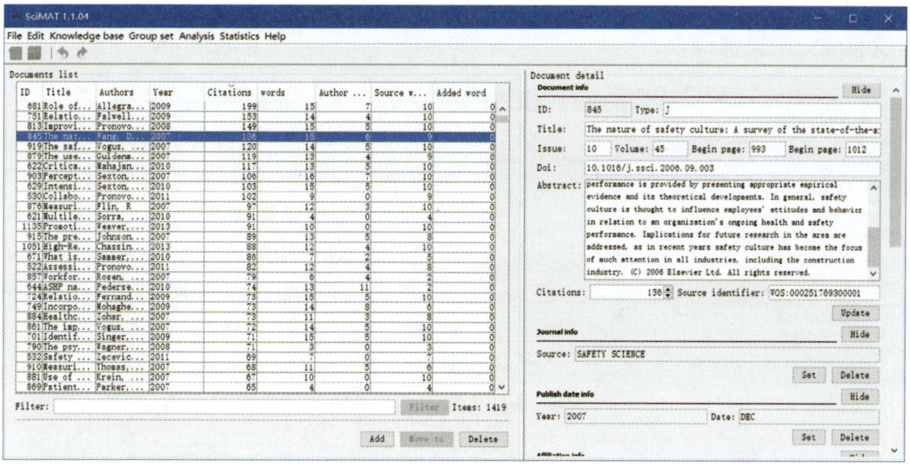

图 8.128　Knowledge base 中数据查看和编辑界面

SciMAT 提出了 Group Set 的功能和分析理念，该功能可以识别文献信息中的相似知识单元（包含：Author Group，Word Group，Reference Group，Author－Reference Group，以及 Source－Reference Group），用于合并处理。例如，Find similar words by plurals（通过单复数来识别相似词组，包含 automatic），Find similar words by distance（通过词组的距离来识别相似词组）等（图 8.129）。

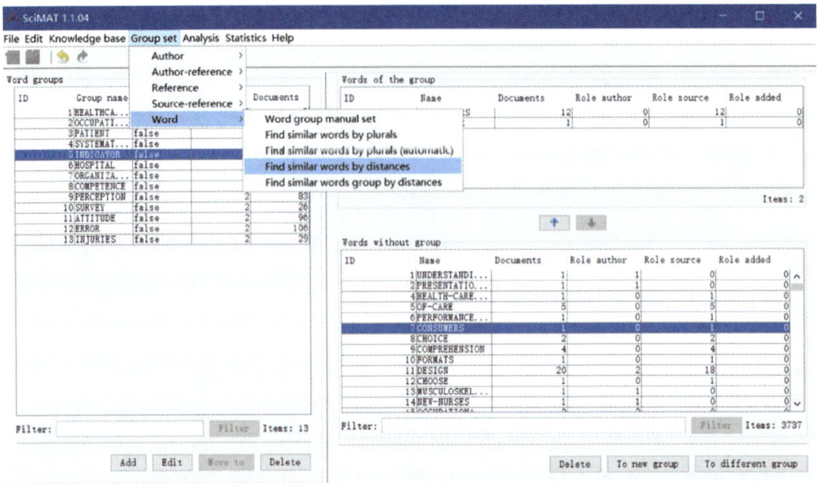

图 8.129　相似知识单元的识别

点击 Group set→Word→Word group manual set 可以查看并手动进行组别设置（图 8.130）。在该界面中左侧为所识别的组别，右上侧为所选择的组，右下侧为没有分组的关键词。

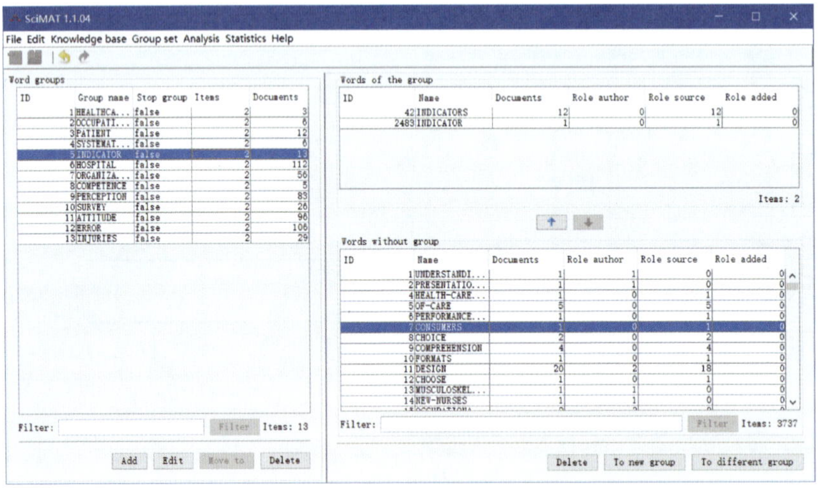

图 8.130　Group set 中对关键词合并分组的查看和操作

Group set 的步骤可以认为是数据在进入项目数据库前的数据清洗工作，当清洗结束后需要在 Knowledge base 中定义时间切片来分析数据（图 8. 131）。具体的步骤为点击 Knowledge base→periods→ periods manager。例如，分析 2007—2016 年 10 年间 safety culture 的研究数据，这里可以按照 2007—2008，2009—2010，2011—2012，2013—2014，2015—2016 将数据划分为 5 个时间段。具体的操作步骤为：点击界面左下角的 Add，然后按照提示添加时间切片即可（图 8. 132）。

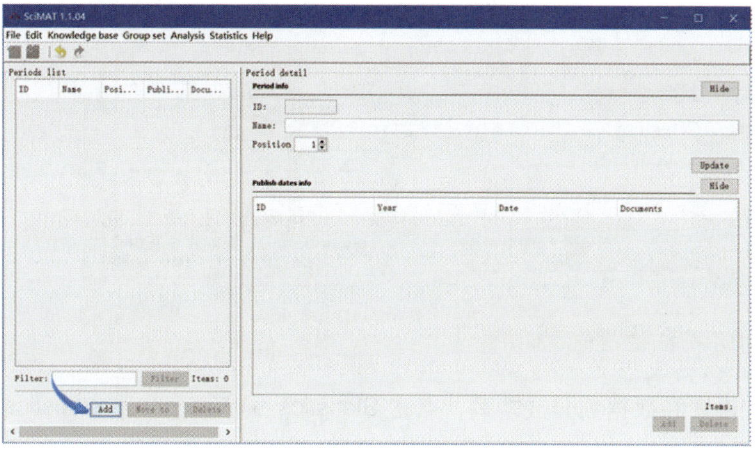

图 8. 131　时间切片的设置

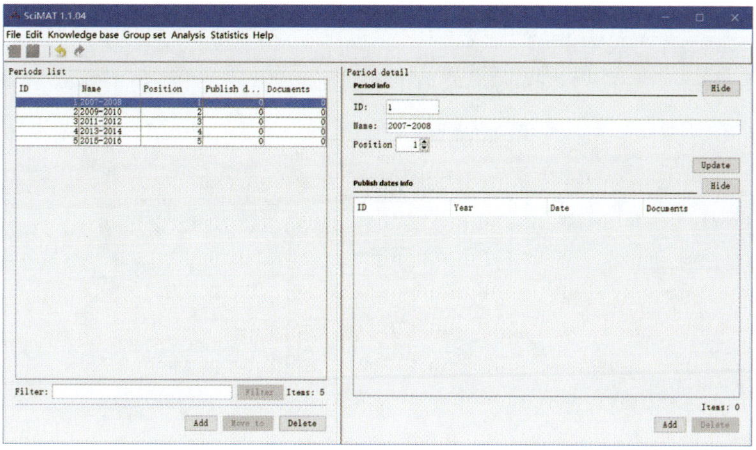

图 8. 132　时间切片的添加

在时间切片设置成功后，需要为每一个时间切片中添加对应年份的数据。具体的步骤为点击界面右下角的 Add，然后按照提示选择对应时间的文献即可（图 8.133）。

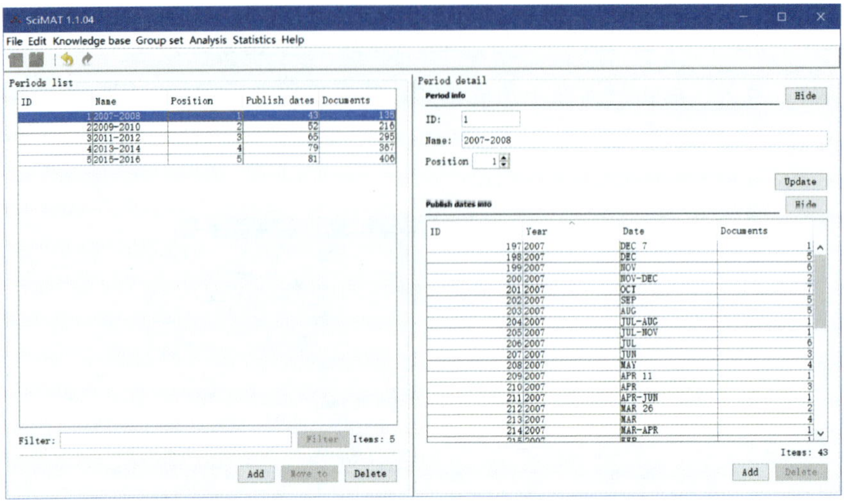

图 8.133　对应时间切片中数据的添加结果

当时间切片设置和数据划分成功后，点击 Statistics→Word group statistics 进行关键词的描述性统计分析，结果如图 8.134 和图 8.135。

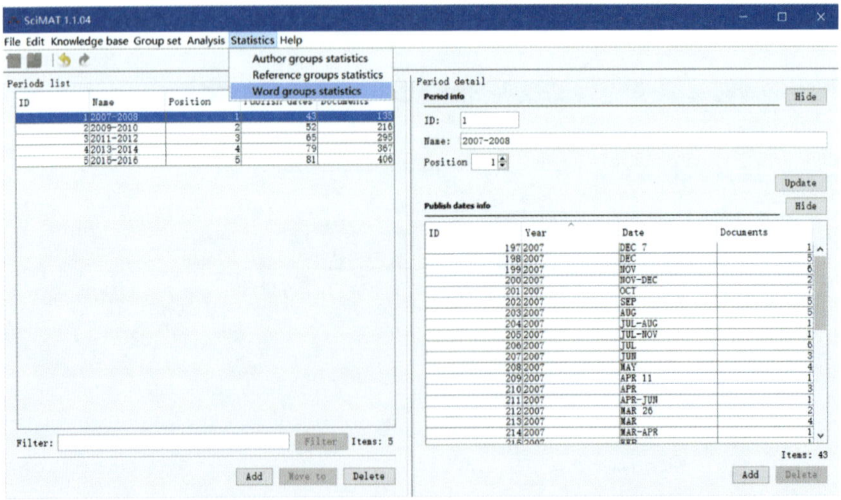

图 8.134　分组数据的描述性统计分析

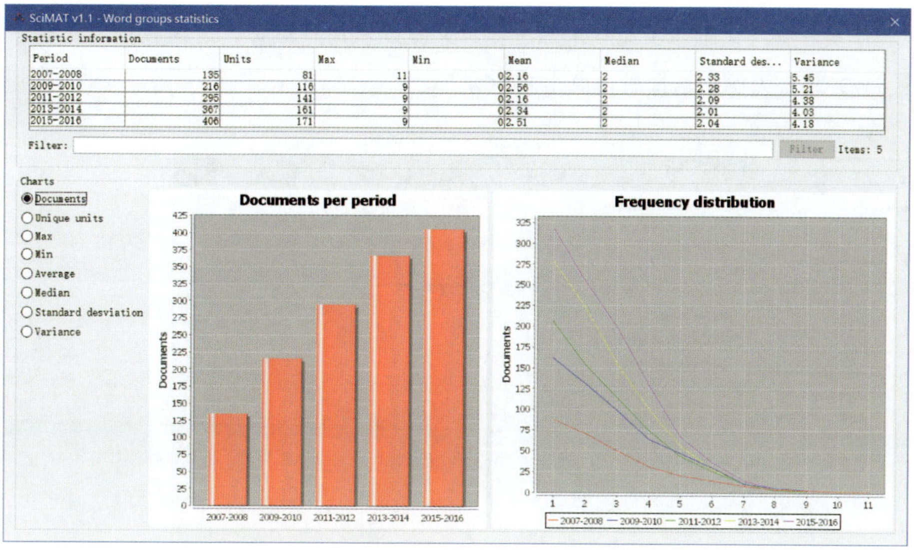

图 8. 135　时间切片和分组的描述性统计

第二步：数据分析阶段

（1）点击 Analysis 来对数据深入分析。如图 8. 136 所示，选择要分析的数据时间，点击 ➡ 后将选择的数据移入待分析的列表中，然后点击 Next。

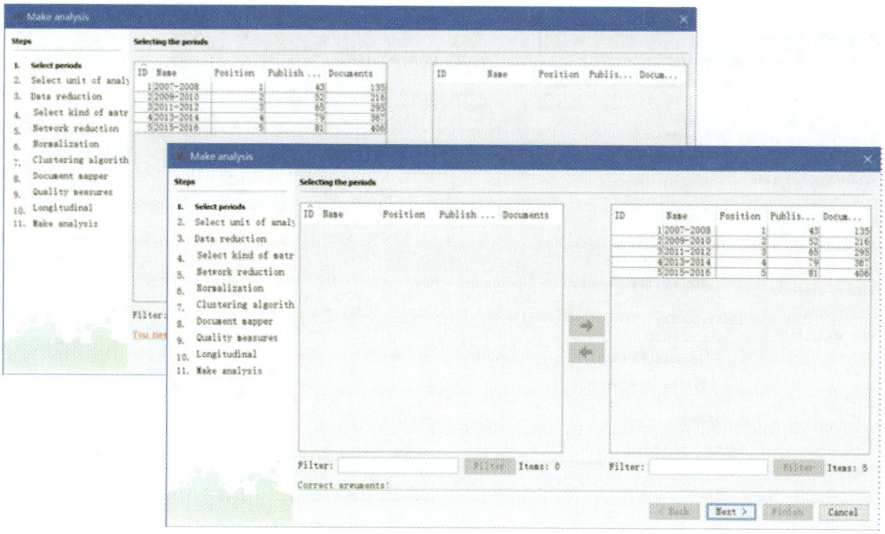

图 8. 136　选择所分析的数据时间段

（2）图 8.137 为选择所需要分析的知识单元，提供了作者、主题、参考文献、作者－参考文献以及文献来源－参考文献以供用户选择，这里我们以选择主题（words）为例。选择后，点击 Next。

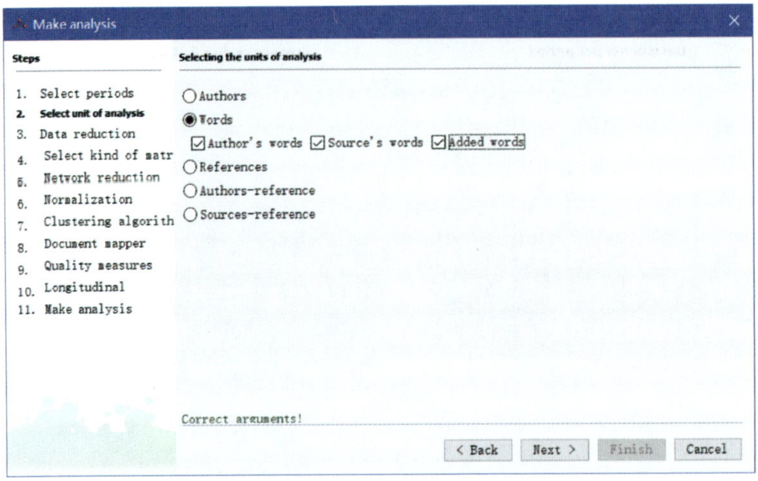

图 8.137　对象知识单元的选择

（3）图 8.138 为对各个时间段数据的进一步精简，类似于对参与分析数据的阈值的设置，这里默认为 1。

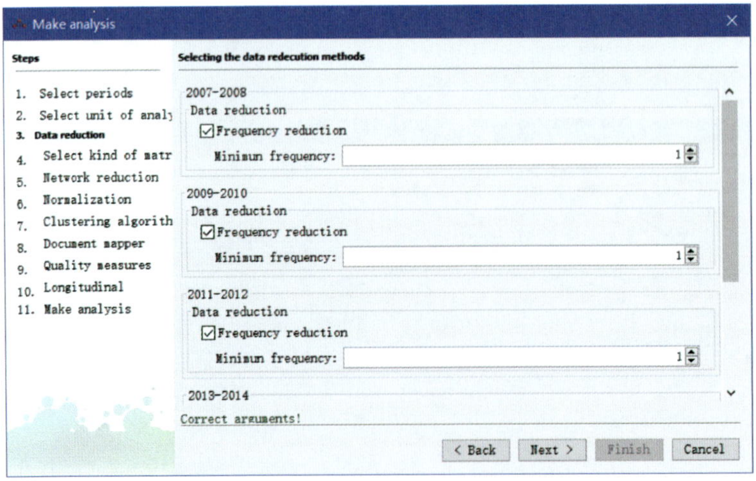

图 8.138　各个时间切片数据阈值的设置

（4）图 8.139 为选择分析矩阵的类型，这里可以选择 Co – occurrence（共现矩阵）、Basic coupling（基本耦合）、Aggregated coupling based on authors 以及 Aggregated coupling based on journals。

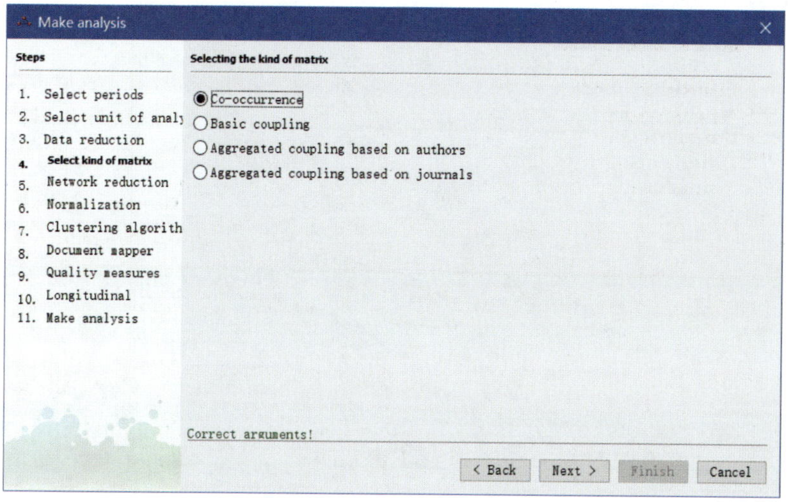

图 8.139　所分析矩阵的类型选择

（5）图 8.140 为对所分析矩阵知识单元的最小共现阈值的设置，默认为 1。该功能实际上是对所分析网络连线的一种裁剪方法。

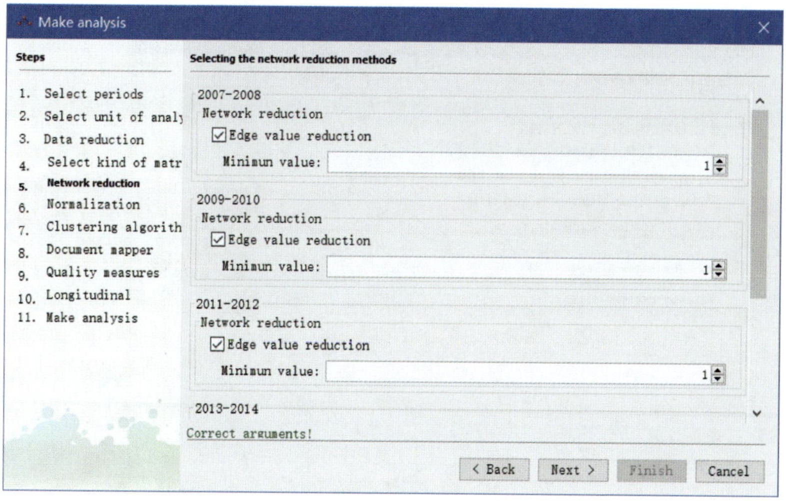

图 8.140　网络的剪裁

(6) 图 8.141 为网络标准化方式的选择，这里提供了 Association strength，Equivalence index，Inclussion index，Jaccard's index 以及 Salton's cosine 标准化方法。

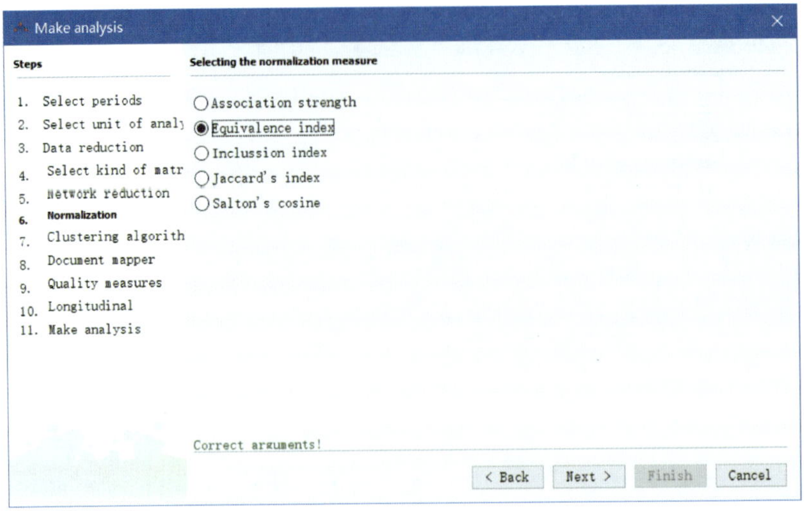

图 8.141 网络标准化方式的选择

(7) 图 8.142 为聚类算法的选择，这里提供了 Simple centers algorithm (Coulter et al., 1998; Cobo et al., 2011), Single－linkage (Small & Sweeney, 1985) 以及一些变体，如 Complete－linkage，Average－linkage 和 Sum－linkage.

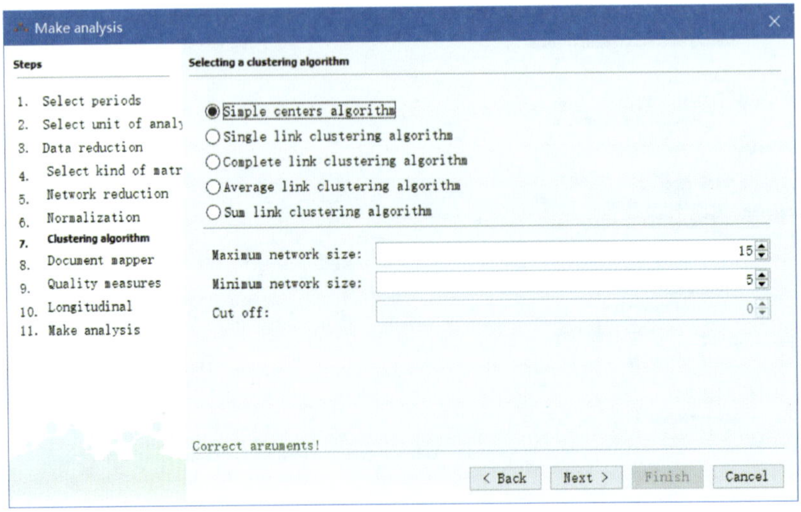

图 8.142 聚类算法的选择

（8）图 8.143 为 Selecting the document mappers（图谱的展示方法）的选择，SciMAT 提供了 Core mapper、Intersection mapper、K－core mapper、Secondary mapper 以及 Union mapper 五个不同的共现网络文档映射工具。

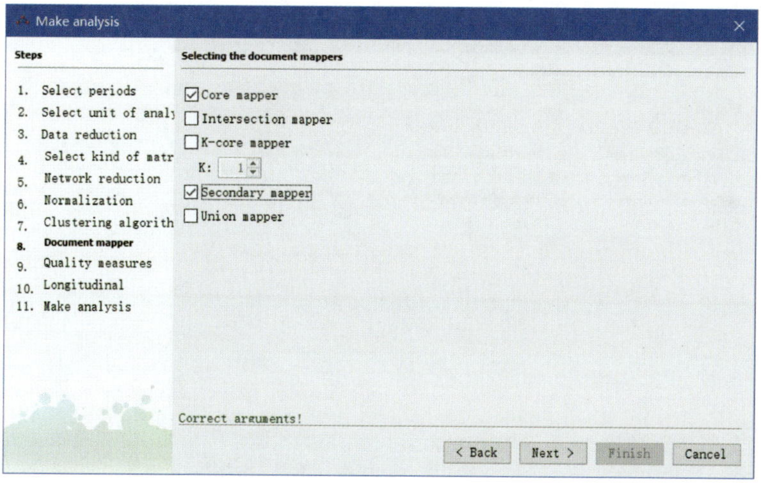

图 8.143　图谱展示方法选择

（9）图 8.144 为文献计量指标的选择，以计算所分析对应知识单元的测度指标。这里提供了 h－index、g－index、q2－index、hg－index、Average citations、Sum citations、Max citations 以及 Min citations。

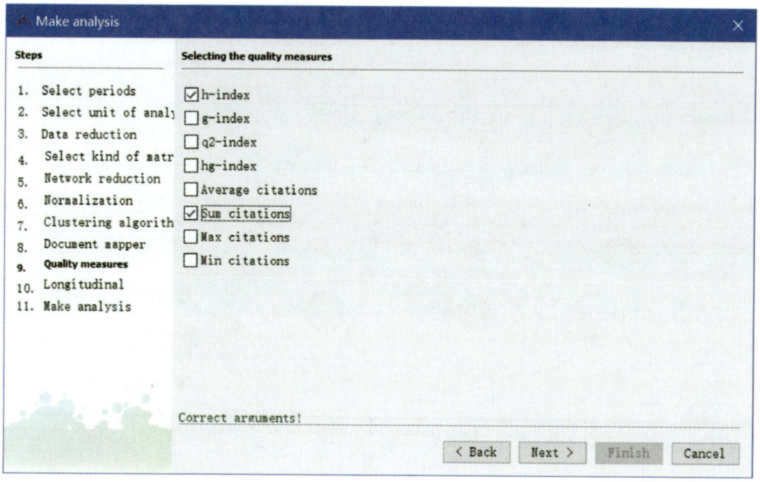

图 8.144　文献计量指标的选择

（10）图8.145为演化图与重叠图的相似性测度方法的选择，选择后点击Finish，软件会提示结果分析进度。分析结束后，软件会提示用户保存分析的结果。

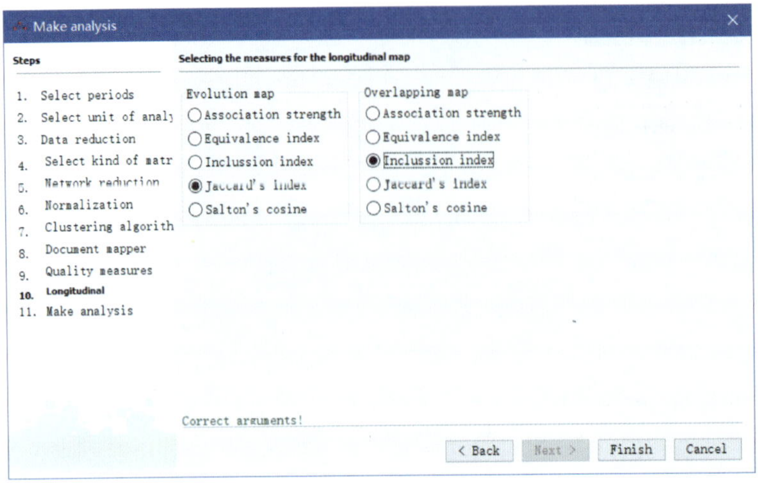

图8.145　演化图和重叠图的相似性度量

（11）图8.146为SciMAT分析得到的Longitudinal view结果，该结果主要用来呈现领域的演化情况。图8.147为Period view结果，该结果主要来呈现各个时间切片中的战略坐标图及其共现网络图。

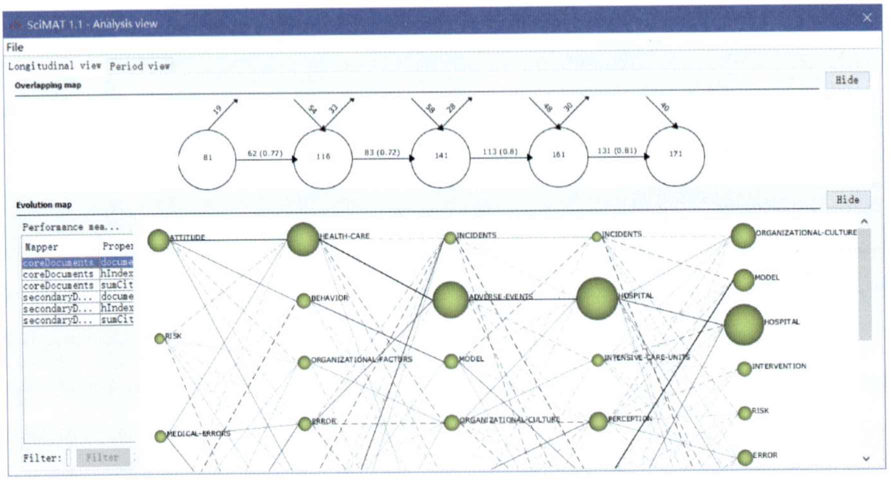

图8.146　Longitudinal view

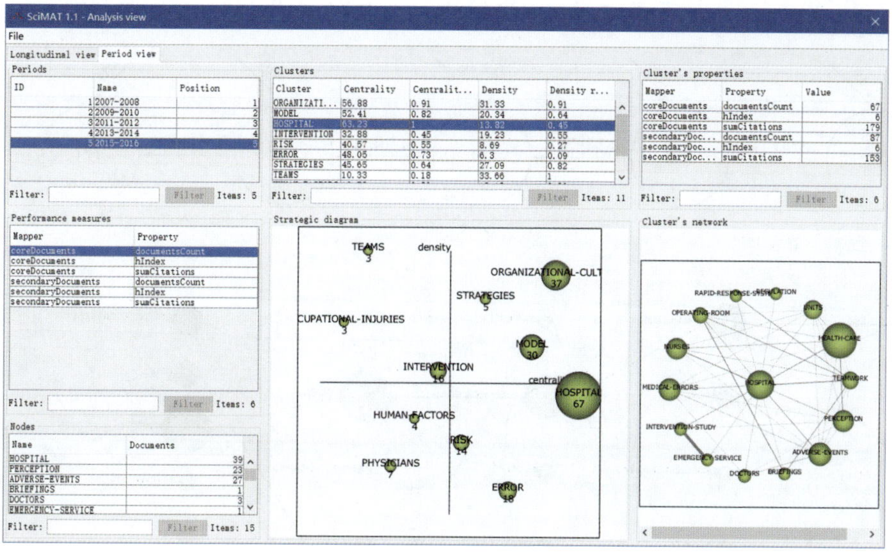

图 8. 147　Period view

分析结果可以通过 File 保存在本地电脑，报告可导出为 HTML、HTML (Full)、LaTex 以及 LaTeX（Full）格式（图 8. 148），用户可以根据自身的需求来选择。通过 HTML 保存的结果文件可以方便地查看可视化效果和借助 Pajek 进一步分析。

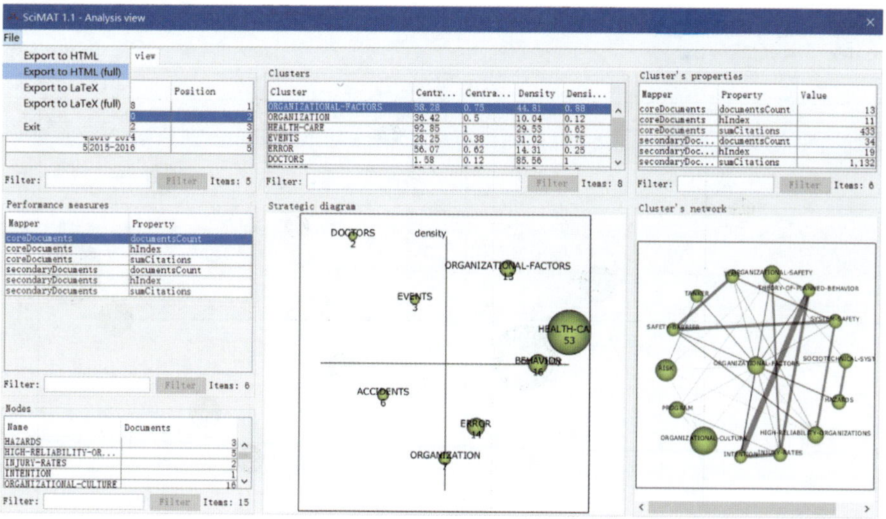

图 8. 148　结果的导出

对分析得到的部分结果展示如图 8. 149，图 8. 150，图 8. 151 以及图 8. 152。

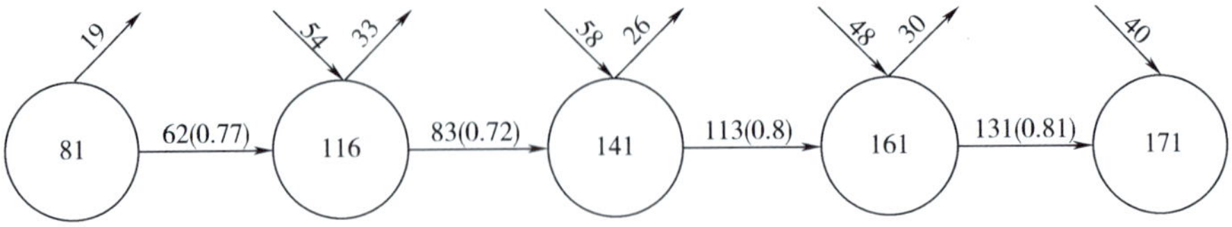

图 8. 149　覆盖图

图 8. 150　演进图

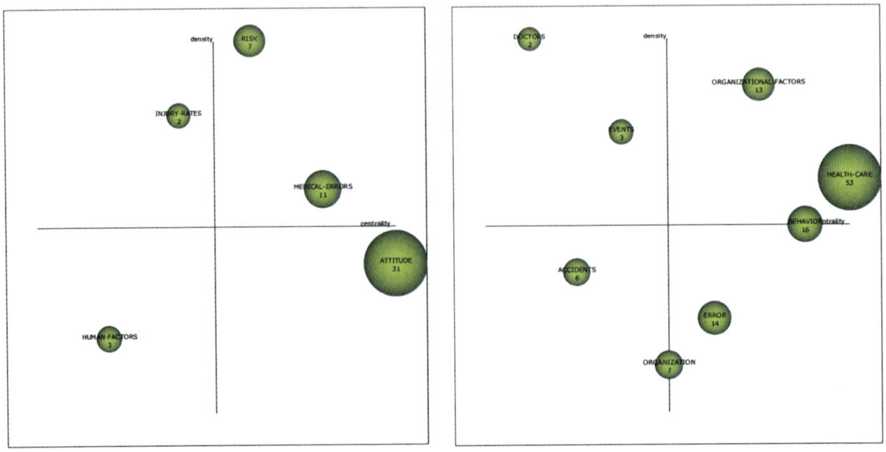

（a）2007—2008　　（b）2009—2010

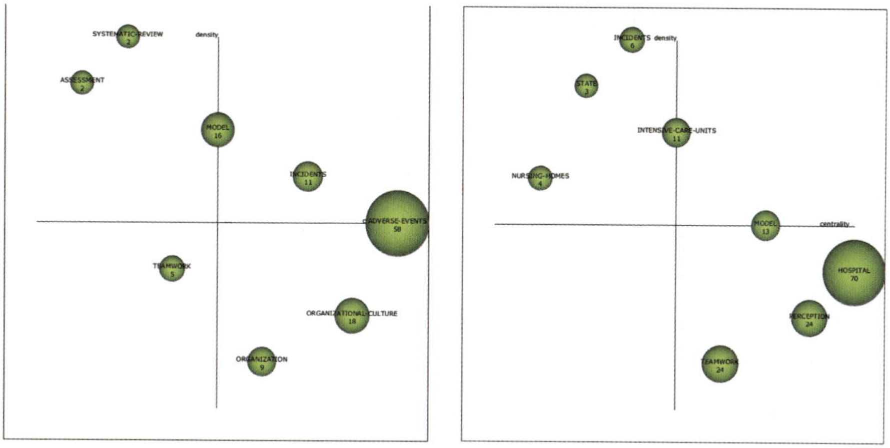

（c）2011—2012　　（d）2013—2014

图 8. 151　战略坐标图

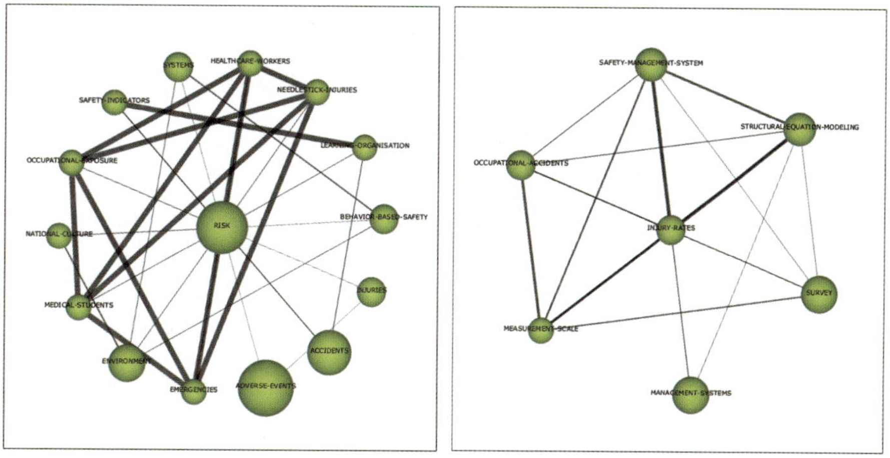

（a）RISK　　（b）INJURY-RATES

图 8. 152　网络图

关于 SciMAT 系统应用可参考下面文献列表：

［1］ Cobo M J，López－HerreraA G，Herrera－Viedma E，et al. SciMAT：A new science mapping analysis software tool［J］. Journal of the Association for Information Science & Technology，2012，63（8）：1609－1630.

［2］ Cobo M J，López－Herrera A G，Herrera－Viedma E，et al. An approach for detecting，quantifying，and visualizing the evolution of a research field: A practical application to the Fuzzy Sets Theory field [J]. Journal of Informetrics, 2011, 5 (1): 146-166.

[3] Cobo M J, Lopez-Herrera A G, Herrera F, et al. A Note on the ITS Topic Evolution in the Period 2000-2009 at T-ITS [J]. IEEE Transactions on Intelligent Transportation Systems, 2012, 13 (1): 413-420.

[4] Cobo M J, Fujita H, Herrera-Viedma E. 25years at Knowledge-Based Systems [J]. Knowledge-Based Systems, 2015, 80 (C): 3-13.

[5] Cobo M J, Herrera-Viedma E, Herrera F. A bibliometric study about the research based on hybridating the fuzzy logic field and the other computational intelligent techniques: A visual approach [J]. International Journal of Hybrid Intelligent Systems, 2010, 7 (1): 17-32.

8.8 KM+知识矩阵分析

8.8.1 KM+软件简介

Knowledge Matrix Plus（简称 KM+）是由韩国科技信息研究所（Korea Institute of Science and Technology Information，简称 KISTI））科学计量研究组（Department of Scientometric Research,）基于 JAVA 开发的科学计量软件。该软件最早在 2007 年基于 Window XP 开发，在 2016 年的版本中正式用 JAVA 开发了该系统。KM+软件可以用来对来自 WoS 数据的 Plain Text 格式、NDSL（papers）数据的 Text（ASCII format）和 Excel 格式、NDSL（patents）数据的 Text（ASCII forma）和 Excel 格式、SCOPUS（internal use in KISTI）数据的 MS-Excel 和 Text（.txt）、SCOPUS 数据的 CSV format（comma-separated format）格式以及 Science Direct 的 RIS 格式等科技论文、专利等数据进行如下处理：①对数据进行清洗、精炼和基本的统计分析，对主题进行词根化等处理；②创建各种 1 模或者 2 模知识矩阵；③可以通过生成相关文件，导入 Pajek、VOSviewer 或者 Gephi 中进行可视化分析。

8. 8. 2 KM + 下载和功能

登录 KM + 的下载主页（图 8. 153）[1]，点击 Download KnowledgeMatrix Plus（KM + ）会下载得到一个名称为 KnowledgeMatrix_ 0. 80. zip 的压缩包。只要用户正确安装了 JAVA 软件，该软件包下载后解压即可使用。

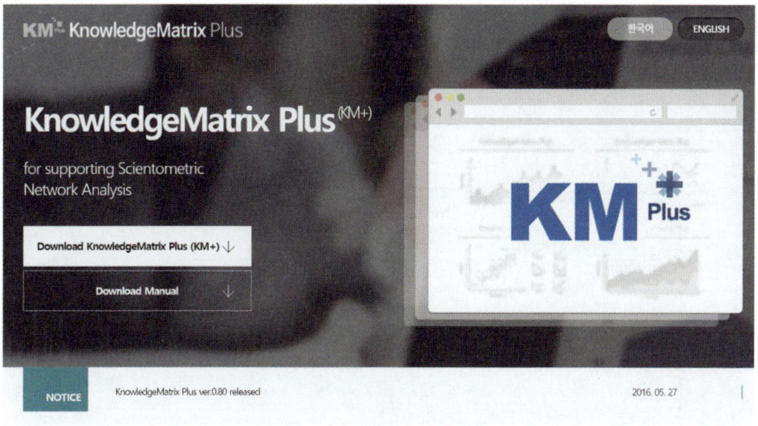

图 8. 153 KM + 下载主页

在 KM + 的软件下载界面下载并解压下载的文件后，点击 Knowledge Matrixplus. exe 即可打开软件（图 8. 154）。

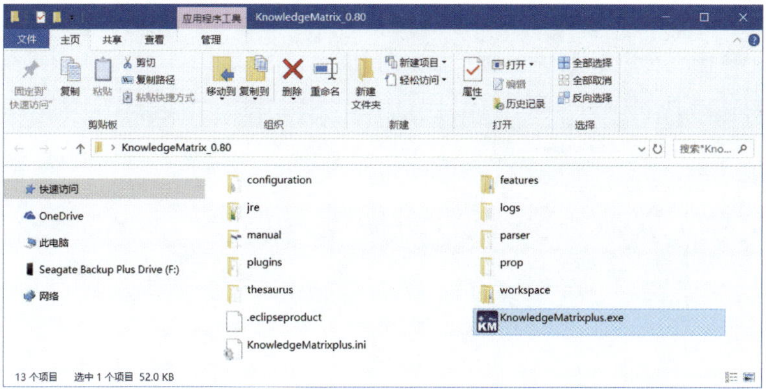

图 8. 154 软件包

---

[1] KISTI（2016），KnowledgeMatrix Plus ver. 0. 80 for supporting Scientometric Network Analysis, Department of Scientometric Research, Korea Institute of Science and Technology Information（KISTI）http：// mirian. kisti. re. kr/km/km_ en. jsp

软件打开后，会提示用户新建项目。这里我们暂时不创建项目，主要介绍软件菜单栏中包含的功能。下面对软件的菜单栏做详细的介绍。

Home 菜单栏中包含了 Make a project（用于新建一个工程或者打开已有工程）、Save（保存当前处理的所有工程）以及 Close（关闭当前分析的所有工程）三个功能，如图 8.155 所示。

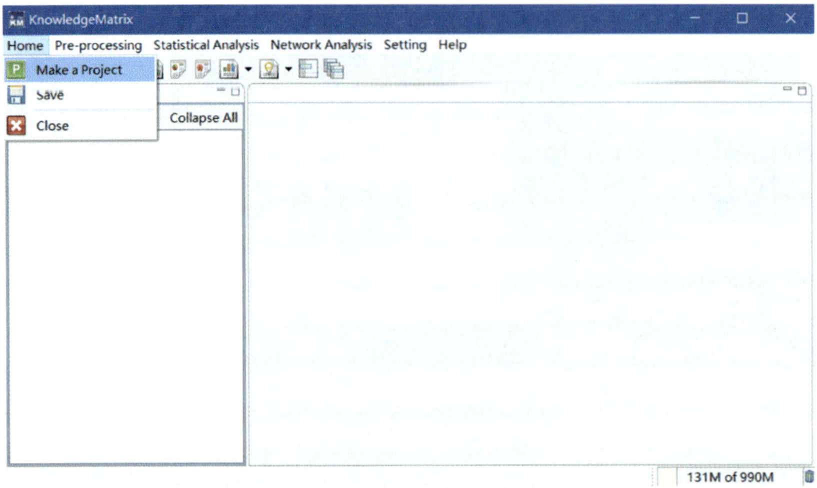

图 8.155　Home 菜单栏

Pre－processing 菜单栏，如图 8.156 所示。其中 New Dataset（新数据库）

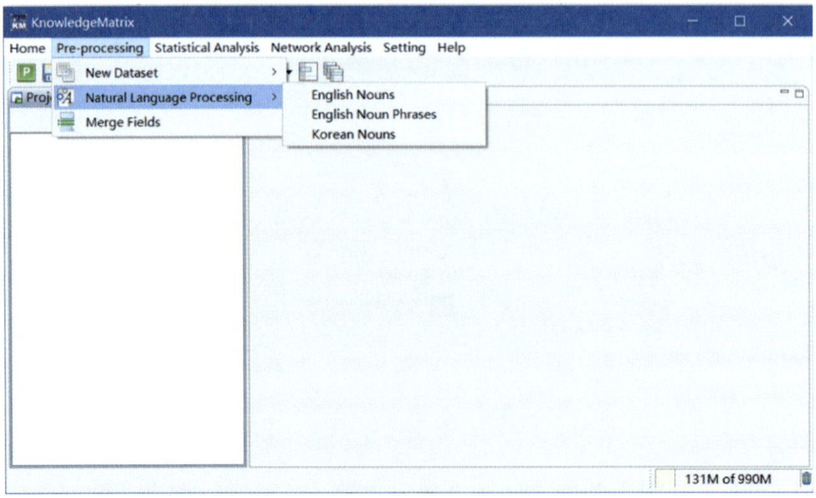

图 8.156　Pre－processing 数据预处理

中包含了 Project Union 和 Project Intersection，用于合并和处理来自相同数据库的数据项目。Natural Language Processing 中包含：English Nouns，是用来从特定的知识单元中来提取英文名词；English Noun Phrases，表示从特定的字段中提取名词性术语；Korean Nouns，表示从选定的字段中提取名词性的韩语。Merge Fields，表示通过合并多个字段来创建一个新字段。

Statistical Analysis 菜单栏，如图 8.157 所示。其中 Chart 表示通过选择特定的字段来生成某种统计图。Statistical Analysis（Publications）表示对出版论文数据的某个字段的统计分析和可视化，Statistical Analysis（Patents）表示对导入的专利数据进行统计和可视化分析。

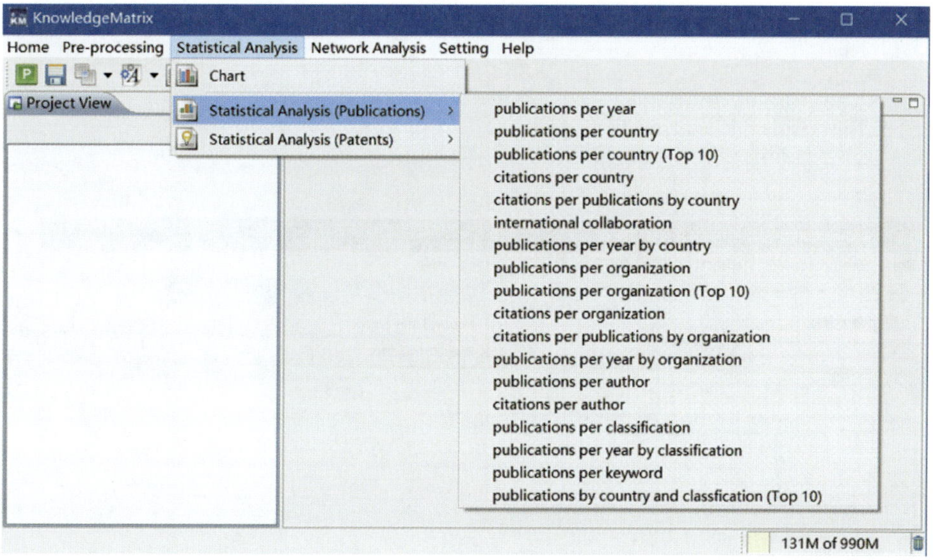

图 8.157　Statistical Analysis 数据统计分析

Network analysis 菜单，如图 8.158 所示。包含的 2D Matrix 主要用来创建知识单元之间的 1 模和 2 模网络，Matrix Chart 主要是用来创建两个知识单元之间的统计图，3D Matrix 用来创建三维知识单元矩阵。

Setting 为设置菜单，如图 8.159 所示。其中 Open Window →Record View 可以用来浏览选定记录的详细信息，Import Filter Editor 可以用来设置数据的导入格式以及建立新的数据过滤器，Thesaurus Editor 可以构建新的可编辑词集。

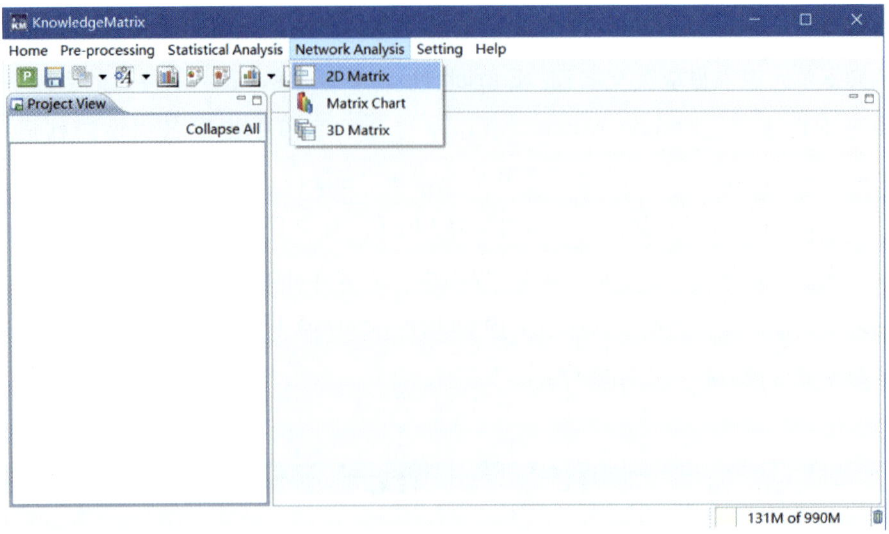

图 8. 158　Network analysis 网络分析

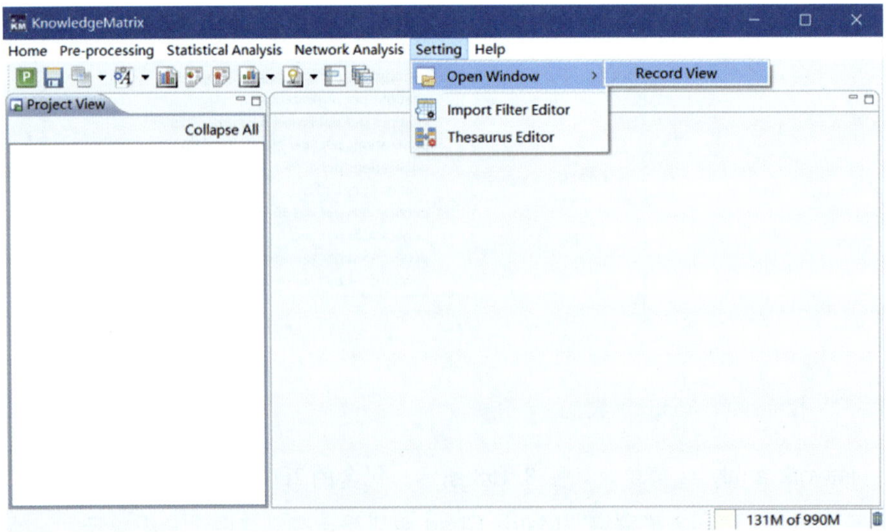

图 8. 159　Setting 设置

Help 菜单，如图 8. 160 所示。提供了英文版和韩文版的指南，以及 KM 软件的版本信息。

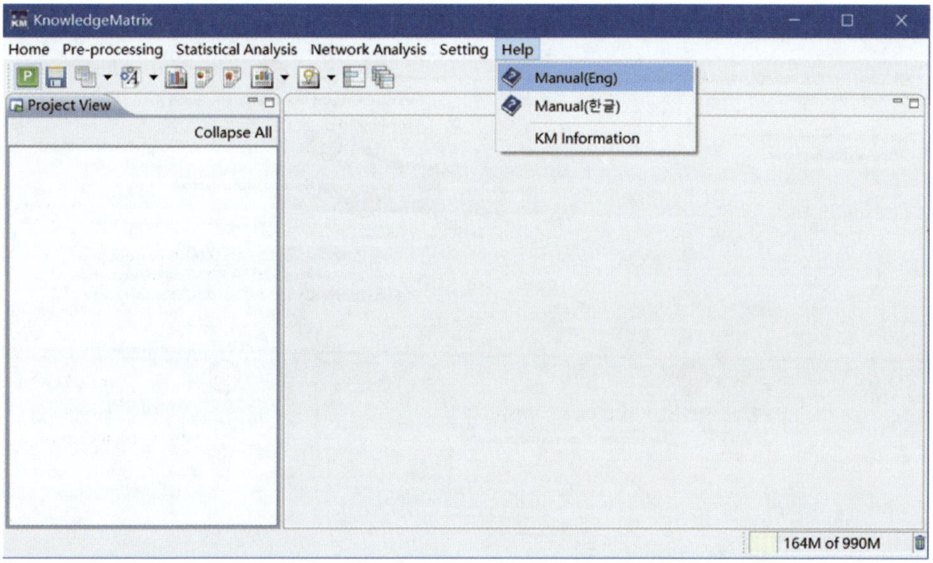

图8. 160 Help帮助菜单

8. 8. 3 KM + 数据分析

在软件首次打开时，会自动提示新建项目。在分析完当前项目后，也可以在菜单栏中选择Make a Project来新建项目。在Project Name输入工程项目的名称，例如CiteSpace。由于本次分析的数据是从Web of Science中获取的，因此在File Type中选择WoS（此外还可以选择Scopus，Science Direct等格式）。点击Add File选择符合条件的数据文件，这里选择的文件是从Web of Science中导出的带有参考文献的纯文本格式数据。最后，点击Next进入下一步的操作（图8. 161）。默认数据的呈现方式为Statistics Analysis，然后再点击Finish，等待数据分析结束即可（图8. 162）。

完成上述设置后，将在界面完整地显示出数据的统计分析结果，如图8. 163所示。在界面的左侧显示了所分析工程项目的信息概览，右侧显示了所分析数据主要知识单元的描述性分析的可视化结果。例如，这里点击左侧的Abstract，则会在右侧显示界面中得到所提取的文献摘要结果（图8. 164）。

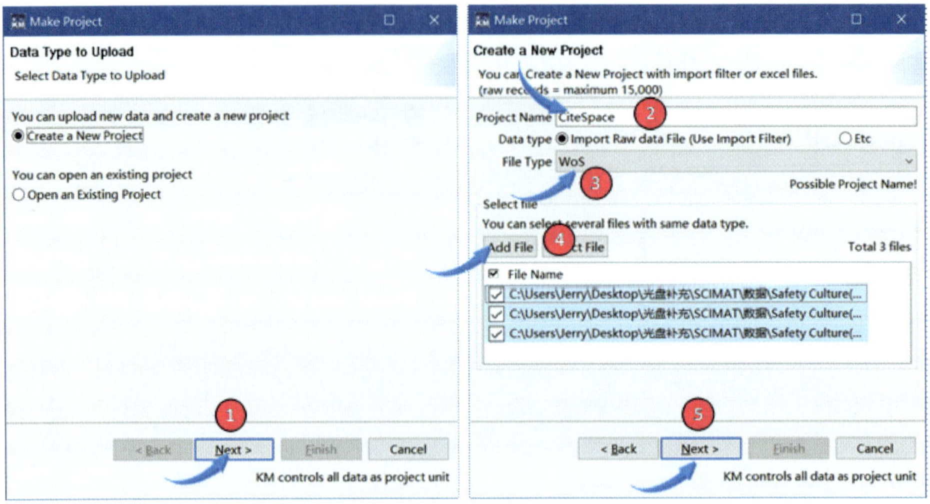

图 8. 161　项目的建立和数据的输入

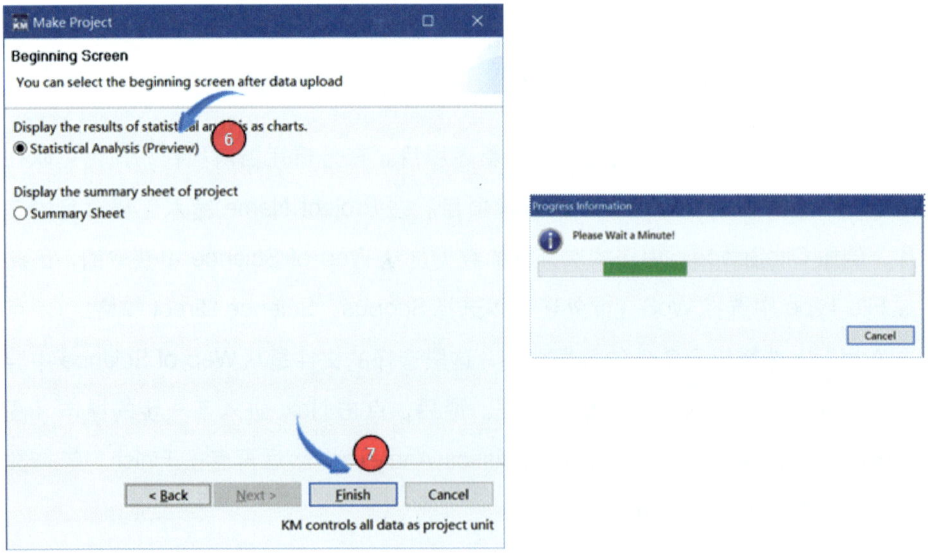

图 8. 162　数据的结果呈现设置

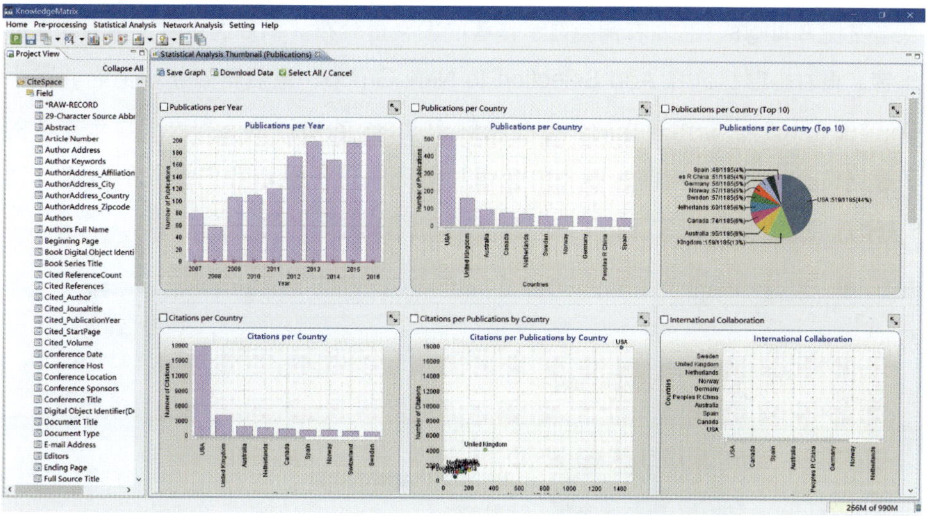

图 8.163 描述性统计结果

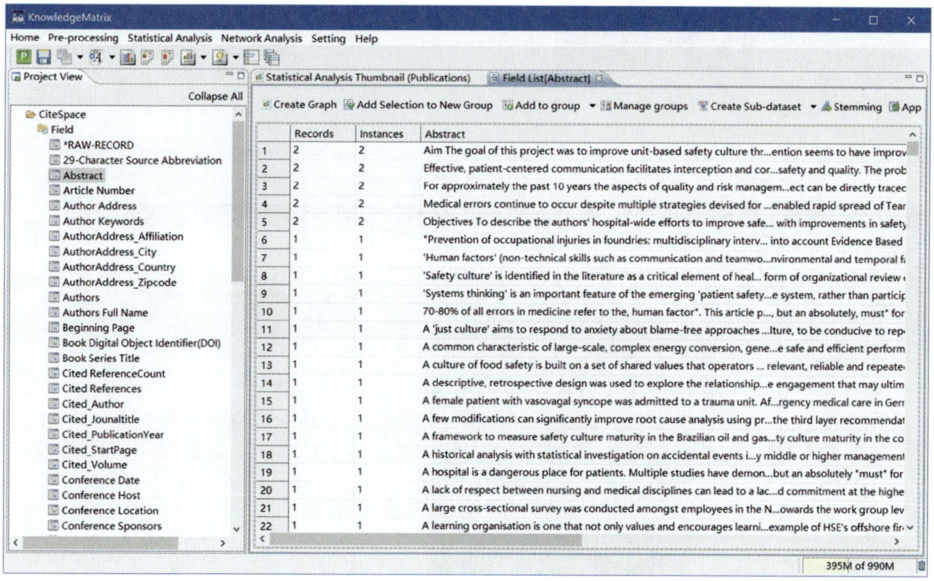

图 8.164 知识单元结果概览

（1）使用 KM + 提取和可视化 1 模矩阵。若直接通过原始数据来分析某个知识单元的共现矩阵，矩阵的规模通常会比较大。这里我们可以通过提取满足一定阈值的知识单元，然后通过筛选的知识单元来进行共现矩阵的提取。例如，这里点击左侧 Authors，然后右侧会显示作者的发文量分布。然后选中发文量大于5的作者，再右击鼠标选择 Add Selection to New Group，最后再对新组命名并点击 OK（图8.165）。新组建立后，会在左侧 Authors 的知识单元列表下显示提取的子数据集。同时，在右侧的界面中会增加一列，用于显示我们提取的数据（图8.166）。

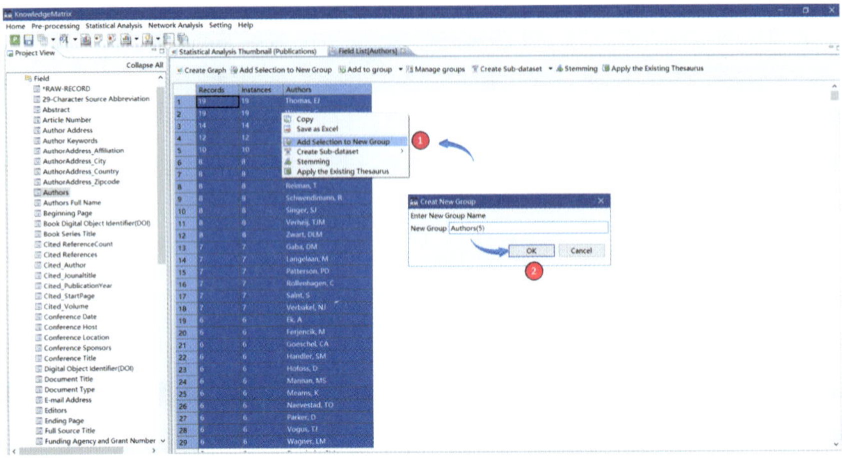

图8.165　创建新组

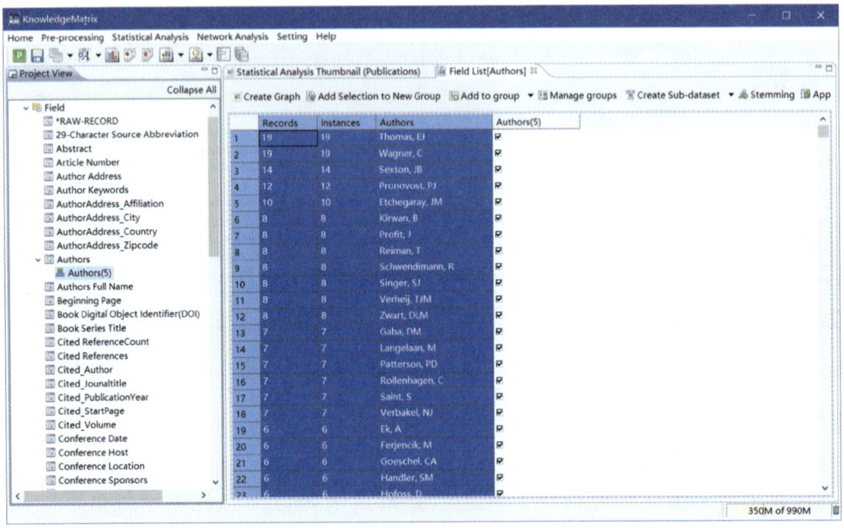

图8.166　新组创建结果

点击软件的 Network analysis 菜单，选择 2D Matrix 来进行作者合作矩阵的提取。在 2D Matrix 的界面中，Matrix Type 选择为 1 – mode Matrix（rows = columns）。在 rows & columns Field 中选择我们上一步已经提取的子数据集 Author（5），在右侧选中 RAW – RECORD（基于文献记录的作者共现），点击 Finish（图 8.167）。最后，可得到共现矩阵结果如图 8.168 所示。

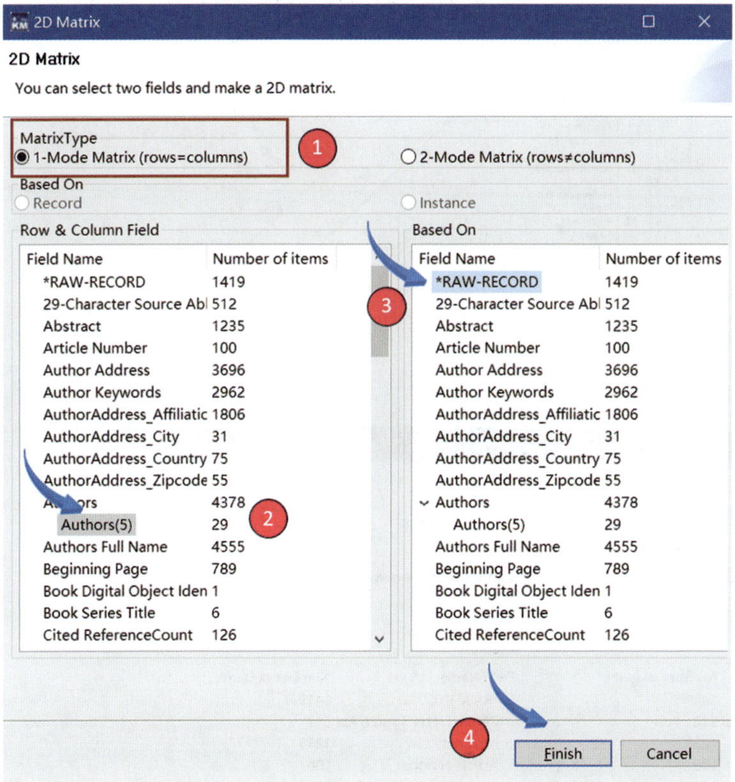

图 8.167　基于论文信息构建的作者共现矩阵

此外，还可以基于其他字段来构建作者的共现矩阵。例如，我们可以通过关键词字段来构建作者的共现关系（图 8.169，图 8.170）。

当矩阵构建结束后，可以通过矩阵界面上的 EXPORT 将结果保存为 EdgeList Excel（.xlsx）、FullMatrix CSV（.csv）、FullMatrix TXT（.txt）、VOSviewer（.csv）、Pajek（*.net/*.vec/*.clu）或 Gephi（*.gexf）格式。这里以导出为 VOSviewer（.csv）为例，并进一步使用 VOSviewer 进行可视化分析（图 8.171）。

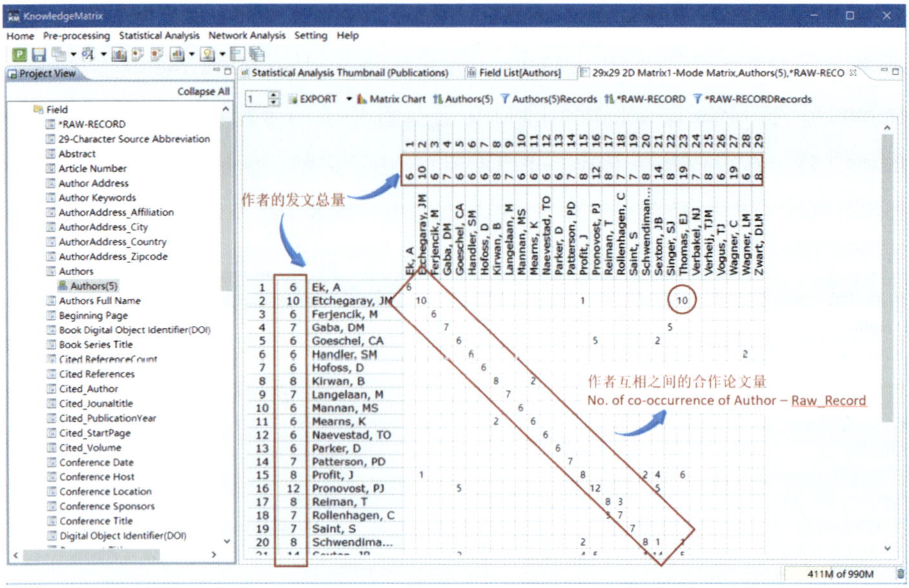

图 8. 168　作者合作矩阵

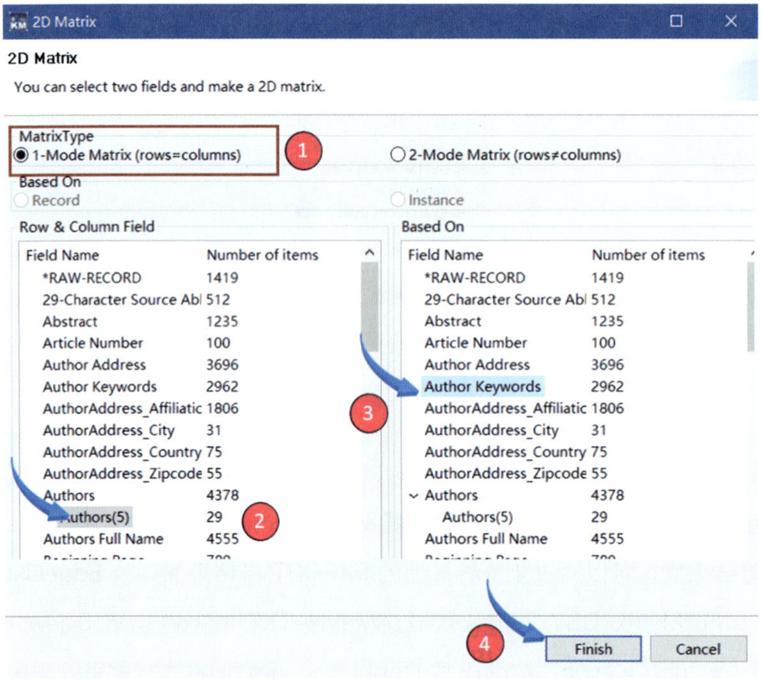

图 8. 169　基于关键词信息构建的作者共现矩阵设置

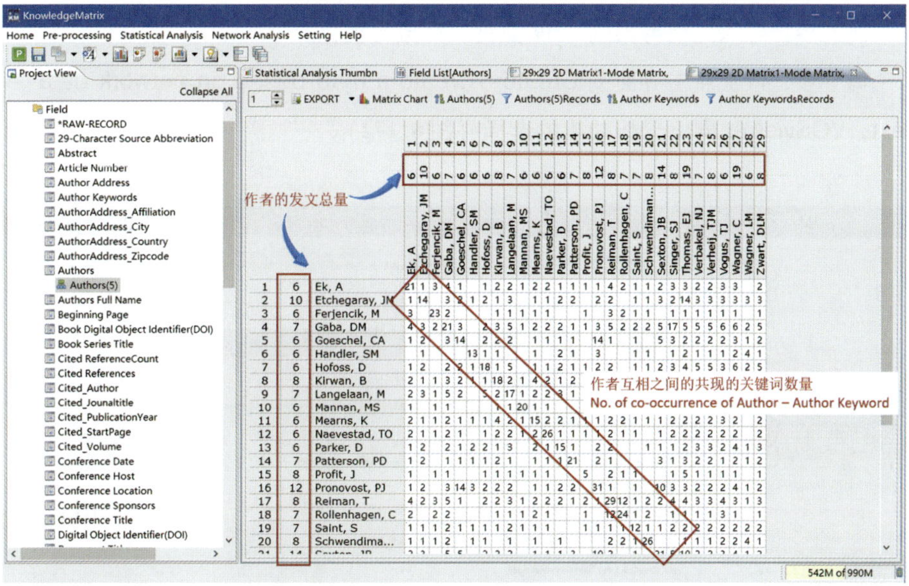

图 8. 170 基于关键词信息构建的作者共现矩阵结果

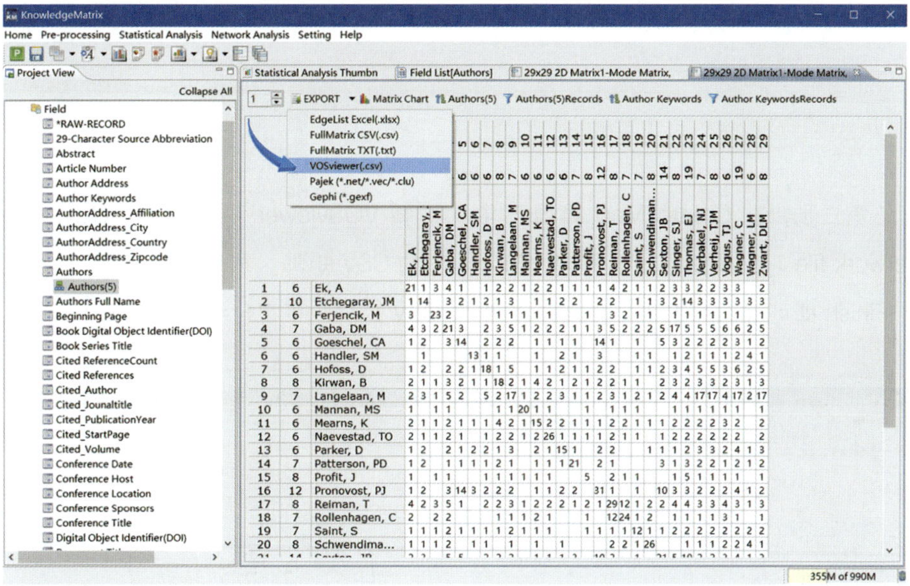

图 8. 171 矩阵的导出

当保存结果后，再进行 VOSviewer 的主题下载，并安装 VOSviewer。然后按照下面的步骤导入先前导出的 CSV 数据，完成可视化。

第一步，依次点击界面的 Create→Create a map based on network data → Next，VOSviewer 网络分析功能的选择（图 8. 172）。

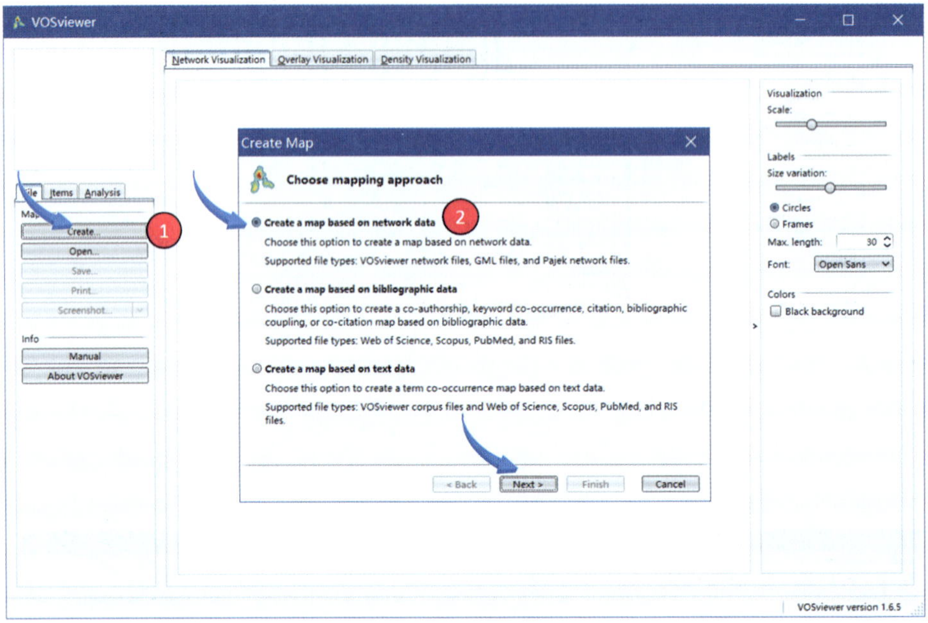

图 8. 172　打开 VOSviewer 并选择网络可视化功能

第二步，在 Create Map 界面下依次选择 VOSviewer → Select VOSviewer network file（required），读取从 KM + 导出的 CSV 矩阵。然后默认点击 Next 直到 Finish 即可（图 8. 173）。最后，得到对 CSV 矩阵的可视化结果（图 8. 174）。

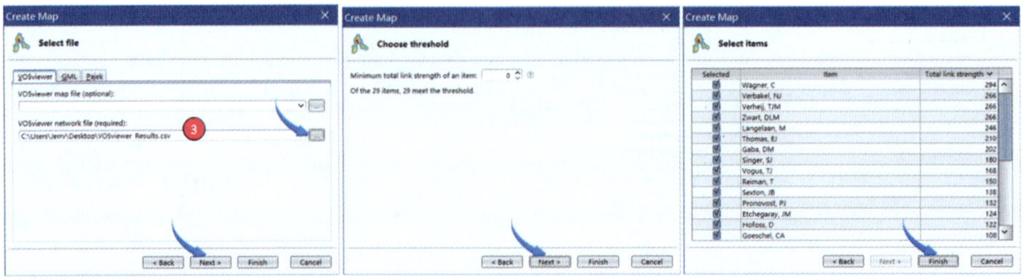

图 8. 173　数据导入和分析流程

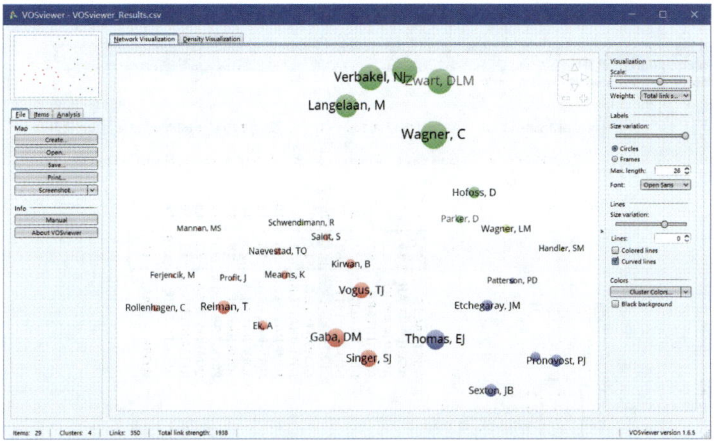

图 8. 174　VOSviewer 可视化 KM + 矩阵的结果

（2）使用 KM + 提取和可视化 2 模矩阵。在 Network Analysis 中选择 2D Matrix，然后选择 2 – Mode Matrix（Rows≠columns）。在左侧的 Row Field 中选择 Authors（5），然后在右侧中选择期刊的子数据集 Source title（10），点击 Finish（图 8. 175）。最后，可得到提取的矩阵（图 8. 176）。

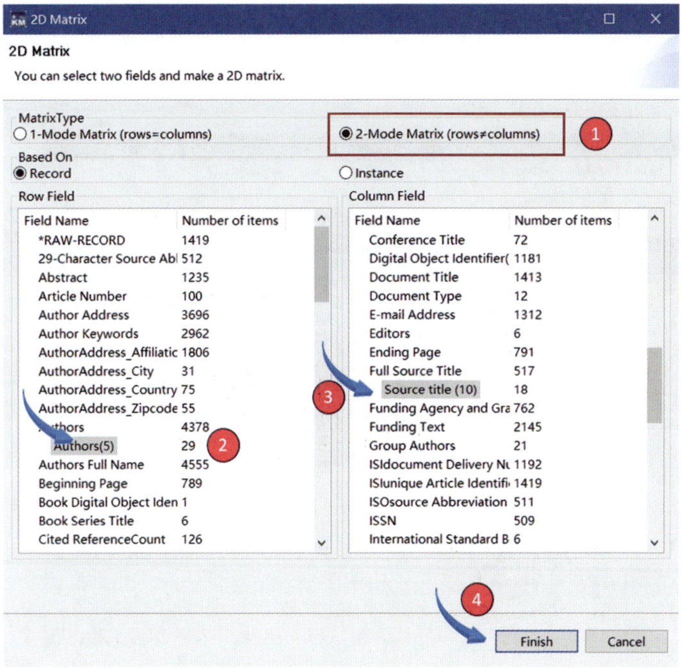

图 8. 175　作者 – 期刊名称的 2 模网络

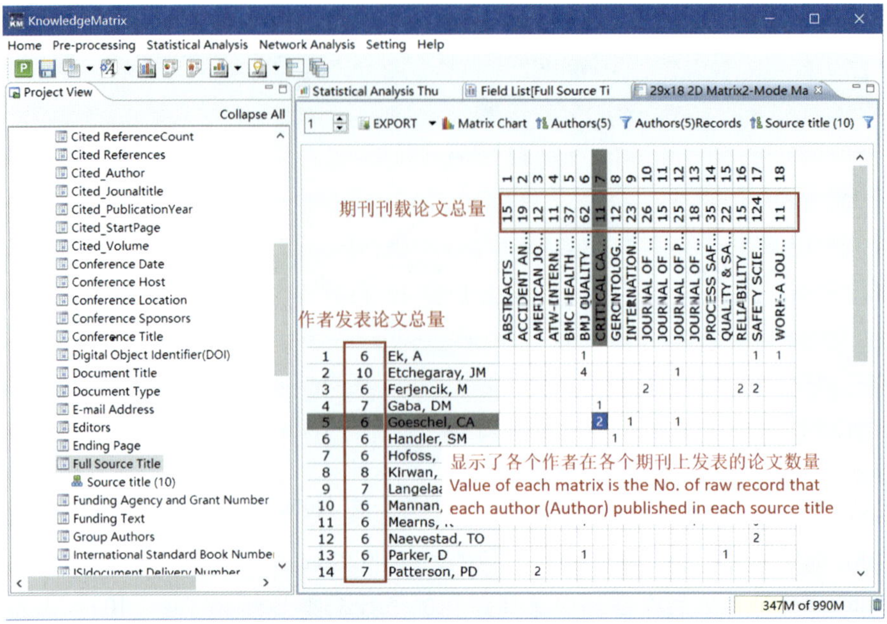

图 8. 176　KM + 中生成的 2 模网络矩阵

可以将上述的矩阵导出为 Pajek 格式的文件（图 8. 177），然后进行可视化分析。

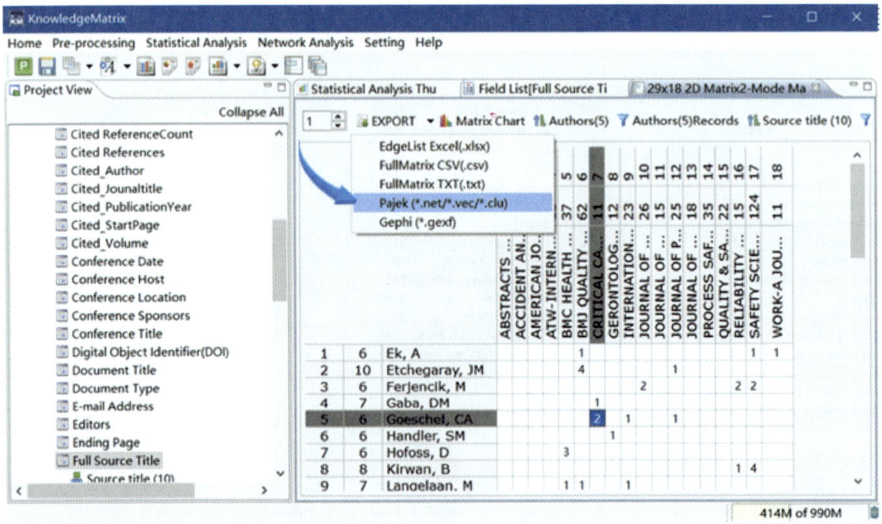

图 8. 177　KM + 中 2 模矩阵的导出

使用 Pajek 来读取从 KM + 中导出的 2 模矩阵（图 8. 178），然后依次在 Pajek 界面中点击 Draw→Network + First partition + First Vector，得到 2 模网络的可视化结果（图 8. 179）。

图 8. 178　在 Pajek 主界面读取 KM + 导出的文件

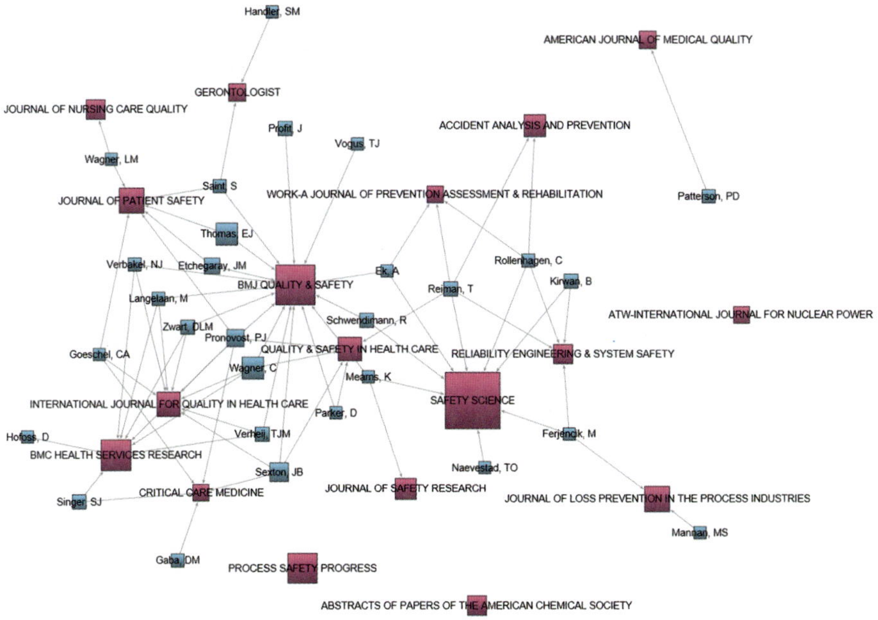

图 8. 179　在 Pajek 中对 KM + 导出的文件进行的网络可视化

（3）主题的处理。在 KM + 中使用 Apache OpenNLP [1] 来对英文数据进行自然语言处理，这与 VOSviewer 软件所使用的自然语言处理包一样。使用 Arirang morphemic analyzer of Lucene [2] 来对韩语进行自然语言处理。该功能在菜单栏的 Pro - processing →Natural Language Processing 的位置。

例如，这里要从标题中提取名词性词汇则需进行如下操作：

首先，通过 Pro - processing →Natural Language Processing→English Nouns 来选定分析的功能，然后按照提示选择要处理知识单元的位置，这里选择 Document Title。最后，点击 ok 后显示 Progress Information（图 8.180），等待处理结束后则可以得到处理的结果。

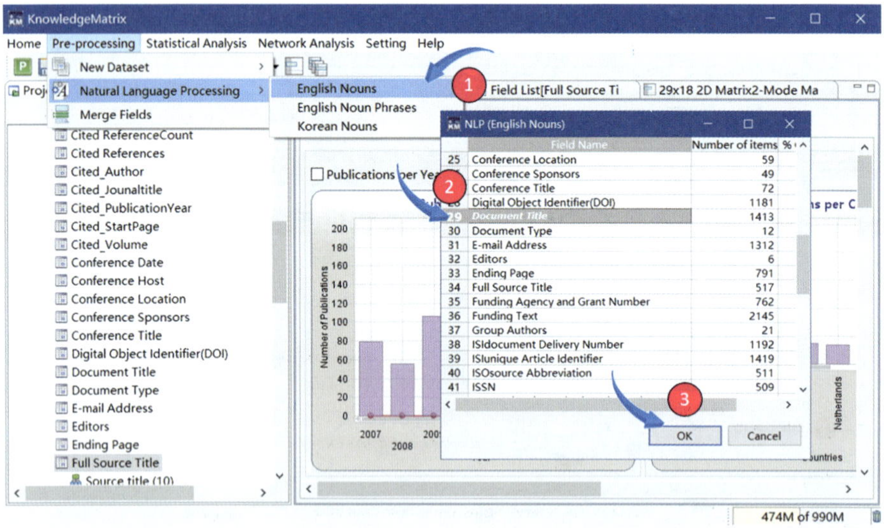

图 8.180　文本处理的步骤

主题提取的初步结果见图 8.181，从结果中明显地可以看出有很多词汇实际上是相同或者意义相近的。在 KM + 中专门提供的 Stemming 功能用于对这些词汇进行合并处理。打开 Stemming 有两种途经，一种是选中某个词汇后单击鼠标右键，选择 Stemming；另一种方法是点击页面上方的 Stemming 功能按钮即可。点击后会进入 Stemming 设置窗口，这里提供了左右两个窗口，实际上两个窗口是

[1] Apache OpenNLP. https：//opennlp. apache. org/

[2] Arirang morphemic analyzer of Lucene. http：//cafe. naver. com/korlucene.

一样的，便于用户来进行数据处理。

在 Stemming 窗口中，用户可以通过拖拽（同一侧的词汇可以上下拖拽，左右两边的词汇也可以左右拖拽），将要合并的主题合并在一个组当中。这里我们可以 Create New Field，即创建一个新字段。在 Enter New Field Name 中输入新命名，然后点击 Apply。

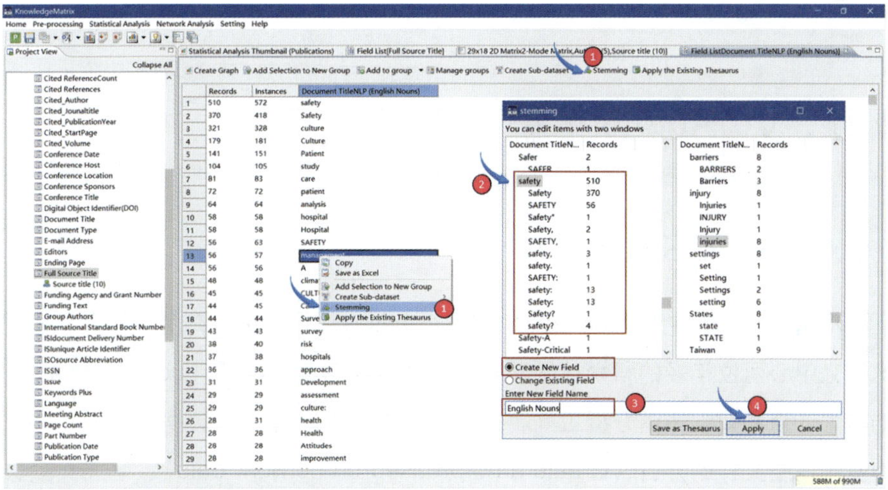

图 8. 181　名词性术语的处理

名词性单词处理前后比较，如图 8. 182 所示。

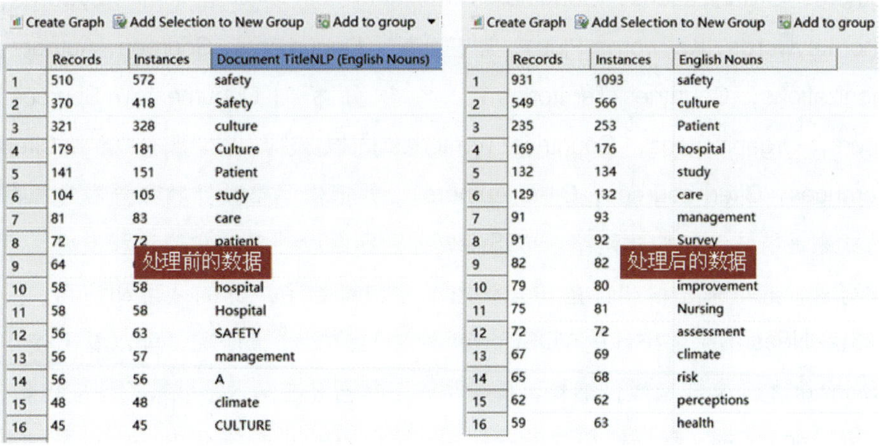

图 8. 182　数据处理前后比较

与本软件设计原理和应用相关的文献如下：

이방래, 여운동, 이준영, et al. 계량정보분석시스템으로서의 Knowledge Matrix 개발［J］. 한국콘텐츠학회논문지, 2008, 8（1）: 68－74.（Lee B R, Yeo W D, Lee J Y, et al. Development of the KnowledgeMatrix as an Informetric Analysis System［J］. Journal of the Korea Contents Association, 2008, 8（1）: 68－74.）

8.9 VOSviewer 相似可视化

8.9.1 VOSviewer 简介

VOSviewer（全称为 Visualization of Similarities）是由来自荷兰莱顿大学科学技术研究中心两位年轻的科学计量学学者 Nees Jan van Eck 和 Ludo Waltman 开发的科学计量和知识图谱分析工具。在该工具提供了三种方式数据的可视化，分别为基于网络文件的分析（Create a map based on network data）、基于文献数据的分析（Create a map based on bibliographic data）和基于文本数据的分析（Create a map based on text data）。目前还提供了对 Web of Science、Scopus、PubMed 以及 RIS 数据分析。可以通过文献题录数据构建合作网络（Authors, Organizations, Countries/Territories）、共现网络（All Keywords, Author keywords, Keywords Plus）、引证分析（Documents, Sources, Authors, Organizations, Countries/Territories）、耦合分析（Documents, Sources, Authors, Organizations, Countries/Territories）以及共被引分析（Cited References, Cited sources, Cited Authors）。并提供了整数计数和分数计算两种方式来进行统计和构建网络。VOSviewer 在界面设计上非常简洁和友好，且结果可靠，近年来在科学计量与知识图谱领域得到了广泛的认可和应用。图 8.183 是 Nees 不完全统计的 VOSviewer 相关的论文分布情况，可以看出使用 VOSviewer 的论文成指数倍增长，反映了该工具已经在学术领域被广泛应用。

VOSviewer 的文献分析和主题挖掘中嵌入了核心的标准化方法、布局方法（Mapping 方法）、聚类方法（Clustering 方法）、密度图可视化方法等，用于对得到的知识单元矩阵进行标准化和可视化处理❶❷。

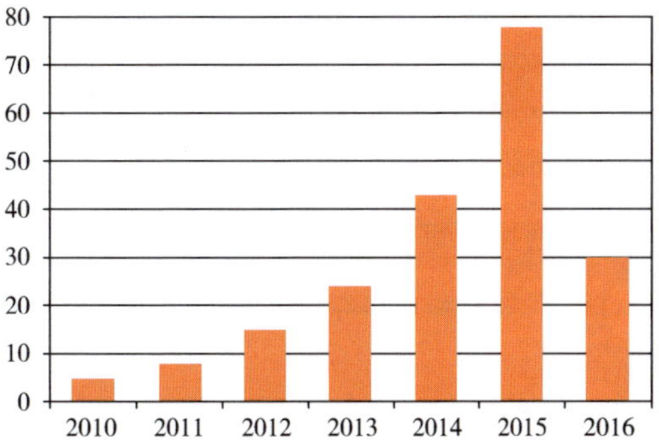

图 8.183　VOSviewer 应用论文的年度趋势（截至 2016 年 3 月 24 日）❸

（1）VOSviewer 使用的标准化方法主要为改进的关联强度计算方法：

$$S_{ij}=\frac{2m\,a_{ij}}{k_i\,k_j}$$

式中，a_{ij} 为节点 i 和 j 共现权重，k_i 为节点 i 边的总权重，表示为 $k_i=\sum_j a_{ij}$。m 为网络中所有边的总权重，表示为 $m=\frac{1}{2}\sum_i k_i$。

（2）VOSviewer 提供的布局方法与 MDS（多维尺度方法）类似，但在可视化结果上更加清晰。具体的计算如下：

$$V(x_1,\cdots,x_n)=\sum_{i<j} s_{ij}\,\|x_i-x_j\|^2$$

上式的约束条件为：

$$\frac{2}{n(n-1)}\sum_{i<j}\|x_i-x_j\|^2=1$$

式中，n 代表网络中节点的总量，x_i 表示节点 i 在二维空间的位置，$\|x_i-x_j\|$ 表示节点 i 与节点 j 在二维空间的欧氏距离。在 VOSviewer 中采用 SMACOF 算法，在约束条件下来最小化 $V(x_1,\cdots,x_n)$。

（3）VOSviewer 采用了网络社团识别的方法来进行网络的聚类分析，具体算

❶　Van Eck, N. J. P. Methodological Advances in Bibliometric Mapping of Science [D]. ERIM Ph. D. Series Research in Management. Erasmus Research Institute of Management. 2011 - 10 - 13.

❷　Van Eck, N. J., & Waltman, L. Visualizing bibliometric networks. In Y. Ding, R. Rousseau, & D. Wolfram (Eds.), Measuring scholarly impact: Methods and practice. Springer. 2014, 285 - 320.

❸　该数据来源于 Ness 发布的 Twitter 数据。

法是最大化下面的公式：

$$V(c_1,\cdots,c_n) = \sum_{i<j}\delta(c_i,c_j)(s_{ij}-\gamma)$$

式中，c_i 表示节点 i 所在的聚类，当 $c_i = c_j$ 时，$\delta(c_i,c_j)$ 等于 1，否则等于 0；γ 为聚类分辨率调节参数，该数值越大，得到的聚类越多。

（4）VOSviewer 专门提供了知识图谱的密度图可视化方式，这是 VOSviewer 与其他知识图谱相比最具特色的功能。对于节点 $x = (x_1, x_2)$ 的密度 $D(x)$ 的计算如下：

$$D(x) = \sum_{i=1}^{n} w_i K(\|x - x_i\|/(\bar{d}h))$$

式中，$K: [0,\infty) \to [0,\infty)$ 代表核函数（Kernel function），该函数是非增，使用高斯函数 $K(t) = \exp(-t^2)$ 来表示；h 表示核宽度；w_i 表示节点 i 的权重（节点的总出现频次或者总共现频次）。

从密度图的含义不难得到，密度高低主要依赖于一个知识单元周围知识单元的数量以及这些知识单元自身的权重。周围节点数量越多，这些节点之间的距离越近，那么密度就越高。节点的权重越大，则密度也越高。

在聚类密度图下的展示方式是对整体密度图的改进，对于聚类 p 中 x 节点的密度图可视化的计算方法如下：

$$D_p(x) = \sum_{i=1}^{n} I_p(i)\, w_i K(\|x - x_i\|/(\bar{d}h))$$

式中，$I_p(i)$ 为指标函数，当 i 属于聚类 p 时，则 $I_p(i) = 1$，否则为 0。

在 VOSviewer 中也提供了，采用自然语言处理来从标题、摘要以及关键词字段来提取术语的功能。具体的原理和处理过程分为三步❶❷：

（1）使用语言过滤器来识别语料库名词性术语。识别得到的为名词或者包含形容词且以名词结尾的词组。这个过程对术语的单复数问题也进行了处理。

（2）对识别的名词主题进行单元化测度（仅用于两个或更多个词的短语），

❶ Eck N J. Methodological advances in bibliometric mapping of science [D]. Erasmus Research Institute of Management, 2011.

❷ Olczyk M. A systematic retrieval of international competitiveness literature: a bibliometric study [J]. Eurasian Economic Review, 2016, 6 (3): 429-457.

以便识别语义单位，并消除不感兴趣的形容词开头的名词短语。例如，first，many，new，and some 等。似然率方法被用来测度单元性：比较短语的出现次数，没有第一个单词的短语的出现次数以及短语的第一个单词的出现次数。如果其似然比的自然对数小于 -30，则 VOS 依次为选择语义单位来进一步分析。

（3）测量语义单位的术语化（termhood，u_k）程度，即 VOS 计算语义单位出现偏向一个或多个主题的程度。

$$\text{termhood}(u_k) = \sum_{j=1}^{J} p_j \log p_j$$

式中，$p_j = \dfrac{P(t_j/u_k)/P(t_j)}{\sum_{j'=1}^{J} P(t_{j'}/u_k)/P(t_{j'})}$，log0 定义为 0。

然后，再按照前面提到的可视化布局和聚类方法对主题矩阵进行处理和分析。

8.9.2　VOSviewer 下载和安装

登录 VOSviewer 下载主页（图 8.184）❶，点击下载一个名称为 Download VOSviewer 1.6.5 for Microsoft Windows systems（说明当前的版本为 1.6.5）的文件，会下载得到一个名称为 VOSviewer_ 1.6.5_ exe. zip 的压缩包。用户解压该压缩包后，点击 VOSviewer. exe 即可打开软件。

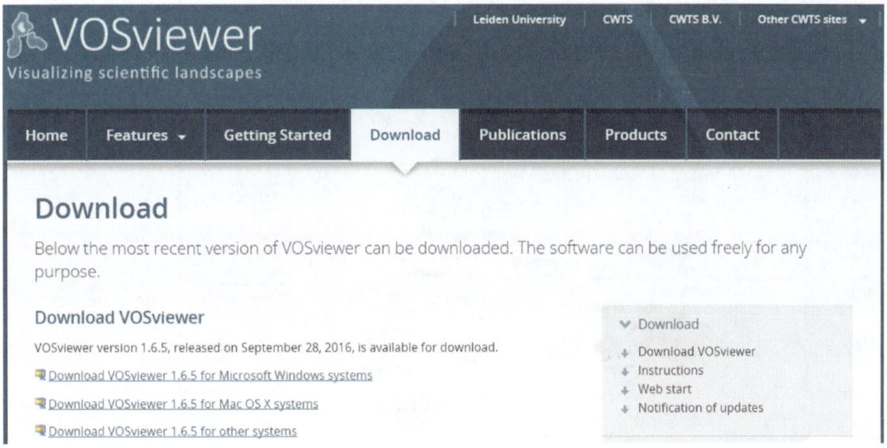

图 8.184　VOSviewer 主页

❶ VOSviewer. http：//www. vosviewer. com/

解压的软件包如图 8.185 所示。在该软件包中包含了案例数据 data 文件，软件的更新的历史记录 HISTORY，授权文件 LICENSE，软件的英文指南 Manual_VOSviewer_ 1.6.5. pdf 以及软件启动程序 VOSviewer. exe。

图 8.185　VOSviewer 软件包组成

点击 VOSviewer. exe 打开软件，得到的软件界面见图 8.186。可以将界面大致分为 5 个主要部分，①为图形的概览信息；②为图形分析参数的设置以及结果的保存等功能区；③为图形的可视化方式的切换；④为可视化主界面，展示当前的可视化结果；⑤为图形元素及其参数的调节区域，用于调整和美化可视化图形。

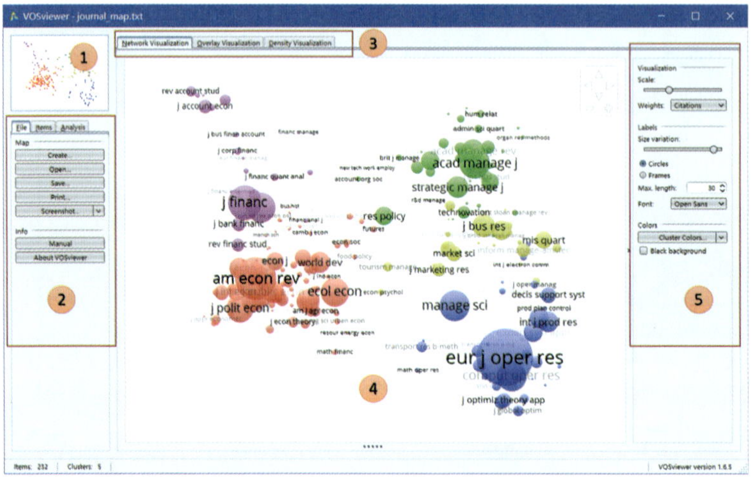

图 8.186　VOSviewer 软件界面

在 VOSviewer 中提供三种核心的可视化图形，分别为网络图（如图 8.187）、叠加图（如图 8.188）和密度图（如图 8.189），用户在得到可视化结果后可以通过点击区域③中的 Network Visualization、Overlay Visualization 以及 Density Visualization 来对可视化的展示方式进行切换，如图。在 VOSviewer 生成的图中，节点之间的相似性大小用它们在二维空间的欧氏距离来进行表达，距离越近则节点越相似，并使用不同的节点颜色来标记节点所属的聚类。值得注意的是，VOSviewer 的节点分布算法（又称 Mapping 算法）仅仅计算并确定了节点在二维空间的位置，真正的聚类方法采用的是网络模块化的聚类（又称 Clustering 方法）方式，结果用不同的颜色进行标记。

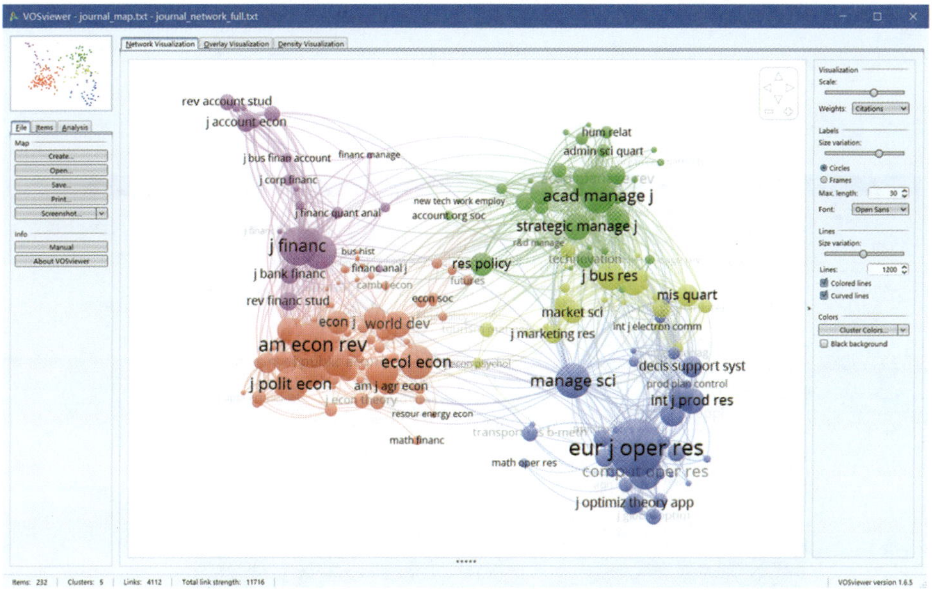

图 8.187　网络视图

在网络图节点和标签的大小与该节点的相关频次成正比，例如在分析期刊的共被引分析时，节点和标签的大小信息默认就反映了期刊的被引次数（当然，节点的表达信息用户也可以调整），网络中的连线反映了期刊之间的共被引关系，连线的宽度反映了共被引的强度。在叠加图中，节点的颜色由原来的聚类颜色转换为新的信息的，例如在期刊的共被引网络中可以增加期刊的影响因子的信息，然后以叠加图展示，节点就会按照从蓝色向红色渐变，反映了影响因子由小变

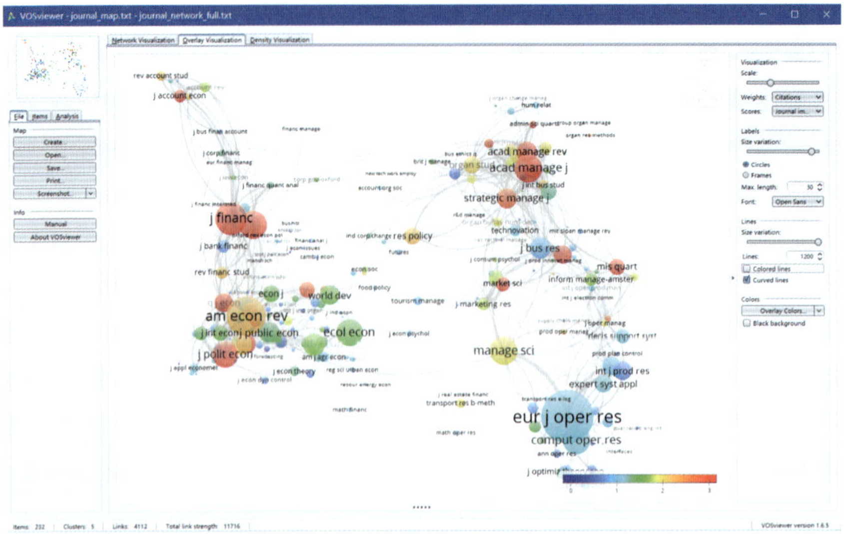

图 8. 188　叠加视图

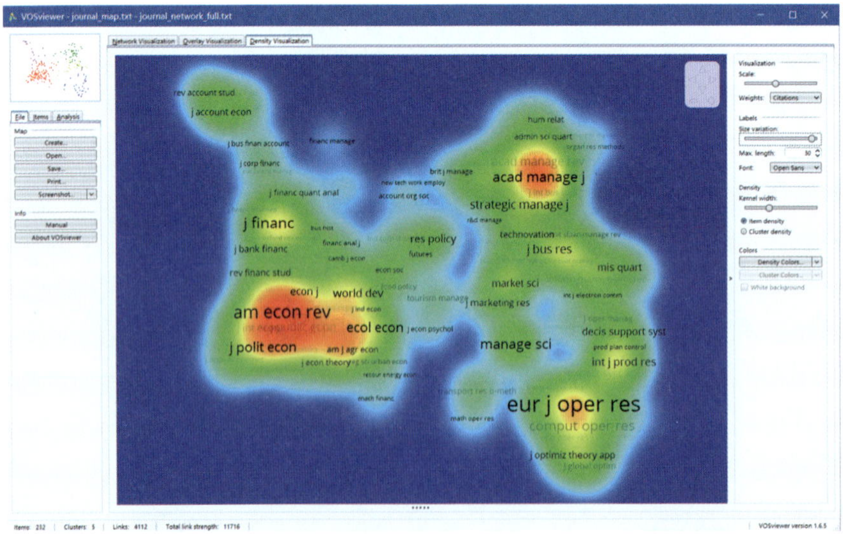

图 8. 189　密度视图

大。在密度图中，节点仅仅显示了标签，标签的大小仍然反映了被引用的频次，图中的颜色密度由红色向蓝色渐变，反映了密度从大到小的变化。在密度图中，一个节点信息自身的频次越高、周围的节点越多，那么该节点周围的密度就越大。通过密度图可以帮助我们快速识别一个领域的核心研究区域。

8.9.3　VOSviewer 数据分析

下面采用的数据是从 Web of Science 核心数据集中获取的主题关于 Safety Culture 的论文数据（具体的数据采集方式参见本书前面章节）。

文献网络的可视化——以作者合作为例

打开 VOSviewer 软件后（图 8.190），点击 Create，进入 Create map 界面。在 Create map 界面中选择 Create a map based on bibliographic data，然后点击 next 进入下一步。

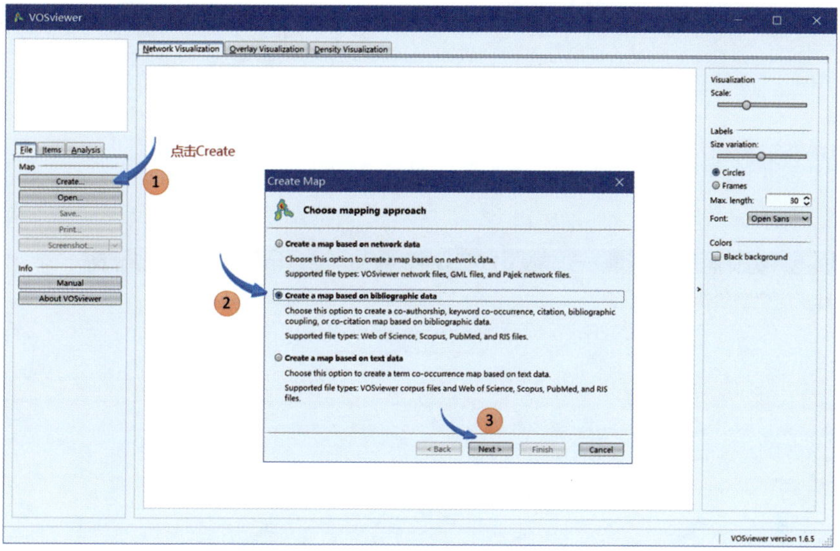

图 8.190　创建分析项目和选择功能模块

Create map 提供了 Select file 功能，用户目前可以分析的数据格式有 Web of Science、Scopus、PubMed 以及 RIS 格式。本次分析的数据为 Web of Science 数据格式，因此采用默认的设置即可。点击加载按钮加载数据，若为多个文档可以一次全部选中并加载。加载完成后，点击 Next 进入下一步（图 8.191）。

接下来进入 Choose type of analysis and counting method 界面（图 8.192）。在这里可以选择要分析的类型，这里提供了合作网络、共现网络、引证网络、耦合网络以及共被引网络的分析。这里以分析作者的合作网络为例，在 Type of analysis 中选择 Co－authorship，在 Unit of analysis 中选择 Authors，点击进入下

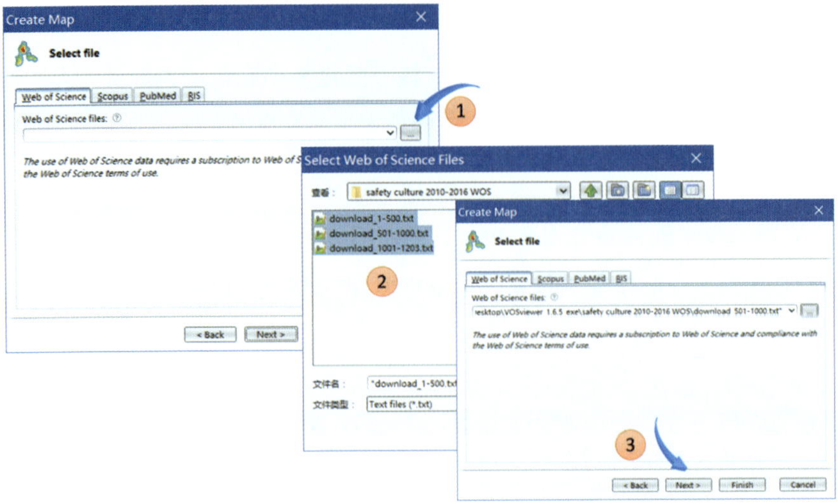

图 8.191　数据的载入

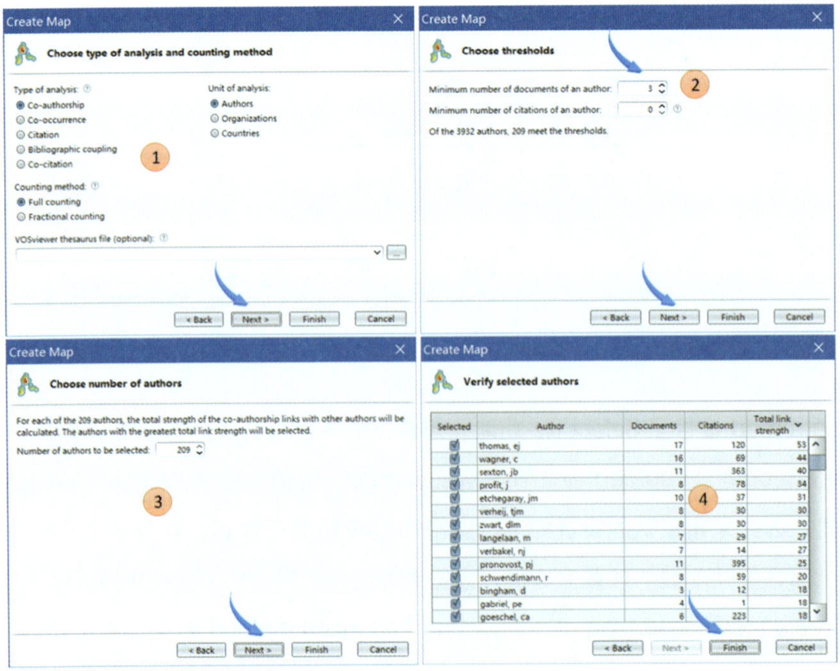

图 8.192　数据分析功能选择及分析流程

一步。Choose threshold 提供了对数据阈值的设置，例如这里设置 Minimum number of documents of an Author 为 3，表示网络中包含的作者的最少发文量为 3 篇；Minimum number of citations of an Author 表示网络中作者的最小被引证量，这里设置为 0。通过用户的设置，VOSviewer 会提示 of 3932 Authors，209 meet the threshold，即在 3932 个作者中，有 209 个作者满足设置的阈值，将会出现在网络中。在设置完阈值并提取得到 209 个作者后，会进入 Choose number of authors 界面，进一步从 209 个作者里面来设置想要提取的作者数量。这里我们就选择满足阈值的 209 个作者，然后点击 Next 进入下一步 Verify Selected Authors。在图 8. 192④中显示了提取的基本作者结果，包括作者的发文量、引文量以及连接的总权重。这里不做任何修改，点击 Finish，得到可视化结果，如图 8. 193 所示。

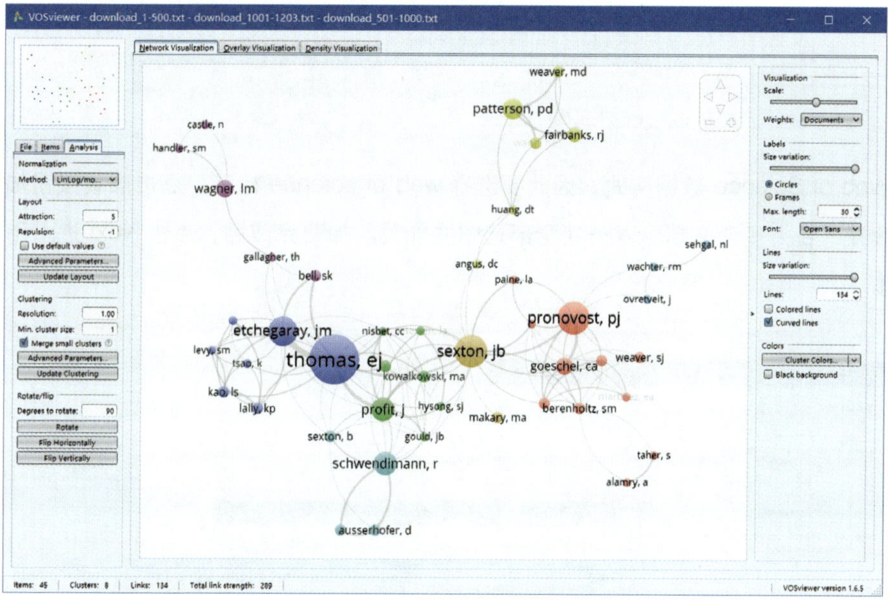

图 8. 193　合作网络可视化结果

主题的分析

打开 VOSviewer 软件后（图 8. 194），点击 Create，进入 Create map 界面。在 Create map 界面中选择 Create a map based on text data，然后点击 next 进入下一步。

在 Create map 中提供了 Select file 功能（图 8. 195），用户目前可以分析的数据格式有 Web of Science、Scopus、PubMed 以及 RIS 格式。本次分析的数据

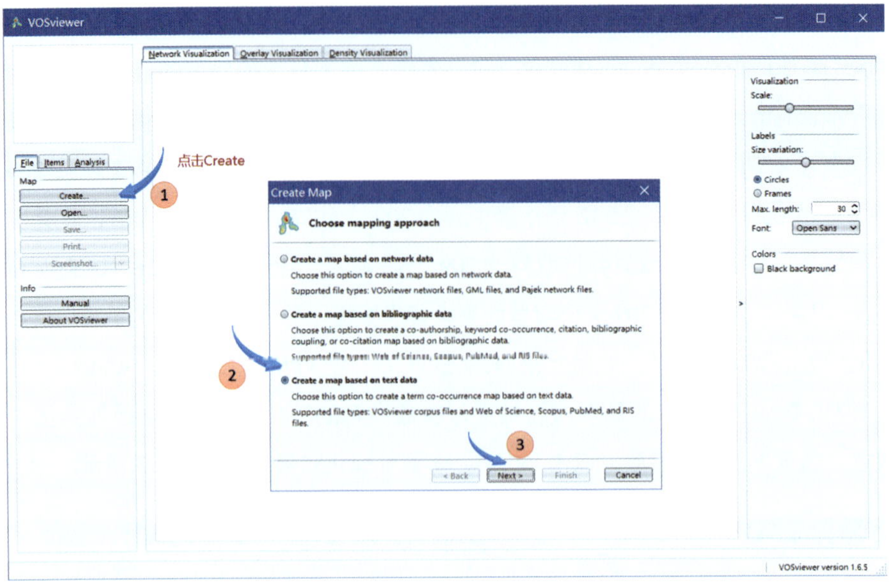

图 8.194　主题分析功能模块的选择

为 Web of Science 数据格式，因此要选择 web of science 标签。点击加载按钮加载数据，若为多个文档可以一次全部选中并加载。加载完成后，点击 Next 进入下一步。

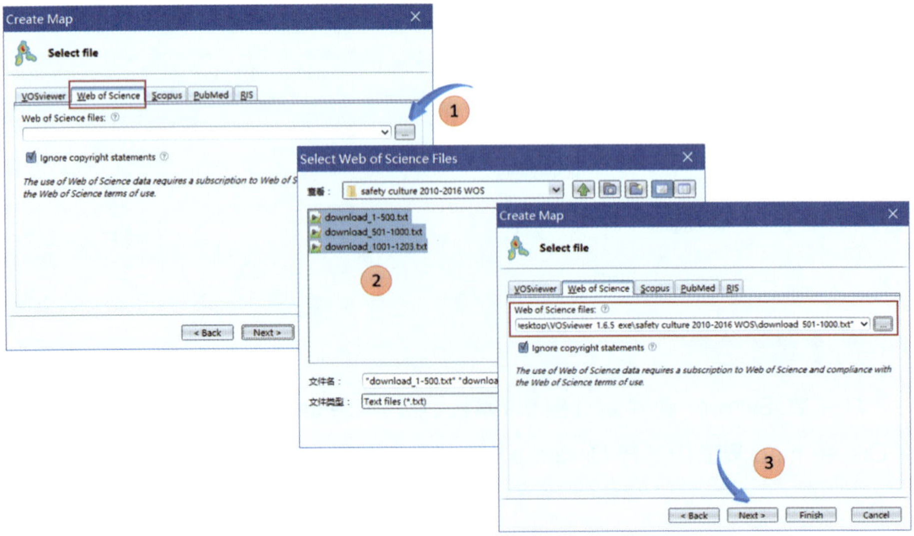

图 8.195　数据选择和加载

文件选择结束后，进入 Create map 界面（图 8.196）。在该界面的第一个功能区提示 Choose Web of Science fields，含义是让用户来选择提取主题的位置，这里提供了从标题和摘要（Title and abstract fields）、标题（Title field）以及摘要（Abstract filed）中提取。这里选定 Title and abstract fields，表示同时选择摘要和标题为对象进行主题的提取。然后，在该界面中点击 Next 进入主题分析。当主题提取结束后会进入 Choose counting method 界面，该界面提供了两种算法来计算主题频次。Binary counting 为二值计算，即统计得到的词频为论文量。Full counting 为整体计算，即统计的词频是词语在文本中实际出现的总频次。这里我们选择 Binary counting 进入下一步 Choose threshold 来对阈值进行设置。Minimum number of occurrences of a term 设置为 10，表示构建的主题网络中主题的词频不小于 10。Of the 21 764 terms，670 meet the threshold 表示本次分析共得到了 21 764 个主题，满足阈值的共有 670 个主题被提取出来。

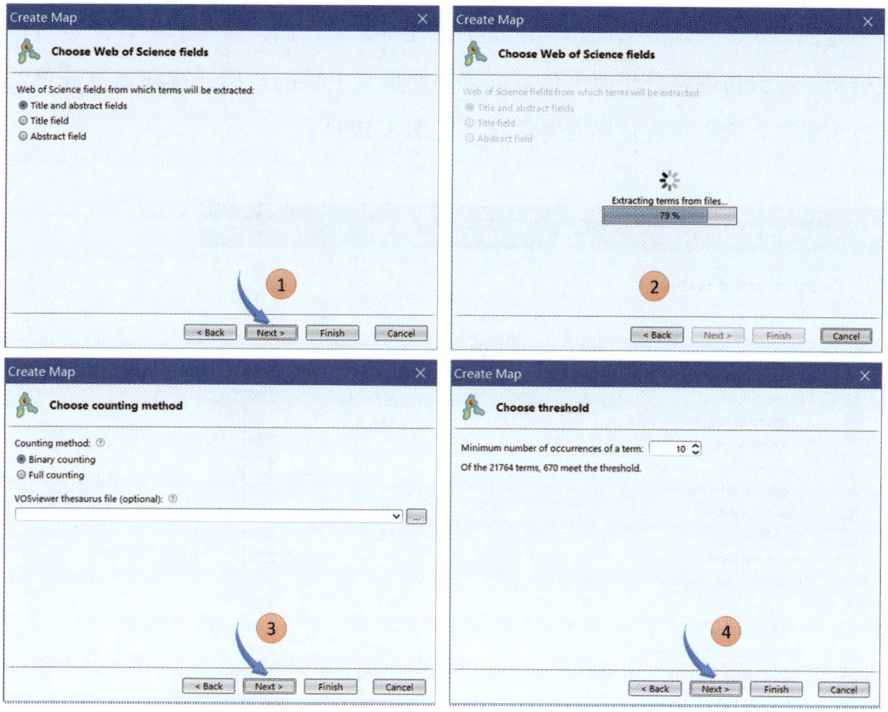

图 8.196　数据的分析过程

在设置好阈值后，点击 Next，进入 Choose number of terms 界面（图

8.197)。VOSviewer 会在提取主题的基础上进一步计算主题的关联性，并提取关联性最强的 60%。用户还可以在提取的 60% 的基础上进一步减少所提取的主题数量。这里按照默认提取的值为选择，然后点击 Next 进一步对数据进行计算。

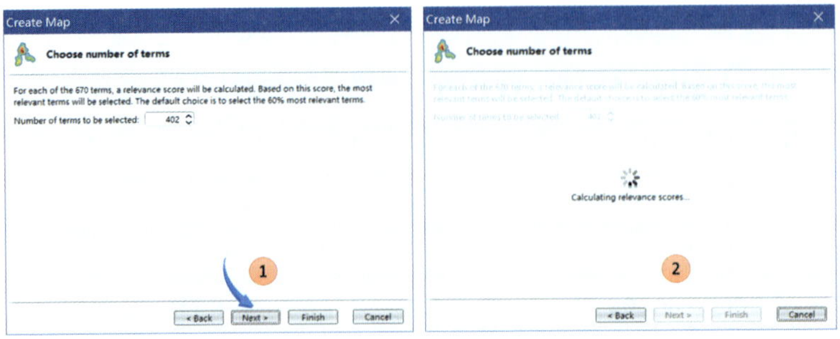

图 8.197　数据的分析

在计算结束后，进入 Verify selected terms 界面（图 8.198）。该界面提供了提取主题的列表、主题的出现频次以及相关性得分。然后，点击 Finish 来进行可视化分析，在分析中将分析两个信息框，分别是对主题的布局计算和聚类计算信息。分析结束，进入可视化界面得到结果（图 8.199）。

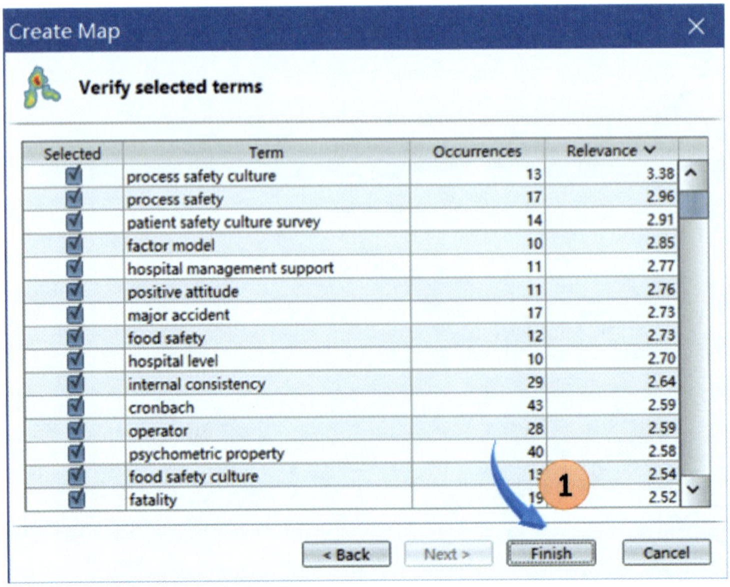

图 8.198　分析的基础结果

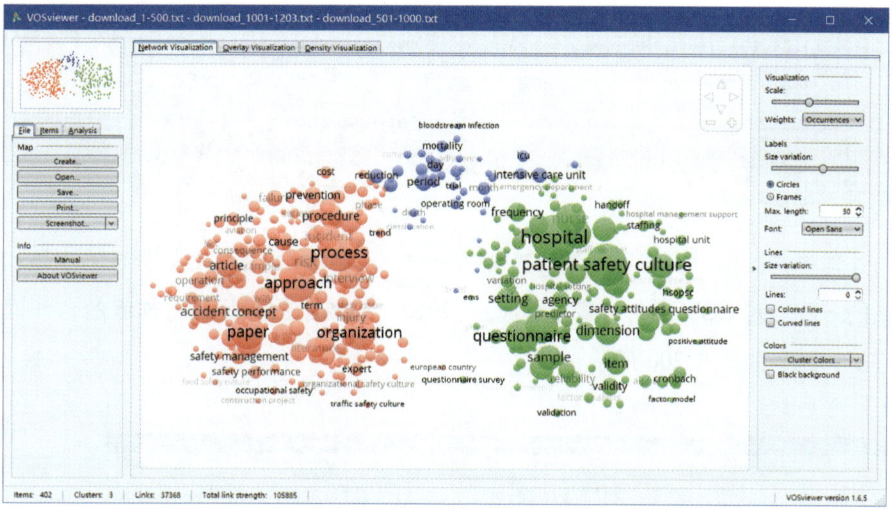

图 8. 199　主题的可视化结果

在 VOSviewer 中可以分别将 map. txt 文件导出，然后创建网络链接后通过下面语句生成一个独立结果的 jar 文件。

```
<? xml version = "1.0" encoding = "UTF-8"? >
<jnlp spec = "1.0 +" codebase = "http: //www.vosviewer.com" >
<information>
<title>VOSviewer</title>
<vendor>Nees Jan van Eck and Ludo Waltman</vendor>
<homepage href = "http: //www.vosviewer.com" />
<description>VOSviewer</description>
<icon href = "http: //www.vosviewer.com/images/vosviewer.gif" />
<icon kind = "splash" href = "http: //www.vosviewer.com/images/
splash.png" />
<offline-allowed/>
</information>
<security>
<all-permissions/>
</security>
<resources>
<j2se version = "1.6 +" />
<jar href = "VOSviewer.jar" />
</resources>
```

```
<application-desc main-class="com.vosviewer.VOSviewer">
<argument>-map</argument>
<argument>网站分享 map.txt 的链接 </argument>
</application-desc>
</jnlp>
```

处理中文数据时，需要首先转换成 Web of Science 数据，然后分析的步骤和英文的一致。对 CSSCI 中《情报学报》(2010－2014) 的数据进行作者的合作网络分析，结果如图 8.200 所示。

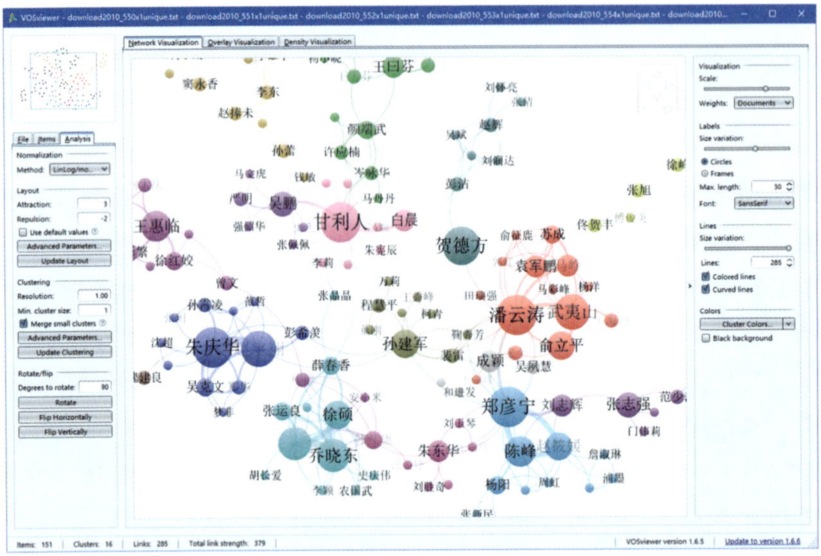

图 8.200 情报学报 2010－2014（CSSCI）作者的合作网络

关于 VOSviewer 的原理论文读者可以参考：

[1] Perianes－Rodriguez, A., Waltman, L., & Van Eck, N. J. (2016). Constructing bibliometric networks: A comparison between full and fractional counting. Journal of Informetrics, 10 (4), 1178－1195.

[2] Waltman, L., & Van Eck, N. J. (2013). A smart local moving algorithm for large－scale modularity－based community detection. European Physical Journal B, 86 (11), 471.

[3] Van Eck, N. J., & Waltman, L. (2011). Text mining and visualization

using VOSviewer. ISSI Newsletter, 7 (3), 50 – 54.

[4] Van Eck, N. J., Waltman, L., Dekker, R., & Van den Berg, J. (2010). A comparison of two techniques for bibliometric mapping: Multidimensional scaling and VOS. Journal of the American Society for Information Science and Technology, 61 (12), 2405 – 2416.

[5] Waltman, L., Van Eck, N. J., & Noyons, E. C. M. (2010). A unified approach to mapping and clustering of bibliometric networks. Journal of Informetrics, 4 (4), 629 – 635.

[6] Van Eck, N. J., & Waltman, L. (2010). Software survey: VOSviewer, a computer program for bibliometric mapping. Scientometrics, 84 (2), 523 – 538.

[7] Van Eck, N. J., & Waltman, L. (2009). How to normalize cooccurrence data? An analysis of some well – known similarity measures. Journal of the American Society for Information Science and Technology, 60 (8), 1635 – 1651.

关于应用 VOSviewer 的论文读者可以通过 VOSviewer 主页获取：

http://www.vosviewer.com/publications

8.10 CiteSpace 引文空间分析

8.10.1 CiteSpace 简介

CiteSpace 软件是由美国德雷赛尔大学计算机与情报学学院陈超美教授在库恩科学革命结构理论和文献共被引分析等理论的启发下，基于 JAVA 开发的免费用于学术研究的科学计量与知识图谱工具。CiteSpace 的前身是 StarWalker，它是借鉴了圣地亚国家实验室的 VxInsight 科学文献三维图景系统开发的，在三维空间展示科学结构和演进过程的科学计量与知识图谱分析软件（如图 8.201）。虽然三维的信息可视化更能够反映文献空间知识的演进和结构情况，但可视化的效果并不理想。即由于一些文献没有表现出明显的可视化特征，StarWalker 不能简单、直观地识别出开创性文献。2004 年，在美国组织的一场关于 Mapping Knowledge Domains 的国际会议，陈超美教授在该会议上发表了关于转折点的论文，并使用二维平面来展示文献引证空间的结构，这一版本是 StarWalker 的升级版，被称为 CiteSpace I（如图 8.202）❶。在 2006 年陈超美教授进一步升级了 CiteSpace，并应用恐怖袭击和生物灭绝的案例对 CiteSpace II 软件进行案例演示❷。与 CiteSpace I 相比，CiteSpace II 增加了 n－gram 专业术语的提取、突变检测、中介中心性指标、引文年轮环的可视化方式、异质网络的构建、时区视图以及并行 Pathfinder 功能。

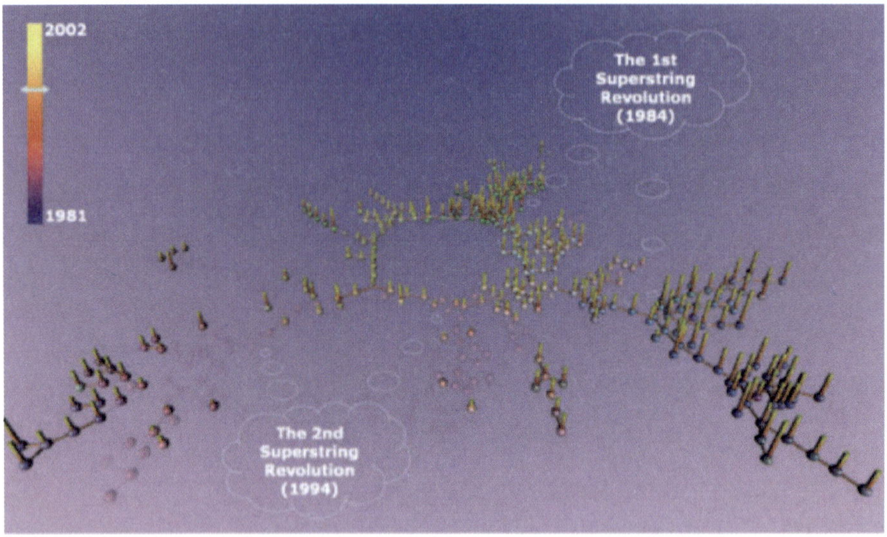

图 8.201　StarWalker 对物理学中弦理论的分析

在恐怖袭击的案例中，CiteSpace II 使用主题—文献的混合网络对恐怖袭击科学研究的演进和主题进行了分析。该案例使用主题—文献的混合网络的作用是通过主题来帮助作者认识文献共被引网络的内容（图 8.203）。在 CiteSpace 2.1 R6（2007 年 11 月 5 日），增加了作者合作网络的 Google Earth 地理可视化功能。

❶ Chen C. Searching for intellectual turning points: Progressive knowledge domain visualization. Proc. Natl. Acad. Sei. USA, 101 (suppl), 5303 - 5310 [J]. Proceedings of the National Academy of Sciences, 2004, 101 (suppl): 5303 - 5310.

❷ Chen C. CiteSpace II: Detecting and visualizing emerging trends and transient patterns in scientific literature [J]. Journal of the Association for Information Science & Technology, 2009, 57 (3): 359 - 377.

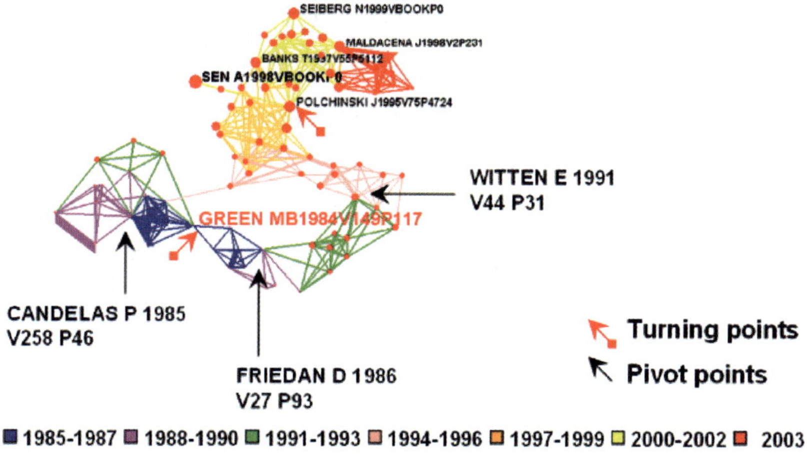

图 8. 202　CiteSpace Ⅰ 物理学中弦理论的共被引网络

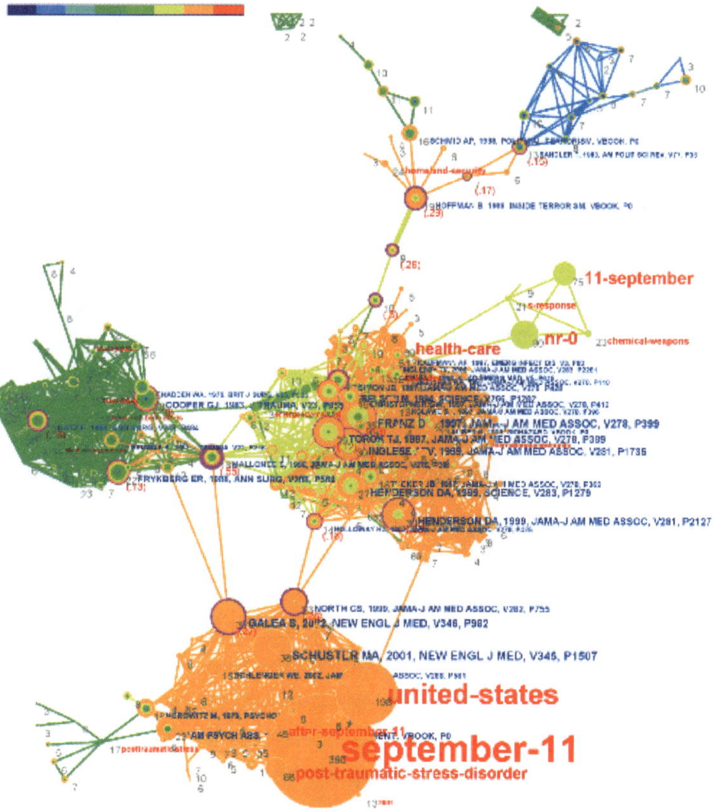

图 8. 203　CiteSpace Ⅱ 分析得到的恐怖袭击主题—被引文献的混合网络

随着 CiteSpace 项目的推进，CiteSpace III 中增加了对文献共被引网络的聚类命名功能。基本原理是通过 LSI、LLR 或者 MI 算法，从参考文献聚类所对应施引文献集合的标题、摘要或者关键词中来提取能够反映共被引网络聚类内容的术语（如图 8.204）；并在 CiteSpace 3.8 R7（2014 年 10 月 26 日）的版本增加了期刊的双图叠加功能。在 CiteSpace4.0 R1（2015 年 9 月 17 日）的版本中引入了网络的结构变异分析功能，来探测一些文献发表后对网络的结构的影响，测度科学研究中潜在的研究变革。目前，CiteSpace 已经过 CiteSpace 4.0 发展到 CiteSpace 5.0，嵌入的算法和功能已经日趋成熟和完善。

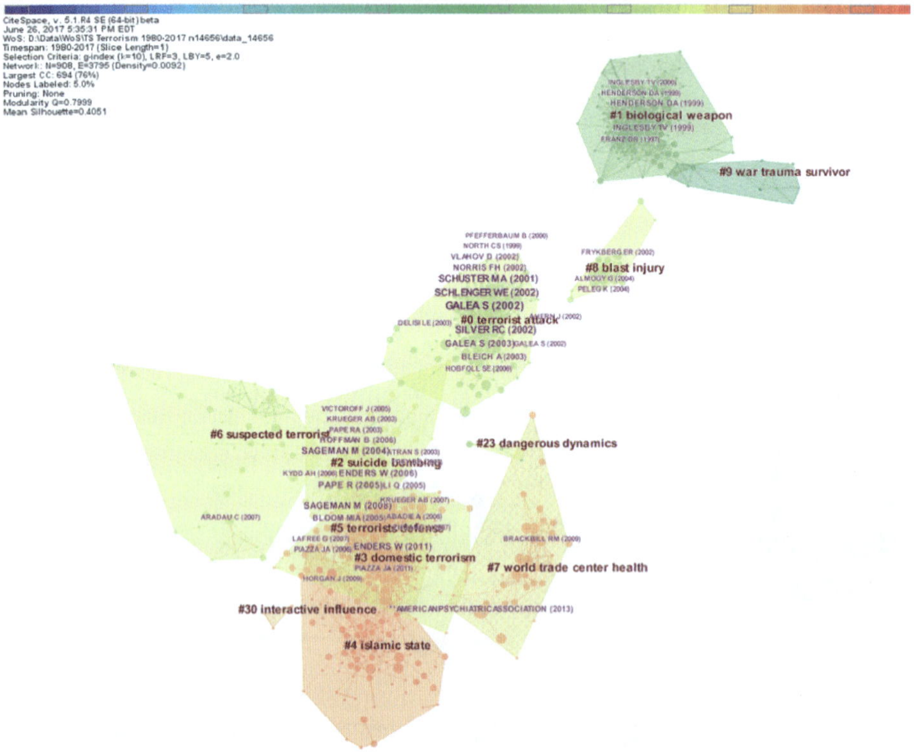

图 8.204　恐怖袭击研究的文献共被引聚类（1980－2017）

8.10.2　CiteSpace 的下载和功能

CiteSpace 的下载和界面

登录 CiteSpace 的页面点击“7Z”下载软件（图 8.205），下载后会得到一个压缩包。首次使用软件时，需要解压该压缩包，并在联网状态下点击 StartCiteSpace. bat 来完成软件的配置（图 8. 206）。

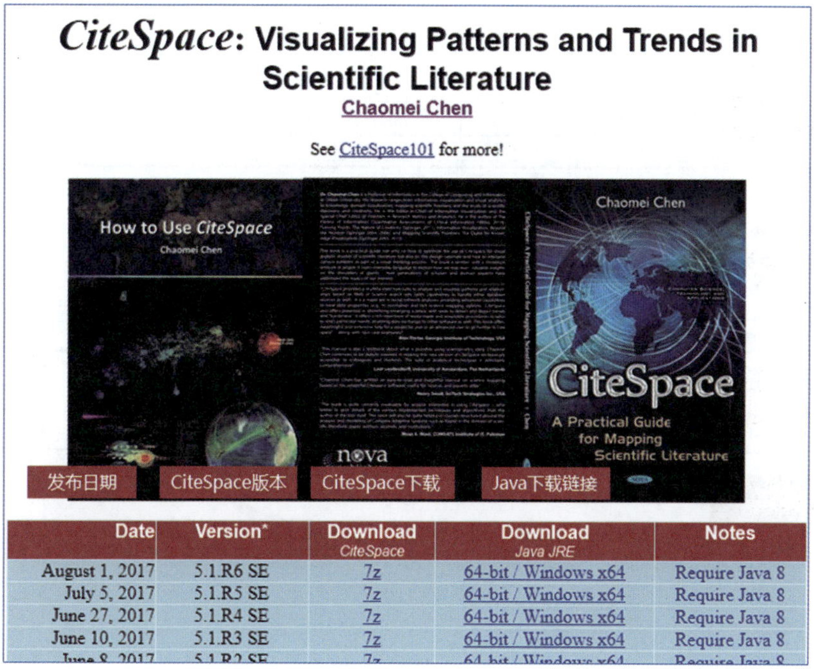

图 8. 205 CiteSpace 软件的下载

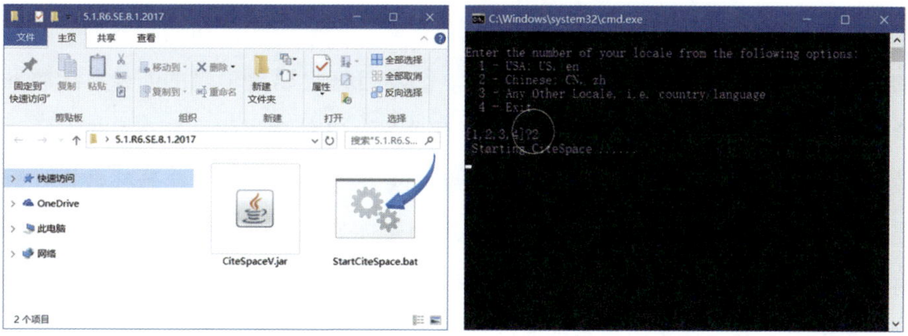

图 8. 206 CiteSpace 软件的启动和配置

当配置结束后，会自动打开软件的启动提示界面。在该界面中包含了系统情况、Citespace 的核心文献、学习指南以及致谢，点击 Agree 后可以进入软件的功能参数界面（图 8. 207）。

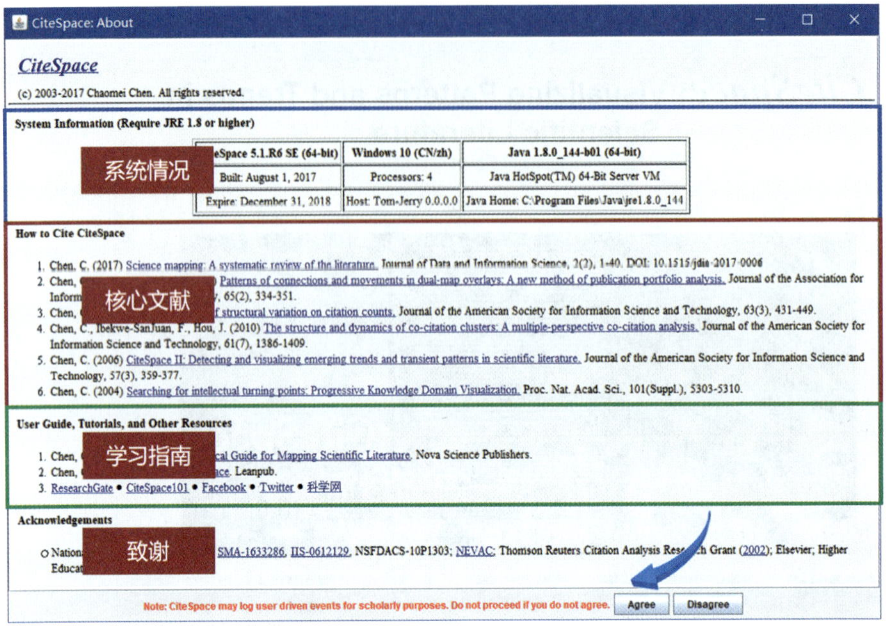
CiteSpace: About
CiteSpace
(c) 2003-2017 Chaomei Chen. All rights reserved.
System Information (Require JRE 1.8 or higher)
系统情况
eSpace 5.1.R6 SE (64-bit)
Windows 10 (CN/zh)
Java 1.8.0_144-b01 (64-bit)
Built: August 1, 2017
Processors: 4
Java HotSpot(TM) 64-Bit Server VM
Expire: December 31, 2018
Host: Tom-Jerry 0.0.0.0
Java Home: C:\Program Files\Java\jre1.8.0_144
How to Cite CiteSpace
核心文献
1. Chen, C. (2017) Science mapping: A systematic review of the literature. Journal of Data and Information Science, 2(2), 1-40. DOI: 10.1515/jdis-2017-0006
2. Chen, Patterns of connections and movements in dual-map overlays: A new method of publication portfolio analysis. Journal of the Association for Inform , 65(2), 334-351.
3. Chen, f structural variation on citation counts. Journal of the American Society for Information Science and Technology, 63(3), 431-449.
4. Chen, C., Ibekwe-SanJuan, F., Hou, J. (2010) The structure and dynamics of co-citation clusters: A multiple-perspective co-citation analysis. Journal of the American Society for Information Science and Technology, 61(7), 1386-1409.
5. Chen, C. (2006) CiteSpace II: Detecting and visualizing emerging trends and transient patterns in scientific literature. Journal of the American Society for Information Science and Technology, 57(3), 359-377.
6. Chen, C. (2004) Searching for intellectual turning points: Progressive Knowledge Domain Visualization. Proc. Nat. Acad. Sci., 101(Suppl.), 5303-5310.
User Guide, Tutorials, and Other Resources
学习指南
1. Chen, cal Guide for Mapping Scientific Literature. Nova Science Publishers.
2. Chen, ace. Leanpub.
3. ResearchGate • CiteSpace101 • Facebook • Twitter • 科学网
Acknowledgements
致谢
Nation SMA-1633286, IIS-0612129, NSFDACS-10P1303; NEVAC; Thomson Reuters Citation Analysis Res ch Grant (2002); Elsevier; Higher Educat
Note: CiteSpace may log user driven events for scholarly purposes. Do not proceed if you do not agree.
Agree
Disagree

图 8. 207　CiteSpace 启动提示界面

在 CiteSpace 的功能参数界面中，包含了菜单栏、项目区、数据处理过程区、处理报告区、时间切片、文本处理、网络类型设置、阈值选择、网络剪裁以及可视化设置（图 8. 208）。

在①菜单栏中包含了功能参数区的所有功能，还有一些例如结构变异、双图叠加以及数据处理的功能都位于菜单栏中。②项目区主要是项目的新建、编辑和删除功能区，点击 New 可以进入项目的新建区域。③处理过程区是在点击 GO 进行数据分析后，这里会显示数据的处理进度。④处理报告区域主要是在数据处理过程中显示数据的动态分析过程以及分析后的整体处理情况。⑤时间切片，表示在对施引文献分析的时候“分时而治”。在分析完成后，将各个时间段分析得到的网络再进行合并。这里所设置的时间与可视化图形上面的时间色带的图例是一致的。⑥文本处理区域主要是对主题分析时，设置主题所提取位置和方法。这里提供了主题的类型和主题的来源两种设置，其中主题的来源包括了标题、摘要、作者关键词以及补充关键词选项，主题的类型提供了术语的提取和突发性术语的探测功能选项。⑦网络类型的选择，提供了合作网络的分析（Author \ institution \

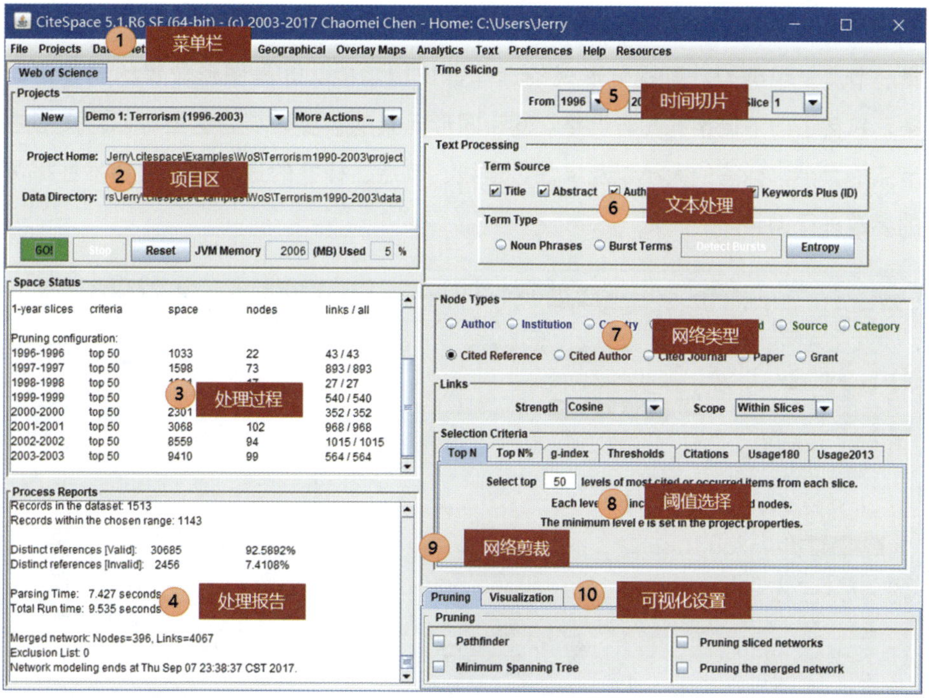

图 8.208　CiteSpace 的功能参数界面

Country）、共现网络分析（Term \ Keyword \ Category）、共被引网络分析（Cited Reference \ Cited Author \ Cited Journal）以及文献的耦合分析（paper）。⑧阈值选择区域主要是在分析数据时，从进一步从各个时间切片中对数据按照一定的规则进行筛选，并尽可能地通过最重要的文献构建知识图谱网络。在这个区域中，最常用的阈值选择功能是 TOP N 的数据选择方法。在 5.0 R2 SE（2016 年 10 月 24 日版）工程设置中专门增加了 e for TopN = {v | f (v) > = min (f (top (N), e)} 来进一步控制节点的阈值。⑨网络裁剪功能主要是当网络很复杂和密集时，通过删除网络中不重要的连线来精简网络。⑩可视化图形的形式设置，通过该功能可以将分析得到的网络按照时间段的划分分别呈现出来。

在点击 GO 运行后，会进入可视化界面（图 8.209）。这是 CiteSpace 除了功能参数界面之外的另外一个重要界面。在可视化界面中，①表示菜单栏，包含了可视化界面中的所有功能。②是与主体界面网络相一致的网络中节点的信息列表。③是在功能参数界面设置的相关参数，得到可视化后显示在可视化结果的左上侧位置。④是快捷功能区，主要是将可视化界面常用的功能以快捷键的形式列于此，包含了图形结果的保存、聚类、聚类标签的增加、聚类标签提取算法的选择、节点呈现类型、可视化形式的选择等快捷功能。⑤是图形位置的调整滚动条，包含了上下调整和左右调整。⑥为图形元素的调整区域，这里可以对图形中节点的大小，标签的大小以及属性，连线、节点、标签的透明度以及突发性探测的参数进行调整。

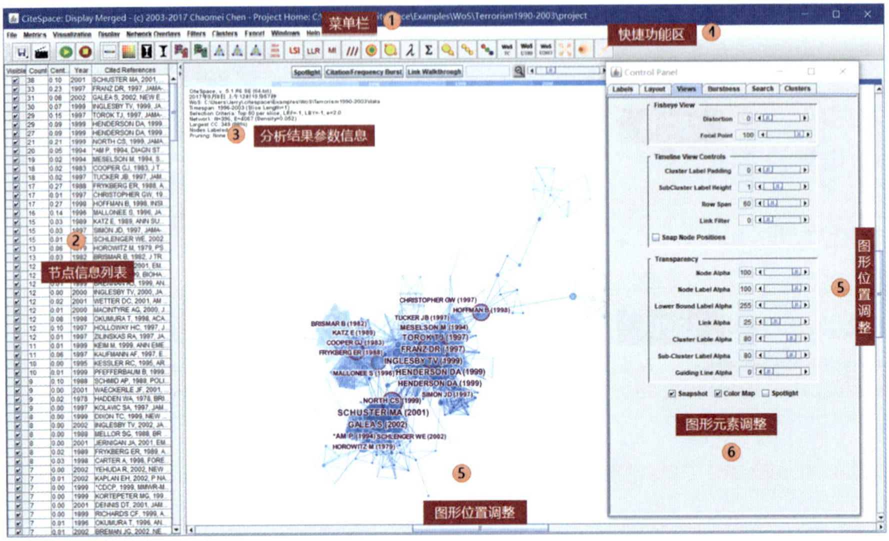

图 8.209　CiteSpace 可视化界面

MySQL 数据库作为数据管理和处理功能嵌入了 CiteSpace，在软件功能参数区选择菜单栏中的 Data → import/export，进入该功能界面，如图 8.210。用户可以在该界面下实现数据的统计分析、数据的清洗、特定数据子集的提取、数据转换和导出以及文本挖掘和层次化分析等功能。

CiteSpace 使用简易流程

使用 CiteSpace 对数据分析的简要流程如图 8.211，该流程包含了从数据的采集到分析的所有环节。

CiteSpace 术语与关键技术

时间切片：在 CiteSpace 中时间切片的概念实际上是将施引文献按照时间进行切分和整合。例如，从 Web of Science 采集的数据是从 1901－2000 年，共 100 年的数据。若直接对 100 年的数据进行分析，可能导致结果混乱，并不具有可读

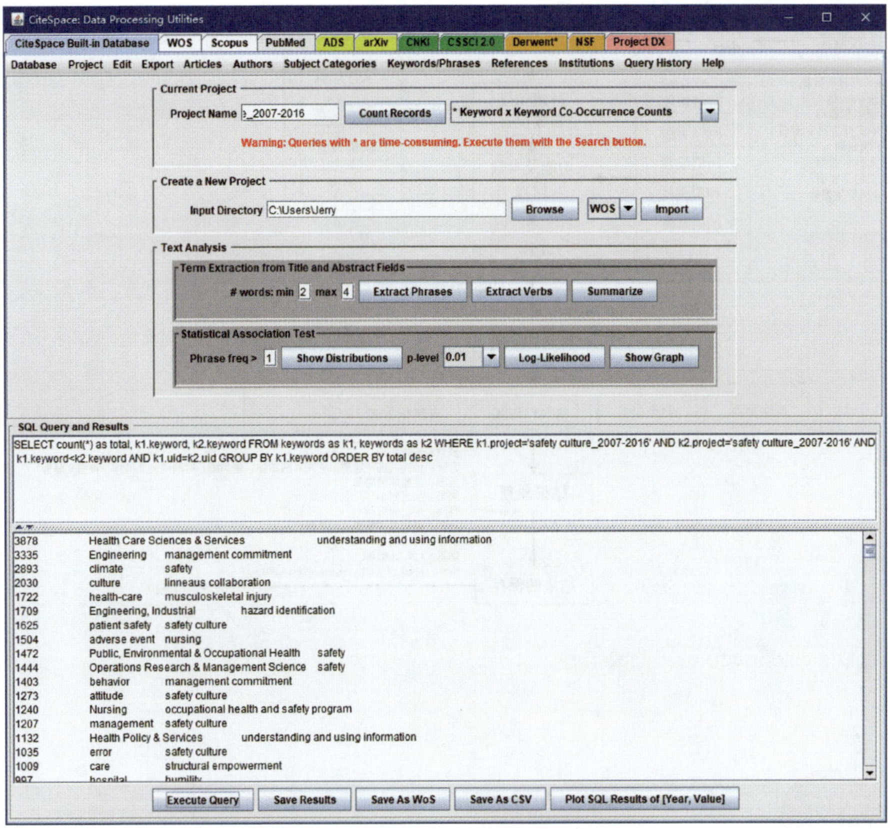

图 8.210　CiteSpace 中的 MySQL 功能界面

性。在 CiteSpace 中可以对时间切片进行设置，来使得分析的数据是时间跨度内的高影响数据。100 年的数据若 2 年一个时间切片，分析的实际上就是 50 个时间段的数据；若 10 年一个时间切片，实际上分析的就是 10 个时间段的数据。

CiteSpace 中的几类重要节点（如图 8.212）如下。

转折点：从 CiteSpace 分析所得到的文献共被引网络中有一类节点位于不同聚类的关键路径上，起着重要的桥梁作用。这种节点往往是探究学科发展历程产生范式转移的重要依据。这种节点在网络中往往具有高的中介中心性，因此可以用该指标来进行测度。

中介中心性（Betweenness centrality）：测度节点在网络中重要性的一个指标（此外还有度中心性、接近中心性等）。它表示在网络中，一个节点在多大程度上是图中其他节点的“中介”。此类节点在网络中起到“沟通桥梁”的作用。

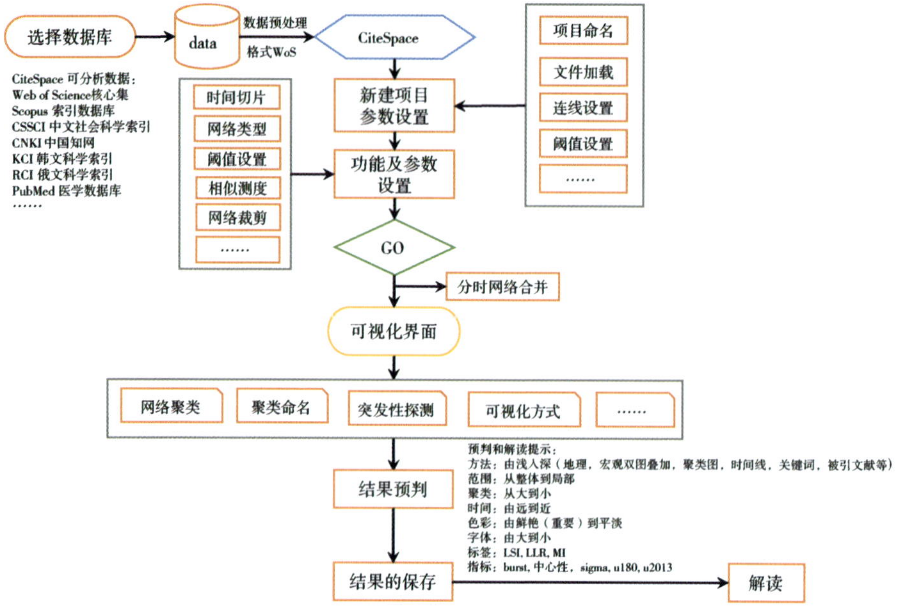

图 8. 211　CiteSpace 使用简易流程

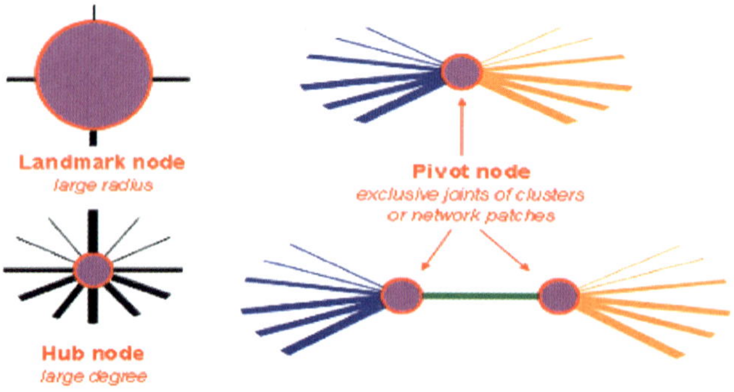

图 8. 212　CiteSpace 中几种重要节点

在社会网络中，使用中介中心性可以用来识别网络中的“跨界者”（Boundary spanners）。CiteSpace 在进入可视化界面后，专门提供了对这些高中介中心性的节点进行标识。在网络中一个节点的中介中心性大于或等于 0.1 时，会在节点的年轮圈的外侧增加紫圈来进行标记（图 8. 213）。

在 CiteSpace 中枢纽节点是转折点的另外一种表达，这类节点又可以分成两

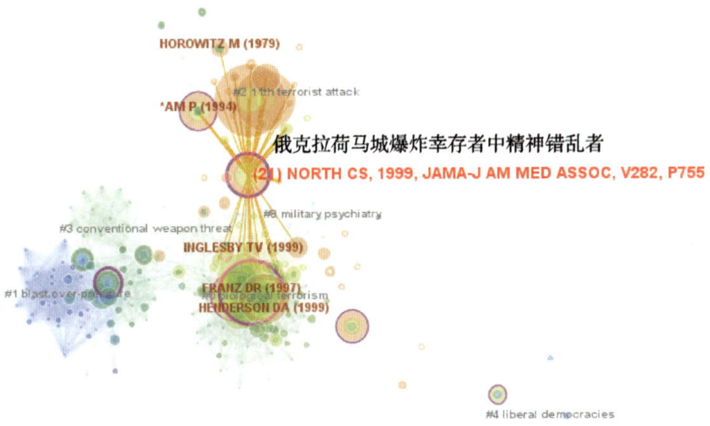

图 8.213 恐怖袭击研究中的转折点

种。一种是通过该节点分别连接不同聚类的节点，该节点在一个领域向另一领域的过渡中起着重要的作用。另一类是通过两个领域中的两个节点联系形成了一座桥梁，这座桥梁引起了范式的转移或者研究的领域主题的转变。

地标节点：这种地标性（Landmark node）节点，在 CiteSpace 中是一类节点很大的点，显示的是一个领域的高被引文献。这些节点反映了这个领域的研究基础，是领域的经典文献。

集线节点：这类节点（Hub Nodes）在网络中有高的度中心性，与网络中很多节点之间都有联系。在共被引网络中，反映了该节点与网络中很多节点之间都有共被引关系。

突发性探测：在 CiteSpace 嵌入了 Kleinberg J. 提出的突发性探测算法，用来探测在这个时间段中文献的引用出现突然增加的时间。在网络可视化（节点为年轮样式），对突发性显著的年份在节点中使用红色进行了填充。一篇文献之所以产生这种突发性现象，反映了这篇论文可能切中了领域的要害问题。例如，在再生医学的研究中，绘制的文献—主题混合网络显示，在聚类 7#“诱导多能干细胞”出现了大量的突发性文献，这反映了聚类 7 是现在该领域的研究前沿。事实也如此，该论文发表不久，诺贝尔生理医学奖就颁发给了该领域突发性节点文献的作者日本科学家山中伸弥（图 8.214）。

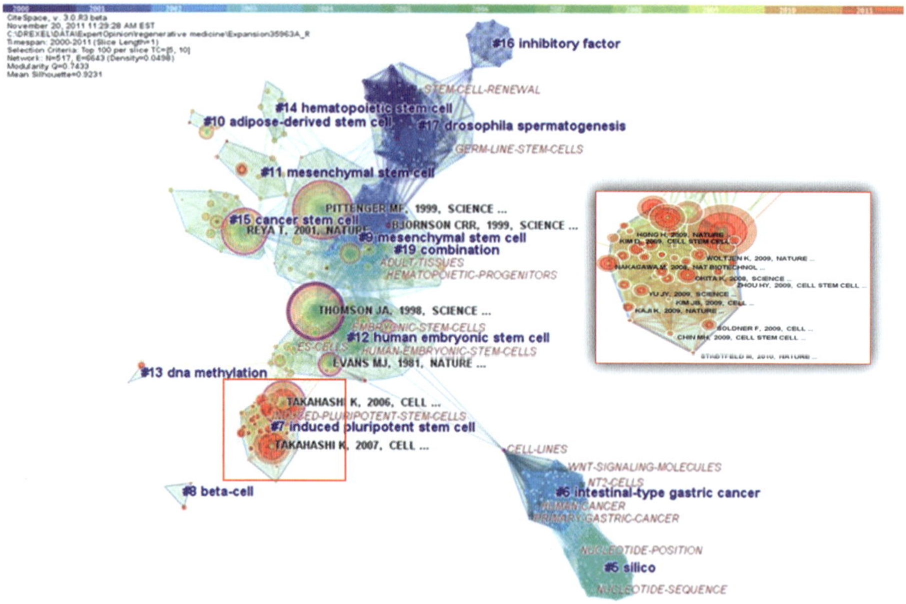

图 8.214　再生医学的文献—突显主题的混合网络❶

文献年轮：在 CiteSpace 的年轮视图中（图 8.215），年轮的整体大小反映了节点文献被引用的总频次（在合作网络中则表达的是发文量），年轮中心的数字表示了该篇论文被引用的次数。年轮填充颜色使用了施引文献的时间切片进行了标记，年轮越宽，则代表在相应的年份被引的频次越高；节点与节点之间的连线在文献共被引网络中表示存在共被引关系，连线的颜色则代表了两篇文献的首次共被引时间（在合作网络就表示为两位作者首次合作时间）。

研究前沿和知识基础：CiteSpace 所展示的施引文献和被引文献组成的研究前沿和知识基础概念模型如图 8.216 所示。研究前沿代表了一个研究领域最新的研究情况。在 CiteSpace 中，使用文献的共被引网络来对研究前沿和知识基础进行分析。在使用 CiteSpace 分析得到共被引网络后，所有这些满足分析阈值施引文献所引用的参考文献组成了所分析当前领域的知识基础。为了进一步认识共被引网络的内容，CiteSpace II 采用了术语—文献的异质网络来进行分析。在 CiteSpace III 采用了聚类标签的自动添加功能，用于从特定文献聚类的施引文献

❶ Chen C, Hu Z, Liu S, et al. Emerging trends in regenerative medicine: a scientometric analysis in CiteSpace [J]. Expert Opinion on Biological Therapy, 2012, 12 (5): 593.

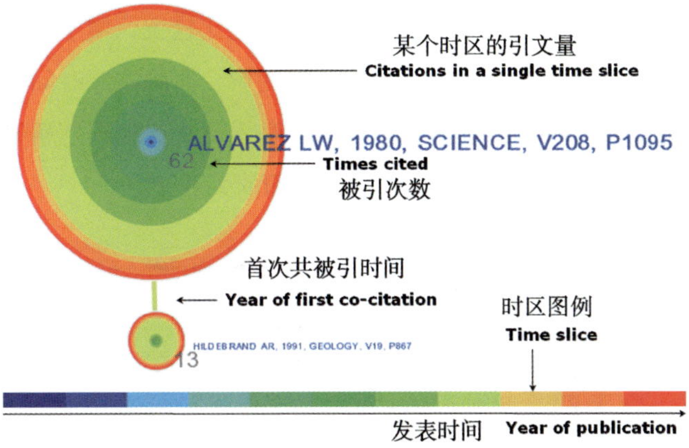

图 8.215 文献共被引分析的图例

的标题、摘要或者关键词中提取能够反映共被引网络内容的术语。这些术语组成了所分析领域的研究前沿术语，而对应的施引文献则组成了研究前沿文献。

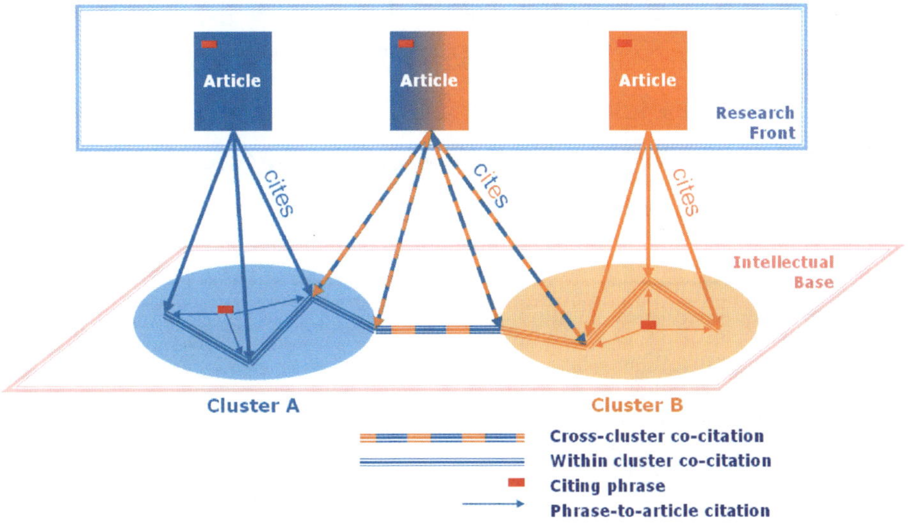

图 8.216 CiteSpace 研究前沿与知识基础概念模型

时区图与时间线：在 CiteSpace 的可视化设计中的时区图和时间线图是对网络聚类视图的有效补充（图 8.217），有效地补充了文献的可视化表达形式。①在 CiteSpace 的时区图中，通过首次被引时间或者首次出现时间，将文献或者其他节点放置在相同的时区中。在时区图中，越靠近左下角，则这些文献或者知识单元出现或者被引用的时间越早。通常这些位于左下角的节点也比较大，属于一个领域的一些开创文献或者成为经典文献。②在时间线的视图中，文献按照时间和聚类放置在同一个水平轴上。通过时间线视图能够帮助科学人员快速地识别所研究领域各个子领域的时间跨度、研究的受关注度、聚类之间的关系等。

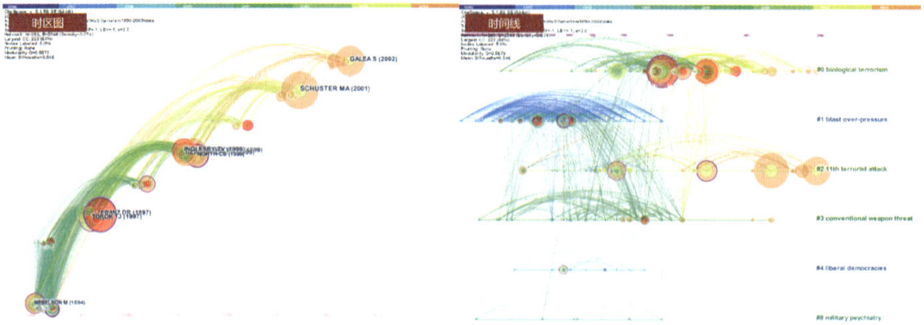

图 8. 217　时区图与时间线图

结构变异理论：若一个文献共被引网络中由施引文献引入了新的引文轨迹，且这些引文轨迹跨越了不同聚类主题的边界，则在一定程度上会引起网络比较大的结构的变化。这种变化则反映了该论文可能是引发新的研究结构变革的标志。在 CiteSpace 中专门嵌入了结构变异分析功能，使用模块化变化率、聚类间链接变化率以及中心分散度来衡量这些变化（图 8. 218）。

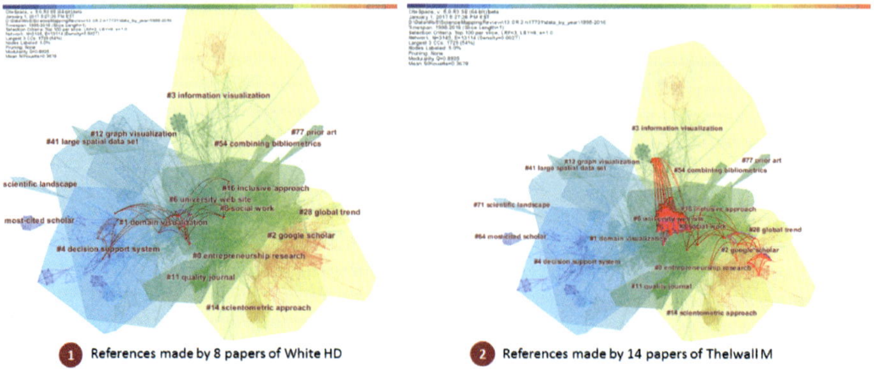

图 8. 218　White HD 8 篇论文和 Thelwall M 14 篇论文的引文轨迹

8.10.3 CiteSpace 数据分析

8.10.3.1 文献的共被引分析

此部分采用 Safety culture（1991 – 2016）的数据进行分析。

当从 Web of Science 核心合集下载到数据后（全纪录 + 参考文献），数据下载命名必须以 download 开头，类似 download_ 1 – 500，download_ 501 – 1000……。下载后，在一个文件夹中建立两个子文件夹，并分别命名为 data 和 project（图 8.219）。这里的 data 用于存放从 Web of Science 中下载的原始数据，project 为空文件夹，软件在分析数据的过程中会在 project 文件夹中产生一些分析中间或者结果文件。

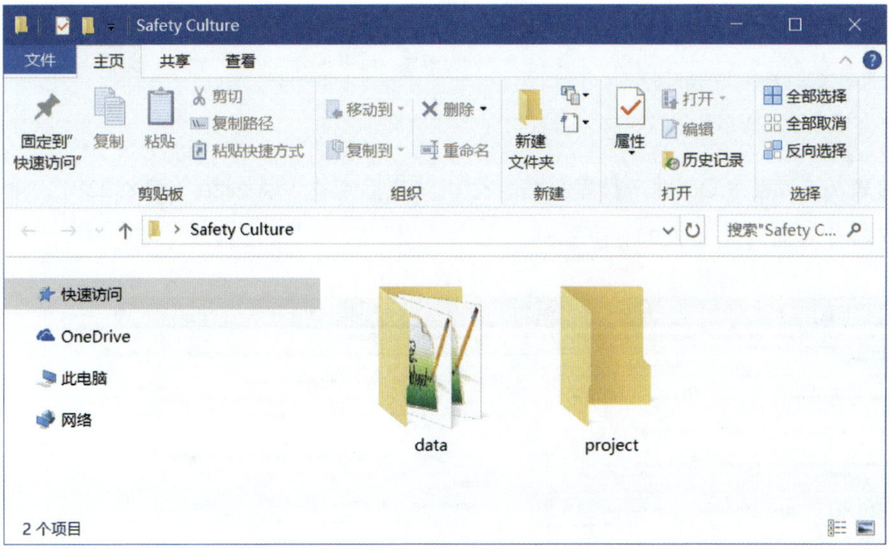

图 8.219 新建的工程文件夹

数据和文件夹准备结束后，按照前面所提的步骤打开 CiteSpace 软件。打开后，在功能参数界面的项目区点击 New 新建项目。在项目名称中输入项目的名称，例如这里输入 Safety Culture。在 Project Home 中加载 safety Culture 的 project 文件所在的路径，在 data 中加载 data 所在的文件夹路径。然后，点击 save 再次进入功能参数界面（图 8.220）。

进入功能参数界面后，在界面中对施引文献的时间进行设置。因为我们下载的数据范围为 1991 – 2016，因此在时间范围上选择为 1991 – 2016，然后将时间切

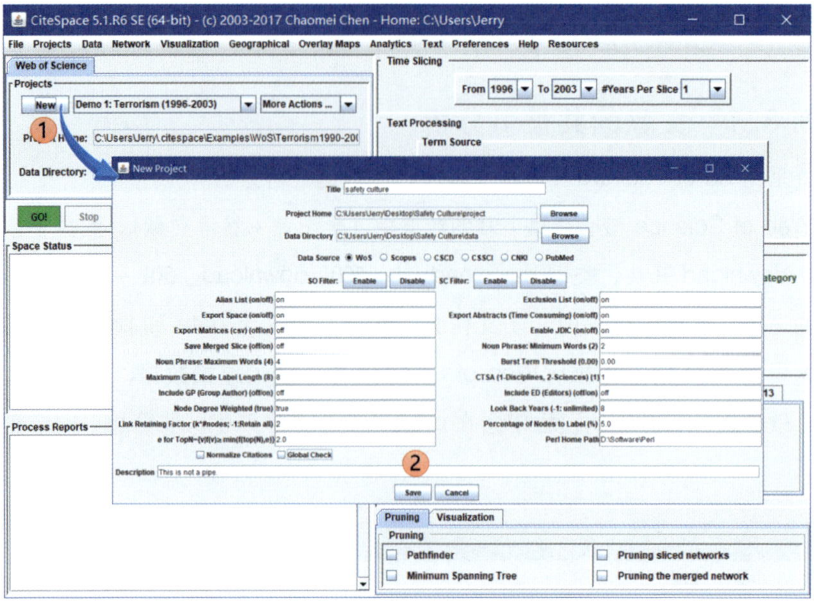

图 8. 220　新建和加载项目

片设置为 2。点击 Go 进行数据分析，分析结束后点击 Visualize（图 8. 221），进入可视化界面（图 8. 222）。

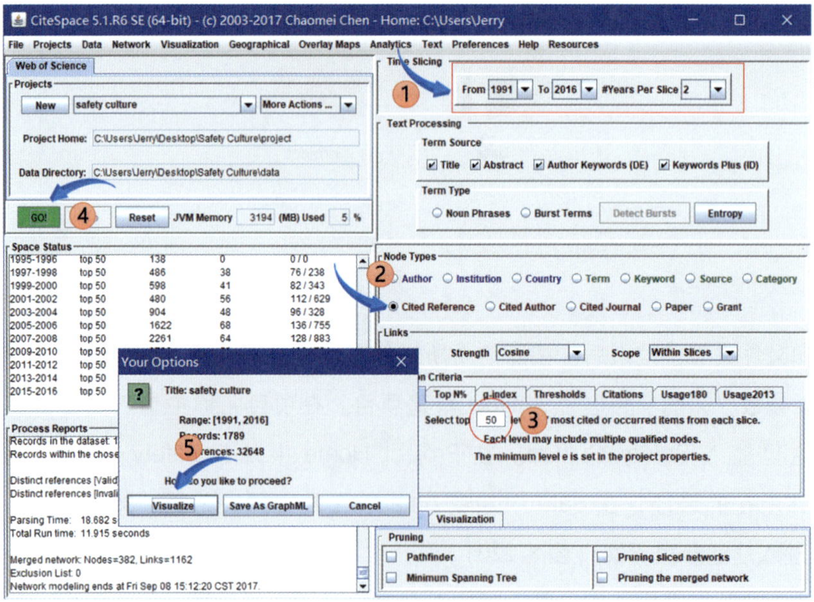

图 8. 221　功能参数界面设置及数据运行

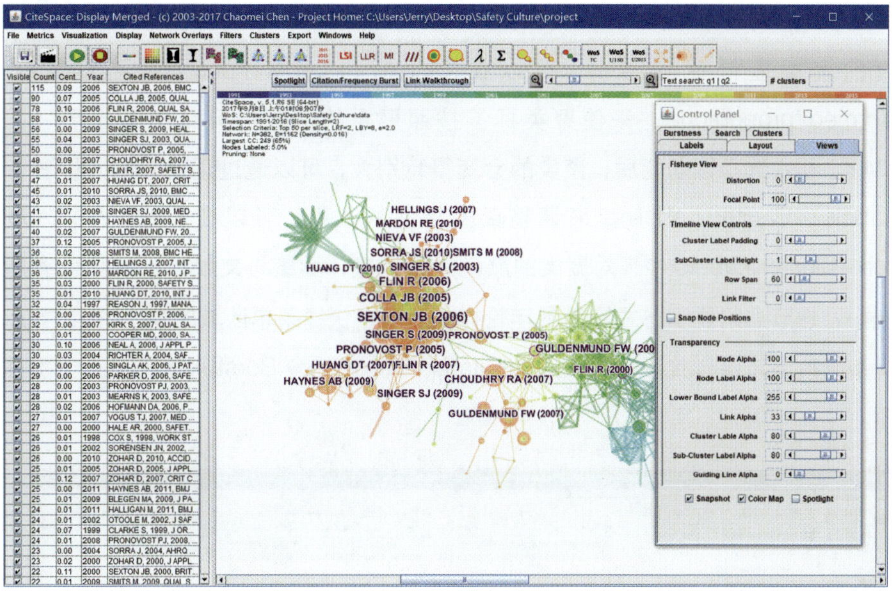

图 8. 222　文献共被引分析结果

得到文献共被引网络后，点击对网络进行聚类。聚类完成后，节点的类型由年轮形式变为聚类节点类型形式（图 8. 223）。

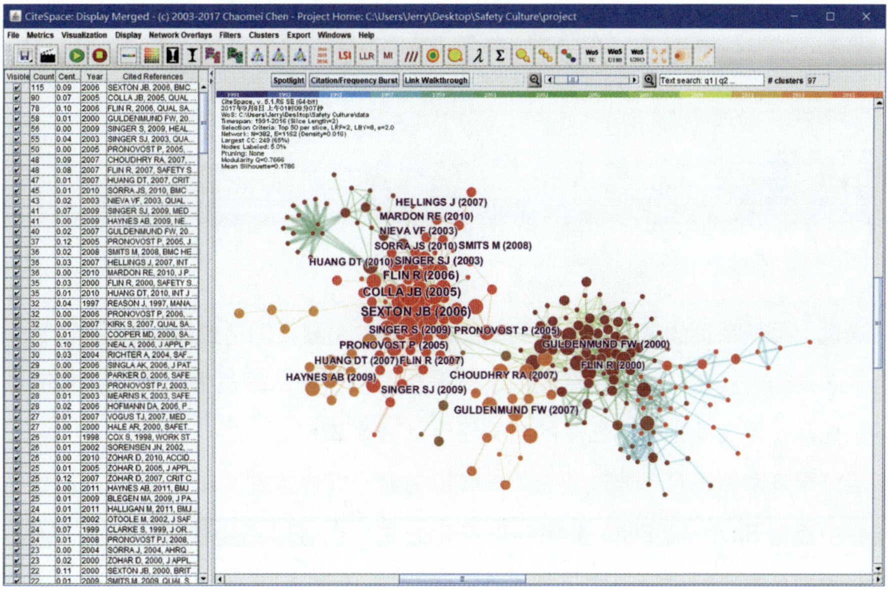

图 8. 223　文献共被引网络的聚类

点击，对已经聚类的共被引网络使用 T，K 或者 A 进行聚类命名。为了让重要的聚类显得更加突出，可以在 Display→Label Font Size→Cluster：Uniformed/proportional，来使聚类标签按照聚类的标签规模比例来显示（图 8.224）。初次选择该功能后，聚类的会变得特别大，可以通过调整 Control Panel→Labels→Cluster Labeling 来调整聚类标签的大小。可以在 Display→Label Color→Cluster Labels 中来对聚类的颜色进行调整，尽量与文献标签的颜色有所区别。若想节点的显示方式恢复到年轮样式，点击快捷菜单区域的。在将节点的类型修改为年轮样式后，可以点击 Citation/Frequency Burst 来进行节点突发性探测。

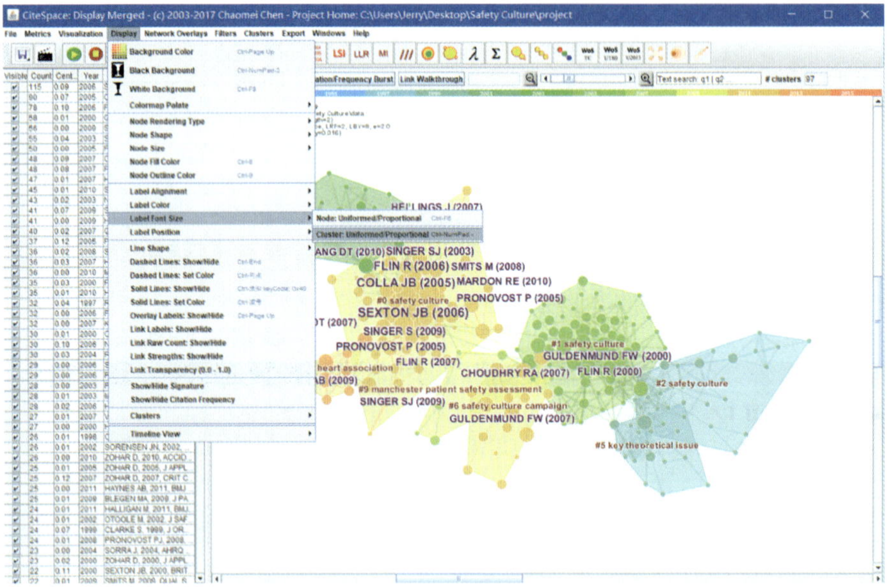

图 8.224　Display 中对图形的调整

通过上面一系列的调整后，得到的文献的共被引聚类图谱如图 8.225 所示。

在必要的时候还可以取消聚类的填充颜色，仅仅显示聚类的边框，并将节点标签的显示按照突发性探测强度的结果显示（图 8.226）。

当结果满意后，可以通过截图工具获取当前分析的结果（图 8.227），或者在菜单栏中点击 Save As PNG 来保存可视化结果。也可以点击快捷功能区的，将聚类视图转换成时间线视图（图 8.228）。还可以点击将聚类视图转换为时区图（图 8.229）。

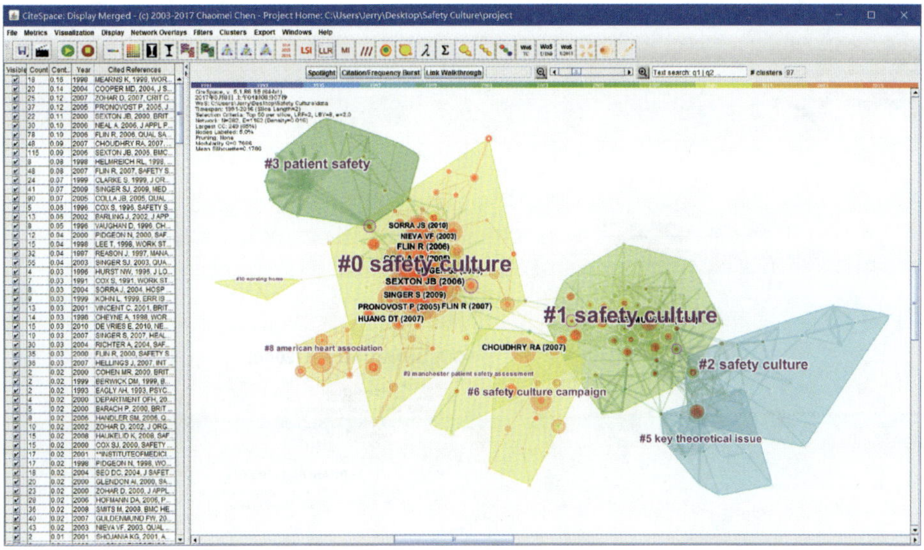

图 8. 225　聚类图的调整结果

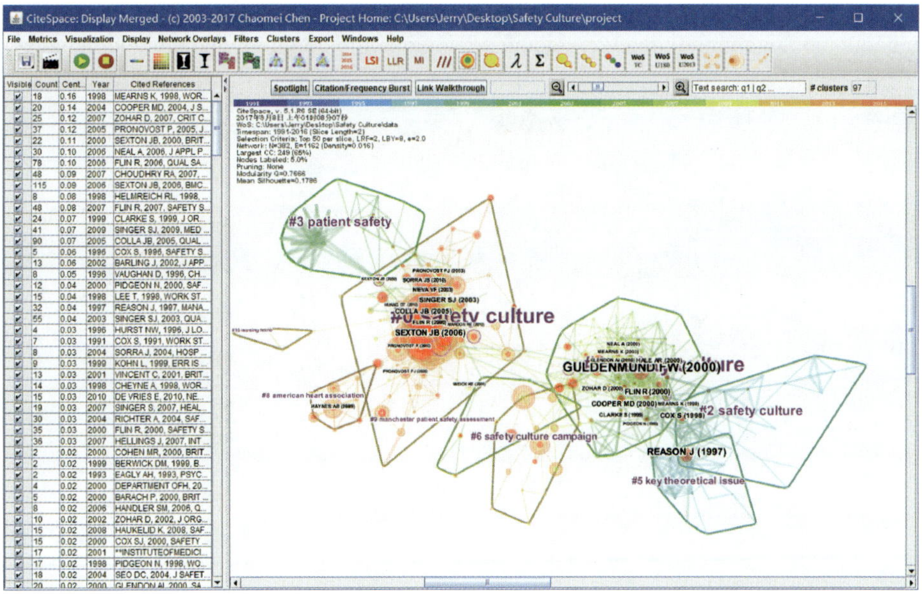

图 8. 226　聚类和文献标签的调整

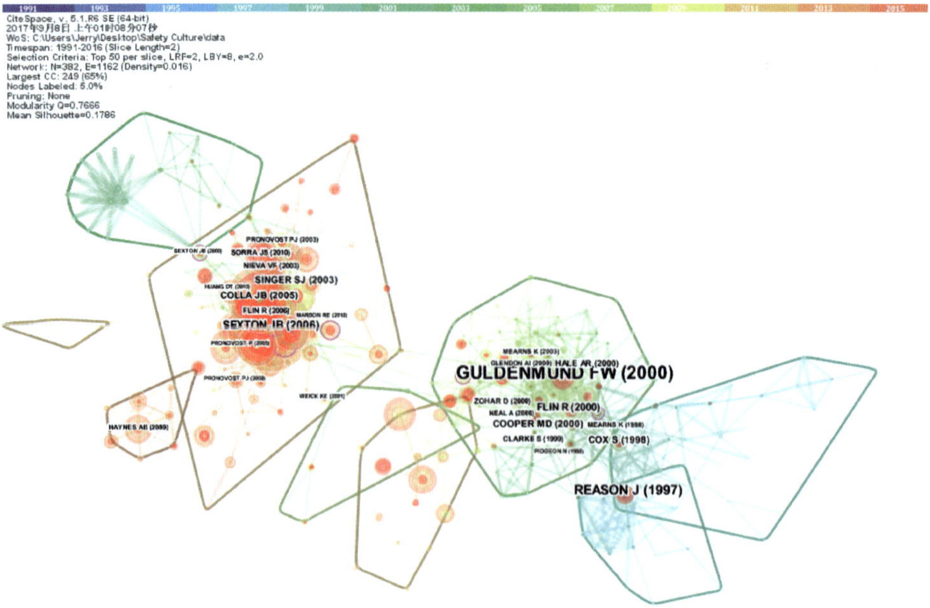

图 8. 227　可视化结果

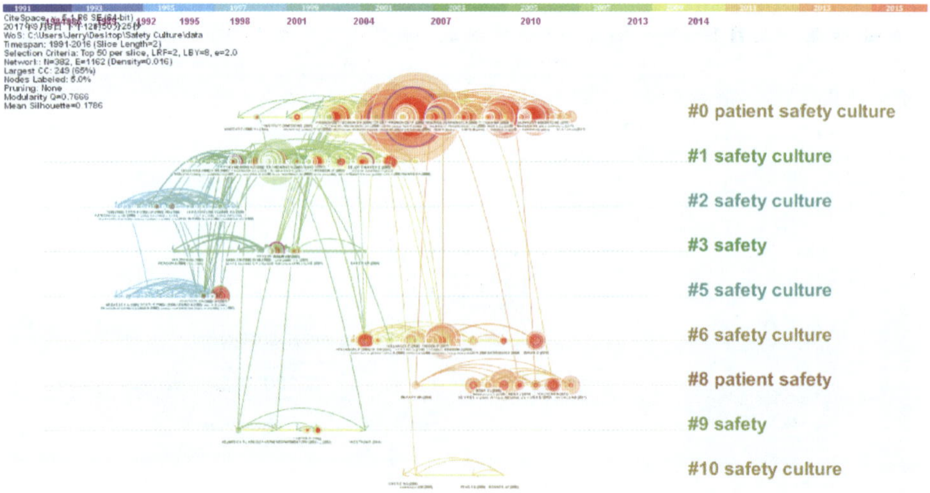

图 8. 228　时间线

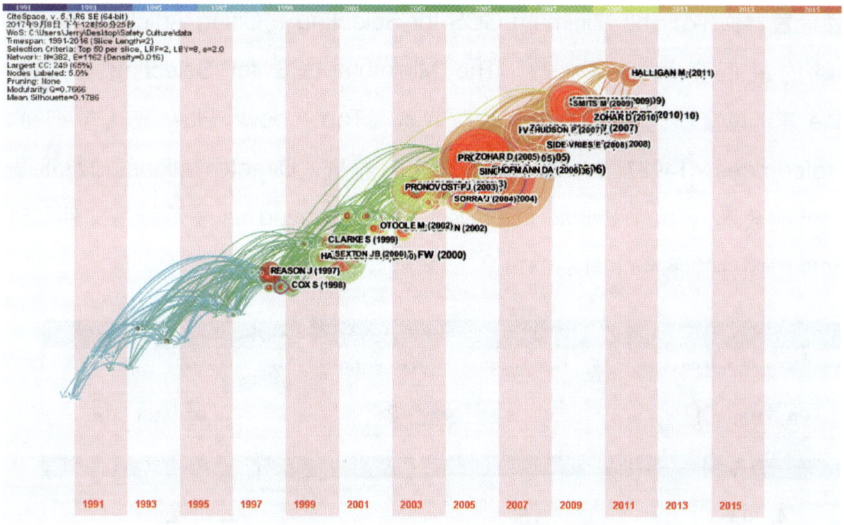

图 8. 229　时区图

8. 10. 3. 2　有向引证网络及主路径分析

有向引证网络分析

打开 CiteSpace 软件后，在功能参数界面中点击 Data→Import/Export→WoS。在 WoS 节点 input Directory 中加载从 Web of Science 中下载的原始数据（数据可以保存在命名为 input 的文件夹中）。Output 为用户新建的空文件夹，加载在 Output Directory 中。然后点击→Direct Citations（. net），按照提示确定进入参数设置界面（图 8. 230）。

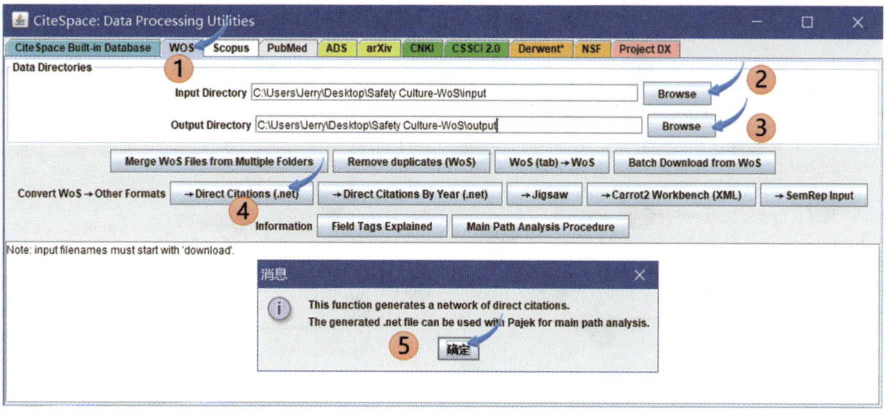

图 8. 230　数据加载和分析

参数设置界面中，The Minimum GCS for Selecting a Citing Article 表示设置施引文献的最低全局被引次数，The Minimum LCS for Selecting a Cited Reference 表示设置参考文献的本地被引次数，Top－down Flow 默认 Y 即可，Unique references：14927 表示唯一的参考文献数量，Direct citations：22358 表示有向引证的数量，The network（Detailed info）is saved as 表示网络文件和详细信息文件所保存的路径（图 8. 231）。

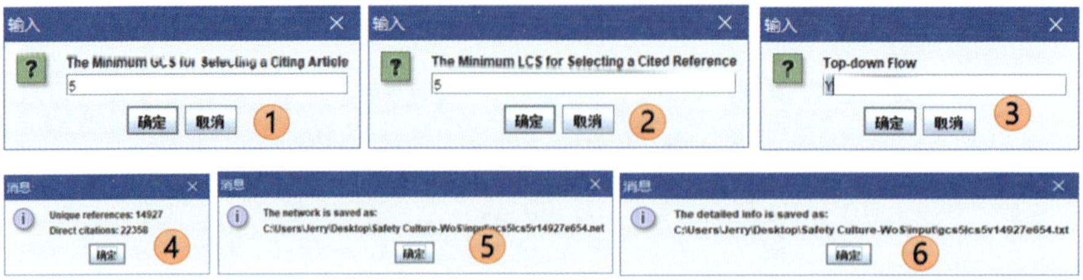

图 8. 231　有向引证网络分析的参数设置

CiteSpace 5. 1. R6. SE 将分析得到的结果的网络文件和网络信息文件保存在了 input 文件夹中，并以类似 gcs20lcs10v6867e41 的名称来命名。这里的 gcs20 表示在分析时所设置的全局引用量的阈值，lcs10 表示本地引用的阈值，v6867 表示所提取的节点的数量，e41 表示网络中边的个数。在 Pajek 中可以对已分析的整体网络的最大子网络进行专门的分析和可视化，结果如图 8. 232 所示。

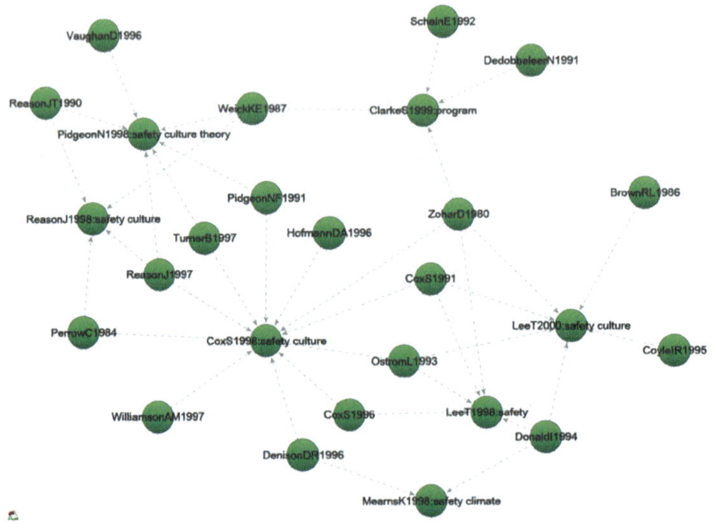

图 8. 232　gcs20lcs10v6867e41 的最大子网络分析结果

引文网络的主路径分析

主路径分析能够通过识别引文网络的主要演化路径来研究领域的主要发展路径。其基本的含义是在一个非循环网络中，主路径是从源点指向收点的一条路径（源点是指入度为 0 的节点，收点是出度为 0 的节点），要求该路径所含的弧的遍历权值之和最高。

遍历权值是指在源点和收点之间的所有路径中，含有这条弧或这个节点的路径所占的比例❶。遍历权值的计算方法为：首先，计算从每个源点指向每个收点的所有路径，并计算出含有某条指定引文关系的路径数量；其次，使用含有指定引文关系的路径数量除以网络中源点与收点之间路径的总数量，比值就是指定引文关系的遍历权值。图 8.233 展示了 6 篇论文按照发表时间顺序从上到下所展示的引文网络。网络中共有两个源点文献 V1 和 V5，两个收点文献 V3 和 V4。对该网络中从源点到收点的路径进行统计，共有 8 条路径。进一步，计算各个引文关系的遍历权值。例如，从 V1 到 V3 路径，只有 1 条位于 8 条路径上，因此 V1 到 V3 的遍历权值为 0.125，其他引文关系的遍历权值计算如图 8.233。在引文网络中，主路径是从源点指向收点的一条途径，该途径需要满足所含弧的遍历权值之和最高。可以按照此过程来提取主路径：①选取与权值最高的单条弧相连的单个源点，②选定单条弧及其头端，重复该过程，到达收点为止。最后，得到该引文网络的两条主路径。

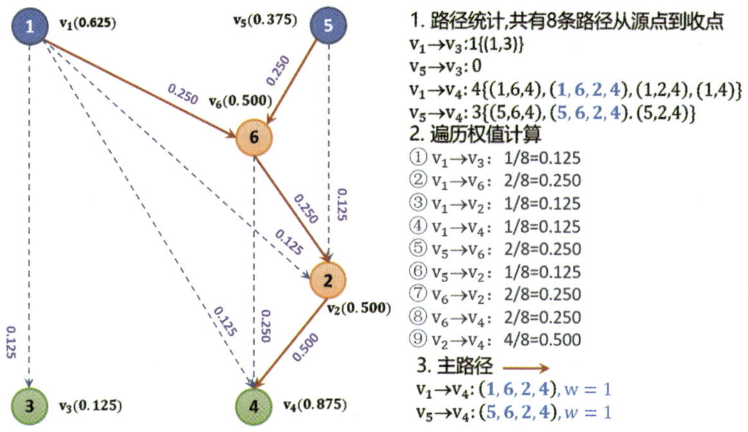

图 8.233　主路径分析过程

---

❶（荷）诺伊　等著，林枫　译．蜘蛛：社会网络分析技术（第二版）[M]．世界图书出版公司．2014. 240 - 246.

下面将 CiteSpace 生成的有向引证网络导入 Pajek 来进行引文网络的主路径提取，分析特定研究领域的主要发展路径。Loet 在其主页中提供了如下步骤进行网络的主路径分析❶：

第一步：提取网络的最大子网络。

Network→ Create partition → Component → Weak

Operations→ Network + Partition → Extract subnetwork → Choose cluster 1

第二步：从最大的成分中移除强成分。

Network→Create partition → Component→ Strong

Operations → Network + Partition → Shrink network❷ → [use defa ult values]

第三步：删除循环。

Network→ Create new network → Transform →Remove → Loops

第四步：创建主路径（或关键路径）。

Network→Acyclic network→ Create weighted → Traversal→ SPC

Network→ Acyclic network→ Create (Sub) Network →Main Paths (Global Search > Standard)

最后，分析得到的网络的主路径可视化结果如图 8. 234❸。

在陈超美教授新出版的《科学知识的表现：不确定性的作用》一书中同样给出了类似的方法来通过 CiteSpace 和 Pajek 进行主路径分析，分析结果的可视化形式如图 8. 235。具体参见该书第三章科学图谱工具与应用，或参考公众号中提供的“基于 CiteSpace 和 Pajek 的引文网络主路径分析”❶。

时间序列引文网络

可以对处理的数据整体进行有向引证网络分析，还可以按照时间序列生成有

---

❶ Loet Leydesdorff. Main Path analysis. http://www.leydesdorff.net/software/citnetw/ Main path analysis with Pajek. http://blog.sciencenet.cn/blog-554179-1075142.html

❷ Pajek 中 Shrink network 含义是用一个新节点来代替原有网络的一个节点子集合，该节点集合的连线都将连接到新定义的节点上。

❸ 在 Pajek 中可视化结束后，可以通过两种方式使得图形中的标签位于节点的中心。在可视化界面中依次点击 Options→Mark Vertices Using→Label Centered。或者在使用 SVG 格式导出时，在可视化界面依次点击 Export→Options→Label position (polar Radius = 0, Polar Angle = 0)，然后导出结果即可。导出的结果可以进一步在图形编辑软件 Inkscape 中进行调整，以使可视化结果更加清晰。

❶ Chen C, Song M. Representing Scientific Knowledge: The Role of Uncertainty [M]. Springer International Publishing, 2017. 98 - 104.

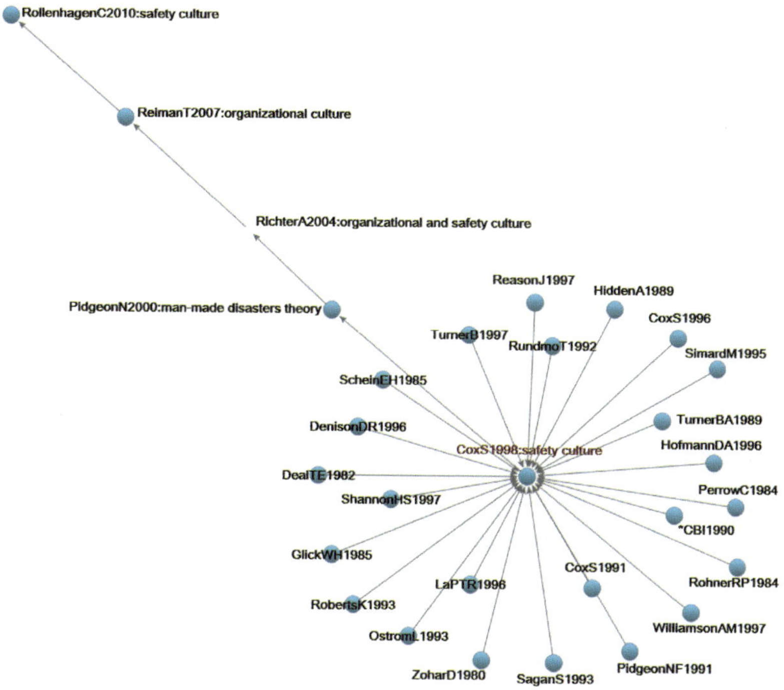

图 8.234　主路径分析结果

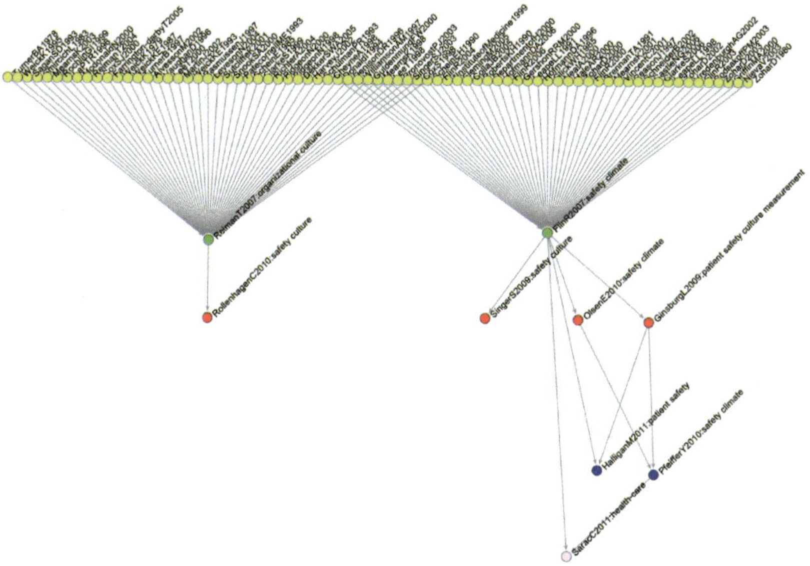

图 8.235　主路径分析结果

向网络，分析特定年份的有向引证网络或者分析多年份的网络演化。在 WoS 的界面下，加载数据后，点击→Direct Citations By Year（net）。这里按照默认的参数点击确定，直至分析结束（图 8. 236）。最后，在 input 的文件夹中会按照时间序列生成一系列的有向引证网络 net 和 txt 文件（图 8. 237）。可以在 Pajek 中专门对特定年份（例如 2010 年）的有向网络进行可视化分析（图 8. 238）。

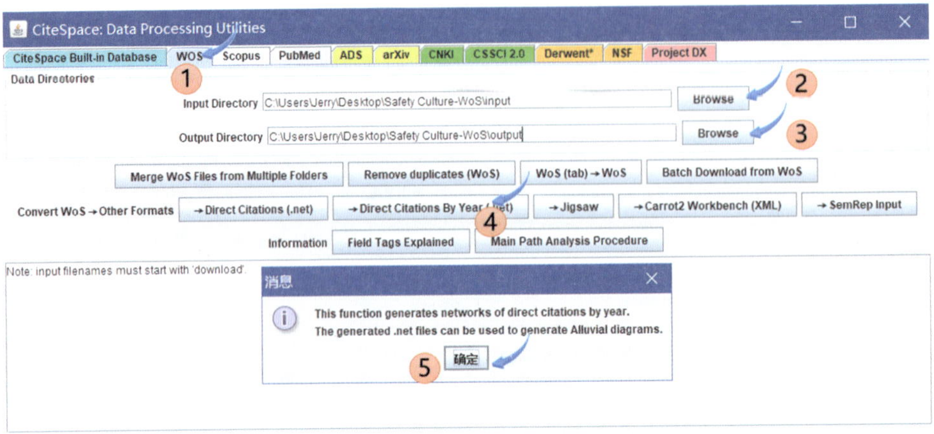

图 8. 236　数据的分析

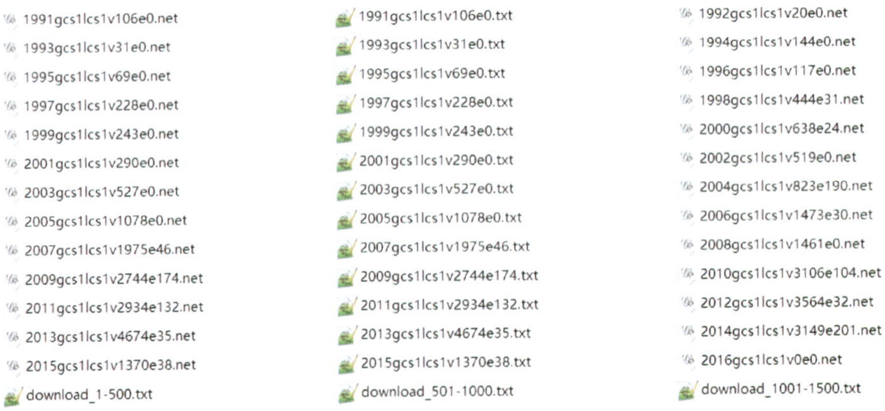

图 8. 237　生成的结果文件

该系列网络可以使用 Mapequation 中提供的 Alluvial Generator 进行网络的演化分析。具体的步骤是在 Alluvial Generator 界面中点击 Add Network→Load

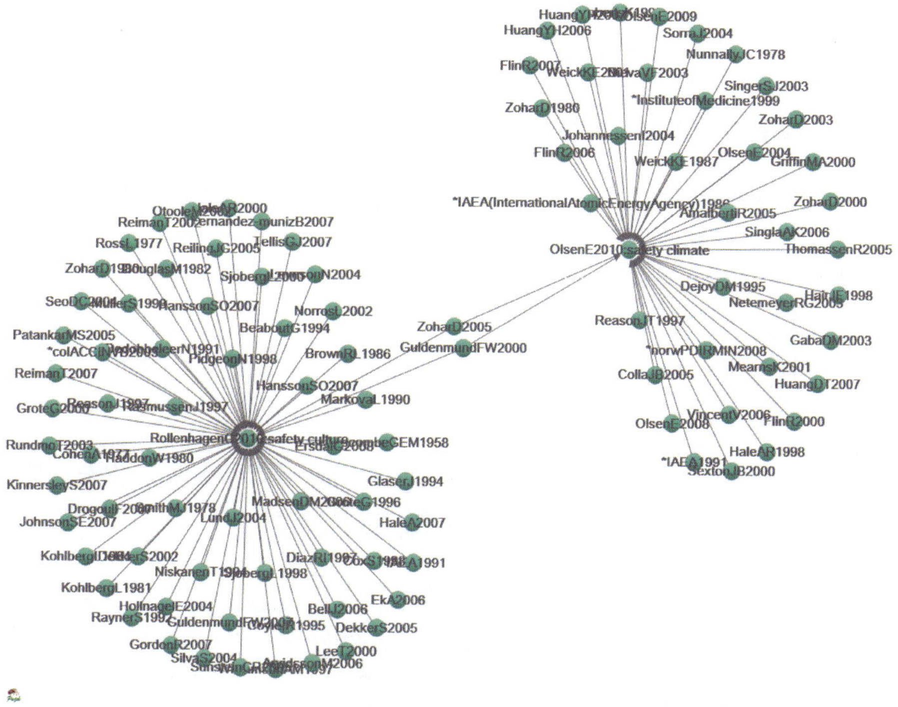

图 8. 238　2010 年数据的有向引证网络的最大子网络

Network→Open file…（for directed network）→Calculate clusters，得到的可视化结果如图 8. 239。

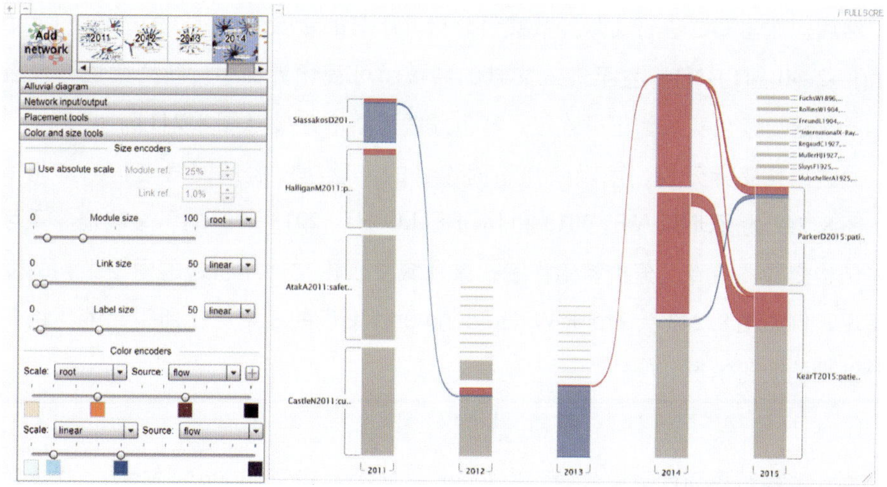

图 8. 239　Alluvial 的分析结果

8.10.3.3　结构变异分析

当功能参数区的相关参数设置好后，点击菜单栏的 Analytics→Structural Variation Analysis（SVA）开启结构变异分析功能（图 8.240）。

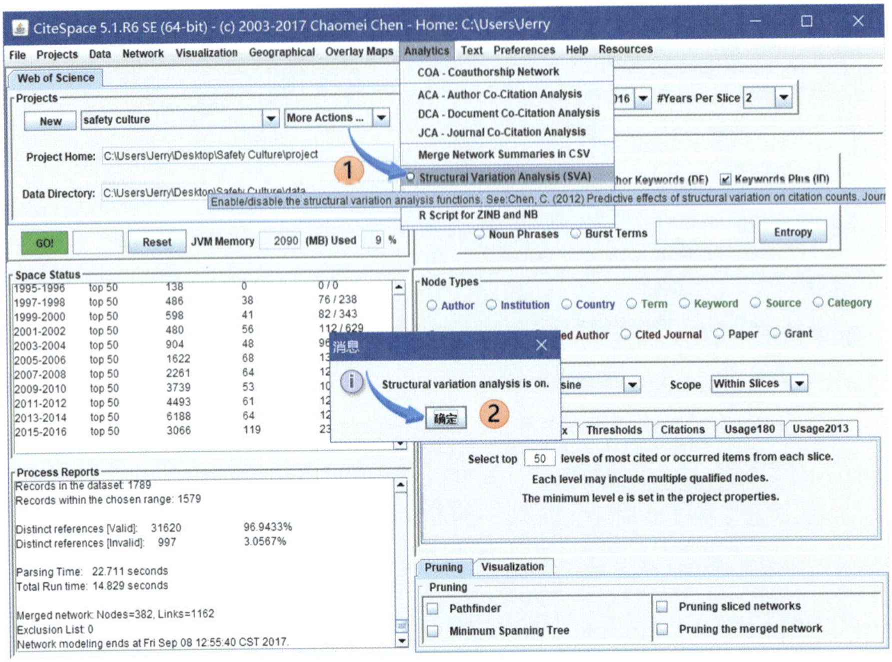

图 8.240　开启结构变异分析功能

然后，点击 GO 进行文献的共被引分析，所有的步骤采用默认的选项（Keep going→2→0→N→N），直至进入文献的共被引可视化界面中。新桥梁由红色五星们所构建。紫色实线为已有连接，红色虚线为新增连接（图 8.241）。

通过结构变异分析，可以获知不同作者的文献所引起的网络结构的变化情况。图 8.242 为 ZUNIGA F，2013 和 MORELLO RT，2013 形成的引文轨迹。还可以在结构变异图中专门分析特定作者在该领域发表论文后所引起的网络结构的变异情况，例如图 8.243 为 Frank W. Guldenmund 发表的三篇论文所引起的网络各部分结构的变化情况。

8.10.3.4　期刊的双图叠加分析

在功能参数界面的菜单栏中点击 Overlay Maps→JCR Journal Maps，进入期刊的双图叠加分析界面（图 8.244）。

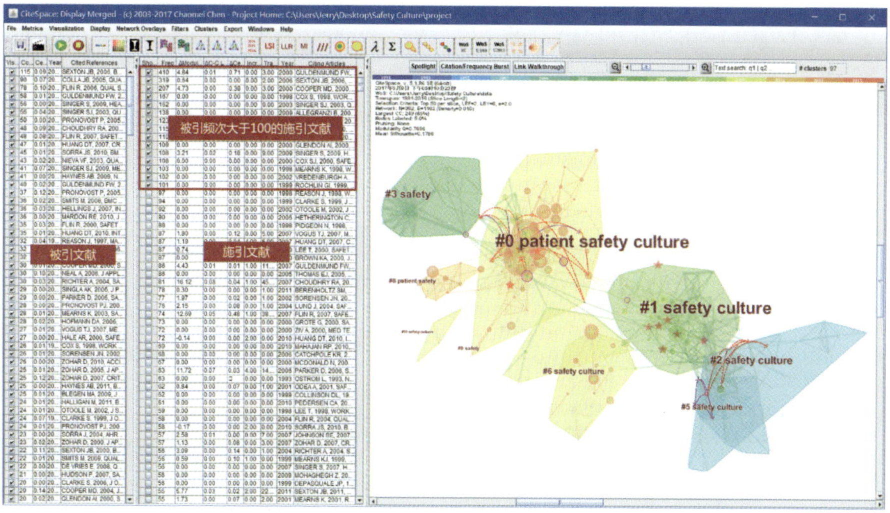

图 8. 241 被引频次超过 100 次的论文所增加的新链接

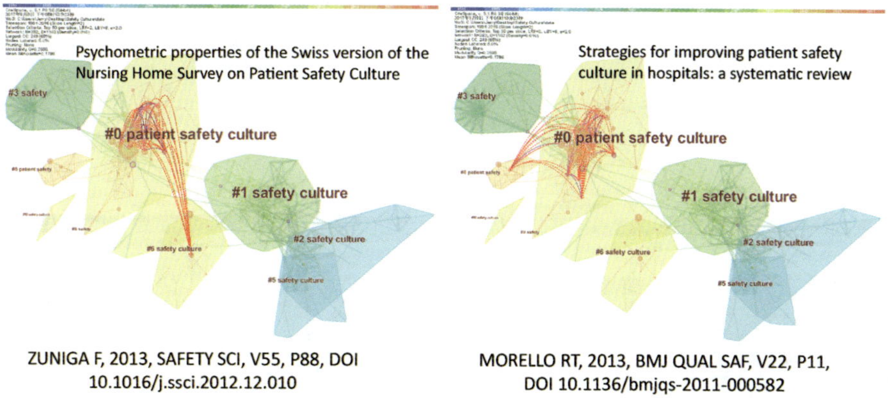

图 8. 242 ZUNIGA F，2013 和 MORELLO RT，2013 的引文轨迹

点击双图叠加菜单栏的 Overlay→Add Overlay→w（默认为加载 web of science 数据）→选择待分析数据的文件夹→图层颜色的选择，默认 Red。最后，得到的期刊双图叠加初步结果如图 8. 245。左图上的椭圆代表了施引论文所发表的期刊分布。椭圆的横轴代表在对应期刊上发表特定主题论文的作者数量，纵轴代表论文数量。右侧的椭圆所代表的期刊是左侧期刊所引用的期刊，椭圆的大小与被引证的数量成正比。图中的连线表示引证的连线，即左侧的期刊引用了右侧的期刊。

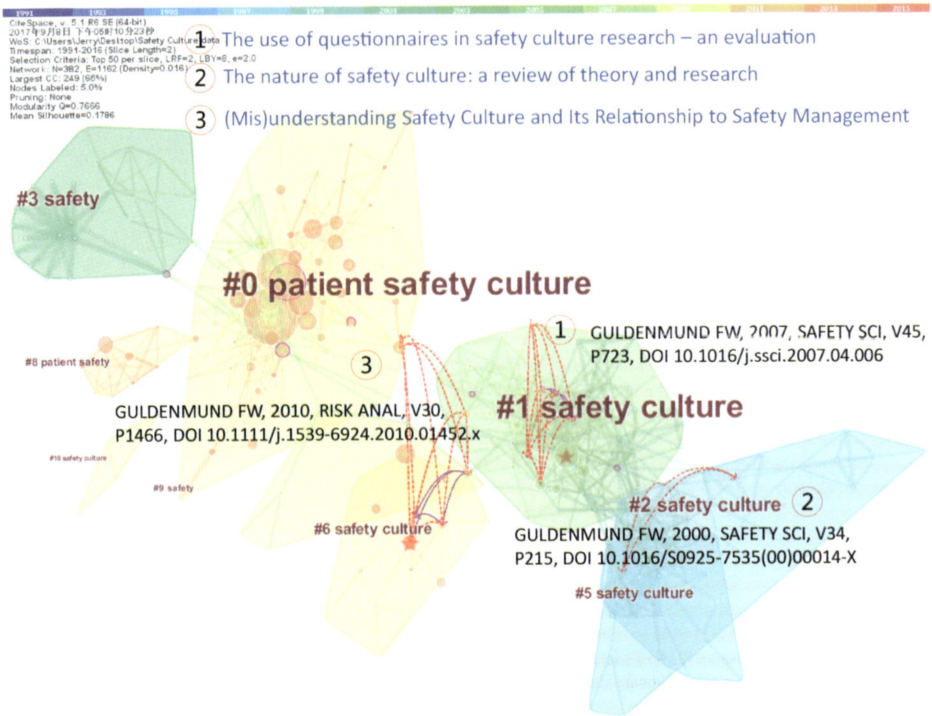

图 8.243　Frank W. Guldenmund 发表论文的引文轨迹

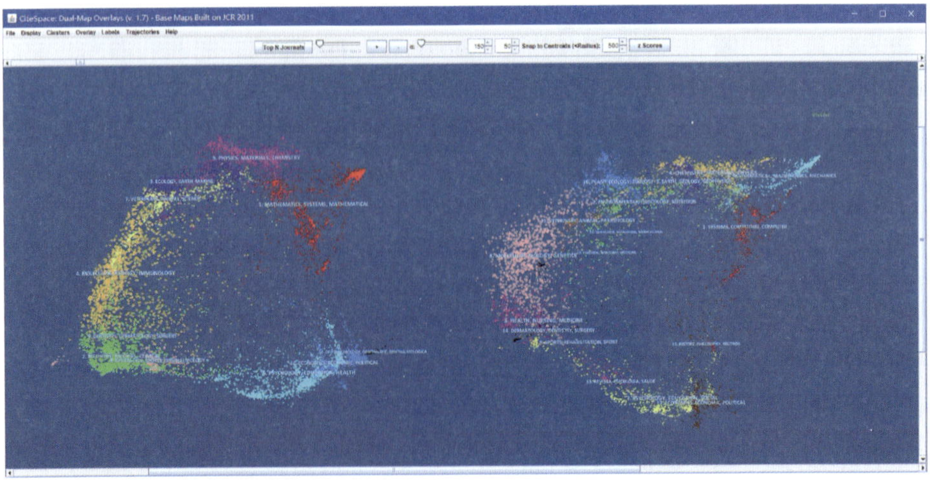

图 8.244　期刊的双图叠加分析界面

还可以通过双图叠加分析提供的 Z – Score 功能来合并显著类别的连线，以

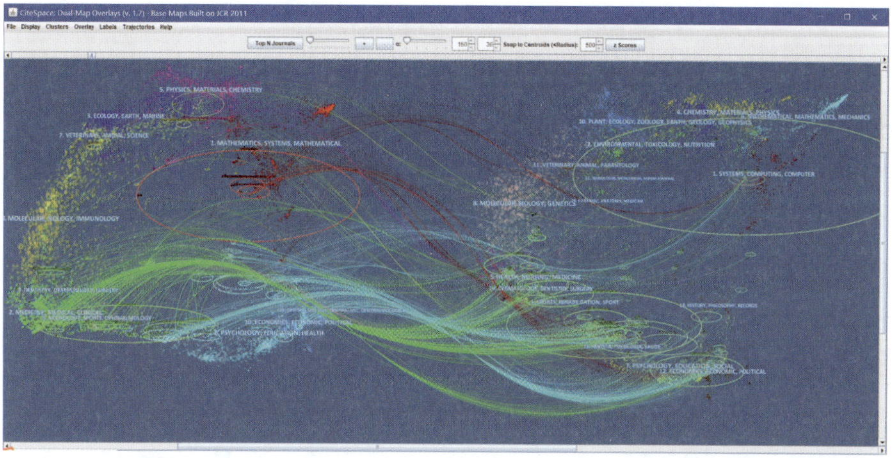

图 8.245　双图叠加分析结果

快速识别核心的领域分布及其关系。最后，通过调整得到的期刊的双图叠加结果如图 8.246 所示。

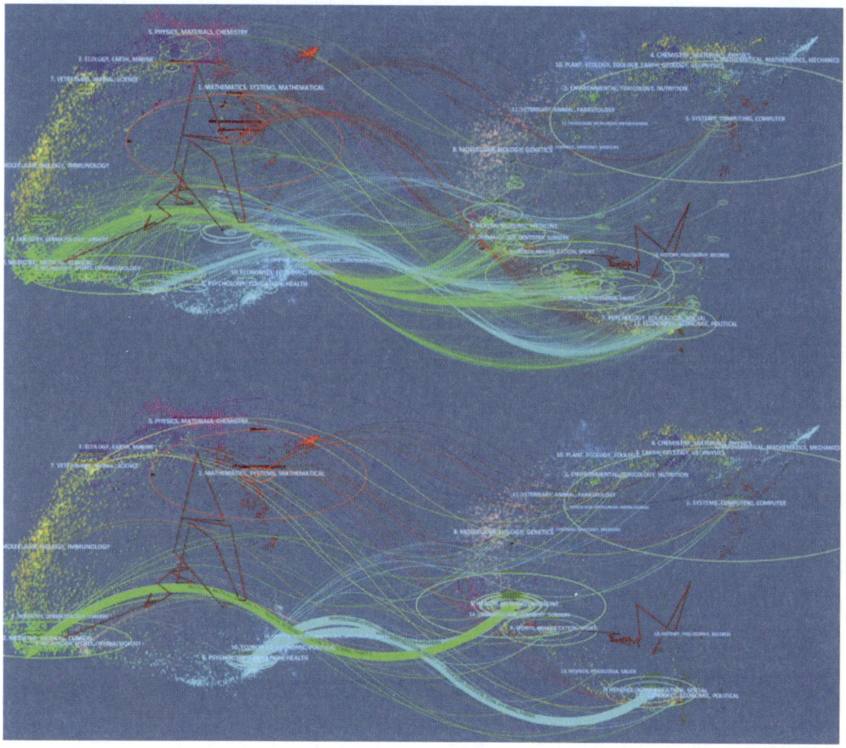

图 8.246　期刊双图叠加分析结果

8.10.3.5 作者合作网络的地理可视化

在 CiteSpace 功能参数界面选择（图 8.247）Geographical → Generate Google Earth Maps（KML 2.0），进入合作网络的地理可视化分析界面。

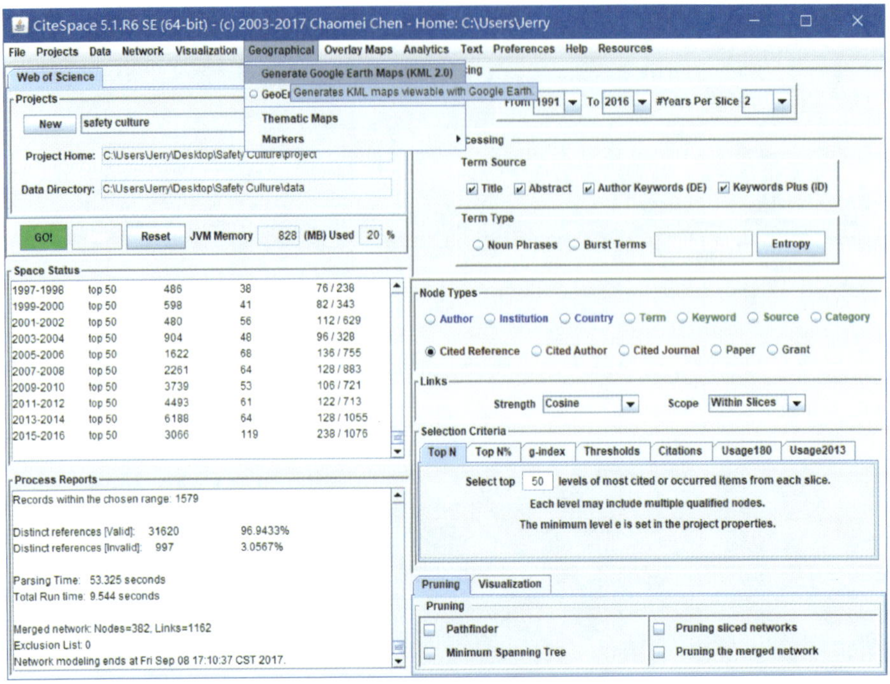

图 8.247 地理可视化功能位置

在合作网络地理可视化的界面中（图 8.248），"1. Specify the Time Frame"的时间设置为从 2007 – 2016 年，"2. Select the Directory of Input Data in Field Delimited Format"中加载 safety culture 的 data 文件夹。其他参数默认，点击 Make Map 来对数据进行地理可视化分析。

数据分析结束后（图 8.249），会得到"消息"的提示框，显示了# Records processed：16490，表示处理的数据；# Errors encountered：114，表示未识别的数据；Accuracy：99.0%，表示处理的准确率。

在数据处理后，在 data 文件夹中会产生一个 kml 文件。在该 kml 文件中包含了各年份提取的地理信息数据以及 kml 格式的地理可视化文件（图 8.250）。该 kml 文件可以通过 Google earth 打开进行可视化分析。

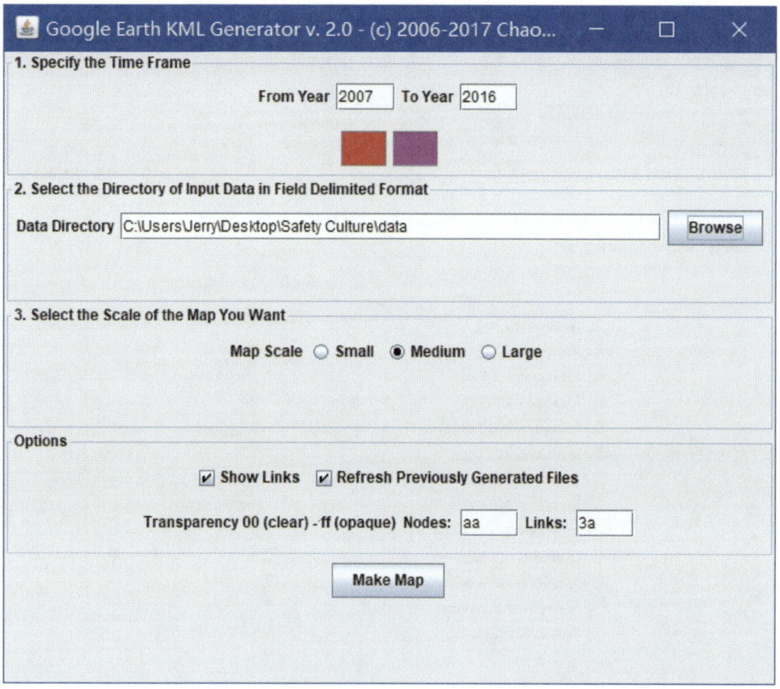

图 8. 248　合作网络地理可视化的设置

图 8. 249　处理结果

通过 Google earth 可视化得到的合作网络如图 8. 251。可以在 Google earth 软件左侧选中 kml 文件，右击并选中属性进行处理。最后，得到作者合作网络的地理可视化结果（图 8. 252）。

用户还可以将得到的结果导入手机中使用 Google Earth APP 打开或者用在线版的 Google Earth 进行可视化和分享（图 8. 253）[1]。

[1] 本案例在线地图分享地址 https：//goo. gl/bHYLTa（可以使用 https：//goo. gl/来创建长网站的短链接）。

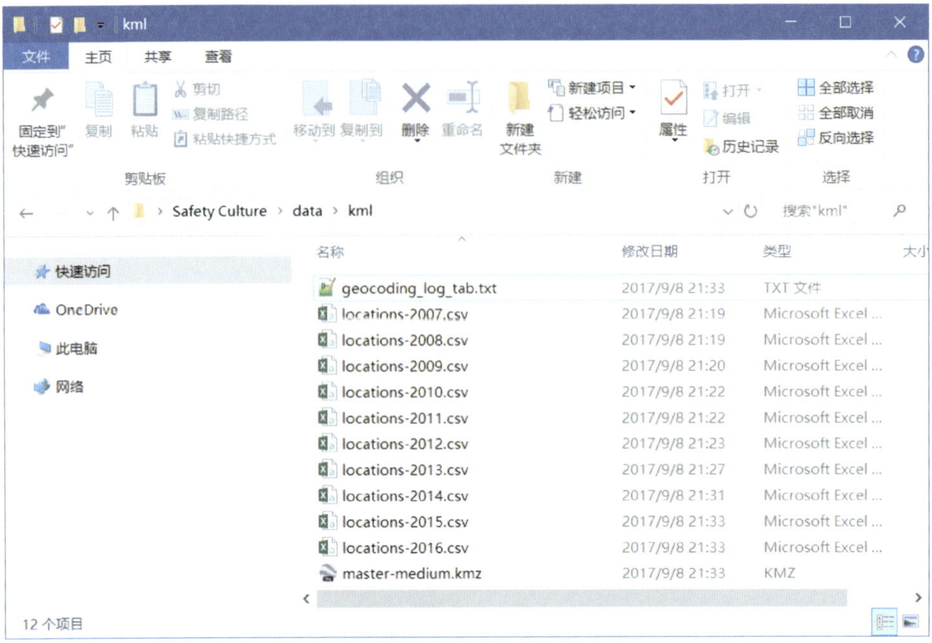

图 8. 250　合作网络地理可视化生成的文件

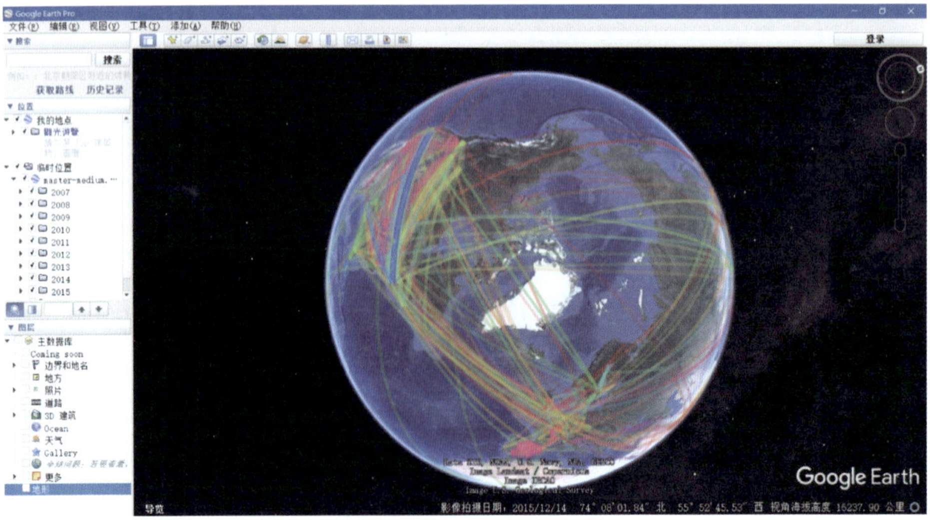

图 8. 251　合作网络的地理可视化结果

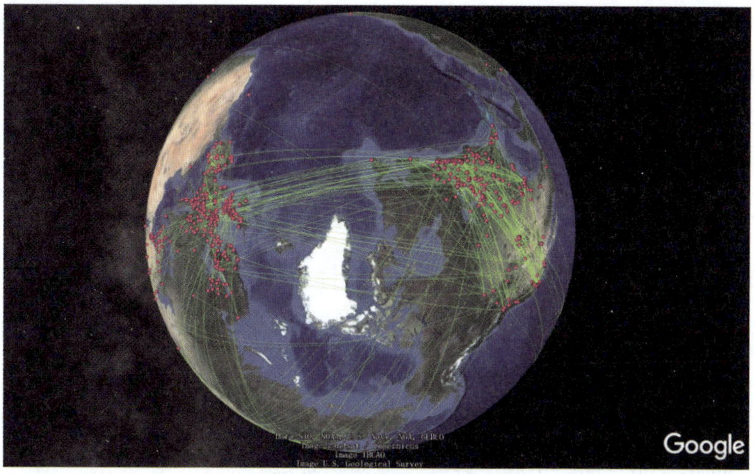

图 8. 252　国际安全文化研究的合作网络地理可视化

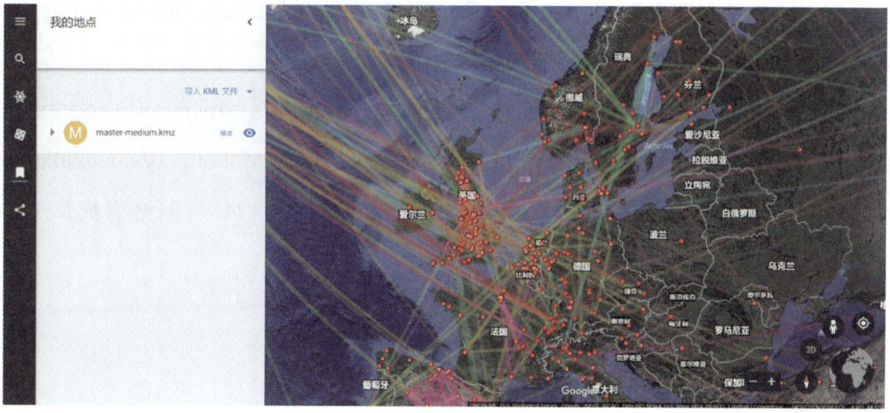

图 8. 253　在线版的 Google Earth 对 KMZ 数据的可视化

CiteSpace 的实践研究，读者可以参考下面几篇典型的论文：

［1］ Chen C，Leydesdorff L. Patterns of connections and movements in dual-map overlays：A new method of publication portfolio analysis ［J］. Journal of the Association for Information Science and Technology，2014，65 （2）：334 – 351（期刊的双图叠加）.

［2］ Chen C. Predictive effects of structural variation on citation counts ［J］. Journal of the Association for Information Science and Technology，2012，63 （3）：431 – 449（结构变异分析）.

［3］ Chen C，Ibekwe - SanJuan F，Hou J. The structure and dynamics of cocitation clusters: A multiple - perspective cocitation analysis [J]. Journal of the American Society for Information Science and Technology, 2010, 61 (7): 1386 - 1409 (聚类标签的添加).

[4] Chen C. CiteSpace II: Detecting and visualizing emerging trends and transient patterns in scientific literature [J]. Journal of the American Society for information Science and Technology, 2006, 57 (3): 359 - 377 (CiteSpace I→CiteSpaceII).

[5] Chen C. The centrality of pivotal points in the evolution of scientific networks [C] //Proceedings of the 10th international conference on intelligent user interfaces. ACM, 2005: 98 - 105 (转折点及网络裁剪).

[6] Chen C. Searching for intellectual turning points: Progressive knowledge domain visualization [J]. Proceedings of the National Academy of Sciences, 2004, 101 (suppl 1): 5303 - 5310. (转折点)

[7] Chen C, Morris S. Visualizing evolving networks: minimum spanning trees versus pathfinder networks [C] // Information Visualization, 2003. INFOVIS 2003. IEEE Symposium on. IEEE, 2003: 67 - 74. (网络剪裁算法)

8.11 HistCite 引文历史分析

8.11.1 HistCite 简介和安装

HistCite (History of Cite) 是 SCI 的发明人加菲尔德教授与其同事开发的专门用于分析 Web of Science 的科学计量和引文图谱 (Historiogram) 工具。该软件界面显示版本时间跨度为 2004 - 2009 年，因此目前的最终版本还是 2009 年版本，也没有进一步更新的计划。HistCite 为导入分析的数据提供了整体的描述统计分析、某一知识单元的详细分布以及按照某一规则进行排序。此外，该软件还提供了对文献引文网络的绘制。

在该软件中提供了若干指标 (图 8.254) 来分析数据。对常见的一些指标介绍如下:

#	Date / Author / Journal	LCS	LCS/t	LCSx	GCS	GCS/t	OCS	NA	LCR	CR	LCSb	LCSe	LCS (e/b)
1	1280 Garcia-Herrero S, Mariscal MA, Gutierrez JM, Toca-Otero A **Bayesian network analysis of safety culture and organizational culture in a nuclear power plant** SAFETY SCIENCE. 2013 MAR; 53: 82-95	0	0.00	0	6	1.50		4	27	104			
2	1613 Henriqson E, Schuler B, van Winsen R, Dekker SWA **The constitution and effects of safety culture as an object in the discourse of accident prevention: A Foucauldian approach** SAFETY SCIENCE. 2014 DEC; 70: 465-476	3	1.00	3	3	1.00		4	23	122			
3	415 Fernandez-Muniz B, Montes-Peon JM, Vazquez-Ordas CJ **Safety culture: Analysis of the causal relationships between its key dimensions** JOURNAL OF SAFETY RESEARCH. 2007; 38 (6): 627-641	0	0.00	0	43	4.30		3	21	103	0	0	0
4	1540 Reiman T, Rollenhagen C **Does the concept of safety culture help or hinder systems thinking in safety?** ACCIDENT ANALYSIS AND PREVENTION. 2014 JUL; 68: 5-15	1	0.33	1	3	1.00		2	20	84			
5	1116 Wang CH, Liu YJ **Omnidirectional safety culture analysis and discussion for railway industry** SAFETY SCIENCE. 2012 JUN; 50 (5): 1196-1204	3	0.60	1	3	0.60		2	19	60			
6	1351 Fang DP, Wu HJ **Development of a Safety Culture Interaction (SCI) model for construction projects** SAFETY SCIENCE. 2013 AUG; 57: 138-149	3	0.75	3	10	2.50		2	18	63			

图 8. 254　HistCite 中常见的指标

LCS 是 Local Citation Score 的简写，即本地引用次数。LCS 是某篇文章在当前数据库中被引用的次数（即被所下载数据中其他论文引用的次数）。所以 LCS 一定是小于或等于 GCS 的；LCS/t = Local Citation score per year，表示从该论文发表年份到数据获取年份 LCS 的平均被引；LCSx = Local Citation Score excluding self－citations，表示排除自引的次数。

GCS 是 Global Citation Score，即全局引用次数或总被引次数，也就是我们所考察的文献在 Web of Science 中被其他文献引用的总频次。若在结果页面上点击 GCS，则所分析的对象会按照在 Web of Science 中的总频次进行排序。GCS/t = Global Citation Score per year，从某论文发表的年份到当前年份平均每年被引次数；OCS 全称为 other citation score，表示其他引证次数。

CR 是 Cited References，即文章引用的参考文献数量。如果某篇文献引用了 100 篇参考文献，则 CR 为 100。这个数据通常能帮我们初步识别某篇文献是一般论文还是综述性论文。LCR 是 Local Cited References，即文献引用本地论文的数量。如果某篇论文引用了 30 篇本地数据库中的论文，那么 LCR 为 30。通常引用本地论文数量越大，则表明该论文与所下载的主题论文相关性越强。

NA = Number of Author，文献的作者数量。

LCSb = Local citations at beginning of the time period 是指某论文在刚发表一段时间内被引证的次数，LCSe = Local citations at the end of the time period covered 是指某论文在截止检索时间的一段时间内被引证的次数，这里 LCS 不一定等于 LCSb + LCSe。LCS e/b = Ratio of local citations in the end and beginning periods，表示的是某篇论文近期被本地文献引证的次数与该论文刚刚发表时一段时间引证次数的比值；若 LCS e/b > 1，则说明该论文在近期被引用次数要大于刚发表的一段时期，此数值越大则越能反映该论文在近期的关注的高；LCS e/b < 1，则说明该论文刚发表时被关注较多，但是后来就关注很少了。

登录 HistCite 下载主页（图 8.255）❶，网页会提示直接下载，并得到一个 HistCiteInstaller. msi 的文件。双击 HistCiteInstaller. msi，并按照提示进行软件安装。

HistCite Setup
Welcome to the HistCite Setup Wizard
The Setup Wizard will install HistCite on your computer. Click "Next" to continue or "Cancel" to exit the Setup Wizard.
< Back
Next >
Cancel
1
Read me file
Please read the following text carefully
HISTCITE® Version 12.3.17
Web of Science compatibility upgrades
Corrected the processing of tagged data exported from Web of Science that contains ResearcherID (RID) and/or Reprint Author data
To start HistCite
Advanced Installer
2
Configure Shortcuts
Create application shortcuts
Create shortcuts for HistCite in the following locations:
Desktop
Start Menu Programs folder
3
Ready to Install
The Setup Wizard is ready to begin the HistCite installation
Click "Install" to begin the installation. If you want to review or change any of your installation settings, click "Back". Click "Cancel" to exit the wizard.
Install
4
Installing HistCite
Please wait while the Setup Wizard installs HistCite. This may take several minutes.
Status:
Completing the HistCite Setup Wizard
Click the "Finish" button to exit the Setup Wizard.
View readme file
Launch HistCite
Finish

图 8.255　HistCite 软件的安装步骤

❶ http：//science. thomsonreuters. com/scientific/m/HistCiteInstaller. msi

安装结束后，会在桌面上生成一个软件的快捷方式，双击该快捷方式即可打开软件（图 8. 256）。

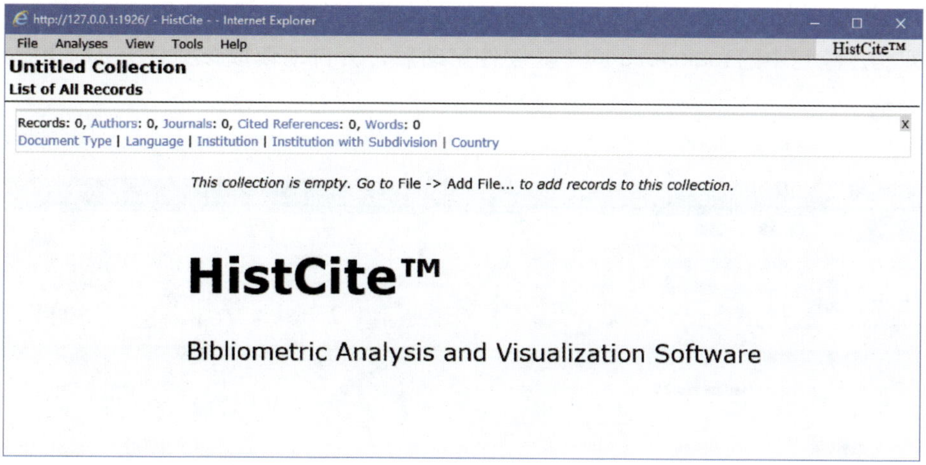

图 8. 256　HistCite 界面

由于 HistCite 的更新速度没有与 Web of Science 的更新速度同步，因此要将新下载的 Web of Science 数据处理后再导入 HistCite。具体的方法是使用 NotePad 等文本编辑工具打开数据，然后将数据首行的名称 FN Clarivate Analytics Web of Science 修改为 FN Thomson Reuters Web of Knowledge。当数据预处理结束后，可以在打开软件后，点击菜单栏的 Add File 来加载待分析的数据（图 8. 257）。还可以通过全部选中数据后，将数据拖拽到 HistCite 快捷图标上来加载数据。

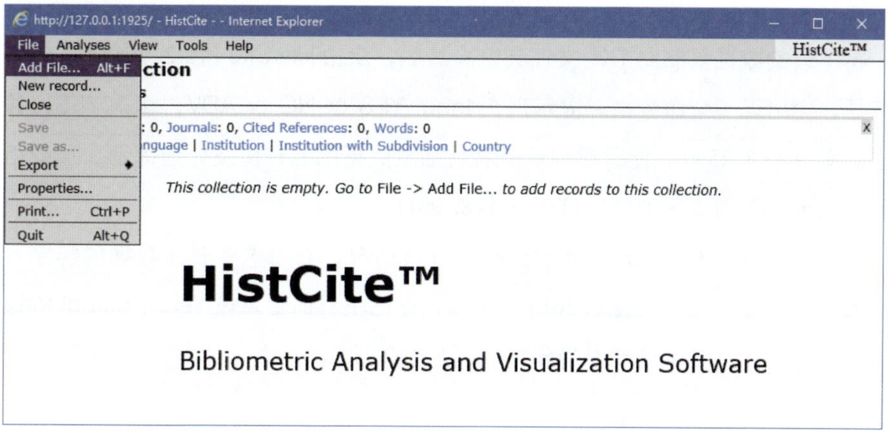

图 8. 257　数据的加载

这里我们提供一种更加方便的 HistCite 版本——HistCite Pro 2.0❶（图 8.258），该版本是由来自中国科技大学的王庆于 2016 年借助 Python 开发的快速启动 HistCite 软件的脚本。下载该文件后，解压缩即可使用。若要启动软件，双击压缩包中的 main.exe 即可。软件启动后，会自动读取该文件夹 TXT 中的数据。

图 8.258 HistCite Pro 2.0 版本安装和启动

8.11.2 HistCite 数据分析

这里我们以从 Web of Science 中下载的 Safety Culture 的数据为例进行分析。

8.11.2.1 数据导入和描述性统计

将下载的数据复制到 TXT 文件夹中。然后，双击 HistCite Pro 2.0 软件。软件打开后，会出现一个命令栏。提示用户 Input YES or NO or ADV，输入 YES，并点击回车（图 8.259）。此时用户可以看到加载数据的名称以及处理提示。加载结束后，结果会在浏览器中自动打开（图 8.260）。

在导入结果界面上显示了数据的整体分布情况，点击这些整体数据的链接可以查看更为详细的结果（图 8.261）。例如，在结果界面上点击 Yearly output 的链接，可以得到论文的年度产出的分布（图 8.262）。

❶ HistCite Pro 2.0 下载地址：https://pan.baidu.com/s/1hslwJzQ#list/path=%2F

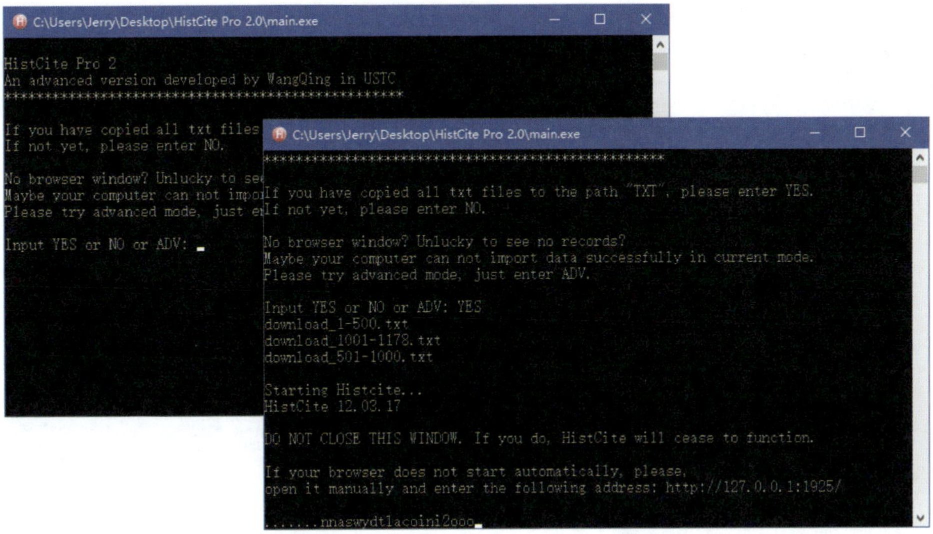

图 8. 259　软件启动设置

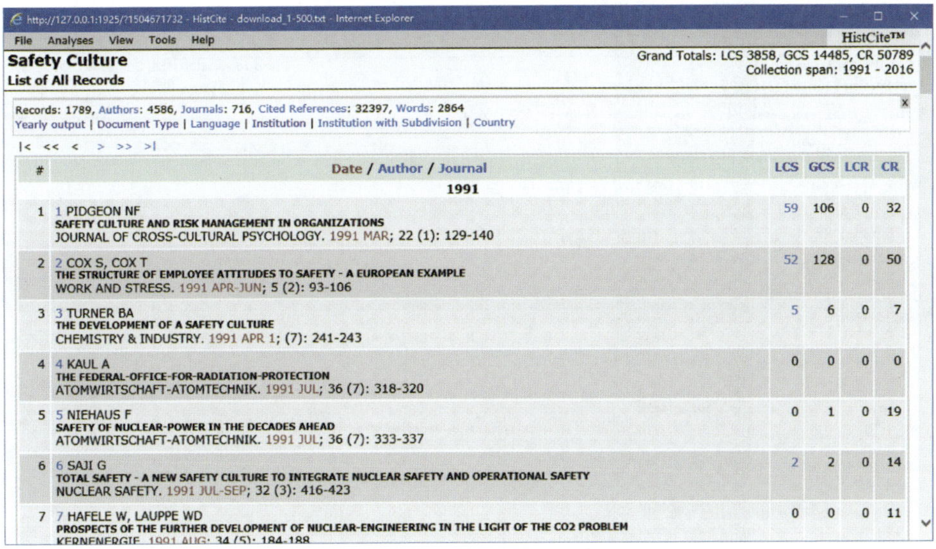

图 8. 260　数据导入结果

8. 11. 2. 2　引证网络的构建

在数据导入结果的界面中，点击菜单栏 Tools，选择 Graph Maker…（图

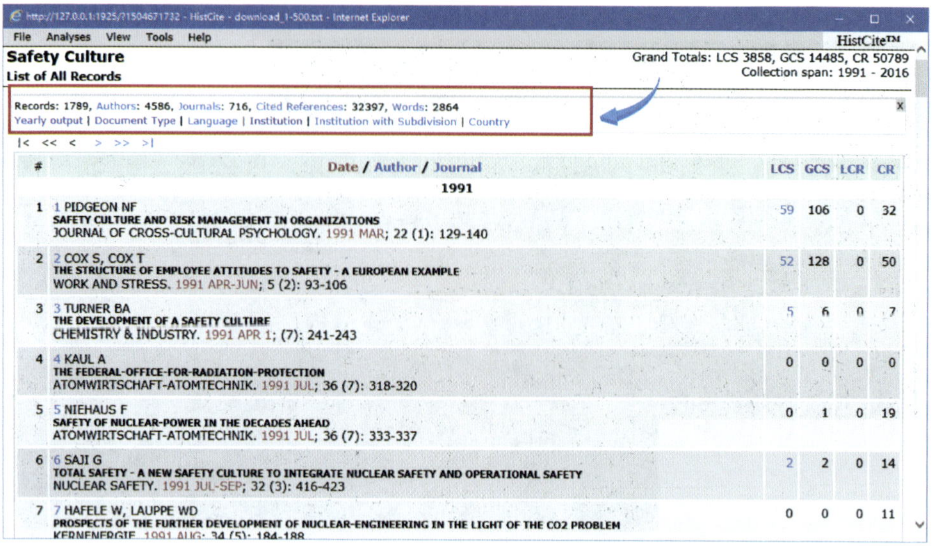

图 8.261　整体分布结果

图 8.262　论文年度产出结果

8.263）。进入 Graph Maker 界面后，点击 Make Graph 即可得到引文网络（图 8.264）。

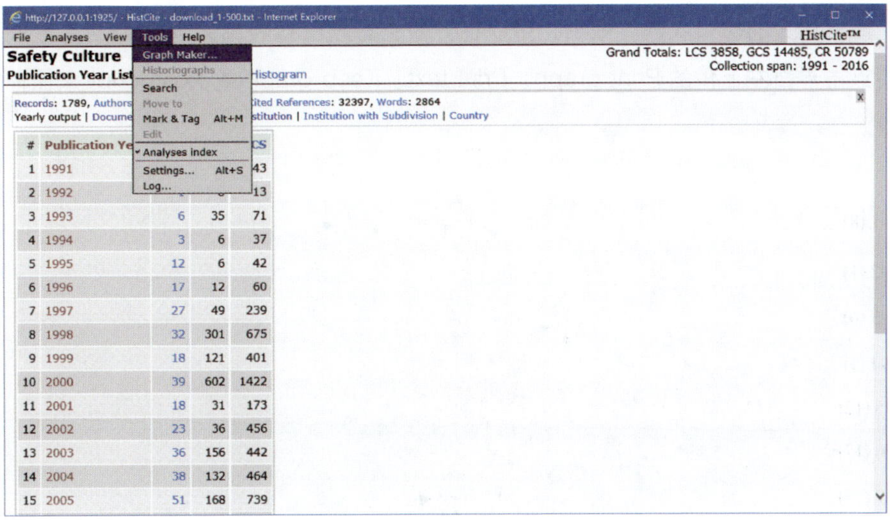

图 8. 263　引文网络绘制功能菜单

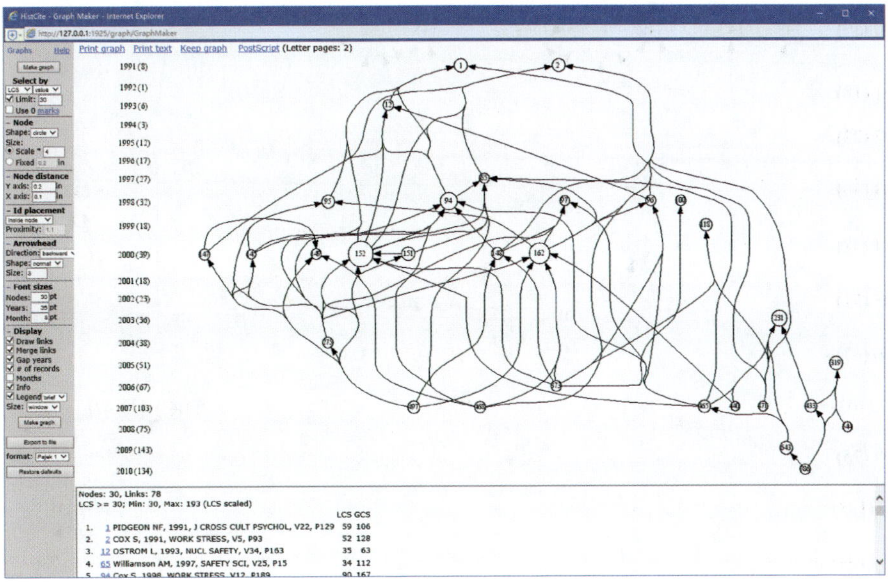

图 8. 264　引文网络分析结果

在得到引文网络后，默认的节点提取方式为 LCS 的值，也可以设置为 LCS 排名。在分析参数设置后，还可以进一步在界面上对字体、节点大小样式等信息进行调整。引证网络图中（图 8.265），每个节点代表一篇论文。节点的大小表示对应序号论文的被引次数。最后，可以在界面上右击鼠标将结果保存为图片形式或者点击界面左上角的 Print graph、Print text、Keep graph 或 PostScript 来保存结果。

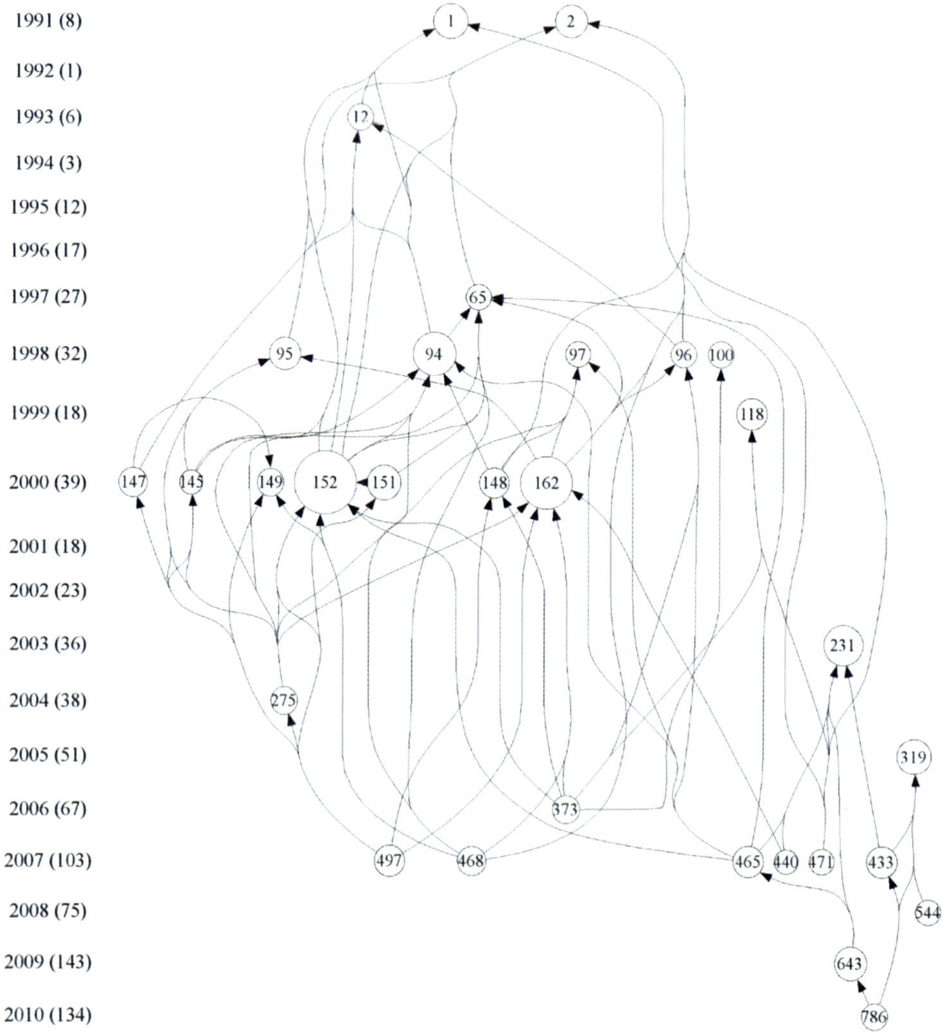

图 8.265　保存后的结果 -LCS > = 30；Min：30，Max：193（LCS scaled）

Nodes：30，Links：78

LCS > = 30；Min：30，Max：193（LCS scaled）

序号	编号	文献	LCS	GCS
1.	1	PIDGEON NF, 1991, J CROSS CULT PSYCHOL, V22, P129	59	106
2.	2	COX S, 1991, WORK STRESS, V5, P93	52	128
3.	12	OSTROM L, 1993, NUCL SAFETY, V34, P163	35	63
4.	65	Williamson AM, 1997, SAFETY SCI, V25, P15	34	112
5.	94	Cox S, 1998, WORK STRESS, V12, P189	90	167
6.	95	Pidgeon N, 1998, WORK STRESS, V12, P202	53	88
7.	96	Lee T, 1998, WORK STRESS, V12, P217	36	59
8.	97	Mearns K, 1998, WORK STRESS, V12, P238	32	103
9.	100	Reason J, 1998, WORK STRESS, V12, P293	37	97
10.	118	Clarke S, 1999, J ORGAN BEHAV, V20, P185	48	94
11.	145	Pidgeon N, 2000, SAFETY SCI, V34, P15	31	115
12.	147	Lee T, 2000, SAFETY SCI, V34, P61	43	87
13.	148	Cox SJ, 2000, SAFETY SCI, V34, P111	47	108
14.	149	Grote G, 2000, SAFETY SCI, V34, P131	39	73
15.	151	Glendon AI, 2000, SAFETY SCI, V34, P193	62	109
16.	152	Guldenmund FW, 2000, SAFETY SCI, V34, P215	193	410
17.	162	Cooper MD, 2000, SAFETY SCI, V36, P111	138	207
18.	231	Singer SJ, 2003, QUAL SAF HEALTH CARE, V12, P112	82	162
19.	275	Richter A, 2004, SAFETY SCI, V42, P703	40	56
20.	319	Pronovost P, 2005, QUAL SAF HEALTH CARE, V14, P231	62	110
21.	373	Parker D, 2006, SAFETY SCI, V44, P551	38	63
22.	433	Huang DT, 2007, CRIT CARE MED, V35, P165	49	87
23.	440	Vogus TJ, 2007, MED CARE, V45, P46	30	87
24.	465	Flin R, 2007, SAFETY SCI, V45, P653	48	74
25.	468	Guldenmund FW, 2007, SAFETY SCI, V45, P723	41	86
26.	471	Kirk S, 2007, QUAL SAF HEALTH CARE, V16, P313	32	50
27.	497	Choudhry RA, 2007, SAFETY SCI, V45, P993	49	81
28.	544	Pronovost PJ, 2008, J CRIT CARE, V23, P207	32	123
29.	643	Singer S, 2009, HEALTH SERV RES, V44, P399	56	108
30.	786	Huang DT, 2010, INT J QUAL HEALTH C, V22, P151	37	72

注释：以上列表的编号特指上图中文献的编号。

可以进一步调整参数，在网络中引入更多的文献。图 8.266 为将参数使用 GCS 设置为 Value，并将 Limit 设置为 50 后得到的结果。

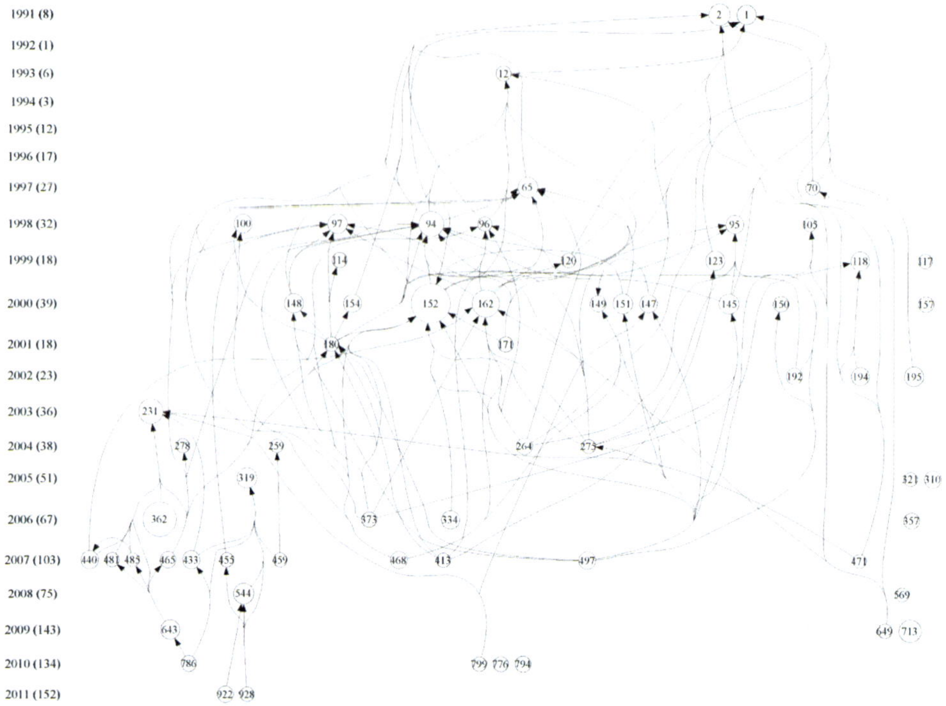

图 8.266 保存后的结果 -Nodes：65，Links：139 GCS >= 50；Min：50，Max：410（GCS scaled）

通过分析我们可以知道，一些重要的文献没有被我们设置的关键词检索到，或者一些领域的核心文献并没有被 Web of Science 收录。我们可以在 HistCite 界面上点击 Cited References，然后得到这些施引文献的高被引文献。在一些高被引文献后面没有✚，表示这些文献已经包含在了施引文献的列表中（图 8.267）。有✚表示没有包含在施引文献的列表中，因此在分析引证网络时，这些有加号的文献并没有参与图形的绘制。我们可以点击✚，得到该文献的编辑窗口，设置结束后点击 Apply Changes（图 8.268），这篇文献就被添加到施引文献的列表中。

当添加完成后，我们再点击菜单栏 Tools，选择 Graph Maker…。进入 Graph Maker 界面后，点击 Make Graph 即可得到引文网络。可以看到，新添加的关于

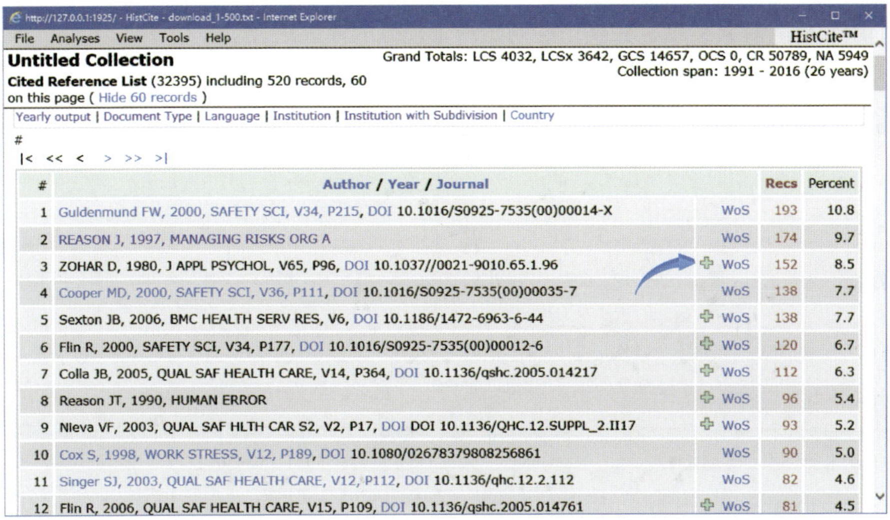

图 8.267　添加遗漏的核心文献

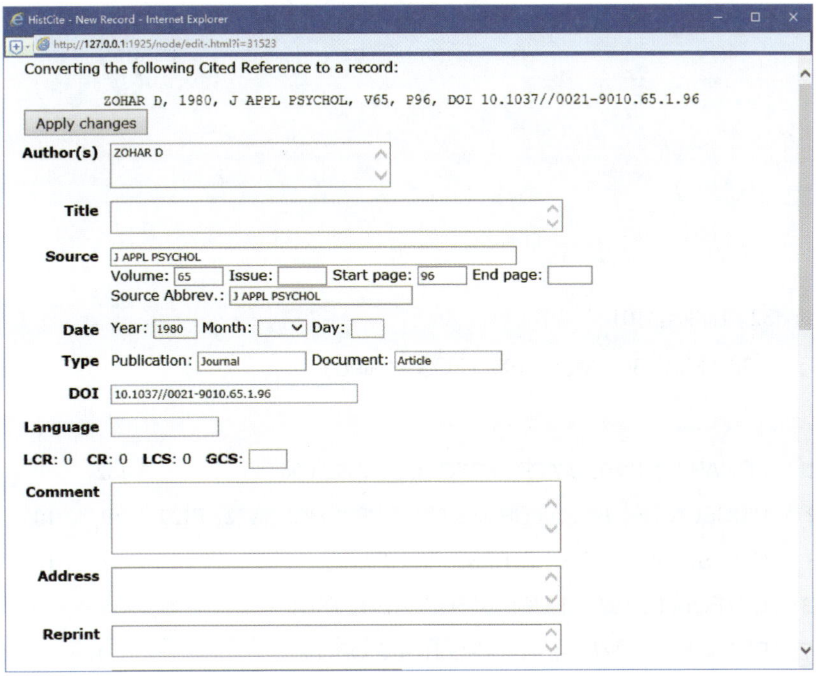

图 8.268　添加选择的文献

安全氛围的论文被增加到了网络中（图 8. 269）。通过这种处理，可以有效地补充我们所分析的对象文献，完整地绘制出一个领域的演进路径。

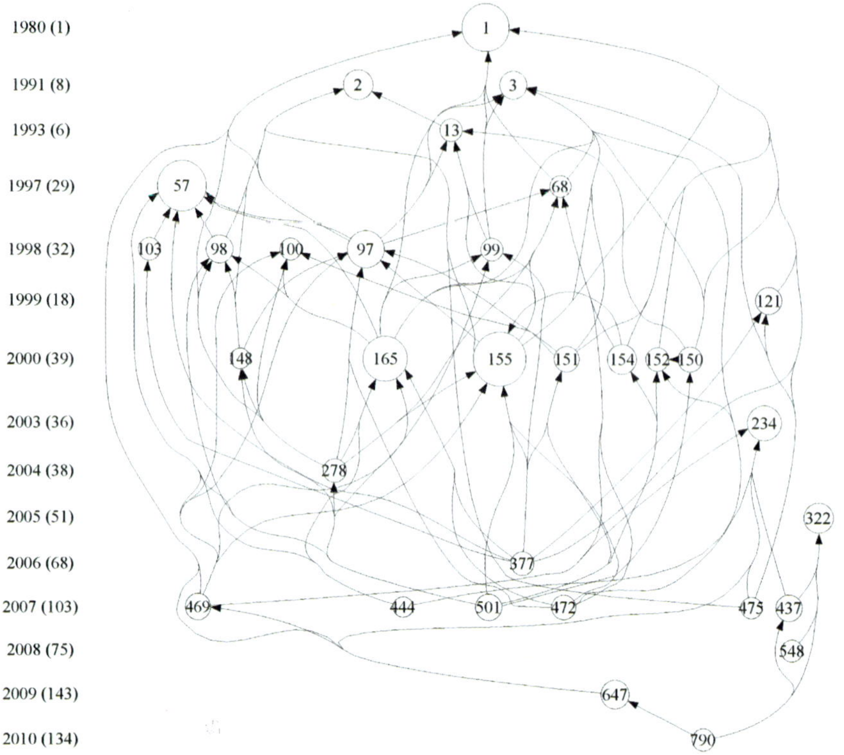

图 8. 269　补充文献后的引证网络

Nodes：32，Links：101

LCS ＞＝ 30；Min：30，Max：193（LCS scaled）

序号	编号	文献	LCS	GCS
1.	1	ZOHAR D，1980，J APPL PSYCHOL，V65，P96	152	
2.	2	PIDGEON NF，1991，J CROSS CULT PSYCHOL，V22，P129	59	106
3.	3	COX S，1991，WORK STRESS，V5，P93	52	128
4.	13	OSTROM L，1993，NUCL SAFETY，V34，P163	35	63
5.	57	REASON J，1997，MANAGING RISKS ORG A	174	
6.	68	Williamson AM，1997，SAFETY SCI，V25，P15	34	112
7.	97	Cox S，1998，WORK STRESS，V12，P189	90	167

8.	98	Pidgeon N, 1998, WORK STRESS, V12, P202	53	88
9.	99	Lee T, 1998, WORK STRESS, V12, P217	36	59
10.	100	Mearns K, 1998, WORK STRESS, V12, P238	32	103
11.	103	Reason J, 1998, WORK STRESS, V12, P293	37	97
12.	121	Clarke S, 1999, J ORGAN BEHAV, V20, P185	48	94
13.	148	Pidgeon N, 2000, SAFETY SCI, V34, P15	31	115
14.	150	Lee T, 2000, SAFETY SCI, V34, P61	43	87
15.	151	Cox SJ, 2000, SAFETY SCI, V34, P111	47	108
16.	152	Grote G, 2000, SAFETY SCI, V34, P131	39	73
17.	154	Glendon AI, 2000, SAFETY SCI, V34, P193	62	109
18.	155	Guldenmund FW, 2000, SAFETY SCI, V34, P215	193	410
19.	165	Cooper MD, 2000, SAFETY SCI, V36, P111	138	207
20.	234	Singer SJ, 2003, QUAL SAF HEALTH CARE, V12, P112	82	162
21.	278	Richter A, 2004, SAFETY SCI, V42, P703	40	56
22.	322	Pronovost P, 2005, QUAL SAF HEALTH CARE, V14, P231	62	110
23.	377	Parker D, 2006, SAFETY SCI, V44, P551	38	63
24.	437	Huang DT, 2007, CRIT CARE MED, V35, P165	49	87
25.	444	Vogus TJ, 2007, MED CARE, V45, P46	30	87
26.	469	Flin R, 2007, SAFETY SCI, V45, P653	48	74
27.	472	Guldenmund FW, 2007, SAFETY SCI, V45, P723	41	86
28.	475	Kirk S, 2007, QUAL SAF HEALTH CARE, V16, P313	32	50
29.	501	Choudhry RA, 2007, SAFETY SCI, V45, P993	49	81
30.	548	Pronovost PJ, 2008, J CRIT CARE, V23, P207	32	123
31.	647	Singer S, 2009, HEALTH SERV RES, V44, P399	56	108
32.	790	Huang DT, 2010, INT J QUAL HEALTH C, V22, P151	37	72

关于 HistCite 的实践研究，读者可以参考下面几篇典型的论文：

［1］ Garfield E. Historiographic Mapping of Knowledge Domains Literature ［J］. Journal of Information Science, 2004, 30（2）：119－145.

［2］ Bornmann L, Marx W. HistCite analysis of papers constituting the h, index research front ［J］. Journal of Informetrics, 2012, 6（2）：285－288.

［3］ Garfield E. From the science of science to Scientometrics visualizing the history of science with HistCite, software [J]. Journal of Informetrics, 2009, 3 (3): 173 - 179.

[4] Wears R L. Rasmussen number greater than one [J]. Applied Ergonomics, 2017, 59: 592 - 597.

[5] Olczyk M. A systematic retrieval of international competitiveness literature: a bibliometric study [J]. Eurasian Economic Review, 2016, 6 (3): 1 - 29.

8.12 CR Explorer 被引文献探索分析

8.12.1 CR Explorer 简介和安装

CR Explorer（全称 Cited References Explorer）❶，科学计量学界知名学者共同设计和开发的引文出版年谱分析（Reference Publication Year Spectroscopy 简称 RPYS）软件。该方法由 Werner Marx 最早提出，并首先在气象学（Meteorology）领域进行了应用❷。软件由莱比锡德国电信应用技术大学 Andreas Thor 基于 Java 开发，内容和原理设计由 Lutz Bornmann 和 Werner Marx 提供，并由 Robin Haunschild、Loet Leydesdorff 以及 Rüdiger Mutz 提供支持。CR Explorer 是一种全新视角的文献分析软件，它从来自 Web of Science（Clarivate Analytics）和 Scopus（Elsevier）施引文献所参考文献的列表中提取被引文献的时间，来勾勒时间谱，可以有效识别有影响力的文献及其整个学科发展历史的脉络。当前软件已经从 2016 年的 1.6.7，发展到 2017 年 6 月的 1.7.7 。

登录 CR Explorer 主页（图 8.270），在 Run & Download 点击链接 download a runnable JAR file 下载软件，得到一个名称为 Cited References Explorer Full. jar 的文件。

双击下载的 Cited References Explorer Full. jar 即可打开软件，如图 8.271。

❶ Cited References Explorer. http://andreas-thor.github.io/cre/#

❷ Which Old Papers Have Been Cited Most In Meteorology. https://www.rmets.org/sites/default/files/hisnews1003.pdf

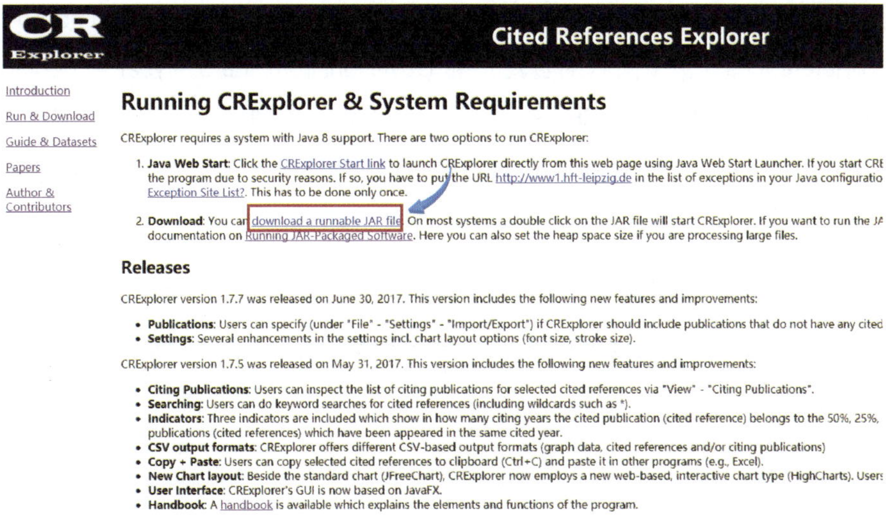

图 8. 270　下载主页

界面除了包含菜单栏之外，主要还包括左侧的用于显示可视化的界面和右侧的用于显示数据列表的界面。界面底部显示了数据的概况，包括参考文献的数量（the number of CRs）、聚类的数量（the number of clusters）、参考文献年份的时间范围（the range of RPYs）和施引文献的时间范围（the range of PYs）。

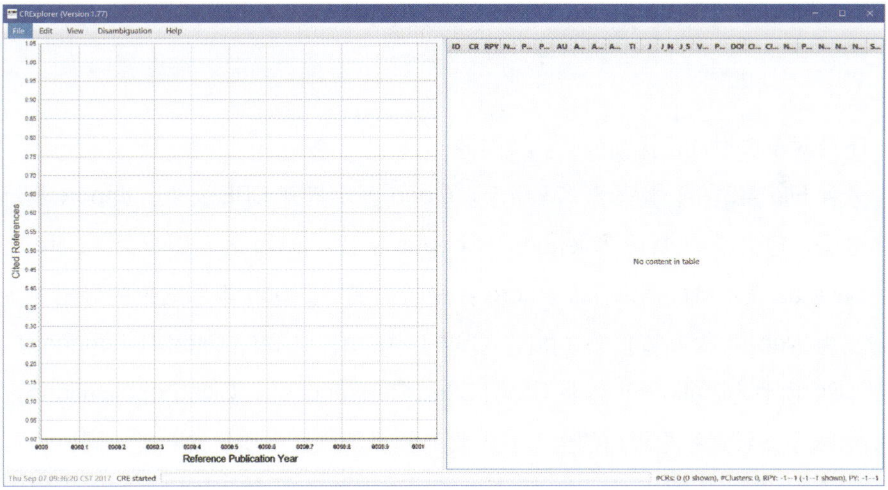

图 8. 271　CR Explorer 主界面

CR Explorer 数据导入后可视化和列表界面出现了相关信息，软件以曲线的形式对参考文献的时间进行展示（图 8. 272）。曲线的 x 坐标轴表示文献的出版年份，y 表示某一年份被引参考文献数据集的引证累积总量。曲线包含 Number of Cited References（被引文献的数量）和 Deviation from the 5 - year - median（中位数偏差），偏差是基于 RPY 的前一年、前两年、该 RPY、后一年、后两年，即（$n-2, n-1, n, n+1, n+2$），其中 t 为该 RPY 的总被引频次的平均数计算，若该 RPY 的参考文献总被引频次高于 5 年平均值，则偏差大于 0，否则小于 0。

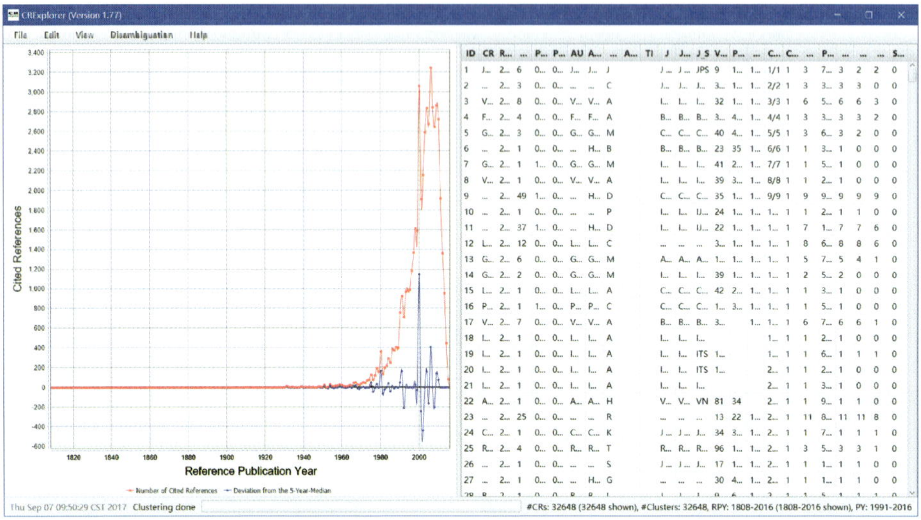

图 8.272　可视化界面

下面对菜单栏进行详细说明。

软件 File 菜单栏，如图 8.273 所示。Open 表示打开 CRE 文件；Import 表示导入数据，包含了 Web of Science 和 Scopus 格式；Save 表示保存为 *.cre 格式；Save as 表示将数据保存为 *.cre 并进行命名；Export 表示结果的导出，可以导出为 Web of Science、Scopus、CSV（Graph）、CSV（Cited References）、CSV（Citing publications）以及 CSV（Cited References + Citing publications）；Setting 表示来设置结果界面的信息，设置右侧列表栏显示项目的数量。同时也可以设置可视化曲线的形式，包含 JFreeChart（默认）和 High Charts（如图 8.274）；Exit 为退出软件。

Edit 编辑菜单栏，如图 8.275 所示。包含的文献移除功能有：Remove Selected Cited Reference，表示删除选定的参考文献；Remove Cited Reference

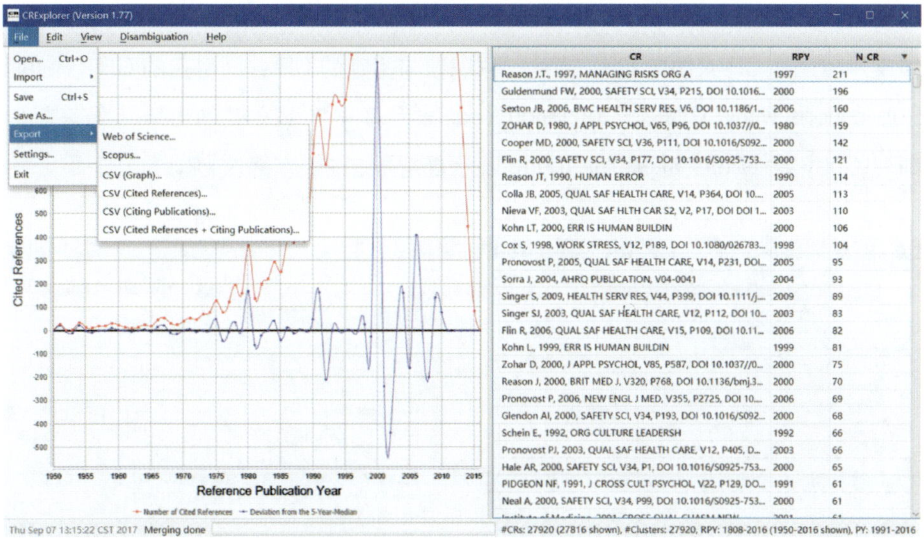

图 8. 273　File 菜单栏

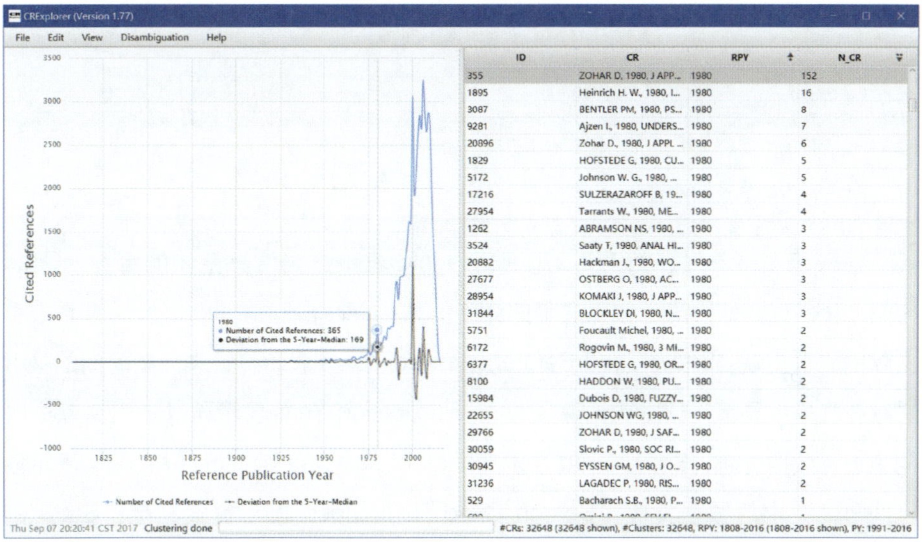

图 8. 274　High Charts 可视化

w/o year，表示删除没有发表时间的参考文献；Remove by Reference Publication Year，表示删除特定时间段的数据；Remove by number of Cited references，表示通过被引频次来删除数据，Remove by percent in year 表示可以通过 PERC_ YR 列来删除数据；Retain Cited references by ID 表示通过 ID 保

留引用的文献；Retain publications citing Selected Cited references❶ 表示基于表中用户标记的 CR 来限制 CR。因此，只保留与指定的 CR 共同引用的 CR；Retain Publications within Citing Publication Year 表示基于施引文献的出版年份来限制 CR；Copy Selected Cited reference 表示复制所选中的参考文献。

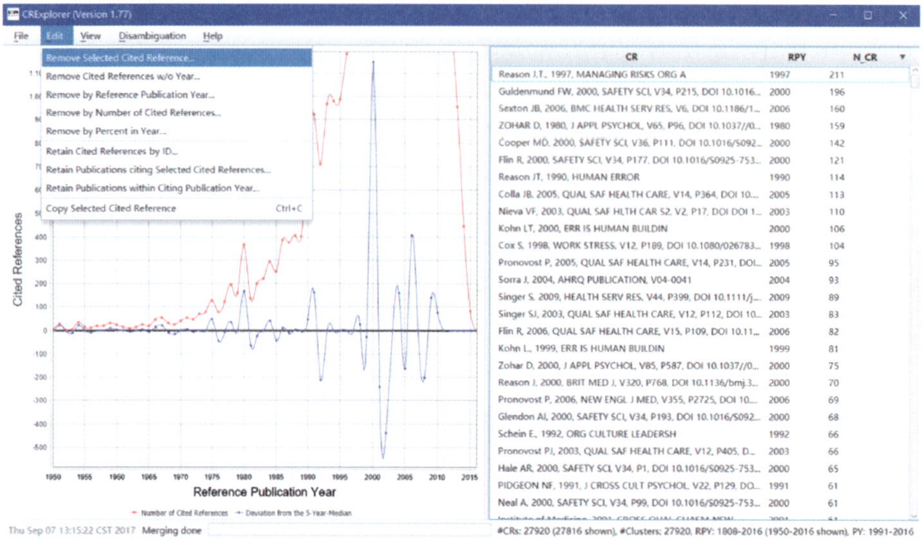

图 8.275　Edit 菜单栏

View 查看菜单栏，如图 8.276 所示。Info 表示数据信息整体的查看；Cited Reference（detail）表示被引文献的详细信息；Citing Publications 表示查看被引文献的施引文献；Show Cited References w/o Years 表示将缺失文献时间的被引文献在表格中显示；Filter by Reference Publication Year 表示通过被引文献的时间来进行数据过滤；Show Cited References of selected cluster（s）only 表示显示同一聚类中的被引文献；Search Cited References 表示检索文献；Show all Cited References（currently X of Y）显示所有被引文献；Reset Chart 表示重新布局曲线，恢复到原始状态。

Disambiguation 为消歧菜单，如图 8.277 所示。Cluster equivalent Cited

---

❶ Marx W, Thor A, Thor A, et al. Which early works are cited most frequently in climate change research literature? A bibliometric approach based on Reference Publication Year Spectroscopy [J]. Scientometrics, 2017, 110 (1): 335-353.

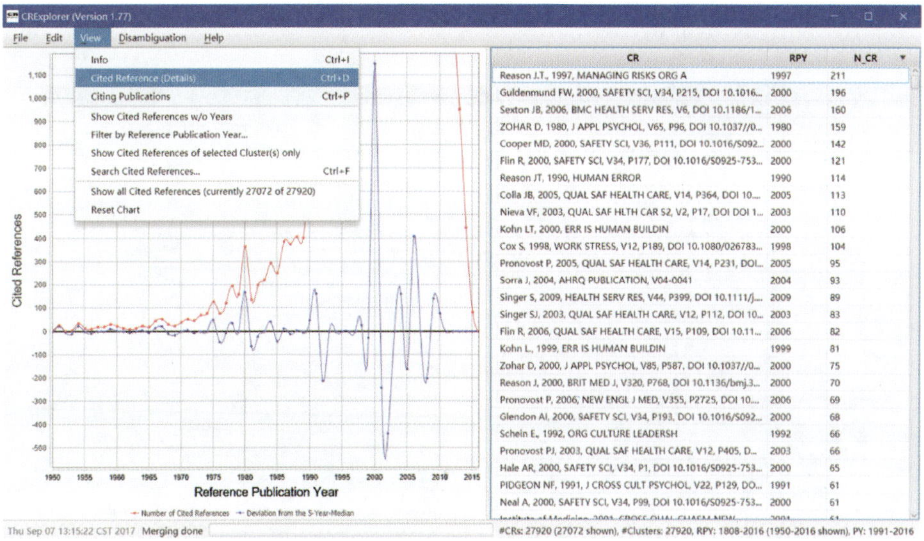

图 8. 276 View 菜单栏

References 表示相似参考文献的聚类，CR Explorer 中使用莱文斯坦距离来识别相同的参考文献；Merge clustered Cited References 表示合并识别的相同参考文献。

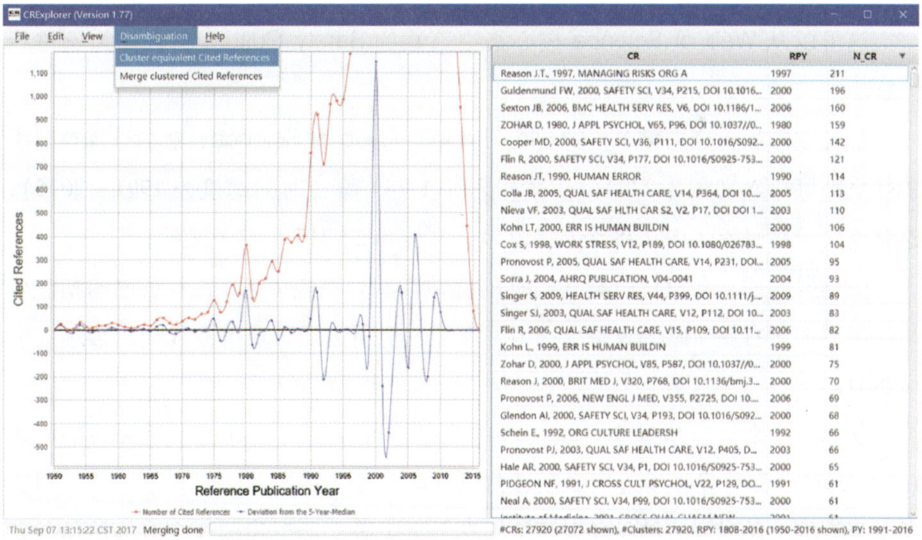

图 8. 277 Disambiguation 菜单

help 帮助菜单，如图 8.278 所示。Online Manual 可以获取在线 PDF 版的软件操作指南，About 显示软件的开发者，设计者等作者和联系方式。

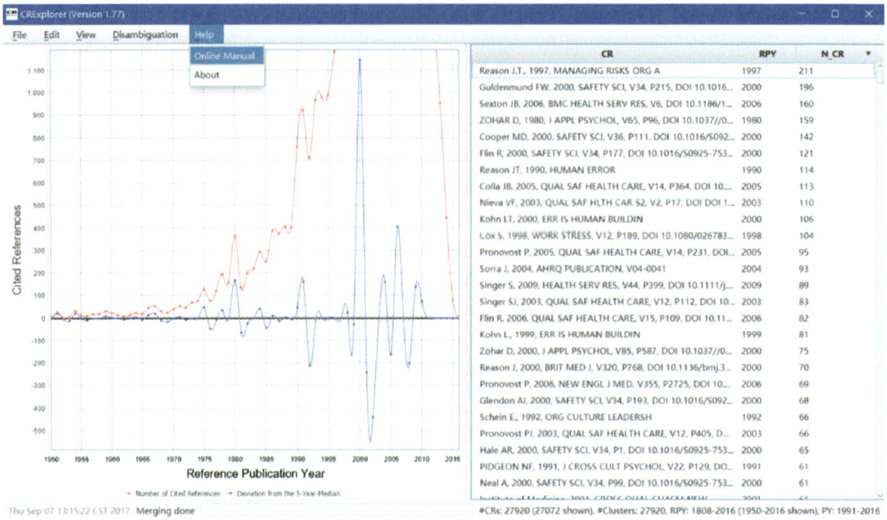

图 8.278　Help 菜单

8.12.2　CR Explorer 数据分析

这里以从 Web of Science 核心集中下载的 Safety Culture 的数据为例进行分析。

打开软件后，点击菜单栏的 File→Import→Web of Science，然后选择待分析的数据即可导入（图 8.279）。一共导入了 1 789 篇（时间跨度为 1991－2016），这些论文一共引用了 32 648 个参考文献，共显示 22 215 个参考文献。

数据导入后，会提示所导入数据的整体情况，点击 ok 后进入数据的初步分析结果界面。右侧文献列表则详细地呈现了左侧所选定区域的曲线文献信息（图 8.280）。

例如为了专门分析某个区域曲线的信息，可以使用鼠标选中所关注的区域（图 8.281），即可呈现所选定的区域曲线并得到相应的文献列表。例如，这里选定了早期的一段时间，结果呈现了关于安全文化研究所引用的这个时间段所发表的核心文献（图 8.282）。排在第一位的就是 ZOHAR D 于 1980 年在《应用心理学》上发表的关于安全氛围的经典论文 Safety climate in industrial organizations:

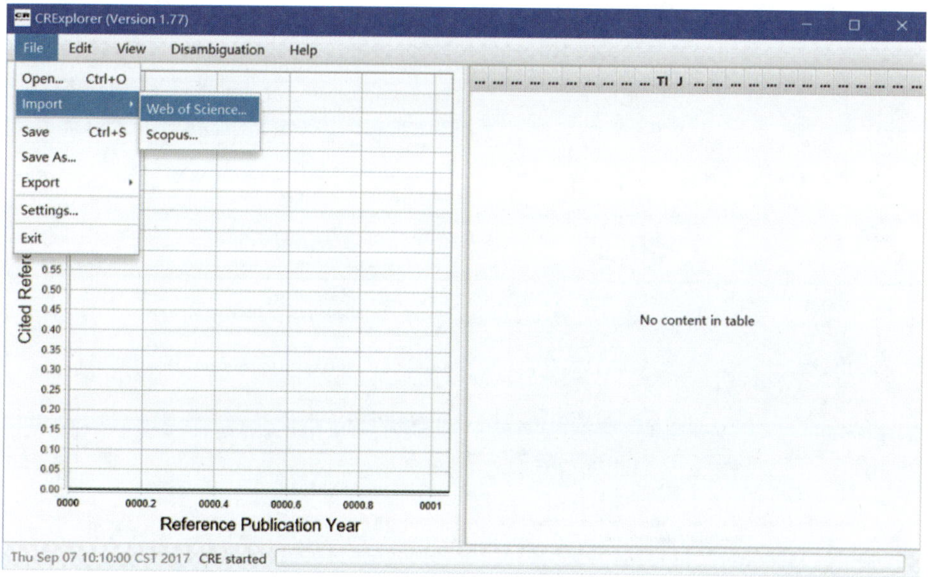

图 8. 279　数据的导入

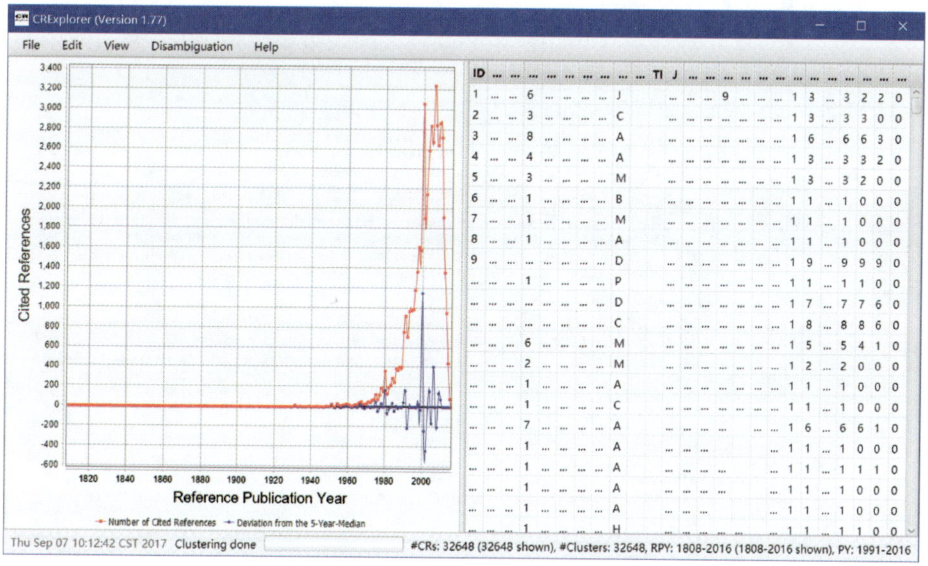

图 8. 280　分析结果界面

Theoretical and applied implications。

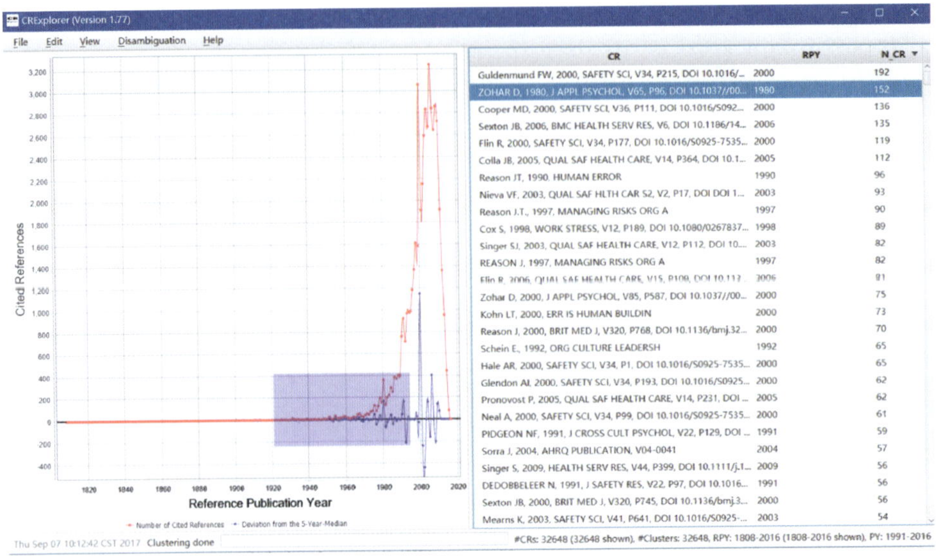

图 8.281　特定区域文献曲线的考察

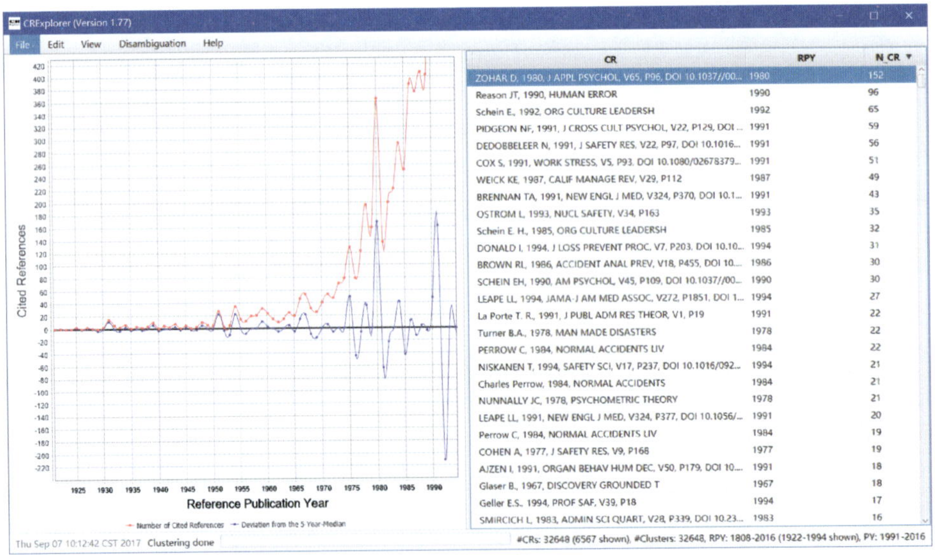

图 8.282　特定区域文献谱线和详细列表

进一步对曲线进行局部放大，得到近期参考的关于安全文化研究的核心文献曲线与列表如图 8.283 所示。

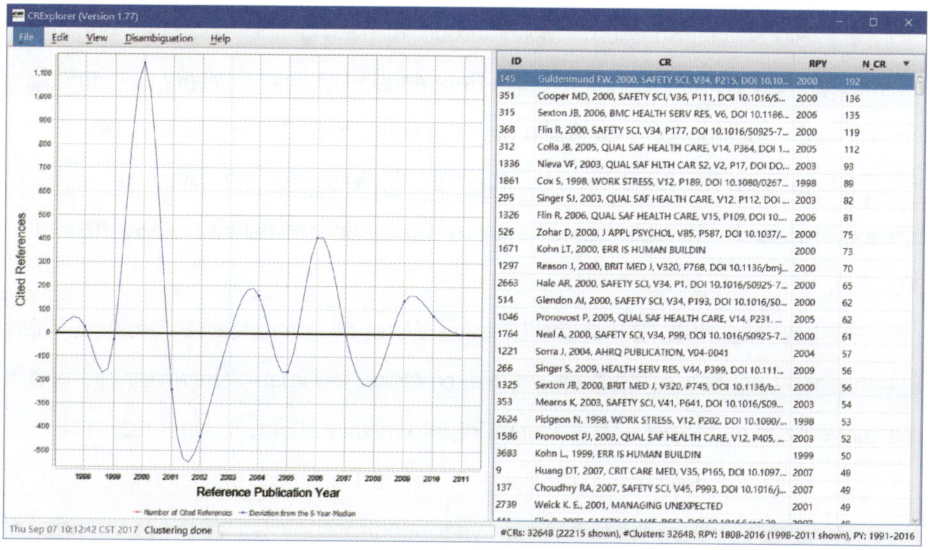

图 8.283　近期引用高影响文献的曲线

对近期曲线的峰值识别得到了 2000 年的一组高被引文献 Guldenmund FW❶，Cooper MD❷ 以及 Flin R❸；识别的 2005 年的高被引文献为 Colla JB❹，2006 年识别得到的文献为 Sexton JB❺。识别的其他高被引论文位于可视化界面右侧。CR Explore 就是通过对得到曲线峰值的分析，来认识一个领域发展的历程的。

CR Explore 还提供了大量的数据处理功能。例如可以通过莱文斯坦距离来识别相同文献，可以对文献进行聚类、删除和编辑文献等功能，用户在实际的分析过程中需要采取这些功能，以提高分析的准确度。

此外，具有相似功能的软件还有 Loet 开发的 Referenced Publication Years

---

❶ Guldenmund F W. The nature of safety culture：A review of theory and research ［J］. Safety Science，2000，34（1）：215－257.

❷ Cooper P D. Towards a model of safety culture ［J］. Safety Science，2000，36（2）：111－136.

❸ Flin R，Mearns K，O'Connor P，et al. Measuring safety climate：identifying the common features ［J］. Safety Science，2000，34（1）：177－192.

❹ Colla J B，Bracken A C，Kinney L M，et al. Measuring patient safety climate：a review of surveys. ［J］. BMJ Quality & Safety，2005，14（5）：364－366.

❺ Sexton J B，Helmreich R L，Neilands T B，et al. The Safety Attitudes Questionnaire：psychometric properties，benchmarking data，and emerging research ［J］. Bmc Health Services Research，2006，6（1）：1－10.

Spectroscopy（RPYS）❶ 和 Mutli－RPYS❷，用户在实践过程中可以比较使用。

关于 CR Explore 的实践研究，读者可以参考下面几篇典型的论文：

［1］ Ali Akbar Khasseh，Mokhtarpour R. Tracing the historical origins of knowledge management issues through Referenced Publication Years Spectroscopy（RPYS）［J］. Journal of Knowledge Management，2016，20（6）：1393－1404.

［2］ Elango B，Bornmann L，Kannan G. Detecting the historical roots of tribology research：a bibliometric analysis［J］. Scientometrics，2016，107（1）：305－313.

［3］ Leydesdorff L，Bornmann L，Marx W，et al. Referenced Publication Years Spectroscopy applied to iMetrics：Scientometrics，Journal of Informetrics，and a relevant subset of JASIST［J］. Journal of Informetrics，2014，8（1）：162－174.

［4］ Marx W，Bornmann L，Barth A，et al. Detecting the historical roots of research fields by reference publication year spectroscopy（RPYS）［J］. Journal of the Association for Information Science & Technology，2014，65（4）：751－764.

［5］ Marx W，Bornmann L. Tracing the origin of a scientific legend by reference publication year spectroscopy（RPYS）：the legend of the Darwin finches［J］. Scientometrics，2014，99（3）：839－844.

［6］ Bornmann L，Haunschild R，Leydesdorff L. Reference Publication Year Spectroscopy（RPYS）of Eugene Garfield's publications［J］. 2017.

补充资料

通过 CR Explore 将 Scopus 转换为 Web of Science 数据。

当前大多数的分析工具主要还是以 Web of Science 为标准数据，能够很好地分析从 Web of Science 采集的数据。为了分析来自其他数据源的数据，往往需要进行转换。在 CR Explore 提供了数据的导入和导出功能。我们可以借助这个功能将从 Scopus 下载的 csv 格式的数据转换成 Web of science 数据，然后导入

❶ Referenced Publication Years Spectroscopy（RPYS）. http：//www. leydesdorff. net/software/rpys/

❷ Mutli－RPYS References. http：//comins. leydesdorff. net/about. html

HistCite，CiteSpace 以及 BibExcel 等软件中进行分析。

例如，从 Scopus 中检索和下载了关于 Safety Culture（2010－2016）的文献（Article 和 Review）。打开 CR Explore 后，在菜单栏中点击 File→Import→Scopus，导入所下载的 CSV 格式数据（图 8.284）。然后，选择菜单的 File→Export→Web of Science 来导出数据（图 8.285）。

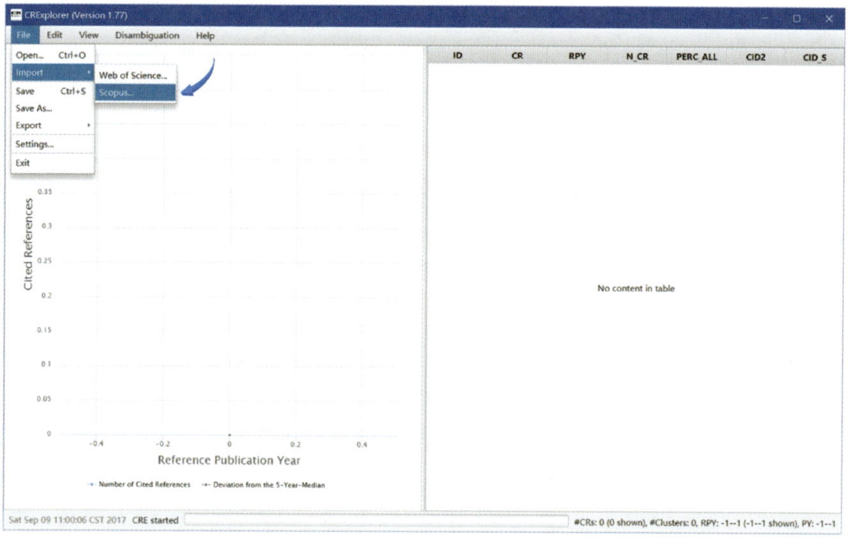

图 8.284　Scopus 数据的导入

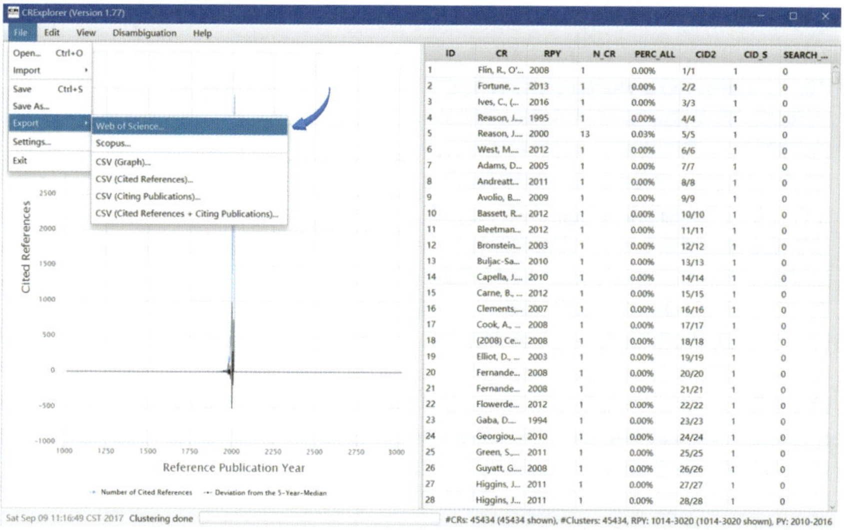

图 8.285　Scopus 数据导出为 Web of Science

图 8.286 为通过 CR Explore 转换 Scopus 后得到的 Web of Science 格式的数据。CR Explore 中还提供了相似文献的识别和分析功能，在导出数据之前可以先通过 CR Explore 进行数据消歧，然后再导出为 Web of Science 格式。

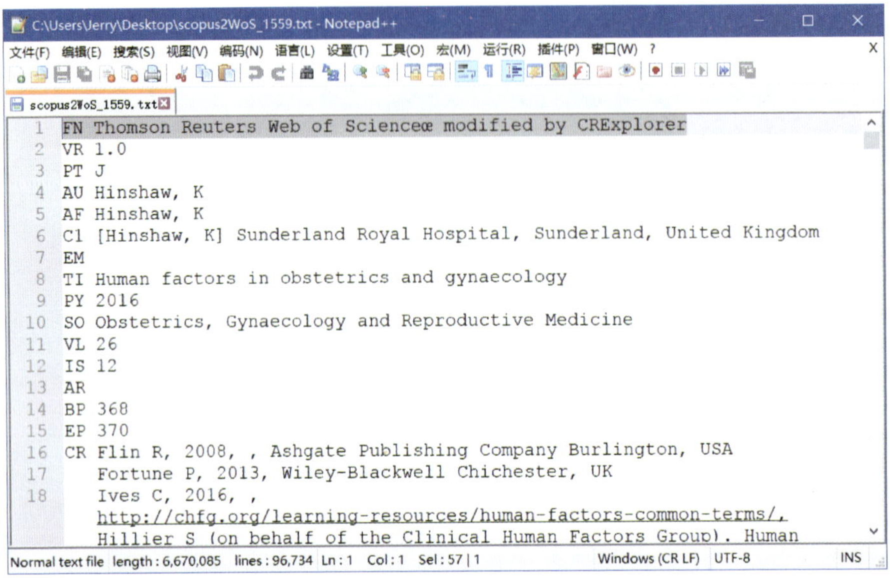
C:\Users\Jerry\Desktop\scopus2WoS_1559.txt - Notepad++
文件(F) 编辑(E) 搜索(S) 视图(V) 编码(N) 语言(L) 设置(T) 工具(O) 宏(M) 运行(R) 插件(P) 窗口(W) ?
scopus2WoS_1559.txt
FN Thomson Reuters Web of Scienceæ modified by CRExplorer
VR 1.0
PT J
AU Hinshaw, K
AF Hinshaw, K
C1 [Hinshaw, K] Sunderland Royal Hospital, Sunderland, United Kingdom
EM
TI Human factors in obstetrics and gynaecology
PY 2016
SO Obstetrics, Gynaecology and Reproductive Medicine
VL 26
IS 12
AR
BP 368
EP 370
CR Flin R, 2008, , Ashgate Publishing Company Burlington, USA
Fortune P, 2013, Wiley-Blackwell Chichester, UK
Ives C, 2016, ,
http://chfg.org/learning-resources/human-factors-common-terms/,
Hillier S (on behalf of the Clinical Human Factors Group). Human
Normal text file length : 6,670,085 lines : 96,734 Ln : 1 Col : 1 Sel : 57 | 1 Windows (CR LF) UTF-8 INS

图 8.286 转换后的数据

8.13 Metaknowledge 元知识分析

8.13.1 Metaknowledge 简介和安装

Metaknowledge（主页如图 8.287）[1] 是由来自芝加哥大学（University of Chicago）的 Reid McIlroy - Young，滑铁卢大学（University of Waterloo）的 John McLevey 和 Jillian Anderson 基于 Python3 语言开发的用于进行科学计量、文献计量及知识图谱分析的工具包。该工具包于 2017 年由 Mclevey J 和 Mcilroy -

[1] Metaknowledge – A Python3 package for computational research on knowledge. http://networkslab.org/metaknowledge/

Young R 在《信息计量学》杂志上发表论文，首次为用户介绍了软件的系统性功能和分析的结果❶。当前可供软件分析的数据源有 Web of Science，PubMed，Scopus，Proquest Dissertations & Theses 等论文数据，以及 National Sciece Foundation 等基金数据。该工具包可实现数据的导入与转换、文本分析、文献光谱分析以及网络分析（1 – 模或者多模）等功能。

图 8. 287　Metaknowledge 工具主页

由于 Metaknowledge 是基于 Python 语言开发的，因此在使用该工具包之前需要在电脑上首先安装 Python❷。然后通过以下步骤来安装 Metaknowledge 工具包：通过 win + R 打开命令行输入 cmd，在界面中输入 pip install metaknowledge 安装工具包（图 8. 288）。此外，还需要安装的工具包有 networkx 、matplotlib、pandas、community 等。

8. 13. 2　Metaknowledge 数据分析

（1）数据的导入和描述性统计。安装成功后，打开安装好的 Python IDLE，

---

❶ Mclevey J，Mcilroy – Young R. Introducing metaknowledge ：Software for computational research in information science，network analysis，and science of science ［J］. Journal of Informetrics，2017，11 （1）：176 – 197.

❷ Python is a programming language that lets you work quickly. https：//www. python. org/

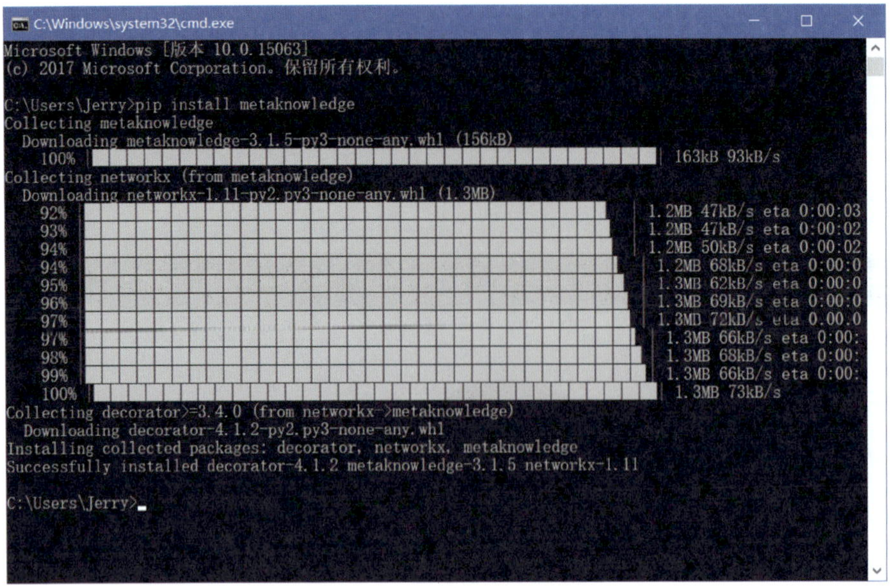
C:\Windows\system32\cmd.exe
Microsoft Windows [版本 10.0.15063]
(c) 2017 Microsoft Corporation。保留所有权利。
C:\Users\Jerry>pip install metaknowledge
Collecting metaknowledge
Downloading metaknowledge-3.1.5-py3-none-any.whl (156kB)
100% | 163kB 93kB/s
Collecting networkx (from metaknowledge)
Downloading networkx-1.11-py2.py3-none-any.whl (1.3MB)
92% 1.2MB 47kB/s eta 0:00:03
93% 1.2MB 47kB/s eta 0:00:02
94% 1.2MB 50kB/s eta 0:00:02
94% 1.2MB 68kB/s eta 0:00:0
95% 1.3MB 62kB/s eta 0:00:0
96% 1.3MB 69kB/s eta 0:00:0
97% 1.3MB 72kB/s eta 0:00:0
97% 1.3MB 66kB/s eta 0:00:
98% 1.3MB 68kB/s eta 0:00:
99% 1.3MB 66kB/s eta 0:00:
100% | 1.3MB 73kB/s
Collecting decorator>=3.4.0 (from networkx->metaknowledge)
Downloading decorator-4.1.2-py2.py3-none-any.whl
Installing collected packages: decorator, networkx, metaknowledge
Successfully installed decorator-4.1.2 metaknowledge-3.1.5 networkx-1.11
C:\Users\Jerry>

图 8.288　安装 Metaknowledge 工具包

然后在界面中输入 import metaknowledge as mk 加载分析工具。其他已经安装的工具包的加载方式类似，例如 import networkx as nx。然后，使用 metaknowledge 提供的导入和统计分析函数进行数据的概况分布分析（图 8.289）。

```
import metaknowledge as mk #加载函数
import matplotlib.pyplot as plt
import seaborn as sns
import networkx as nx
import community
import pandas
RC = mk.RecordCollection ('C: /Users/Jerry/Desktop/example', cached = True) #数据加载
len (RC) #数据总记录显示
RC.writeCSV ('C: /Users/Jerry/Desktop/example/records.csv') #将数据转换为 CSV 格式
print (RC.glimpse ())    #数据整体分布
```

```
Python 3.6.2 Shell
File Edit Shell Debug Options Window Help
>>> import networkx as nx
>>> import pandas
>>> import community
>>> import matplotlib.pyplot as plt
>>> RC = mk.RecordCollection('C:/Users/Jerry/Desktop/example',cached = True) #数据加载
>>> len(RC) #数据总记录显示
1178
>>> RC.writeCSV('C:/Users/Jerry/Desktop/example/records.csv') # 将数据转换为CSV格式
>>> print(RC.glimpse())  #数据整体分布
RecordCollection glimpse made at: 2017-09-12 07:34:06
1178 Records from files-from-C:/Users/Jerry/Desk

Top Authors
1 Thomas, Eric J.
2 Wagner, Cordula
3 Sexton, J. Bryan
3 Pronovost, Peter J.
4 Etchegaray, Jason M.
5 Zwart, Dorien L. M.
5 Verheij, Theo J. M.
5 Reiman, Teemu
5 Rollenhagen, Carl

Top Journals
1 SAFETY SCIENCE
2 BMJ QUALITY & SAFETY
3 BMC HEALTH SERVICES RESEARCH
4 JOURNAL OF PATIENT SAFETY
5 PROCESS SAFETY PROGRESS
6 INTERNATIONAL JOURNAL FOR QUALITY IN HEALTH CARE
7 JOURNAL OF LOSS PREVENTION IN THE PROCESS INDUSTRIES
8 ACCIDENT ANALYSIS AND PREVENTION
9 ABSTRACTS OF PAPERS OF THE AMERICAN CHEMICAL SOCIETY

Top Cited
1 Sexton JB, 2006, BMC HEALTH SERV RES, V6, DOI 10.1186/1472-6963-6-44
2 Guldenmund FW, 2000, SAFETY SCI, V34, P215, DOI 10.1016/S0925-7535(00)00014-X
3 Colla JB, 2005, QUAL SAF HEALTH CARE, V14, P364, DOI 10.1136/qshc.2005.014217
4 Reason J.T., 1997, MANAGING RISKS ORG A
5 Cooper MD, 2000, SAFETY SCI, V36, P111, DOI 10.1016/S0925-7535(00)00035-7
6 Kohn LT, 2000, ERR IS HUMAN BUILDIN
7 Nieva V, 2003, QUAL SAF HLTH CAR S2, V12, p17ii, DOI DOI 10.1136/QHC.12.SUPPL_
8 ZOHAR D, 1980, J APPL PSYCHOL, V65, P96, DOI 10.1037//0021-9010.65.1.96
9 Flin R, 2006, QUAL SAF HEALTH CARE, V15, P109, DOI 10.1136/qshc.2005.014761
>>> |
                                                              Ln: 48  Col: 4
```

图 8. 289　代码及数据描述性统计

（2）作者性别的识别功能。Metaknowledge 中的 gender_ breakdown 可以对作者性别进行识别，以帮助用户对所分析论文作者群体的性别分布进行研究。例如，这里所分析的 Safety Culture（2010－2016）的数据作者的性别分布为男性 1 653人，女性 1 516 人，其中有 1 609 人未被识别（图 8. 290）。

```
RC1016 = RC. yearSplit（2010, 2016）#提取 2010－2016 年的数据
gender_ breakdown = RC1016. genderStats（）#性别识别
gender_ breakdown
```

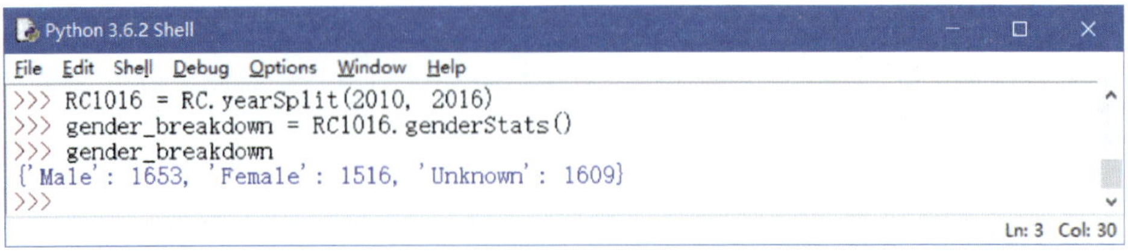
Python 3.6.2 Shell
File Edit Shell Debug Options Window Help
>>> RC1016 = RC.yearSplit(2010, 2016)
>>> gender_breakdown = RC1016.genderStats()
>>> gender_breakdown
{'Male': 1653, 'Female': 1516, 'Unknown': 1609}
>>>
Ln: 3 Col: 30

图 8. 290　作者性别的识别

（3）显示特定的记录并查看。Metaknowledge 中的 selectedVars 可以用来选择所分析的记录及其字段，用于查看和显示特定的记录（图 8. 291）。

```
df = pandas.DataFrame (RC.makeDict ())
selectedVars = df [ [ 'TI', 'num - Authors', 'TC']]
selectedVars [ : 5] #显示前 5 行
```

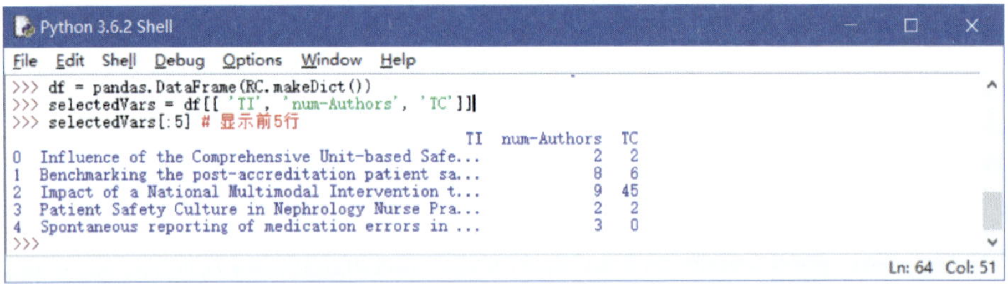
Python 3.6.2 Shell
File Edit Shell Debug Options Window Help
>>> df = pandas.DataFrame(RC.makeDict())
>>> selectedVars = df[['TI', 'num-Authors', 'TC']]
>>> selectedVars[:5] # 显示前5行
TI num-Authors TC
0 Influence of the Comprehensive Unit-based Safe... 2 2
1 Benchmarking the post-accreditation patient sa... 8 6
2 Impact of a National Multimodal Intervention t... 9 45
3 Patient Safety Culture in Nephrology Nurse Pra... 2 2
4 Spontaneous reporting of medication errors in ... 3 0
>>>
Ln: 64 Col: 51

图 8. 291　提取前 5 行数据

（4）高被引论文的提取。selectedVars. sort_ values 可以按照一定的字段信息来对文献信息进行排序，例如这里按照被引频次进行了排序，并对结果进行了展示（图 8. 292）。

```
top_ 40 = selectedVars. sort_ values ( ['TC'], ascending = False) [: 40]
top_ 40. head ()
top_ 40
```

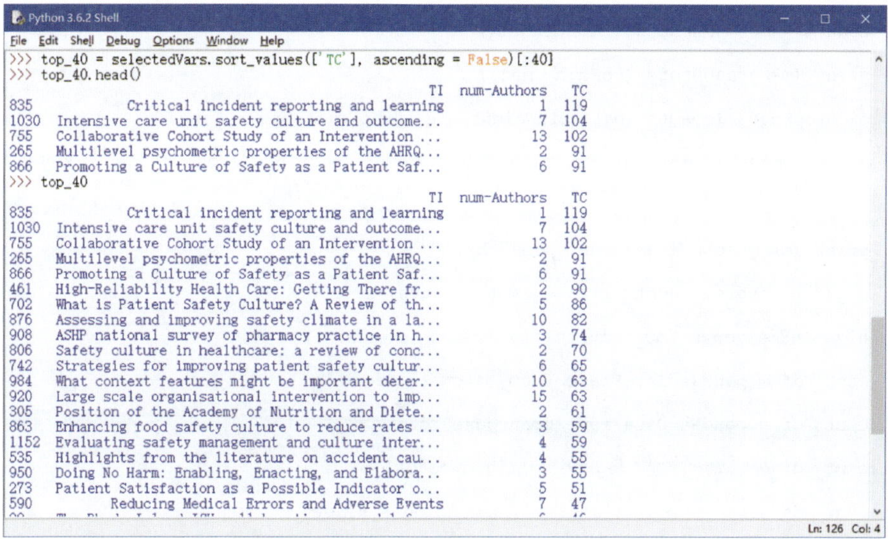

```
Python 3.6.2 Shell
File Edit Shell Debug Options Window Help
>>> top_40 = selectedVars.sort_values(['TC'], ascending = False)[:40]
>>> top_40.head()
                                                  TI  num-Authors   TC
835         Critical incident reporting and learning            1  119
1030  Intensive care unit safety culture and outcome...         7  104
755   Collaborative Cohort Study of an Intervention ...        13  102
265   Multilevel psychometric properties of the AHRQ...         2   91
866   Promoting a Culture of Safety as a Patient Saf...         6   91
>>> top_40
                                                  TI  num-Authors   TC
835         Critical incident reporting and learning            1  119
1030  Intensive care unit safety culture and outcome...         7  104
755   Collaborative Cohort Study of an Intervention ...        13  102
265   Multilevel psychometric properties of the AHRQ...         2   91
866   Promoting a Culture of Safety as a Patient Saf...         6   91
461   High-Reliability Health Care: Getting There fr...         2   90
702   What is Patient Safety Culture? A Review of th...         5   86
876   Assessing and improving safety climate in a la...        10   82
908   ASHP national survey of pharmacy practice in h...         3   74
806   Safety culture in healthcare: a review of conc...         2   70
742   Strategies for improving patient safety cultur...         6   65
984   What context features might be important deter...        10   63
920   Large scale organisational intervention to imp...        15   63
305   Position of the Academy of Nutrition and Diete...         2   61
863   Enhancing food safety culture to reduce rates ...         3   59
1152  Evaluating safety management and culture inter...         4   59
535   Highlights from the literature on accident cau...         4   55
950   Doing No Harm: Enabling, Enacting, and Elabora...         3   55
273   Patient Satisfaction as a Possible Indicator o...         5   51
590        Reducing Medical Errors and Adverse Events           7   47
Ln: 126 Col: 4
```

图 8.292 高被引论文的提取

（5）数据的年度分布。前面所提取的 CSV 数据，可以进一步来提取数据的年度分布信息，进而绘制年度分布，如图 8.293。

```
    growth = pandas.DataFrame (RC.timeSeries ('year', outputFile = 'C: /Users/
Jerry/Desktop/example/records.csv'))
    growth
```

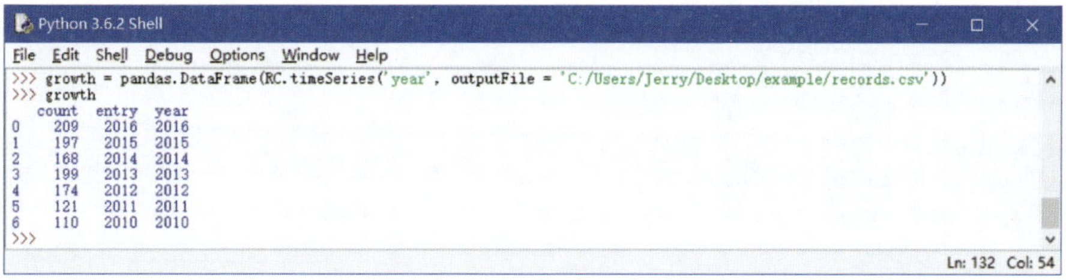

```
Python 3.6.2 Shell
File Edit Shell Debug Options Window Help
>>> growth = pandas.DataFrame(RC.timeSeries('year', outputFile = 'C:/Users/Jerry/Desktop/example/records.csv'))
>>> growth
   count  entry  year
0    209   2016  2016
1    197   2015  2015
2    168   2014  2014
3    199   2013  2013
4    174   2012  2012
5    121   2011  2011
6    110   2010  2010
>>>
Ln: 132 Col: 54
```

图 8.293 数据的时序分布

（6）合作网络的提取和计算。Metaknowledge 中可以通过相关参数来提取各种文献网络，例如这里展示了提取和简化作者的合作网络的分析过程（图 8.294）。

```
coauth_ net = RC. networkCoAuthor ()
print (mk. graphStats (coauth_ net))
mk. dropEdges (coauth_ net, minWeight = 2, dropSelfLoops = True)
giant_ coauth = max (nx. connected_ component_ subgraphs (coauth_ net), key =
len)
print (mk. graphStats (giant_ coauth))
deg = nx. degree_ centrality (giant_ coauth)
eig = nx. eigenvector_ centrality (giant_ coauth)
cent_ df = pandas. DataFrame. from_ dict ( [deg, eig])
cent_ df = pandas. DataFrame. transpose (cent_ df)
cent_ df. columns = ['degree', 'eigenvector']
cent_ df. sort_ values ('degree', ascending = False) [: 10]
```

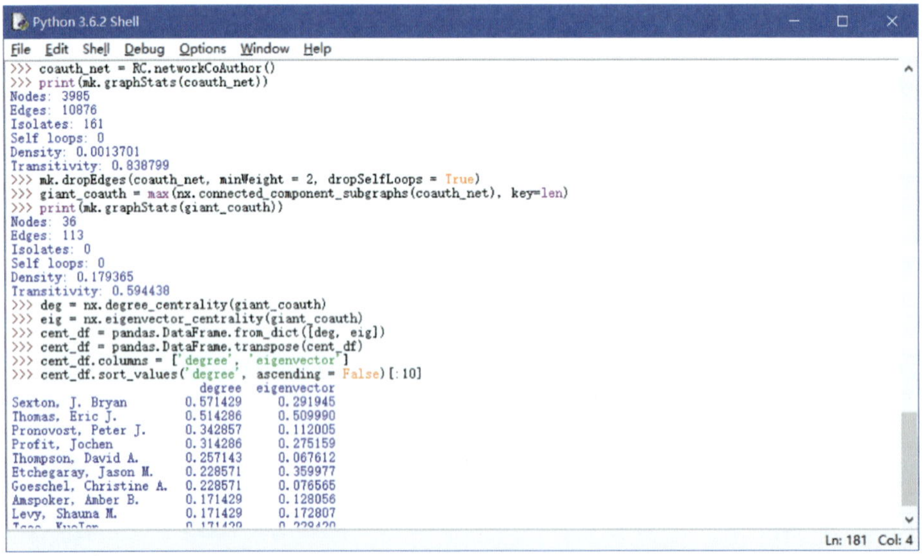
Python 3.6.2 Shell
File Edit Shell Debug Options Window Help
>>> coauth_net = RC.networkCoAuthor()
>>> print(mk.graphStats(coauth_net))
Nodes: 3985
Edges: 10876
Isolates: 161
Self loops: 0
Density: 0.0013701
Transitivity: 0.838799
>>> mk.dropEdges(coauth_net, minWeight = 2, dropSelfLoops = True)
>>> giant_coauth = max(nx.connected_component_subgraphs(coauth_net), key=len)
>>> print(mk.graphStats(giant_coauth))
Nodes: 36
Edges: 113
Isolates: 0
Self loops: 0
Density: 0.179365
Transitivity: 0.594438
>>> deg = nx.degree_centrality(giant_coauth)
>>> eig = nx.eigenvector_centrality(giant_coauth)
>>> cent_df = pandas.DataFrame.from_dict([deg, eig])
>>> cent_df = pandas.DataFrame.transpose(cent_df)
>>> cent_df.columns = ['degree', 'eigenvector']
>>> cent_df.sort_values('degree', ascending = False)[:10]
degree eigenvector
Sexton, J. Bryan 0.571429 0.291945
Thomas, Eric J. 0.514286 0.509990
Pronovost, Peter J. 0.342857 0.112005
Profit, Jochen 0.314286 0.275159
Thompson, David A. 0.257143 0.067612
Etchegaray, Jason M. 0.228571 0.359977
Goeschel, Christine A. 0.228571 0.076565
Amspoker, Amber B. 0.171429 0.128056
Levy, Shauna M. 0.171429 0.172807
Ln: 181 Col: 4

图 8. 294　网络的构建和计算

（7）网络可视化。通过上面的步骤提取得到作者的合作网络信息后，可以进一步使用相关功能对所提取的网络进行可视化分析（图 8. 295）。分析得到的可视化结果可以通过 plt. savefig 保存为 png 或者 pdf 格式到本地文件夹（图 8. 296）。

```
    eig = nx.eigenvector_ centrality (giant_ coauth)
    size = [1000 * eig [node] for node in giant_ coauth]
    nx.draw_ spring (giant_ coauth, node_ size = size, with_ labels = True, font_
size = 5, node_ color = "#FFFFFF", edge_ color = "#D4D5CE", alpha = .95)
    plt.savefig ('C: /Users/Jerry/Desktop/example/network_ coauthors.pdf')
```

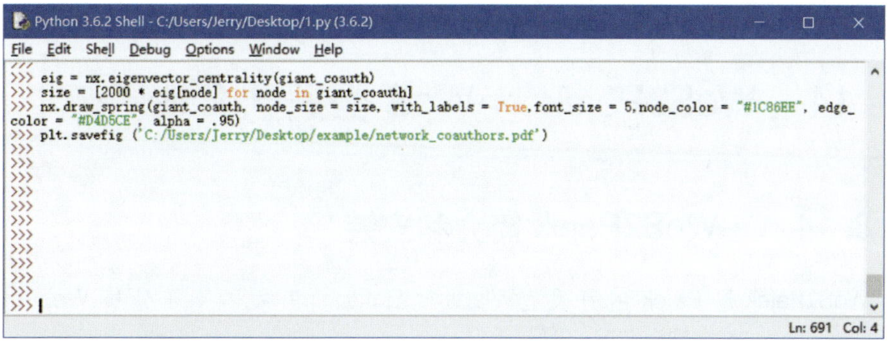

图 8. 295　网络可视化及保存

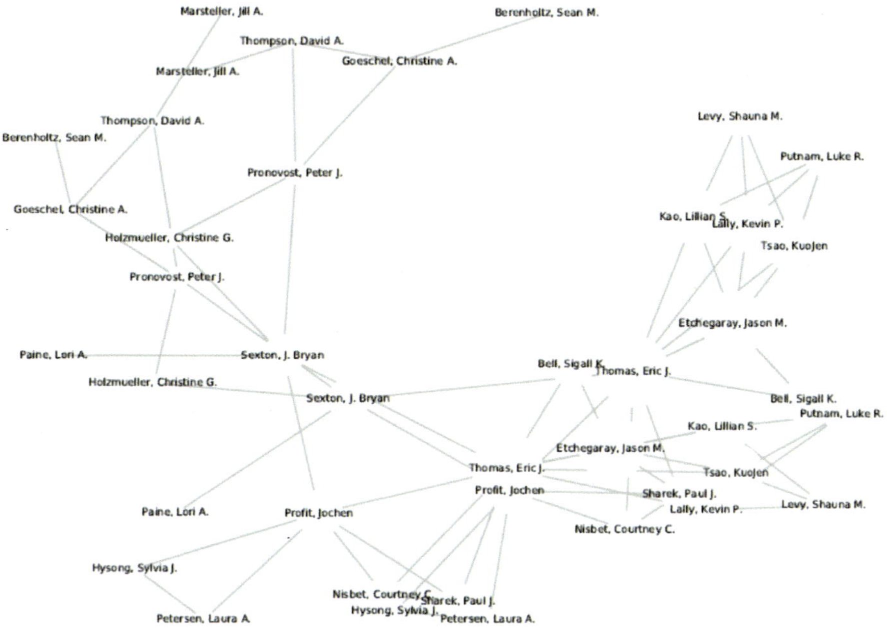

图 8. 296　合作网络的可视化结果

类似地，Sebastian Grauwin[1] 基于 Python 的工具包 BibliTools 3. x[2] 也可以在 Python 环境下进行科学计量和知识图谱分析。

Metaknowledge 的实践应用读者可以参考论文：

Mclevey J，Mcilroy – Young R. Introducingmetaknowledge：Software for computational research in information science，network analysis，and science of science［J］. Journal of Informetrics，2017，11（1）：176 – 197.

8. 14 WoS2Pajek 从 WoS 数据到 Pajek 文件

8. 14. 1 WoS2Pajek 简介和安装

WoS2Pajek 是 Pajek 的开发者 Vladimir Batagelj 开发的用于分析 Web of Science 科技文献数据的科学知识网络软件。该软件第一版在 2007 年 6 月向外发布，先后经历了 WoS2Pajek 0. 1（2007）、WoS2Pajek 0. 7（2009）、WoS2Pajek 0. 9（2011）、WoS2Pajek 1. 0（2011）、WoS2Pajek 1. 1（2013）、WoS2Pajek 1. 2（2013）、WoS2Pajek 1. 4（2016）以及 WoS2Pajek 1. 5（2017）。该软件的基本原理是通过 WoS2Pajek 生成若干网络，然后将产生的网络通过 Pajek 转换成相应知识网络的过程。

为了使用 WoS2Pajek 工具，首先需要在 WoS2Pajek 主页（图 8. 297）[3] 下载并安装 Python、version 2. 7、WoS2Pajek 1. 4 以及 MontyLingua。安装结束后，需要将 MontyLingua 拷贝到 Python27 \ Lib \ site – packages \ montylingua – 2. 1，并设置环境变量 MONTYLINGUA（图 8. 298）。

设置环境变量的步骤为，在桌面上选中“我的电脑”，然后右击选择属性。在系统界面中选择“高级系统设置”，进入系统属性的设置。在系统属性界面中，

[1] Grauwin S. Exploring Social Phenomena with Complex Systems Tools［D］. Lyon École Normale Supérieure，2011.

[2] BiblioTools 2. 2，a set of python scripts I developed for transforming raw bibliographic data as extracted from the Web Of Science into “maps of science” gathering relevant information about millions of articles in a single picture. http：//www. sebastian – grauwin. com/？page_ id = 427

[3] http：//vladowiki. fmf. uni – lj. si/doku. php？id = Pajek：wos2Pajek

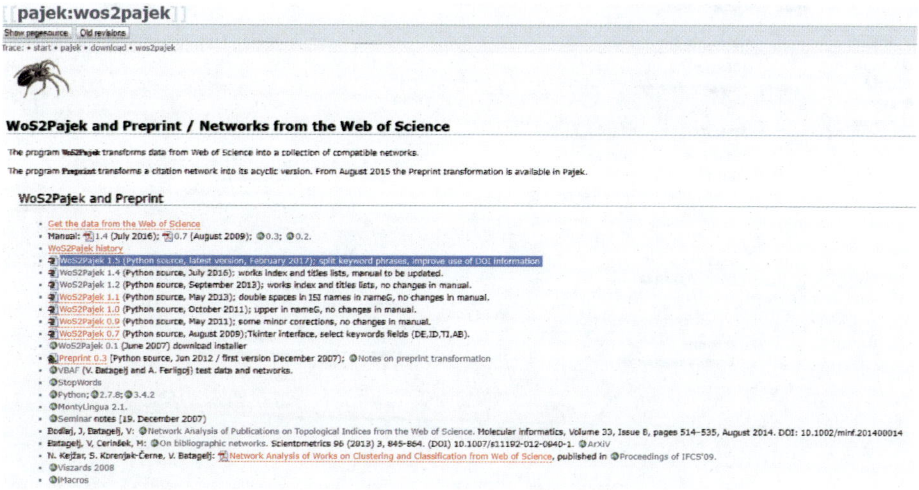
pajek:wos2pajek
Show pagesource
Old revisions
Trace: • start • pajek • download • wos2pajek
WoS2Pajek and Preprint / Networks from the Web of Science
The program WoS2Pajek transforms data from Web of Science into a collection of compatible networks.
The program Preprint transforms a citation network into its acyclic version. From August 2015 the Preprint transformation is available in Pajek.
WoS2Pajek and Preprint
Get the data from the Web of Science
Manual: 1.4 (July 2016); 0.7 (August 2009); 0.3; 0.2.
WoS2Pajek history
WoS2Pajek 1.5 (Python source, latest version, February 2017); split keyword phrases, improve use of DOI information
WoS2Pajek 1.4 (Python source, July 2016); works index and titles lists, manual to be updated.
WoS2Pajek 1.2 (Python source, September 2013); works index and titles lists, no changes in manual.
WoS2Pajek 1.1 (Python source, May 2013); double spaces in 151 names in nameG, no changes in manual.
WoS2Pajek 1.0 (Python source, October 2011); upper in nameG, no changes in manual.
WoS2Pajek 0.9 (Python source, May 2011); some minor corrections, no changes in manual.
WoS2Pajek 0.7 (Python source, August 2009);Tkinter interface, select keywords fields (DE,ID,TI,AB).
WoS2Pajek 0.1 (June 2007) download installer
Preprint 0.3 (Python source, Jun 2012 / first version December 2007); Notes on preprint transformation
VBAF (V. Batagelj and A. Ferligoj) test data and networks.
StopWords
Python; 2.7.8; 3.4.2
MontyLingua 2.1.
Seminar notes (19. December 2007)
Bodlaj, J, Batagelj, V: Network Analysis of Publications on Topological Indices from the Web of Science. Molecular informatics, Volume 33, Issue 8, pages 514-535, August 2014. DOI: 10.1002/minf.201400014
Batagelj, V, Cerinšek, M: On bibliographic networks. Scientometrics 96 (2013) 3, 845-864. (DOI) 10.1007/s11192-012-0940-1. ArXiv
N. Kejžar, S. Korenjak-Černe, V. Batagelj: Network Analysis of Works on Clustering and Classification from Web of Science, published in Proceedings of IFCS'09.
Viszards 2008
iMacros

图 8. 297　WoS2Pajek 下载主页

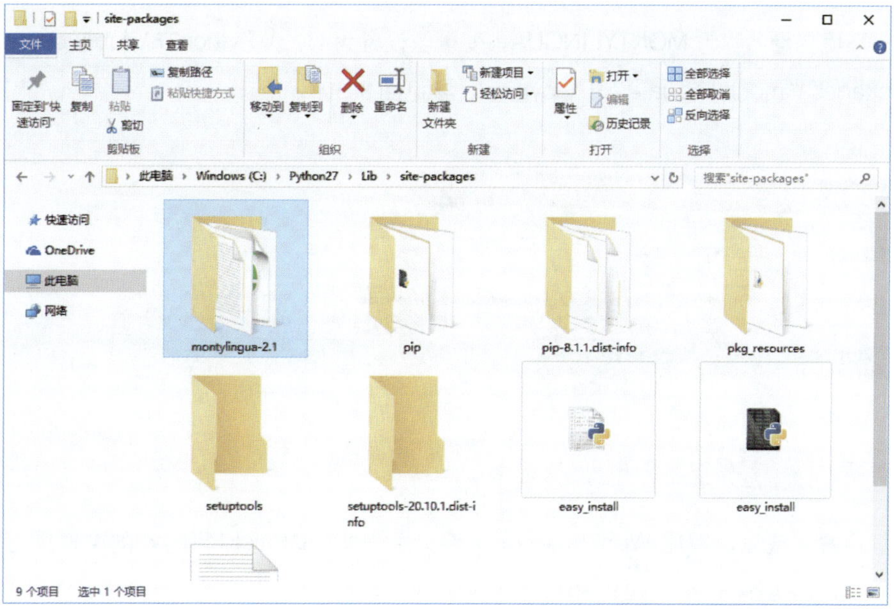
site-packages
文件
主页
共享
查看
固定到"快速访问"
复制
粘贴
复制路径
粘贴快捷方式
剪切
剪贴板
移动到
复制到
删除
重命名
组织
新建文件夹
新建项目
轻松访问
新建
属性
打开
编辑
历史记录
打开
全部选择
全部取消
反向选择
选择
此电脑 › Windows (C:) › Python27 › Lib › site-packages
搜索"site-packages"
快速访问
OneDrive
此电脑
网络
montylingua-2.1
pip
pip-8.1.1.dist-info
pkg_resources
setuptools
setuptools-20.10.1.dist-info
easy_install
easy_install
9 个项目
选中 1 个项目

图 8. 298　MONTYLINGUA 文件位置

选择高级，并点击图中所示的环境变量，进入环境变量的设置界面。点击新建来对环境添加 MONTYLINGUA，参见图 8. 299。

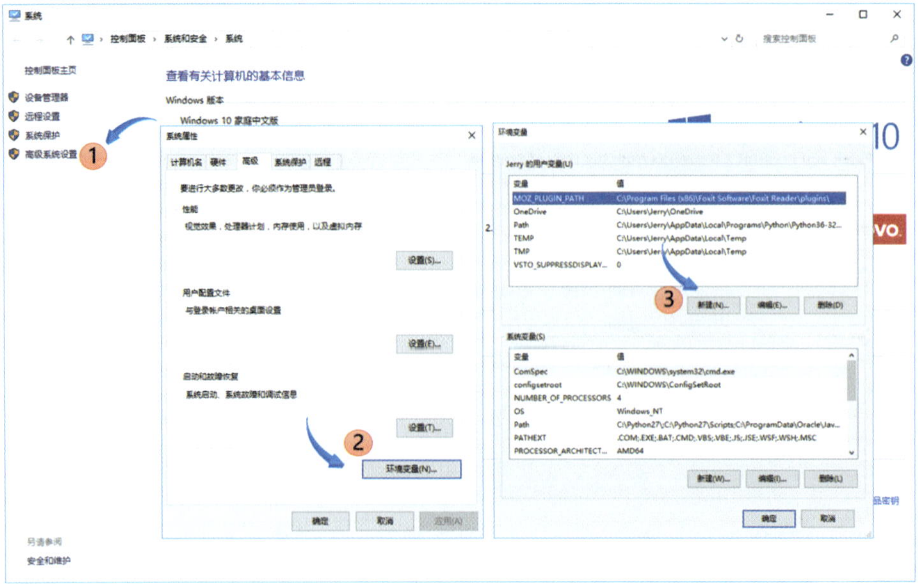

图 8. 299　新建环境变量

环境变量名称为 MONTYLINGUA，变量值设置为 C：\ Python27 \ Lib \ site - packages \ montylingua - 2. 1 \ python，参见图 8. 300。

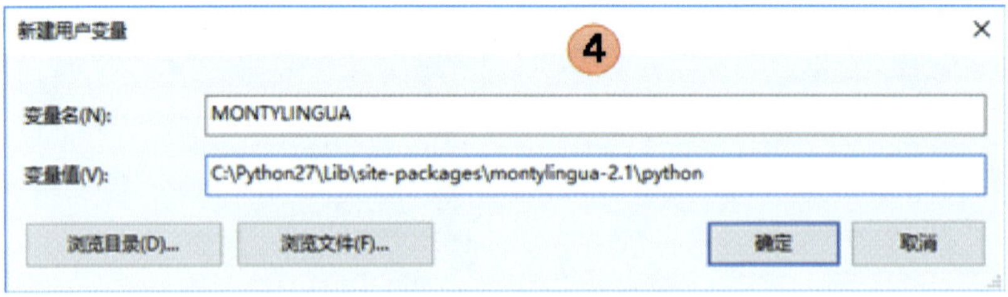

图 8. 300　环境变量的设置

设置完成后，解压 WoS2Pajek15 文件，点击 WoS2Pajek15. pyw 的文件即可打开 WoS2Pajek 软件（图 8. 301）。

8. 14. 2　WoS2Pajek 数据分析

使用 WoS2Pajek 对 WoS 数据进行分析之前需要将多个 txt 文档合并为一个。然后，点击 WoS2Pajek15. py 打开软件（图 8. 302），并在加载数据后点击 RUN。

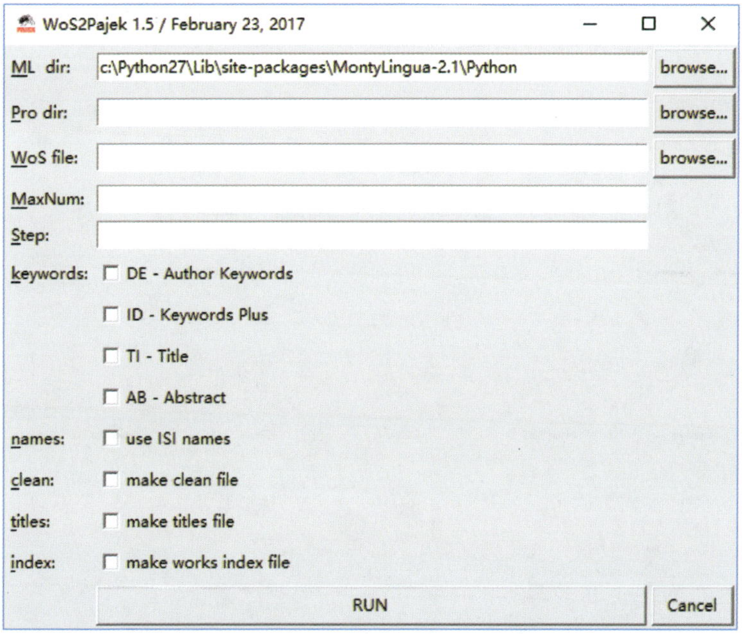

图 8. 301　WoS2Pajek 软件界面

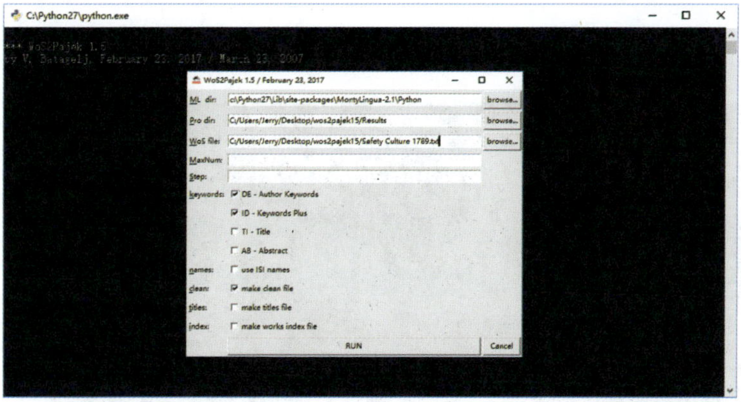

图 8. 302　WoS2Pajek 软件界面

点击 RUN 后，在所加载的 Results 文件中会产生大量的结果文件，这些结果文件可以用于进一步在 Pajek 中转换和提取相关的知识网络（例如，合作网络、耦合网络和共被引网络），参见图 8. 303。此外，在 Python. exe 中显示了数据分析的基本结果（包含 number of works，number of authors，number of journals， number of keywords，number of records）以及对 WoS 的清洗结果 clean. WoS，如图 8. 304。

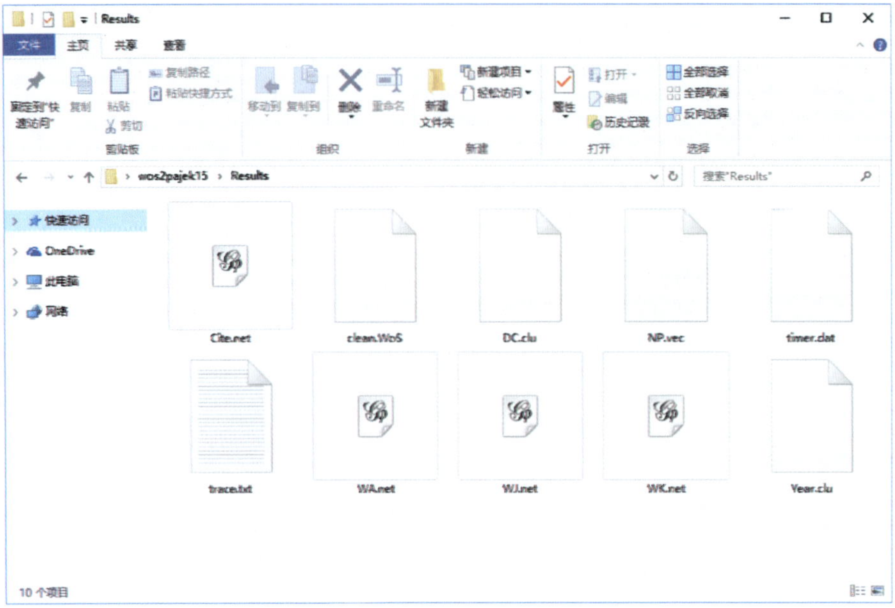
Results
文件
主页
共享
查看
复制路径
粘贴快捷方式
剪切
新建项目
轻松访问
打开
编辑
历史记录
全部选择
全部取消
反向选择
剪贴板
组织
新建
打开
选择
wos2pajek15 › Results
快速访问
OneDrive
此电脑
网络
Cite.net
clean.WoS
DC.clu
NP.vec
timer.dat
trace.txt
WA.net
WJ.net
WK.net
Year.clu
10 个项目

图 8. 303　生成的初步结果文件

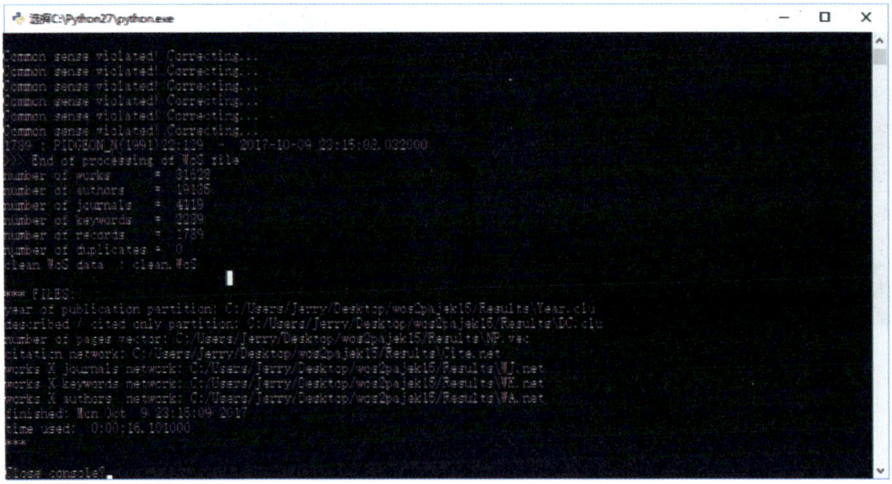
C:\Python27\python.exe
Common sense violated! Correcting...
Common sense violated! Correcting...
Common sense violated! Correcting...
Common sense violated! Correcting...
Common sense violated! Correcting...
Common sense violated! Correcting...
1789 : PIDGEON_N(1991)22:129 - 2017-10-09 23:15:08.032000
>> End of processing of WoS file
number of works = 31628
number of authors = 19135
number of journals = 4119
number of keywords = 2039
number of records = 1789
number of duplicates = 0
clean WoS data : clean.WoS
*** FILES:
year of publication partition: C:/Users/Jerry/Desktop/wos2pajek15/Results\Year.clu
described / cited only partition: C:/Users/Jerry/Desktop/wos2pajek15/Results\DC.clu
number of pages vector: C:/Users/Jerry/Desktop/wos2pajek15/Results\NP.vec
citation network: C:/Users/Jerry/Desktop/wos2pajek15/Results\Cite.net
works X journals network: C:/Users/Jerry/Desktop/wos2pajek15/Results\WJ.net
works X keywords network: C:/Users/Jerry/Desktop/wos2pajek15/Results\WK.net
works X authors network: C:/Users/Jerry/Desktop/wos2pajek15/Results\WA.net
finished: Mon Oct 9 23:15:09 2017
time used: 0:00:16.101000
Close console?

图 8. 304　数据分析整体分布情况

下面以通过 WA（$Co = WA^T * WA$）文件来生成作者合作网络为例进行说明：

打开 Pajek，并读取 WA. net 文件（图 8. 305）。

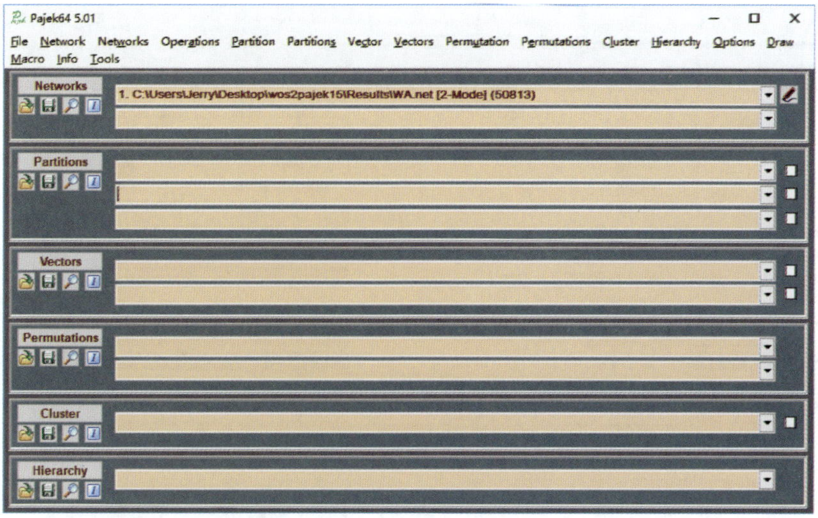

图 8. 305　读取 WA 文件

在 Pajek 界面中依次选择：

（1）Network→2 - Mode network→2 - Mode to 1 - Mode→Columns，参见图 8. 306。

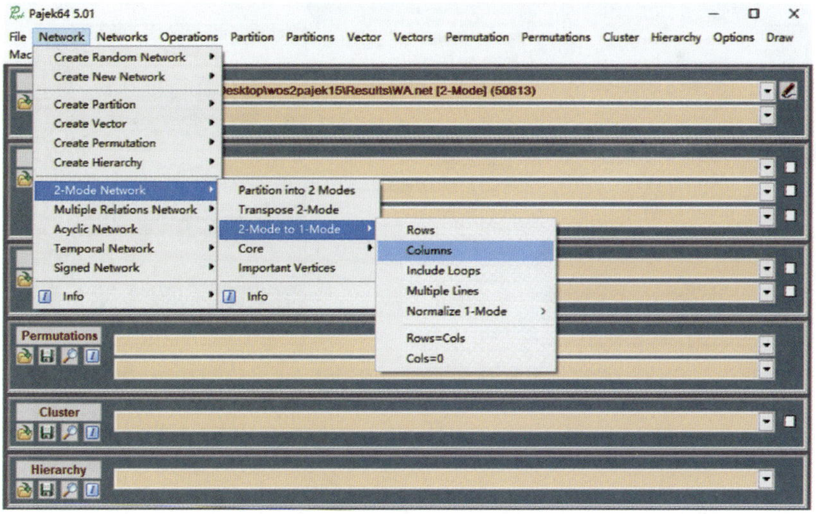

图 8. 306　2 模网络转换成 1 模网络

（2）Network→Create Partition→Components→Weak［2］，参见图 8.307。

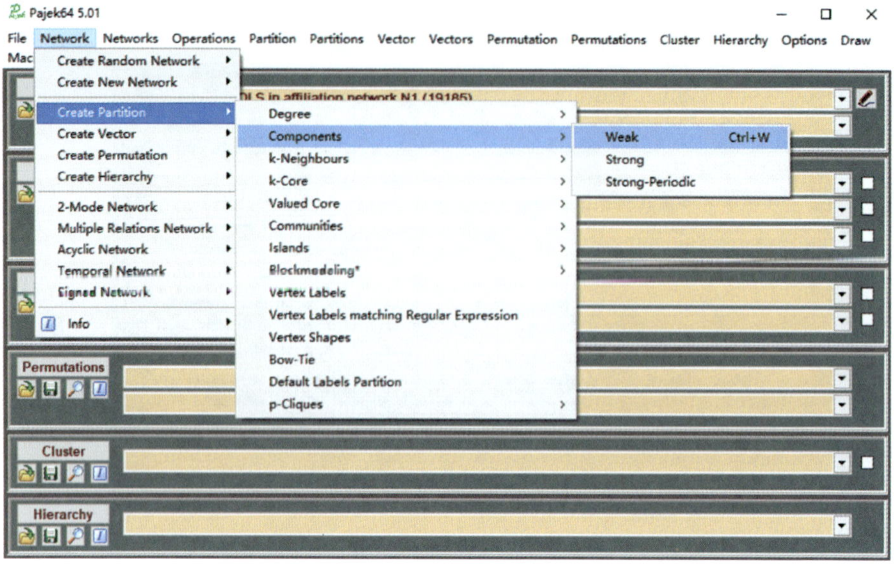

图 8.307　components 分析

（3）Operation→Extract sub network→［1 - ∗］，参见图 8.308。

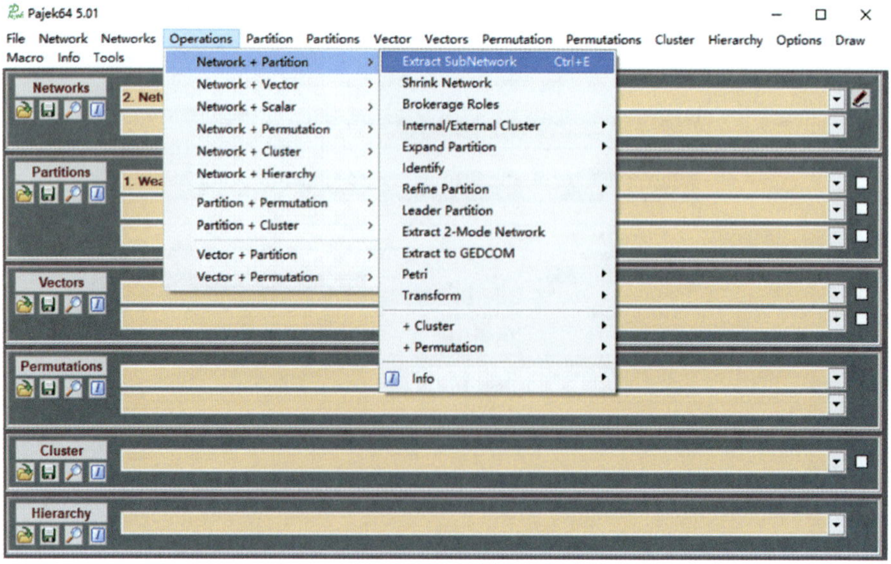

图 8.308　子网络的提取过程

（4）Network→Create new network→Transform→Remove→Loops，参见图 8.309。

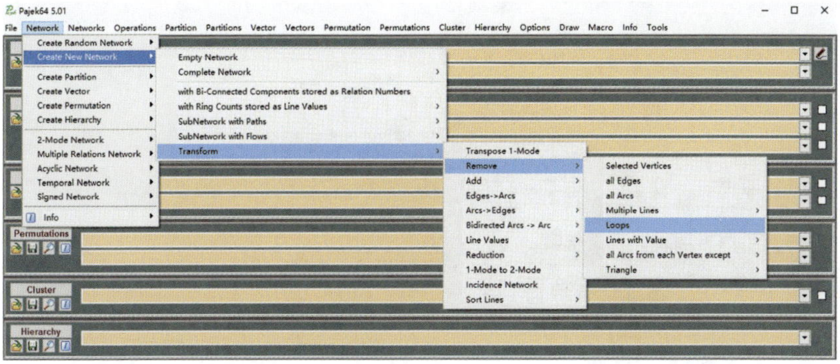

图 8.309　移除网络中的环

然后，依次点击 network→first partition + first vector，得到可视化结果，如图 8.310。合作网络的最大子网络参见图 8.311。

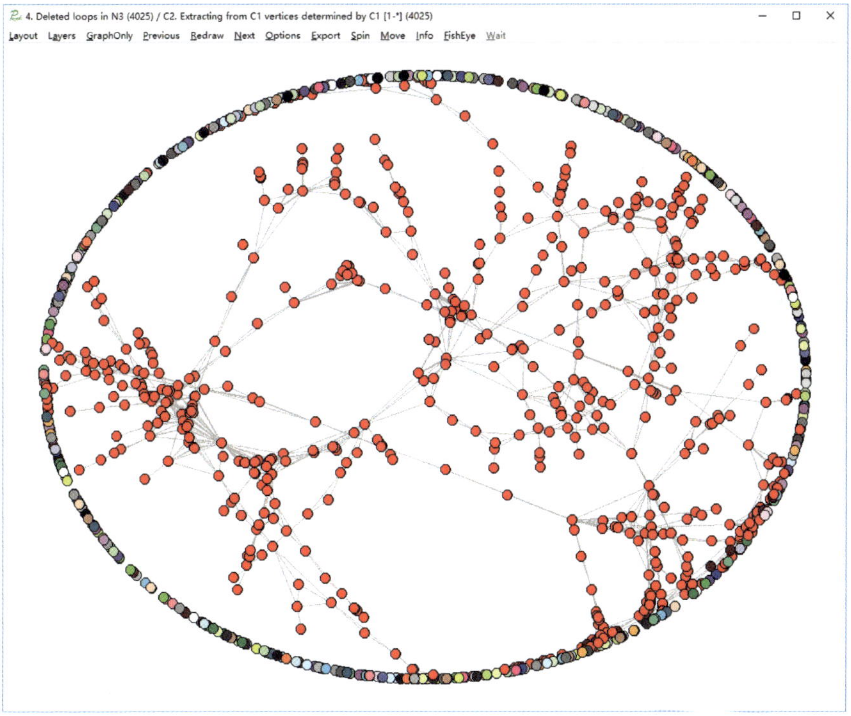

图 8.310　合作网络的可视化结果

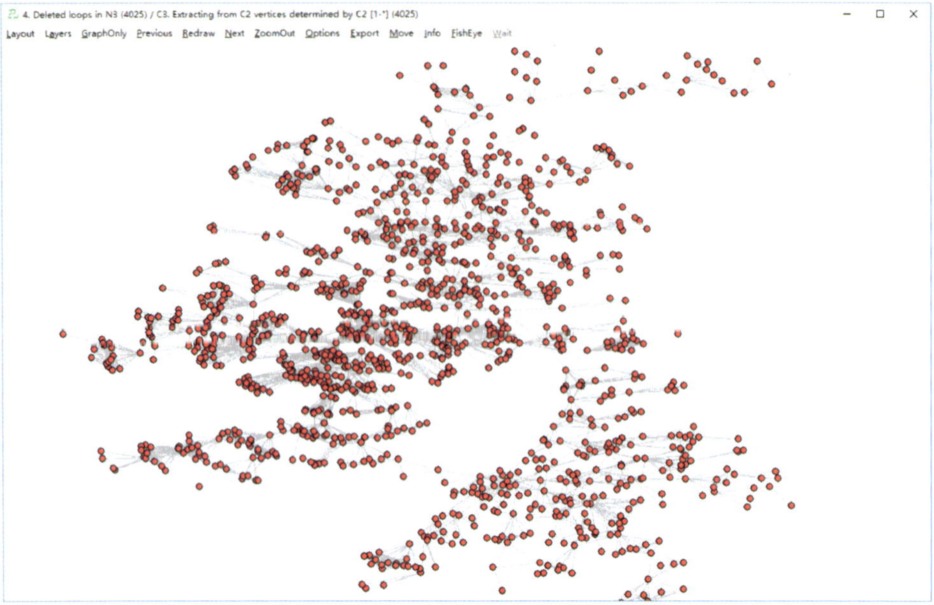

图 8.311　合作网络的最大自网络

其他科学知识网络，例如文献的耦合和共被引可以通过 Cite. net 文件来生成，更多信息参见 WoS 主页或参考下面的论文：

[1] Batagelj V, Ferligoj A, Squazzoni F. The emergence of a field: a network analysis ofresearch on peer review [J]. Scientometrics, 2017: 1 – 30.

[2] Batagelj V, Cerinšek M. On bibliographic networks [J]. Scientometrics, 2013, 96 (3): 845 – 864.

[3] Mrvar A, Batagelj V. Analysis and visualization of large networks with program package Pajek [J]. Complex Adaptive Systems Modeling, 2016, 4 (1): 6.

除了本章介绍的工具之外，还有 Taverna Workbench Bioinformatics 2.5❶、Thomson Data Analyzer❷、ROST CM（武汉大学）以及 ROST NewsAnalysis Tools（清华大学新闻研究中心）等也可以实现对文献的分析。

---

❶ Guler A T, Waaijer C J, Palmblad M, et al. Scientific workflows for bibliometrics [J]. Scientometrics, 2016. http: //www. taverna. org. uk/download/workbench/2 – 5/bioinformatics/

❷ Thomson Data Analyzer. http: //ipscience. thomsonreuters. com/product/thomson – data – analyzer

8.15　科学计量在线分析平台

8.15.1　ECOOM 在线平台

ECOOM（Centre for Research and Development Monitoring，KU Leuven）是天主教鲁汶大学基于 java 开发的在线文献分析程序。当前仅仅支持分析 Web of Science 数据，数据的采集方法参见本书的 1.3.1。ECOOM 工具目前共包含两部分核心功能，分别为 International collaboration（国际合作分析）和 Bibliographic Coupling（文献耦合）。

下面给出进行国家或地区合作网络分析的具体步骤[1]：

（1）登录 ECOOM Web Of Science Network Tools 主页（图 8.312）。在执行数据分析之前，都需要先通过 Input Files（输入文件）来读取要分析的 Web of Science 数据。

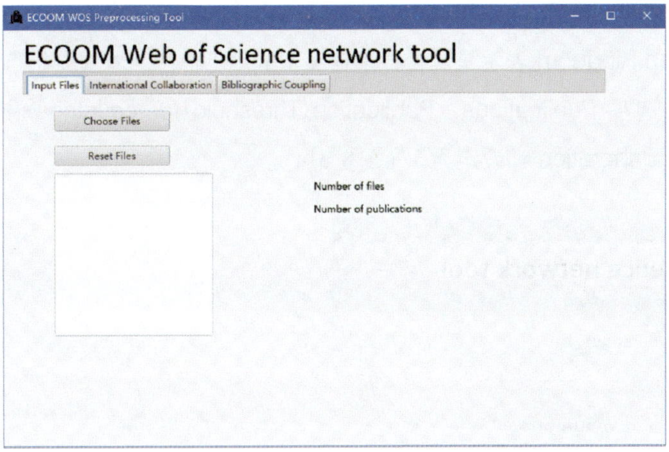

图 8.312　ECOOM Web Of Science Network Tools 主页

（2）在 Input Files 界面下，点击 Chose Files 来选择要分析的 Web of Science 数据。读取完成后在该界面的右侧会显示所读取文献的基本信息，包含

[1] 主页地址：https：//www. ecoom. be/ecoom_ apps/wos_ network/

Number of files 和 Number of publication 信息（图 8.313）。

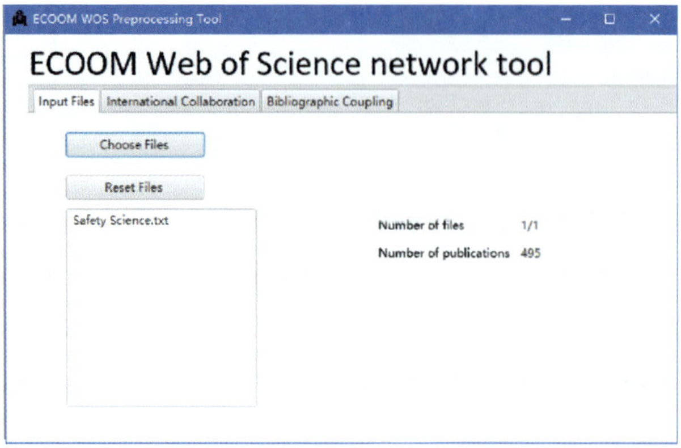

图 8.313　数据的读取

（3）数据读取结束后，点击 International collaboration 切换到国际合作分析的界面中。Publication Threshold for Countries 表示根据发文量来限定所分析的国家或地区信息；Publication Threshold for Collaboration 表示通过合作论文量来限定所分析的信息；Cosine Threshold for Collaboration 表示通过合作的余弦强度值来限定分析信息；Merge United Kingdom 表示是否合并来自英国的地址信息。本次分析选中了 Merge UK，图中选项 Publications、Publication Threshold for countries 和 Cosine Threshold for collaboration 都设定为 5（图 8.314）。

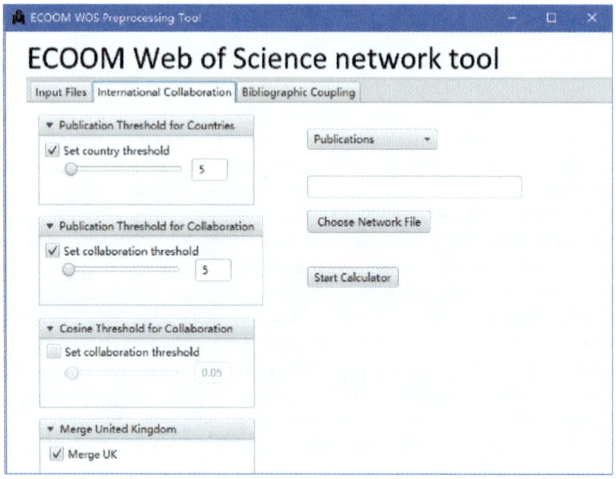

图 8.314　基本参数设置

（4）参数设定结束后，点击页面的 Choose Network File，选择一个保存结果的路径。最后，点击 Start Calculator 计算（图 8. 315）。等待计算结束后，在之前设定的路径文件夹中会产生一个 net 文件。该 net 文件可以直接在 Pajek 中读取并进行可视化分析。

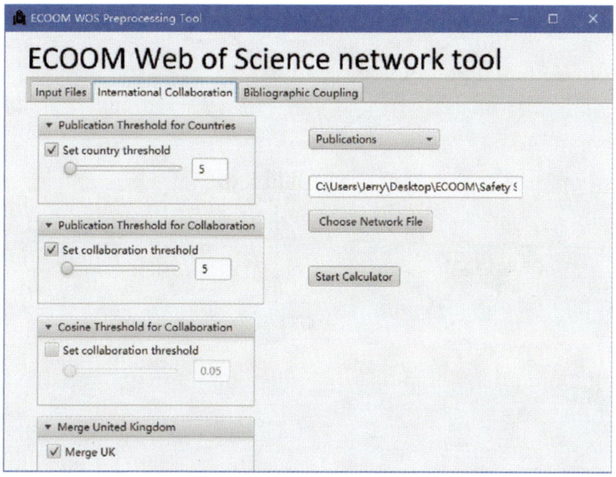

图 8. 315　数据计算

（5）在 Pajek 中读取并可视化 ECOOM 计算产生的 net 文件。若在可视化以后，节点的大小没有按照论文量显示，则需要在 Pajek 可视化界面菜单中依次选择 Options→Size→of Vertices Defined in input file 来设置节点大小，使得节点按照定义的文件显示大小（图 8. 316）。

ECOOM 中文献耦合分析过程与国际合作操作类似，用户可以自己尝试。

8. 15. 2　ScienceScape 在线平台

ScienceScape[1] 是由 Sciences - Po Medialab 的 Mathieu Jacomy 开发的在线科技文献分析及可视化系统。该系统的主页为用户提供了 Web of Science 和 Scopus 数据转换、科学计量及可视化功能。针对 Web of Science 的核心分析功能有 WoK to Network（网络分析），包括 Authors and author Keywords coappearing in the same papers（作者 - 关键词混合网络）、Authors and

[1] ScienceScape 主页 . http：//tools. medialab. sciences - po. fr/sciencescape/index. php

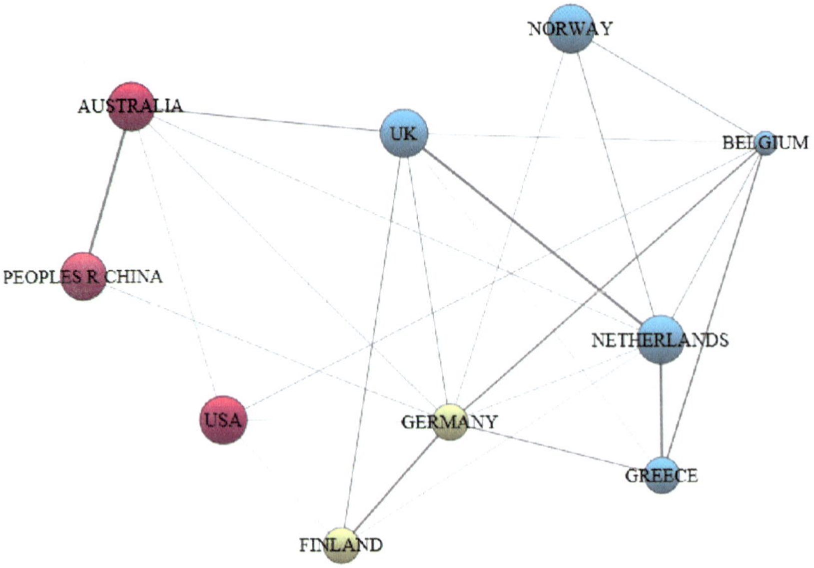

图 8.316　Pajek 对 ECOOM 产生的 net 文件可视化

source titles coappearing in the same paper（作者 – 刊物混合网络）、Sources titles and author Keywords coappearing in the same papers（刊物 – 关键词混合网络）、Authors linked by co – publication（作者合作网络）、Papers linked by citations – when they have DOI（引文网络）以及 Author Keywords coappearing in the same papers（关键词的共现网络）；Papers Volume over time（论文发表趋势）、Keywords over time（关键词的年度分布）、Keywords over time：Top per year（每一年关键词的分布）、Journals over time（期刊载文量的时间分布）、Journals over time：Top per year（每一年的各期刊的载文量）以及 Utilities（其他用途）。对 Scopus 数据分析功能有 Scopus to network（网络分析）、ReferenceScape、Paper Volume Over time（期刊载文量的时间分布）、Keywords over time（关键词的时间分布）、Keywords over time：top per year（每一年关键词的分布）、Journal over time（期刊载文量的时间分布）、Journal over time：top per year（每一年各期刊的载文量分布）、Authors/Keywords/Journals – Sankey（作者 – 关键词 – 期刊的桑基图）以及 Utilities（其他用途）。

进入 ScienceScape 主页后，用户按照提示加载需要分析的数据即可。例如，在这里对 Scopus 数据使用 Top Keywords per year 功能分析，得到了每一年关键词的词频分布情况（图 8. 317）；使用 Authors/Keywords/Journals – Sankey 功能分析得到了作者、关键词、期刊三者之间的关系情况（图 8. 318）；使用 Scopus to Network 功能分析得到作者关键词的混合网络（图 8. 319）。

图 8. 317　关键词的分析结果

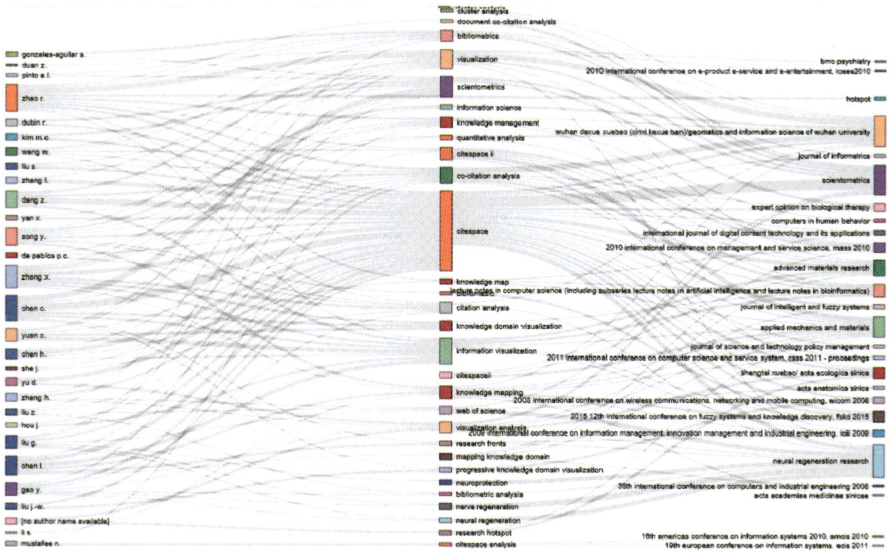

图 8. 318　CiteSpace 主题文献作者 – 关键词 – 期刊桑基图

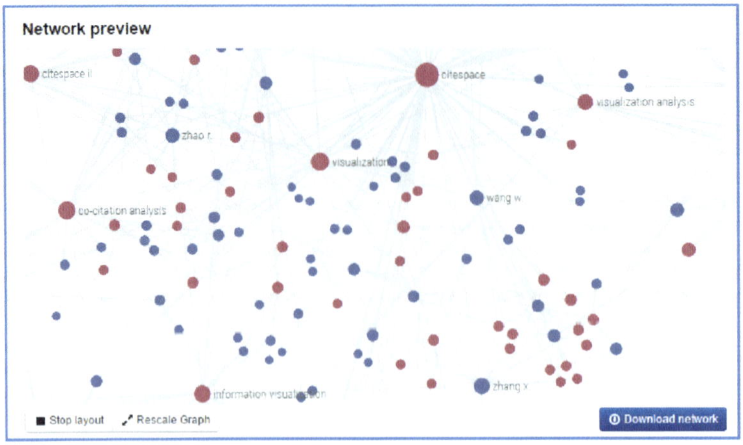

图 8.319　CiteSpace 主题文献的关键词－作者混合网络

8.15.3　BibeR 在线平台

BibeR❶ 是 Yang Liu 开发的可以用于 Web of Science 数据转换和分析的在线工具。可以加载单独的 txt 文件或压缩后的多个 txt 文件，提供了对 Web of Science 数据进行分析的基本结果（Basic Results）和高级结果（Advanceded Results）分析功能。数据加载结束后，系统会自动计算并得到可视化结果（图 8.320）。为了提高数据的读取速度，在首次读取数据后，可将数据保存为 CSV 格式。再一次打开数据时，可以直接快速读取 CSV 格式数据。

图 8.320　BibeR 数据加载

❶ BibeR 主页. https://yangliufr.shinyapps.io/BibeR/

基本结果模块主要是对知识单元的描述性统计功能，包含了 Year Trend（论文发表趋势，如图 8.321 所示）、Journal Table（期刊列表）、Author Table（作者列表）、Keyword Table（关键词列表）、Country Table（国家列表）、Institution Table（机构列表）以及 Country World Map（国家地区分布图）。

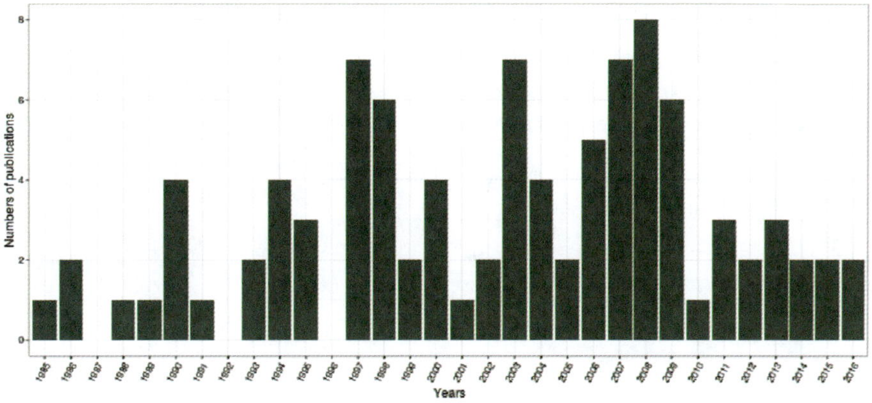

图 8.321　发文趋势统计

高级结果中则包含了对 Author（作者）、Keyword（关键词）、Country（国家）以及 Institution（机构）的网络和热力图分析。例如，这里分析得到关键词热力图如图 8.322 所示，作者的合作网络如图 8.323 所示。

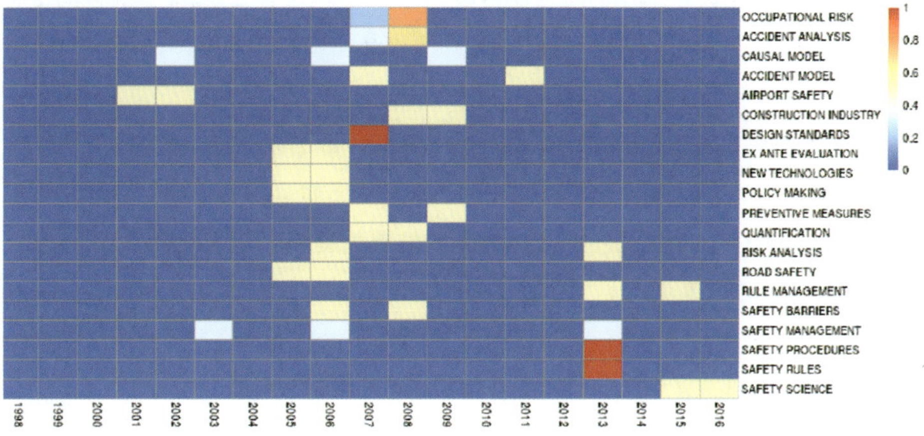

图 8.322　关键词分布的热力图

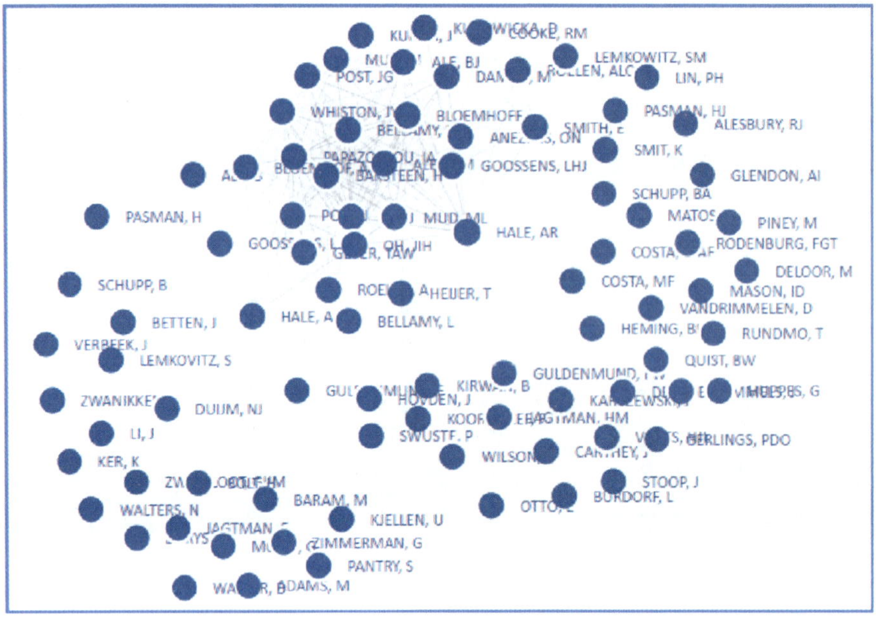

图 8.323　作者的合作网络

8.15.4　bibliometric 在线平台

科学（文献）计量在线分析平台[1]是许光等开发的专门分析 Web of Science 数据的科学计量分析与可视化平台。从 Web of Science 中导出数据时，记录内容需要选择“全记录与引用的参考文献”，文件格式选择“制表分隔符（Win，UTF－8）”。然后，登录系统界面，按照提示加载数据。

该系统提供了对数据的文献总量分析（总量、分国家总量）、合作关系分析（国家间关系、机构间关系、作者间关系）、影响力分析（机构影响力、期刊影响力、作者影响力）、关键词分析（关键词、扩展关键词）以及引用关系网分析（网络图、时序图）。

例如，这里使用从 Web of Science 中采集的 CiteSpace 经典论文施引文献的关键词分布如图 8.324 所示，机构的合作网络如图 8.325 所示。

[1] 文献计量在线分析平台．http：//www. bibliometric. com/

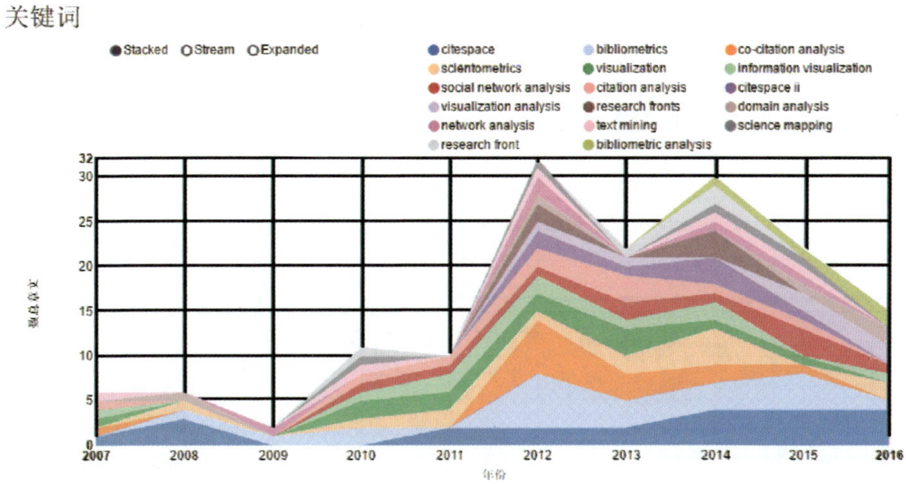

图 8. 324　Citespace 典型文献施引文献的关键词分析结果

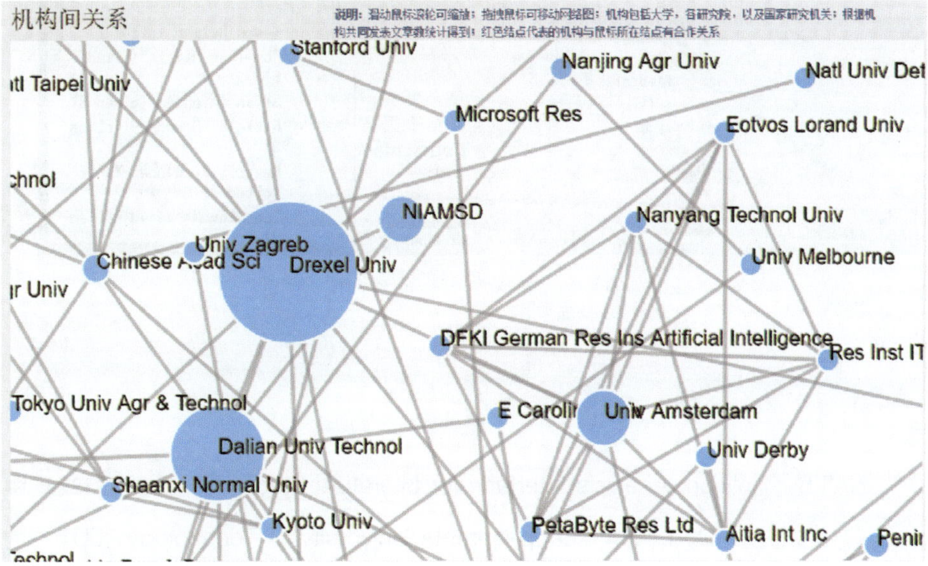

图 8. 325　Citespace 典型文献施引文献的机构合作

8. 15. 5　Citation map 在线平台

Citation map 工具由美国加利福尼亚大学地理系 STKO 实验室（Space and

Time for Knowledge Organization）基于微软学术（Microsoft Academic Search）提供的在线文献检索平台而开发，用户可以登录到软件的主页❶，输入作者或者关键词实现检索结果的地理可视化分析。在结果图 8.326 中，一个节点代表一篇论文，节点的颜色不同所表达的引证信息不同（包含 Paper of Interest、Recent Citations 和 Earlier Citations）。图中的连线表示论文被引证的情况，提示的信息格式如 Cited by Deborah C. Girasek（num of citation，2）。

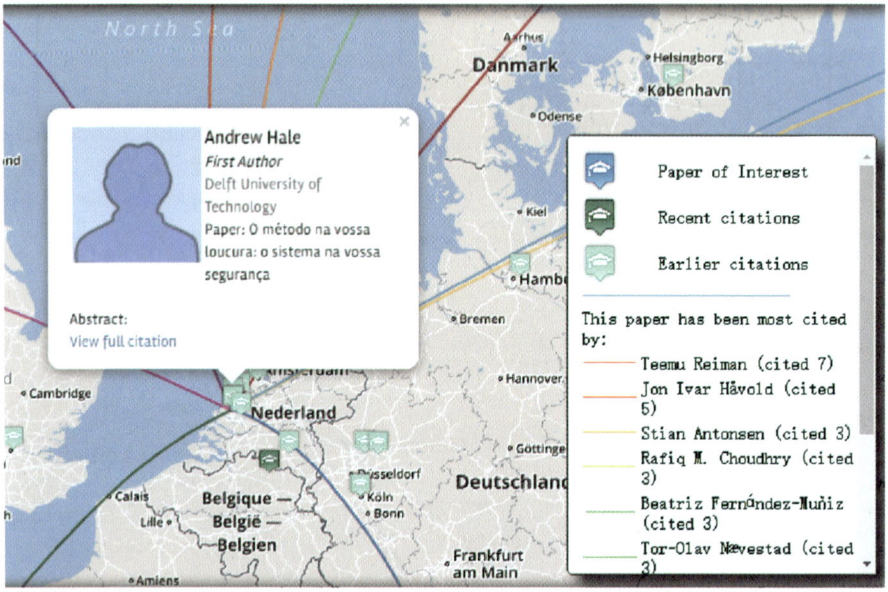

图 8.326 Citation map 检索结果及可视化

8.15.6 NAILS 在线平台

NAILS（Network Analysis Interface for Literature Studies❷，如图 8.327）由来自芬兰拉普兰塔理工大学（Lappeenranta University of Technology，LUT）的 Juho Salminen，Antti Knutas 以及 Arash Hajikhani 共同开发，并提供给大家用于学术研究。目前 NAILS 有两个版本，一个是已经完成的在线使用版本❸（该版本

❶ http：//stko－work. geog. ucsb. edu：8080/map/
❷ http：//nailsproject. net/
❸ http：//hammer. nailsproject. net/

又可以分为在线的自动分析和结合 R 的手动分析)，另一个是基于 R 语言正在开发的工具❶。

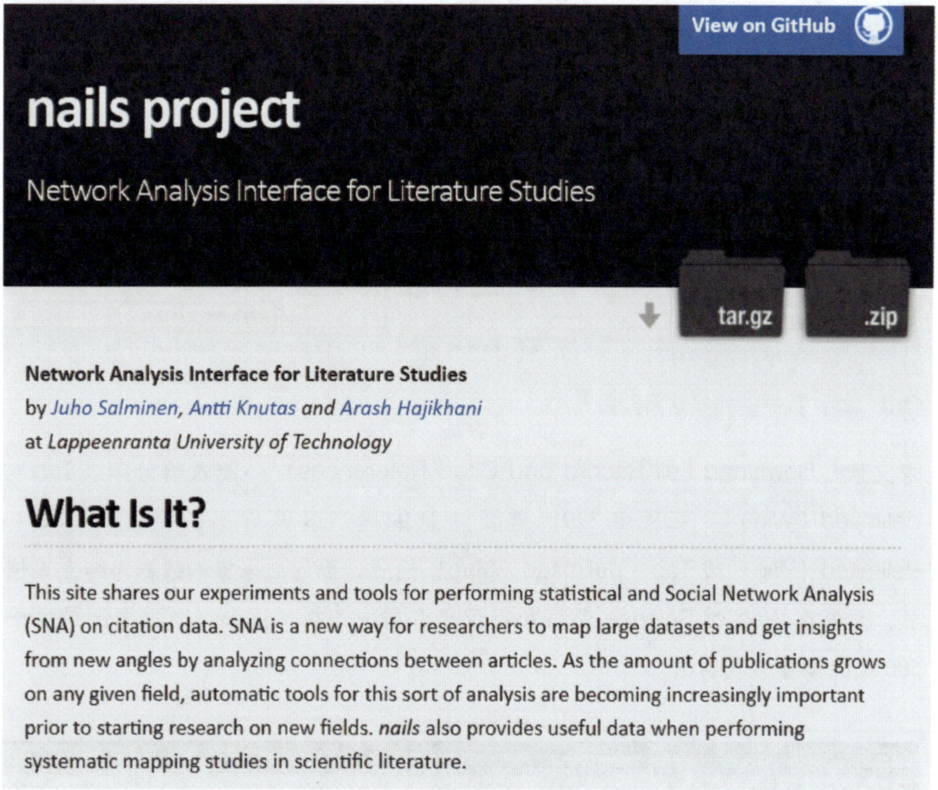
View on GitHub
nails project
Network Analysis Interface for Literature Studies
tar.gz
.zip
Network Analysis Interface for Literature Studies
by Juho Salminen, Antti Knutas and Arash Hajikhani
at Lappeenranta University of Technology
What Is It?
This site shares our experiments and tools for performing statistical and Social Network Analysis (SNA) on citation data. SNA is a new way for researchers to map large datasets and get insights from new angles by analyzing connections between articles. As the amount of publications grows on any given field, automatic tools for this sort of analysis are becoming increasingly important prior to starting research on new fields. nails also provides useful data when performing systematic mapping studies in scientific literature.

图 8.327　NAILS 项目主页

NAILS 所需要的数据从 Web of Science 核心数据集来获取，数据下载的方式与前面章节给出的步骤稍有不同。这里给出详细的数据采集步骤和分析方式：

首先，登录 Web of Science 数据库核心数据集，并输入检索式进行数据检索，得到的结果如图 8.328。在结果界面中，选择将结果“保存为其他文件格式”。

选择保存后，会进入文件的导出界面。在该界面中进行数据导出时，需要依次选择保存为其他文件格式（Save to Other File Formats）→全记录与引用的参

❶ R package version for the nails software. https://github.com/jerrycueb/nails-package

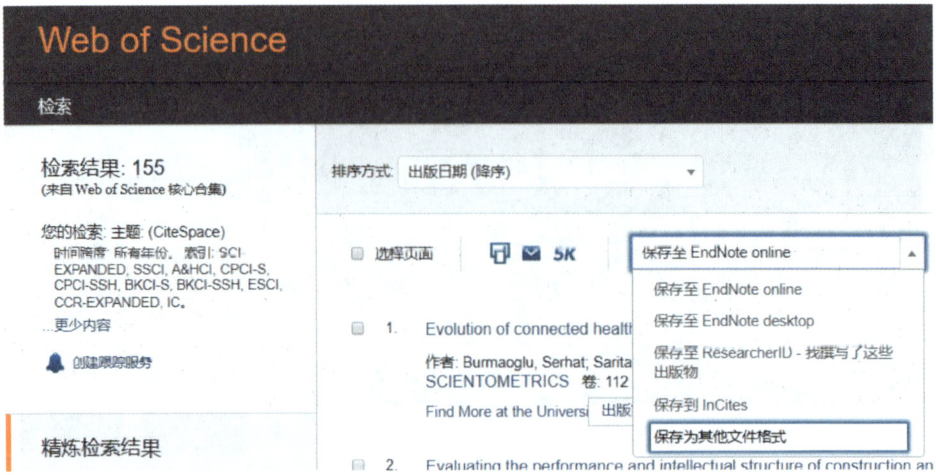

图 8.328　数据的检索结果界面

考文献（Download Full Record and Cited References）→制表符分隔［Tab - delimited（Win）］，如图 8.329。需要注意的是：这里导出的格式为 Tab - delimited（Win）或 Tab - delimited（Mac）格式，而前面采集的数据为纯文本格式。另外在 Web of Science 中每次仅仅允许导出 500 条记录，当数据记录大于 500 条时需要多次导出。

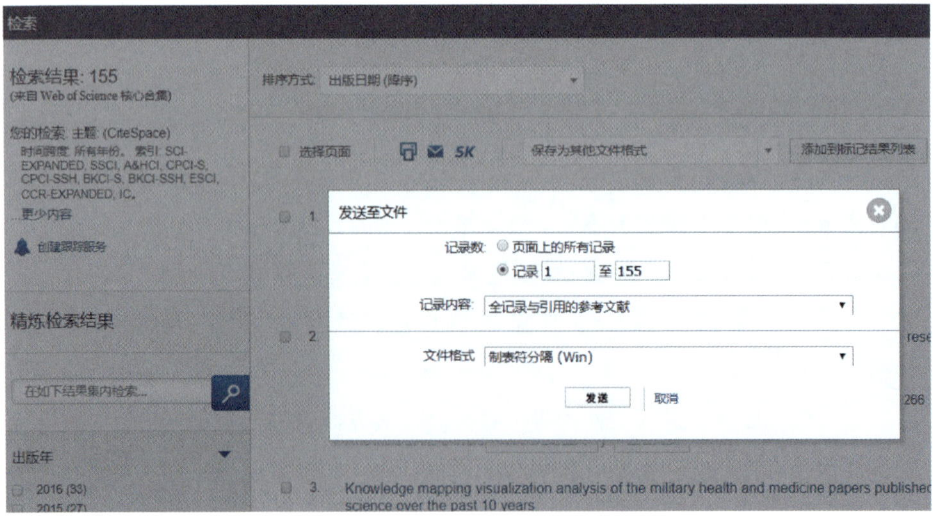

图 8.329　数据的导出

数据下载后，需要将下载的数据压缩到 zip 格式的文件里面。然后，登录到数据分析在线页面 hammer. nailsproject. net，按照提示的步骤填写 Analysis job name（分析项目的名称）、Your organization（机构名称，可选择 – optional）、E – mail for processing completed notification（电子邮件，可选择 – optional）等信息，并在 Input ZIP file 后点击“浏览”来加载压缩的 ZIP 格式数据，最后点击 Start analysis 来对数据进行分析（图 8. 330）。

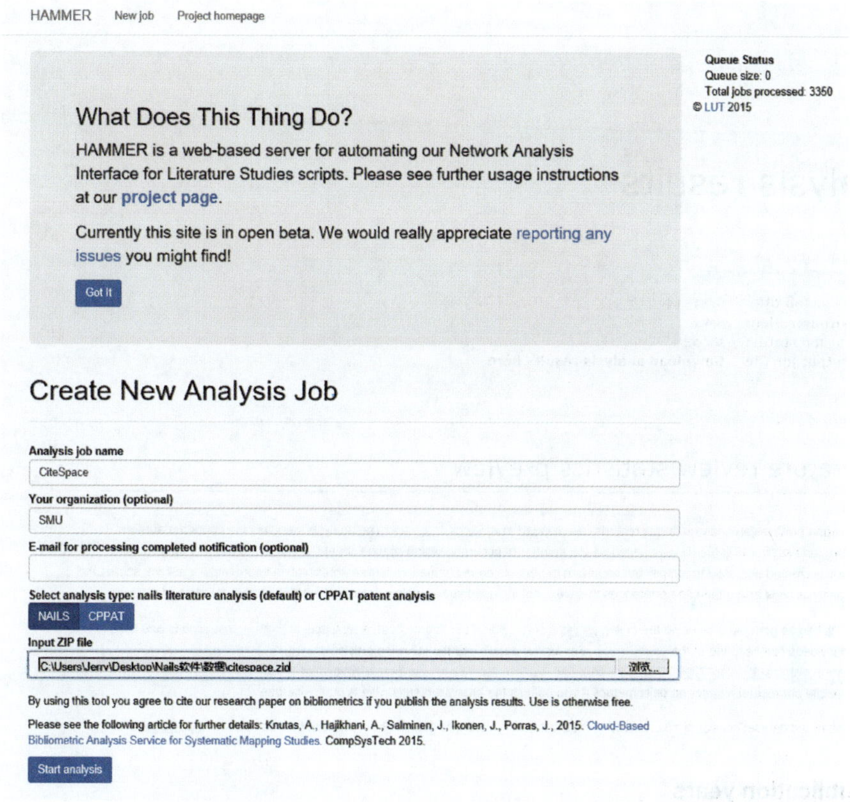
HAMMER
New job
Project homepage
Queue Status
Queue size: 0
Total jobs processed: 3350
© LUT 2015
What Does This Thing Do?
HAMMER is a web-based server for automating our Network Analysis Interface for Literature Studies scripts. Please see further usage instructions at our project page.
Currently this site is in open beta. We would really appreciate reporting any issues you might find!
Got It
Create New Analysis Job
Analysis job name
CiteSpace
Your organization (optional)
SMU
E-mail for processing completed notification (optional)
Select analysis type: nails literature analysis (default) or CPPAT patent analysis
NAILS
CPPAT
Input ZIP file
By using this tool you agree to cite our research paper on bibliometrics if you publish the analysis results. Use is otherwise free.
Please see the following article for further details: Knutas, A., Hajikhani, A., Salminen, J., Ikonen, J., Porras, J., 2015. Cloud-Based Bibliometric Analysis Service for Systematic Mapping Studies. CompSysTech 2015.
Start analysis

图 8. 330　项目的建立和分析

点击 Start analysis 会有一个数据分析的过程（图 8. 331），时间分析的长短取决于网速和数据量。当分析结束后，会在页面中出现分析的描述性统计分析结果。这些信息包含了 Publication years、Relative publication volume、Important authors、Important publications、Important keywords、Important papers、Most referenced publications 以及 Topic modeling output 等（图 8. 332）。例如，图

8.333 和图 8.334 给出了分析得到的高频关键词和高被引关键词的统计图。

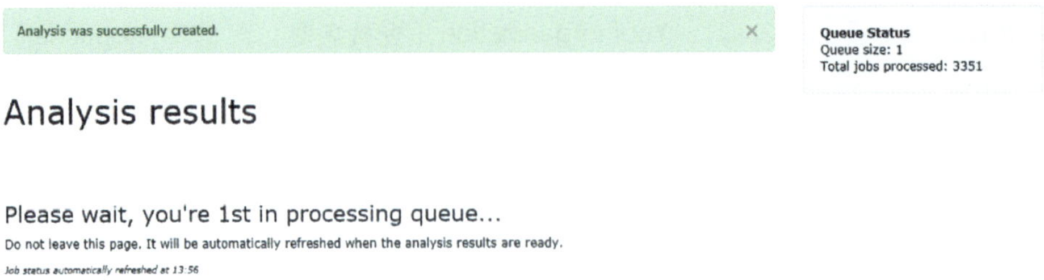
Analysis was successfully created.
Queue Status
Queue size: 1
Total jobs processed: 3351
Analysis results
Please wait, you're 1st in processing queue...
Do not leave this page. It will be automatically refreshed when the analysis results are ready.
Job status automatically refreshed at 13:56

图 8.331　分析过程

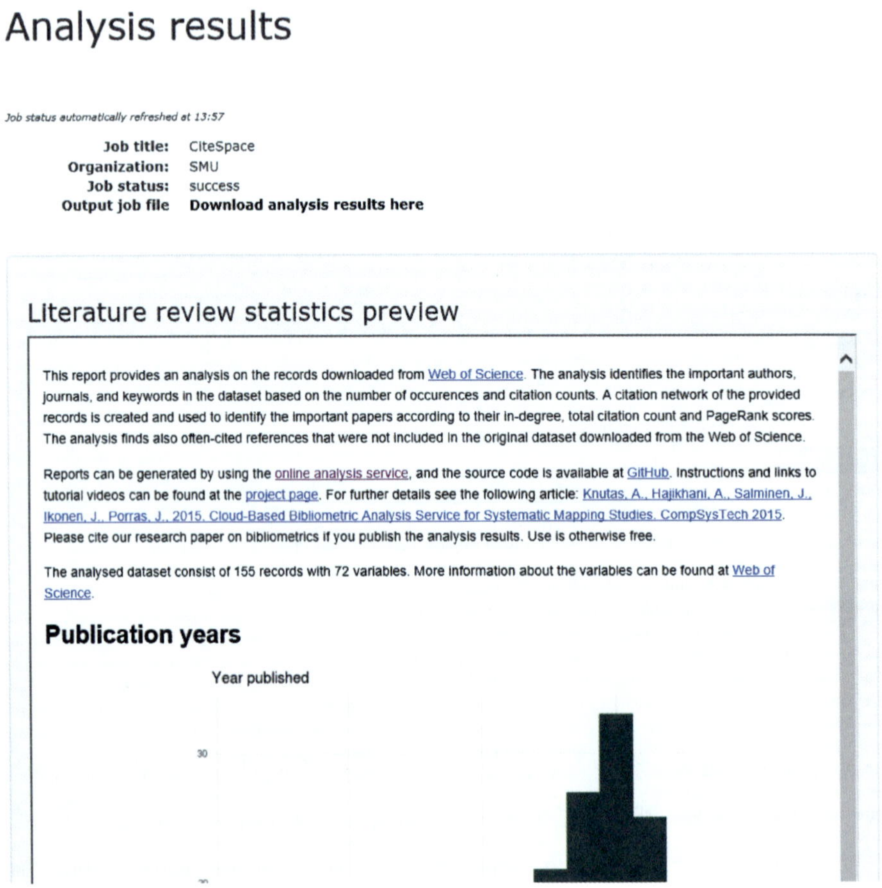
Analysis results
Job status automatically refreshed at 13:57
Job title: CiteSpace
Organization: SMU
Job status: success
Output job file Download analysis results here
Literature review statistics preview
This report provides an analysis on the records downloaded from Web of Science. The analysis identifies the important authors, journals, and keywords in the dataset based on the number of occurences and citation counts. A citation network of the provided records is created and used to identify the important papers according to their in-degree, total citation count and PageRank scores. The analysis finds also often-cited references that were not included in the original dataset downloaded from the Web of Science.
Reports can be generated by using the online analysis service, and the source code is available at GitHub. Instructions and links to tutorial videos can be found at the project page. For further details see the following article: Knutas, A., Hajikhani, A., Salminen, J., Ikonen, J., Porras, J., 2015. Cloud-Based Bibliometric Analysis Service for Systematic Mapping Studies. CompSysTech 2015.
Please cite our research paper on bibliometrics if you publish the analysis results. Use is otherwise free.
The analysed dataset consist of 155 records with 72 variables. More information about the variables can be found at Web of Science.
Publication years
Year published
30

图 8.332　分析结果

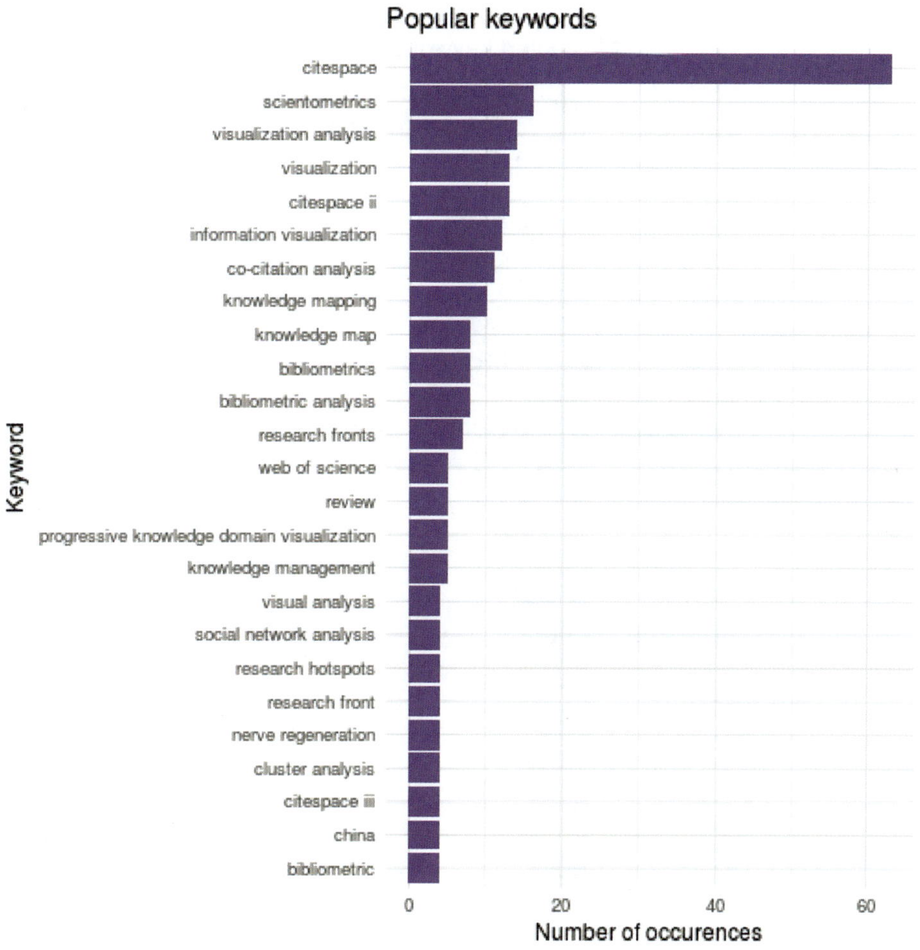

图 8. 333　高频关键词

最后，用户可以点击结果页面上的 Output job file 后的 Download analysis results here 将分析的结果下载为 output. zip 的文件。该文件中包含了大量的分析结果（图 8. 335），点击 exploration. html 可以查看基本分析结果，通过 EXCEL 打开 CSV 文件可以进一步整理和分析该结果。在该文件中 citation_ nodes. csv、citation_ edges. csv、author_ nodes. csv 以及 author_ edges. csv 可以在 Gephi 中打开进行可视化。

在线版的结果中并没有得到网络可视化结果，Nails 在 output 文件中提供了可使用 Gephi 读取的 CSV 文件，以借助 Gephi 进一步进行分析。具体的步骤为：

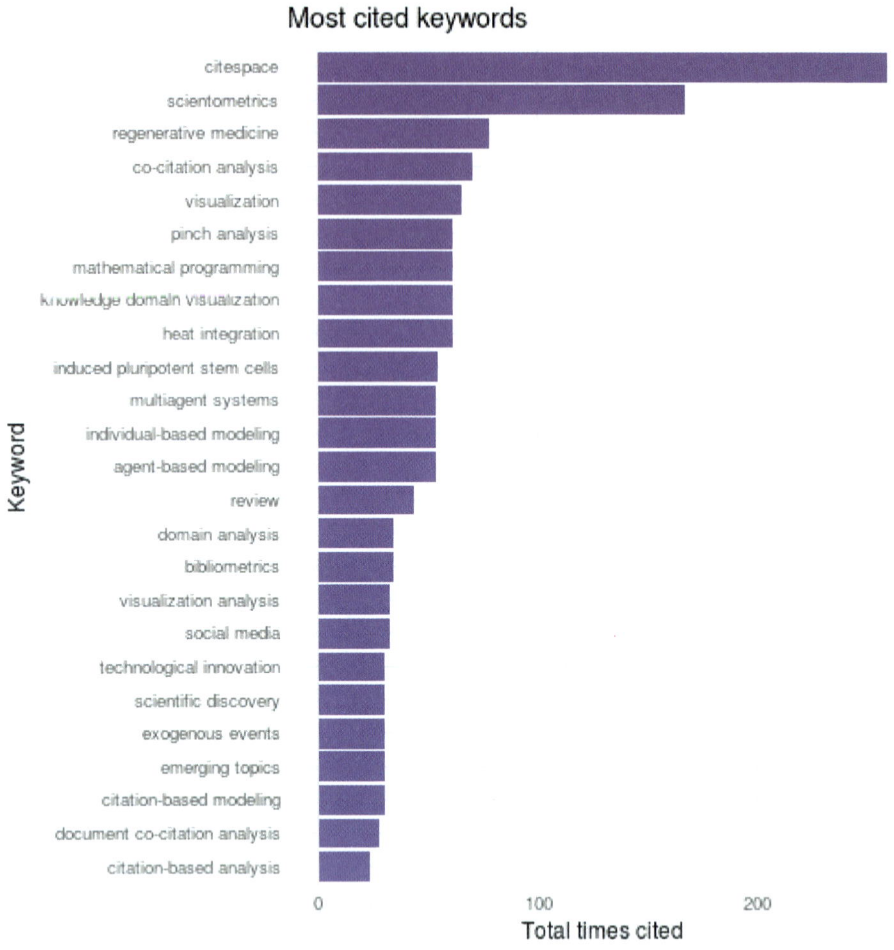

图 8.334　高被引关键词

首先，打开 Gephi，创建一个新的项目。然后点击 Data Laboratory→Import Spreadsheet 并分别导入边和节点信息的 CSV 文件。需要注意的是，这里的数据分割需要选择 semicolon。在导入节点和边信息时 Separator 选择为 semicolon，As table 在节点导入时选择为 Nodes table（图 8.336），在边导入时选择 Edges table（图 8.337）。第③步完成并点击 Next 的界面中，需要将 Year Published 字段改成 Integer 型。

网络读取后，可得到初步的可视化结果。用户可以进一步使用 Gephi 对得到

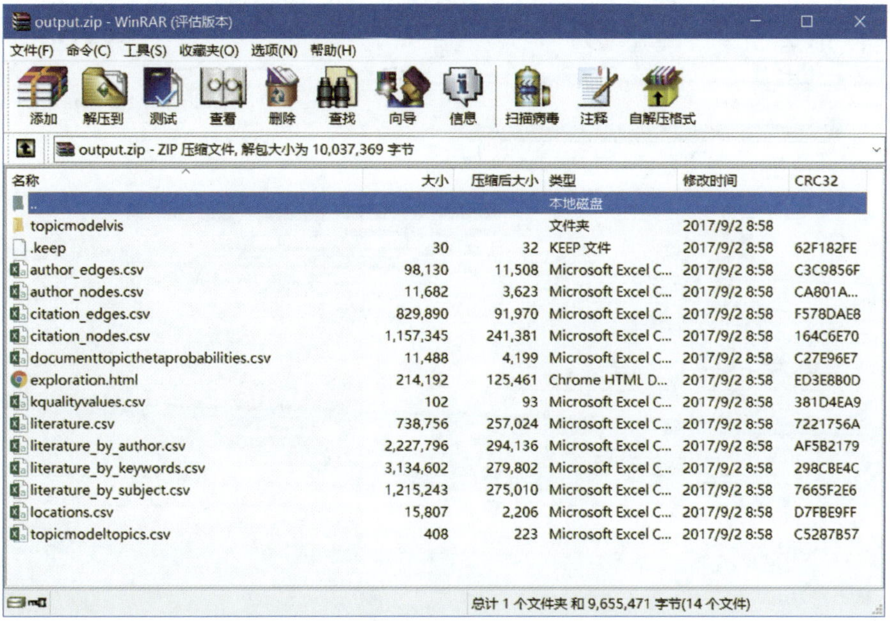

图 8.335　从 Nails 导出的结果文件

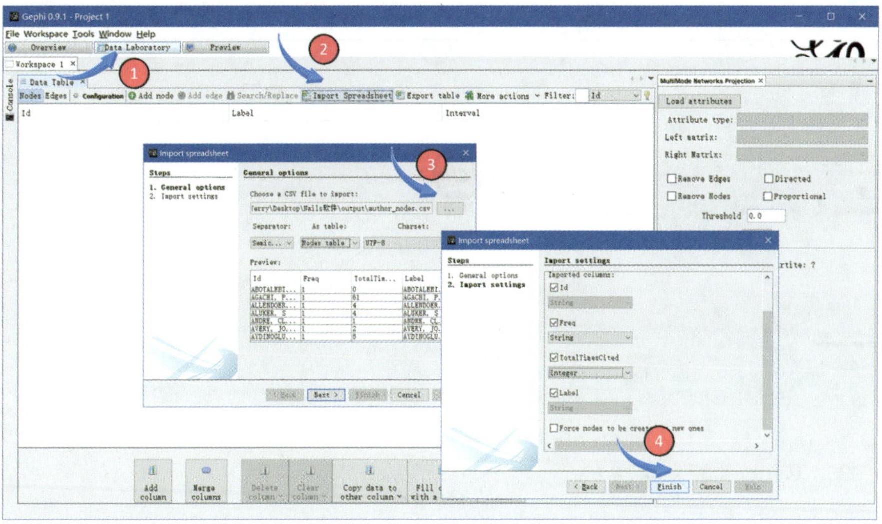

图 8.336　网节点信息的读取

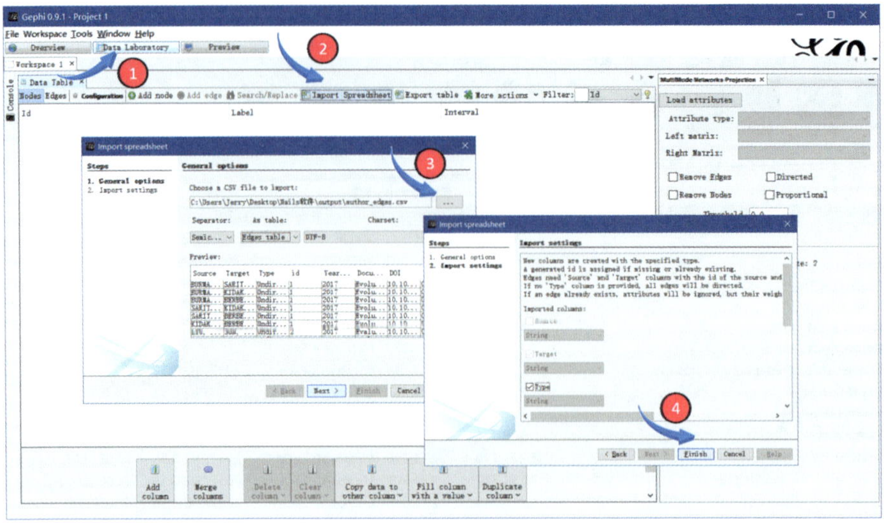

图 8. 337　边信息的读取

的网络进行深入的编辑和处理（图 8. 338）。

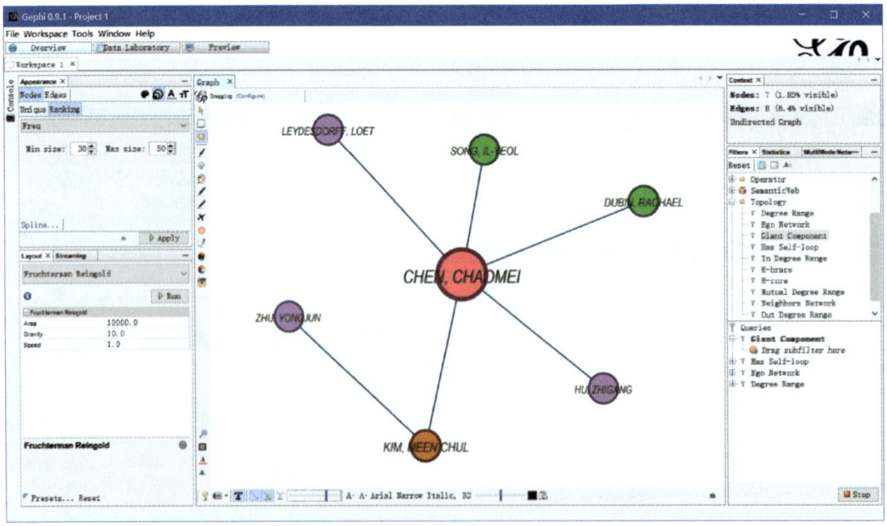

图 8. 338　Gephi 可视化结果

最后，关于 NAILS 的应用论文可以参考下面文献列表：

[1] AnttiKnutas，ArashHajikhani，JuhoSalminen，JouniIkonen，and Jari Porras. 2015. *Cloud – Based Bibliometric Analysis Service for Systematic Mapping*

Studies. In Proceedings of the 16th International Conference on Computer Systems and Technologies (CompSysTech '15). DOI: 10.1145/2812428.2812442

[2] Kolle S R, Shankarappa T H, Reddy T B M, et al. Scholarly Communication in the International Journal of Pest Management: A Bibliometric Analysis from 2005 to 2014 [J]. Journal of Agricultural & Food Information, 2015, 16 (4): 301-314.

[3] Geissdoerfer M, Savaget P, Bocken N M P, et al. The Circular Economy - A new sustainability paradigm? [J]. Social Science Electronic Publishing, 2016, 143: 757-768.

[4] Kolle S R, Shnakarappa T H. Global research on air pollution between 2005 and 2014: A bibliometricstudy [J]. Collection Building, 2016, 35 (3): 84-92.

[5] Castro V F D, Frazzon E M. Benchmarking of best practices: an overview of the academicliterature [J]. Benchmarking An International Journal, 2017, 24 (3): 750-774.

[6] Hajikhani A. Emergence and Dissemination of Ecosystem Concept in Innovation Studies: A Systematic Literature Review Study [C] // Hawaii International Conference on System Sciences. 2017.

8.15.7 AMiner 在线平台

ArnetMiner 6.0❶ (Academic Researcher Social Network Search) 是一个以研究者为中心的学术社会网络分析与挖掘系统。它已搜集了上百万研究者信息，可自动挖掘出研究者之间的师生关系、合作者关系；提供多个以研究者为中心的社会网络分析与挖掘功能，包括专家发现、专家页面自动生成、学术网络图搜索、课程搜索、热点话题发现等。在 AMiner 提供用户免费检索，若要得到详细的可视化分析信息，则需要在网站先注册。

例如图 8.329 为使用 AMiner 检索的武夷山先生的主页信息，在主页上能快速获取武夷山先生的主要研究主题、学术影响以及相似作者等信息。

❶ https://cn.aminer.org/

图 8.329　武夷山研究员在 AMiner 中的信息

此外，PrEVIEw（PubMed 文献可视化）❶、SCImago❷、Alluvial Generator❸、IDR Users Maps❹、Scholarometer❺、patentinspiration（专利可视化）❻、OPEN KNOWLEDGE MAPS（A visual interface to the world's scientific knowledge）❼、Science Maps❽、Quantifying the evolution of individual scientific impact❾、Scholar Tree❿、CNKI 等数据库或在线分析系统也可以实现数据的可视化分析。

---

❶ PrEVIEw: Clustering and Visualising PubMed using Visual Interface. http://srvgal78. deri. ie/PrEVIEw/

❷ The Shape of Science is a new graphical interface designed to access the bibliometric indicators database of the SCImago Journal & Country Rank portal (based on 2012 data). http://www. scimagojr. com/shapeofscience/

❸ Generates alluvial flow diagrams with input data files in Pajek .net format. http://www. mapequation. org/apps/AlluvialGenerator. html

❹ Interdisciplinary research ("IDR") is often trumpeted as essential for scientific and technological advancement. http://idr. gatech. edu/usermapsdetail. php? id=61

❺ Scholar meter (beta) is a social tool to facilitate citation analysis and help evaluate the impact of an author's publications. http://scholarometer. indiana. edu/

❻ Search and analyze patents - PatentInspiration. https://app. patentinspiration. com/

❼ Open Knowledge Maps: A visual interface to the world's scientific knowledge. https://openknowledgemaps. org/

❽ Mapping Science Structure. http://sciencemap. casisd. cn/ni_ map/public/nav#

❾ http://scienceofsuccess. barabasilab. com/

❿ Scholar Tree is a visualization of a researcher's academic career in terms of his/her publication record. http://tlfung. cs. ucdavis. edu: 7070

第四篇

信息参考篇

参考文献

[1] Pajek and Pajek - XXL：Programs for Analysis and Visualization of Very Large Networks. http：//mrvar. fdv. uni - lj. si/Pajek/Pajekman. pdf.

[2] Gomez - Jauregui V，Gomez - Jauregui C，Manchado C，et al. Information management and improvement of citation indices [J] . International Journal of Information Management，2014，34 (2)：257 - 271.

[3] Persson，O.，R. Danell，J. Wiborg Schneider. 2009. How to use Bibexcel for various types of bibliometric analysis. Incelebrating scholarly communication studies：A Festschrift for Olle Persson at his 60th Birthday，ed. F. Åström，R. Danell，B. Larsen，J. Schneider，p 9 - 24. Leuven，Belgium：International Society for Scientometrics and Informetrics.

[4] Wolfgang Glanzel. Bibliometrics as a Research Field a course on theory and application of bibliometric indicators. 2003.

[5] Rasmussen M D，Karypis G. gCLUTO - An Interactive Clustering，Visualization，and Analysis System，UMN - CS TR - 04 - 021，2004.

[6] 陈建龙. 大学生情报教育基础 [M] . 北京大学出版社. 1994.

[7] 崔雷，刘伟，闫雷等. 文献数据库中书目信息共现挖掘系统的开发 [J]. 现代图书情报技术；2008 (8)：70 - 75.

[8] 丁学东. 文献计量学基础 [M] . 北京大学出版社. 1992.

[9] 李杰，陈超美. CiteSpace 科技文本挖掘及可视化 [M] . 首都经济贸易大学出版社. 2016.

[10] 李杰. 安全科学知识图谱导论 [M] . 化学工业出版社. 2015.

[11] 李杰. 科学知识图谱原理及应用 [M] . 高等教育出版社. 2018.

[12] 李杰等. 安全科学技术信息检索基础 [M] . 首都经济贸易大学出版社. 2014.

[13] 刘启元，叶鹰. 文献题录信息挖掘技术方法及其软件 SATI 的实现——

以中外图书情报学为例［J］. 信息资源管理学报，2012，(01)：50－58.

［14］罗式胜. 文献计量学引论［M］. 书目文献出版社. 1986.

［15］庞景安. 科学计量研究方法论［M］. 科学技术文献出版社. 1999.

［16］邱均平等. 信息计量学［M］. 武汉大学出版社. 2006.

［17］沃特·德·诺伊，安德烈·姆尔瓦，弗拉迪米尔·巴塔盖尔吉等著，林枫（译）. 蜘蛛：社会网络分析技术（第2版）［M］. 世界图书出版公司. 2014.

［18］汪小帆，李翔，陈关荣. 网络科学导论［M］. 高等教育出版社. 2013

［19］肖明等. 知识图谱工具使用指南［M］. 中国铁道出版社. 2014.

［20］章云兰，万跃华，舒炎祥. 数字资源检索教程［M］. 科学出版社. 2012.

［21］赵健. 知识图谱绘制技法实用指南［M］. 辽宁大学出版社. 2013.

［22］周秋菊. 用于共现分析的仿射空间向量模型理论及其应用实验研究［D］. 中国科学院大学博士论文. 2015.

附　录

附录1　Web of Science 完整记录

PT J

AU Persson, O

AF Persson, Olle

TI Are highly cited papers more international?

SO SCIENTOMETRICS

LA English

DT Article

DE Highly cited papers; International co - authorships; Citation impact

ID SCIENTIFIC COLLABORATION; CO - AUTHORSHIP; IMPACT

AB Several bibliometric studies have shown that international or multicountry papers are generally more cited than domestic or single country papers. Does this also hold for the most cited papers? In this study, the citation impact of domestic versus international papers is analyzed by comparing the share of international papers among the hundred most cited papers in four research specialities, from three universities, four cities and two countries. It is concluded that international papers are not well represented among high impact papers in research specialities, but dominate highly cited papers from small countries, and from cities and institutions within them. The share of international papers among highly cited papers is considerably higher during 2001 - 2008 compared to earlier years for institutions, cities and countries, but somewhat less for two of the research fields and slightly higher for the other two. Above all, domestic papers from the USA comprise about half of the highly cited papers in the research specialities.

C1 Umea Univ, Dept Sociol, SE - 90187 Umea, Sweden.

RP Persson, O (reprint author), Umea Univ, Dept Sociol, SE - 90187 Umea, Sweden.

EM olle. persson@ soc. umu. se

RI Persson, Olle/A - 8708 - 2011; Lundgren, Maritha/A - 8846 - 2011

CR LUUKKONEN T, 1992, SCI TECHNOL HUM VAL, V17, P101, DOI 10. 1177/016224399201700106

Glanzel W, 2001, SCIENTOMETRICS, V51, P69, DOI 10. 1023/A: 1010512628145

Tijssen RJW, 2002, SCIENTOMETRICS, V54, P381, DOI 10. 1023/A: 1016082432660

Katz JS, 1997, SCIENTOMETRICS, V40, P541, DOI 10.1007/BF02459299

Glanzel W, 2001, SCIENTOMETRICS, V50, P199, DOI 10.1023/A: 1010561321723

Van Raan AFJ, 1998, SCIENTOMETRICS, V42, P423

Leimu R, 2005, BIOSCIENCE, V55, P438, DOI 10.1641/0006 - 3568 (2005) 055 [0438: DSCITI] 2.0.CO; 2

Aksnes DW, 2003, RES EVALUAT, V12, P159, DOI 10.3152/147154403781776645

Narin F, 1990, INT C OUTP IND EV IM

van Leeuwen TN, 2009, SCIENTOMETRICS, V79, P389, DOI 10.1007/s11192 - 009 - 0426 - y

NR 10

TC 31

Z9 31

U1 10

U2 52

PU SPRINGER

PI DORDRECHT

PA VAN GODEWIJCKSTRAAT 30, 3311 GZ DORDRECHT, NETHERLANDS

SN 0138 - 9130

J9 SCIENTOMETRICS

JI Scientometrics

PD MAY

PY 2010

VL 83

IS 2

BP 397

EP 401

DI 10.1007/s11192 - 009 - 0007 - 0

PG 5

WC Computer Science, Interdisciplinary Applications; Information Science & Library Science

SC Computer Science; Information Science & Library Science

GA 581CU

UT WOS: 000276499500005

ER

附录2 BibExcel 转换后 Web of Science 记录

PT – J I

AU – Persson O I

AF – Persson Olle I

TI – Are highly cited papers more international? I

SO – SCIENTOMETRICS I

LA – English I

DT – Article I

DE – Highly cited papers; International co – authorships; Citation impact I

ID – SCIENTIFIC COLLABORATION; CO – AUTHORSHIP; IMPACT I

AB – Several bibliometric studies have shown that international or multicountry papers are generally more cited than domestic or single country papers. Does this also hold for the most cited papers? In this study, the citation impact of domestic versus international papers is analyzed by comparing the share of international papers among the hundred most cited papers in four research specialities, from three universities, four cities and two countries. It is concluded that international papers are not well represented among high impact papers in research specialities, but dominate highly cited papers from small countries, and from cities and institutions within them. The share of international papers among highly cited papers is considerably higher during 2001 – 2008 compared to earlier years for institutions, cities and countries, but somewhat less for two of the research fields and slightly higher for the other two. Above all, domestic papers from the USA comprise about half of the highly cited papers in the research specialities I

C1 – Umea Univ, Dept Sociol, SE – 90187 Umea, Sweden I

RP – Persson, O (reprint author), Umea Univ, Dept Sociol, SE – 90187 Umea, Sweden I

EM – olle. persson@ soc. umu. se I

RI – Persson, Olle/A – 8708 – 2011; Lundgren, Maritha/A – 8846 – 2011 I

CD – LUUKKONEN T, 1992, V17, P101, SCI TECHNOL HUM VAL, DOI 10. 1177/016224399201700106; Glanzel W, 2001, V51, P69, SCIENTOMETRICS, DOI 10. 1023/A: 1010512628145; Tijssen RJW, 2002, V54, P381, SCIENTOMETRICS, DOI 10. 1023/A: 1016082432660; Katz JS, 1997, V40, P541, SCIENTOMETRICS, DOI 10. 1007/BF02459299; Glanzel W, 2001, V50, P199, SCIENTOMETRICS, DOI 10. 1023/A: 1010561321723; Van Raan AFJ, 1998, V42, P423, SCIENTOMETRICS; Leimu R, 2005, V55, P438, BIOSCIENCE, DOI 10. 1641/0006 – 3568 (2005) 055 [0438: DSCITI] 2. 0. CO; 2; Aksnes DW, 2003, V12, P159, RES EVALUAT, DOI

10. 3152/147154403781776645；Narin F，1990，INT C OUTP IND EV IM；van Leeuwen TN，2009，V79，P389，SCIENTOMETRICS，DOI 10. 1007/s11192 -009 -0426 -y I

NR -10 I

TC -31 I

Z9 -31 I

U1 -10 I

U2 -52 I

PU -SPRINGER I

PI -DORDRECHT I

PA -VAN GODEWIJCKSTRAAT 30，3311 GZ DORDRECHT，NETHERLANDS I

SN -0138 -9130 I

J9 -SCIENTOMETRICS I

JI -Scientometrics I

PD -MAY I

PY -2010 I

VL -83 I

IS -2 I

BP -397 I

EP -401 I

DI -10. 1007/s11192 -009 -0007 -0 I

PG -5 I

WC -Computer Science，Interdisciplinary Applications；Information Science & Library Science I

SC -Computer Science；Information Science & Library Science I

GA -581CU I

JN -SCIENTOMETRICS，2010，V83，N2，P397 -401 I

UT -WOS：000276499500005 ER I I

附录 3　Web of Science 字段含义

Tag	含义	Tag	含义	Tag	含义
FN	文件名	ID	Keywords Plus，补充关键词	PD	出版日期
VR	版本号	AB	摘要	PY	出版年
PT	出版物类型❶	C1	作者地址	VL	卷
AU	作者	RP	通讯作者地址	IS	期
AF	作者全名	EM	电子邮件地址	SI	特刊
BA	书籍作者	RI	ResearcherID 号	PN	子辑
BF	书籍作者全名	OI	ORCID 标识符	SU	增刊
CA	团体作者	FU	基金资助机构和授权号	MA	会议摘要
GP	书籍团体作者	FX	基金资助正文	BP	开始页
BE	编者	CR	引用的参考文献	EP	结束页
TI	文献标题	NR	引用的参考文献数	AR	文献编号
SO	出版物名称	TC	被引频次	DI	数字对象标识符（DOI）
SE	丛书标题	U1	使用次数（最近 180 天）	D2	书籍 DOI
BS	丛书副标题	U2	使用次数（2013 年至今）	PG	页数
LA	语种	PU	出版商	P2	章节数
DT	文献类型	PI	出版商所在城市	WC	Web of Science 类别
CT	会议标题	PA	出版商地址	SC	研究方向
CY	会议日期	SN	国际标准期刊号（ISSN）	GA	文献传递号
CL	会议地点	EI	电子国际标准期刊号（eISSN）	UT	入藏号
SP	会议赞助方	BN	国际标准书号（ISBN）	PM	PubMed ID
HO	会议主办方	J9	29 个字符的来源文献名称缩写	ER	记录结束
DE	作者关键词	JI	ISO 来源文献名称缩写	EF	文件结束

❶ J＝期刊；B＝书籍；S＝丛书；P＝专利

附录4　德温特专利原始数据

PT P

PN US2015310667 - A1；WO2015164373 - A1

TI Augmented reality system, has modification module which is to augment three dimensional model with augmentation objects based on assessed user situation and image rendering module that is used to render image on wearable device.

AU YOUNG D L

GONDRAN G R

RIBARDO T G

BIGHAM M A

AE YOUNG D L (YOUN - Individual)

GONDRAN G R (GOND - Individual)

RIBARDO T G (RIBA - Individual)

BIGHAM M A (BIGH - Individual)

RAYTHEON CO (RAYT - C)

GA 2015661468

AB NOVELTY - The system (200) has feature extraction module (204) which is used to extract features of a first object in a field of view of a camera of a wearable device (102) of a user and provide the extracted features to a server (106). A situation assessment module (206) is used to assess a situation of the user. A modification module (208) is used to augment the three dimensional model with augmentation objects based on the assessed user situation. Animage - rendering module (210) is used to render an image on the wearable device including the modified three - dimensional models.

USE - Augmented reality system.

ADVANTAGE - The actions prevent use of recognized places or faces based onsubscription - based blacklist that is configured based on who, when, and where. The system provides accurate three - dimensional models that are accessed and viewed quickly. The efficient method of serving content is provided to wearable or mobile devices, such as through a light weight application to accurately register content on a user's wearable device. The soldiers are presented virtual threats to improve training effectiveness at reduced cost.

DETAILED DESCRIPTION - INDEPENDENT CLAIMS are also included for the following:

(1) a method for augmented reality; and

(2) a non - transitory computer readable storage device storing program for augmented reality system.

DESCRIPTION OF DRAWING (S) - The drawing shows the block diagram of a system for providing content to a wearable device of a user.

Wearable device (102)

Server (106)

Augmented reality system (200)

Feature extraction module (204)

Situation assessment module (206)

Modification module (208)

Image rendering module (210)

DC T01 (Digital Computers); T04 (Computer Peripheral Equipment); W04 (Audio/Video Recording and Systems)

MC T01 - J10B2A; T01 - J10C4; T01 - J40C; T01 - N01B3; T01 - N01D2; T01 - N01D3; T04 - D03; W04 - W07E

IP G06K - 009/46; G06T - 017/00; G06T - 019/00; G06T - 007/00; G09G - 005/00; G06F - 017/30; G06F - 003/048

PD US2015310667 - A1 29 Oct 2015 G06T - 019/00 201573 Pages: 17 English

WO2015164373 - A1 29 Oct 2015 G06T - 019/00 201573 English

AD US2015310667 - A1 US692290 21 Apr 2015

WO2015164373 - A1 WOUS026874 21 Apr 2015

FD US2015310667 - A1 Provisional Application US983424P

PI US983424P 23 Apr 2014

US692290 21 Apr 2015

DS WO2015164373 - A1:

(National): AE; AG; AL; AM; AO; AT; AU; AZ; BA; BB; BG; BH; BN; BR; BW; BY; BZ; CA; CH; CL; CN; CO; CR; CU; CZ; DE; DK; DM; DO; DZ; EC; EE; EG; ES; FI; GB; GD; GE; GH; GM; GT; HN; HR; HU; ID; IL; IN; IR; IS; JP; KE; KG; KN; KP; KR; KZ; LA; LC; LK; LR; LS; LU; LY; MA; MD; ME; MG; MK; MN; MW; MX; MY; MZ; NA; NG; NI; NO; NZ; OM; PA; PE; PG; PH; PL; PT; QA; RO; RS; RU; RW; SA; SC; SD; SE; SG; SK; SL; SM; ST; SV; SY; TH; TJ; TM; TN; TR; TT; TZ; UA; UG; US; UZ; VC; VN; ZA; ZM; ZW

(Regional): BW; GH; GM; KE; LR; LS; MW; MZ; NA; RW; SD; SL; ST; SZ; TZ; UG; ZM; ZW; EA; AL; AT; BE; BG; CH; CY; CZ; DE; DK; EE; ES; FI; FR; GB; GR; HR; HU; IE; IS; IT; LT; LU; LV; MC; MK; MT; NL; NO; PL; PT; RO; RS; SE; SI; SK; SM; TR; OA

CP WO2015164373 - A1

US20120001938 - A1

WO2011152764 - A1 SAAB AB (SAAB) FOCK N, JOHANSSON G, ASTROEM A

CR WO2015164373 - A1

HUANG DA - YO ET AL: " An application towards the combination of augment reality and mobile guidance", 2013 INTERNATIONAL CONFERENCE ON HIGH PERFORMANCE COMPUTING & SIMULATION (HPCS), IEEE, 1 July 2013 (2013 - 07 - 01), pages 627 - 630, XP032507637, ISBN: 978 - 1 - 4799 - 0836 - 3, [retrieved on 20131018], DOI: 10. 1109/HPCSIM. 2013. 6641481

GAUSEMEIER J ET AL: " Development of a real time image based object recognition method for mobile AR - devices", PROCEEDINGS OF THE 2ND INTERNATIONAL CONFERENCE ON COMPUTER GRAPHICS, VIRTUAL REALITY, VISUALISATION AND INTERACTION IN AFRICA. SESSION: SESSION G: IMAGE - BASED METHODS, CAPE TOWN, SOUTH AFRICA, 1 January 2003 (2003 - 01 - 01), pages 133 - 139, XP002488965, ISBN: 978 - 1 - 58113 - 643 - 2.

TANAKA K ET AL: " An information layout method for an optical see - through head mounted display focusing on the viewability", 15 September 2008, MIXED AND AUGMENTED REALITY, 2008. ISMAR 2008. 7TH IEEE/ACM INTERNATIONAL SYMPOSIUM ON, IEEE, PISCATAWAY, NJ, USA, PAGE (S) 139 - 142, ISBN: 978 - 1 - 4244 - 2840 - 3, XP031343989

TAKACS G ET AL: " Outdoors augmented reality on mobile phone using loxel - based visual feature organization", PROCEEDINGS OF THE WORKSHOP ON MULTIMEDIA INFORMATION RETRIEVAL (MIRO), XX, VANCOUVER, B. C., CANADA, 27 October 2008 (2008 - 10 - 27), pages 427 - 434, XP007915264, ISBN: 978 - 1 - 60558 - 312 - 9, DOI: 10. 1145/1460096. 1460165

PAPAGIANNAKIS G ET AL: " A survey of mobile and wireless technologies for augmented reality systems", COMPUTER ANIMATION AND VIRTUAL WORLDS, JOHN WILEY & SONS LTD, GB, vol. 19, no. 1, 1 February 2008 (2008 - 02 - 01), pages 3 - 22, XP002569031, ISSN: 1546 - 4261, DOI: 10. 1002/CAV. 221

UT DIIDW: 2015661468

ER

字段含义：PN 专利号码、TI 专利标题、AU 发明人、AE 专利权人和代码、GA 主入藏号、AB 摘要、NOVELTY 新颖性；USE 应用方向、ADVANTAGE 优势；DETAILED DESCRIPTION 详细说明、DESCRIPTION OF DRAWING 附图说明、DC 德温特分类代码（附有关键词）、MC 德温特手工代码、IP 国际专利分类号、PD 专利详细信息、AD 申请详细信息、PI 优先权申请信息和日期（优先权国家、优先权日期、优先权号码）、DS 指定国家（地区）/区域、CP 此专利参考的专利信息、CR 此专利引用的非专利信息、FD 更多申请详细信息。

附录 5　BibExcel 的部分应用成果

博士学位论文：

［1］Olijnyk，Nicholas Victor. Information Security：A Scientometric Study of the Profile，Structure，and Dynamics of an Emerging ScholarlySpecialty［D］. Long Island University，C. W. Post Center. bLibrary and Information Science. 2014.

［2］张锐. 基于知识图谱的中国品牌理论演进研究［D］. 中国矿业大学，2013.

［3］叶菁. 贡布里希国际学术影响特征量化研究［D］. 中国美术学院，2015.

［4］尹莉. 基础数学领域作者合作网络实证分析［D］. 西北大学，2013.

［5］张海燕. 高校科技创新团队成长性评价研究［D］. 天津大学，2007.

［6］朱亮. 基于文献的科技监测研究［D］. 中国农业科学院，2015.

［7］邵红芳. 基于知识网络的肿瘤学衍生与发展研究［D］. 山西医科大学，2013.

［8］章娟. 卒中急救的科学计量分析与时间延迟的调查研究［D］. 华中科技大学，2012.

硕士学位论文：

［9］白文倩. 基于引文分析方法的教育技术学科知识图谱构建［D］. 华中师范大学，2012.

［10］杨秀秀. 管理科学与工程学科共词网络整体特性、生长性及热点研究［D］. 浙江大学，2014.

［11］段秋月. 我国干细胞领域研究状况的计量分析［D］. 河南师范大学，2015.

［12］段晓敏. 21 世纪以来美国教育管理研究的可视化分析［D］. 浙江师范大学，2014.

［13］段鑫然. 基于 SSCI（2009－2014 年）考古学知识图谱构建研究［D］. 郑州大学，2015.

［14］韩玉亭. 国际智力障碍研究的知识网络结构分析［D］. 陕西师范大学，2015.

［15］蒋蓓. 人机交互学发展的科学计量研究［D］. 复旦大学，2011.

［16］王浩. 基于共词分析的技术分解结构方法研究［D］. 国防科学技术大学，2005.

［17］李博. 关于知识管理研究的知识结构图谱［D］. 山西师范大学，2013.

［18］欧玉芳. 21 世纪以来美国教师教育研究［D］. 浙江师范大学，2013.

［19］谭红英. 国际与国内车联网专利知识图谱对比分析［D］. 重庆大学，2014.

［20］王会杰. 评价科学成就的新指标－h 指数的研究状况分析［D］. 河南师范大学，2014.

［21］谢寿峰. 基于专利分析的技术演变与预测研究［D］. 南京理工大学，2014.

［22］许丹青. 诺贝尔生理学或医学奖获得者科学论文合作关系研究［D］. 山西医科大学，2014.

［23］严少彪. 基于文献计量学的 HIFU 发展与演进研究［D］. 重庆医科大学，2011.

［24］杨虹. 基于知识图谱的知识管理研究进展［D］. 大连理工大学，2008.

［25］杨彦荣. 基于混合加权的共词分析方法研究［D］. 西北农林科技大学，2011.

［26］赵佳. 专利视阈下物联网领域知识图谱及产业引导政策研究［D］. 南京邮电大学，2013.

［27］赵楠楠. 共现分析在学科交叉特征识别中的应用［D］. 大连理工大学，2015.

科技论文：

［1］曹玲，杨静，夏严. 国内竞争情报领域研究论文的共词聚类分析［J］. 情报科学，2010，06：923－925＋930.

［2］曹霞，于娟. 基于话语分析的产学研联盟稳定性动力机理研究［J］. 科技进步与对策，2015，11：55－60.

［3］曹永强，郭明，刘思然，等. 基于文献计量分析的生态修复现状研究［J］. 生态学报，2016，36（8）：2442－2450.

［4］柴彦. 基于共词聚类分析方法的知识管理国内研究述评［J］. 情报科学，2015，04：149－153.

［5］陈悦，王智琦，张立伟. 社会网络视角下中国创新管理学术团体研究［J］. 科学学研究，2015，07：985－992.

［6］董晓辉. 国际先进制造技术主流学术群体及其代表人物［J］. 科技进步与对策，2009，15：4－7.

［7］杜广强，许振亮. 绘制创新理论研究的知识图谱：关键词共现分析［J］. 科技进步与对策，2009，13：135－139.

［8］杜广强. 基于知识图谱的国际先进制造技术前沿研究［J］. 科技进步与对策，2008，06：61－65.

［9］杜昊. 基于 ESI 数据库的学术评价研究热点探析［J］. 新世纪图书馆，2016，05：90－94.

［10］房宏君，戴艳军. 基于 CSSCI 的国内科技人力资源研究可视化分析［J］. 科技管理研究，2012，21：144－150.

［11］房宏君. 基于 SSCI 和 CSSCI 的人力资源管理研究热点计量与比较［J］. 科技管理研究，2013，07：128－134.

［12］房宏君. 基于科学知识图谱的国内人力资本研究可视化分析［J］. 科技管理研究，2014，03：136－140＋145.

［13］高鹏斌，于渤，吴伟伟，郝生宾. 基于知识图谱的即兴领域知识结构及其演化分析［J］. 科技管理研究，2015，06：112－117.

［14］侯治平，袁勤俭，朱庆华，宗乾进. 国际电子服务领域研究热点及主题演化分析［J］. 科技管理研究，2014，17：160－164.

［15］黄静，刘萍，张锐. 基于科学知识图谱的企业社会责任前沿研究［J］. 科技进步与对策，2015，05：84－89.

［16］黄鲁成，李剑，常金平. 新产品产业化过程中关键技术的研究初探［J］. 现代管理科学，2009，08：76－77＋90.

［17］黄鲁成，李剑．基于组合评价的太阳能电池产业化过程中关键技术的研究［J］．现代管理科学，2009，09：9－10＋53.

［18］黄鲁成，李剑．新产品产业化过程中关键技术的文献计量分析［J］. 科技进步与对策，2010，14：114－117.

［19］姜春林，王文苑．2011 科学计量学普赖斯奖获得者欧莱·皮尔逊学术成就评述［J］．自然辩证法研究，2012，12：62－67.

［20］姜春林．我国自然辩证法研究科学知识图谱［J］．自然辩证法研究，2010，03：104－108.

［21］李干，袁勤俭，舒小昀．我国企业管理研究国际学术产出的可视化分析［J］．科技管理研究，2015，14：175－180.

［22］李秀霞，邵作运，郑春厚．我国图书情报界 PIS 研究的共词可视化分析［J］．情报杂志，2012，08：109－113.

［23］李长玲，纪雪梅，支岭，白如江．2001－2009 年我国科学学研究进展——基于关键词的统计分析［J］．科技进步与对策，2010，18：22－27.

［24］刘静．国内图书馆 2.0 研究进展［J］．科技管理研究，2013，11：169－174＋179.

［25］刘琼，刘桂锋，刘红光．中国专利学位论文研究热点的共词分析［J］. 科技管理研究，2013，23：163－167＋172.

［26］刘泽照，张谦，黄杰．基于 SNA 的国际大数据研究结构态势［J］. 科学学与科学技术管理，2014，11：40－47.

［27］娄岩，刘燕玲，黄鲁成．基于专利分析的北京高端装备制造业对策研究［J］．科技管理研究，2012，09：39－43.

［28］栾春娟，侯剑华，王贤文，侯海燕．全球竞争对手的技术网络绘制与共性技术识别——以波音与空客为例［J］．科技进步与对策，2014，02：71－78.

［29］栾春娟，李亚敬，侯剑华．国际软件专利计量分析及中国对策［J］. 科技管理研究，2008，09：37－39＋42.

［30］邱均平，韩雷．近十年来我国知识工程研究进展与趋势［J］．情报科学，2016，06：3－9.

［31］邱均平，吴慧．基于 SNA 的国际科学计量学作者共被引关系研究——以 SCIENTOMETRICS 期刊 2000－2010 年数据为例［J］．情报科学，2012，02：166－172.

［32］沈利华，李红，张辉．第一作者和全部作者耦合在领域知识结构发现中的比较——基于硅纳米材料领域的实证分析［J］．情报杂志，2014，04：23－28＋51.

［33］田丹，孙明溪，杨晔．SPSS 在我国情报学领域中的应用［J］．情报科学，2015，10：112－117.

［34］王灿友，苏秦．基于文献分析的 3D 打印技术的演化及发展前沿［J］．情报杂志，2015，09：72－77＋71.

［35］王芳．2007～2011 年间《Library Trends》的研究热点综述［J］．图书情报知识，2012，

04：18－29.

［36］王吉武，黄鲁成，卢文光．基于文献计量的新兴技术商业化潜力客观评价研究［J］．现代管理科学，2008，05：69－70.

［37］王莉亚，张志强，卫军朝．基于共词分析的近十年国外图书情报学研究主题分析［J］．情报杂志，2011，03：50－58.

［38］王兴旺，张欣．基于知识图谱的国际搜索引擎研究历程与热点演进［J］．科技管理研究，2014，22：124－128＋133.

［39］谢彩霞．基础研究领域中韩科学合作状况分析［J］．科技管理研究，2014，15：239－243.

［40］徐成，赵宇翔，朱庆华．国外社会化媒体研究的文献计量分析［J］．情报杂志，2014，03．58－63.

［41］杨传明等．供应链不确定性管理研究述评与展望［J］．科技管理研究，2014，12：194－199.

［42］尹润锋．我国风电设备产业化关键技术预见研究［J］．科技管理研究，2013，08：108－111.

［43］翟庆华，苏靖，叶明海．基于知识图谱的创业研究发展与前沿分析［J］．科技进步与对策，2011，17：16－21.

［44］张海燕，陈士俊，王江．基于TDM的高校科技创新团队科研方向潜力评估［J］．科技进步与对策，2008，06：176－179.

［45］张文明，陈美家，于海洋，张婉莹．我国公共借阅权学术研究的可视化分析［J］．新世纪图书馆，2012，06：35－39.

［46］张文彦，刘雅莉．2010年至2012年度《Library Trends》研究热点综述［J］．图书馆学研究，2013，12：2－9.

［47］张心悦，宋伟．创新管理的知识网络结构、演化及热点分析——SCI（2000－2013）文献计量分析［J］．科技进步与对策，2015，14：114－121.

［48］赵健，孙畅．基于知识图谱的国内高校图书馆研究领域可视化分析［J］．情报科学，2015，03：102－10

［49］郑继来，郑德俊，周露．普赖斯奖获得者引用特征分析［J］．情报杂志，2012，08：74－78＋97.

［50］朱建春，付少平，李雅．国际城市创新研究前沿知识图谱分析［J］．科技管理研究，2014，03：18－22.

［51］Ahlgren P，Pagin P，Persson O，et al. Bibliometric analysis of two subdomains in philosophy：free will andsorites［J］．Scientometrics，2015，103（1）：47－73.

［52］Asplund K，Eriksson M，Persson O. Country Comparisons of Human Stroke Research Since 2001 A Bibliometric Study［J］．Stroke，2012，43（3）：830.

[53] Bhattacharya S, Meyer M. Large firms and the science - technology interface patents, patent citations, and scientific output of multinational corporations in thinfilms [J] . Scientometrics, 2003, 58 (2): 265 - 279.

[54] Cheng M. Sharing economy: A review and agenda for futureresearch [J]. International Journal of Hospitality Management, 2016, 57: 60 - 70.

[55] Cholla D N, Onyancha O B, Britz J. Can information ethics be conceptualized by using the core/periphery model? [J] . Journal of Informetrics, 2010, 4 (4): 492 - 502.

[56] Costa B M G, da Silva Pedro E, de Macedo G R. Scientific collaboration in biotechnology: the case of the northeast region inBrazil [J] . Scientometrics, 2013, 95 (2): 571 - 592.

[57] Darvish H, Tonta Y. Diffusion of nanotechnology knowledge in Turkey and its networkstructure [J] . Scientometrics, 2016, 107 (2): 569 - 592.

[58] Davarzani H, Fahimnia B, Bell M G, et al. Greening ports and maritime logistics: A review [J] . Transportation Research Part D - transport and Environment, 2016: 473 - 487.

[59] Davis K. A method to measure success dimensions relating to individual stakeholdergroups [J] . International Journal of Project Management, 2016, 34 (3): 480 - 493.

[60] DavisK. Different stakeholder groups and their perceptions of project success [J] . International Journal of Project Management, 2014, 32 (2): 189 - 201.

[61] Gao W, Chen Y, Liu Y, et al. Scientometric analysis of phosphorus research in eutrophiclakes [J] . Scientometrics, 2015, 102 (3): 1951 - 1964.

[62] Gao W, Guo H C. Nitrogen research at watershed scale: a bibliometric analysis during 1959 - 2011 [J] . Scientometrics, 2014, 99 (3): 737 - 753.

[63] Gao X, Guan J. Network model of knowledgediffusion [J]. Scientometrics, 2011, 90 (3): 749 - 762.

[64] Ghafouri H B, Mohammadhassanzadeh H, Shokraneh F, et al. Social network analysis of Iranian researchers on emergency medicine: a sociogram analysis [J] . Emerg Med J, 2014, 31 (8): 619 - U117.

[65] González - Teruel A, González - Alcaide G, Barrios M, et al. mapping recent information behavior research: an analysis of co - authorship and co - citation networks [J] . Scientometrics, 2015, 103 (2): 687 - 705.

[66] Holmberg K, Thelwall M. Local government web sites in Finland: A geographic and webometricanalysis [J] . Scientometrics, 2008, 79 (1): 157 - 169.

[67] Hou H, Kretschmer H, Liu Z. The structure of scientific collaboration networks in Scientometrics [J] . Scientometrics, 2008, 75 (2): 189 - 202.

[68] Jarneving B. A comparison of two bibliometric methods for mapping of the researchfront

[J] . Scientometrics, 2005, 65 (2): 245 -263.

[69] Larsen B. Exploiting citation overlaps for information retrieval: Generating a boomerang effect from the network of scientificpapers [J]. Scientometrics, 2002, 54 (2): 155 -178.

[70] Leydesdorff L, Meyer M. The scientometrics of a Triple Helix of university - industry - government relations (Introduction to the topical issue) [J]. Scientometrics, 2007, 70 (2): 207 -222.

[71] Li C, Guo F, Zhi L, et al. Knowledge management research status in China from 2006 to 2010: based on analysis of the degreetheses [J]. Scientometrics, 2013, 94 (1): 95 -111.

[72] Luan C, Hou H, Wang Y, et al. Are significant inventions more diversified? [J]. Scientometrics, 2014, 100 (2): 459 -470.

[73] Macias - Chapula C A. Toward a model of communications in public health in Latin America and the Caribbean [J] . Revista Panamericana De Salud Publica - Pan American Journal of Public Health, 2005, 18 (6): 427 -38.

[74] Meerow S, Newell J P, Stults M. Defining urban resilience: Areview [J]. Landscape and Urban Planning, 2016, 147: 38 -49.

[75] Meyer M, Grant K, Morlacchi P, et al. Triple Helix indicators as an emergent area of enquiry: a bibliometricperspective [J] . Scientometrics, 2014, 99 (1): 151 -174.

[76] Meyer M. Knowledge integrators or weak links? An exploratory comparison of patenting researchers with their non - inventing peers in nano - science andtechnology [J] . Scientometrics, 2006, 68 (3): 545 -560.

[77] Meyer M. Tracing knowledge flows in innovationsystems [J]. Scientometrics, 2002, 54 (2): 193 -212.

[78] Mishra D, Gunasekaran A, Papadopoulos T, et al. Big Data and supply chain management: a review and bibliometricanalysis [J] . Annals of Operations Research, 2016: 1 -24.

[79] Onyancha O B, Ngoepe M, Maluleka J. Trends, Patterns, Challenges and Types of Archival Research in Sub - Saharan Africa [J] . African Journal of Library Archives and Information Science, 2015, 25 (2): 145 -59.

[80] Onyancha O B. Growth, productivity, and scientific impact of sources of HIV/AIDS research information, with a focus on eastern and southern Africa [J]. Ajar - African Journal of Aids Research, 2008, 7 (1): 55 -70.

[81] Ovalle - Perandones M A, Gorraiz J, Wieland M, et al. The influence of European Framework Programmes on scientific collaboration innanotechnology [J]. Scientometrics, 2013, 97 (1): 59 -74.

[82] Persson O, Dastidar P G. Citation analysis to reconstruct the dynamics of Antarctic ozone

hole research and formulation of the Montreal Protocol [J]. Curr Sci, 2013, 104 (7): 835-40.

[83] Peset F, Ferrer-Sapena A, Villamon M, et al. Scientific literature analysis of Judo in Web of Science (R) [J]. Archives of Budo, 2013, 9 (2): 81-91.

[84] Rafols I, Meyer M. Diversity and network coherence as indicators of interdisciplinarity: case studies inbionanoscience [J]. Scientometrics, 2010, 82 (2): 263-287.

[85] Sachithanantham S, Raja S. Scientometric analysis of rabies research literature in India: 1950-2014 [J]. Scientometrics, 2015, 105 (1): 567-575.

[86] Santin D M, Vanz S A S, Stumpf I R C. Collaboration Networks in the Brazilian Scientific Output in Evolutionary Biology: 2000-2012 [J]. Anais da Academia Brasileira de Ciências, 2016, 88 (1): 165-178.

[87] Skovvang M, Elbæk M K, Hertzum M. Personometrics: mapping and visualizing communication patterns in r&dprojects [M] //Context: Nature, Impact, and Role. Springer Berlin Heidelberg, 2005: 141-154.

[88] Stopar K, Drobne D, Eler K, et al. Citation analysis and mapping of nanoscience and nanotechnology: identifying the scope and interdisciplinarity ofresearch [J]. Scientometrics, 2016, 106 (2): 563-581.

[89] Stuckler D, Reeves A, Karanikolos M, et al. The health effects of the global financial crisis: can we reconcile the differing views? A network analysis of literature acrossdisciplines [J]. Health Economics, Policy and Law, 2015, 10 (01): 83-99.

[90] Turano L M, Esteves F, Porto C B. International Alliance Portfolios and Innovation: A Proposal foran Analytical Model Based On Bibliographic and Bibliometric Research [J]. Journal of Global Business and Technology, 2016, 12 (1): 1.

[91] Van den Besselaar P. The cognitive and the social structure ofSTS [J]. Scientometrics, 2001, 51 (2): 441-460.

[92] Vanz S A D, Stumpf I R C. Procedures And Tools Applied To Bibliometric Studies [J]. Informacao & Sociedade-Estudos, 2010, 20 (2): 67-75.

[93] Vargas R D, Vanz S A D. The scientific production of Rio Grande do Sul in the Agricultural Sciences represented in the database Web of Science [J]. Cienc Rural, 2014, 44 (5): 950-6.

[94] Vishnumaya R S, Nishy P, Mini S. Scientometrics of rare earths research inIndia [J]. CURRENT SCIENCE, 2016, 110 (7): 1184-1192.

[95] Wang X, Xu S, Liu D, et al. The role of Chinese-American scientists in China-US scientific collaboration: A study innanotechnology [J]. Scientometrics, 2012, 91 (3): 737-749.

[96] Yan B N, Lee T S, Lee T P. Mapping the intellectual structure of the Internet of Things (IoT) field (2000-2014): a co-wordanalysis [J]. Scientometrics, 2015, 105 (2): 1285-1300.

[97] Zhai Q, Su J, Ye M. Focus on China: the current status of entrepreneurship research in China [J]. Scientometrics, 2014, 98 (3): 1985 - 2006.

[98] Zhang K, Wang Q, Liang Q M, et al. A bibliometric analysis of research on carbon tax from 1989 to 2014 [J]. Renewable and Sustainable Energy Reviews, 2016, 58: 297 - 310.

[99] Zhao X Y, Sheng L, Diao T X, et al. Knowledge mapping analysis of Ebola research [J]. Bratislava Medical Journal - Bratislavske Lekarske Listy, 2015, 116 (12): 729 - 34.

[100] Zong Q J, Shen H Z, Yuan Q J, et al. Doctoral dissertations of Library and Information Science in China: A co - word analysis [J]. Scientometrics, 2013, 94 (2): 781 - 799.

附录 6　常用科学计量与知识网络分析软件

软件名称	开发者	功能描述
BibeR	Yang Liu 等	文献统计分析及可视化
BibExcel	Olle Persson	科学计量与可视化前处理
BICOMB	崔雷等	矩阵的提取和统计（中文）
Carrot2	Audilio Gonzales 等	辅助文本可视化
CiteSpace	Chaomei Chen	科学计量与可视化分析
CitNetExplorer	Van Eck，N. J 等	引证网络及可视化
CRExplorer	Andreas Thor 等	数据转换及文献谱分析
Gephi	——	网络可视化分析
GPS Visualizer	——	辅助地理可视化
HistCite	Eugene Garfield	科学计量及引证网络
ItgInsight	刘玉琴等	科学计量与可视化
Jigsaw	John Stasko 团队	辅助文本可视化
LoetTools	Loet Leydesdorff	科学计量与可视化前处理
Mapequation	Daniel Edler 等	网络及演化的可视化
MATLAB 语言	Giuseppe Cardillo	科学计量分析
Netdraw	Borgatti，S. P	网络可视化分析
NodeXL Basic	Cdunne 等	网络可视化分析
Pajek	V Batagelj 等	网络可视化分析
Publish or Perish	Anne – Wil Harzing	谷歌学术数据采集及分析
Python 语言	sebgrauwin	科学计量分析
RPYS i/o	Jordan Comins 等	文献时间谱分析
R 语言	Massimo Aria 等	科学计量分析
SocNetV	Dimitris V. Kalamaras	网络可视化分析
SATI	刘启元	矩阵的提取和统计（中文）

续表

软件名称	开发者	功能描述
Scholarometer	Fil Menczer 等	引证分析和影响评价
SCI of SCI	Katy Börner 团队	科学计量与可视化分析
ScienceScape	Mathieu Jacomy	科学计量及可视化
SciMAT	M. J. Cobo，A. G 等	科学计量与可视化分析
STICCI. eu	Valentin 等	数据预处理和转换
Visone	Ulrik Brandes 等	网络可视化
VOSviewer	Van Eck，N. J 等	科学计量与可视化分析
WoS Network Tool	ECOOM	合作网络和文献耦合

注释：用户可以通过在搜索引擎中输入软件名称搜索，或到李杰科学网博客获取所有软件的链接 http：//blog. sciencenet. cn/u/jerrycueb

附录 7 鲁索教授编制的科学（文献）计量学发展大事年表[1]

时间	事件及部分中文说明
1896	Pareto: the first power law; related to income distribution; 帕累托提出第一个幂律，与收入分布有关
1913	Auerbach finds hyperbolic relationship between the rank and the size of German cities (what we nowadays call Zipf's law); Auerbach 发现了德国城市规模排序与规模之间的双曲函数关系（如今我们称这样的关系为齐夫定律）
1916	Hyperbolic nature of word use (Zipf's law): J. – B. Estoup; 单词使用（频度）具有双曲函数的性质
1917	"The history of comparative anatomy": publication counts + graphical representation: F. J. Cole and Nellie Eales; 在论文"比较解剖学史"中，出现了对论文数量的统计和（科学内容的）图形表现
1922	The term 'statistical bibliography': Wyndham Hulme; 术语"书目文献统计学"问世
1922	Dresden's work on the publications of the Chicago section (mathematics)
1926	Lotka's law: "Frequency distribution of scientific productivity"; 洛特卡定律：科学产出的频度分布
1927	Citation analysis: Gross & Gross; 最早的引文分析工作，手工完成的
1928	Hyperbolic nature of word use: Condon
1929	Zipf's Ph. D. thesis; 齐夫的博士论文完成
1932	Selected studies of the principle of relative frequency (Chinese): Zipf
1934	Sources of information on specific subjects: Bradford's law 特定主题信息源的分布：布拉德福定律
1934	Paul Otlet uses the term 'bibliométrie' in his Traité de Documentation 比利时学者 Paul Otlet 的著作 Traité de Documentation 问世，该书在情报学发展史上具有标志性意义，书中首次采用"文献计量学"这个词。请注意，很多文献认为"文献计量学"是普利查德 1969 年提出的，而鲁索教授的考证将该词问世的日期推前了 35 年

[1] 国际科学计量学与信息计量学学会会长、比利时情报学家罗纳尔德．鲁索教授列出了他编制的文献计量学发展大事年表（武夷山进行编译）http://blog.sciencenet.cn/blog-1557-874940.html

续表

时间	事件及部分中文说明
1935	'The psychobiology of language'；first clear formulation of "Zipf's law" by Zipf；在专著“语言之精神生物学”中，齐夫首次提出“齐夫定律”的明晰公式
1936	Journal－to－journal cross－citation network：Hulsey Cason & Marcella Lubotsky；首次有学者探讨了期刊与期刊的相互引用网络
1948	Characteristics of the literature of chemistry and physics；use of 'key journals'：Herman Fussler；在探讨“化学与物理学文献的特征”时，采用了“关键期刊”（类似我们现在的“核心期刊”）的说法
1948	"Documentation"：Bradford；布拉德福提出“文献学”概念
1948	A mathematical theory of communication：Claude Shannon；申农提出“通信的数学理论”
1948	Term 'librametrics' proposed by Ranganathan；印度图书馆学家阮冈纳赞提出“图书计量学”这个词
1949	Zipf：Human behavior and the principle of least effort；齐夫发表“人类行为与最小努力原理”（这是想从普遍原理上解释齐夫定律）
1954	Mandelbrot：Structure formelle des texts et communication；法文论文“文本与通信的形式结构”发表
1955	"Citation indexes for science"：Garfield；加菲尔德提出“科学的引文索引”的想法
1956	Bibliographic coupling idea：Fano；文献耦合概念问世
1960	Index of realized research potential：Raisig
1961－1965	Bibliographic coupling：Kessler；文献耦合方面的实际工作
1963	Science Citation Index；科学引文索引（SCI）问世
1963	Little science，big science：Price；科学计量学之父、科学史学家普赖斯的著作《小科学、大科学》问世（中译本于1982年由世界科学社出版，宁剑耕等译）
1963	Journal impact factor：Garfield & Sher；“期刊影响因子”的概念问世
1964	Goffman：contagion/epidemic idea
1965	"Networks of scientific papers"：Price；普赖斯提出“科学论文的网络”
1966	Naukometria ＝ scientometrics：Nalimov；苏联科学学家纳利莫夫用俄语提出“科学计量学”概念
1966－1968	Co－mentioning ＝ co－citation idea：Rosengren；共同提及（相当于后来的“同被引”）的想法出现

续表

时间	事件及部分中文说明
1967	Leimkuhler function；Leimkuhler 函数（关于累积分布的）问世
1968	Matthew effect：Merton；社会学家默顿提出马太效应概念（博主：他获得过科学计量学领域的普赖斯奖）
1969	"Statistical Bibliography：an interim bibliography"：Alan Pritchard；普利查德在英语世界首次提出文献计量学的想法
1969	The term 'bibliometrics'：Alan Pritchard；英语术语"文献计量学"问世
1969	Equivalence of bibliometric laws (strongly suggested)：Fairthorne；Fairthorne 探讨了几条文献计量学定律之间的对等、转化关系，鲁索教授强烈推荐大家认真阅读这篇文献
1972	Ortega hypothesis：Coles；奥尔特加假说问世
1973	Social Science Citation Index；社会科学引文索引（SSCI）问世
1973	Co－citation：Henry Small ＋ Irina Marshakova；同被引方法问世
1975	Categories of citations：Moravcsik & Murugesan
1975	First international Research Forum in Information Science (IRFIS)：London－B. C. Brookes；第一次国际性的情报学研究论坛在伦敦举办，组织者是布鲁克斯
1976	Success－breeds－success：Price；普赖斯提出"成功孕育成功"的马太效应机理
1976	Journal Citation Reports；期刊引证报告（JCR）问世
1977	Mandelbrot："The fractal geometry of nature"；专著《大自然的分形几何学》问世，上海远东出版社 1998 年推出中文版
1978	Journal Scientometrics founded；专业期刊《科学计量学》在匈牙利创刊
1978	Arts & Humanities Citation Index；艺术与人文引文索引（A&HCI）问世
1978	Persuasiveness：Gilbert
1979	" Term informetrics"：Nacke；术语"信息计量学"问世
1983	Co－word analysis：Callon and Courtial；法国科学社会学家卡龙和同事提出共词分析方法
1983	Evaluation of big science：Martin & Irvine；英国苏塞克斯大学科学政策研究所（SPRU）的本．马丁与同事探讨对大科学的评价
1983	Van Raan, Moed and their team perform evaluations of university research groups；荷兰莱顿大学的科学计量学团队探讨对大学的研究群体进行绩效评价

续表

时间	事件及部分中文说明
1984	Eugene Garfield receives the first Derek J. de Solla Price medal (list of all awardees)；加菲尔德获得首届普赖斯奖
1985	Citer motivations：Terrence Brooks；布鲁克斯探讨了引用者的动机
1986	Nicholls' fitting procedure
1987	First International Conference (ISSI)；科学计量学与信息计量学首届会议举办
1988 - 1992	First regional large - scale citation index (China)；第一个地区性的大规模引文索引在中国问世
2005	The h - index；h 指数概念问世

附录 8 1984 – 2017 科学计量学最高荣誉普赖斯奖获得者名单

Derek deSolla Price Memorial Medal

- 1984 – Eugene Garfield (USA)
- 1985 – Michael J. Moravcsik (USA)
- 1986 – Tibor Braun (Hungary)
- 1987 – Vasily V. Nalimov (Soviet Union) – Henry Small (USA)
- 1988 – FrancisNarin (USA)
- 1989 – Bertram C. Brookes (UK) – JanVlachy (Czechoslovakia)
- 1993 – Andrάs Schubert (Hungary)
- 1995 – Anthony F. J. VanRaan (The Netherlands) – Robert K. Merton (USA)
- 1997 – John Irvine (UK) and Ben Martin (UK) (jointly) – Belver C. Griffith (USA)
- 1999 – WolfgangGlänzel (Germany/Hungary) – Henk F. Moed (The Netherlands)
- 2001 – Ronald Rousseau (Belgium) – LeoEgghe (Belgium)
- 2003 – Loet Leydesdorff (The Netherlands)
- 2005 – PeterIngwersen (Denmark) – Howard D. White (USA)
- 2007 – Katherine W. McCain★ (USA)
- 2009 – Péter Vinkler (Hungary) – Michel Zitt (France)
- 2011 – Olle Persson (Sweden)
- 2013 – Blaise Cronin (USA)
- 2015 – MikeThelwall (United Kingdom)
- 2017 – Judit Bar – Ilan★ (Israel)

★为女性获奖者。

Eugene Garfield

Michael J. Moravcsik

Tibor Braun

Vasily V. Nalimov

Henry Small

Francis Narin

Bertram C. Brookes

Jan Vlachy

Andr á s Schubert

Anthony F. J. Van Raan

Robert K. Merton

Ben Martin

Belver C. Griffith

Wolfgang Glänzel

Henk F. Moed

Ronald Rousseau

Leo Egghe

Loet Leydesdorff

Peter Ingwersen

Howard D. White

Katherine W. McCain

P é ter Vinkler

Michel Zitt

Olle Persson

Blaise Cronin (USA)

Mike Thelwall (United Kingdom)

Judit Bar-Ilan

资料来源：http：//www. issi - society. org/awards/derek - de - solla - price - memorial - medal/

附录9 1987—2019科学计量学（ISSI）国际学术会议

会议时间，国家/地区，城市，会议名称

2019 – Rome, Italy, 17th International Conference on Scientometrics and Informetrics

2017 – Wuhan, China, 16th International Conference on Scientometrics and Informetrics

2015 – Istanbul, Turkey, 15th International Conference of the International Society for Scientometrics and Informetrics

2013 – Vienna, Austria, 14th International Conference of the International Society for Scientometrics and Informetrics

2011 – Durban, South Africa, 13th International Conference of the International Society for Scientometrics and Informetrics

2009 – Rio de Janeiro, Brazil, 12th International Conference on Scientometrics and Informetrics

2007 – Madrid, Spain, 11th International Conference of the International Society for Scientometrics and Informetrics

2005 – Stockholm, Sweden, 10th International Conference of the International Society for Scientometrics and Informetrics

2003 – Beijing, China, 9th International Conference of the International Society for Scientometrics and Informetrics

2001 – Sydney, Australia, 8th International Conference of the International Society for Scientometrics and Informetrics

1999 – Colima, Mexico, 7th International Conference of the International Society for Scientometrics and Informetrics

1997 – Jerusalem, Israel, 6th International Conference of the International Society for Scientometrics and Informetrics

1995 – River Forest, Illinois, USA, 5th International Conference of the International Society for Scientometrics and Informetrics

1993 – Berlin, Germany, 4th International Conference on Bibliometrics, Informetrics and Scientometrics

1991 – Bangalore, India, 3rd International Conference on Informetrics

1989 – London, Ontario, Canada, 2nd International Conference on Bibliometrics, Scientometrics and Informetrics

1987 – Diepenbeek, Belgium, 1st International Conference on Bibliometrics and Theoretical Aspects of Information Retrieval

资料来源：http：//www. issi – society. org/conferences/

附录 10　国内外科学计量学相关期刊

- Current Science
- Frontiers in Research Metrics and Analytics
- Information Processing and Management
- Journal of Data and Information Science
- Journal of Documentation
- Journal of Information Science
- Journal ofInformetrics
- Journal ofScientometric Research
- Journal of the Association for Information Science and Technology (JASIST)
- Malaysian Journal of Library Information Science
- Research Evaluation
- Research Policy
- Science, Technology & Human Values
- Scientometrics
- 大学图书馆学报
- 科技进步与对策
- 科学技术哲学研究
- 科学学研究
- 科学学与科学技术管理
- 科研管理
- 情报科学
- 情报学报
- 情报杂志
- 数据分析与知识发现
- 图书情报工作
- 图书情报知识
- 信息资源管理学报
- 研究与发展管理
- 中国科技论坛
- 中国图书馆学报

附录 11 ISSI 出版物推荐

（1）科学计量学者纪念文集

Andr á s Schubert

Manfred Bonitz

Peter Ingwersen

Olle Persson

Tibor Braun

科学计量学者纪念文集 http：//www. issi－society. org/publications/issi－festschrift－series/

（2）科学计量学 ISSI Newsletter

获取更多：http：//www. issi – society. org/publications/issi – newsletter/

后 记

如何从海量的科技文献中快速、有效地获取专业领域的知识，是广大科研工作者以及研究生面临的难题之一。在过去数年中，随着各类科技文献数据库迅速发展和文献信息检索课程在各个高校中的开花结果，使得广大科研人员及学生的信息检索能力和信息素养有了很大幅度的提高。这为科研人员和学生快速了解专业领域的核心文献提供了极大的帮助。

信息检索在各个高校和各个单位普及的同时，信息管理和信息分析也被逐渐加入信息检索课程当中来。特别是在当前大数据时代，信息分析成为信息检索课程中的一个重要的内容。在对科技文献信息分析中，常常以科学计量学作为数据分析的理论基础，并结合知识网络方法对科技文献信息进行可视化分析和展示。在国内，这种方法也被常常称为学科领域或者主题的“知识图谱”分析。这种分析方法最直观的结果就是能够帮助研究人员快速地定位所关注领域主题的核心文献、核心主题以及核心研究力量（作者、机构、国家/地区）等，更进一步的分析和解读，可以协助研究人员在短时间内了解一个领域的研究进展、子领域的分布及关联，探究领域知识单元组织形成科学领域的机制等科学问题。

“工欲善其事，必先利其器”。为了让广大科研人员及学生能够有效地将该方法应用到实际的学习和研究项目中，笔者先后组织出版了《CiteSpace 科技文本挖掘及可视化》《科学知识图谱原理及应用》以及本书《科学计量与知识网络分析》。这三本书基本上涵盖了世界范围内所有知名的“科学计量与知识网络分析（知识图谱分析）”工具，笔者相信读者通过对相关内容的学习，一定能够对科研起到事半功倍的作用。

在本书中，详细对最为经典的科学计量学软件 BibExcel 进行了介绍。虽然，目前在科学计量学领域已经诞生了大批比 BibExcel 更为高级的软件，但 BibExcel 软件仍然是所有学习科学计量和知识网络分析学者不能不了解和学习的软件。该软件不仅能够协助用户对科技文献进行分析，而且通过学习 BibExcel 能够加深对科学计量原理和应用的认识。在介绍 BibExcel 的基础上，内容中还融合了 SPSS、Ucinet 以及 Pajek 的使用。在本书的最后一章，专门补充了现有的大部分科学计量分析软件（包含 Sci2、SATI、Bicomb 以及 Loet 工具等），以使读者对目前的科学计量和知识网络分析工具有一个全面的认识。

在本书的撰写中，笔者要特别感谢隗合佳，感谢她为本书做了多次的校对以及一直以来的支持和理解。感谢中国医科大学医学信息学院崔雷教授和江苏大学图书馆及科技情报所卢章平教授在百忙之中为本书作序。两位教授都是我所敬佩的科学计量和图书情报领域的学者，得到他们的支持我倍感荣幸。

感谢中国医学科学院医学信息研究所许培扬研究员、上海海事大学科技情报研究所陈伟炯教授、北京市科技情报研究所副所长袁汝兵研究员、华东师范大学赵星研究员以及大连理工大学胡志刚博士为本书撰写的推荐语。感谢中科院文献情报中心周秋菊博士，在书稿 SPSS 分析矩阵部分提供的资料和建议。感谢首都经济贸易大学出版社杨玲老师对本书的出版给予的极大支持和帮助，感谢首都经济贸易大学出版社薛晓红编辑认真、细心地对书稿的阅读和校对。真心地希望，本书在出版以后能够达到预期的效果，为读者的学习和研究带来益处。

李杰

2016 年秋于北京